sciences

Histoire d'algorithmes

Du caillou à la puce

Jean-Luc Chabert

Évelyne Barbin, Michel Guillemot, Anne Michel-Pajus, Jacques Borowczyk, Ahmed Djebbar, Jean-Claude Martzloff

8, rue Férou 75278 Paris cedex 06
www.editions-belin.com
Belin

LES AUTEURS

Évelyne Barbin, Professeur d'épistémologie, histoire des sciences et des techniques, Centre François Viète et IREM, Université de Nantes.

Jacques Borowczyk, Maître de conférences de mathématiques à l'I.U.F.M. d'Orléans-Tours.

Jean-Luc Chabert, Professeur de mathématiques à l'université de Picardie.

Michel Guillemot, Maître de conférences de mathématiques à l'Université Paul Sabatier et à l'I.R.E.M. de Toulouse.

Anne Michel-Pajus, Professeur de Mathématiques Spéciales au Lycée Claude Bernard à Paris et formateur à l'I.R.E.M. de Paris VII.

Pour les mathématiques arabes
Ahmed Djebbar, Professeur Émerite de l'Université de Lille I.

Pour les mathématiques chinoises
Jean-Claude Martzloff, Directeur de recherche au C.N.R.S., Centre de Recherche sur la Civilisation Chinoise.

Malgré des recherches approfondies, il nous a été impossible de retrouver les propriétaires de certains textes : qu'ils veuillent bien nous en excuser. Bien entendu, s'ils se font connaître, les droits d'usage leurs seront versés.

L'HISTOIRE DES SCIENCES AUX ÉDITIONS BELIN

La science du mouvement. De Galilée à Lagrange. Michel Blay, 2002.
La mécanique statistique. De Clausius à Gibbs. Anouk Barberousse, 2002.
Les équations de Maxwell. De MacCullagh à Lorentz. Olivier Darrigol, 2005.
Les constantes fondamentales. Jean-Philippe Uzan, Roland Lehoucq, 2005.
Aux origines de la biologie moderne. Stéphane Schmitt, 2006.
Histoire de l'atome. Pierre Radvanyi, 2007.
Histoire de l'optique ondulatoire. André Chappert, 2007.
La science du mouvement des eaux. De Torricelli à Lagrange. Michel Blay, 2007.
Einstein, Newton, Poincaré. Une histoire de principe. Françoise Balibar et Raffaella Toncelli, 2008.
Histoire de la thermodynamique classique. De Sadi Carnot à Gibbs. Robert Locqueneux, 2009.

En couverture : © Sanford/Agliolo/Corbis

 ISSN 1158-3762 ISBN 978-2-7011-5518-0

INTRODUCTION

فأما الأموال والجذور التى تعدل العدد فمثل قولك
مال وعشرة أجذاره يعدل تسعة وثلاثين درهما ومعناه أى مال اذا زدت عليه مثل
عشرة أجذاره بلغ ذلك كله تسعة وثلاثين . فبابه[٢] أن تنصف الأجذار وهى فى
هذه المسئلة خمسة فتضربها فى مثلها فتكون خمسة وعشرين فتزيدها على التسعة
والثلاثين فتكون أربعة وستين فتأخذ جذرها وهو ثمانية فتنقص منه نصف
الأجذار هو خمسة فيبقى ثلاثة وهو جذر المال الذى تريد والمال تسعة .

Quant aux carrés et aux racines qui égalent le nombre,
c'est comme lorsque tu dis :
un carré et dix de ses racines égalent trente-neuf dirhams.
Sa signification est que tout carré,
si tu lui ajoutes l'équivalent de dix de ses racines
[est tel que] cela atteindra trente-neuf.
Son procédé [de résolution] consiste à diviser les racines
par deux, et c'est cinq dans ce problème.
Tu le multiplies par lui-même et ce sera vingt-cinq.
Tu l'ajoutes à trente-neuf. Cela donnera soixante-quatre.
Tu prends alors sa racine carrée qui est huit
et tu en retranches la moitié [du nombre] des racines et c'est cinq.
Il reste trois et c'est la racine du carré
que tu cherches et le carré est neuf.

Al-Khwārizmī, *L'abrégé du calcul par le Jabr et la Muqābala*, d'après l'édition arabe de A.M. Mashrafa et M.M. Ahmad, Le Caire, 1968, p. 18-19.

Le nom d'al-Khwārizmī est à l'origine du mot algorithme. Le texte décrit un algorithme de résolution de l'équation $x^2 + 10\,x = 39$.

Bien avant l'apparition d'un terme particulier servant à les désigner, les algorithmes existaient déjà, profondément enracinés dans le désir de transmettre des moyens efficaces pour obtenir certains résultats en partant de certains ingrédients et en les transformant selon des directives simples, appliquées systématiquement étape par étape. Il pouvait s'agir de procédures juridiques ou mathématiques, comme chez les Babyloniens, de procédés mnémotechniques comme chez les Grecs, de règles linguistiques comme chez les grammairiens romains et, dans toutes les civilisations, de recettes divinatoires, médicales, culinaires... De nos jours encore, tout le monde utilise des algorithmes sans le savoir, les adeptes du tricot, les praticiens du verlan, ou plus simplement les utilisateurs d'appareils électroménagers.

On peut ainsi parler de recettes, de règles, de techniques, de procédés, de procédures, de méthodes, un même mot pouvant s'appliquer à des domaines variés. Par exemple, en chinois, le mot *shu* (règle, procédé, stratagème) est-il tout aussi bien utilisé en mathématiques qu'en arts martiaux. Ce phénomène est resté tellement prégnant au cours des siècles que le mot *shu* est passé en français après avoir transité par le japonais, c'est le *jiu-jitsu*, forme de judo dont le sens littéral serait « règles procédurales de la souplesse » ou, plus explicitement encore, « algorithmes de la souplesse ». (Le mot *jiu* signifie souplesse et *jitsu* correspond à la prononciation japonaise, déformée par la phonétique française, du mot *shu*.)

Torsades

(sur un nombre de m. multiples de 10). 1er, 3e et 5e rgs : * 4 m. env. ; 6 m. end. * 2e rg et ts les rgs pairs : tric. les m. comme elles se présentent. 7e rg : * 4 m. env.; mettre 3 m. en attente sur 1 aig. auxiliaire placée devant le travail; 3 m. end. puis tric. à l'end. les 3 m. en attente. 9e rg : reprendre au 1er rg.

Extrait de la Fiche Tricot 798, in *Elle*, n° 2338, 29 octobre 1990, p. 222.

L'emploi du mot « algorithme » en Occident se rattache au nom « al-Khwārizmī », nom de l'auteur du plus ancien traité d'algèbre que nous connaissons. Muḥammad ibn Mūsā al-Khwārizmī, soit textuellement Muḥammad fils de Mūsā originaire du Khwarezm (région d'Asie centrale, au sud de la mer d'Aral), est un mathématicien de la première moitié du IXe siècle. Son ouvrage, intitulé *al-Mukhtaṣar fī Ḥisāb al-Jabr wa l-Muqābala* a pour sa part donné naissance au mot « algèbre ».

Dès le XIIe siècle, son traité sur le calcul indien et d'autres, traduits de l'arabe en latin, amorcent la diffusion, dans l'Europe médiévale, du système de numération décimale de position. Ce système est emprunté aux Indiens et les chiffres seront appelés plus tard « chiffres arabes ».

Dans les traités latins du Moyen Âge, on oppose souvent les procédés de calcul utilisant le système positionnel, désignés par les termes algorisme, algorismus ou algorithmus, à l'utilisation de jetons placés sur une abaque.

Un algoriste à gauche et un abaquiste à droite [*Margarita Philosophica*, 1503], Dedron et Itard, *Mathématiques et mathématiciens*, Magnard. (Roger Viollet).

Au fil du temps la signification du mot s'élargit et, dans l'*Encyclopédie*, d'Alembert décrit ainsi le mot algorithme :

« *Terme Arabe, employé par quelques auteurs, et singulièrement par les Espagnols pour signifier la pratique de l'algèbre. Il se prend aussi quelquefois pour l'arithmétique par chiffres... Le même mot se prend, en général, pour désigner la méthode et la notation de toute espèce de calcul. En ce sens, on dit l'algorithme du calcul intégral, l'algorithme du calcul exponentiel, l'algorithme des sinus, etc.* »

Finalement, le terme algorithme en vient à désigner tout procédé de calcul systématique, voire automatique.

Aujourd'hui, principalement sous l'influence de l'informatique, la finitude devient une notion essentielle contenue dans le terme algorithme, le distinguant de mots plus vagues comme procédé, méthode ou technique. Ainsi, on peut lire dans l'*Encyclopaedia Universalis* :

« *Un algorithme est une suite finie de règles à appliquer dans un ordre déterminé à un nombre fini de données pour arriver, en un nombre fini d'étapes, à un certain résultat, et cela indépendamment des données.* »

Ces préoccupations apparaissent déjà dans un cadre très général avec le Dixième Problème posé en 1900 par David Hilbert lors du deuxième Congrès International des Mathématiciens à Paris : étant donnée une équation polynomiale à coefficients rationnels quelconques, « *on demande de trouver une méthode par laquelle, au moyen d'un nombre fini d'opérations, on pourra distinguer si l'équation est résoluble en nombres entiers rationnels.* »

Finitude du nombre des opérations et du nombre des données, mais finitude aussi de la résolution, c'est-à-dire que chaque étape doit pouvoir être réalisée selon un processus fini – ce qui n'est pas le cas, par exemple, du quotient de deux nombres réels incommensurables. On parle aussi de *procédé effectif*, c'est-à-dire permettant d'obtenir effectivement le résultat (en un temps fini).

La formalisation de ces notions par les logiciens, à partir des années 1930, permettra à Matijasevič de répondre par la négative au problème de Hilbert en 1970, au cours du Congrès International des Mathématiciens de Nice. Cette formalisation intéresse particulièrement les informaticiens, car un programme d'ordinateur n'est pas autre chose qu'un algorithme et un langage en informatique est une langue permettant d'écrire des algorithmes qu'un ordinateur saura lire et effectuer. L'étude de cette formalisation et la notion de machine à calculer idéale seront abordées à la fin de ce livre.

En fait, le choix des procédés que nous présentons dans cet ouvrage peut sembler ne pas toujours répondre à ce critère de finitude des algorithmes. Ainsi, dans la formulation théorique d'un calcul, il est possible que l'étape finale reste hors d'atteinte ; mais, dans la pratique, on fait en sorte que le processus s'arrête bien à un moment donné. Prenons un exemple tiré du calcul numérique : l'encadrement du nombre π selon la méthode d'Archimède (*cf.* chapitre 5). L'itération d'un calcul, celui des longueurs de polygones réguliers inscrits et circonscrits, doublant à chaque étape le nombre de leurs côtés, enferme le nombre cherché entre des limites de plus en plus étroites. Le processus n'aboutira jamais à la vraie valeur ; cependant, on conviendra à l'avance de s'arrêter lorsque l'écart entre la valeur exacte et la valeur approchée sera inférieur à une quantité fixée et l'on récupérera ainsi la finitude.

Par ailleurs, une autre notion apparaît dans l'idée d'algorithme : l'itération, la récurrence. Ainsi, dans les années 1950, le terme algorithme est essentiellement employé, avec un certain anachronisme, à propos de l'*algorithme d'Euclide*. Il s'agit, on le sait, de la détermination du plus grand commun diviseur de deux entiers : on effectue pour cela les divisions successives jusqu'à l'obtention d'un reste nul. La finitude réside dans l'obtention automatique de ce reste nul au bout d'un nombre fini de divisions. L'itération apparaît dans la procédure avec cette répétition de l'opération de division.

Aussi, bien que l'itération ne soit pas indispensable pour caractériser un algorithme, elle a une telle importance dans la pratique que nous avons essayé de la mettre en évidence lorsqu'elle n'est pas explicite, quitte à dépasser peut-être la pensée de l'auteur. On la verra à l'œuvre, par exemple, avec l'approximation d'une racine par la méthode de Newton (*cf.* chapitre 6). Dès que l'on tente d'en formaliser le processus, on met en évidence des formules de récurrence. Cette récurrence, traditionnellement traitée par l'itération, est fréquemment mise en œuvre aujourd'hui de façon récursive.

Finalement, l'itération, la récurrence, la récursivité, notions distinctes mais intrinsèquement liées, jouent un rôle fondamental aussi bien dans le traitement des algorithmes que dans leur théorisation. C'est ainsi que Jacques Arsac écrit en 1983 dans son ouvrage *Les bases de la programmation* : « *S'il [le lecteur] retenait de ce livre que la récurrence est le fondement de la méthode informatique, que la récursivité est une excellente méthode de programmation, et qu'il y a en général des passages faciles de la récursivité à l'itération, nous aurions déjà atteint un résultat important.* »

Nous avons dû faire des choix. Les textes présentés ici concernent uniquement des algorithmes numériques. Nous avons volontairement laissé de côté d'autres types d'algorithmes : géométriques, logiques, ...

Chaque chapitre s'organise autour d'un certain nombre de textes originaux sélectionnés de manière à refléter différentes facettes d'un même thème. Le critère ayant présidé au choix des textes, outre celui de l'originalité et de l'intérêt historique, est celui d'une bonne lisibilité par des étudiants de classes terminales pour les premiers chapitres, du premier cycle universitaire pour les derniers. Ce souci de lisibilité nous a conduit parfois à préférer une adaptation à une traduction plus littérale. Ces textes de référence, en version française, donnés intégralement ou en extraits, sont replacés dans une perspective historique. Ils sont accompagnés d'explications mathématiques de façon à en faciliter la lecture. Naturellement, toute lecture de textes anciens pose des problèmes d'interprétation et nous avons parfois dû prendre parti. Les références bibliographiques permettront au lecteur intéressé de poursuivre sa réflexion. Sans prétendre à l'exhaustivité, l'objectif de cet ouvrage est de contribuer à donner un support historique à des pratiques algorithmiques contemporaines et ceci à partir de textes originaux. Cette épaisseur culturelle ajoutée est susceptible d'aider à se poser de vraies questions à propos de problèmes parfois envisagés de façon purement abstraite.

Voici les thèmes abordés : 1. Opérations arithmétiques, 2. Carrés magiques, 3. Méthode de fausse position, 4. Algorithme d'Euclide, 5. Calcul de π, 6. Méthode de Newton, 7. Approximations successives, 8. Arithmétique, 9. Systèmes linéaires, 10. Interpolation, 11. Quadratures, 12. Équations différentielles, 13. Approximation de fonctions, 14. Accélération de convergence, 15. Concept d'algorithme.

Les trois premiers chapitres se distinguent de par la nature des thèmes envisagés et la manière dont ils sont traités. En effet, ils s'occupent de questions relativement élémentaires – opérations arithmétiques, carrés magiques, méthode de fausse position – et s'attachent à mettre en évidence des procédés, parfois semblables, parfois distincts, au gré de cultures différentes, égyptiennes, babyloniennes, indiennes, grecques, chinoises, arabes. Les trois chapitres suivants, centrés sur des méthodes – algorithme d'Euclide, méthode de Newton – ou des problèmes – calcul de π – plus élaborés, en suivent plutôt l'évolution au fil du temps, mettant en évidence le développement, voire la sophistication des techniques pour aboutir à des questions parfois contemporaines.

Notons aussi que les huit premiers chapitres de cette *Histoire d'Algorithmes*, centrés sur des questions aux origines anciennes, portent pour l'essentiel sur des calculs de nombres. Avec les chapitres suivants nous abordons, le plus souvent, des algorithmes procédant à la détermination d'objets plus complexes que des nombres. Ainsi, le chapitre relatif aux systèmes linéaires fournit-il des solutions qui sont des tableaux de nombres, ce que nous appelons maintenant des vecteurs. Ou encore, le chapitre traitant de l'approximation des fonctions conduit-il à l'obtention de fonctions approximantes considérées dans leur globalité. Une lecture rapide de la table des matières pourrait d'ailleurs faire penser à un ouvrage d'analyse numérique classique avec ses chapitres consacrés à l'interpolation, à l'approximation, aux systèmes linéaires, aux quadratures, aux équations différentielles, à l'accélération de convergence... Le point de vue en est très différent : l'accent est porté ici sur l'introduction historique des techniques développées et sur l'intérêt particulier du texte original qui permet de mieux saisir l'idée initiale et le projet de son auteur. Nous pensons contribuer ainsi à donner un éclairage nouveau sur certaines questions.

Ce faisant, la technicité du sujet est telle aujourd'hui qu'il ne peut être question ici de s'aventurer dans des époques trop rapprochées. Nous nous sommes limités à la fin du XIXe siècle ou au début du XXe, les incursions plus tardives n'étant destinées qu'à donner à lire des textes de référence fréquemment cités et déjà devenus par là de grands classiques. Nous nous sommes en outre volontairement restreints à des algorithmes relatifs à des questions « naturelles », cette limite restant bien sûr difficile à établir. Disons que nous n'avons pas voulu traiter de questions suscitées par le développement des mathématiques en elles-mêmes ; à titre d'exemple, nous n'avons pas donné d'algorithme spécifique de calcul des valeurs propres d'une matrice.

Ce livre s'adresse donc aux étudiants, aux enseignants et plus généralement à toute personne qui s'intéresse aux algorithmes ou à l'analyse numérique. Il ne s'agit pas d'un manuel, mais d'un complément culturel, sorte de « source-book » d'histoire des mathématiques qui aurait adopté un point de vue nouveau en y privilégiant la place des algorithmes.

L'équipe d'*Histoire d'Algorithmes* tient à remercier tous ceux qui les ont aidés, comme Colette Bloch, Alain Boyé, Christian Gilain, Maryvonne Hallez, Bernard Lalande, Jean-Pierre Levet, Jean Masson, Angel Rial, Marie-Françoise Roy, Michel Serfati, Hourya Sinaceur ainsi que René Guitart et Henri Habrias. Mais elle ne connaît pas encore l'algorithme permettant d'en dresser avec certitude une liste exhaustive.

Introduction à la 2nde édition

S'agissant d'un livre d'histoire des mathématiques, a priori une nouvelle édition ne doit pas apporter de grands bouleversements. Toutefois, un ouvrage de cette ampleur, comportant de très nombreux calculs et de multiples références, ne peut être exempt de coquilles tout comme l'était, on le verra, l'ensemble des tables numériques des XVIIIe et XIXe siècles (*cf.* chap. 10 §5). Le repérage, sûrement non exhaustif, de ces corrections à effectuer a été grandement facilité par la mise au point de la version anglaise de l'ouvrage [*A History of algorithms, From the Pebble to the Microchip*, trad. Chris Weeks, Springer-Verlag, 1999].

Quinze ans après la première édition, les auteurs ont aussi souhaité, d'une part, ajuster certaines références mathématiques plus actuelles et, d'autre part, ajouter quelques références bibliographiques nouvelles intégrant des travaux historiques récents. Enfin, et surtout, il leur a semblé important de tenir compte de l'évolution récente de l'usage du mot *algorithme* et d'évoquer quelques notions simples d'algorithmique couramment associées.

Ainsi qu'il est indiqué dans l'introduction précédente, l'ouvrage se focalise sur les algorithmes mathématiques selon la signification imposée lors de l'avènement de l'informatique, à savoir, une suite finie de règles conduisant à un résultat en un temps fini quelles que soient les données auxquelles elles sont appliquées. Il s'agit là d'une expression naïve correspondant à la formalisation mathématique élaborée par les logiciens dans les années 1930 (*cf.* chap. 15). De ce point de vue, quelle que soit la formulation adoptée, un algorithme est a priori forcément *déterministe*. Et pourtant, on entend de plus en plus souvent parler d'*algorithmes non déterministes*. La notion n'est pas nouvelle, mais elle prend une importance si grande, particulièrement en cryptographie, qu'elle ne peut plus être passée sous silence. C'est pourquoi, dans un épilogue ajouté à l'ouvrage, sont notamment évoqués quelques algorithmes liés au hasard : algorithmes déterministes tentant de simuler le hasard, algorithmes non déterministes donnant un résultat très probable, mais non certain, et aussi, *algorithmes quantiques*, algorithmes extrêmement puissants susceptibles de fonctionner sur d'hypothétiques ordinateurs quantiques.

Pour cette seconde édition, l'équipe d'*Histoire d'Algorithmes* tient à remercier les auteurs de revue de l'ouvrage, aussi bien dans sa version française que sa version anglaise, pour leurs commentaires enrichissants, notamment Ivor Grattan-Guiness [*Annals of Science* t. 52 (1995), p. 528], Jeremy Gray [*Nature*, February 2000, n° 403, pp. 703-704], John Fauvel [*The Mathematical Gazette*, March 2000, vol. 84, pp. 168-169] Garry J. Tee [*Newsletter of the New Zealand Mathematical Society*, n° 79, August 2000, pp. 25–28], Ed Sandifer [*Mathematical Association of America Reviews Online*, November 2000].

Chapitre 1

Algorithmes des opérations arithmétiques

« Beaucoup considèrent que l'arithmétique est une chose triviale que les enfants apprennent et que les ordinateurs exécutent, mais nous verrons que l'arithmétique est un sujet passionnant avec de nombreuses facettes intéressantes. [...] La manière dont nous faisons de l'arithmétique est intimement liée à la façon dont nous représentons les nombres »

Donald KNUTH,
The Art of Computer Programming,
(t.II, pp. 178-179)

Multiplier et diviser, ces opérations arithmétiques de l'école élémentaire, sont vraisemblablement nées de nécessités économiques très anciennes, bien antérieures aux civilisations de l'écrit. L'un des plus lointains témoignages de ce type d'algorithmes nous est parvenu sur une tablette d'argile, trouvée à Shuruppak près de Bagdad ; il concerne justement un problème de partage. Gravée par un Sumérien vers 2500 av. J.-C., cette tablette (*cf.* § 1) illustre le premier des dix moments que nous avons choisi d'éclairer, dans une histoire qui occuperait plusieurs volumes si elle était écrite avec un souci d'exhaustivité.

Bien que nous les ayons présentés dans un ordre chronologique, il ne faut pas chercher dans ces « flashes » une progression continue de la pensée mathématique. En effet, la transmission des algorithmes s'effectue au gré de contacts humains nécessairement aléatoires et, ce qui est retenu et transmis par les uns n'est pas forcément le meilleur, selon nos critères actuels, de ce que les autres ont élaboré, mais plutôt ce qui en a été le mieux compris. Par ailleurs, le succès d'une méthode résulte finalement d'une rencontre entre des besoins et des techniques.

Les algorithmes relatifs aux opérations arithmétiques sont étroitement dépendants des systèmes de numération dans lesquels ils sont effectués. Un système de numération peut être additif, comme celui de la civilisation romaine, ou être positionnel, comme le nôtre aujourd'hui, il peut utiliser une ou plusieurs bases, et enfin, faire ou non usage du zéro. Nous verrons que ces caractéristiques déterminent la nécessité et le principe de ces algorithmes anciens.

Dans une civilisation de l'écrit, pourquoi refaire toujours les mêmes opérations ? Babyloniens et Égyptiens consignent donc certains de leurs calculs fondamentaux dans des « tables » afin de pouvoir s'en servir le moment venu (*cf.* §§ 2 et 3). En d'autres temps et d'autres lieux, les hommes s'aident d'objets divers : petits cailloux, planches à poussière, cordelettes à nœuds (quipu), jetons sur les abaques du Moyen Âge, sans oublier les fameux bouliers que l'on utilise toujours dans maint pays asiatique (*cf.* §§ 6 et 7).

Quant à la « multiplication à l'aide du tableau », elle possède une étonnante histoire qui traverse le temps et l'espace : on l'observe à la fois en Chine, dans le monde islamique et dans l'Europe médiévale (*cf.* § 4). Technique de calcul par l'écrit à l'origine, elle devient technique instrumentale grâce aux réglettes de Neper (qui par ailleurs inventera les logarithmes, simplifiant de façon décisive les opérations de multiplication). Perfectionnées au XIXe siècle, les réglettes sont fabriquées jusqu'au XXe siècle, avant d'être remplacées par les règles à calcul justement fondées sur les logarithmes. Ces dernières sont à leur tour détrônées sous nos yeux par les calculettes.

Curieusement, bien que tout à fait opératoires dès le XIIe siècle, les nombres décimaux « avec virgule » (*cf.* § 8), s'imposeront tardivement, car leur utilité ne deviendra évidente qu'avec l'avènement des tables de logarithmes au XVIIe. *Doigts ou poings ?* [13] : système décimal ou système binaire ? Il semble que l'arrivée des ordinateurs consacre la victoire (provisoire ?) du système binaire (*cf.* § 10), système proposé par Leibniz dès le début du XVIIIe siècle (*cf.* § 9) ; il notait la facilité avec laquelle s'y effectuent les opérations arithmétiques. Ajoutons enfin que le souci d'optimisation des algorithmes, c'est-à-dire la réduction du nombre des opérations élémentaires à accomplir, apparaît déjà dans des écrits du Moyen Âge (cf. § 5).

1. DIVISIONS SUMÉRIENNES

La civilisation sumérienne s'est épanouie, vers 3500 à 2000 avant J.-C., dans le sud de la Mésopotamie. Les tablettes trouvées à Shuruppak, site de la vallée de l'Euphrate au sud de Bagdad, datent de 2500 avant J.-C.; elles appartiennent aujourd'hui au Musée d'Istanbul.

Cette civilisation sumérienne avait élaboré un système de numération de type additif, avec des signes spécifiques pour 1, 10, 60, 600, 3600. Il s'agit donc d'un système de numération à la fois décimal et sexagésimal, c'est-à-dire à la fois de base 10 et 60.

1	10	60	600	3 600	36 000
					 ou 

Ainsi, le nombre 163 s'écrit :

 60 60

 10 10 10 10 1 1 1

Les deux tablettes que nous présentons sont relatives au même problème : il s'agit de partager un « grenier de grain » entre des hommes. Connaissant la capacité du grenier et sachant que chacun des hommes reçoit la même quantité donnée de grain, les tablettes indiquent entre combien d'hommes pourra s'effectuer le partage. Les deux tablettes donnent donc le résultat d'une division. Mais, bien que partant des mêmes données numériques, elles ne donnent pas le même résultat : l'un est exact et l'autre non. Ce fait est frappant, et aussi fort instructif. En effet, alors que les tablettes n'indiquent pas par quel procédé les quotients ont été obtenus, le résultat erroné suggère une pratique algorithmique de la division lorsque les nombres entre lesquels elle doit être effectuée sont grands, ce qui est le cas ici pour le nombre exprimant la contenance du grenier [9].

En général, les documents très anciens dont nous disposons n'indiquent pas les pratiques opératoires de leurs auteurs. Dès lors, les historiens sont amenés à imaginer certains algorithmes qui conduisent aux résultats donnés. Certes, ceci n'est pas sans danger, mais la confrontation de diverses sources, lorsqu'elles existent, peut permettre d'étayer certaines hypothèses. C'est dans cette optique que nous présentons ces deux tablettes sumériennes qui, depuis leur publication, ont donné lieu à diverses interprétations [12].

Les tablettes sumériennes

Extrait des *Tablettes sumériennes de Shuruppak*,
Jestin, 1937, pl. XXI et CXLII.

Tablette 50

1 grenier de grain	36 000 36 000	36 000 36 000				
silà 7	3 600 3 600	3 600 3 600	3 600			
chaque homme reçoit	600 600	600 600	60 60			
ces hommes sont	10	10	10	10	10	1
	il reste 3 silà de grain					

Tablette 671

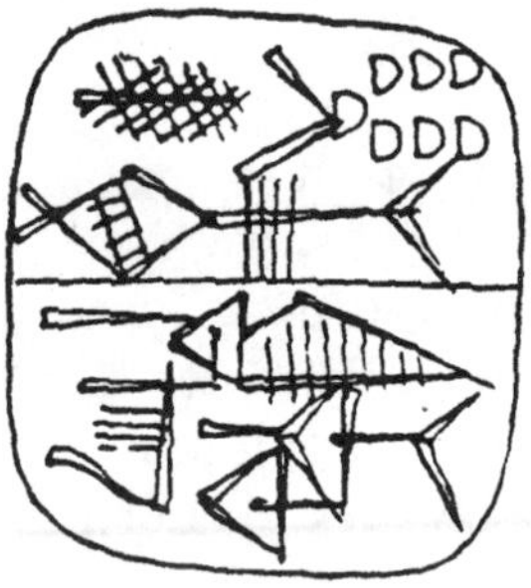

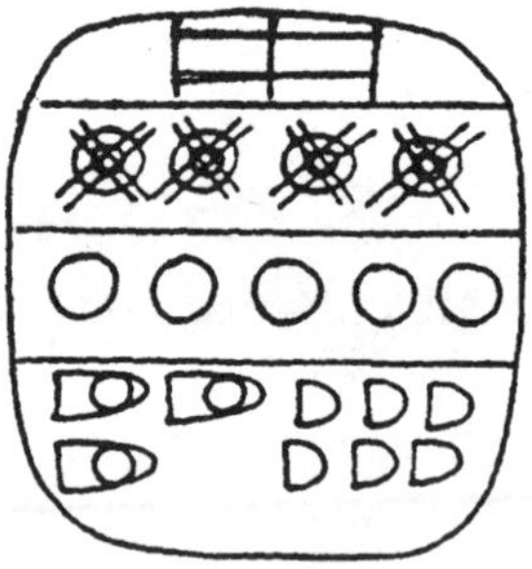

grain silà 7 grenier
chaque homme reçoit

travailleurs				
36 000	36 000	36 000	36 000	
3 600	3 600	3 600	3 600	3 600
600 600	600	60 60	60 60	60 60

Le problème pose la question du partage d'un « grenier de grains » entre un nombre inconnu d'hommes, de sorte que chacun d'eux reçoive 7 « *silà* » de grains, c'est-à-dire environ 7 litres. D'après les documents en notre possession, il ressort que la capacité d'un « grenier de grain » se mesure en « *gur* » et en « *silà* » : un « grenier de grain » vaut 2400 « *gur* » et un « *gur* » vaut 480 « *silà* ». Donc, un « grenier de grain » vaut 1 152 000 « *silà* ». Or, ce nombre divisé par 7 donne un quotient de 164 571 et un reste de 3.

La tablette 50 donne le résultat exact puisque 164 571 est égal à :

$$(4 \times 36\,000) + (5 \times 3\,600) + (4 \times 600) + (2 \times 60) + (5 \times 10) + 1$$

et qu'il reste 3 «*silà*» de grain.

En revanche, la tablette 671 donne pour quotient :

$$(4 \times 36\,000) + (5 \times 3\,600) + (3 \times 600) + (6 \times 60)$$

c'est-à-dire 164 160, et n'indique pas de reste. Ce résultat erroné permet d'avancer une explication sur la façon d'opérer la division [9]. En effet, si au lieu d'effectuer la division en «*silà*», ce qui oblige à opérer avec un grand nombre, on effectue la division en «*gur*», alors il faut diviser 2 400 par 7. Or, 2 400 divisé par 7 donne un quotient de 342 et un reste de 6. Si on néglige ce reste, le nombre d'hommes devient alors égal à :

$342 \times 480 = 164\,160$ puisque un «*gur*» vaut 480 «*silà*».

Nous ne connaissons pas l'algorithme de division employé par les Sumériens, mais cet exemple nous permet de formuler quelques remarques. Il est clair que la complexité du système de numération ne facilitait pas l'obtention d'un procédé performant. De plus, la division par 7 est particulièrement délicate car l'inverse de 7 n'admet pas de développement sexagésimal fini (*cf.* texte suivant). Il semble que, sur la tablette 671, le scribe ait négligé le reste et qu'il ait opéré à partir de la plus grande unité de mesure, le «*gur*». De cette façon, il calculait sur des nombres plus petits. Mais pourquoi le reste de la division a-t-il été négligé ? Rien ne nous empêche de penser que cette «erreur» ait été commise sciemment et corresponde à une «commission» du comptable !

2. UN ALGORITHME BABYLONIEN POUR LE CALCUL DES INVERSES

Au début du deuxième millénaire avant J.-C., les savants babyloniens ont élaboré un système de numération dont nous gardons aujourd'hui la mémoire dans nos minutes et secondes, de temps ou d'angle. Ce système est qualifié souvent abusivement de sexagésimal, c'est-à-dire de base 60, et de position.

En effet, le système babylonien conserve des traces des systèmes additifs antérieurs, puisque les 59 premiers entiers sont écrits additivement, et en base 10, à l'aide de deux symboles :

le clou vertical 𒁹 pour désigner l'unité

et le chevron 𒌋 pour désigner la dizaine.

Ainsi, 32, 24 et 49 s'écrivent respectivement :

Jusqu'à l'époque des Séleucides, c'est-à-dire jusqu'au troisième siècle avant notre ère, les Babyloniens n'ont pas utilisé de signe spécifique pour indiquer l'absence de certaines puissances de 60, mais un vide plus ou moins grand à l'intérieur du nombre peut signifier cette absence. Seul le contexte des calculs permet parfois de « positionner » les ordres des puissances de 60. Ainsi, l'écriture :

que nous transcrirons 2 ; 13 ; 20
peut représenter aussi bien $2 \times 60^2 + 13 \times 60 + 20$
que $2 \times 60 + 13 + 20/60$,
ou encore $2 \times 60^5 + 13 \times 60 + 20/60^3$,
et, de manière générale, $2 \times 60^m + 13 \times 60^n + 20 \times 60^p$ où m, n et p sont des entiers relatifs tels que $m > n > p$.

Dans les textes babyloniens, la division s'effectue en deux étapes : d'abord, le calcul de l'inverse du diviseur, puis la multiplication du dividende par cet inverse. Ainsi, les nombres dont l'inverse possède une écriture sexagésimale finie prennent un intérêt particulier. Ces nombres sont de la forme $2^p 3^q 5^r$, où p, q et r sont des entiers relatifs. Les historiens les appellent des nombres *réguliers*.

Les Babyloniens nous ont laissé de nombreuses « tables d'inverses de nombres réguliers ». L'inverse d'un nombre régulier étant aussi un nombre régulier, les tables donnent des paires constituées de deux nombres réguliers inverses l'un de l'autre. L'un de ces deux nombres est appelé « *igû* » et l'autre « *igibû* », c'est-à-dire « *son igû* ». Les tables « standard » énumèrent ces paires depuis 2 et 30 jusqu'à 1 ; 21 et 44 ; 26 ; 40. Vérifions que nous avons bien :

$$2 \times 30/60 = 1 \text{ et } (1 \times 60 + 21) \times (44/60 + 26/60^2 + 40/60^3)$$
$$= 81 \times 160000 / 60^4 = 1.$$

D'autres tables sont plus importantes : la tablette A06456 du Musée du Louvre, datée du temps des Séleucides, comporte plus de 200 paires de nombres réguliers et de leurs inverses. La dernière est constituée des nombres 2 ; 59 ; 21 ; 40 ; 48 ; 54 et 20 ; 4 ; 16 ; 22 ; 28 ; 44 ; 14 ; 57 ; 40 ; 4 ; 56 ; 17 ; 46 ; 40. Nous laissons au lecteur le soin de vérifier l'exactitude de ce résultat !

Souvent la construction des tables est obtenue par duplication (multiplication par 2) et dimidiation (division par 2) : si a et b sont inverses l'un de l'autre alors $2a$ et $b/2$ sont aussi inverses l'un de l'autre. Nous donnons ici un autre algorithme qui permet, à partir d'une table « standard », de calculer les inverses d'autres nombres réguliers. Cet algorithme est mis en œuvre dans la tablette VAT 6505 du Musée de Berlin. Datée de l'ancien âge babylonien, c'est-à-dire entre 2000 et 1650 avant J.-C., elle devait comporter à l'origine douze exemples de calculs d'inverses. Seuls cinq d'entre eux nous sont parvenus. Malgré l'état de la tablette, nous pouvons considérer qu'ils attestent de la même démarche algorithmique. Cette démarche consiste à calculer l'inverse d'un nombre à partir des inverses de deux nombres plus petits.

La tablette babylonienne

Mathematische Keilschrifttexte, Neugebauer, 1935, planche 43, adaptation M. Guillemot.

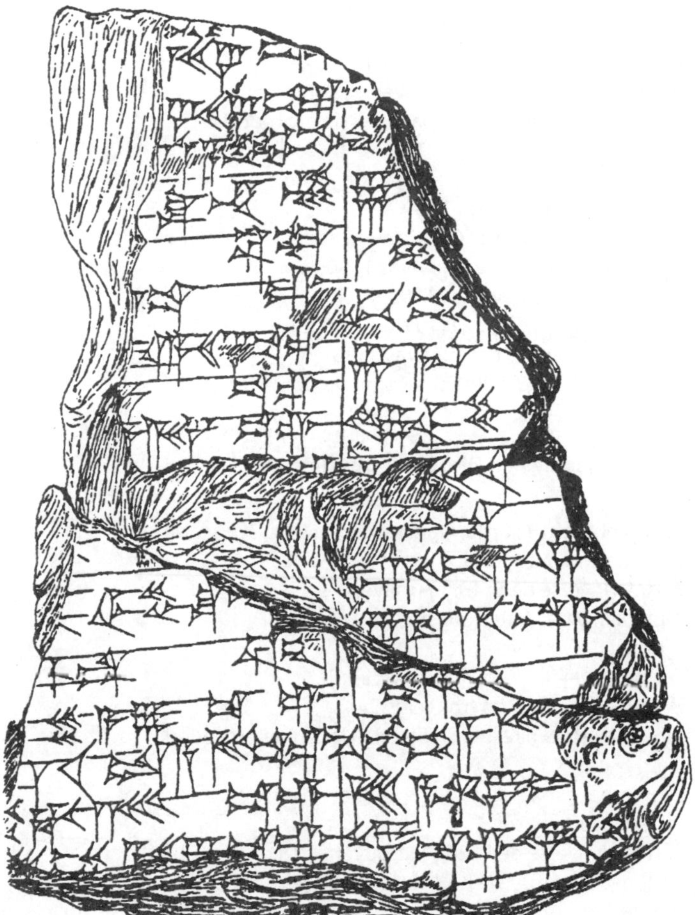

Les parties entre crochets ont été reconstituées. Nous avons mis en marge les numéros des problèmes. Nous avons traduit la première occurrence de « *igû* » par nombre.

Première partie de la tablette (début détruit) :

2 [Le nombre est 4 ; 10. Quel est son inverse ?
Procède comme suit.
Forme l'inverse de 10, tu trouveras 6.
Multiplie 6 par 4, tu trouveras 24.
Ajoute 1, tu trouveras 25.
Forme l'inverse de 25], tu trouveras 2 ; 24.
[Multiplie 2 ; 24 par 6], tu trouveras 14 ; 24.
[L'inverse est 14 ; 24]. Telle est la façon de procéder.

3 [Le nombre est 8 ; 20]. Quel est son inverse ?
[Pro]cède comme suit.
[Forme l'inverse de 20], tu trouveras 3.
Mul[tiplie 3 par 8], tu trouveras 24.
[Ajoute 1], tu trouveras [25].
[Forme l'inverse de 25], tu trouveras 2 ; 24.
[Multiplie 2 ; 24 par 3], tu trouveras [7 ; 12.
L'inverse est 7 ; 12. Telle est la façon de procéder].

4 [Le nombre est 16 ; 40. Quel est] son inverse ?
[Pro]cède comme suit.
Forme [l'inverse de 6 ; 40], tu trouveras 9.
Multiplie [9] par 10, tu trouveras 1 ; 30.
[Aj]oute [1], tu trouveras 2 ; 30.
Forme [l'inverse de 2] ; 30, tu trouveras 24.
[Multiplie 24 par 9, tu trouveras 3 ; 36.
L'inverse est 3 ; 36. Telle est la façon de procéder].

Deuxième partie de la tablette (début détruit) :

6 [Le nombre est 1 ; 6 ; 40. Quel est son inverse ?
Procède comme suit.
Forme l'inverse de 6 ; 40, tu trouveras 9.
Multiplie] 9 par 1, tu trouveras 9.
Ajoute [1, tu trouveras 10].
Forme l'inverse de 10, [tu trouveras 6].
[Multiplie] 6 par [9, tu trouveras 54].
L'inverse est 49 (lire 54). [Telle est la façon de procéder].

7 Le nombre est 2 ; 13 ; 20. [Quel est son inverse ?]
Procède comme suit.
Forme [l'in]verse de 3 ; 20, [tu trouveras] 18.
Multiplie 18 par 2 ; 10, [tu trouveras] 3[9].
Ajoute 1, [tu trouveras] 40.
Forme l'inverse de 40, [tu trouveras] 1 ; 30.

Multiplie 1 ; 30 par 18, tu trouveras 27.
L'inverse est 27. [Telle est la façon de procéder].

N°s 8 à 11 détruits. Du N° 12 il ne subsiste que le début de la dernière ligne : « Telle est la façon de procéder ». La tablette se termine par la mention : « En tout 12 exemples ».

Ces énoncés peuvent paraître incohérents : ils proposent une suite de calculs arbitraires effectués sur des nombres apparemment choisis au hasard. Cependant, en observant attentivement les sept énoncés, nous notons que les calculs sont effectués invariablement dans le même ordre et suivant le même modèle. L'accumulation de démarches identiques nous permet de reconstituer l'algorithme sous-jacent. Pour mieux en apprécier la généralité et le fonctionnement, nous écrivons la suite d'instructions en utilisant des lettres à la place des valeurs numériques (nous notons $\bar{y}$ l'inverse de y). Nous obtenons le texte suivant :

Le nombre est x. Quel est son inverse ?
Procède comme suit.
Forme l'inverse de y, tu trouveras $\bar{y}$.
Multiplie $\bar{y}$ par z. Tu trouveras t.
Ajoute 1. Tu trouveras u.
Forme l'inverse de u. Tu trouveras $\bar{u}$.
Multiplie $\bar{u}$ par $\bar{y}$. Tu trouveras v.
L'inverse est v. Telle est la façon de procéder.

Le scribe calcule l'inverse d'un nombre régulier x en l'écrivant comme somme d'un nombre régulier y, dont il connaît l'inverse, et d'un second nombre z. Par exemple, dans l'énoncé 7, pour calculer l'inverse de x = 2 ; 13 ; 20, il écrit ce nombre comme somme d'un nombre régulier dont il connaît l'inverse, y = 3 ; 20, et d'un autre nombre, z = 2 ; 10. L'inverse de y est donné dans une table « standard » : c'est 18. En utilisant la propriété suivante :

$$\frac{1}{y+z} = \frac{1}{\frac{1}{y}\times z + 1}\times\frac{1}{y}$$

nous obtenons que l'inverse du nombre x est le produit des inverses de y et de u avec

$$u = t + 1 = \frac{1}{y}\times z + 1$$

Dans l'exemple, $u = t + 1 = 18 \times 2; 10 + 1 = 39 + 1 = 40$. Le nombre u est régulier parce qu'il est égal à x/y et que x et y sont réguliers. Dans l'exemple, l'inverse de u, donné dans une table « standard », est 1 ; 30. Par conséquent, l'inverse de x est égal à 18 × 1 ; 30 = 27.

Cet algorithme peut aussi donner lieu à une procédure récursive. En effet, le calcul de l'inverse d'un nombre x se ramène aux calculs d'inverses de nombres y et u plus petits, auxquels on peut de nouveau appliquer l'algorithme.

Ainsi, dans la tablette A06456, le scribe dresse une longue liste de nombres inverses qui lui permet d'obtenir l'inverse de $x = 1;5;32;9;36$. À chaque boucle de l'algorithme, le scribe choisit un y dont l'inverse soit connu par une table « standard » et réapplique l'algorithme à u. Ceci jusqu'à ce que u soit suffisamment petit pour figurer dans une table « standard ». Notons y_i et u_i les nombres obtenus à la i^e boucle, le scribe obtient :

$$\begin{array}{llll}
x = 1;5;32;9;36 & = 36 \times 1;49;13;36 & y_1 = 36 & u_1 = 1;49;13;36 \\
u_1 = 1;49;13;36 & = 6 \times 18;12;16 & y_2 = 6 & u_2 = 18;12;16 \\
u_2 = 18;12;16 & = 16 \times 1;8;16 & y_3 = 16 & u_3 = 1;8;16 \\
u_3 = 1;8;16 & = 16 \times 4;16 & y_4 = 16 & u_4 = 4;16 \\
u_4 = 4;16 & = 16 \times 16 & y_5 = 16 & u_5 = 16
\end{array}$$

Ainsi,
$$\frac{1}{x} = \frac{1}{y_1} \times \frac{1}{u_1} = \frac{1}{y_1} \times \frac{1}{y_2} \times \frac{1}{u_2}$$

$$\frac{1}{x} = \frac{1}{y_1} \times \frac{1}{y_2} \times \frac{1}{y_3} \times \frac{1}{y_4} \times \frac{1}{u_5}$$

$$\frac{1}{x} = 54;55;53;54;22;30$$

Chacun des inverses du membre de droite pouvant être obtenu sur une table « standard », l'inverse de x est connu. Cet algorithme correspond donc à une décomposition en facteurs réguliers du nombre dont on cherche l'inverse.

3. ALGORITHMES ARITHMÉTIQUES ÉGYPTIENS

Durant les quatre millénaires qu'a duré leur civilisation, les anciens Égyptiens ont utilisé des systèmes numériques additifs de base dix. Outre les nombres entiers, ils considéraient la fraction 2/3 et les inverses des entiers, que nous appelons *quantièmes*, comme des entités globales. Il est intéressant de noter que la particularisation du 2/3 se trouve aussi chez les mathématiciens chinois, qui appelaient 2/3 la « grande moitié » et 1/3 la « petite moitié ». Ainsi, les Égyptiens écrivaient toute « fraction » comme somme d'un entier, d'éventuellement 2/3 et de quantièmes qui devaient être tous distincts. Par exemple, ce que nous notons 97/42 correspond en hiéroglyphique, écriture que nous trouvons sur les monuments, à :

et en hiératique, écriture des papyrus, à :

c'est-à-dire : 1/7 1/2 2/3 1

puisque : 97/42 = 1+ 2/3 + 1/2 + 1/7.

Symboles de la numération hiéroglyphique						
1	10	100	1 000	10 000	100 000	1 000 000

barre	anse	corde enroulée	fleur de lotus	doigt coupé	tétard	dieu assis

La nature additive du système facilite l'addition et la soustraction de nombres entiers. Mais, l'addition de quantièmes soulève déjà des difficultés puisque les quantièmes qui composent une « fraction » doivent être tous distincts. Ainsi, on est contraint d'écrire le double du quantième $1/(2n + 1)$ comme somme de quantièmes distincts. Par ailleurs, il faut être capable de reconnaître dans une somme de quantièmes certaines réductions possibles, afin de simplifier l'écriture. C'est pour cela que le plus important document mathématique qui nous soit parvenu – le papyrus Rhind, actuellement daté d'environ 1550 avant J.-C. et déposé au British Museum – commence par des décompositions telles que

$$2/19 = 1/12 + 1/76 + 1/114 \text{ et } 1 + 1/2 + 1/12 + 1/4 + 1/6 = 2.$$

Ces décompositions, doubles de quantièmes et réductions, servent de « bases de données » pour effectuer les opérations plus compliquées, les multiplications, les divisions et les « réductions au même dénominateur ». En effet, nous trouvons dans le papyrus Rhind des algorithmes qui permettent de ramener ces opérations à deux opérations « élémentaires » : la multiplication par 2, appelée duplication, et la division par 2, appelée dimidiation. Nous proposons deux extraits du papyrus Rhind : le premier concerne une multiplication par duplication, le second utilise la « méthode des auxiliaires rouges » pour « réduire au même dénominateur » une somme de quantièmes. Pour chacun d'eux, nous donnons, outre notre traduction, le texte hiératique tel qu'il figure sur le papyrus et sa transcription hiéroglyphique selon la tradition des égyptologues, pour faciliter la lecture des nombres. Précisons que les écritures égyptiennes se lisent de droite à gauche. Dans notre traduction, nous encadrons ce que le scribe a écrit en rouge, au lieu du noir habituel.

A. Duplication

Le problème 6 du papyrus Rhind

Extrait de *The Rhind Mathematical Papyrus*, Chace, 1927-1929, planche 38, trad. M. Guillemot

Texte hiératique tel qu'il figure sur le papyrus

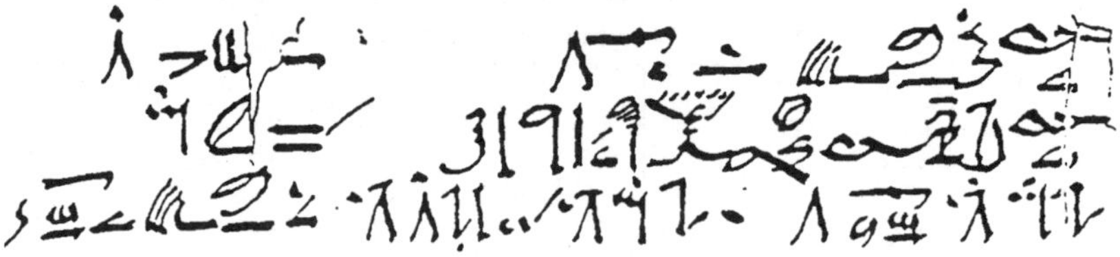

Transcription hiéroglyphique

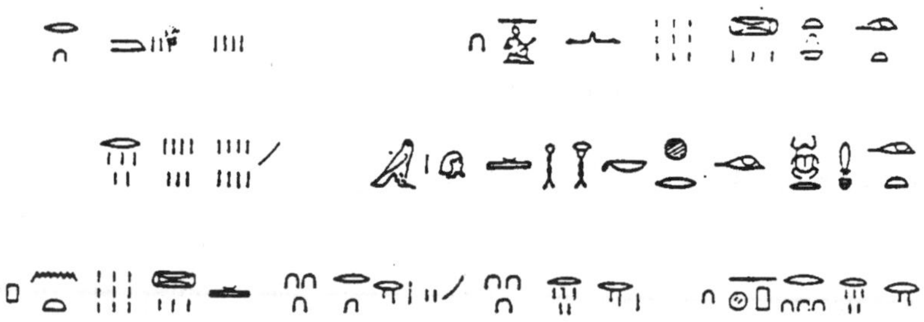

Traduction française

partage 9 pains entre 10 hommes	4	3	1/2	1/10
Le fait tel qu'il apparaît. Fais la multiplication de	⁄8	7	1/5	

2/3 1/5 1/30 par 10   1 2/3 1/5 1/30   ⁄2 1 2/3 1/10 1/30   Total 9 pains c'est cela.

Le scribe n'a pas indiqué comment il a obtenu le résultat (2/3 + 1/5 + 1/30), il propose simplement une vérification en multipliant ce résultat par 10. Pour effectuer la multiplication par 10, le scribe décompose ce nombre en somme de puissances de 2.

Puisque : $10 = 2 + 2^3$, il opère par duplications successives, c'est-à-dire multiplie par 2, 4, 8, et il additionne seulement ce qui correspond à 2 et à 8 (nombres marqués d'un trait oblique).

À son habitude, le scribe ne fournit pas les calculs intermédiaires. Nous pouvons cependant en donner une reconstitution. Les doubles des quantièmes sont donnés au début du papyrus, le scribe peut donc s'appuyer sur les données suivantes :

$$2(2/3) = 1 + 1/3$$
$$2(1/5) = 1/3 + 1/15$$
$$2(1/30) = 1/15$$
$$2(1/15) = 1/10 + 1/30.$$

Par conséquent, nous obtenons pour la première duplication :

$$\begin{aligned}2(2/3 + 1/5 + 1/30) &= (1 + 1/3) + (1/3 + 1/15) + 1/15\\ &= 1 + 2/3 + 2/15\\ &= 1 + 2/3 + 1/10 + 1/30.\end{aligned}$$

Pour la seconde duplication, nous obtenons immédiatement :

$$2(1 + 2/3 + 1/10 + 1/30) = 3 + 1/3 + 1/5 + 1/15.$$

Mais le scribe propose comme résultat : $3 + 1/2 + 1/10$. Nous pouvons penser qu'il utilise la réduction :

$$1/2 = 1/3 + 1/10 + 1/15.$$

La dernière duplication est plus facile, puisque nous avons :

$$2(3 + 1/2 + 1/10) = 7 + 1/5.$$

Pour obtenir le résultat, il reste à additionner les résultats des multiplications par 2 et par 8, et à vérifier que l'on obtient bien 9. Là non plus, le scribe n'indique pas comment il procède. Mais, le début du papyrus fournit la réduction :

$$2 = (1 + 1/5 + 1/10) + (2/3 + 1/30)$$

d'où l'on déduit aisément le résultat :

$$(7 + 1/5) + (1 + 2/3 + 1/10 + 1/30) = 9.$$

Nous voyons que l'algorithme par duplication permet d'effectuer une multiplication en utilisant uniquement les doubles des quantièmes et les réductions qui figurent au début du papyrus Rhind. De même, la dimidiation ou division par 2, permet d'effectuer des divisions. Les principaux algorithmes que les anciens Égyptiens ont mis en œuvre sont intimement liés aux opérations de duplication et de dimidiation. Il en est ainsi pour la « méthode des auxiliaires rouges » qui permet de « réduire au même dénominateur » des sommes de quantièmes et que nous présentons à la suite.

L'algorithme de duplication figure dans de nombreux ouvrages arabes d'arithmétique, et il reste en vigueur jusqu'à la Renaissance. Ainsi, nous le trouvons dans un ouvrage de Stifel de 1546.

B. La méthode des auxiliaires rouges

Le problème 7 du papyrus Rhind

Extrait de *The Rhind Mathematical Papyrus*, Chace, 1927-29, planche 39, trad. M. Guillemot.

Texte hiératique tel qu'il figure sur le papyrus

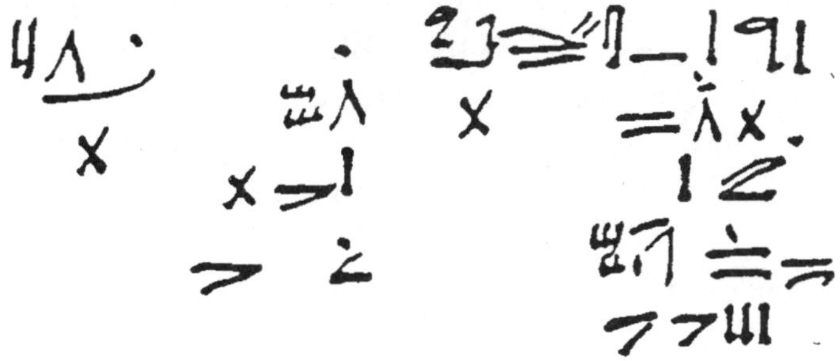

Transcription hiéroglyphique

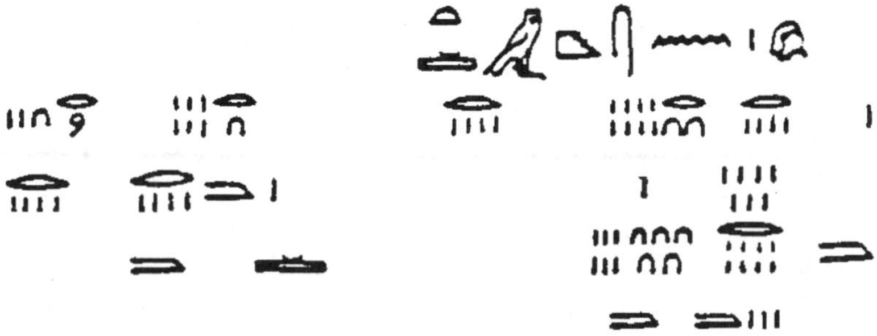

Traduction française

Exemple pour rendre complet

1	1/4	1/28	1/4	1/6	1/112
	7	1		1 1/2 1/4	1/4
1/2	1/8	1/56		total 1/2	
	3 1/2	1/2			

Nous avons encadré ce qui est en rouge sur le papyrus. Les scribes utilisaient en général deux sortes d'encre : « l'encre noire était obtenue à partir du noir de fumée ; elle servait à écrire la plus grande partie du texte. L'encre rouge était fabriquée avec l'ocre, oxyde de fer tiré de la terre égyptienne. Par contraste avec la noire, elle permettait de distinguer des séries (par exemple dans les premiers documents de comptabilité), d'indiquer des dates, de ponctuer un récit et surtout de marquer les têtes de chapitres, le début des paragraphes et la conclusion d'un long texte. Cette habitude a enrichi notre propre vocabulaire du mot "rubrique" (du latin *ruber* = rouge) » [2].
Les calculs du papyrus correspondent au calcul de la somme :

$$1(1/4 + 1/28) + (1/2)(1/4 + 1/28) + (1/4)(1/4 + 1/28)$$

soit, encore :

$$(1/4 + 1/28) + (1/8 + 1/56) + (1/16 + 1/112)$$

dont le résultat est 1/2, comme il est indiqué. Cette somme de quantièmes intervient donc dans un calcul par dimidiation.

Pour effectuer cette somme, le scribe « réduit au même dénominateur » en prenant 28 comme dénominateur commun. Ce nombre est le plus petit quantième donné au départ. Le plus petit quantième ultérieur étant 1/112, cela signifie que les « numérateurs » ne sont pas nécessairement des entiers. Le scribe écrit les « numérateurs » en rouge. Ainsi :

$1/4 = 7/28$	$1/8 = (3 + 1/2) / 28$	$1/16 = (1 + 1/2 + 1/4) / 28$
$1/28 = 1/28$	$1/56 = (1/2) / 28$	$1/112 = (1/4) / 28$

La somme des « numérateurs » est égale à :

$$(7 + 1) + (3 + 1/2 + 1/2) + (1 + 1/2 + 1/4 + 1/4).$$

Elle s'effectue facilement car, le scribe procédant par dimidiation, elle est constituée uniquement d'entiers ou d'inverses de puissances de 2. Nous obtenons immédiatement comme résultat 14, qui est la moitié de 28. Le total est donc 1/2.

Le scribe utilise 28 comme « dénominateur commun » parce que ce nombre est une donnée de départ, si bien que le procédé par dimidiation fournit des « numérateurs » non entiers. Mais, dans le problème 31 du papyrus Rhind, pour faciliter la mise en œuvre de la méthode des « auxiliaires rouges », le scribe est amené à prendre comme « dénominateur commun » 42 alors que le nombre traité est 1 + 2/3 + 1/2 + 1/7.

4. MULTIPLICATION À L'AIDE DU TABLEAU

Les algorithmes de multiplication sont nombreux. Dans la plupart des cas, ils n'ont pas été conçus comme des procédés généraux mais, au contraire, comme des réponses spécifiques à des besoins précis. Ainsi, nous trouvons des procédés concernant le produit d'un nombre quelconque par un nombre particulier, par exemple un nombre ne contenant que des 9, ou concernant le calcul de carrés. Nous trouvons également des procédés destinés au calcul mental, et d'autres réservés aux calculs écrits. Ces derniers étaient, à leur tour, divisés en deux catégories en fonction du support utilisé : ceux qui étaient dits « par effaçage », associés à la planche à poussière, et ceux « sans effaçage », réservés au papier. Parmi ces derniers, certains font intervenir la mémoire (pour les retenues, par exemple) et d'autres s'en dispensent.

Parmi cette multitude d'algorithmes, nous avons choisi d'exposer la technique du tableau parce qu'elle illustre bien la diffusion mondiale de certaines techniques mathématiques. En effet, nous la retrouvons, simultanément ou à des périodes différentes, en Chine, en Inde, dans les Pays d'Islam et en Europe.

La pratique de cette technique, dans toutes ces civilisations, repose sur le même principe mathématique de base, mais avec cependant quelques variantes dans son appellation et dans sa présentation : elle est ainsi connue sous les noms de multiplication « par tableau », « par grillage », « par filets » ou « par jalousie ». Cette dernière appellation faisant référence au nom de certaines fenêtres vénitiennes.

Cette technique fait partie des procédés de calcul par écrit adaptés aux numérations de position. Elle a l'avantage d'éviter les retenues qui proviennent des règles de multiplication. En effet, les résultats de toutes les multiplications élémentaires sont écrits et disposés selon une configuration géométrique qui matérialise par des cases les différentes positions de l'écriture décimale ou sexagésimale.

Prenons un exemple qui se trouve dans un commentaire du livre indien, le *Līlāvati* de Bhāskara (XIIe siècle), écrit par Ganesa, astronome indien du XVIe siècle [5]. Les résultats des produits élémentaires qui interviennent dans la multiplication de 135 par 12 sont disposés ainsi dans chaque petit carré :

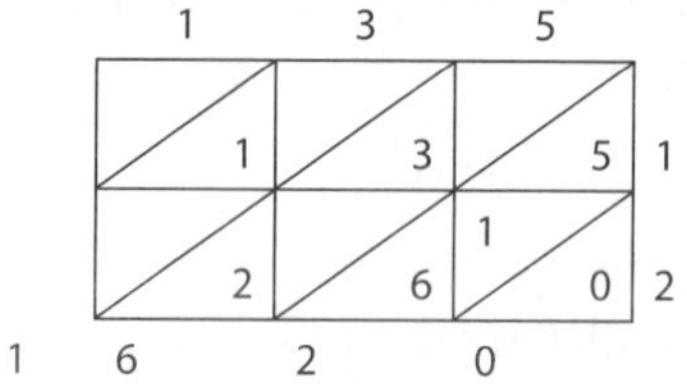

La description de cette technique du tableau ou du grillage dans les écrits mathématiques chinois, indiens et européens suit probablement leur utilisation, et les spécialistes de l'Histoire des Mathématiques n'ont pas encore pu déterminer, d'une manière décisive, l'origine de cet algorithme. Nous nous contenterons donc d'en observer la présence dans différentes traditions mathématiques d'Orient et d'Occident, et nous donnons ci-dessous des exemples pris dans les traditions arabe, chinoise et européenne.

A. En pays d'islam

Dans son livre *al-Fuṣūl fī l-ḥisāb al-hindī* (Les chapitres sur le calcul indien), le mathématicien arabe al-Uqlīdisī expose un algorithme de multiplication, appelé par lui « multiplication à l'aide des cases », qui utilise un tableau avec des alvéoles carrées. Toutefois, il n'emploie pas d'alvéoles triangulaires qui, dans la méthode des tableaux, permettent de séparer les positions d'un nombre à deux chiffres [21]. Au XIe siècle, al-Baghdādī expose à son tour, dans son livre *at-Takmila fī l-ḥisāb* (L'achèvement en calcul) le même procédé qu'il appelle « produit par la géométrie » [22].

C'est dans le manuel maghrébin du XIIIe siècle, le *Talkhīṣ aᶜmāl al-ḥisāb* (L'abrégé des opérations du calcul) d'Ibn al-Bannā que nous avons trouvé la plus ancienne description connue de la méthode du tableau dans la tradition mathématique arabe. Dans son *Talkhīṣ* Ibn al-Bannā classe les algorithmes de multiplication en trois catégories : le produit par translation, le produit par semi-translation et le produit sans translation.

L'algorithme du tableau fait partie de cette dernière catégorie. Comme les produits des deux autres catégories, il dispense de la mémorisation des retenues, mais il présente l'avantage sur eux d'éviter l'effaçage des résultats intermédiaires. Nous reviendrons sur les deux premiers procédés dans le paragraphe suivant.

Ibn al-Bannā ne donne pas d'exemple dans son *Talkhīṣ*, mais nous en trouvons dans les ouvrages de ses commentateurs. Pour illustrer le texte d'Ibn al-Bannā, nous avons choisi de présenter une utilisation plus tardive de cette technique, à l'aide de la numération alphabétique. Elle se trouve dans l'ouvrage *Miftāḥ al-ḥisāb* (La clef du calcul) d'al-Kāshī, un mathématicien persan du XVe siècle qui a travaillé en Asie, en particulier dans le fameux observatoire de Maragha, construit par Ulug Beg, le petit-fils de Tamerlan.

Les mathématiciens des pays d'Islam ont propagé et perfectionné un système décimal hérité des Indiens, écrit avec des chiffres indiens ou avec des lettres de l'alphabet.

Parallèlement à ce système, les mathématiciens arabes utilisaient aussi un système sexagésimal, hérité des Grecs, écrit à l'aide des lettres de l'alphabet arabe. Le tableau du traité d'al-Kāshī que nous présentons ici, effectue la multiplication de deux nombres exprimés dans le système sexagésimal.

Le tableau d'al-Kāshī

Extrait du *Miftāḥ al-ḥisāb* (*La clé du calcul*) AL-KĀSHĪ, édition A.S. Damirdash et M.H. Al-Hafni, 1967, 110-111.

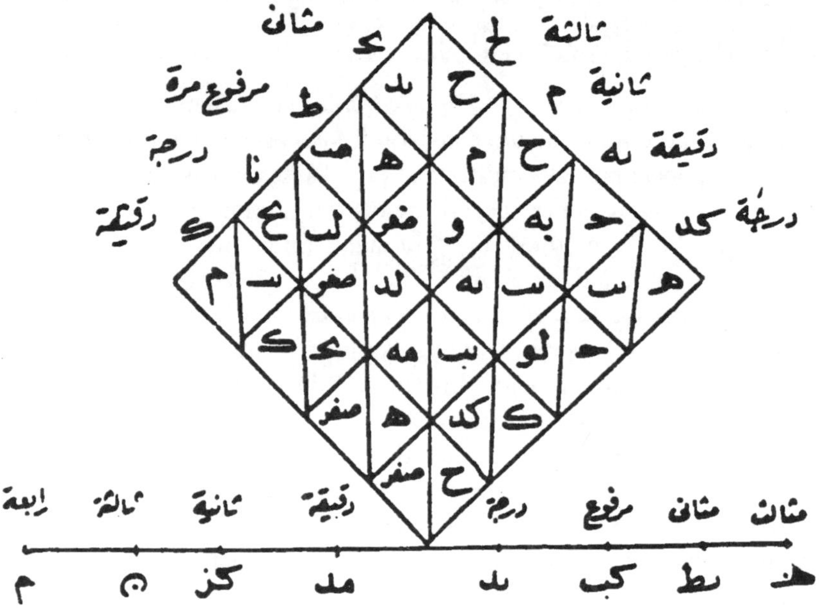

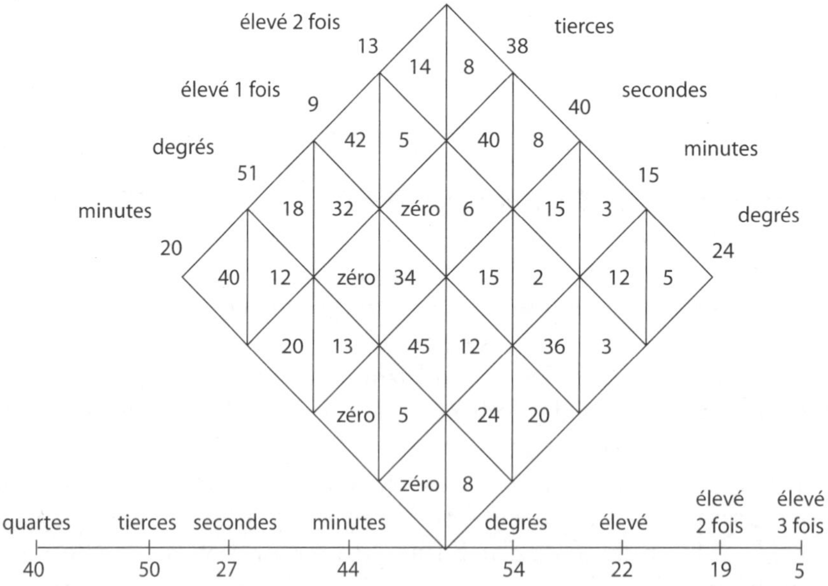

Le texte d'Ibn al-Bannā

Extrait du *Talkhīṣ* d'Ibn al-Bannā, d'après l'édition de M. Souissi, Publications de l'Université de Tunis, 1968. Texte arabe, p. 48, trad. A. Djebbar.

Sa description est la suivante : tu construis un quadrilatère que tu subdivises verticalement et horizontalement en autant de bandes qu'il y a de positions dans les deux nombres multipliés. Tu divises diagonalement les carrés [obtenus], à l'aide de diagonales allant du [coin] inférieur gauche au [coin] supérieur droit.
Tu places le multiplicande au-dessus du quadrilatère, en faisant correspondre chacune de ses positions à une colonne. Puis, tu places le multiplicateur à gauche ou à droite du quadrilatère, [de telle sorte] qu'il descende avec lui en faisant correspondre également chacune de ses positions à une ligne. Puis, tu multiplies, l'une après l'autre, chacune des positions du multiplicande du carré par toutes les positions du multiplicateur, et tu poses le résultat [partiel correspondant] à chaque position dans le carré où se coupent [respectivement leur colonne et leur ligne], en plaçant les unités au dessus de la diagonale et les dizaines en dessous. Puis, tu commences à additionner, en partant du coin supérieur gauche : tu additionnes ce qui est entre les diagonales, sans effacer, en plaçant chaque nombre dans sa position, en transférant les dizaines de chaque somme [partielle] à la diagonale suivante et en les ajoutant à ce qui y figure. La somme que tu obtiendras sera le résultat.

Rappelons que l'écriture, et donc la lecture des nombres, s'effectue de droite à gauche. Effectuons la multiplication de 348 par 27 en utilisant la disposition d'Ibn al-Bannā. Nous obtenons 9396 avec le tableau ci-contre.

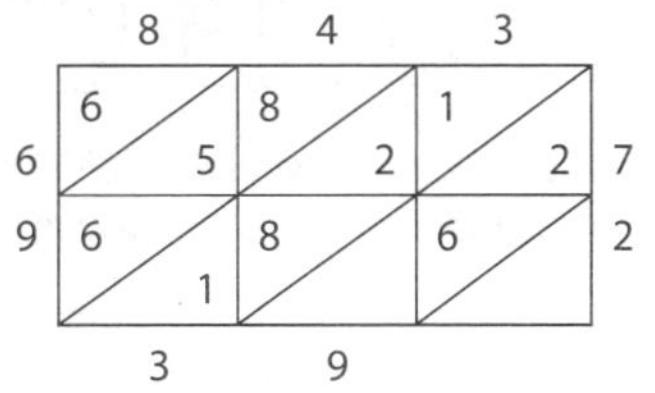

Le tableau d'al-Kāshī correspond à la multiplication des deux nombres que nous écrivons aujourd'hui :

$$38 \times 60^{-3} + 40 \times 60^{-2} + 15 \times 60^{-1} + 24 \text{ et } 20 \times 60^{-1} + 51 + 9 \times 60 + 13 \times 60^{2}.$$

Les alvéoles triangulaires permettent de séparer et d'ordonner les positions sexagésimales. Ainsi, $20 \times 38 = 760 = 12 \times 60 + 40$, donc les alvéoles de la case située à gauche du premier tableau comportent les nombres 40 et 12. Nous notons que la multiplication $9 \times 40 = 6 \times 60$ donne lieu à une alvéole comportant zéro écrit en toutes lettres.

La disposition du tableau facilite les additions qui terminent le calcul. Nous obtenons, en lecture verticale, le résultat de la multiplication :

$$40 \times 60^{-4} + 50 \times 60^{-3} + 27 \times 60^{-2} + 44 \times 60^{-1} + 54 + 22 \times 60^{2} + 19 \times 60^{2} + 5 \times 60^{3}.$$

Pour le lecteur qui voudrait suivre pas à pas la démarche du calculateur, nous devons signaler que le copiste ou l'imprimeur a pu écrire de façon non usuelle les chiffres, par exemple le chiffre 5.

B. En Chine

Le texte de Wu Jing

Extrait du *Jiuzhang suanfa bilei daquan* (Somme des méthodes de calcul des neuf chapitres comportant des problèmes résolus par analogie avec des problèmes-type), 1450. D'après l'édition conservée au Seikado bunko, Tokyo. Recto de la page 10 de l'avant-propos. Traduction J.-C. Martzloff.

Soit 3069 *liang* 8 *qian* 4 *fen* de soie. Chaque *liang* coûte 2 *guan* 603 *wen* 7 *fen* 5 *li*. Comme prix : combien ? Réponse : 7993 *guan* 95 *wen* 9 *fen*.

prix total	3 milliers		6 dizaines	9 liang	8 qian	4 fen	prix du liang
	/ 6	/	1 / 2	1 / 8	1 / 6	/ 8	2 guan
7 milliers	1 / 8	/	3 / 6	5 / 4	4 / 8	2 / 4	6 centaines
9 centaines	/	/	/	/	/	/	
9 dizaines	/ 9	/	1 / 8	2 / 7	2 / 4	1 / 2	3 wen
3 guan	2 / 1	/	4 / 2	6 / 3	5 / 6	2 / 8	7 fen
	1 / 5	/	3 /	4 / 5	4 /	2 /	5 li
	9 dizaines	5 wen	9 fen				

En Chine l'utilisation du tableau est attestée pour la première fois dans le traité de Wu Jing, *Jiunzhang suanfa bilei daquan* (Somme des méthodes de calcul des neuf chapitres comportant des problèmes résolus par analogie avec des problèmes-type). L'auteur de ce manuscrit, terminé en 1450, était gouverneur financier dans la province du Zhejiang.

Dans cet ouvrage, la technique du tableau apparaît dans l'avant-propos. L'auteur ne fournit pas d'explications théoriques, mais une suite de problèmes arithmétiques de difficultés graduées avec, dans tous les cas, les tableaux correspondants. Les unités de mesure employées dans ce problème (page ci-contre) sont les suivantes :

unités de longueur pour mesurer les tissus	1 liang = 10 qian	1 qian = 10 fen	
unités monétaires	1 guan (« ligature ») = 1 000 wen	1 wen (« sapèque ») = 10 fen	1 li = 1/10 fen

Ce tableau montre que l'unité appelée *fen* sert à la fois pour mesurer des longueurs et des sommes d'argent, il s'agit donc plutôt d'un marqueur positionnel servant à repérer certaines fractions d'une unité principale, quelle que soit cette unité principale.

On note aussi que les cases vides du tableau sont celles pour lesquelles les unités correspondantes manquent. Autrement dit, la notion de zéro recouvre ici seulement l'idée d'unités absentes pour lesquelles on laisse une place vide. Mais, cette « place vide » n'apparaît pas dans l'écriture puisque le texte, traduit littéralement, énonce en toutes lettres « Soit trois milliers [et] soixante neuf *liang* huit *qian* quatre *fen* de soie... ». Cependant, pour plus de lisibilité, nous avons traduit cet énoncé en écrivant « Soit 3 069 *liang* 8 qian... ». Le zéro bien visible qui apparaît ici en traduction est en fait complètement absent du texte écrit, mais on le retrouve sous forme d'une place vide dans le tableau qui sert à effectuer la multiplication.

Il est presque certain que cette technique de calcul a été empruntée à la tradition arabe. En effet, en Chine, les calculs ne se pratiquent jamais par écrit et le nom chinois de la technique est *xie suan*, c'est-à-dire « calcul par écrit ».

C. En Europe

En dehors des mondes islamiques et chinois, la méthode de multiplication à l'aide d'un tableau quadrillé possède, en Europe même, une longue histoire qui s'étend du Moyen Âge jusqu'au début du vingtième siècle. Le plus ancien exemple européen connu de la méthode du tableau apparaît dans un manuscrit latin rédigé vers 1300 dans l'Angleterre de l'époque d'Édouard II (Doc. 1). On retrouve ensuite cette méthode dans de nombreux traités d'arithmétique de la Renaissance, comme celui anonyme, publié à Trévise en 1478 (Doc. 2) ou encore celui de Luca Pacioli (1494) (Doc. 3).

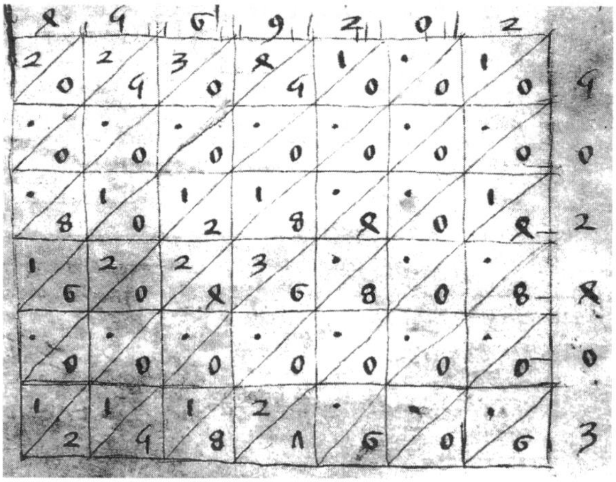

Doc. 1
Multiplication de 4 569 202 par 502 403 dans le manuscrit latin *Tractatus de minutis philosophicis et vulgaribus* (Traité des petites mesures philosophiques et vulgaires) (vers 1300). Oxford, Bodleian Library, MS Digby 190. fo. 75r.

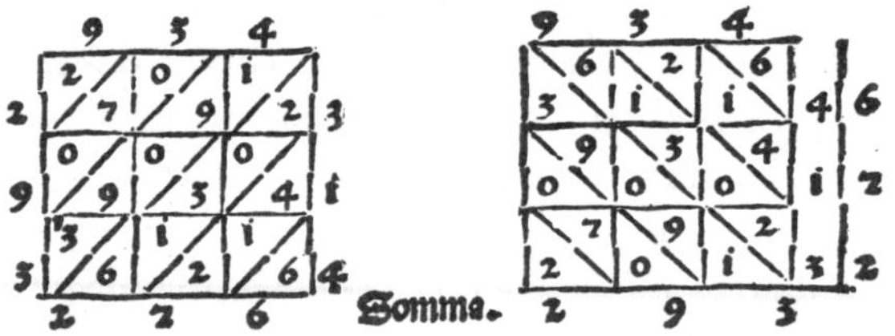

Doc. 2
Multiplication par tableau dans l'arithmétique de Trévise (1478).

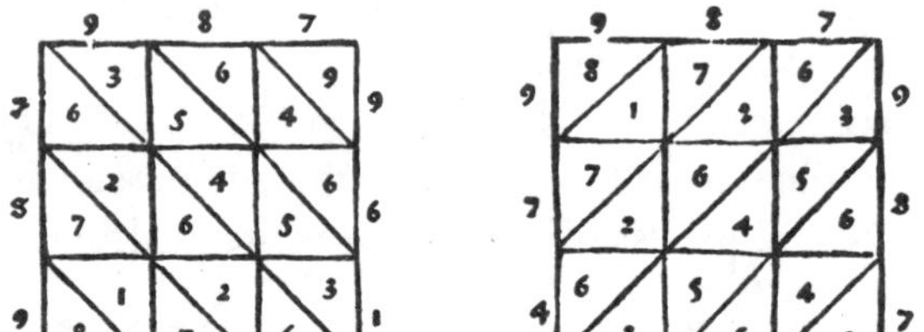

Doc. 3
Multiplication par tableau dans l'arithmétique de Luca Pacioli (1494).
Source : SMITH, *History of Mathematics*, vol. II (1925), rééd. Dover, New York, 1958, pp. 115-116 [23].

Cette technique ne présente pas que des avantages : dans certains cas, le tracé du tableau demande plus de temps et de minutie que les calculs eux-mêmes. Aussi, a-t-on imaginé de fabriquer le tableau matériellement, une fois pour toutes.

Les réglettes de Neper

En 1617, Neper, l'inventeur des logarithmes, publie à Edimbourg un petit opuscule intitulé *Rabdologiae Sev Numerationis per Virgulas* (d'après le mot grec *rabdos* qui signifie baguette). À chaque nombre de 0 à 9 est associé une réglette sur laquelle sont inscrits les produits successifs de ce nombre par 1, 2, ... jusqu'à 9 (*cf.* Doc. 4). Pour multiplier un nombre quelconque par 1, 2... ou 9, on dispose dans l'ordre les réglettes portant les chiffres du nombre considéré. Naturellement, il peut se faire que l'on ait besoin du même chiffre plus d'une fois ; c'est pourquoi Neper avait placé quatre réglettes différentes sur les quatre faces de ses baguettes. Au multiplicateur compris entre 1 et 9 correspond alors une ligne, ligne sur laquelle on peut lire les produits partiels relatifs aux différents chiffres du nombre. Il reste alors à effectuer les additions en diagonale comme dans la technique du tableau (*cf.* Doc. 5).

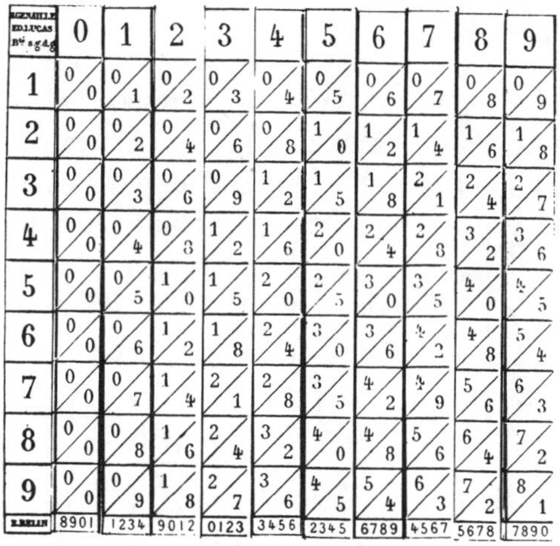

Doc. 4 Jeu de réglettes de Neper pour la multiplication.

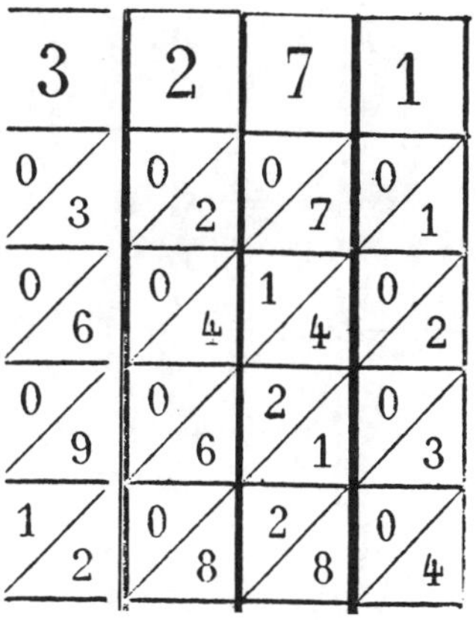

Doc. 5 Multiplication à l'aide des réglettes de Neper : 3271 × 4.

Les réglettes de Lucas-Genaille

Pour ingénieuse qu'elle soit, l'idée de Neper était encore susceptible d'amélioration. En 1885, lors d'une réunion de l'Association Française pour l'Avancement des Sciences, le mathématicien français Édouard Lucas, connu par ses ingénieuses récréations mathématiques mais aussi par d'originaux résultats en théorie des nombres (*cf.* chap. 8, §§ 4 et 5), pose le problème de l'amélioration des réglettes de Neper. Il fait remarquer que ces réglettes laissent toujours subsister une complication puisqu'elles obligent toujours à tenir compte des retenues ! Peut-on obtenir directement les produits cherchés, à l'aide de réglettes améliorées, sans effectuer la moindre opération ? demande-t-il.

Quelques années plus tard, un ingénieur français des chemins de fer, Henri Genaille, présente un jeu de réglettes de son cru, valables pour déterminer sans effort les produits d'un nombre quelconque par un nombre d'un chiffre. Cette fois, pour trouver le résultat cherché, il suffit de suivre les flèches tracées astucieusement sur les nouvelles réglettes (Doc. 6). Les réglettes de Lucas-Genaille furent alors commercialisées par la librairie Belin et connurent un franc succès jusque vers 1911 [28].

Supposons que l'on veuille multiplier un nombre par un multiplicateur se composant d'un seul chiffre à l'aide des réglettes de Lucas-Genaille, par exemple, 3271 par 4. Après avoir accolé les réglettes correspondant au nombre 3271, précédées de la réglette «0», on lit le résultat en suivant les flèches noires, de droite à gauche, à partir du haut de la bande correspondant au multiplicateur considéré. On obtient ainsi les chiffres du résultat les uns après les autres à partir des chiffres des unités, des centaines, etc. (Doc. 7).

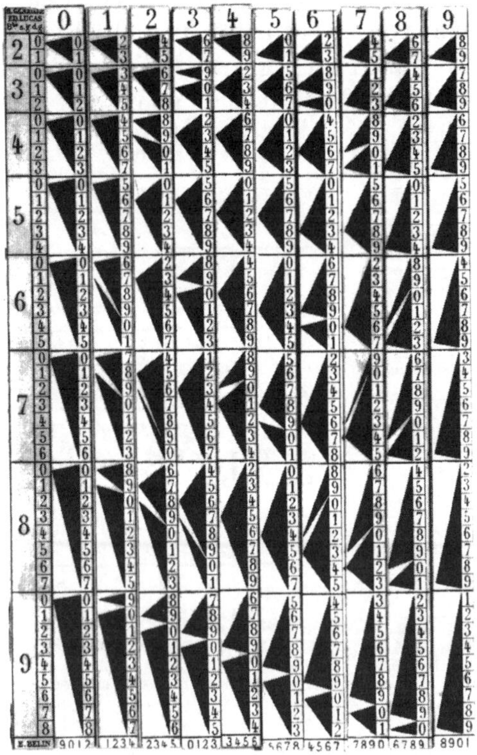

Doc. 6 Jeu de réglettes de Lucas-Genaille pour la multiplication.

Doc. 7 Multiplication à l'aide des réglettes de Lucas-Genaille : 3271 × 4 = 13084.

5. OPTIMISATION DES CALCULS

Le texte que nous présentons compare deux procédés de multiplication utilisés au Moyen Âge. À côté du procédé dit «produit par translation», qui était le procédé général en usage à l'époque, il existait un procédé spécifique pour le calcul des carrés. Ce procédé portait le nom de «produit par semi-translation », parce que, comparé au précédent, il faisait intervenir moins de multiplications élémentaires.

Ce texte dénombre, dans le cas de la multiplication d'un nombre au carré, les multiplications élémentaires à effectuer selon le procédé de multiplication utilisé, et souligne l'économie à laquelle conduit le procédé par « semi-translation » : il s'agit d'un problème d'optimisation. Ce type d'argumentation peut permettre d'expliquer l'usage, que nous avons noté au chapitre précédent, de procédés de multiplication spécifiques selon les nombres à multiplier.

Le texte d'Ibn al-Majdī

Extrait de *Ḥāwī l-lubāb*, (Recueil de la moelle [du calcul]) Ms. British Museum, n° Add. 7469, ff. 41b-42a, trad. A. Djebbar.

Tu as besoin, dans les [problèmes] analogues à celui-ci, de multiplications dont le nombre est [égal] au nombre du carré [du nombre de chiffres] du [nombre qu'on élève au carré] [...].
En résumé, on doit dire : on ôte du nombre de multiplications la moitié de ce qui reste du carré du nombre de positions du [nombre] élevé au carré, après [en] avoir retranché la moitié du nombre de [chiffres de] ce nombre.
[Par exemple], si le nombre de position du nombre est dix, le nombre de multiplications sera cent. Et on enlève quarante-cinq. Si le nombre était cinq, le [nombre de] multiplications serait vingt-cinq ; et on en enlèverait dix. Comprends cela.

Expliquons en quoi consistent les procédés par translation et par semi-translation dans le cas de l'élévation au carré de 438.

Procédé par translation

Le calcul va s'effectuer, ici, en trois étapes car le nombre à élever au carré comporte trois chiffres ; il est écrit sur une première ligne, où il jouera le rôle de multiplicateur ; il est écrit sur une deuxième ligne où il joue le rôle de multiplicande et il y est placé de sorte que le chiffre des unités, ici le 8, soit au-dessous du chiffre du multiplicateur correspondant à l'étape de la multiplication en cours.

1	7	5	2		
		3	2		
	1	2			
1	6				
			4	3	8
	4	3	8		

1	8	8	3	4	
			2	4	
			9		
	1	2			
1	7	5	2		
			4	3	8
		4	3	8	

1	9	1	8	4	4
				6	4
			2	4	
		3	2		
1	8	8	3	4	
			4	3	8
			4	3	8

– 1re étape : on multiplie par 4 les chiffres de la deuxième ligne et on dispose les résultats les uns au-dessus des autres, en respectant les positions décimales, puis on additionne les résultats partiels.
– 2e étape : on translate le multiplicande d'une position vers la droite, on dispose le résultat partiel, 1 752, en respectant la position de chaque chiffre, et on réitère la première opération en multipliant par 3 les chiffres du bas, puis on additionne les résultats partiels et le résultat de la première étape.
– 3e étape : on translate le multiplicande d'une position vers la droite et on itère le procédé de la 2e étape.

Procédé par semi-translation

Le procédé de multiplication par semi-translation, réservé au calcul du carré d'un nombre, utilise la forme suivante du développement d'un carré. Si $x = a\ b\ c$, où a, b, c occupent respectivement les positions des centaines, des dizaines et des unités, c'est-à-dire si $x = 100a + 10b + c$, alors :

$$x^2 = 10\,000a^2 + 1\,000.2ab + 100(b^2 + 2ac) + 10.2bc + c^2.$$

En pratique, on écrit sur la planche à calcul : 4.3.8 en séparant les chiffres par des points. Puis on calcule, au fur et à mesure, les termes de la somme ci-dessus en les plaçant convenablement les uns au dessus des autres, c'est-à-dire en respectant les positions décimales.
Le calcul s'effectue en cinq étapes :
1re étape : on calcule $a^2 = 4 \times 4 = 16$ et on le dispose au dessus de 4.3.8., en plaçant le 6 au-dessus du 4 qui occupe la position des dizaines de milliers.
2e étape : on calcule $2a = 2 \times 4 = 8$ et $2ab = 8 \times 3 = 24$. Le premier nombre, intermédiaire de calcul, est placé au-dessous de 4.3.8, et le second nombre est placé au-dessus, le 4 occupant la place des milliers.
3e étape : on calcule $b^2 = 3 \times 3 = 9$ et $2ac = 8 \times 8 = 64$
4e étape : on calcule $2b = 2 \times 3 = 6$ et $2bc = 6 \times 8 = 48$
5e étape : on calcule $c^2 = 8 \times 8 = 64$.

				6	4
			4	8	
		6	4		
			9		
	2	4			
1	6				
	4	.	3	.	8
			8		
				6	

Le résultat final s'obtient en additionnant les éléments de chaque colonne au-dessus de 4.3.8, nous trouvons 191 844.

Calculons maintenant le nombre de multiplications élémentaires qu'il faut effectuer si on élève au carré un nombre de n chiffres, selon que l'on utilise l'un ou l'autre procédé. Avec le procédé par translation, il faut effectuer n^2 multiplications, avec le procédé par semi-translation il faut en effectuer $1 + 2 + \ldots + n$, soit $n\ (n + 1)\ /\ 2$. Nous négligeons, dans ce calcul, les doublements, intermédiaires de calculs écrits en-dessous. Dans les cas où $n = 10$ et $n = 5$, nous retrouvons bien les données du texte d'Ibn al-Majdī.

6. DIVISION SIMPLE PAR DIFFÉRENCE SUR L'ABAQUE

Différentes abaques, ou tables de calcul, ont été utilisées dans l'Antiquité. On attribue souvent à Gerbert d'Aurillac, qui devint pape en 999 sous le nom de Sylvestre II, l'introduction d'une table à arcs et colonnes appelée encore *arc pythagorique*.

Cette table est quadrillée de manière à pouvoir positionner des jetons, encore appelés apices, sur lesquels sont gravées les neuf premières lettres de l'alphabet grec ou d'autres signes particuliers. Les positions des apices sont décimales. En partant de la droite, la première colonne sert à noter les unités, la deuxième les dizaines, la troisième les centaines, et ainsi de suite pour toutes les puissances de dix considérées. Remarquons qu'il n'est pas fait usage du zéro, la place vide servant à le représenter. Les colonnes sont parfois reliées de trois en trois par des arcs : de la viennent le nom d'arc donné aux colonnes elles-mêmes et l'appellation d'arc pythagorique attribuée à cet abaque.

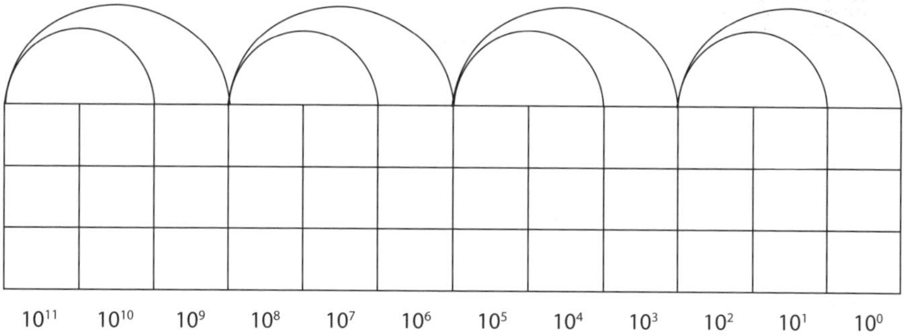

Michel Chasles a donné, en 1843, une traduction d'un manuscrit qui paraît avoir été écrit vers l'an 1200. Nous en avons extrait l'algorithme « de la division simple par les différences », algorithme dont nous ne connaissons pas l'origine. Le manuscrit commence par décrire l'abaque et par définir deux sortes de nombres : les « *digits* » et les « *articles* ». Les « *digits* » sont les nombres jusqu'à 9 et les « *articles* » sont tous les multiples de 10. Ainsi tout nombre entier est somme d'un « *digit* » et d'un « *article* ».

Le manuscrit explique que l'algorithme « de la division simple par les différences » ne s'applique qu'aux cas où les diviseurs sont des « *digits* » et les dividendes des « *articles* ». L'exemple traité dans l'extrait ci-dessous concerne la division de 900 par 8.

Voici le principe de cette division. Soient a et b les deux premiers chiffres du dividende, celui-ci s'écrit alors $a.10^n + b.10^{n-1} + k$ avec $k < 10^{n-1}$, et soit d le diviseur supposé inférieur à 10.

Nous avons :

$$\frac{a.10^{n} + b.10^{n-1} + k}{d} = a.10^{n-1} + \frac{\left(a(10-d) + b\right)10^{n-1} + k}{d}$$

Par conséquent, on peut faire apparaître un quotient partiel égal à $a.10^{n-1}$, et remplacer le dividende par $(a(10 - d) + b)\ 10^{n-1} + k$. Ce processus peut être itéré à partir du dividende diminué, à condition d'ajouter les quotients partiels successivement obtenus.

Au départ, la disposition sur l'abaque est la suivante : la première ligne contient le complément à 10 du diviseur, la deuxième contient le diviseur, la troisième contient le dividende et la quatrième est vide. Puis, à chaque itération du processus précédemment décrit, il faut que :

1. les deux dernières lignes soient modifiées de façon que la diminution du dividende soit effectuée sur la ligne du dividende, c'est-à-dire la troisième ;
2. le quotient partiel mis en évidence soit ajouté à la ligne du quotient, c'est-à-dire la quatrième.

Pour cela, on effectue sur l'abaque les deux opérations représentées symboliquement ci-dessous.

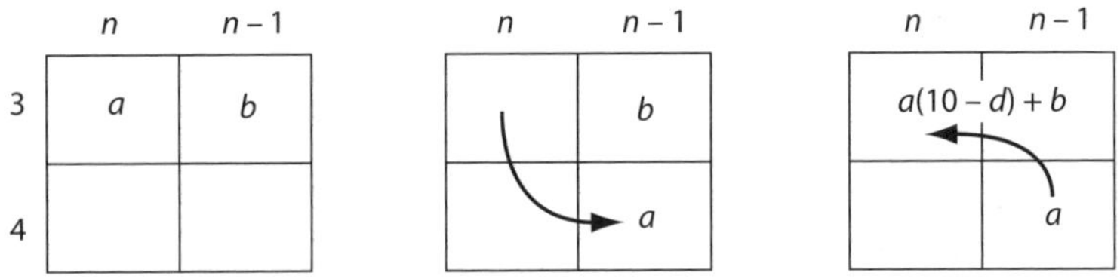

Le texte de Chasles

Extrait de « Histoire de l'arithmétique, Règles de l'Abacus ». Chasles, *Comptes Rendus de l'Académie des Sciences* t. 16 (1843), p. 228-229.

Pour faciliter la compréhension du texte, nous l'avons subdivisé et nous l'avons accompagné, dans la colonne de droite, des calculs correspondants sur l'abaque.

Exemple de la division simple par les différences. Diviser 900 par 8.

Donnons un exemple de la division simple par les différences.
Posons VIII pour diviseur dans la colonne des unités, et au dessus de lui sa différence à X, c'est-à-dire deux. Posons neuf pour dividende dans la colonne des centaines ;

		②
		⑧
⑨		

et alors il faut dire : Si un diviseur simple, avec sa différence, est dans la colonne des unités, on descendra d'un rang la dénomination prise intégralement. Telle est la première règle. [...] Prenez la dénomination, c'est-à-dire le dividende tout entier pour dénomination, et posez-la dans la deuxième colonne, c'est-à-dire posez neuf dans la colonne des dizaines, dans la partie inférieure.

		②
		⑧
	⑨	

Multipliez la différence par la dénomination, et dites cette règle : Quand le multiplicateur est un nombre des dizaines, on pose le digit dans la deuxième colonne à partir du multiplicande, et l'article à un rang au delà. Posez donc VIII dans la colonne des dizaines et l'unité dans celle des centaines, et vous aurez ainsi le produit de la multiplication, savoir un digit et un article.

		②
		⑧
①	⑧	
	⑨	

Reportez l'article sur la première dénomination, suivant la règle qui dit : S'il provient un article, il retourne à la dénomination.

		②
		⑧
	⑧	
	①⑨	

Multipliez la différence, c'est-à-dire deux par cet article, c'est-à-dire l'unité : une fois deux fait II. Maintenant dites la règle du multiplicateur de l'ordre des dizaines, et posez le produit, savoir deux dans la colonne des dizaines. On a ainsi dans la colonne des dizaines, VIII et II qui font X. Après avoir enlevé VIII, on place une unité dans la colonne des centaines, puis on la reporte au-dessus des autres dénominations, d'après la règle de l'article.

		②
		⑧
	①①⑨	

On multiplie la différence, c'est-à-dire deux, par cette unité : une fois deux fait II. D'après la règle pour un multiplicateur de l'ordre des dizaines, il faut placer ce produit deux dans la colonne des dizaines ;

		②
		⑧
	②	
	①①⑨	

et comme c'est un digit, on le posera comme dénomination à un rang après les dénominations déjà calculées.

		②
		⑧
	①①⑨	②

Maintenant il faut dire : Deux fois II, quatre ; et suivant la règle d'un multiplicateur de la colonne des unités, on pose ce IIII lui-même dans la colonne des unités, et après qu'on a enlevé la différence qui gouvernait ce diviseur VIII, il est manifeste que le diviseur, qui est plus grand, ne peut rien prendre dans quatre en nombres entiers. La division est donc terminée.

		②
		⑧
		④
	①①⑨	②

Il faut actuellement, suivant la règle de purgation, reporter dans la colonne des centaines une des unités qui sont dans la colonne des dizaines, en y laissant une et en enlevant IX. On a de la sorte deux unités, l'une dans la colonne des centaines, l'autre dans la colonne des dizaines, et le digit deux dans la colonne des unités.

		②
		⑧
		④
①	①	②

Et l'on voit clairement que neuf cent poires devant être partagées entre huit militaires, chacun en aura cent douze, et il en restera quatre en commun.

L'algorithme s'effectue en plusieurs « boucles », il suppose un certain nombre de calculs intermédiaires dont certains doivent être gardés en « mémoire ». Les différentes rangées de l'abaque sont donc destinées à contenir et à conserver des données ou des calculs bien spécifiques :

la 1re rangée contient la différence $10 - d$

la 2e rangée contient le diviseur d

la 3e rangée contient les dividendes successifs

la 4e rangée accumule les quotients partiels calculés successivement.

Au début du calcul, la 3e rangée contient le dividende. Tant que le nombre de cette rangée est supérieur à 10, chaque « boucle » de l'algorithme consiste en deux opérations :

1. diminuer le dividende de $a.\,10^n$ en posant $a.\,10^{n-1}$ sur la 4e rangée.

Cela revient à décaler d'une colonne vers la droite le jeton le plus à gauche de la 3e rangée, appelé « dénomination », en le posant sur la 4e rangée

2. poser $a\,(10 - d).\,10^{n-1}$ sur la 3e rangée, ce qui permet d'obtenir le nouveau dividende sur cette rangée.

Nous allons simuler cet algorithme sur l'exemple proposé dans le texte et effectuer la division de 900 par 8. Notre abaque possède trois colonnes « verticales » numérotées à partir de la droite et quatre rangées « horizontales » numérotées à partir du haut.

Initialisation : on pose la différence $(10 - d)$ dans la première rangée sur la colonne de droite, ici 2. Ensuite, on pose le diviseur d, ici 8, dans la deuxième rangée sur cette même colonne. Enfin, on pose le dividende sur la troisième rangée, le chiffre des unités étant situé sur la colonne de droite. Ici, 9 est posé sur la colonne des centaines.

		②
		⑧
⑨		

1ère boucle

1ère opération

		②
		⑧
	⑨	

2ère opération

		②
		⑧
①	⑧	
	⑨	

2e boucle

1ère opération

		②
		⑧
	⑧	
	①⑨	

2ère opération

		②
		⑧
①		
①		

3e boucle

1ère opération

		②
		⑧
①	①	

2ère opération

		②
		⑧
	②	
①	①	

4e boucle

1ère opération

		②
		⑧
①	①	②

2ère opération

		②
		⑧
		④
①	①	②

Le processus s'arrête lorsque le nombre apparaissant sur la troisième ligne, n'est plus formé que d'un chiffre. Si ce chiffre est inférieur au diviseur *d*, c'est le reste de la division ; quant au quotient final il se lit sur la quatrième ligne. Dans le cas où le chiffre apparaissant sur la troisième rangée n'est pas inférieur à *d*, il reste à en effectuer la division par *d*.

Nous pouvons nous assurer de la correction des opérations en vérifiant qu'à chaque itération, la somme de la troisième ligne et du produit de la quatrième ligne par la deuxième est constamment égale au dividende de départ.

7. DIVISION SUR LE BOULIER CHINOIS

Le boulier n'a été couramment utilisé en Chine qu'à partir de la deuxième moitié du XVIe siècle. Dans sa version actuelle, le boulier chinois se compose d'un nombre variable de tringles serties dans un cadre rectangulaire. Sur chacune de ces tringles, deux étages de boules séparées par une barre transversale peuvent coulisser librement. La notation des nombres repose sur le principe de la numération décimale de position : chacune des deux boules du « haut » vaut 5 unités et chacune des cinq boules du « bas » vaut 1 unité. Seules comptent les boules situées dans la région transversale. Par exemple, 123456789 peut être représenté comme suit :

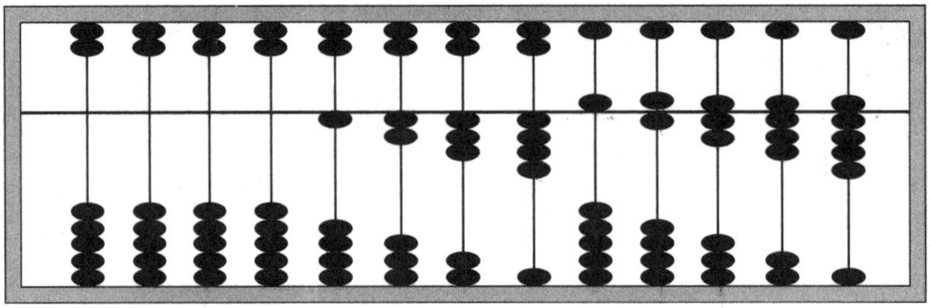

Il existe de multiples techniques opératoires qui dépendent de la nature du boulier, et de la méthode mathématique mise en œuvre.

En effet, des règles spéciales de division ont été conçues pour chaque diviseur de 1 à 9, ainsi que, parfois, des règles pour chaque diviseur compris entre 11 et 99. Mais des règles plus générales, valables pour un diviseur quelconque, se rencontrent aussi. Nous ne donnons ici qu'un exemple particulier de division, celui de la division par 7. Les règles ci-dessous sont adaptées du célèbre traité d'arithmétique de 1592, le *Suanfa tongzong*.

Une adaptation du texte du Suanfa tongzong

Extrait de *The principles and practice of the chinese Abacus*, LAU CHUNG HIM, (1958), p. 77. Trad. J.-C. Martzloff.

Règles de division par 7

(1)	qi-yi xia jia san	sept-un ? ajouter trois en dessous !
(2)	qi-er xia jia liu	sept-deux ? ajouter six en dessous !
(3)	qi-san si sheng er	sept-trois ? quatre reste deux !
(4)	qi-si wu sheng wu	sept-quatre ? cinq reste cinq !
(5)	qi-wu qi sheng yi	sept-cinq ? sept reste un !
(6)	qi-liu ba sheng si	sept-six ? huit reste quatre !
(7)	feng qi jin yi	« sept » rencontré ? « un » monté !

Ces règles de division ne sont pas des règles logiques, mais de simples procédés mnémotechniques indiquant ce qu'il convient de faire selon la situation. Leur énoncé débute par le rappel du diviseur, ici 7, il se poursuit ensuite par l'énoncé du dividende. Enfin, le reste de la règle indique à quelles manipulations, ajouts ou retraits de boules, il convient de se livrer dans chaque cas.

Les règles contiennent une part d'implicite. Il faut comprendre que le dividende étant posé sur le boulier, on doit appliquer les règles aux chiffres successifs du dividende, en commençant par celui dont l'ordre décimal est le plus élevé. « Ajouter en dessous » veut dire « mettre des boules au rang décimal immédiatement inférieur au rang considéré » et « monter » veut dire « mettre des boules au rang décimal immédiatement supérieur au rang considéré ».

Pour plus de commodité, nous donnons une traduction sur le boulier des règles énoncées. Nous avons noirci les boules qui sont ajoutées et barré celles qui doivent être enlevées. De plus, nous nous limitons à indiquer les boules « utiles », celles qui servent à noter les nombres, c'est-à-dire celles qui « touchent » directement ou indirectement la barre transversale.

Règle	Dividende	Diviseur	application de la règle	expression finale	« traduction » arithmétique
(1)		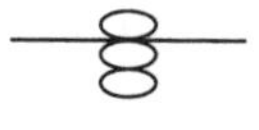	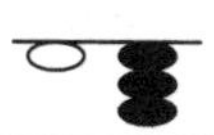	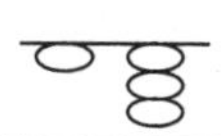	10/7 = 1 + 3/7
(2)	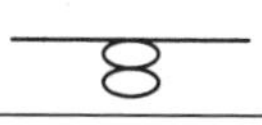	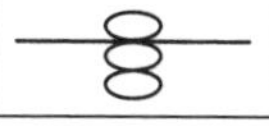			20/7 = 2 + 6/7
(3)	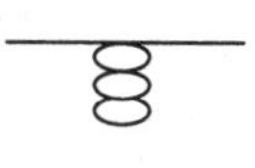	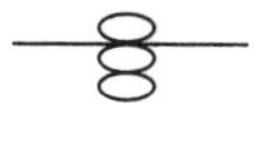	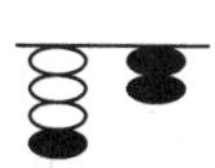	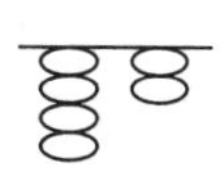	30/7 = 4 + 2/7
(4)	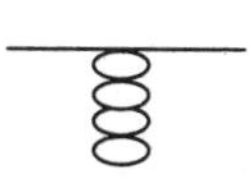	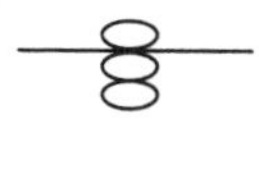	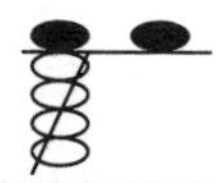	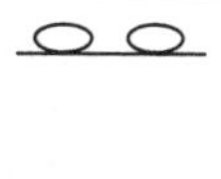	40/7 = 5 + 5/7
(5)	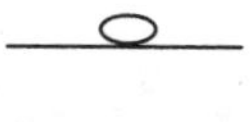	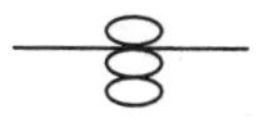		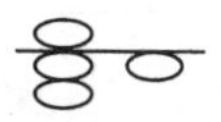	50/7 = 7 + 1/7
(6)	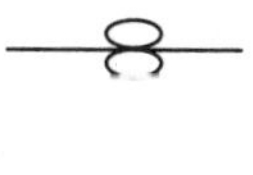	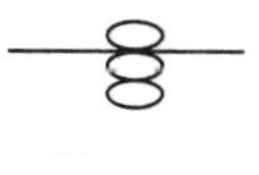			60/7 = 8 + 4/7
(7)	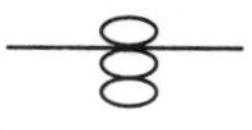	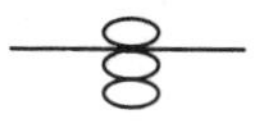	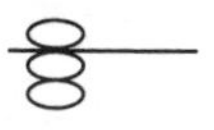		7/7 = 1

Pour effectuer la division d'un nombre par 7, on pose le dividende à droite sur le boulier et le diviseur à gauche. On opère sur les chiffres successifs du dividende, en commençant par celui d'ordre le plus élevé. Les règles précédemment énoncées sont appliquées mécaniquement. Prenons, par exemple, la division de 1234 par 7.

1re étape : écriture du dividende et du diviseur.

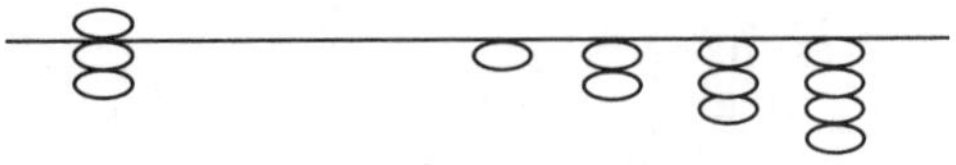

2e étape : le premier chiffre du dividende est 1, donc on applique la première règle et après « simplification » par 5 :

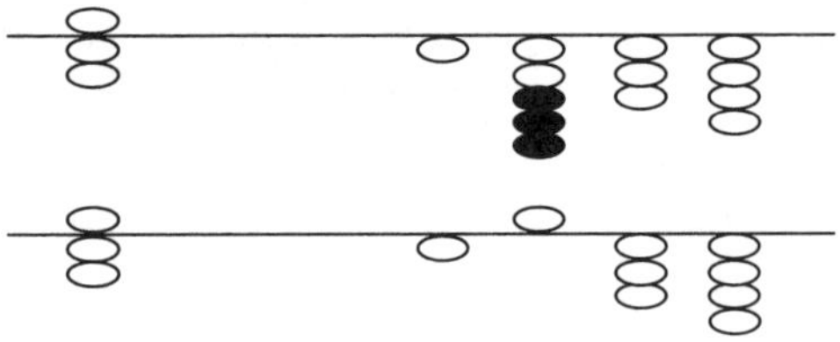

3e étape : le deuxième chiffre du nouveau dividende est 5, donc on applique la cinquième règle.

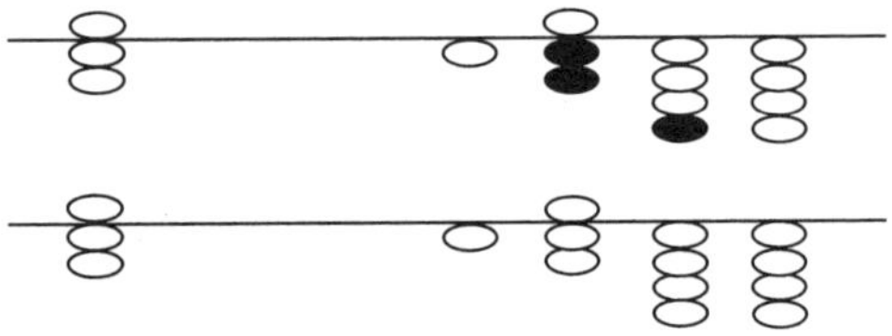

4e étape : le troisième chiffre du nouveau dividende est 4, donc on applique la quatrième règle.

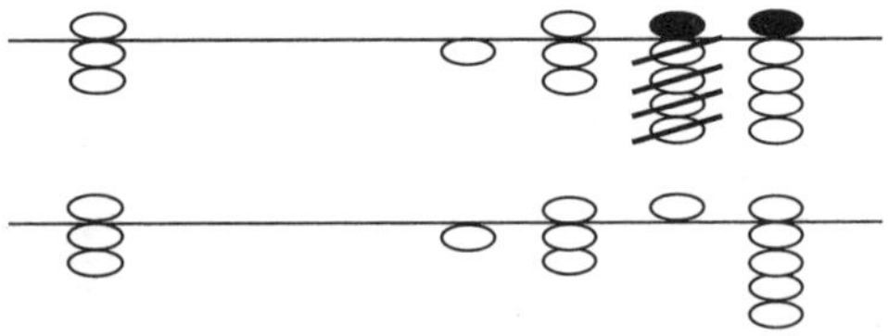

5e étape : le quatrième chiffre du nouveau dividende est 9, donc on applique la septième règle.

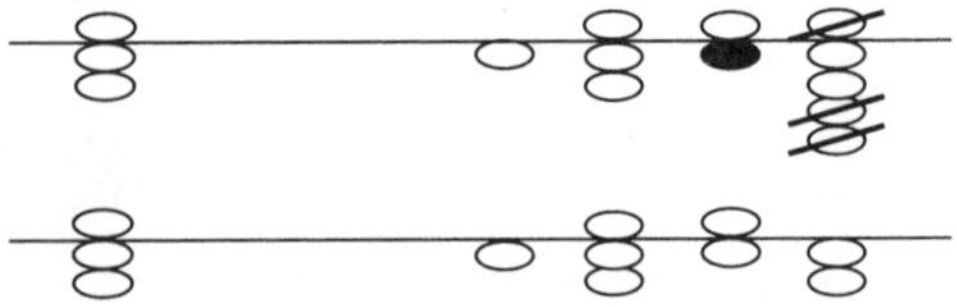

Ainsi la division de 1234 par 7 donne un quotient égal à 176 et un reste égal à 2. La preuve de l'opération se fait en appliquant d'autres règles spécifiques valables pour le diviseur 7.

8. ÉCRITURE DÉCIMALE

L'idée de fractions décimales est très ancienne, mais celles-ci ont longtemps coexisté avec d'autres fractions, fondamentalement non décimales, comme les quantièmes égyptiens ou comme les persistantes fractions sexagésimales.

Dans le contexte de systèmes de numération globalement non décimaux et non positionnels, les fractions décimales se sont d'abord manifestées ponctuellement, non comme corps de doctrine cohérent et systématique mais comme conséquences bienvenues des propriétés inhérentes à certains procédés de numération et de calcul : tout ce qui contribuait à faciliter les calculs ne pouvait manquer d'avoir du succès. Pour que les fractions décimales soient pensées en tant que telles et bénéficient d'un usage systématique, il fallait d'abord qu'existât une numération de type décimal et positionnel.

Ainsi, dans l'antiquité, lors de l'unification des poids et mesures des pays chinois par le Premier empereur, *Qin shihuangdi* (mort en 210 av. J.-C.), l'introduction de systèmes d'unités à variations majoritairement décimales créait les conditions d'apparition des fractions décimales en Chine. Mais avant cette apparition, maints obstacles devaient encore être franchis. Il fallait, en particulier, que le sens concret (longueur, volume, poids, etc.) initialement attaché aux diverses unités de mesure soit dépassé, et que ces unités deviennent en quelque sorte de purs marqueurs décimaux positionnels sans signification concrète particulière. Il fallait aussi, plus tard, que ces marqueurs disparaissent pour laisser place à une notion de nombre plus abstraite, indépendante de tout système d'unités.

Comme l'indiquent les études récentes sur les mathématiques arabes, chinoises et indiennes, le franchissement de ces diverses étapes s'étala sur plus d'un millénaire et fut marqué par des innovations opératoires et conceptuelles dues, entre autres à Liu Hui (vers 300), Āryabhata (né en 476), Sunzi (vers 500), al-Uqlīdisī (vers 950), as-Samaw'al (m. 1174), Qin Jiushao (vers 1247) et al-Kāshī (m. 1437). La maîtrise des fractions décimales fut pleinement acquise à partir du XIIIe siècle, et dès lors, un auteur comme Qin Jiushao, utilisait à volonté les fractions décimales.

Ces brèves remarques montrent que, contrairement à certaines présentations traditionnelles de l'histoire des mathématiques, Simon Stevin n'est en aucun cas l'inventeur des fractions décimales. En revanche, il introduit une écriture décimale qui lui permet, comme il le précise lui-même, de se libérer de la manipulation des fractions. Nous présentons ici un extrait de son célèbre ouvrage, *La Disme* [littéralement Le Dixième].

La Disme fut d'abord publiée en flamand en 1585, puis en français la même année. L'ouvrage fut réédité à plusieurs reprises dans sa langue d'origine, en anglais et en français. Simon Stevin avait été en contact avec de nombreuses pratiques d'origines diverses, il se proposait d'éliminer les fractions – appelées nombres rompus – et d'effectuer selon « *une arithmétique inventée par la dixième progression tout compte se rencontrant aux affaires des hommes astrologues, arpenteurs, mesureurs de tapisserie, graveurs, stéréomètres en général, maîtres de monnaie et à tous les marchands* ».

Le texte de Stevin

Extrait des *Œuvres mathématiques de Simon* Stevin *de Bruges*, Elsevir, Leyde, 1634, p. 208-209.

DÉFINITION II

Tout nombre entier proposé se dit COMMENCEMENT, son signe est tel ⓪

EXPLICATION

Par exemple, quelque nombre proposé de trois cent soixante quatre, nous le nommons trois cent soixante quatre commencements, les décrivant en cette sorte 364⓪. Et ainsi de tous autres semblables.

DÉFINITION III

Et chaque dixième partie de l'unité de commencement nous la nommons prime, *son signe est tel ①; et chaque dixième partie de l'unité de prime nous la nommons* seconde, *son signe est tel ②. Et ainsi des autres chaque dixième partie de l'unité de son signe précédent toujours en l'ordre un d'avantage.*

EXPLICATION

Comme : 3①7②5③9④, c'est-à-dire 3 *primes*, 7 *secondes*, 5 *tierces*, 9 *quartes*; et ainsi se pourrait procéder en infini. Mais, pour dire de leur valeur, il est notoire que selon cette définition, les dits nombres sont

$$\frac{3}{10}\frac{7}{100}\frac{5}{1000}\frac{9}{10000}$$

ensemble $\frac{3759}{10000}$

Semblablement 8⓪ 9①3②7③

valent $8\frac{9}{10}\frac{3}{100}\frac{7}{1000}$

ensemble $8\frac{937}{1000}$

Et ainsi d'autres semblables. Il faut aussi savoir que nous n'usons en la Disme d'aucun nombre rompus [fractionnaires], aussi que le nombre de multitude des signes, excepté ⓪, n'excède jamais le 9. Par exemple, nous n'écrivons pas 7① 12②, mais en leur lieu 8①2② car ils valent autant.

DÉFINITION IV

Les nombres de la précédente seconde et troisième définition se disent en général *NOMBRES DE DISME.*

[...]

PROPOSITION III DE LA MULTIPLICATION

Étant donné [un] nombre de Disme à multiplier, et [un] multiplicateur, trouver leur produit.

Explication du donné

Soit le nombre à multiplier : 32⓪5①7②
et [le] multiplicateur : 89⓪4①6②

Explication du requis

Il faut trouver leur produit.

Construction

On mettra les nombres donnés en ordre comme ci joignant multipliant selon la vulgaire manière de multiplication par nombres entiers, en cette sorte :

					⓪	①	②
				3	2	5	7
				8	9	4	6
			1	9	5	4	2
		1	3	0	2	8	
	2	9	3	1	3		
2	6	0	5	6			
2	9	1	3	7	1	2	2
			⓪	①	②	③	④

Donne [le] produit (par le 3e problème de l'Arithmétique) : 29137122. Or pour savoir [ce] qu'ils sont, on ajoutera les deux derniers signes donnés, l'un ② et l'autre aussi ②, font ensemble ④, nous dirons que le signe du dernier caractère du produit sera ④, lequel étant connu, tous les autres seront notoires, à cause de leur ordre continu ; de sorte que 2913⓪7①2②2③2④ sont le produit requis.

Démonstration

Le nombre donné à multiplier : 32⓪5①7② fait (comme apparaît par la 3e définition de cette Disme) :

$$32\frac{5}{10}\frac{7}{100}$$

ensemble : $32\,\frac{57}{100}$

et par même raison le multiplicateur 89⓪4①6② vaut :

$$89\frac{46}{100}$$

par le même multiplié, le dit $32\,\frac{57}{100}$

donne produit (par le 12e problème de l'Arithmétique) : $2913\frac{7122}{10000}$ mais autant vaut aussi le dit produit 2913⓪7①1②2③2④ c'est donc le vrai produit, ce qu'il nous fallait démontrer. Mais, pour dire maintenant la raison ; pourquoi ② multiplié par ② donne produit ④ (qui est la somme de leurs nombres) item pourquoi ④ par ⑤ donne produit ⑨ et pourquoi ⓪ par ③ donne ③, etc. Prenons : $\frac{2}{10}$ et $\frac{3}{100}$ (qui font par la 3e définition de cette disme : 2 ① 3 ②) leur produit est : $\frac{6}{1000}$ qui valent, par la dite 3e définition, 6③. Multipliant donc ① par ② le produit est ③, à savoir un signe composé de la somme des nombres des signes donnés.

CONCLUSION

Étant donc donné [un] nombre de Disme à multiplier et [un] multiplicateur, nous avons trouvé leur produit ; ce qu'il fallait faire.

L'algorithme opératoire n'est pas nouveau, c'est, comme Stevin l'indique, « *la vulgaire manière de compter par des nombres entiers* ». En revanche, nous remarquons chez Stevin un symbolisme qu'il a déjà utilisé, pour désigner les polynômes, dans son *Arithmétique*.
Ainsi, « 3 ② + 4 égale à 2 ① + 4 » correspond à la forme moderne :

$$3x^2 + 4 = 2x + 4.$$

9. ARITHMÉTIQUE BINAIRE

Au début du XVIIe siècle déjà, dans un appendice de sa *Rhabodologiae* intitulé *Arithmeticae localis*, Neper introduit une écriture et des opérations en arithmétique binaire dans lesquelles les puissances successives de 2 sont représentées par les lettres de l'alphabet. Il n'en envisage toutefois pas d'applications utiles. Leibniz qui connaissait le traité de Neper, depuis 1674 au moins, s'en est peut-être inspiré.

Leibniz écrit son mémoire sur *L'explication de l'arithmétique binaire* en 1703, mais il s'intéresse depuis plus de quarante ans à ce système de numération qui est, pour lui, un modèle de ce qu'il appelle *Caractéristique universelle*. Dès 1666, dans le traité *De Arte combinatoria* (L'art des combinaisons), Leibniz cherche une *Caractéristique universelle*, c'est-à-dire une sorte d'Algèbre qui permettrait de démontrer et de découvrir des propositions. Cette recherche prend la forme, chez ce jeune homme de vingt ans encore peu féru de mathématiques, de celle d'une *Langue universelle*.

L'idée d'une *Langue universelle* est fréquente à l'époque. Elle lui est suggérée par les travaux de plusieurs contemporains, en particulier ceux du Père Jésuite Kircher. Leibniz reproche aux tentatives précédentes de négliger les problèmes d'ambiguïté des mots et de diversité des syntaxes, et de nécessiter d'énormes dictionnaires. Pour palier ces inconvénients, il propose d'utiliser ce qu'il appelle des *caractères réels*, c'est-à-dire des caractères qui représentent des choses et des idées, et non des mots. Il s'agit donc, à proprement parler, d'une *idéographie*. Elle repose sur un fondement logique : les concepts doivent être décomposés en un nombre restreint de concepts simples. Ces concepts simples constituent l'alphabet logique, ils seront représentés par des hiéroglyphes (comme ceux des Égyptiens ou des Chinois) et les raisonnements utiliseront les chiffres arithmétiques et les signes algébriques. Ainsi, pour Leibniz, Algèbre et Arithmétique sont-ils des spécimens de sa *Caractéristique universelle*.

Les concepts doivent être caractérisés par leur décomposition en concepts simples comme les nombres le sont par leur décomposition en facteurs premiers. Ce point de vue conduit Leibniz à des réflexions sur les systèmes de numération qui sont proches de celles qu'a eu avant lui Pascal (voir Chapitre 8). Ainsi, les caractères de divisibilité des nombres sont apparents ou cachés selon le système de numération choisi. Le système binaire pourrait permettre de déduire les propriétés des nombres de leur écriture. Ce système a aussi l'avantage d'utiliser un nombre de signes très petit.

Nous pouvons comprendre également l'intérêt de Leibniz pour les hiéroglyphes Chinois, qui constituent d'ailleurs l'un des sujets du mémoire de 1703. Leibniz rapporte que, selon la légende chinoise le roi Fohy [en fait, l'empereur Fu Xi] a introduit la figure des huit trigrammes (*gua*) ci-dessous. [Fu Xi est un empereur mythique. Les *gua* sont des symboles du *Yijing*, le célèbre *Canon des mutations*, ouvrage de divination de l'antiquité chinoise qui a fait couler beaucoup d'encre.]

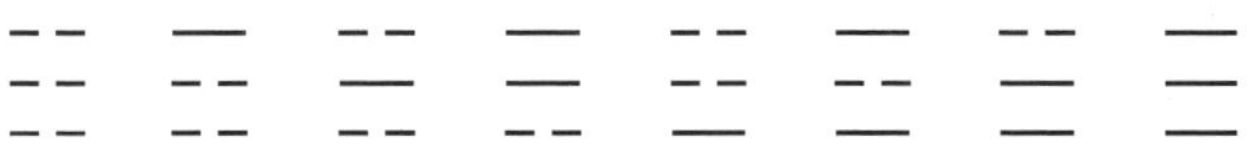

Ces huit *gua* ne représentent rien d'autre que l'ensemble des huit combinaisons symboliques possibles de lignes pleines (*yang*) ou brisées (*yin*) prises par groupes de trois. En remplaçant les premières par 1 et les secondes par 0 et en écrivant ces 1 et ces 0 en ligne au lieu de les empiler, Leibniz les explique à sa façon et y retrouve les entiers de 0 à 7 en numération binaire, ce qui aurait incontestablement bien étonné les Chinois car il ne s'agissait pour eux que de combinatoire et non de calculs arithmétiques, les *gua* n'étant pas des nombres. L'intérêt de Leibniz est accru par le fait que le roi Fohy aurait aussi été l'inventeur des caractères chinois. Il écrit à la fin du mémoire : « *Or comme l'on croit à la Chine que Fohy est encore auteur des caractères chinois, quoique fort altérés par la suite des temps, son Essai d'Arithmétique fait juger qu'il pourrait bien s'y trouver encore quelque chose de considérable par rapport aux nombres et aux idées, si l'on pouvait déterrer le fondement de l'écriture chinoise, d'autant plus qu'on croit à la Chine, qu'il a eu égard aux nombres en l'établissant* » [16].

Le texte de Leibniz

Extrait de l'« Explication de l'arithmétique binaire », Leibniz
Mémoires de l'Académie Royale des Sciences, (5 mai 1703),
Mathematische Schriften, éd. par C.I. Gerhardt, 1863 ; réimpr. Olms Verlag,
Hildsheim, 1962, vol. VII, pp. 223-225.

EXPLICATION DE L'ARITHMÉTIQUE BINAIRE

Qui se sert des seuls caractères 0 et 1 ; avec des remarques sur son utilité, et sur ce qu'elle donne le sens des anciennes figures Chinoises de Fohy.

Le calcul ordinaire d'Arithmétique se fait suivant la progression de dix en dix. [...] Mais au lieu de la progression de dix en dix, j'ai employé depuis plusieurs années la progression la plus simple de toutes, qui va de deux en deux ; ayant trouvé qu'elle sert à la perfection de la science des Nombres. Ainsi je n'y emploie point d'autres caractères que 0 et 1, et puis allant à deux, je recommence. C'est pourquoi *deux* s'écrit ici par 10, et deux fois deux ou *quatre* par 100, et deux fois quatre ou *huit* par 1 000, et deux fois huit ou *seize* par 10 000, et ainsi de suite. Voici la Table des Nombres de cette façon, qu'on peut continuer tant que l'on voudra.

On voit ici d'un coup d'œil la raison d'une *propriété célèbre de la progression Géométrique double* en Nombres entiers, qui porte que si on n'a qu'un de ces nombres de chaque degré, on en peut composer tous les autres nombres entiers au-dessous du double du plus haut degré. Car ici, c'est comme si on disait, par exemple, que 111 ou 7 est la somme de quatre, de deux et d'un. Et que 1 101 ou 13 est la somme de huit, quatre et un. Cette propriété sert aux Essayeurs pour peser toutes sortes de masses avec peu de poids, et pourrait servir dans les monnaies pour donner plusieurs valeurs avec peu de pièces.

1	0	0	4
	1	0	2
		1	1
1	1	1	7

1	0	0	0	8
	1	0	0	4
			1	1
1	1	0	1	13

Cette expression des Nombres étant établie, elle sert à faire très facilement toutes sortes d'opérations.

Pour l'*Addition* par exemple ☽

110	6	101	5	1110	14
111	7	1011	11	10001	17
...		...			
1101	13	10000	16	11111	31

Pour la *Soustraction*

1101	13	10000	16	11111	31
111	7	1011	11	10001	17
110	6	101	5	1110	14

Pour la *Multiplication* ⊙

11	3	101	5	101	5
11	3	11	3	101	5
11		101		101	
11		101		1010	
1001	9	1111	15	11001	25

Pour la *Division*

15	~~1~~~~1~~11	101	5
3	~~1~~~~1~~~~1~~1		
	~~1~~1		

Et toutes ces opérations sont si aisées, qu'on n'a jamais besoin de rien essayer ni deviner, comme il faut faire dans la division ordinaire. On n'a point besoin non plus de rien apprendre par cœur ici, comme il faut faire dans le calcul ordinaire, où il faut savoir, par exemple, que 6 et 7 pris ensemble font 13 ; et que 5 multiplié par 3 donne 15, suivant la Table d'*une fois un est un* ; qu'on appelle Pythagorique. Mais ici tout cela se trouve et se prouve de source, comme l'on voit par les exemples précédents sous les signes ☽ et ⊙.

Cependant je ne recommande point cette manière de compter, pour la faire introduire à la place de la pratique ordinaire par dix. Car outre qu'on est accoutumé à celle-ci, on n'y a point besoin d'y apprendre ce qu'on a déjà appris par cœur : ainsi la pratique par dix est plus abrégée, et les nombres y sont moins longs. Et si on était accoutumé à aller par douze ou par seize, il y aurait encore plus d'avantage. Mais le calcul par deux, c'est-à-dire par 0 et par 1, en récompense de sa longueur, est le plus fondamental pour la science, et donne de nouvelles découvertes, qui se trouvent utiles ensuite, même pour la pratique des nombres, et surtout pour la Géométrie ; dont la raison est, que les nombres étant réduits aux plus simples principes, comme 0 et 1, il paraît partout un ordre merveilleux.

[...]

Seule la division nécessite un commentaire. Elle utilise ce qu'on appelle parfois la « méthode espagnole », disposition pour effectuer la division en usage à l'époque. Expliquons cette « méthode » dans le cas du système décimal, afin de mieux apprécier la facilité qu'offre le système binaire.

Soit à effectuer la division de 8 643 par 37. Il faut écrire le diviseur sous le dividende, le quotient va s'obtenir, chiffre par chiffre, à droite du dividende (fig. 1). Comme pour notre division habituelle, nous testons un diviseur de 86 par 37, soit 2, que nous plaçons à droite. Puis nous multiplions $2 \times 3 = 6$ et plaçons la différence $8 - 6 = 2$ au-dessus de 8. Les chiffres utilisés sont barrés au fur et à mesure (fig. 2). De même pour 7 : nous multiplions $2 \times 7 = 14$ et plaçons la différence $26 - 14 = 12$ au-dessus de 26 (fig. 3).

À l'étape suivante, nous remplaçons 37 sous 8 643 en le décalant d'un rang à droite, et recommençons (fig. 4). À la dernière étape, nous pouvons placer le 37 juste au-dessous de 43 (fig. 4), et nous obtenons le quotient 233 et le reste 22 (fig. 5).

						1		~~1~~2	
				1		~~13~~		~~134~~	
		2		22		~~22~~3		~~223~~2	
8643		~~8~~643	2	~~86~~43	2	~~864~~3	23	8~~643~~	233
37		~~3~~7		~~37~~		~~37~~		3~~737~~	
						~~37~~		~~37~~	
fig. 1		**fig. 2**		**fig. 3**		**fig. 4**		**fig. 5**	

Dans le cas d'une division binaire, on n'a pas besoin d'intermédiaires de calcul au-dessus du dividende, car ou bien la différence intervenant dans le calcul à chaque étape est nulle et on ne la note pas, ou bien elle est égale à 1 et on se borne à ne pas barrer le 1 du dividende. Dans le cas de la division de 15 (1 111) par 3 (11), nous avons trois étapes de calcul :

Situation initiale :	1 111 11		Première étape :	~~11~~11 ~~11~~ 11	1
Deuxième étape :	~~11~~11 ~~11~~11 11	10	Troisième étape :	~~1111~~ ~~1111~~ ~~11~~	101

10. ARITHMÉTIQUE DES ORDINATEURS

Les préoccupations de Leibniz, que nous avons évoquées à propos du système binaire, le conduisirent au rêve de réduire la logique à la mécanique. Il fit quelques avancées concrètes en inventant en 1673, quelque trente ans après la machine à additionner de Pascal, une machine arithmétique pour les quatre opérations. Il inventa aussi en 1674 une machine arithmétique capable de résoudre des équations, et imagina enfin une sorte de cylindre qui serait capable de fournir des théorèmes. Le rêve de Leibniz s'est réalisé aujourd'hui dans une certaine mesure avec la naissance des ordinateurs. Celle-ci fut précédée par la conception de bien d'autres machines, comme la « machine analytique » de Babbage en 1822 (*cf.* chap. 10), et par la fabrication de mécanismes pour les métiers à tisser, comme ceux de Bouchon, Falcon et Jacquard. Mais l'histoire de l'ordinateur commence, dans les années 1940, aux États-Unis [18] avec les progrès de l'électronique.

Au cours des années 1930, des circuits électroniques qui effectuent des opérations arithmétiques sont construits aux U.S.A., en Grande Bretagne et en Allemagne, ils utilisent tous le système binaire [19]. Les composants des premiers ordinateurs, les tubes à vide inventés par le physicien Lee De Forest en 1906 ou les relais, fonctionnent selon un principe binaire : le courant passe ou ne passe pas. Pourtant, les premiers ordinateurs utilisent une arithmétique décimale. Le système binaire sera adopté après la parution en 1946 d'un article où von Neumann vante les avantages de ce système [13]. Les tubes à vide, encombrants et peu fiables, seront remplacés par les transistors, inventés par W. Shockley en 1947. L'invention du circuit intégré, ou puce, par J. St. Clair Kilby en 1958, a permis de miniaturiser les ordinateurs et d'augmenter leurs performances de façon gigantesque.

Un ordinateur reconnaît et traite des informations codées à l'aide de mots binaires, c'est-à-dire constitués des chiffres 0 et 1 appelés bits (**bi**nary digi**ts**). Ces mots sont de longueur constante : la longueur usuelle est de 8, 12, 16, 24 ou 32 bits pour un micro-ordinateur, et plus encore pour un gros ordinateur. En ce qui concerne les informations numériques, les nombres entiers pourront être représentés dans le système numérique binaire.

On peut aussi représenter un nombre rationnel par un mot binaire, en plaçant sur ce mot binaire un repère qui indique le début de la partie fractionnaire. La position de ce repère, désigné par un point, peut être modifiée, d'où le nom de point-flottant donné à ce repère. Dans ce système,

$$a_n \dots a_1 a_0 \,.f_1 \dots f_2 f_m \text{ avec } a_i = 0 \text{ ou } 1, \text{et } f_j = 0 \text{ ou } 1$$

représente le nombre rationnel

$$a_n 2^n + \dots + a_1 2 + a_0 + f_1 2^{-1} + f_2 2^{-2} + \dots + f_m 2^{-m}.$$

Par exemple, 1011 . 1001 représente

$$8 + 2 + 1 + 1/2 + 1/16 = 11 + 9/16.$$

Avec ce système, les nombres rationnels n'ont pas tous de représentation finie exacte, ainsi la représentation de 1/10 par 0.00011001100 ne vérifie plus $(1/10) \times 10 = 1$.

Pour augmenter la « portée des nombres en machine », on utilise une autre représentation des nombres, la représentation en nombres flottants, qui utilise également un point-flottant. Ce point-flottant permet de séparer le mot binaire en deux parties : la mantisse, constituée des bits significatifs du nombre, et l'exposant qui indique la position de la virgule. Indiquons qu'on utilise aussi d'autres systèmes de représentations des nombres qui consistent à regrouper les bits d'un mot binaire par trois, trois bits représentent des nombres de 0 à 7, ou à les regrouper par quatre, quatre bits représentent des nombres de 0 à 15. Ainsi, les mots binaires peuvent-ils être convertis en nombres à base 8 (rangement octal) ou en nombre à base 16 (rangement hexadécimal). On peut aussi regrouper les bits par quatre pour représenter les nombres de 0 à 9, et on obtient alors le code NBCD (Natural Binary Code Decimal) ; ainsi, 0001 0010 représente le nombre 12.

À ces différents systèmes de représentation correspondent des procédés qui permettent d'additionner, de retrancher, de multiplier ou de diviser les nombres en machine. Ainsi, l'addition de deux nombres entiers représentés dans le système binaire est effectuée en machine par un additionneur binaire. L'additionneur binaire d'un ordinateur est conçu à l'aide d'un réseau logique qui combine des portes logiques ET et OU. Ce réseau est ensuite réalisé sous la forme d'un circuit intégré. Pour soustraire un nombre, on ajoute son symétrique. Le symétrique d'un nombre binaire s'obtient par « complémentation à 2 », c'est-à-dire en remplaçant chaque bit 1 par le bit 0 et chaque bit 0 par le bit 1, et en ajoutant 1 au résultat obtenu. Cette opération s'effectue aisément en machine à l'aide d'une porte logique NON. Par exemple, dans le cas de mots de 8 bits, le symétrique de 00101101 est 11010011. En effet,

$$00101101 + 11010011 = 00000000.$$

Ce principe permet aussi de représenter les nombres relatifs : les nombres positifs commencent par le bit 0 et les nombres négatifs commencent par le bit 1.

Le texte suivant explique le principe selon lequel s'effectue, en machine, la multiplication de deux nombres entiers représentés dans le système binaire.

Le texte de Hartley et Healy

Extrait de *A first course in Computer Technology*, McGraw-Hill, 1978, p. 48, trad. E. Barbin.

Les règles de la multiplication sont données dans la table ci-dessous :

A	B	A × B
0	0	0
1	0	0
0	1	0
1	1	1

Exemple :

Multiplicande		101010	42
Multiplicateur		11011	27
		101010	
		101010	
		000000	
		101010	
		101010	
		10001101110	1134

Les cinq nombres intermédiaires dans l'exemple ci-dessus sont appelés les produits partiels. On note que le produit est plus long que le multiplicande et que le multiplicateur : un mot de 32 bits peut être nécessaire quand on multiplie deux nombres de 16 bits. Le nombre de 32 bits, doit, ainsi, être rangé dans deux mots informatiques [...]. Avec les nombres binaires, chaque chiffre est soit 1 soit 0, donc chaque produit partiel est soit le multiplicande soit zéro. Les produits partiels individuels n'ont pas besoin d'être sauvegardés. Le premier est calculé en copiant le multiplicande ou zéro selon que le LSB [Least Signifiant Bit, c'est-à-dire le bit le plus à droite] du multiplicateur est respectivement 1 ou 0. Le second produit partiel est obtenu de manière similaire et ajouté au premier mais déplacé d'une case à gauche. Ceci est répété *n* fois. Cette technique d'addition d'un nombre au nombre précédent (décalé dans ce cas spécial) est appelé accumulation. En pratique, si le chiffre du multiplicateur est zéro, l'addition peut être simplement omise, mais pas le décalage, bien sûr. Cette méthode de multiplication binaire est dite par addition-décalage [shift and add].

Le résultat du produit de deux nombres à n bits peut être un nombre à $2n$ bits, aussi un double registre est-il nécessaire pour le contenir. La multiplication peut s'effectuer à l'aide de cinq registres : le registre A garde constamment la valeur du multiplicande, le registre B contient au début le multiplicateur, le registre BM contient le bit multiplicateur et le double registre P_1-P_2 contient le produit de A par le complément de B au multiplicateur initial. À chaque décalage, les contenus de B-BM et de P_1-P_2 se déplacent d'un bit à droite, donc le contenu de BM disparaît et un nouveau zéro apparaît à gauche de B. À chaque addition, le contenu de P_1 est augmenté de 000000 si BM vaut 0, ou de la valeur du registre A si BM vaut 1. Par exemple, pour la multiplication précédente :

A	B	BM	P_1	P_2	opération
101010	011011	0	000000	000000	départ
101010	001101	1	000000	000000	décalage
101010	001101	1	101010	000000	addition
101010	000110	1	010101	000000	décalage
101010	000110	1	111111	000000	addition
101010	000011	0	011111	100000	décalage
101010	000011	0	011111	100000	addition
101010	000001	1	001111	110000	décalage
101010	000001	1	111001	110000	addition
101010	000000	1	011100	111000	décalage
101010	000000	1	000110	111000	addition
101010	000000	0	100011	011100	décalage
101010	000000	0	100011	011100	addition
101010	000000	0	010001	101110	décalage **et arrêt**

On peut noter que la cinquième addition donne lieu à un surpassement et que le bit 1 se retrouve au décalage suivant.

POST-SCRIPTUM Ruban 6935 caisse 04

Ce ruban, découvert dans une allée du cinquième arrondissement de Paris, semble avoir été rédigé le 21 mai 1992 vers 17h46. Visiblement le texte est écrit de gauche à droite, il est cependant difficile de préciser sans autres indications si sa lecture doit s'effectuer de haut en bas comme dans les textes arabes ou chinois, ou si elle s'effectue de bas en haut. Quoi qu'il en soit, on peut noter d'emblée une double invocation à des divinités, au début et à la fin du texte : au dieu Hopi Amon, appelé encore Votre Service d'une part, au dieu Bientôt d'autre part.

SHOPI HAMON
34 RUE DE MONGE
A VOTRE SERVICE

24 X 4.55	
LIMONADE JUS	109.20
EPICERIE	5.00
EPICERIE	5.00
MARTINI ROUGE	42.85
MARTINI ROUGE	42.85
MARTINI ROUGE	42.85
PORTO FIGUEIRA	42.50
PORTO FIGUEIRA	42.50
PORTO FIGUEIRA	42.50
10 X 3.95	
10 GOBELETS BLANC	39.50
GOBELETS CRISTAL	10.90
GOBELETS CRISTAL	10.90
GOBELETS CRISTAL	10.90
GOBELETS CRISTAL	10.90
GOBELETS CRISTAL	10.90
2 X 13.95	
ENTRETIEN	27.90
ENTRETIEN	28.95
18 X 9.95	
REA JUS D.OR	179.10
6 X 8.95	
REA BRIQ JUS PAMPL	53.70
2 X 7.05	
REA BRIK POMME 1L.	14.10
RETOUR	
ENTRETIEN	– 28.95
ENTRETIEN	22.50
NAPPE ROULEAU PLAN	11.65
NAPPE ROULEAU PLAN	11.65
TOTAL	789.85
TOTAL	789.85
CARTE BANC.	789.85
ARTICLES	79

21-05-92 6935 7 17:46 CAISSE 04

MERCI
A BIENTOT

L'étude détaillée de ce document n'est pas encore achevée et de nombreuses obscurités subsistent encore. Pour tenter une interprétation de ce manuscrit, nous prendrons l'option de certains historiens des sciences et des techniques qui proposent une lecture de haut en bas, encore que cela rende difficile la compréhension de certains passages. Ces historiens s'accordent alors sur un certain nombre de points. Nous les résumerons en six remarques dont une question.

Ce texte nous présente une addition de *nombres pointés*, c'est-à-dire de nombres écrits en caractères arabo-indiens dans un système de numération de base 10, utilisant l'écriture décimale – attribuée à Simon Stevin par la plupart des commentateurs européens – et où le point remplace la virgule française du XIXe siècle. Certains documents du même type, quoique dédiés à d'autres dieux, nous permettent de dire que l'unité employé dans ce problème est le *franc* (un des ancêtres de notre actuel *euro*), et que ce franc est lui-même divisé en 100 *centimes*.

La lecture de ce ruban met d'emblée en évidence l'itération de certaines opérations, c'est-à-dire finalement l'itération de certaines additions, ce qui nous laisse penser que la civilisation parisienne de la fin du XXe siècle maîtrisait mieux l'addition que la multiplication. À ce propos, on notera que, si certaines multiplications sont évoquées dans la colonne de gauche, c'est à chaque fois une multiplication d'un nombre pointé par un entier pair. La multiplication par un entier impair n'apparaît jamais en tant que telle. Ce phénomène est sans doute lié aux algorithmes de duplication et de dimidiation des Égyptiens. Ainsi, les occurrences de *martini rouge*, *porto figueira* et *gobelets cristal* sont-elles respectivement au nombre de 3, 3 et 5, entiers que justement nous reconnaissons pour être impairs.

La présence d'une soustraction au cours de cette longue addition est un phénomène qui pose bien des questions aux historiens des sciences. Il s'agit très vraisemblablement d'une technique algorithmique permettant de faciliter les calculs. On remarquera que le nombre ôté 28.95 avait été ajouté 4 lignes plus haut, ce qui prouve bien le caractère technique – appelé ici *entretien* – de cette soustraction. Nous n'avons cependant pas encore réussi à déterminer l'utilité, voire l'efficacité, de cette procédure, car nous ne maîtrisons pas nous-mêmes la technique additionnelle employée ici.

Le résultat de l'addition est indiqué en face du mot *total*, ce mot et le résultat de l'addition, à savoir 789.85, sont répétés à la ligne suivante. Cette écriture itérative permet d'insister sur le caractère conclusif du passage. Ici, le résultat 789.95 est à nouveau répété une troisième fois, ce phénomène se rencontre rarement sur les manuscrits du même type. Il risque d'ailleurs de conduire à une interprétation erronée, dans laquelle on pourrait penser que 789.95 est additionné 3 fois, puisque 3 est, on le sait, un nombre entier impair.

On observera tout à la suite l'indication d'une vérification, vérification appelée *articles*. Il s'agit visiblement d'une vérification effectuée à l'aide d'une addition grossière, négligeant les centimes et arrondissant les francs à la dizaine, puisque le résultat de la vérification donne le nombre 79, nombre en accord avec celui des milliers de centimes fourni par l'addition sans troncature. On reconnaît là la classique *preuve par mille*.

La grande question demeure toutefois de savoir où les Parisiens mettaient leurs retenues.

BIBLIOGRAPHIE

[1] C. Boyer, *A History of Mathematics*, John Wiley, New-York, 1968.

[2] D. Benazeth, in *Naissance de l'écriture*, Éd. de la Réunion des Musées Nationaux, Paris, 1982.

[3] A. Chace, *The Rhind Mathematical Papyrus* (1927), The National Council of Teachers of Mathematics, rééd. partielle 1979.

[4] M. Chasles, Histoire de l'Arithmétique, Règles de l'Abacus, *Comptes Rendus de l'Académie des Sciences*, t. 16 (1843), 218-246.
[5] Colebrooke, *Algebra with Arithmetic and Mensuration, from the Sanscrit of Brahmegupta*, Murray, London, 1817.
[6] A. S. Damirdash, & M. H. Al-Hafni, *Miftāḥ al-ḥisāb* (*La Clef du Calcul*), Le Caire, 1967.
[7] G. Guitel, *Histoire comparée des numérations écrites*, Flammarion, Paris, 1975.
[8] M.G. Hartley & M. Healy, *A first course in Computer Technology*, McGraw-Hill, 1978.
[9] J. Høyrup, Investigations of an early sumerial division problem, C, 2500 B-C, *Historia mathematica*, t. 9 (1982), 19-36.
[10] Ibn Al-Majdī, *Hāwā l-lubāb* (*Recueil de la moelle [du Calcul]*) Ms. British Museum, n° add. 7469.
[11] G. Ifrah, *Histoire universelle des chiffres*, Seghers, Paris, 1981.
[12] R. Jestin, Tablettes sumériennes de Shuruppak conservées au Musée de Stamboul, *Mémoires de l'Institut Français d'Archéologie de Stamboul*, Boccard, Paris, 1937.
[13] D. Knuth, *The Art of computer programming*, vol. I et II, Addison-Wesley, Reading Massachusetts, 1968-69 ; 3e éd. 1997.
[14] Lam Lay Yong, *A critical Study of the Yang Hui Suanfa – A Thirteenth-century Chinese Mathematical Treatise*, Singapore University Press, Singapour, 1977.
[15] Lau Chung Him, *The principles and pratice of the Chinese Abacus* (1958), Lau Chung Him and Co, Hong Kong, 5e éd., 1980.
[16] G.W. Leibniz, Explication de l'arithmétique binaire, *Mémoires de l'Académie Royale des Sciences*, 1703 ; *Mathematische Schriften*, éd. par C.I. Gerhardt, 1863 ; réimp. Olms Verlag, Hildsheim, 1962, vol. VII.
[17] O. Neugebauer, *Mathematische Keilschrifttexte* (1935) 3 Vol., Springer Verlag, Berlin, rééd. 1973.
[18] G.M. Phillips & P.J. Taylor, *Computers*, Methuen & Co., London, 1969.
[19] B. Randell, éd., *The origins of digital computers*, Springer Verlag, 1973.
[20] R. Rashed, *Entre Arithmétique et Algèbre*, Paris, Les Belles Lettres, 1984.
[21] A. S. Saidan, *al-Fuṣūl fī l-ḥisāb al-hindī (Les Chapitres sur le Calcul indien)*, Alep, I.H.A.S, 1985.
[22] A. S. Saidan, *at-Takmila fī l-ḥisāb (L'achèvement en Calcul)*, Institut des Manuscrits Arabes, Koweït, 1985.
[23] Smith, *History of mathematics*, vol. II (1925), rééd. Dover, New-York, 1958.
[24] M. Souissi, *Talkhīṣ aʿmāl al-ḥisāb* (*Abrégé des opérations du Calcul*). Publications de l'Université de Tunis, édition critique avec trad. française, Tunis, 1968.
[25] S. Stevin, *La Disme* (1585) in *Les œuvres mathématiques de Simon Stevin de Bruges. Le tout revu, corrigé et augmenté par Albert Girard*, Elsevir, Leyde (1634), rééd. I.R.E.M. Paris-Sud, 1980.
[26] P. Tannery, Notice sur les deux lettres arithmétiques de Nicolas Rhabdas, *Notices et extraits des manuscrits de la Bibliothèque Nationale*, t. 32 (1886), 121-252 et *Mémoires scientifiques*, IV, 61-198, Privat, Toulouse, 1920.
[27] F. Thureau-Dangin, *Textes mathématiques babyloniens*, Brill, Leyde, 1938.
[28] M.R. Williams, Napier's bones, *Annals of the History of computing*, Vol. 5 (1983), n° 3, p. 293 sq.

Chapitre 2

LES CARRÉS MAGIQUES

L'expression *carré magique* désigne généralement tout tableau carré, en forme d'échiquier ou de damier, dont les cases renferment des nombres entiers disposés de telle sorte que les sommes des nombres inscrits dans chaque ligne, chaque colonne et chaque diagonale soient toutes égales. Pour indiquer que le carré considéré se compose de n lignes et de n colonnes, on dit qu'il s'agit d'un carré magique d'ordre n. Mathématiquement, il est souvent commode de considérer ce carré comme une *matrice carrée* particulière possédant une *somme magique* S_n, égale à la valeur commune de la somme des nombres de chacune de ses lignes, de ses colonnes ou de ses diagonales.

Classiquement, on remplit les cases du carré avec la suite des n^2 premiers entiers consécutifs $1, 2, 3,\ldots, n^2$. Puisque la somme des n^2 premiers entiers vaut $n^2 (n^2 + 1)/2$ et que le carré possède n lignes, la somme magique vaut

$$S_n = (1 + 2 + 3 + \ldots + n^2)/n = n (n^2 + 1)/2.$$

1. Détail de la *Mélancolie* d'Albrecht Dürer, gravure sur bois, 1514. (B.N.).
Le carré magique d'ordre 4 contient les entiers de 1 à 16 et a pour somme magique 34. La date 1514 apparaît dans les deux cases centrales de la dernière ligne.

Par extension, on qualifie aussi de magiques certaines configurations de symboles divers, numériques ou non, disposés géométriquement, dans le plan ou dans l'espace, de façon à faire apparaître des figures remarquables formées d'anneaux, de cercles, d'étoiles, de cubes, de sphères...

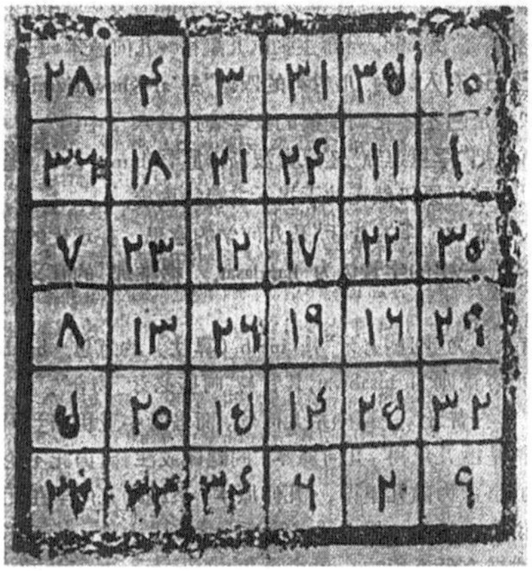

28	4	3	31	35	10
36	18	21	24	11	1
7	23	12	17	22	30
8	13	26	19	16	29
5	20	15	14	25	32
27	33	34	6	2	9

2. Carré magique d'ordre 6, en chiffres arabes d'Orient gravés sur une plaque de fer [11]. Il fut retrouvé en 1956, dans les ruines du palais du prince d'Anxi, l'un des fils de l'empereur mongol Qubilai. Ce palais est situé dans la banlieue de Xi'an, ancienne capitale de l'empire chinois et actuelle capitale de la province du Shaanxi.

Plus souvent utilisés comme talismans que comme objets de recherches mathématiques, les carrés magiques étaient intimement liés à la vie quotidienne et à ses difficultés de tous ordres. Ainsi, il était fait appel à eux pour faciliter les accouchements, soigner les morsures d'animaux venimeux ou encore guérir de maladie. Il est donc naturel qu'ils ne se rencontrent pas que dans les livres : bon nombre furent gravés sur des monuments, des médailles, des plaques métalliques, des coupes, des tasses ou des assiettes en cuivre ou en porcelaine. Certains de ces carrés ont une histoire intéressante, offrant un aperçu concret de la circulation des objets et des idées. Ainsi, un carré magique d'époque mongole gravé en chiffres arabes sur des plaques de fer (document 2) étaye la présomption d'un emprunt chinois d'une technique mathématique d'origine islamique ; en effet, les carrés magiques chinois d'ordre supérieur à 3 les plus anciens connus remontent précisément à l'époque mongole. Ou encore, une assiette en porcelaine d'origine chinoise du XIXe siècle décorée d'un carré magique arabe (document 3) témoigne de la présence en Chine même d'une communauté musulmane attachée aux traditions de l'Islam.

44	54	55	41
49	47	46	52
45	51	50	48
56	42	43	53

3. Assiette en porcelaine manufacturée en Chine, à Jingdezhen – ville du Jiangxi célèbre par ses porcelaines – et exportée ensuite par les Européens en Asie du Sud-est à l'intention des communautés islamiques, probablement au XIXe siècle [6]. La décoration de l'assiette comprend un carré magique en chiffres arabes d'Orient avec, entre des cercles concentriques, des inscriptions religieuses reproduisant des versets du Coran.

Dans un ordre d'idées un peu différent, le *Luo shu* (le diagramme de la rivière Luo) (document 4) apparaît couramment dans l'iconographie chinoise à partir de la dynastie des Song (960-1279). Toujours en Chine, mais un peu plus tôt, vers les IXe et Xe siècles, le *jiu gong* (le diagramme des « neuf palais ») (document 5) est un carré non numérique dont les cases, les « palais », contiennent des caractères d'écriture représentant des noms de couleurs. Associé au calendrier, il servait à faire connaître l'emplacement des étoiles fastes et néfastes ainsi que les interdits de direction pour une époque donnée, en tenant compte des correspondances suivantes : 1 = blanc, 2 = noir, 3 = azur, 4 = vert, 5 = jaune, 6 = blanc, 7 = rouge, 8 = blanc, 9 = violet [13].

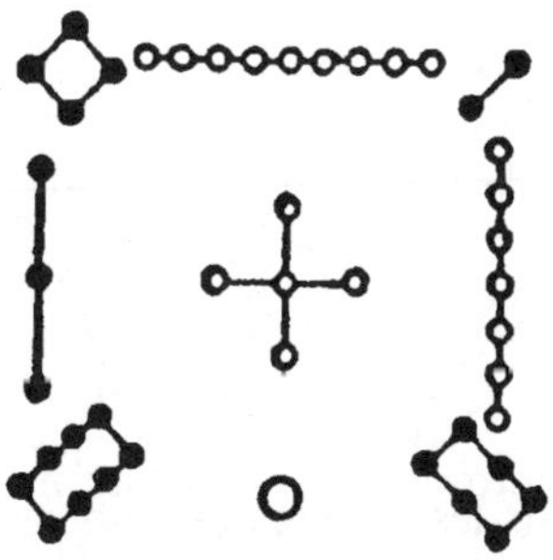

4	9	2
3	5	7
8	1	6

4. Le diagramme de la rivière Luo correspond au carré magique d'ordre 3.

5. Le diagramme des neuf palais

Cette utilisation magique se rencontre aussi dans le Maghreb médiéval, chez l'astrologue al-Būnī, mort en 1225, originaire de Bône, l'actuelle Annaba. Il traite des carrés magiques bénéfiques dans son *Shams al-maʿārif* [Le soleil des connaissances]. De nos jours encore, en Inde du Nord, dans la région de Bénarès, certains guérisseurs se servent d'un carré magique d'ordre 3 pour soigner le paludisme [14]. On pourrait multiplier de tels exemples qui illustrent bien l'enracinement des carrés magiques dans l'ésotérisme au quotidien.

Les carrés magiques n'ont cependant pas toujours été qualifiés ainsi, certains utilisateurs les considérant plutôt comme des simples arrangements de nombres parmi d'autres. Les Arabes médiévaux les appellent « *les nombres de l'harmonie* » [*ʿadad al-wafq*]. À la même époque, les Chinois les nomment plus prosaïquement « *diagrammes transversaux-longitudinaux* » [*zong-heng tu*]. Au début du XVIIIe siècle, le chanoine Poignard les qualifie de « *carrés sublimes* ». En fait, le qualificatif de « *magique* » semble avoir été créé vers le milieu du XVIIe siècle.

Oscillant entre l'irrationnel le plus total et le rationnel le plus irréfutable, le réel et l'imaginaire, la numérologie et les mathématiques, les « quadrateurs de carrés » ont aussi été fascinés par la magie arithmétique. Les carrés magiques ont ainsi attiré des générations d'amateurs de récréations mathématiques. Parvenant trop facilement à construire ces figures magiques dont les spécimens s'offraient à eux en tribus riches de milliers et myriades d'individus, les spécialistes des dénombrements ont néanmoins vite atteint leurs limites. En effet, s'il n'existe que 8 carrés magiques d'ordre 3, qui d'ailleurs se déduisent tous les uns des autres par symétrie ou rotation, si Arnauld parvient, dès 1667, à déterminer explicitement les 16 carrés magiques d'ordre 4 qui, toujours par symétries ou rotations, donnent naissance aux 880 carrés d'ordre 4, peu de progrès ont été accomplis depuis. Martin Gardner [7], le célèbre auteur américain d'ouvrages de récréations mathématiques, écrit en 1961 que le nombre de carrés magiques d'ordre 5 n'est même pas connu et doit avoisiner les 13 millions. Aussi, les amateurs ont-ils tenté de restreindre le nombre de possibilités en exigeant que les carrés possèdent des propriétés supplémentaires. D'où, de nouvelles processions de carrés tous plus magiques les uns que les autres : cabalistiques, panmagiques, hypermagiques, diaboliques, sataniques… Nous ne nous étendrons pas sur les définitions de ces termes révélateurs ; le lecteur qui souhaite davantage de précisions peut consulter [3], [4], [5], [9] ou [12]. Le carré magique et ses avatars, en vogue notamment dans les magazines français de la fin du XIXe siècle, sont bien sûr, dans une certaine mesure, des ancêtres du *Sudoku* (cf. [4*])

Souvent rejetés hors des mathématiques « sérieuses », les carrés magiques ont pourtant aussi retenu occasionnellement l'attention de mathématiciens de premier ordre comme Ibn al-Haytham, plus connu en Europe sous le nom d'Alhazen (mort en 1041), Pierre de Fermat au XVIIe siècle, Leonhard Euler au XVIIIe ou Arthur Cayley au XIXe. Jusqu'à une date récente, il s'agissait surtout de construire, de prouver l'existence ou encore de dénombrer l'ensemble des carrés possédant telle ou telle propriété. Plus près de nous, des mathématiciens se sont efforcés de faire pénétrer les étranges carrés dans l'univers des structures algébriques classiques, en les organisant en espaces vectoriels ou en modules et en en définissant le produit tensoriel, quitte à remplir les carrés de nombres relatifs quelconques plutôt que d'entiers consécutifs [8]. D'autres ont préféré remplir les fascinants carrés avec des nombres écrits dans une base autre que 10, avec des nombres premiers, des fractions, des carrés d'entiers, des rationnels, des complexes…

Contraints d'opérer des choix, nous avons puisé dans les traditions mathématiques arabe (XIIIe-XIVe siècle), byzantine (XIVe siècle) et européenne (XVIIe siècle). Il en ressortira trois grands types de construction : la technique du *pointage* exposée par Ibn Qunfudh (*cf.* § 2) ; la technique des *enceintes* expliquée ici par az-Zinjānī (*cf.* § 1) et qui, en Occident, sera étudiée d'une façon systématique par Arnauld (*cf.* § 4) ; le procédé de Moschopoulos, utilisant des déplacements sur les cases à la manière du jeu d'échec (*cf.* § 3), que l'on retrouve chez Bachet sous une présentation différente (*cf.* p. 82).

Nous verrons aussi que l'ordre n du carré, et tout particulièrement sa divisibilité par 2, conditionne le choix d'algorithmes différents : si la technique des enceintes s'emploie quelle que soit la parité de n, la méthode de Moschopoulos fonctionne pour n impair seulement et la technique du pointage n'est aisée à mettre en œuvre que pour n divisible par 4.

Signalons enfin que, dans de nombreux cas, le « *carré naturel* », c'est-à-dire celui dont les cases sont remplies avec la suite des entiers pris dans l'ordre naturel, joue un rôle important dans certaines constructions. D'ailleurs, dans un tel carré, la somme des éléments placés sur chacune des diagonales est déjà égale à la somme magique du carré, et il en est encore ainsi des éléments situés dans la colonne centrale ou sur la ligne centrale du carré.

1. UNE TECHNIQUE DE CARRÉS À ENCEINTES

En Europe, depuis le XVe siècle, maint mathématiciens comme Michel Stifel, puis Blaise Pascal et Pierre de Fermat se réfèrent à diverses méthodes de construction de carrés magiques [12]. Elles se caractérisent toutes par un mode de remplissage particulier des carrés, en couches concentriques successives, emboîtées les unes dans les autres, qu'ils appellent « enceintes » ou « bordures » (*cf.* Fig. 6).

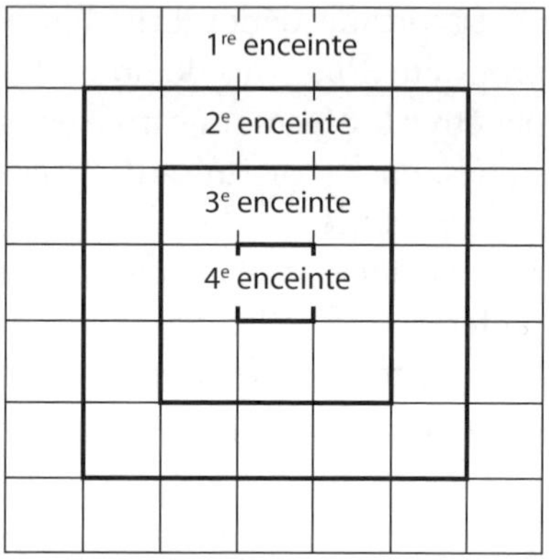

Fig. 6 Le carré d'ordre 7 est formé de 4 enceintes comprenant respectivement 24, 16, 8 et 1 cases.

En réalité, l'idée des enceintes est bien antérieure au XVe siècle et paraît trouver ses racines dans l'Orient médiéval du Xe siècle (*cf.* [15] et [16]). Aussi, az-Zinjānī, l'auteur du XIIIe siècle, dont nous présentons ci-après une technique de construction de carrés magiques à enceintes, n'est-il qu'un maillon relativement tardif d'une chaîne de transmission aux origines anciennes. Tardif, certes, mais antérieur aux auteurs européens, cités plus haut, auxquels on attribue usuellement la découverte des carrés à enceintes.

Comme toutes les méthodes de carrés à enceintes, le procédé d'az-Zinjānī consiste à remplir d'abord, selon un procédé fixe, les cases qui bordent le carré considéré, puis à appliquer itérativement le même procédé aux enceintes des carrés qui apparaissent les uns après les autres, lorsque l'on ôte par la pensée chacune des enceintes déjà remplies.

Si le carré initial est d'ordre impair $n = 2k + 1$, les enceintes successives ont des côtés se composant de $2k + 1$, $2k - 1, \ldots, 5, 3, 1$ cases. Le même procédé ne peut pas s'appliquer tel quel à un carré d'ordre pair $n = 2k$, puisque les côtés des enceintes successives contiendraient $2k$, $2(k - 1), \ldots,$ 6, 4, 2 cases ; or, il n'existe pas de carré magique d'ordre 2. Toutefois, on obtient un carré d'ordre pair partiellement à enceintes si l'on arrête l'algorithme des enceintes emboîtées lorsque l'on parvient au carré central d'ordre 4 et que l'on s'arrange ensuite pour remplir ce dernier selon un procédé quelconque. Comme nous le verrons ci-après, c'est exactement ainsi que procède Arnauld. On pourrait d'ailleurs aussi arrêter les enceintes dès que l'on atteint un carré central d'ordre 6 ou davantage.

À l'instar des autres mathématiciens de l'époque, az-Zinjānī explique son procédé de remplissage sans utiliser de symboles particuliers. Comme il s'exprime en arabe, langue qui s'écrit de droite à gauche, les notions de « première » ou de « dernière » case, de case « suivante » ou de case « précédente » correspondent exactement aux notions inverses de celles auxquelles nous sommes habitués.

Le texte d'az-Zinjānī

Extrait de *Risāla fī aᶜdād al-wafq (Epître sur les nombres de l'harmonie).*
Trad. A. Djebbar effectuée à partir de l'édition arabe publiée par J. Sesiano, in « Herstellungsverfahren magischer Quadrate aus islamischer Zeit (II') », *Sudhoffs Archiv*, vol. 71 (1987), fasc. 1 (pp. 80-81).

(Pour faciliter la lecture du texte original nous avons reconstitué toutes les figures et découpé le texte.)

La méthode consiste à mettre le un dans la case qui est au centre de la première colonne et qui est à la droite de celui qui écrit, le deux dans la case suivante de cette même colonne, puis le trois dans la case suivante, et ainsi de suite jusqu'à la case qui est voisine de la diagonale.

						1
						2
						3

Puis tu mets dans la première colonne [de gauche], dans la dernière case de la dernière ligne, le nombre qui suit celui auquel tu avais abouti. Puis tu mets dans la case qui la précède [à droite] le nombre suivant, et ainsi de suite, jusqu'à ce que tu aboutisses à la case voisine de la case milieu de cette ligne.

						1
						2
						3
4	5	6				

Puis tu te déplaces vers la case-milieu de la première ligne et tu y mets le nombre auquel tu as abouti.

			7			
						1
						2
						3
4	5	6				

Puis tu te déplaces vers la case qui est voisine de la case milieu de la dernière colonne. Puis, de là, vers la case qui la précède également dans cette colonne et ainsi de suite jusqu'à ce que tu aboutisses à la diagonale.

10			7			
9						
8						
						1
						2
						3
4	5	6				

Puis tu te déplaces de là vers la case voisine de la case milieu de la première ligne. Puis, de là, vers la case suivante et ainsi de suite, jusqu'à aboutir à la case voisine de la diagonale. Alors s'achève le tour.

10			7	11	12	
9						
8						
						2
						3
4	5	6				

Ensuite, tu mets dans chaque case vide de ce bord ce qui, avec la case opposée, complète le carré du nombre, dont tu construis le carré magique, plus un. Pour chaque diagonale, l'opposée est la case à laquelle tu aboutis, lorsque tu te déplaces le long des cases diagonales.

10	45	44	7	11	12	46
9						41
8						42
49						1
48						2
47						3
4	5	6	43	39	38	40

Lorsque le [remplissage] de ce bord s'achève, il restera dans son milieu un carré [de côté] impair. Tu procèdes avec lui selon la démarche indiquée et tu y commences par le nombre qui est après le nombre auquel tu as abouti au [cours du] premier cycle et qui est le nombre que tu as mis dans la case voisine de la première diagonale, et c'est la deuxième case de la première ligne et tu remplis [les cases] selon ce que nous t'avons décrit jusqu'à ce que le cycle s'achève.

	19		17	20		
	18					
					13	
					14	
	15	16				

Puis, tu complètes leurs opposés jusqu'à atteindre le carré du nombre dont tu construis le carré magique – c'est-à-dire le nombre initial, plus un et non le côté du carré qui est resté au second [cycle] – car, dans chaque cycle, on ne doit prendre en considération que le nombre initial et rien d'autre.

	19	34	17	20	35	
	18				32	
	37				13	
	36				14	
	15	16	33	30	31	

Lorsque s'achève également ce [second] cycle, il restera dans son milieu un autre carré impair. Tu procèdes avec lui selon la démarche indiquée jusqu'à ce que l'opération s'achève et qu'il [en] résulte le carré parfait.

10	45	44	7	11	12	46
9	19	34	17	20	35	41
8	18	24	23	28	32	42
49	37	29	25	21	13	1
48	36	22	27	26	14	2
47	15	16	33	30	31	3
4	5	6	43	39	38	40

Soit $n = 2k + 1$ l'ordre du carré impair considéré. Numérotons les lignes de haut en bas, de 1 à n, et, pour tenir compte du sens de l'écriture arabe, numérotons les colonnes à partir de la droite, de 1 à n également. Avec cette convention inhabituelle, la case (p, q) désignera dorénavant celle qui se trouve à l'intersection de la p-ième ligne et q-ième colonne.

Voici comment s'effectue le remplissage de la première enceinte. Si $n = 2k + 1$, cette première enceinte contient $4.(2k + 1) - 4 = 8k$ cases. La technique d'az-Zinjānī consiste à placer, dans un premier temps, les entiers naturels successifs $1, 2, 3,\ldots, 4k$:

(a) Inscription des entiers de 1 à k dans la colonne de droite, en partant de la case centrale et en descendant, c'est-à-dire successivement dans les cases $(k + 1, 1), (k + 2, 1), (k + 3, 1),\ldots, (2k, 1)$.

(b) Inscription des entiers compris entre $k + 1$ et $2k$ dans la dernière ligne, en partant de la case de gauche, c'est-à-dire successivement dans les cases $(n, n), (n, n - 1), (n, n - 2),\ldots, (n, n - k + 1)$.

(c) Inscription du seul entier $2k + 1$ dans la case $(1, k + 1)$.

(d) Inscription des entiers compris entre $2k + 2$ et $3k + 1$ dans la colonne de gauche en remontant, dans les cases $(k, n), (k - 1, n),\ldots (1, n)$.

(e) Inscription des entiers compris entre $3k + 2$ et $4k$ dans la première ligne, de gauche à droite, dans les cases $(1, k), (1, k - 1),\ldots, (1, 2)$.

À l'issue de ce « cycle » ou « tour », comme l'écrit az-Zinjānī, le nombre de cases remplies est $k + k + 1 + k + (k - 1) = 4k$, soit la moitié du nombre total de cases situées dans l'enceinte extérieure du carré considéré.

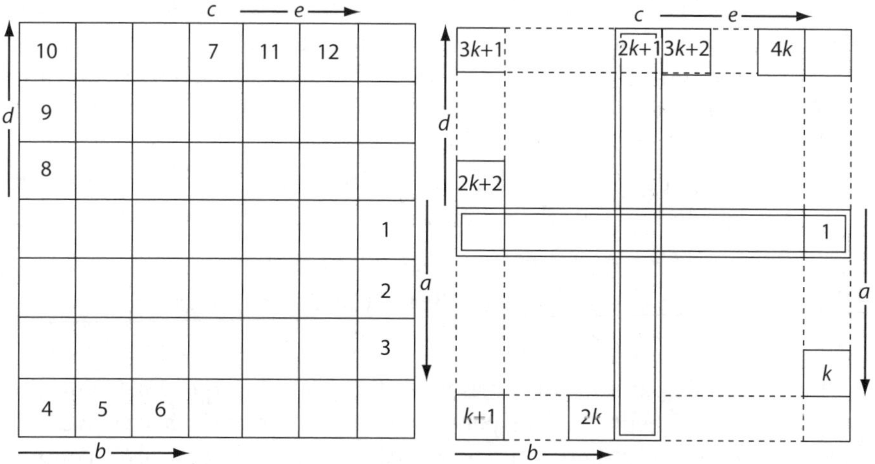

Fig. 7 Début du remplissage du carré d'ordre 7, à gauche, et d'un carré d'ordre $2k + 1$, à droite.

Puis, dans un deuxième temps, az-Zinjānī remplit les $4k$ cases restantes. En observant la figure 7, on remarque que les cases non encore remplies se distribuent régulièrement par rapport aux cases déjà remplies : toutes sont situées en vis-à-vis d'une case pleine, soit horizontalement, soit verticalement, soit diagonalement. Az-Zinjānī demande de les remplir en plaçant dans toute case vide le « complément » de son vis-à-vis. Par « complément » de l'entier x, il faut comprendre, comme l'explique le texte, le complément de x par rapport à $n^2 + 1$, c'est-à-dire $(n^2 + 1) - x$, n désignant l'ordre du carré. (*cf.* fig. 8).

10	45	44	7	11	12	46
9						41
8						42
49						1
48						2
47						3
4	5	6	43	39	38	40

Fig. 8

10	45	44	7	11	12	46
9	19	34	17	20	35	41
8	18	24	23	28	32	42
49	37	29	25	21	13	1
48	36	22	27	26	14	2
47	15	16	33	30	31	3
4	5	6	43	39	38	40

Fig. 9

Une fois la première enceinte remplie, on applique la même procédure à la deuxième enceinte qui contient $8(k-1)$ cases. Les opérations sont identiques à deux détails près. Tout d'abord, on prend pour valeur initiale $4k + 1$, au lieu de 1. Ensuite, comme le précise az-Zinjānī, la « constante de complémentation » ne change pas et reste toujours égale à $n^2 + 1$. On procède de même pour les autres enceintes successives. Sur la figure 9, relative au carré d'ordre 7, on compte ainsi 4 enceintes, la dernière contenant une seule case.

À propos des valeurs initiales placées dans chaque enceinte, on notera que, si l'ordre du carré est $2k + 1$, le nombre total d'enceintes est $k + 1$ et, si u_i désigne la valeur initiale de la i-ème enceinte, on a :

$$u_1 = 1 \text{ et } u_{i+1} - u_i = 4\,(k-i+1).$$

D'où : $u_{i+1} = 2i\,(n-i) + 1$. En particulier, la valeur centrale vaut :

$$u_{k+1} = (n^2 + 1)/2.$$

Les procédés par enceintes conduisent à des carrés qui possèdent une propriété supplémentaire : on peut enlever les enceintes successives du carré magique, on obtient toujours un carré magique. Toutefois, compte tenu du mode de construction des enceintes successives, le nombre situé dans la case centrale est toujours égal à $(n^2 + 1)/2$, si n désigne l'ordre du carré initial. Or, quand on enlève r enceintes, on obtient un carré d'ordre $n-2r = m$ et, si l'on désire que le nombre central soit $(m^2 + 1)/2$, il faut enlever l'entier $(n^2 + 1)/2 - (m^2 + 1)/2 = 2r(n-r)$ à tous les nombres du carré considéré (*cf.* fig. 10).

10	45	44	7	11	12	46
9	19	34	17	20	35	41
8	18	24	23	28	32	42
49	37	29	25	21	13	1
48	36	22	27	26	14	2
47	15	16	33	30	31	3
4	5	6	43	39	38	40

7	22	5	8	23
6	12	11	16	20
25	17	13	9	1
24	10	15	14	2
3	4	21	18	19

4	3	8
9	5	1
2	7	6

Fig. 10 Partant du carré de gauche, on obtient le carré central en enlevant une enceinte et en soustrayant 12 à chacun des nombres. On obtient directement le carré de droite en enlevant deux enceintes et en soustrayant 20.

Cette propriété supplémentaire permet d'assurer, par une sorte de récurrence descendante, que le procédé conduit bien à un carré magique. Il suffit de vérifier que la somme des nombres inscrits dans chacune des 4 bandes formant l'enceinte extérieure est bien égale à la somme magique voulue.

2. UN PROCÉDÉ PAR POINTAGES

Le procédé du pointage est exposé, au XIVᵉ siècle, par Ibn Qunfudh dans son livre intitulé *Abaissement du voile sur les opérations du calcul.* Ce livre est un commentaire de l'*Abrégé des opérations du calcul* d'Ibn al-Bannā. Le chapitre sur les carrés magiques, le dernier de l'ouvrage d'Ibn Qunfudh, n'est pas un commentaire. Toutefois, Ibn Qunfudh ne dit pas qu'il est l'inventeur du procédé qu'il expose et il semble bien qu'il n'ait fait que rassembler des matériaux exposés avant lui, au Maghreb et ailleurs, dans d'autres ouvrages dont, souvent, seul le titre nous est parvenu.

Ibn Qunfudh distingue quatre types de carrés, à savoir, (a) les *pairement pairs*, c'est-à-dire ceux dont le côté se compose de n cases où $n = 2^p$ et $p \geq 2$, (b) les *pairement-pairs-impairs* pour lesquels $n = 2^p(2k + 1)$ avec $p \geq 2$, (c) les *pairement impairs* pour lesquels $n = 2(2k + 1)$ et, enfin, (d) les *impairs* pour lesquels $n = 2k + 1$. Il donne un algorithme de construction pour chacun d'eux. Le dernier cas, le cas impair, ne relève pas de la technique du pointage. Dans l'extrait ci-après, nous nous limiterons aux deux premiers cas, ceux où n est divisible par 4 et où la technique du pointage est aisée à mettre en œuvre. Ibn Qunfudh commence par calculer la valeur que doit avoir la somme des nombres inscrits dans chaque côté du carré.

Fig. 11 Extrait du Ḥaṭṭ an-Niqāb, *Le dévoilement des opérations du calcul*, Ms., Rabat, B. G., 1678D
On y voit en particulier la méthode de pointage pour remplir un carré d'ordre 6.

Le texte d'Ibn Qunfudh

D'après le *Ḥaṭṭ an-Niqāb Le dévoilement des opérations du calcul,*
Ms., Rabat, B. G., 1678D. Traduction A. Djebbar (pp. 238-239).

Donnons [à présent], en annexe, ce que nous avions voulu ajouter à notre Livre [le *Ḥaṭṭ an-Niqāb*] concernant la manière de placer les nombres magiques dans leurs carrés, selon la forme la plus aisée et le procédé le plus simple.

Saches, que Dieu nous accorde le succès à toi et à moi, que le nombre est de deux sortes, comme cela a été [dit] au début du Livre, pair et impair, que le pair est de trois sortes : pairement-pair, pairement-pair-impair et pairement-impair.

Cette méthode [de construction de carrés magiques] se divise en quatre parties : la première partie sur la détermination du nombre contenu dans chaque côté du carré magique, la seconde partie sur la construction des [carrés] pairement-pairs et des [carrés] pairement-pair-impairs, la troisième partie sur la construction des [carrés] pairement impairs et la quatrième partie sur la construction des [carrés] impairs.

Sur la détermination du nombre contenu dans chaque côté de chaque carré

Si tu veux [connaître] cela, ajoute toujours un au [nombre de] ses cases, ce qui en résulte multiplie le par la moitié du nombre de l'un de ses côtés, le résultat sera la valeur du nombre contenu dans chaque côté.

À l'aide de cela, on vérifie l'exactitude [de la construction] du carré magique, [en procédant] ainsi : tu fais la somme des [éléments] de l'un de ses côtés, si elle correspond [au résultat précédent], la [construction] est juste, si elle en diffère, la [construction] est fausse.

Seconde partie sur la construction des [carrés] pairement-pairs et pairement-pair-impairs

Nous allons exposer deux procédés seulement.

Premier cas

La condition [préalable] est d'aboutir à ce que, dans chaque ligne [et colonne] la moitié des cases soit pointée et l'autre moitié non pointée.

Si le carré est supposé d'ordre quatre, la condition est réalisée en pointant les [cases des] diagonales seulement, comme ceci :

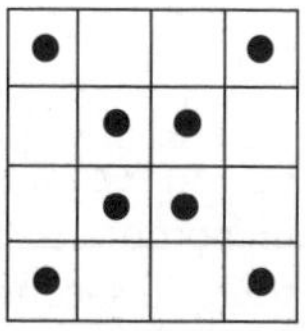

Si [le carré] est d'ordre huit, la condition n'est réalisée que si l'on pointe le triangle supérieur du carré et le triangle inférieur ainsi que les deux cases du milieu de la diagonale de droite et de la diagonale de gauche, comme ceci :

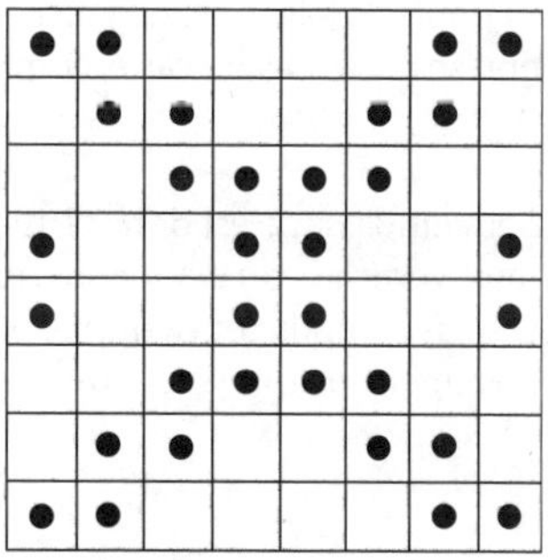

Si le carré est d'ordre supérieur à huit, la condition n'est pas réalisée uniquement en ajoutant un triangle [pointé] ou en pointant [les colonnes] de droite et de gauche.

Pour la réaliser, il est nécessaire que, dans chaque ligne [ou colonne], la moitié de ses cases soit pointée et l'autre moitié non pointée.

Pour le carré d'ordre douze, par exemple, la condition n'est réalisée qu'en ajoutant deux triangles [pointés] dans la partie supérieure et deux triangles dans la partie inférieure et en pointant quatre cases de la première colonne de droite et quatre cases de la colonne de gauche ainsi que deux cases de la deuxième colonne de droite et deux cases de la deuxième colonne de gauche.
D'une manière générale, pour savoir ce qu'il faut mettre aux deux extrémités, tu t'occupes du milieu, puis tu complètes [le pointage] des deux extrémités avec ce qui reste de la moitié des cases [à pointer].
Saches que c'est grâce à l'observation et à la réflexion que tu acquerras la manière de placer [les points].
Voici la figure du carré magique d'ordre douze :

●	●	●							●	●	●
	●	●	●					●	●	●	
		●	●	●			●	●	●		
			●	●	●	●	●	●			
●				●	●	●	●				●
●	●				●	●				●	●
●	●			●	●	●	●			●	●
●				●	●	●	●				●
			●	●	●	●	●	●			
		●	●					●	●		
	●	●	●					●	●	●	
●	●	●							●	●	●

Si la condition est réalisée pour le carré dans lequel tu voulais répartir les nombres, et si tu as pointé la moitié de ses cases selon ce que je t'ai décrit, commence par la première case en y posant un et, à partir de là, numérote les cases à l'aide de la suite des entiers, et fais en sorte que, dans chaque case pointée que tu rencontres, tu inscrives le nombre [correspondant], et que tu numérotes chaque case non pointée sans rien y mettre et ce, jusqu'à la dernière case de [la colonne de] gauche, comme dans ce carré :

4			1
	7	6	
	11	10	
16			13

Puis tu recommences à partir de la dernière case qui contient un nombre, tu la numérotes un sans rien y mettre, puis c'est [au tour] du second : tu n'y trouves rien. Tu y inscrits alors deux et tu poursuis [ainsi] de la gauche vers la droite jusqu'à ce que tu épuises les cases du carré, comme ceci :

4	14	15	1
9	7	6	12
5	11	10	8
16	2	3	13

Son remplissage est donc terminé. Si tu calcules [la somme des éléments] horizontaux, verticaux ou diagonaux, tu trouves trente-quatre.
Si tu as compris cet exemple, procède pour les [carrés] pairement-pairs et pour les pairement-pair-impairs, comme il y a été procédé.

Second cas :

l'ordre des carrés est supérieur à seize
La règle consiste à déterminer combien [le carré] contient de carrés d'ordre quatre, puis tu repères chacun de ces carrés en mettant un signe dans chacun de ses quatre coins et tu pointes les diagonales de chacun des carrés. Lorsque le pointage est terminé, commence à répartir les nombres à partir de la première case pointée que tu rencontres en mettant un nombre dans [celles qui sont pointées] et en numérotant celles qui ne sont pas pointées sans rien y mettre et ce, jusqu'à la dernière case de la ligne inférieure. Puis tu recommences avec un, à partir de cette dernière case, en numérotant celles [parmi les cases] qui contiennent un nombre sans rien y mettre et en mettant dans celles où tu ne trouves pas de nombre le nombre qui lui correspond.
Ce cas ne diffère pas du premier, si ce n'est dans le pointage.

Au début du texte, Ibn Qunfudh énonce la règle de calcul de la somme commune des nombres d'une même ligne, colonne ou diagonale d'un carré d'ordre n. Elle revient à :

$$S_n = (n^2 + 1)\, n/2$$

La procédure expliquée dans cet extrait s'applique aux carrés dont l'ordre est divisible par 4 ; elle s'effectue en trois temps :
Tout d'abord, on pointe certaines cases de façon à ce que la moitié exactement des cases de chaque ligne et de chaque colonne soient pointées.
Ensuite, on remplit les cases pointées : on commence par la case en haut à droite et on compte 1, 2, 3,… de case en case, jusqu'à la fin de la ligne ; là où on rencontre un point, on écrit le nombre correspondant ; là où il n'y a pas de point, on n'écrit rien, mais on ne s'arrête pas de compter. Parvenu au bout de la première ligne, on poursuit le comptage sur la deuxième ligne en partant toujours de la droite, et ainsi de suite. On obtient alors un carré à moitié rempli.
Enfin, pour remplir la partie encore vide du carré on recommence à compter de 1 à n^2, mais en partant cette fois de la case en bas à gauche et en progressant vers la droite : quand on rencontre une case non pointée, donc non remplie, on inscrit le nombre correspondant. Parvenu en fin de ligne, on poursuit le comptage sur la ligne suivante, dans le même ordre, et ainsi de suite. En fin de parcours, on obtient le carré magique cherché (fig. 12).

*			*
	*	*	
	*	*	
*			*

←

4			1
	7	6	
	11	10	
16			13

4	14	15	1
9	7	6	12
5	11	10	8
16	2	3	13

→

Fig. 12 Les trois étapes : a) le pointage, b) le remplissage des cases pointées, c) le remplissage des cases non pointées.

Ibn Qunfudh indique deux façons de pointer les cases du carré et il insiste surtout sur la condition selon laquelle, dans chaque ligne et dans chaque colonne, la moitié des cases doivent être pointées. La deuxième méthode, qui peut être utilisée pour les carrés de plus de 16 cases, conduit, dans le cas du carré d'ordre 8 par exemple, à assembler 4 carrés pointés d'ordre 4 (*cf.* fig. 13).

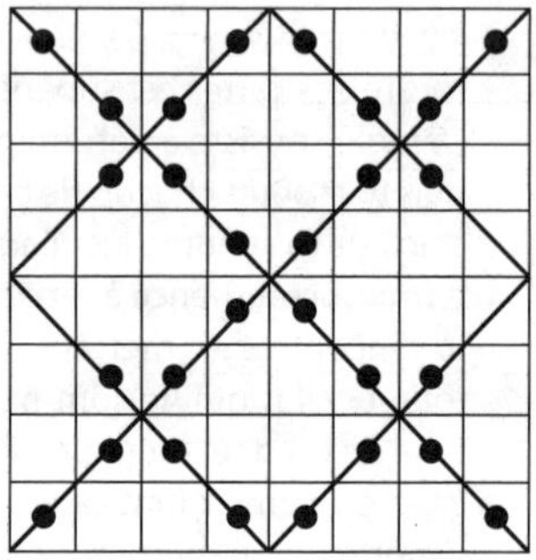

Fig. 13 Le pointage du carré d'ordre 8 selon la deuxième méthode d'Ibn Qunfudh.

Bien sûr, la condition donnée pour le pointage des cases n'est pas suffisante à elle seule. En fait, dans les explications fournies, une certaine symétrie est toujours conservée : symétrie par rapport aux axes horizontal et vertical du carré. Or, cela suffit à assurer le fait que la somme des nombres sur chaque ligne ou chaque colonne soit égale à la somme magique.

Vérifions le pour la colonne n° c (en partant de la droite pour se conformer au texte arabe).

Plaçons-nous dans la colonne c.

Si la case de la ligne n° p est pointée, alors celle de la ligne p', où $p + p' = n + 1$, est aussi pointée.

Or, sur la ligne p, on trouve $x = n\,(p-1) + c$ et,

sur la ligne p', on trouve $x' = n\,(p' - 1) + c$; d'où :

$$x + x' = n\,(p + p' - 2) + 2c = n\,(n - 1) + 2c.$$

Si, maintenant, la case de la ligne p n'est pas pointée, alors celle de la ligne p', où $p + p' = n + 1$, ne l'est pas non plus.

Sur la ligne p, on trouve $y = n\,(n - p) + n - c + 1$, et,

sur la ligne p', on trouve $y' = n\,(n - p') + n - c + 1$; d'où :

$$y + y' = n\,(2n - p - p') + 2n - 2c + 2 = n\,(n - 1) + 2n - 2c + 2.$$

Comme la moitié des cases sont pointées, la somme des nombres vaut :

$$(n/4)\,[\{n\,(n - 1) + 2c\} + \{n\,(n - 1) + 2n - 2c + 2\}] = n\,(n^2 + 1)/2.$$

On notera aussi que les cases des diagonales sont systématiquement pointées, de sorte que la somme des nombres sur chaque diagonale est aussi égale à la somme magique, puisqu'il en est déjà ainsi des diagonales du carré naturel.

Quant à la construction des carrés magiques d'ordre $n = 2\,(2k + 1)$, elle repose elle aussi sur le principe du pointage. Cependant, à la différence des cas précédents, plusieurs pointages différents sont nécessaires.

La construction du carré d'ordre 6, par exemple, nécessite 3 pointages (*cf.* fig. 14) et le remplissage du carré s'effectue ensuite en 4 étapes successives (*cf.* fig. 15).

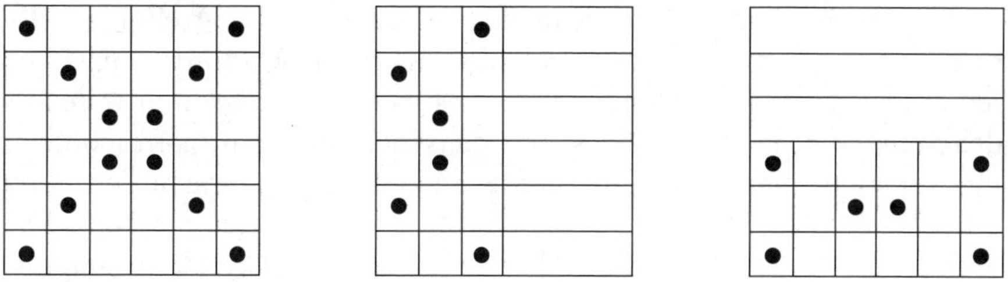

Fig. 14

6	5	4	3	2	**1**
12	**11**	10	9	**8**	7
18	17	**16**	**15**	14	13
24	23	**22**	**21**	20	19
30	**29**	28	27	**26**	25
36	35	34	33	32	**31**

18	17	16	15	14	**13**
12	11	**10**	**9**	8	7
6	**5**	4	3	**2**	1

1	2	**3**	4	5	6
7	8	9	10	11	12
13	**14**	15	16	17	18
19	**20**	21	22	23	24
25	26	27	28	29	30
31	32	**33**	34	35	36

31	**32**	33	**34**	**35**	36
25	26	**27**	**28**	29	**30**
19	20	21	22	**23**	**24**
13	14	15	16	**17**	18
7	8	9	10	11	**12**
1	2	3	**4**	5	6

Fig. 15 Les 3 premiers carrés sont remplis selon la technique du pointage en partant du coin du carré indiqué par la flèche et en inscrivant les nombres dans les cases pointées ; le dernier carré est rempli en partant de la flèche et en inscrivant les nombres dans les cases encore vides.

3. LE PROCÉDÉ PAR 2 ET 3

Le petit traité, rédigé en grec, du byzantin Manuel Moschopoulos, remonte aux premières années du XIVe siècle. Manuscrit à l'origine, il fut édité, traduit et commenté en français, en 1886, par Paul Tannery [17].

Moschopoulos, lui aussi, transmet des techniques attestées avant lui dans les pays de l'Islam. Ne se pourrait-il, cependant, demande Tannery, que ce byzantin représente l'un des derniers maillons d'une chaîne de transmission de techniques de carrés magiques qui remonteraient aux Grecs ? Rien ne permet de l'affirmer car on ne possède aucun témoignage plus ancien de constructions grecques de carrés magiques. Il est vrai, toutefois, que l'absence de témoignage n'est pas le témoignage de l'absence.

Moschopoulos explicite essentiellement deux types de techniques. Le premier type permet de construire des carrés magiques d'ordre impair, en remplissant ceux-ci avec les entiers successifs de 1 à n^2, selon un parcours déterminé par des règles fixes qui, dans nos notations, correspondent mathématiquement à des congruences modulo n, n désignant l'ordre du carré. Le deuxième type de technique concerne les carrés dont l'ordre est divisible par 4, c'est la technique du pointage, dans la seconde version que nous avons étudiée avec Ibn Qunfudh (*cf.* texte précédent).

Nous n'analyserons donc ici en détail que la première technique de Moschopoulous et, plus précisément dans sa première version, celle qu'il appelle *procédé par 2 et 3*, en référence à l'amplitude, comptée en nombre de cases, des déplacements successifs sur lesquels repose le procédé. La seconde version, *le procédé par 3 et 5*, est tout à fait semblable dans son principe.

Le texte de Moschopoulos

Texte grec original in Manuscrit de la Bibliothèque Nationale, Fonds Grec, édité et traduit par Paul Tannery, *Annuaire de l'Association pour l'encouragement des études grecques en France*, 1886, p. 88-118. Extrait des *Mémoires Scientifiques de Paul Tannery*, vol. 4, Gauthier-Villars, Paris, 1920, p. 26-60 : « Le Traité de Manuel Moschopoulos sur les carrés magiques, texte grec et traduction » (p. 37-41).

(Toutes les figures sont restituées par nous afin de faciliter la lecture du texte original. Nous avons ainsi découpé celui-ci, en segments accompagnés de figures correspondantes, dans le cas particulier du carré d'ordre 3.)

[...] il convient maintenant d'aborder la disposition. Nous commençons par le premier nombre qui en est susceptible ; ce premier nombre qui puisse être disposé ainsi en carré est celui formé de 3, [...] dont nous allons donc parler en premier lieu ; mais la méthode qui va être exposée pour ce nombre pourra s'appliquer à tous ceux de même espèce (*les impairs*). Or on peut obtenir la disposition qui donne l'égalité dans tous les sens [...]

[Méthode pour les carrés de nombres impairs].

Voici [...] le procédé par 2 et 3. Nous mettons d'abord l'unité dans la case au milieu des trois du bas

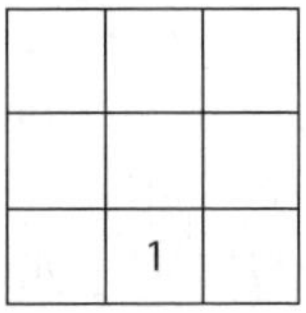

et nous comptons deux cases, l'une celle qui a cette unité, l'autre nous la cherchons en-dessous de la première en ligne directe, car il faut toujours aller de haut en bas ; comme nous n'en trouvons pas, nous remontons tout en haut, toujours en ligne directe, comme en revenant en cercle (αναχυλουντεζ), et nous comptons cette seconde case ; puis nous plaçons 2 dans la case à droite de celle-ci en ligne directe,

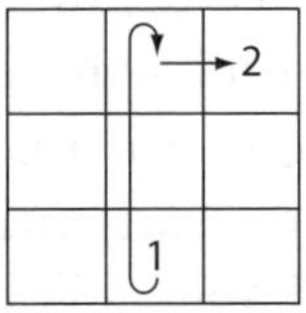

et nous comptons de nouveau deux cases, l'une celle qui a 2, la seconde au-dessous, et nous cherchons une case à droite en ligne directe pour y mettre 3 ; ne la trouvant pas, nous nous reportons à gauche en ligne directe ; car lorsqu'une rangée de cases est terminée, il faut toujours revenir à son commencement. Nous plaçons donc 3 sur la case qui est la dernière pour notre marche en sens inverse, mais la première dans la marche vers la droite, c'est-à-dire celle que nous devons suivre dès le principe en comptant les cases comme en cercle.

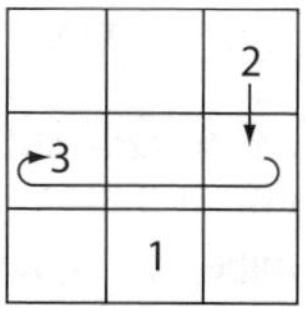

Étant ainsi arrivés à 3, qui multiplié par lui-même donne le carré, c'est-à-dire qui est le côté de 9, nous ne comptons plus deux cases pour placer ensuite 4 à droite ; mais nous comptons trois, comme suit : une, celle qui a 3, deux, celle en-dessous, trois, nous cherchons en-dessous, mais ne trouvant plus de cases, nous remontons tout en haut en ligne directe ; nous y comptons la case comme troisième et nous y plaçons 4 sans nous écarter de la ligne directe,

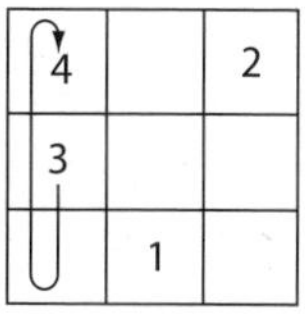

puis repartant de là comme d'un nouveau commencement, nous comptons par 2 et nous plaçons le nombre suivant à droite suivant la marche indiquée ;

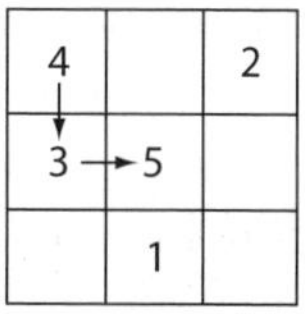

nous continuons ainsi jusqu'à ce que nous retombions sur le côté de 9, c'est-à-dire 6, double de 3.

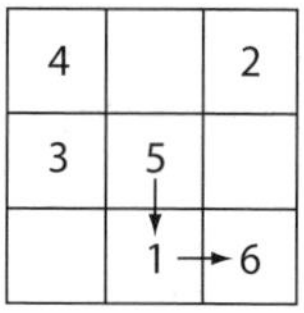

Arrivés à ce nombre, nous recommençons à compter par trois et à placer le nombre suivant sur la troisième case sans nous écarter de la ligne directe ;

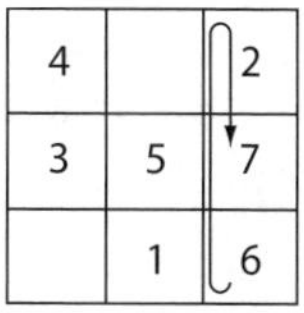

puis nous comptons par deux et mettons à droite, et ainsi de suite jusqu'à la fin, en comptant encore toujours par 2, pour tous les nombres, sauf quand nous venons de passer d'un côté à un autre côté *(d'un multiple de la racine au multiple suivant)*, alors nous comptons par trois.

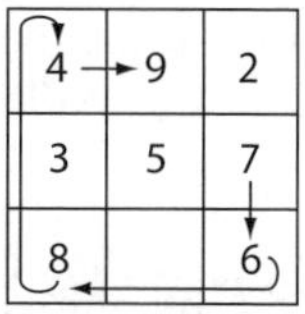

Nous faisons de même pour tous les nombres de même espèce, en comptant suivant la règle énoncée ; par deux, jusqu'au côté (*racine*) du nombre des cases du carré proposé ; puis par trois, pour le nombre consécutif ; et ainsi de suite jusqu'à la fin, en reprenant circulairement les cases comme dans l'exemple ; en somme, nous observons exactement les mêmes règles sauf pour la position de l'unité ; car celle-ci ne doit pas être toujours placée sur la même case, mais elle change de position à chaque carré. Pour le premier carré formé d'un nombre impair, on le place au milieu des cases inférieures ; pour le second carré, au milieu de la rangée immédiatement supérieure à la précédente ; en règle générale, à chaque passage à un nombre supérieur, elle monte elle-même d'une case, en sorte qu'elle se trouve toujours placée sur la case située immédiatement et directement au-dessous de celle qui est précisément au milieu de toutes les cases du carré proposé de cette espèce : on verra tout cela plus clairement sur les figures.

Les techniques de Moschopoulos se prêtent fort bien à une mise en formules, en particulier si l'on utilise le langage des congruences. Numérotons les lignes et les colonnes du carré, de gauche à droite pour les colonnes et de haut en bas pour les lignes, et notons $l(x)$ le numéro de ligne et $c(x)$ le numéro de colonne sur lesquels se trouve l'entier x. Partant d'un carré d'ordre impair $n = 2k + 1$, l'algorithme de Moschopoulos peut se formuler comme suit :

(a) Initialisation de l'algorithme par placement de l'unité dans la case immédiatement en dessous de la case centrale. Autrement dit, le 1 est placé à l'intersection de la $(k + 1)^{\text{ème}}$ colonne et de la $(k + 2)^{\text{ème}}$ ligne, c'est-à-dire :

$$l(1) = k + 2$$

$$c(1) = k + 1$$

(b) Application conditionnelle, comme expliqué ci-après, des deux règles de remplissage qui permettent de placer l'entier $x + 1$, lorsque la position de son prédécesseur x est connue (*cf.* fig. 16).

Si x n'est pas multiple de n, on applique le procédé par 2 :

$$l(x + 1) \equiv 1 + l(x) \text{ (modulo } n)$$

$$c(x + 1) \equiv 1 + c(x) \text{ (modulo } n)$$

Si x est multiple de n, on applique le procédé par 3 :

$$l(x + 1) \equiv 2 + l(x) \text{ (modulo } n)$$

$$c(x + 1) \equiv c(x) \text{ (modulo } n)$$

Précisons que, dans ces règles, si la prise du modulo donne pour résultat 0, on prend n, et non pas 0 (le système complet de résidus que l'on considère est donc $1, 2, \ldots, n$ et non pas $0, 1, 2, \ldots, n - 1$).

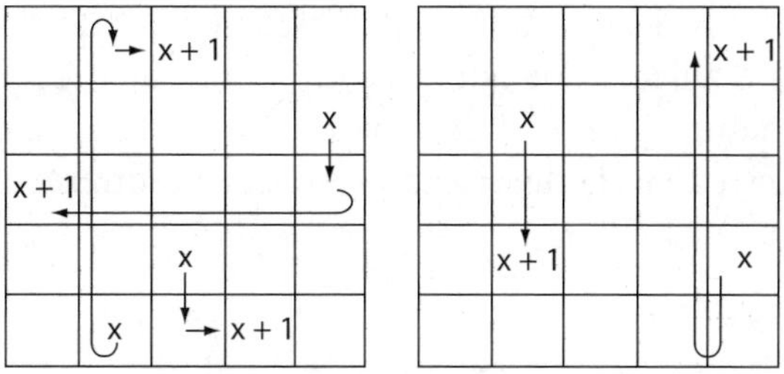

Fig. 16 Procédé par 2 et procédé par 3.

Dans le cas du carré d'ordre 3, par exemple :

x est placé en	$(l(x), c(x))$	règle appliquée
1	(3,2)	initialisation
2	(4,3) ≡ (1,3)	procédé par 2
3	(5,4) ≡ (2,1)	procédé par 2
4	(7,4) ≡ (1,1)	procédé par 3
5	(8,5) ≡ (2,2)	procédé par 2
6	(9,6) ≡ (3,3)	procédé par 2
7	(11,6) ≡ (2,3)	procédé par 3
8	(12,7) ≡ (3,1)	procédé par 2
9	(13,8) ≡ (1,2)	procédé par 2

11	24	7	20	3
4	12	25	8	16
17	5	13	21	9
10	18	1	14	22
23	6	19	2	15

Fig. 17

Dans le cas du carré d'ordre 5, on part avec les conditions initiales $l(1) = 4$ et de $c(1) = 3$, puis on applique le procédé par 2, sauf lorsqu'on part d'une case contenant 5, 10, 15 ou 20. En effet, ce sont des multiples de l'ordre du carré, et on applique alors le procédé par 3 (*cf.* fig. 17).

Cette procédure soulève deux questions. Est-on certain que l'on parviendra ainsi à remplir toutes les cases du carré ? Le carré obtenu sera-t-il toujours magique. Suivant le mathématicien américain D.N. Lehmer [10], pour répondre à ces deux questions, remplaçons les règles du procédé par 2 et 3 de Moschopoulos par les formules arithmétiques suivantes :

pour $1 \leq x \leq n^2$, $l(x + 1) \equiv k + 2 + x + [x/n] \pmod{n}$

et $c(x + 1) \equiv k + 1 + x - [x/n] \pmod{n}$

où $n = 2k + 1$ et où $[x/n]$ désigne la partie entière de x/n.

Nous laissons au lecteur le soin de s'assurer de l'équivalence des deux systèmes. Voici d'ailleurs une autre façon de formuler les choses. Si, pour tout nombre x compris entre 1 et n^2, nous notons a et r respectivement le quotient et le reste dans la division de $x - 1$ par n, autrement dit :

$$x - 1 = a\,n + r \text{ où } 0 \leq r \leq n - 1 \text{ (et aussi } 0 \leq a \leq n - 1),$$

alors, la règle signifie :

$$l(x) \equiv r + a + k + 2 \pmod{n}$$
$$c(x) \equiv r - a + k + 1 \pmod{n}.$$

Répondons maintenant aux deux questions. Pour montrer que les entiers de 1 à n^2 remplissent bien le carré, il suffit de prouver que deux entiers distincts ne peuvent occuper la même place. En effet, si x_1 et x_2 sont dans la même case, c'est-à-dire $c(x_1) = c(x_2)$ et $l(x_1) = l(x_2)$, alors la nouvelle règle montre que $r_1 = r_2$ et $a_1 = a_2$, donc $x_1 = x_2$.

Montrons que le carré est magique relativement à ses colonnes. Dès que deux nombres x_1 et x_2 sont situés dans une même colonne, on a nécessairement $a_1 \neq a_2$ et $r_1 \neq r_2$. En effet, puisque $c(x_1) = c(x_2)$, on a : $r_1 - a_1 \equiv r_2 - a_2 \pmod{n}$. Si on avait $a_1 = a_2$, on aurait $r_1 = r_2$ et, finalement, $x_1 = x_2$. De même, si on avait $r_1 = r_2$, on aurait $a_1 = a_2$ et, finalement, $x_1 = x_2$. Par suite, dans une même colonne, les différents nombres x_i fournissent pour quotient a_i tous les entiers de 0 à $n - 1$ et pour reste r_i tous les entiers de 0 à $n - 1$; donc, la somme des termes d'une même colonne est égale à :

$$\sum_i x_i = \sum_i (a_i n + r_i + 1) = \left(\sum_i a_i\right).\, n + \sum_i (r_i + 1) =$$

$$\left(\sum_{0 \leq a \leq n-1} a\right) n + \sum_{0 \leq r \leq n-1} (r + 1) = n\,.\, n(n-1)/2 + n(n+1)/2 = n(n^2+1)/2$$

On trouve bien la constante magique du carré. Pour les lignes, le raisonnement est analogue.

Supposons maintenant qu'un nombre $x = an + r + 1$ soit situé sur la diagonale «principale» du carré. On a alors $c(x) = l(x)$ et, par conséquent, $r + a + k + 2 \equiv r - a + k + 1 \pmod{n}$, soit $2a + 1 \equiv 0 \pmod{n}$, ou encore $2a + 1 \equiv 2k + 1 \pmod{n}$, finalement $a = k$. Les nombres sur la diagonale sont donc $nk + 1$, $nk + 2, \ldots\ nk + n$ et leur somme est égale à $(nk + 1 + nk + n)\, n/2 = (n^2 + 1)\, n/2$. Pour la diagonale non principale le raisonnement est analogue.

Nous avons dit que Moschopoulos donne une autre méthode, toujours pour les carrés impairs, *le procédé par 3 et 5*. Cette règle, dont nous n'avons pas donné le texte original, consiste à mettre d'abord

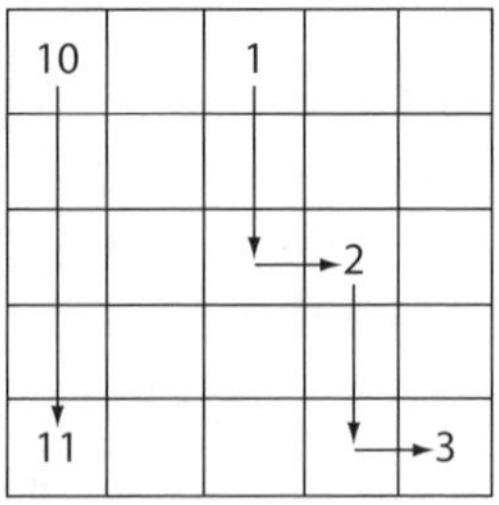

Fig. 18

le 1 initial dans la case milieu de la première ligne, puis, comme précédemment, à placer les nombres à l'aide de déplacements de 3 et 5 cases – les cases de départ et d'arrivée étant incluses dans le décompte – comme l'indique plus clairement le schéma de la figure 18.

Plus formellement, on prend pour condition initiale $l(1) = 1$ et $c(1) = k + 1$, puis on applique les règles suivantes :

Si x n'est pas multiple de n :

$$l(x + 1) \equiv 2 + l(x) \text{ (modulo } n)$$

$$c(x + 1) \equiv 1 + c(x) \text{ (modulo } n)$$

Si x est multiple de n :

$$l(x + 1) \equiv 4 + l(x) \text{ (mod } n)$$

$$c(x + 1) \equiv c(x) \text{ (mod } n)$$

D'autres généralisations sont possibles. Comme le remarque D.N. Lehmer [10], et d'autres avant lui, la technique de Moschopoulos n'est qu'un cas particulier d'un procédé de construction plus général de carrés d'ordre impair. Il s'agit de constructions définies par les deux congruences :

$$l(x + 1) \equiv p + \alpha x + a\,[x/n] \text{ (mod } n)$$

$$c(x + 1) \equiv q + \beta x + b\,[x/n] \text{ (mod } n)$$

dans lesquelles p et q sont des entiers quelconques et α, β, a et b sont des entiers premiers à n. Les entiers p et q indiquent la position du 1, les entiers α et β indiquent que le déplacement est en général de α cases vers le bas et de β cases vers la droite – avec la convention que l'on sait –, sauf lorsqu'on part d'une case contenant un multiple de n, auquel cas le déplacement est de $\alpha + a$ cases vers le bas et de $\beta + b$ cases vers la droite. Le procédé par 2 et 3 de Moschopoulos correspond au choix : $\alpha = 1$, $\beta = 1$, $a = 1$ et $b = -1$; le procédé par 3 et 5 correspond au choix : $\alpha = 2$, $\beta = 1$, $a = 2$ et $b = -1$. La condition nécessaire et suffisante pour que le procédé permette de remplir le carré est que le nombre entier $\alpha b - a\beta$ soit premier à n. Le carré est alors semi-magique : il est magique, à ceci près que l'on n'est pas assuré de ce que les sommes des nombres dans les diagonales soient égales à la somme magique.

Fac-similé, Cl.-G. Bachet, *Problèmes plaisants et délectables qui se font par les nombres*, Lyon, 1612 ; 2e édition, Lyon, 1624 (p. 164).
Belin, cliché J.-L. Charmet, Bibliothèque Mazarine, Paris.

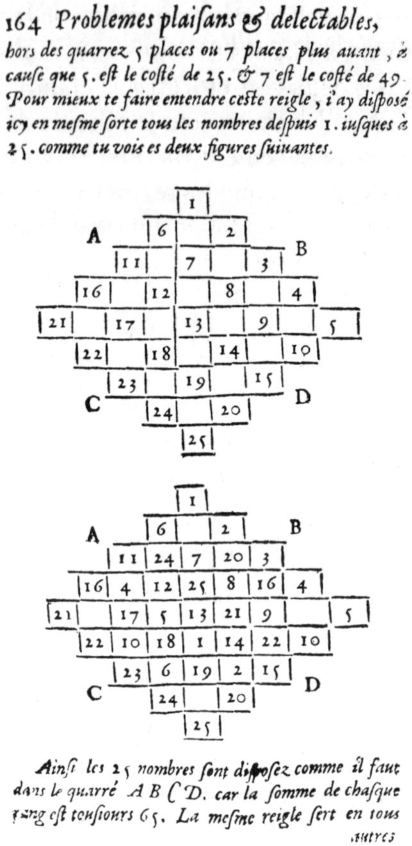
164 *Problemes plaisans & delectables,*
hors des quarrez 5 places ou 7 places plus avant, à cause que 5. est le costé de 25. & 7 est le costé de 49. Pour mieux te faire entendre ceste reigle, i'ay disposé icy en mesme sorte tous les nombres despuis 1. iusques à 25. comme tu vois es deux figures suiuantes.

Ainsi les 25 nombres sont disposez comme il faut dans le quarré A B C D. car la somme de chasque rang est tousiours 65. La mesme reigle sert en tous autres

Bachet demande d'adjoindre des petits carrés au carré à remplir ABCD, puis de disposer les nombres selon l'ordre naturel dans les diagonales descendantes, de laisser en place les nombres qui sont déjà dans le carré ABCD et, pour les autres, explique : « tu les mettras dans les places vides qui restent, usant seulement de transposition, c'est à savoir que ceux d'en haut tu les mettras en bas, et ceux d'en bas tu les porteras en haut ; ceux du côté gauche passeront au côté droit, et ceux du côté droit iront au côté gauche ». Le lecteur reconnaîtra dans l'application de cette règle la méthode par 2 et 3 de Moschopoulos pour les carrés impairs.

4. LA MÉTHODE PAR ENCEINTES D'ARNAULD

En annexe de ses *Nouveaux éléments de géométrie* [1], Arnauld a inséré un opuscule intitulé « Solution d'un des plus célèbres et des plus difficiles problèmes d'arithmétique appelé communément les quarrés magiques ». Il témoigne de l'engouement des géomètres du XVIIe siècle pour les carrés magiques. On sait que Pascal soumettait en 1654 à l'Académie Parisienne un *Traité des nombres magiquement magiques*, traité qui ne nous est point parvenu, et que Fermat, grand amateur de nombres, y excellait.

Tout comme les carrés magiques construits par az-Zinjānī, les carrés magiques établis par Arnauld sont des carrés magiques à enceintes : un carré magique à enceintes ne cesse pas d'être magique lorsqu'on lui enlève une ou plusieurs enceintes. Ce type particulier de carrés magiques fut étudié au XVIe siècle par Stifel dans son *Arithmetica integra* de 1554, puis au XVIIe siècle par Frenicle de Bessy, Fermat, Arnauld, Prestet et Ozanam. Au siècle suivant, Euler étudie leur formation dans son *De quadratis magicis* de 1776 [12].

A priori, un traité sur les carrés magiques n'a pas sa place dans un ouvrage de géométrie, mais l'esprit dans lequel est résolu le problème du carré magique est bien celui de l'ouvrage. Il s'agit de présenter une méthode ordonnée, claire et naturelle qui permette de résoudre, le problème certes, mais aussi de savoir pourquoi il est résolu. Arnauld nous donne donc le chemin ordonné qui permet à l'inventeur de construire méthodiquement la solution, chemin qui conduit également à la démonstration. Car le lecteur ne pourrait se satisfaire du seul constat de l'efficacité d'une technique.

La méthode des enceintes proposée par Arnauld est également marquée par les pratiques mathématiques de l'époque puisqu'il est fait usage de symboles algébriques qui permettent d'indiquer la généralité de l'algorithme. En effet, la méthode s'applique à des carrés de tous ordres, pairs et impairs : elle ne présente que des modifications mineures selon cette parité. Nous donnons ici le cas des carrés pairs. Elle présente aussi l'avantage de fournir, pour un ordre donné, plusieurs carrés magiques différents – qui ne se déduisent pas les uns des autres par symétrie ou rotation. Cet avantage est conséquence du caractère combinatoire de la méthode. Ainsi, le cas des carrés pairs offre à Arnauld l'occasion d'expliquer comment obtenir les seize « dispositions magiques du carré » d'ordre 4, dispositions déduites d'un raisonnement combinatoire et élégamment présentées dans un tableau littéral.

En conclusion du traité, Arnauld énonce les aspects originaux de sa solution qui justifient qu'on la présente au public. Il écrit :

« *Je pense pouvoir conclure de tout ceci, qu'il n'est pas possible de trouver une méthode plus facile, plus abrégée et plus parfaite pour faire les carrés magiques, qui est un des plus beaux problèmes d'arithmétique.*

Ce qu'elle a de singulier, c'est

1. Qu'on n'écrit les chiffres que deux fois.

2. Qu'on ne tatônne point, mais qu'on est toujours assuré de ce que l'on fait.

3. Que les plus grand carrés ne sont pas plus difficiles à faire que les plus petits.

4. Qu'on les varie autant que l'on veut.

5. Qu'on ne fait rien dont on n'ait démonstration. »

Considérées séparément, les règles sont précises et simples. Donnons cependant quelques indictions générales pour en faciliter la lecture. La procédure s'effectue enceinte par enceinte, en partant de l'enceinte extérieure, à l'exception des deux dernières enceintes auxquelles s'appliquent des règles particulières. Le carré naturel, c'est-à-dire le carré dont les cases sont remplies dans l'ordre naturel des entiers, joue un rôle essentiel. Pour chaque enceinte, Arnauld commence par travailler sur le carré naturel : il y dispose des lettres à certains emplacements et selon certaines règles ; ce faisant, il assigne à ces lettres des valeurs, à savoir les nombres placés dans les cases correspondantes du carré naturel. Puis, pour construire le carré magique, il réordonne ces lettres selon d'autres règles a priori et remplace ces lettres par les valeurs assignées précédemment.

Précisons que, pour un carré d'ordre $n = 2k$, Arnauld appelle *centre* la quantité $(n^2 + 1)/2$, *petits chiffres* les entiers de 1 à $n^2/2$ et grand chiffres les autres entiers. Il note avec des lettres minuscules α, β,... ce qui correspond à des petits chiffres et avec des majuscules A, B,... leurs compléments à $(n^2 + 1)/2$, ces lettres majuscules correspondent donc à des grands chiffres. Ajoutons enfin, que dans le carré naturel un nombre α et son complément A sont toujours symétriques par rapport au centre du carré, tandis que, pour construire le carré magique, Arnauld les place en vis-à-vis sur une ligne ou une colonne, à l'exception des lettres situées dans les coins du carré.

Le texte d'Arnauld

D'après les *Nouveaux éléments de Géométrie*, Savreux, Paris, 1667, pp. 327 à 334.

[Pour simplifier, là où Arnauld considère une addition, nous avons remplacé le symbole. par le symbole +]

2. CONSIDÉRATIONS SUR LES CARRÉS NATURELS

2. J'appelle carrés naturels ceux où les chiffres sont disposés en progression arithmétique en commençant par les plus petits.

[...]

Sur les carrés pairs

8. Il n'y a point de cellule qui soit au centre. Mais on doit prendre pour centre la moitié de la somme que font le premier et dernier chiffre.
Et cette somme entière s'appellera 2*c*.
9. La moitié des bandes, savoir celles qui sont les plus hautes contiennent les petits chiffres, et les plus basses les grands.
10. Les quatre cellules du milieu sont la 1ère enceinte.
Les cellules autour de ces quatre, la 2e enceinte.
Celles autours de la seconde, la 3e enceinte.
Et ainsi de suite.
11. Les enceintes 1, 3, 5, 7, 9, etc. sont aussi appelées les enceintes impaires.
Et les 2, 4, 6, etc. les paires.
12. Les petits chiffres sont,
1. Dans la bande d'en haut de chaque enceinte

2. Au côté gauche depuis la bande d'en haut jusqu'à la bande où commencent les grands chiffres.
3. Et de même au côté droit.

3. PRÉPARATION

13. Le plus grand mystère de la solution de ce problème consiste à marquer par lettres quelques uns des petits chiffres de chaque bande.

[...]

Dans les carrés pairs

16. Ne rien marquer dans les premières et secondes enceintes.
17. Dans toutes les autres généralement marquer
Le coin gauche d'en haut par *e*.
À droite par *o*.
Le plus bas des petits nombres à droites par α.
Le plus bas des petits nombres à gauche par β.
18. Marquer de plus dans les enceintes impaires, à commencer par la 3ᵉ (qui est celle qui a 6 cellules dans la bande d'en haut)
4 cellules dans la bande d'en haut, deux par *e'*. *o'*.
et deux par *ê*. *ô*.
selon ce qui a été dit § 15 [Deux cellules dans la bande d'en haut également distantes, l'une de *e*, l'autre de *o*, par les mêmes lettres accentuées].
À gauche marquer la cellule au-dessous d'*e* par ω.
Et à droite celle au-dessus d'α par γ.

4. MAXIMES

Pour la démonstration de l'opération

19. Deux chiffres, l'un *petit*, l'autre *grand*, également distants du centre, et qui se joignent par une ligne passant par le centre font une somme égale à deux fois le centre.
20. Quand un *petit* chiffre est marqué par une lettre, son *grand* soit nommé (quand on le voudra exprimer) par la majuscule de la même lettre, quoiqu'elle ne soit pas marquée.
Ainsi $e + E$ font deux fois le centre.
Et de même $a + A$, ou $b + B$, ou $o + O$.

Seconde maxime

21. Quatre chiffres dans la même bande, dont le premier est autant distant du 2, que le 3 du 4 sont en proportion arithmétique.
Et par conséquent la somme des extrêmes est égale à la somme de ceux du milieu.

EXEMPLES

22. $e.e' : : o'.o$. Donc $e + o = e' + o'$.
D'où il s'ensuit que partout où sont ensemble *e'*, *o'*, ou bien *ê*, *ô*, ou leurs majuscules *E'*, *O'*, on peut supposer, lorsqu'il s'agit de trouver des égalités avec d'autres chiffres, que c'est comme si c'était *e*, *o*, *E*, *O*, parce que si l'égalité

s'y trouve en supposant que c'est *e*, *o*, elle ne sera pas troublée en remettant *e'*, *o'*, en leur place, qui valent autant que *e*, *o*.

[...]

Dans les carrés pairs

24. $e.\omega : : \beta.A$. Donc $e + A = \omega + \beta$.
Pour trouver *A*, voyez § 20.

Troisième maxime

25. Lorsque 4 cellules font un parallélogramme, rectangle ou non rectangle, leurs 4 chiffres sont en proportion arithmétique. Et par conséquent la somme des extrêmes est égale à la somme de ceux du milieu.

EXEMPLES

[...]

Dans les pairs

29. $e.o : : \beta.\alpha$. Donc $e + \alpha = o + \beta$.
30. $\omega.\beta : : o.\gamma$. Donc $\omega + \gamma = \beta + o$.

5. MÉTHODE

Pour disposer magiquement le carré naturel

31. Cette méthode consiste en fort peu de règles ; les unes générales, les autres particulières, selon lesquelles il faut transposer les chiffres du carré naturel dans le magique.

Première règle générale

32. Il faut disposer les chiffres par enceintes, ceux d'une enceinte en l'enceinte semblable, et tout le soin qu'on doit avoir d'abord, est de savoir où l'on doit mettre les petits nombres de l'enceinte, parce que la situation des *petits* donne celle des *grands* selon les deux règles suivantes.

Seconde règle générale

33. Quand on a placé un *petit* chiffre dans un coin, il faut placer son *grand* dans le coin diamétralement opposé.
Ainsi α étant placé dans le coin gauche de la bande d'en haut, il faudra mettre *A* dans le coin droit de la bande d'en bas.

Troisième règle générale

34. Hors les coins il faut placer les *grands* vis-à-vis des *petits* de la bande opposée.
C'est pourquoi il faut observer de ne mettre jamais deux petits en des bandes opposées vis-à-vis l'un de l'autre.

Corollaire de ces règles

Les chiffres étant disposés selon ces règles, il s'ensuit,

35. 1. Que les chiffres de deux bandes opposées pris ensemble, valent autant de fois *c* qu'il y a de chiffres dans les deux bandes. Car un petit et un grand valent deux fois *c*. Or il y a autant de *petits* que de *grands*. Donc il s'ensuit,

36. 2. Que lorsqu'on a prouvé que les chiffres d'une bande après cette disposition valent autant de fois le centre qu'il y a de chiffres, cette bande est égale à son opposée. Il s'ensuit,

37. 3. Que quand il y a autant de petits chiffres dans une bande que dans l'opposée, et que la somme des uns est égale à la somme des autres, c'est une marque assurée que la bande est égale à la bande.
La preuve en est facile sans que je m'arrête à l'expliquer.

Quatrième règle générale

38. Il ne faut se mettre en peine d'abord que de placer les petits chiffres qui sont marqués par des lettres : car cela fait, le reste se trouve sans peine par cette raison.
Dans la bande d'en haut, dans quelques carrés et quelques enceintes que ce soit, outres les cellules marquées par des lettres :
Ou il ne reste rien,
Ou il reste toujours des cellules non marquées en nombre pairement pair ; c'est-à-dire 4, 8, 12, 16, etc.
Et de plus, ils sont toujours 4 à 4 en proportion arithmétique.
Donc prenant les extrêmes et les mettant dans une bande, et ceux du milieu dans l'opposée, ils ne troubleront point l'égalité qui y était déjà par les chiffres marqués de lettres.

39. Il en est de même des deux côtés droit et gauche. Car les petits chiffres qui restent (s'il en reste outre les marqués) sont toujours en nombre pairement pair 4, 8, 12, 16, etc. de 4 en 4 en proportion arithmétique.
Donc comme ci-dessus.
Il n'y a donc plus à se mettre en peine que de disposer les lettres. Ce qui se fait par les règles particulières.

[...]

7. POUR LES CARRÉS PAIRS

46. On laisse à part les deux premières enceintes, qui ont leur règle particulière.

Pour les autres enceintes impaires

47. La disposition s'en figure ainsi

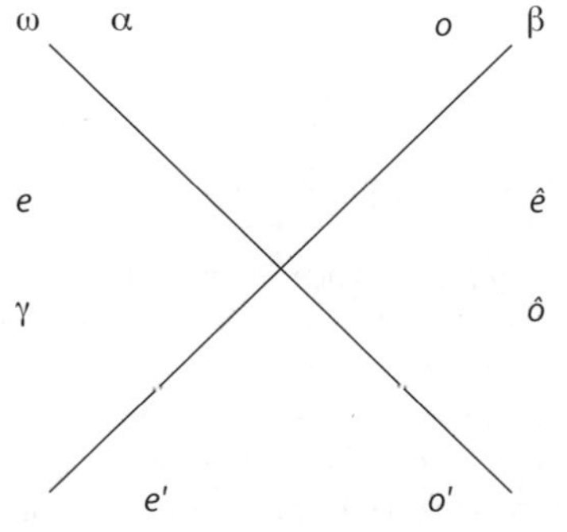

Démonstration

48. Requis 1. à démontrer que les six chiffres de la bande d'en haut dont quatre sont petits, et deux grands qui viennent de *e'* et *o'* qu'on a mis en bas, valent six fois le centre.

Ce qui se prouve ainsi.

$\alpha + A + o + O + e + E = 6c$ par (20)

Or ces six lettres sont égales aux six, $\omega + E + \alpha + o + O + \beta$.

Car ôtant les mêmes qui se trouvent de part et d'autre, savoir $\alpha + o + O + E$, il ne restera d'un côté que $A + e$ et de l'autre $\omega + \beta$

Or par (24) $A + e = \omega + \beta$

Donc les six lettres $\omega + E + \alpha + o + O + \beta = 6c$.

49. Requis 2. à démontrer que $\omega + e + \gamma = \beta + \hat{e} + \hat{o}$. Car si cela est, les grandes seront aussi égales aux grandes, et le tout au tout par (37).

Supposant donc que $\hat{e} + \hat{o}$ soient $e + o$ (22), et ôtant e et e de par et d'autre, reste d'une part $\omega + \gamma$ et de l'autre $\beta + o$ qui sont des sommes égales par (30).

Donc $\omega + e + \gamma = \beta + \hat{e} + \hat{o}$.

Donc la bande égale à la bande par (37).

Pour les enceintes paires.

50. La disposition en est très facile, et se figure ainsi

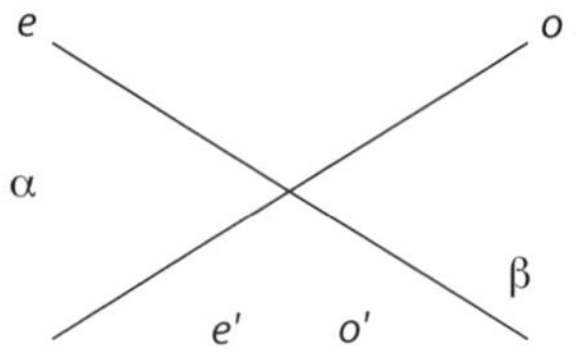

Démonstration

51. Elle est si facile par 22, 29, et 37 que je ne m'amuse pas à l'expliquer. Cette enceinte se peut encore faire en transposant les coins.

8. RÈGLES PARTICULIÈRES

Pour la première et seconde enceinte des carrés pairs

[…]

55. Et voici comment on les trouve.

Il faut prendre toujours les chiffres 4 à 4 en cet ordre.

1. Les quatre du dedans ou intérieurs.
2. Les quatre coins extérieurs.
3. Les deux du milieu de la bande d'en haut, avec les deux du milieu de celle d'en bas.
4. Les deux du milieu de la bande à gauche, avec les deux du milieu de celle à droite.

Or chacun de ces chiffres pris ainsi 4 à 4 (et qu'on nommera par la suite 1.2.3.4.) peuvent

Ou être laissés en leur même place ; ce qui se marquera par *o.*

Ou être transportés en croix S. André ; ce qui se marquera par *c.*

Ou directement de gauche à droite ; ce qui se marquera par *g.*

Ou directement de haut en bas ; ce qui se marquera par *h.*

56. Suivant ces remarques, et se souvenant de ce qui signifient les 4 nombres (1.2.3.4.) et les 4 lettres (*o.c.g.h.*) les deux tables suivantes feront trouver sans peine les 16 dispositions magiques du carré de 4 : ou ce qui est la même chose des deux premières enceintes de tous les carrés pairs.

	I	II	III	IV	V	VI	VII	VIII	IX	X	XI	XII	XIII	XIV	XV	XVI
1	*o*	*o*	*o*	*o*	*c*	*c*	*c*	*c*	*g*	*g*	*g*	*g*	*h*	*h*	*h*	*h*
2	*o*	*c*	*g*	*h*	*o*	*c*	*g*	*h*	*o*	*c*	*g*	*h*	*o*	*c*	*g*	*h*
3	*c*	*g*	*c*	*g*	*h*	*o*	*h*	*o*	*h*	*o*	*h*	*o*	*c*	*g*	*c*	*g*
4	*c*	*h*	*h*	*c*	*g*	*o*	*o*	*g*	*c*	*h*	*h*	*c*	*g*	*o*	*o*	*g*

[...]

58. Voici un exemple de la 6ᵉ disposition, et un autre de la 16ᵉ. On laisse à trouver les autres.

16	2	3	13
5	11	10	8
9	7	6	12
4	14	15	1

13	3	2	16
8	10	11	5
12	6	7	9
1	15	14	4

À titre d'exemple, suivons la méthode d'Arnauld pour obtenir un carré d'ordre 10. Selon le décompte d'Arnauld, il comporte 5 enceintes, l'enceinte extérieure étant la cinquième. Le centre c est égal à $(n^2 + 1)/2 = 101/2$, les petits chiffres sont les entiers de 1 à 50 et les grands chiffres les entiers de 51 à 100.

Dans le carré naturel, rempli avec les entiers de 1 à 100, plaçons les lettres minuscules e, o, α, β, selon les instructions 16 et 17, pour les enceintes 3, 4 et 5. Plaçons ensuite les lettres e', o', $\hat{e}$, $\hat{o}$, ω, γ, selon l'instruction 18, pour les enceintes impaires 3 et 5 (*cf.* fig. 20). Notons que la place des lettres accentuées e', o', $\hat{e}$, $\hat{o}$ sur la première ligne n'est pas entièrement fixée : e' et o' sont seulement à égale distance de e et o, de même pour $\hat{e}$ et $\hat{o}$.

Les maximes 19 à 30 ne sont autres que des remarques élémentaires sur les propriétés des configurations de nombres dans le carré naturel. En particulier, les lettres majuscules E, O, A,..., qui représentent les compléments à $2c = 101$ de leurs correspondants minuscules, occupent des cases symétriques par rapport au centre du carré de celles occupées par e, o, α,... (*cf.* fig. 21)

1_e	$2_{e'}$	$3_{\hat{e}}$	4	5	6	7	$8_{\hat{o}}$	$9_{o'}$	10_o
11_ω	12_e	13	14	15	16	17	18	19_o	20
21	22	23_e	$24_{\acute{e}}$	$25_{\hat{e}}$	$26_{\hat{o}}$	$27_{\acute{o}}$	28_o	29	30
31	32	33_ω	34	35	36	37	38_γ	39	40_γ
41_β	42_β	43_β	44	45	46	47	48_α	49_α	50_α
51	52	53	54	55	56	57	58	59	60
61	62	63	64	65	66	67	68	69	70
71	72	73	74	75	76	77	78	79	80
81	82	83	84	85	86	87	88	89	90
91	92	93	94	95	96	97	98	99	100

Fig. 20 Un placement des lettres minuscules dans le carré naturel.

1_e	$2_{e'}$	$3_{\hat{e}}$	4	5	6	7	$8_{\hat{o}}$	$9_{o'}$	10_o
11_ω									20
21									30
31									40_γ
41_β									50_α
51_A									60_B
61									70
71									80
81									90
91_o	$92_{o'}$	$93_{\hat{o}}$	94	95	96	97	$98_{\hat{E}}$	$99_{E'}$	100_E

Fig. 21 Enceinte extérieure du carré naturel.

Remplissons maintenant le carré magique. Commençons par l'enceinte extérieure. C'est la cinquième enceinte, elle est impaire ; on applique donc l'instruction 47 qui change, d'une façon apparemment arbitraire, l'emplacement des lettres placées dans le carré naturel (*cf.* fig. 22). Là encore, cette réorganisation n'est pas entièrement fixée. Par exemple, *e* et γ dans le première colonne et *ô* et *ê* dans la dernière colonne sont seulement astreints à occuper des lignes toutes différentes.

D'ailleurs, compte tenu du procédé, on conçoit que seule importe la détermination des nombres sur les diagonales, les autres pouvant se mouvoir à l'intérieur d'une même bande à condition toutefois de respecter certaines conditions de symétrie.

e	*e'*	*ê*					*ô*	*o'*	*o*
ω									
									γ
β									α

carré naturel

ω		α						*o*	β
e									
									ê
γ									
									ô
	e'							*o'*	

carré magique

Fig. 22 Une réorganisation des lettres dans le cas d'une enceinte impaire.

On remplace maintenant les lettres de l'enceinte extérieure par les valeurs qui leur sont attribuées dans le carré naturel. Puis, on place le complément à 101 de chacun de ces nombres soit dans la case diamétralement opposée pour les nombres situés dans un coin du carré, selon l'instruction 33, soit dans la case opposée de la même ligne ou de la même colonne pour les autres nombres, selon l'instruction 34 (*cf.* fig. 23). Il reste alors, dans chaque côté de l'enceinte, 4 cases non remplies. D'une façon générale, il reste toujours un nombre de cases vides multiple de 4. Arnauld remarque qu'on peut ranger quatre par quatre les nombres non placés de sorte que, dans chaque groupe de quatre, ils soient en proportion arithmétique. Supposons que quatre petits chiffres q, r, s, t de la ligne du haut de l'enceinte du carré naturel soient ainsi en proportion arithmétique (c'est-à-dire $q + t = r + s$), on remplace alors, selon l'instruction 38, dans la ligne correspondante – ou dans la ligne opposée – du carré magique, les deux moyens r et s respectivement par R et S. Dans le cas d'une colonne, la proportion arithmétique peut aussi être formée de deux petits et de deux grands chiffres q', r', S', T' ($q' + T' = r' + S'$), on remplace, de façon analogue, dans la colonne correspondante – ou dans la colonne opposée – du carré magique, les deux moyens r' et S' respectivement par R' et s'. Puis, on place les compléments en vis-à-vis, selon l'instruction 34 (*cf.* fig. 24).

11_{ω}	99	50_{α}						92	41_{β}
1_{e}									100
98									$3_{ê}$
40_{γ}									61
93									8_{δ}
60	$2_{e'}$	51					91	$9_{o'}$	90

Fig. 23

		q	r			s	t		
q'									t'
r'									s'
S'									R'
T'									Q'
		T	S			R	Q		

		q	R			S	t		
q'									Q'
R'									r'
s'									S'
T'									t'
		Q	r			s	T		

Fig. 24 carré naturel. carré magique.

L'application de la règle précédente à la suite 4, 5, 6, 7 pour les lignes et à la suite 20, 30, 70, 80 pour les colonnes conduit à placer dans l'ordre 4, 96, 95, 7 sur la première ligne et 20, 71, 31, 80 dans la dernière colonne, et leurs compléments en vis-à-vis. L'enceinte extérieure est alors entièrement remplie (*cf.* fig. 25).

11_{ω}	99	50_{α}	4	96	95	7	10_{o}	92	41_{β}
81									20
30									71
1_{e}									100
98									$3_{ê}$
40_{γ}									61
70									31
21									80
93									$8_{ô}$
60	2	51	97	5	6	94	91	9	90

Fig. 25 Une enceinte extérieure d'un carré magique d'ordre 10.

Passons à la quatrième enceinte, elle est paire : pour le nouvel emplacement des lettres dans le carré magique, l'instruction 50 remplace l'instruction 47 (*cf.* fig. 26).

e	*e'*				*o*
β					α

carré naturel

e					*o*
α					
					β
	e'			*o'*	

Fig. 26 Une réorganisation des lettres dans le cas d'une enceinte paire.

En tenant compte de la valeur de ces lettres dans l'enceinte correspondante du carré naturel et en complétant les cases non remplies à l'aide de la règle sur les nombres en proportion arithmétique, on obtient la quatrième enceinte (*cf.* fig. 27).

On s'occupe alors de la troisième enceinte : toutes les cases sont remplies d'emblée (fig. 28). Il reste un carré central d'ordre 4 pour lequel Arnauld donne toutes les possibilités dans les n° 55 et 56. En choisissant l'un d'eux, on achève la construction (fig. 29).

12	88	14	86	85	17	83	19
22							79
69							32
49							52
59							42
39							62
72							29
82	13	87	15	16	84	18	89

Fig. 27 Une quatrième enceinte d'un carré magique d'ordre 10.

33	74	48	28	77	43
23					78
76					25
38					63
75					26
58	27	53	73	24	68

Fig. 28 Une troisième enceinte des carrés magiques d'ordre 10.

11	99	50	4	96	95	7	10	92	41
81	12	88	14	86	85	17	83	19	20
30	22	33	74	48	28	77	43	79	71
1	69	23	64	36	35	67	78	32	100
98	49	76	47	55	56	44	25	52	3
40	59	38	57	45	46	54	63	42	61
70	39	75	34	66	65	37	26	62	31
21	72	58	27	53	73	24	68	29	80
93	82	13	87	15	16	84	18	89	8
60	2	51	97	5	6	94	91	9	90

Fig. 29 Un carré magique d'ordre 10 à enceintes.

BIBLIOGRAPHIE

[1] A. Arnauld, « Solution d'un des plus célèbres et des plus difficiles problèmes d'arithmétique appelé communément les quarrés magiques », In *Nouveaux Éléments de Géométrie*, Charles Savreux, Paris, 1667 ; réimp. I.R.E.M. de Dijon.

[2] C.-G. Bachet de Méziriac, 1612, *Problèmes plaisants et délectables qui se font par les nombres*, Lyon, 1612 ; 2e éd. augmentée, Lyon, 1624 ; 3e éd. augmentée par A. Labosne, Gauthier-Villars, Paris, 1879 ; nouveau tirage, avant-propos de J. Itard, Blanchard, Paris, 1959.

[3] B. Belouze, M. glaymann, P.-J. haug, J.-C Hertz, *Les carrés magiques*, Publications de l'A.P.M.E.P., Paris, 1975.

[4] W.-H. Benson & O. Jacoby, *New recreations with magic squares*, Dover, New York, 1976.

[4*] C. Boyer, Les ancêtres français du sudoku, *Pour la Science*, n° 344 (juin 2006).

[5] E. Cazalas, *Carrés magiques au degré n, séries numérales de G. Tarry, avec un aperçu historique et une bibliographie des figures magiques*, Hermann, Paris, 1934.

[6] Cheng Te-k'un, « Some Chinese Islamic magic squares porcelain », *Journal of Asian Art*, Nanyang University, Singapour, Inaugural Issue (1972), pp. 146-159.

[7] M. Gardner, *More mathematical puzzles and diversions*, 1961 ; rééd. Penguin, Londres, 1971.

[8] J.-M. Groizard, *Algèbre des carrés magiques*, Publication de l'A.P.M.E.P., Paris, 1984.

[9] H. Hermelink, « Zur Frühgeschichte der magischen Quadrate in Westeuropa » [Sur les débuts de l'histoire des carrés magiques en Europe de l'Ouest], *Sudhoffs Archiv*, t. 4 (1981), pp. 313-338.

[10] D.-N. Lehmer, « On the congruences connected with certain magic squares », *Transactions of the American Mathematical Society*, vol. 31 n° 2 (1929), pp. 529-551.

[11] J.-C. Martzloff, *Histoire des mathématiques chinoises*, Masson, Paris, 1987.

[12] J. Molk éd., *Encyclopédie des Sciences mathématiques pures et appliquées*, t. 1, vol. 3, fasc. 1, « figures magiques », pp. 62-75, Gauthiers-Villars, Paris, 1906 ; réédit. Gabay, Paris, 1992.

[13] C. Morgan, « Les 'neuf palais' dans les manuscrits de Touen-Houang », in *Nouvelles contributions aux études de Touen-Houang* sous la direction de Michel Soymié, Droz, Genève, 1981, pp. 251-260.

[14] A. Rosu, « Les carrés magiques indiens et l'histoire des idées en Asie », *Zeitschrift der Deutschen Morgenländischen Gesellschaft*, t. 139 (1989), pp. 119-158.

[15] J. Sesiano, « Herstellungsverfahren magischer Quadrate aus islamischer Zeit (I & II') » [Les procédés de construction de carrés magiques d'époque islamique], *Sudhoffs Archiv*, t. 64 (1980), pp. 187-196 & t. 71 (1987), pp. 78-89.

[16] J. Sesiano, « An Arabic Treatise on the Construction of Bordered Magic Squares », *Historia Scientiarum*, n° 42 (1991), pp. 13-31.

[17] P. Tannery, « Le Traité de Manuel Moschopoulos sur les carrés magiques, texte grec et traduction », *Annuaire de l'Association pour l'encouragement des études grecques en France*, 1886, pp. 88-118. *Mémoires Scientifiques de Paul Tannery*, vol. IV, Gauthier-Villars, Paris, 1920, pp. 27-60.

Chapitre 3

Autour des méthodes de fausse position

« Il faut poser un nombre en lequel se mettront entièrement les parties proposées et cela pour éviter les nombres fractionnaires, et non pas qu'on puisse bien le faire avec un autre, mais avec davantage de peine. »

Francès PELLOS, *Compendion de l'abaco*, 1492

« *Une lance a la moitié et le tiers dans l'eau et 9 paumes à l'extérieur. Je te demande combien elle a de long ?* » Cette question posée par Francès Pellos, gentilhomme niçois de la fin du XVe siècle, ne présente aujourd'hui aucune difficulté particulière pour une personne un tant soit peu initiée à l'algèbre. Désignant par x la longueur de la lance, on est conduit à résoudre l'équation :

$$x - \frac{1}{2}x - \frac{1}{3}x = 9$$

et à conclure que la lance a 54 paumes de long.

Des questions semblables ont donné lieu, avant l'invention de l'algèbre, à la mise en œuvre d'algorithmes arithmétiques appelés, depuis la fin du XVe siècle, *méthodes de fausse position*. Ces procédés consistent à « tester » une ou deux valeurs numériques pour l'inconnue, puis à effectuer les calculs à partir de ces valeurs pour obtenir le résultat correct.

Ainsi, pour répondre à la question précédente, Pellos raisonne comme « en algèbre ». Il commence par prendre pour inconnue le nombre de paumes mesurant la longueur de la lance. Mais au lieu de désigner cette inconnue par une lettre, il lui assigne une valeur numérique précise, nous invitant à «*poser 12 selon notre bon plaisir*», c'est-à-dire à calculer à l'aide de la fausse position 12. Partant de ce nombre et observant les conditions imposées par l'énoncé, il lui retranche sa moitié, puis son tiers et obtient 2 au lieu du 9 désiré. Il poursuit : «*si 2 sont venus de 12, de combien sont venus 9 ? Tu trouveras 54*». Cette dernière étape fait référence à la règle de proportionnalité : $\frac{12}{2} = \frac{x}{9}$ qui, dans la formulation de la célèbre *règle de trois*, s'écrit $x = \frac{12 \,.\, 9}{2}$.

Dans tous les problèmes similaires, il apparaît que la quantité cherchée est liée aux données d'une façon linéaire. Sous forme algébrique, nous nous ramènerions à une équation du type : $a\,x = b$. De sorte que, si une fausse position x' conduit au résultat b', autrement dit, si $a\,x' = b'$, alors, par proportionnalité, on a $\frac{x}{x'} = \frac{b}{b'}$, d'où :

$$x = \frac{b.x'}{b'}.$$

Hormis les notations, cette égalité correspond au calcul final de Pellos. Ainsi, une seule fausse position permet de résoudre le problème proposé : la méthode est dite de *simple fausse position*. Cet algorithme permet, en quelque sorte, d'éviter le calcul explicite du «coefficient» a de x.

La simplicité de la forme algébrique réduite, que nous lui donnons, masque les difficultés que peuvent présenter la résolution arithmétique de problèmes auxquels certains auteurs ont appliqué des procédés de fausse position. Ces techniques ignorent en effet les réductions algébriques ; ainsi, pour répondre à la question initiale, Pellos ne se sert pas de la relation :

$$x - \frac{1}{2}x - \frac{1}{3}x = \left(1 - \frac{1}{2} - \frac{1}{3}\right)x = \frac{1}{6}x.$$

En revanche, les calculs sur les nombres fractionnaires pouvant présenter certaines difficultés, les algorithmes de fausse position visent à opérer le plus possible à l'aide des seuls entiers naturels et le choix de la fausse position joue un rôle important. Comme le dit Pellos, «*il faut poser un nombre en lequel se mettront entièrement les parties proposées et cela pour éviter les nombres fractionnaires, et non pas qu'on puisse bien le faire avec un autre mais avec davantage de peine*» ([16], p. 179). Ici, Pellos choisit pour fausse position le nombre 12, multiple à la fois de 2 et de 3.

Quant à l'algorithme dit de *double fausse position*, il prend toute sa signification lorsqu'il est mis en œuvre pour répondre à des questions qui, sous forme algébrique, peuvent se ramener à la résolution d'équations du type :

$$a\,x + b = c\,x + d.$$

La prise en compte de deux fausses positions x' et x'' conduit à des « erreurs » e' et e'' :

$$e' = (a\,x' + b) - (c\,x' + d) = (a - c)\,x' + b - d.$$
$$e'' = (a\,x'' + b) - (c\,x'' + d) = (a - c)\,x + b - d.$$

La traduction algébrique de la méthode de double fausse position consiste à obtenir la solution à l'aide de la formule :

$$x = \frac{x'e'' - x''e'}{e'' - e'}$$

En effet, $$x'e'' - x''e' = (b - d)\,(x' - x''),$$

$$e'' - e' = (a - c)\,(x'' - x') \text{ et } x = (b - d)\,/\,(c - a).$$

Là encore, l'algorithme de double fausse position permet d'éviter les calculs explicites des coefficients *a, b, c* et *d* de l'équation réduite.

L'origine des méthodes de fausse position est difficile à préciser et il faut être très prudent lorsqu'on interprète des algorithmes anciens, ceux des Égyptiens par exemple : il se peut très bien que des considérations tout autres aient conduit aux mêmes calculs. Le champ d'application des algorithmes est celui, nous l'avons dit, des problèmes linéaires ; cependant, certains auteurs ont pu être tentés de dépasser ce cadre strict, voir à ce propos certains problèmes considérés par les mathématiciens chinois ou encore la tentative de résolution des équations du second degré proposée par Mellema au XVIe siècle [19].

Les noms donnés aux méthodes de fausse position, à travers les âges, reflètent, en un certain sens, les préoccupations de leurs auteurs ou leur insertion dans une certaine culture mathématique. Au XIIe siècle, l'indien Bhāskara appelle la règle de simple fausse position *ista-karma*, c'est-à-dire « opération avec un nombre essai ». Les Chinois dénomment *ying bu zu shu* les techniques de double fausse position, c'est-à-dire « règles du trop et du pas assez ». Fibonacci, au XIIe siècle, parle de *regula augmenti et diminucionis*, c'est-à-dire « règle de l'augmentation et de la diminution ». Il se réfère en fait aux mathématiciens arabes qui situent leur pratique dans le *ḥisāb al-khata'ayn*, c'est-à-dire le « calcul des deux erreurs ». Ibn al-Bannā, nous le verrons, considère quant à lui *la méthode des plateaux*. C'est seulement à la fin du XVe que *la règle du faux* ou *Regula Falsi* laisse la place à *la règle de une position* et *de deux positions*, comme le dit Chuquet [7] en 1484 ; la distinction entre les deux techniques est alors plus explicitement assurée. Jusqu'au début du XXe une méthode de fausse position ou de *fausse supposition* figure dans les ouvrages d'arithmétique. Elle représente l'aboutissement des études du jeune écolier, car elle met en jeu les nombres fractionnaires, les opérations élémentaires et, selon les auteurs, proportions, règle de trois, raisonnements par différence…

Aujourd'hui, la technique de double fausse position retrouve le caractère d'interpolation linéaire (*cf.* chapitre 10) qu'elle avait peut-être chez les Chinois.

Ce sont souvent des problèmes faussement concrets de commerce ou d'héritages qui servent de prétexte à l'exposé des méthodes de fausse position. Outre la saveur toute particulière de ces énoncés, l'intérêt des diverses procédures algorithmiques développées réside dans leur intrication avec la numération et les techniques opératoires – le référentiel numérique ! – et avec l'utilisation des notions de proportion ou de linéarité. N'oublions pas non plus le rôle certain joué par les représentations imagées qui sous-tendent ces techniques : voir, par exemple, la méthode des plateaux d'Ibn al-Bannā. Enfin, l'origine des signes peut aussi être trouvée dans la prise en compte du sens des erreurs lors de la mise en œuvre des méthodes de double fausse position ([19], p. 95).

Ainsi, les techniques de fausse position parcourent plusieurs siècles et de nombreuses civilisations. Il est illusoire de penser cerner tous leurs aspects. Nous en avons privilégié quelques uns, choisissant parfois des textes qui nous étaient plus accessibles ou qui nous paraissaient plus compréhensibles, et nous avons essayé, dans nos présentations et commentaires, d'en préciser la portée et de donner quelques pistes de réflexion pour en mieux comprendre les origines et les liens.

CHAPITRE VIII

* RÉSOLUTION DE QUELQUES PROBLÈMES

377. A. Problème I (**fausse position**). — *Un sac contient 154 fr. en pièces de 5 fr. et de 2 fr. ; il y a 41 pièces, trouver le nombre de pièces de 5 fr.*

Si toutes les pièces étaient de 2 francs, le sac ne contiendrait que 41 × 2 ou 82 francs, tandis qu'il en contient 154 : la différence est 72 francs.

Chaque fois que l'on remplace une pièce de 2 francs par une pièce de 5 francs le nombre total des pièces ne change pas, mais la somme augmente de 3 francs. Comme il faut augmenter la somme de 72 francs, il faudra remplacer autant de pièces de 2 francs par des pièces de 5 francs que 3 est contenu de fois dans 72, c'est-à-dire 24.

Réponse : il y a 24 pièces de 5 francs.

Remarque. — Beaucoup de problèmes se résolvent par la méthode que nous venons d'employer : elle s'appelle méthode de fausse position.

Combette, *Cours moyen et Supérieur. Arithmétique, système métrique et géométrie usuelle*, Alcide Picard et Kaan, Paris, 10e éd., s.d. (p. 219).

1. BABYLONE : UNE FAUSSE POSITION GÉOMÉTRIQUE

Similitude géométrique, proportionnalité arithmétique et changement de «variable» ou d'unité de mesure sont intimement liés. Dès lors, il est possible d'appliquer des techniques de fausse position pour résoudre certains problèmes «géométriques».

Certes, les Babyloniens ont traité des problèmes «arithmétiques» auxquels, plus tard, dans d'autres civilisations, les méthodes de fausse position auraient pu être appliquées. Il en est ainsi du troisième problème de la tablette YBC 4669 relatif à une provende, c'est-à-dire à une provision de vivres :

«*J'ai mangé les deux tiers de ma provende : le reste est 7.*
Qu'était la (quantité) originaire de ma provende ?» [21]
ou du troisième problème de la tablette AO 6770 :
«*J'ai pris une pierre : je n'en connais pas le poids. J'en ai retiré 1/7, le tiers d'un sicle et 15 grains. Je lui ai rendu le 1/11 de ce que j'ai retiré et cinq sixièmes de sicle : ma pierre est revenue ainsi à son état primitif. Qu'est le (poids) originaire de ma pierre ?*» [21].

Seule une réponse fausse est donnée dans le premier texte et les indications de solution du deuxième sont trop imprécises pour nous en indiquer l'algorithme. De même, dans les tablettes relatives à des questions d'économie [14] ou traitant de partages successoraux [10], les résultats, lorsqu'ils comportent des fractions, sont parfois inexacts ou bien l'incertitude subsiste sur les procédés utilisés.

Finalement, bien que le nombre de tablettes dont nous disposons soit important, nous ne savons pas si les Babyloniens employaient ou non une méthode de fausse position pour résoudre ce type de problèmes arithmétiques. Voici, en revanche, un problème de nature géométrique où apparaît plus clairement la méthode mise en œuvre.

Le texte que nous considérons ici est de l'ancien âge babylonien, c'est-à-dire de 1800 avant J.-C., environ. Il s'agit de calculer la longueur et la largeur d'un rectangle sachant que sa diagonale est connue et que ses côtés sont liés par une relation linéaire. Ce problème fait partie des *Textes mathématiques de Suse*, publiés par Bruins et Rutten [5]. Par rapport à la traduction donnée par les auteurs, nous nous sommes bornés à modifier les écritures numériques conformément à ce que nous avons indiqué au chapitre 1. Ainsi, 33 ; 45 doit être compris comme ne comportant pas d'indication des ordres sexagésimaux, ni pour 33, ni pour 45. Nous avons aussi remplacé l'expression «dénoue l'inverse» par «cherche l'inverse».

La tablette de Suse

Extrait des *Textes mathématiques de Suse*, édités et traduits par E. M. Bruins & M. Rutten, Geuthner, Paris, 1961 (p. 102). Problème XIX, C.

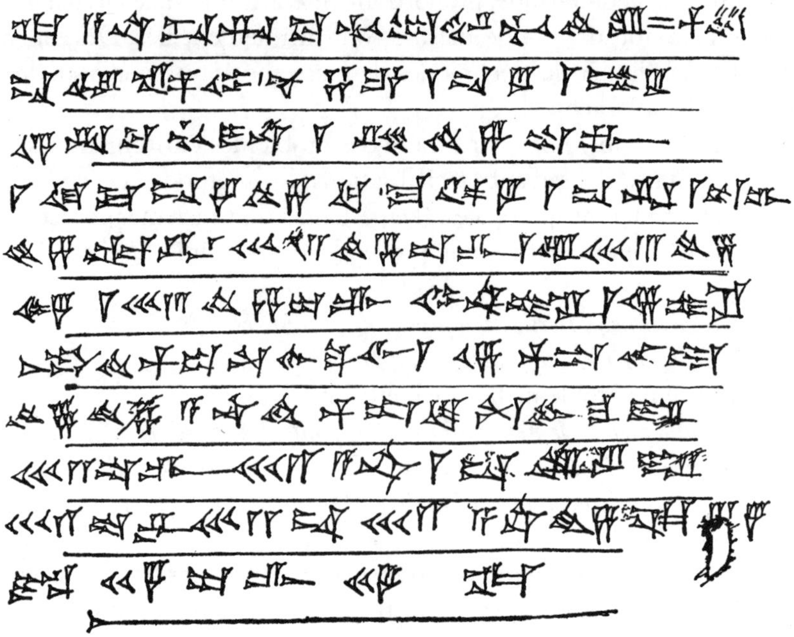

Posons que la largeur (du rectangle) mesure un quart de moins par rapport à la longueur. 40 (est la dimension de la diagonale). Quelles sont la longueur et la largeur ?

Toi, pose 1, la longueur, pose 1 le prolongement. 15 le quart, soustrais de 1, tu trouveras 45.

Pose 1 comme longueur, pose 45 comme largeur, carre 1 la longueur, 1 tu trouves. Carre 45, la largeur : 33 ; 45 tu trouves. Du 1 et 33 ; 45 (fais) la somme : 1 ; 33 ; 45 tu trouves. Quelle est la racine carrée ? 1 ; 15 tu trouves.

Attendu que 40, la diagonale t'a été indiquée, cherche l'inverse de 1 ; 15 la diagonale. 48 (tu trouves). Porte 48 à 40 la diagonale qui t'a été dit, 32 tu trouves.

Porte 32 à 1 la longueur que tu as posée : 32 tu trouves, 32 (c'est) la longueur. Porte 32 à 45 la largeur que tu as posée : 24 tu trouves. 24 (c'est) la largeur.

Notons L la longueur, ℓ la largeur et d la diagonale du rectangle cherché. Le problème posé peut être traduit par les équations :

$$\ell = L - 1/4L \text{ et } d = \sqrt{L^2 + \ell^2} = 40.$$

La tablette indique « pose 1 pour longueur ». Notons L_0 cette position, l_0 la largeur et d_0 la diagonale correspondantes. Les calculs sont les suivants :

1. On pose : $L_0 = 1$ [ou 60]

2. Calcul de ℓ_0 :	$1/4\ L_0 = 15$,
	$\ell_0 = L_0 - 1/4\ L_0 = 45$
3. Calcul de d_0 :	$L_0^2 = 1\ [\text{ou } 60^2]$,
	$\ell_0^2 = 45^2 = 2025 = 33 \times 60 + 45$ (noté 33;45),
	$d_0^2 = L_0^2 + \ell_0^2 = 5625 = 1 \times 60^2 + 33 \times 60 + 45$ (noté 1;33;45),
	$d_0 = \sqrt{L_0^2 + \ell_0^2} = 75 = 1 \times 60 + 15$ (notée 1;15).
4. Calcul de d/d_0 :	$1/d_0 = 1/75 = 48/60^2$ (noté 48),
	$d \times (1/d_0) = 40 \times (48/60^2) = 32/60$ (noté 32).
5. Calcul de L :	$L = L_0 \times (d/d_0) = 60 \times (32/60) = 32$.
6. Calcul de ℓ :	$\ell = \ell_0 \times (d/d_0) = 45 \times (32/60) = 24$.

Pour vérifier la pertinence de l'algorithme et en saisir la portée, il est plus facile, pour nous, de généraliser la méthode à la résolution des équations :

$$\ell = kL \text{ et } d = \sqrt{L^2 + \ell^2},$$

qui conduisent à l'équation linéaire :

$$L\sqrt{1 + k^2} = d.$$

Par conséquent, $\ell/\ell_0 = L/L_0 = d/d_0$,
ou encore $L = L_0 \times (d/d_0)$ et $\ell = \ell_0 \times (d/d_0)$,
ce qui correspond bien aux calculs indiqués par la tablette.
Notons pour terminer que le calcul de l'inverse de d_0 nécessite que ce nombre soit régulier, ainsi que nous l'avons vu au chapitre 1 : le choix de $d_0 = 75$ n'est pas le seul fruit du hasard.

2. ÉGYPTE : LE PROBLÈME 26 DU PAPYRUS RHIND

Les principaux écrits mathématiques qui nous sont parvenus de l'ancienne Égypte datent du XVIIIe siècle avant notre ère : citons les fragments de Kahun, le papyrus de Moscou et surtout, le papyrus Rhind qui tire son nom de son acheteur, un égyptologue anglais du siècle dernier. Écrit vers 1550 avant J.-C. par le scribe Ahmes, le papyrus Rhind [15] est une copie d'un document antérieur de deux siècles environ. Il comporte une centaine de « problèmes » ; en fait, selon les propres termes de l'introduction, il s'agit « *d'exemples de calcul pour comprendre les choses, pour faire l'expérience de tout ce qui existe, tout ce qui est obscur, tous les secrets* ». Ce ne sont pas des applications de règles dûment explicitées. Ce sont des exemples de pratiques arithmétiques dont les mises en œuvre ne sont pas impératives, mais adaptées aux circonstances particulières.

Souvent, les explications en sont absentes ou imprécises. Aussi, les interprétations des textes peuvent-elles être multiples.

Il en est ainsi du « problème » que nous présentons dans ce chapitre. Nous pouvons considérer que l'algorithme de résolution correspond à une méthode de simple fausse position, mais certains y décèlent un changement de variable, alors que d'autres n'y voient qu'une simple division. Selon que nous désirons mettre l'accent sur la technique (la fausse position), sur ce qui la fonde (le changement de variable) ou sur son résultat (la division), les affirmations diffèrent sans pour autant être opposées.

De nombreux « problèmes » égyptiens sont relatifs à des « quantités » sans autre précision. Aussi est-il tentant de les traduire dans un langage algébrique bien que celui-ci soit ignoré des Égyptiens. Ce faisant, il faut prendre garde aux circonstances particulières qui conditionnent les opérations possibles. Par exemple, pour résoudre l'équation $ax = b$, nous savons qu'il suffit de diviser b par a lorsque a et b sont entiers, comme dans le problème M 25 du papyrus de Moscou. La question se complique lorsque a n'est plus un entier. Les problèmes K 3 du papyrus de Kahun et M 19 du papyrus de Moscou correspondent « algébriquement » aux équations respectives :

$$\left(\frac{1}{2} - \frac{1}{4}\right)x = 5 \text{ et } \left(1 + \frac{1}{2}\right)x + 4 = 10$$

Après « réductions » le nombre a est simple et aisément inversible. Dès lors, la division de b par a s'effectue en multipliant b par l'inverse de a. En revanche, les problèmes R 24 à R 27 du papyrus Rhind sont d'un autre type « arithmétique » ; ils correspondent à l'équation : $x + \frac{1}{n}x = b$, où $n = 7, 2, 4$ et 5. Arithmétiquement, on ne peut pas en principe « réduire au même dénominateur » le nombre $1 + \frac{1}{n}$ et, même si nous voulions écrire l'équation sous la forme $\left(1 + \frac{1}{n}\right)x = b$, le nombre $1 + \frac{1}{n}$ ne serait en général pas aisément inversible. On est donc amené à contourner ces obstacles en mettant en œuvre un algorithme plus simple que celui de la division « traditionnelle » de b par $\left(1 + \frac{1}{n}\right)$.

Nous avons choisi le texte du problème R 26 du papyrus Rhind car c'est celui pour lequel le plus d'explications sont fournies. Algébriquement, il correspond à la résolution de l'équation : $x + \frac{1}{4}x = 15$. Nous donnons successivement : le texte en écriture hiératique tel qu'il figure sur le papyrus ; sa transcription en écriture hiéroglyphique, en encadrant et numérotant diverses parties du texte pour en faciliter le commentaire ; notre traduction en indiquant en italiques ce que le scribe a écrit en rouge et en notant $\overline{n}$ ce qui correspond numériquement à $1/n$.

Le problème 26 du papyrus Rhind

Extrait de *The Rhind Mathematical Papyrus*,
édité par A. Chace, 2 vol., Oberlin, Ohio, 1927-1929 (planche 49). (B.N.).

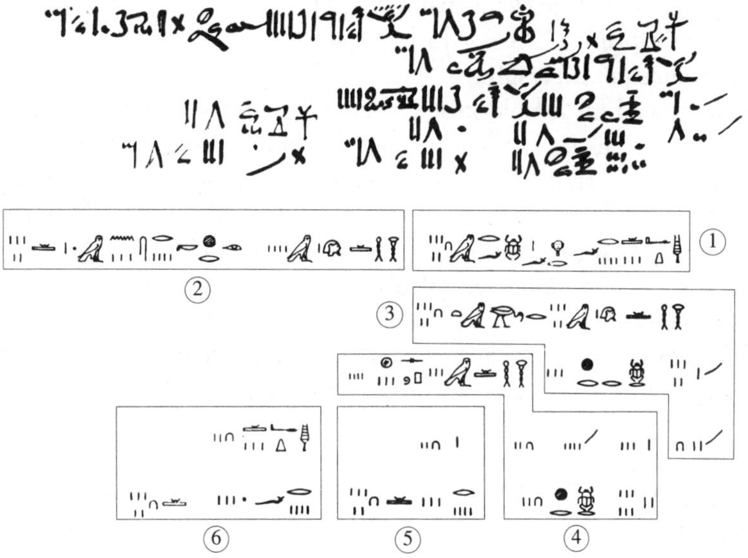

Traduction de M. Guillemot

1.	*Une quantité son $\overline{4}$ lui est ajouté*. Elle devient 15.			
2.	Calcule à partir de 4. Tu feras leur $\overline{4}$, à savoir 1. Le total est 5.			
3.	Calcule à partir de 5 pour trouver 15.			
	/1	5		
	/2	10		
	Il advient 3.			
4.	Multiplie 3 par 4.			
	1	3	/4	12
	2	6	Il advient	12
5.	1	12		
	$\overline{4}$	3	le total est	15
6.	*La quantité est 12*			
	Son $\overline{4}$ est 3. *Le total est 15.*			

Considérant ce « problème » comme un « exemple » de simple fausse position, nous pouvons y distinguer les étapes suivantes :

1. Le problème est énoncé : algébriquement, il correspond à la résolution de

$$x + \frac{1}{4}x = 15,$$

soit, plus généralement, $$x + \frac{1}{n}x = b.$$

2. Le calcul, à partir de la fausse position $x' = 4$, de la valeur b' du « premier membre » : $b' = 4 + 1 = 5$.
3. La division de b par b' : $b : b' = 15 : 5 = 3$
4. La multiplication de $(b : b')$ par x' : $3 \times 4 = 12$
5. La « vérification » : $12 + 3 = 15$
6. La présentation du résultat

Cette procédure semble mise en œuvre aussi dans les problèmes R 24, R 25 et R 27, mais les explications moins détaillées peuvent laisser place à d'autres interprétations. En effet, il n'y est pas employé, comme dans le problème R 26, la formulation initiale précise : « Calcule à partir de n. Tu feras leur $\overline{n}$. Le total est $(n+1)$ » qui pourrait signer une méthode de fausse position. Seuls sont présentés les calculs permettant d'obtenir $(n+1)$. S'agit-il alors simplement d'un procédé particulier de division permettant de remplacer le diviseur fractionnaire $(1 + 1/n)$ par le diviseur entier $(n+1)$? Dans ce cas, la méthode relèverait plus d'une technique arithmétique que de la mise en œuvre d'une fausse position.

Notons enfin que les valeurs choisies pour n ne sont pas toujours le fruit du hasard. Ainsi, dans le problème R 24 intervient le nombre 7 : arithmétiquement, la division par $(1+1/7)$ n'est pas aisée a priori, alors que la division par $(n+1)$, ici 8, est très facile. De plus, la principale mesure de longueur, la coudée, est divisée en 7 paumes : au lieu de raisonner en coudées, il suffit de raisonner en paumes. Autrement dit, la considération de propriétés numériques ou métrologiques a pu conduire ici à la mise en œuvre d'algorithmes qui s'apparentent à une méthode de fausse position.

3. CHINE : LE CHAPITRE VII DU *JIUZHANG SUANSHU*

Les Chinois du premier millénaire de notre ère appellent *ying bu zu shu*, c'est-à-dire, littéralement, « règle (ou procédé) du trop et du pas assez », leur méthode de double fausse position. Rien de plus naturel qu'une telle appellation : le choix arbitraire (ou fausse supposition, en chinois *jia she*, *jia* = faux, *she* = supposition) de la valeur de l'inconnue d'un certain problème conduit généralement, après calculs traduisant l'histoire que raconte ce problème, à une valeur *trop* grande (*ying*) ou *pas assez* grande (*bu zu*) comparativement à une certaine donnée constituant en quelque sorte le « résultat » numérique des opérations faites sur l'inconnue. Si l'on appelle respectivement x_1 et x_2 les deux fausses suppositions faites et e_1, e_2 les deux erreurs par excès et par défaut qui en résultent, les Chinois obtiennent la valeur correcte de l'inconnue en effectuant deux multiplications et deux additions comme l'indique la règle suivante :

$$x = \frac{x_1 e_2 + x_2 e_1}{e_1 + e_2}$$

L'exposé le plus ancien connu de cette règle et de ses variantes occupe la totalité du chapitre 7 du *Jiuzhang suanshu* [Procédés calculatoires en neuf chapitres]. Les Chinois jugeaient donc cette règle particulièrement importante puisqu'ils lui réservaient un chapitre entier dans leur bible arithmétique.

La plupart des histoires des mathématiques font correctement remonter le *Jiuzhang suanshu* à la dynastie des Han (– 206, + 220). Si l'on pouvait aussi affirmer que les éditions actuellement accessibles de ce traité reproduisent le texte initial dans son état le plus ancien, alors le traitement que le *Jiuzhang suanshu* propose de la règle de fausse position double serait certainement le plus riche de ceux qu'offrent les arithmétiques antiques et médiévales.

Quelle que soit la date réelle du texte, la richesse du contenu du chapitre 7 du *Jiuzhang suanshu* justifie cependant à elle seule l'intérêt que nous pouvons lui porter.

Pour les historiens généralistes, cette richesse réside principalement dans l'affabulation bien particulière des 20 problèmes du chapitre en question. À travers les improbables scénarios qui animent les énoncés, nous voilà en effet entraînés de façon peu réaliste mais concrète dans le négoce des bovidés, du vin, de l'huile, de la laque, dans les prêts à intérêts composés et dans les voyages à cheval.

Pour les historiens des mathématiques, l'intérêt du chapitre se situe surtout ailleurs et tient à la fois à l'aspect pédagogique et à l'originalité de l'application de la règle de double fausse position à des situations mathématiques inédites.

Pédagogiquement, l'exposé chinois des règles de fausse position est en effet bâti sur une progression au degré de difficulté soigneusement dosé : dans les huit premiers problèmes du chapitre, l'élève doit d'abord appliquer la règle sans avoir à supputer lui-même les fausses suppositions nécessaires ; il est ensuite amené à s'interroger sur le cas d'erreur de même sens, puis de sens contraire et enfin sur le cas d'absence d'erreur. L'apprenti arithméticien se trouve ainsi successivement conduit à appliquer la règle du « trop et du pas assez» au cas où les fausses suppositions choisies l'amèneraient à un «trop» et un «pas assez», deux «trop», deux «pas assez» ou finalement, un improbable «juste assez» correspondant à la découverte par hasard de la solution exacte. Ces différents cas débouchent alors, à chaque fois, sur des règles ad hoc dans le détail desquelles nous n'entrerons pas. Mais l'ensemble est aussi l'occasion d'une révision approfondie au cours de laquelle sont reprises avec un grand luxe de détails, dans le nouveau contexte, les sempiternelles conversions d'unités, le calcul sur les fractions et plus généralement toutes les règles d'arithmétique déjà abordées auparavant. En fait, l'ensemble du savoir arithmétique, ancien et nouveau, se trouve constamment mobilisé en vue de la résolution des problèmes de double fausse position.

Mathématiquement, le texte chinois nous fait aussi découvrir des situations peu banales dans le cadre d'une règle que l'on imaginerait volontiers restreinte au cadre de problèmes d'arithmétiques simples sinon simplistes. Pour parler anachroniquement mais suggestivement, nous dirons que le texte chinois propose des problèmes dont les différentes étapes de la solution font intervenir non seulement la règle de fausse position double elle-même mais aussi, entre autres, des équations du second degré, des sommes de séries arithmétiques, des systèmes linéaires de deux équations à deux inconnues, et même des fonctions linéaires par morceaux. Surgissant paradoxalement dans un cadre où on ne les attendait pas, ces situations débouchent pourtant sur des applications correctes de la règle «du trop et du pas assez». C'est donc tout naturellement que nous allons maintenant inviter le lecteur à découvrir ces aspects plutôt peu connus de la règle de fausse position double.

Le problème 18

Extrait de Qian Baocong (ed.), *Suanjing shishu* [Les dix ouvrages canoniques de calcul], Pékin, 1963, p. 215 sq (problème n° 18 du ch. 7 du *Jiuzhang suanshu* [Procédés calculatoires en neuf chapitres])

9 pièces d'or pèsent autant que 11 pièces d'argent. Si, dans chaque tas, on remplace une pièce d'or par une pièce d'argent et inversement le tas d'or devient plus léger de 13 *liang*. Combien pèsent respectivement une pièce d'or et une pièce d'argent ?
Réponse : une pièce d'or pèse 2 *jin* 3 *liang* 18 *zhu* ; une pièce d'argent pèse 1 *jin* 13 *liang* 6 *zhu*.
Procédé : Si une pièce d'or pesait 3 *jin* et l'argent 2 *jin* et 5/11 de *jin* : le «pas assez» de la colonne de droite vaudrait 49. Si l'or pesait 2 *jin* et l'argent 1 *jin* et 7/11 de *jin* le «trop» de la colonne de gauche vaudrait 15 [...]

Notons d'abord que les colonnes droite et gauche dont parle ce texte renvoient aux positions particulières en lesquelles sont placés les nombres de ce problème afin d'effectuer les calculs sur la surface à compter.

De toute évidence, en plus de la règle de fausse position proprement dite, l'auteur de ce problème voulait entraîner ses élèves au calcul sur les fractions et sur les conversions d'unités de poids. Pour mieux le suivre dans ses calculs, nous noterons les équivalences suivantes :

$$1\ \textit{jin} = 16\ \textit{liang} \text{ et } 1\ \textit{liang} = 24\ \textit{zhu}$$

(le *jin* et le *liang* correspondent approximativement à notre ancienne livre et à notre once).

Il s'agit ici d'un problème à deux inconnues (x = poids d'une pièce d'or, y = poids d'une pièce d'argent) logiquement équivalent au système

$$9x = 11y \quad (1)$$

$$(10y + x) - (8x + y) = 13\ \textit{liang} \quad (2)$$

Comme l'explique en substance le long et difficile commentaire de Liu Hui (non traduit ici), l'idée de la solution consiste à considérer l'une des inconnues comme l'inconnue principale, l'autre jouant alors un rôle subalterne. Cette inconnue principale est ici le poids d'une pièce d'or et les véritables fausses suppositions du problème sont donc 2 *jin* et 3 *jin*, poids supposé d'une pièce d'or, en *jin*. Étant donné que le poids exact d'une pièce d'or est précisément compris entre 2 et 3 *jin*, ces fausses suppositions ne sont pas quelconques mais représentent le meilleur encadrement possible du poids d'une pièce d'or en nombres entiers de *jin*. Il semble donc que l'auteur de cette solution ait voulu inciter son élève à commencer sa réflexion par la détermination du meilleur ordre de grandeur possible de la solution (en *jin*).

À partir de là, le solutionniste chinois s'arrange pour que l'une des deux conditions du problème soit vérifiée exactement tandis qu'il soumet l'autre à son procédé de double fausse position. Supposant $x_1 = 3$, et utilisant le fait que $9x_1 = 11y_1$ (condition (1)), il en déduit que le poids d'une pièce d'argent vaut $y_1 = 9 \times 3/11 = 2 + 5/11$. De même, à partir de $x_2 = 2$ il obtient d'abord $11y_2 = 2 \times 9 = 18$ et en conclut que $y_2 = 18/11$ ou $1 + 7/11$. On note qu'à chaque fois il respecte la notation chinoise qui consiste à décomposer les nombres en leur partie entière suivie de leur partie fractionnaire, toujours inférieure à l'unité, relativement à l'unité de mesure considérée comme principale (c'est-à-dire le *jin* dans le cas présent). Le calculateur se sert ensuite de x_1, x_2, y_1 et y_2 pour déterminer les erreurs e_1 et e_2 résultant de ces valeurs relativement à la condition (2) du problème.
Avec $x_1 = 3$ et $y_1 = 2 + 5/11$ il calcule donc

$$(10y_1 + x_1) - (8x_1 + y_1) = 12/11.$$

Comme 1 *liang* = 1/16 *jin*, il trouve un « pas assez » :

$$e_1 = \frac{12}{11} - \frac{13}{16} = \frac{49}{16 \times 11}\ \textit{jin}.$$

De même, à partir de $x_2 = 2$ et $y_2 = 1 + 7/11$ il trouve un « trop » :

$$e_2 = 15/(16 \times 11)\,jin.$$

À partir de là, l'application de la règle lui donne le poids exact d'une pièce d'or :

$$[3 \times 15/(11 \times 16) + 2 \times 49/(16 \times 11)] \,/\, [15/(11 \times 16) + 49/(11 \times 16)].$$

Mais les dénominateurs se simplifient et c'est pourquoi il affirme en raccourci, dans sa solution, que les « trop » et « pas assez » valent respectivement 15 et 49 au lieu de $15/11 \times 16$ et $49/11 \times 16$. En d'autres termes, l'auteur de cette solution remplace les véritables erreurs du problèmes, $e_1 = 15/11 \times 16$ et $e_2 = 49/11 \times 16$ par ke_1 et ke_2, avec $k = 11 \times 16$. De la sorte, il remplace la règle « normale » de double fausse position par la suivante

$$x = (x_2(ke_1) + x_1(ke_2))/((ke_1) + (ke_2))$$

qui lui est équivalente (on peut dire ainsi que les erreurs sont définies à un coefficient de proportionnalité près).

D'où le calcul simplifié que préconise le texte original :

poids d'une pièce d'or $= x = (3 \times 15 + 2 \times 49)/(15 + 49) = 143/64\,jin$;
et, après conversion d'unités

$$x = 143/64\,jin = 2\,jin + 15/(16 \times 4)\,jin$$
$$= 2\,jin + 3/16\,jin + 18/(16 \times 24)\,jin = 2\,jin\ 3\ liang\ 18\ zhu.$$

Enfin, il trouve le poids de l'argent en calculant $9/11\ x$ (condition (1)).

En résumé, on pourrait dire que le procédé tient à la fois de la « méthode de substitution » et de la « fausse position double », la première méthode étant employée 3 fois (2 fois au début et une fois à la fin) et la seconde, une seule fois. Mais cette façon de synthétiser la démarche chinoise ne serait pas tout à fait correcte car la substitution ne porte à chaque fois que sur des nombres explicites et non pas sur des variables. De plus, avec des variables, un seul calcul suffirait dans l'étape du début. Il n'y a donc pas véritablement substitution mais plutôt respect de la contrainte exprimée par l'équation (1) à l'intérieur d'un cadre qui reste toujours purement numérique. C'est là toute la différence qui sépare l'algèbre de l'arithmétique.

Le problème 19

Extrait de Qian Baocong (ed.), *Suanjing shishu* [Les dix ouvrages canoniques de calcul], Pékin, 1963, p. 216 sq (problème n° 19 du ch. 7 du *Jiuzhang suanshu* [Procédés calculatoires en neuf chapitres])

Soit deux chevaux, un bon et un mauvais, qui quittent Chang'an pour se rendre à Qi. La distance entre Chang'an et Qi est de 3000 *li*. Le bon cheval avance de 193 *li* le premier jour et, les jours suivants, augmente son parcours de 13 *li* par jour. Le mauvais cheval avance de 97 *li* le premier jour et diminue ensuite son parcours

d'un demi *li* par jour. Le bon cheval atteint Qi le premier puis revient sur ses pas et rencontre le mauvais cheval. Après combien de jours les deux chevaux se rencontrent-ils et quelle distance auront ils alors respectivement parcourue ?
Réponse : ils se rencontrent au bout de 15 jours et 135/191 jour ; le bon cheval a parcouru 4534 *li* et 46/191 *li* ; le mauvais cheval a parcouru 1 465 *li* et 145/191 *li*.
Procédé : Supposons [que la réponse soit] 15 jours. Le pas assez vaut alors 337 *li* et demi. Supposons 16 jours, le surplus vaut alors 140 *li*. Multiplions en croix les valeurs du trop et du pas assez, ajoutons [les résultats trouvés] et considérons [le total de ces deux valeurs] comme un dividende. En effectuant la division, on trouve le nombre de jours [...].

Ce problème rappelle les traditionnels problèmes de trains qui se croisent du défunt certificat d'étude primaire. Mais cette fois, nous voilà placé dans un cadre qui, de part son éloignement dans le temps comme dans l'espace, aurait plongé Jules Ferry dans la stupéfaction !

Telle que la détaillent divers commentateurs chinois des IIIe et XIIIe siècles de notre ère, la solution de ce problème suit en substance la progression suivante dans laquelle intervient, en plus de la règle de fausse position double, la formule de calcul de la somme des n premiers termes d'une progression arithmétique. Étant donné que les deux chevaux se déplacent en parcourant une distance qui varie comme les termes successifs d'une progression arithmétique de raison 13 (resp. -1/2) et dont le premier terme vaut 193 (resp. 97), on en déduit qu'à la fin du x-ième jour, le bon et le mauvais cheval auront respectivement parcouru :

$$d_b(x) = [193 + (x-1)13/2]x \text{ } li \quad (1)$$

$$d_m(x) = [97 - (1/2)(x-1)/2]x \text{ } li \quad (2)$$

Par conséquent

$$d_b(15) = 4260 \text{ } li; \; d_m(15) = 1402 \text{ } 1/2 \text{ } li$$
$$d_b(16) = 4648 \text{ } li; \; d_m(16) = 1492 \text{ } li$$

Au bout de 15 jours, le parcours total des 2 chevaux vaut $d_b(15) + d_m(15) = 5662 \text{ } 1/2 \text{ } li$. Donc, par rapport à la distance que ces chevaux auraient dû parcourir au moment de leur rencontre, soit $2 \times 3000 = 6000$ *li*, le « pas assez parcouru » vaut $e_1 = 337 \text{ } 1/2 \text{ } li$; de même, au bout de 16 jours, le « trop parcouru » vaut $e_2 = d_b(16) + d_m(16) - 6000 = 140 \text{ } li$. D'où, en appliquant la règle de fausse position double : nombre de jours = $(15 \times 140 + 16 \times 337 \text{ } 1/2) / (140 + 337 \text{ } 1/2) = 15 + 135/191$ jours, comme indiqué dans le texte original.

Dans cet exemple, les fausses suppositions particulières 15 et 16 jouent un rôle essentiel car, comme le lecteur pourra le vérifier, si l'on effectue les calculs en prenant des valeurs de départ autres que 15 et 16, on trouve un résultat autre que 15 + 135/191 jours. En fait, les expressions algébriques donnant la distance parcourue par chacun des chevaux au bout de *x jours* ne sont pas linéaires mais du second degré. Dans un tel cas, la règle de fausse position double ne devrait a priori pas pouvoir s'appliquer, sauf si l'on voulait se contenter d'une solution approchée. Après tout, la règle de fausse position double peut toujours être considérée comme une formule d'interpolation linéaire. Cependant, si l'on considère que la somme des distances parcourues par les deux chevaux varie *linéairement* sur tout intervalle dont les bornes sont deux entiers consécutifs, la règle peut malgré tout s'appliquer en toute rigueur, à condition toutefois de l'appliquer en prenant pour fausses positions des valeurs qui encadrent au plus près la solution cherchée.

Plus précisément, $d_b(x)$ et $d_m(x)$ s'expriment à l'aide de polynômes du second degré seulement lorsque x prend des valeurs égales à un nombre entier de jours. Étant donné que les mathématiques du *Jiuzhang suanshu* reposent fondamentalement sur la proportionnalité et donc sur la linéarité, les variations de $d_b + d_m$ pour un nombre de jour pris dans l'intervalle $[j, j + 1]$, avec j entier, doivent nécessairement être considérées comme linéaires. Aussi, si l'on représentait le graphe de $d = d_b + d_m$ on obtiendrait un assemblage de segments de droite reliant successivement les points de coordonnées $(j, d(j))$ et $(j + 1, d(j + 1))$, avec $j = 0, 1, 2, 3, \ldots$ Nous avons donc affaire à une fonction linéaire par morceaux.

Vu l'ancienneté du problème considéré, le recours à une telle technique peut surprendre. Mais en réalité, comme l'a montré Otto Neugebauer, le célèbre historien de l'astronomie antique, de telles fonctions apparaissent déjà dans les textes astronomiques babyloniens. Or de tels textes reposent fondamentalement sur des tables numériques calculées à l'avance. Aussi, notre problème de chevaux n'est-il peut-être rien d'autre qu'un exercice cherchant à inculquer la façon de calculer certaines valeurs intermédiaires non tabulées, dans telle ou telle table, en effectuant une interpolation linéaire à partir de la donnée de deux valeurs consécutives présentes dans la table.

Il reste encore à expliquer comment on pourrait résoudre rigoureusement le problème sans supposer connus d'avance les nombres de jours, 15 et 16, qui fournissent les fausses suppositions adéquates. Pour ce faire, on pourrait procéder par tâtonnements. Moins simplement, mais plus systématiquement, on pourrait aussi considérer, dans un premier temps, que (1) et (2) seraient valables même pour x non entier. Le problème se traduirait alors par l'équation

$$d_b(x) + d_m(x) = 6\,000$$

soit, après réductions

$$25/4\, x^2 + 1\,135/4\, x - 6\,000 = 0.$$

et comme la racine positive de cette équation vaut approximativement 15,7 on verrait que les nombres de jours cherchés sont bien 15 et 16. On pourrait alors appliquer la règle de fausse position double !

4. INDE : BHĀSKARA FORMULE LA RÈGLE DE SIMPLE FAUSSE POSITION

Ce sont le plus souvent les exemples numériques qui tiennent lieu d'énoncé pour la règle de fausse position. Il faut attendre, semble-t-il, le XIIe siècle pour que le mathématicien indien Bhāskara explicite une règle de simple fausse position.

Depuis au moins le VIIe siècle, les Indiens maîtrisent bien les opérations sur les fractions (*cf.* [6]) et utilisent le système décimal de position avec zéro. Ils introduisent les premiers rudiments de l'algèbre : abréviations, symboles opérationnels et nombres négatifs. Compilant les résultats de ses prédécesseurs, ajoutant aussi un contenu original, Bhāskara écrit un livre entièrement consacré à l'algèbre, le *Bijaganita*, c'est-à-dire « le calcul appliqué aux inconnues ». Une partie en est reprise dans l'ouvrage que nous considérons ici, le *Līlāvati*, texte d'arithmétique et d'algèbre dédié à une jeune femme portant ce prénom.

Les deux premiers chapitres de l'ouvrage traitent de la numération, des huit opérations arithmétiques (addition, soustraction, multiplication, division, élévation au carré, racine carré, élévation au cube et racine cubique), des fractions et du zéro. La méthode de simple fausse position figure dans le troisième chapitre (tout comme, dans le présent livre), l'auteur l'appelle *ista karma*, ce qui signifie « opération avec un nombre donné ».

En revanche, le seul témoignage que nous connaissons relatif à l'emploi, en Inde, des techniques de double fausse position provient d'un manuscrit latin du XIVe siècle, d'un auteur par ailleurs inconnu, intitulé « *Le livre sur l'augmentation et la diminution, nommé le calcul de la conjecture, d'après ce que les Sages de l'Inde ont établi…* ». Certains historiens, comme Youschkevitch [23], considèrent que la ressemblance de la formulation « augmentation et diminution » avec l'expression chinoise du « trop et pas assez » plaide en faveur de l'introduction de la méthode de double fausse position, dans la littérature arabe, par le détour de l'Inde. Nous ne connaissons pas, cependant, de texte indien traitant de ce procédé ; de plus, les sources arabes connues à ce jour restent silencieuses à ce sujet, alors qu'habituellement les savants arabes n'oublient pas d'attribuer aux Indiens les techniques qu'ils leur doivent.

Voici donc un extrait du *Līlāvati*, consacré à la méthode de supposition, dont nous ne gardons que l'énoncé de la règle et le premier exemple où elle est appliquée.

Le texte de Bhāskara

Extrait de *Algebra with arithmetic and mensuration from the sanscrit of Brahmegupta and Bhāscara* de H.T. Colebrooke, Murray, Londres, 1817 (p. 23).

Règle de supposition. Strophe un.

Un nombre supposé comme on veut, subit une opération précisée dans le problème particulier, multiplié, divisé, augmenté ou diminué au moyen de fractions ; alors la quantité donnée, multipliée par le nombre supposé et divisée par cela [qu'on a trouvé] donne le nombre cherché. On appelle ceci le procédé de supposition.

Exemple

Quel est le nombre qui, multiplié par cinq, après soustraction du tiers du produit et division par dix du reste et addition d'un tiers, d'une moitié et d'un quart de la quantité d'origine donne deux de moins que soixante-dix ?
Énoncé. Mult. 5. Soustrais lui 1/3. Div. 10. Ajoute 1/3, 1/2, 1/4 de la quantité. Donne 68.
On pose 3, ce qui multiplié par 5 fait 15, moins un tiers fait 10, divisé par 10, donne 1. Ajouté aux tiers, moitié et quart du nombre supposé trois, c'est-à-dire 3/3, 3/2, 3/4, la somme fait 17/4. On divise par cela le nombre donné 68 multiplié par le nombre supposé 3 ; le quotient est 48.
La réponse est la même avec tout nombre supposé, comme 1.

La traduction algébrique de l'exemple nous aide à comprendre à quel type de problème s'applique la technique de simple fausse position. Il s'agit ici de résoudre l'équation :

$$\frac{1}{10}\left[5x - \frac{1}{3}(5x)\right] + \frac{1}{3}x + \frac{1}{2}x + \frac{1}{4}x = 70 - 2.$$

Il apparaît qu'au premier membre l'inconnue subit des transformations linéaires à coefficients rationnels : multiplication, division, augmentation ou diminution à l'aide de fractions. Les « termes constants » ne doivent figurer qu'au second membre, ils constituent la « quantité donnée ».

À la différence des anciens Égyptiens, par exemple, Bhāskara opère habilement avec les fractions générales. Il ne se préoccupe pas de raisonner le plus possible « en entiers ». Ici, il prend 3 pour nombre supposé et il obtient 17/4, correspondant à la valeur du premier membre. C'est le diviseur dans la division qui fournit la valeur cherchée, le dividende étant le produit du nombre supposé, ici 3, par la quantité donnée, ici 68 :

$$x = (3 \times 68) : \frac{17}{4}.$$

Dans le cas général de l'équation $a\,x = b$, à partir d'une fausse position x' donnant b' pour valeur du premier membre, la règle énoncée par Bhāskara correspond à la relation $x = (b\,x') : b'$. Bien sûr, dans le cas où x' est égal à 1, b' est alors égal à a et nous retrouvons $x = b : a$.

Effectivement, dans les autres exemples, Bhāskara choisit 1 pour fausse position. De plus, dans l'un des exemples, il n'hésite pas à réduire les fractions au même dénominateur. La règle n'est plus alors utile sous la forme de fausse supposition générale.

La présence de cette règle peut cependant être interprétée comme la survivance de techniques antérieures dont nous avons perdu la trace. D'une manière générale, il est très difficile de savoir si l'Inde a emprunté ou non des éléments de ses mathématiques à une autre civilisation, d'autant plus ici que l'ouvrage de Bhāskara est assez tardif : il date du XIIe siècle.

5. QUSṬĀ IBN LŪQĀ : UNE JUSTIFICATION GÉOMÉTRIQUE

Les mathématiciens arabes utilisent beaucoup les méthodes de fausse position. Plusieurs raisons expliquent cet intérêt. Tout d'abord, la difficulté de manipulation des diverses sortes de fractions qu'ils considèrent (*cf.* [6]) ; en effet, la table des matières des trois plus anciens écrits maghrébins qui nous sont parvenus frappe par la place importante, près de la moitié, réservée aux fractions dans chacun d'eux. Ensuite les problèmes d'héritage ont dû jouer un rôle important. Ainsi, au Xe siècle, al Ḥubūbī explique dans son *Kitāb al-istiqṣā'* (le livre sur les donations) « *les méthodes de calcul, dans les problèmes des testaments, par les problèmes de l'algèbre, les méthodes géométriques, la méthode des deux erreurs et la méthode du dinar et du dirham* ».

Il semble que les Arabes aient porté principalement leurs efforts sur les techniques de double fausse position. Certains traités sont entièrement consacrés à ces méthodes, par exemple au IXe siècle, le *Kitāb al-Khāṭa'ayn* (le livre des deux erreurs) d'Abū Kāmil.

Qusṭā ibn Lūqā, chrétien qui vécut à Baalbeck à la fin du IXe siècle, est le premier, semble-t-il, qui se plaçant dans la lignée démonstrative euclidienne assure un fondement géométrique à une méthode de double fausse position. Il justifie la « formule » :

$$x = \frac{x'e'' - x''e'}{e'' - e'}$$

par la considération de diverses surfaces. Pour sa démonstration, Qusṭā ibn Lūqā est amené à considérer plusieurs cas selon que les erreurs sont par défaut ou par excès. Nous nous limiterons ici au cas où les deux erreurs sont par défaut.

Le texte de Quṣṭā ibn Lūqā

D'après « Die Abhandlung Qustā ben Lūqās und zwei andere Anonyme über die Rechnung mit zwei Fehlern und mit der angenommenen Zahl » de H. Suter, *Bibliotheca mathematica*, 9 (1908) (pp. 111-122). Traduction Caroline Dulac-Fahrenkrug.

Dans ce qui précède, nous avons expliqué comment à l'aide de cette méthode, on peut résoudre les problèmes de calcul dans lesquels n'interviennent pas de racines. Mais, maintenant, nous voulons prouver, par la voie géométrique, tout ce qui a été évoqué sur l'application de cette règle et l'expliciter à l'aide de figures.

Dans ce but, nous traçons d'abord une ligne droite de longueur indéterminée ; elle représente le nombre cherché. Soit *ad* cette ligne et soit *od* le résultat de la ligne supposée [c'est-à-dire ce qu'on obtient en faisant les opérations indiquées avec le *x*] que nous élevons perpendiculairement en *d* au-dessus de *d*. Ensuite, nous traçons *ao*. Maintenant, si nous voulons connaître le nombre cherché, qui est la ligne *ad*, nous devons examiner [le problème] avec deux nombres différents ; les nombres peuvent être ou plus petits ou plus grands, ou l'un plus grand et l'autre plus petit que le nombre cherché, comme nous l'avons déjà distingué plus haut.

Tout d'abord, que les deux soient plus petits que l'inconnue et qu'ils soient représentés par les lignes *ab* et *ag*. Nous élevons en *b* et *g* deux verticales qui rencontrent la ligne *ao* en les points *h* et *t*. Alors, on a les mêmes rapports :

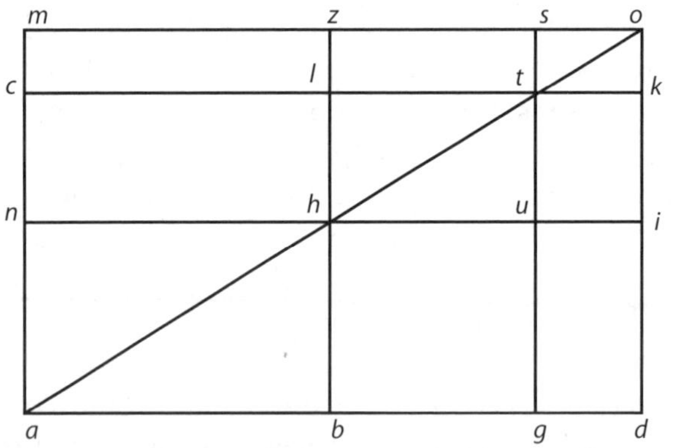

$$\frac{ad}{do}=\frac{ag}{gt}-\frac{ab}{bh}$$

et *bh* est le résultat de *ab* et *gt* est le résultat de *ag*. Nous complétons maintenant le rectangle *md* et nous traçons par les points *h* et *t* les parallèles *ni* et *ck* à *ad*. Prolongeons *bh* et *gt* jusqu'à *z* et *s*. Maintenant, le premier nombre supposé *ab* est connu, ainsi que son résultat *bh*, et son erreur par rapport au résultat donné [*od*] est *hz* et est aussi connue. Le deuxième nombre supposé *ag* est également connu, ainsi que son résultat *gt* et son erreur *ts*. Multiplions l'erreur du premier nombre par le deuxième nombre ; nous obtenons le rectangle *mu*. Et, si nous multiplions l'erreur du deuxième nombre par le premier nombre nous obtenons le rectangle *ml*. Et, si nous soustrayons le petit rectangle *ml* du grand rectangle *mu*, il reste le gnomon *nuszlc*. Comme le rectangle *zt* est égal au rectangle *ti*, le complément est égal au complément, comme Euclide l'a prouvé dans le premier livre [proposition 43, édit. Heiberg] ; alors, le rectangle *ci* est égal au gnomon *nuszlc*. Ce rectangle étant connu, sa largeur *cn* est également connue, égale à la différence entre les deux erreurs. Et, quand nous divisons le rectangle *ci* par sa largeur, nous obtenons *ni*, qui est donc aussi connue, et étant égale à *ad*, *ad* qui est la grandeur cherchée est ainsi connue.

Lorsque Qusṭā ibn Lūqā parle de « problèmes de calcul dans lesquels n'interviennent pas de racines », il fait référence à ce que nous appelons des problèmes linéaires ou du premier degré. Pour nous, résoudre géométriquement l'équation $a x = b$, c'est considérer l'intersection de la droite $y = a x$ [la ligne droite de longueur indéterminée d'ibn Lūqā] avec la droite d'équation $y = b$ [la ligne supposée]. La deuxième droite est une donnée du problème, nous déterminons la première à l'aide de deux points fournis par les deux fausses positions.

Le propos du passage d'ibn Lūqā est de démontrer la validité de la « formule de double fausse position ». Cette preuve est limpide, contentons-nous de la reprendre avec nos notations algébriques.

Si, en « faisant les opérations indiquées » avec x, x', x'' [c'est-à-dire *ad*, *ag*, *ab*], on obtient b, b', b'' [c'est-à-dire *do*, *gt*, *bh*], alors, « on a les mêmes rapports » :

$$\frac{x}{b} = \frac{x'}{b'} = \frac{x''}{b''} \text{ [c'est-à-dire } \frac{ad}{do} = \frac{ag}{gt} = \frac{ab}{bh}\text{].}$$

Dans l'extrait choisi, l'auteur considère le cas où les fausses positions sont plus petites que l'inconnue, de sorte que : $(b - b').x''$ = aire du rectangle de diagonale *mu* (*cf.* fig. ci-dessous), $(b - b'').x'$ = aire du rectangle de *ml*, $(b - b').x'' - (b - b'').x'$ = aire du gnomon *nuszlc* [le gnomon, en forme de L, était un instrument très utilisé en Astronomie].

Or, selon la proposition 43 du Livre I des *Éléments* d'Euclide, « *dans tout parallélogramme, les compléments des parallélogrammes qui entourent la diagonale sont égaux entre eux* ». Par conséquent, les aires des rectangles hachurés *zstl* et *tkiu* sont égales. Ainsi, $(b - b').x'' - (b - b'').x'$ = aire du rectangle de diagonale *ci*.

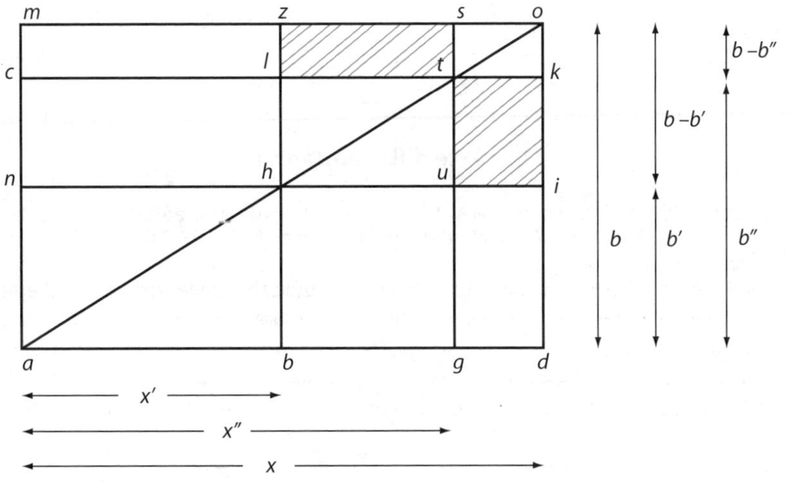

Or, ce rectangle a pour largeur *cn*, différence entre les deux erreurs $[(b-b')-(b-b'')]$, et pour longueur *ni* ou *ad*, soit encore l'inconnue x.

Finalement :

$$x = \frac{\text{aire du rectangle de diagonale } ci}{\text{longueur du segment } cn} = \frac{x'e'' - x''e'}{e'' - e'}.$$

6. IBN AL-BANNĀ : LA MÉTHODE DES PLATEAUX

Il s'agit ici de la présentation technique de l'algorithme de double fausse position. Puisque l'on y considère deux fausses valeurs de l'inconnue, x' et x'', par excès ou par défaut, le modèle de la balance semble tout à fait approprié : les plateaux inclinés vers le haut ou le bas indiquent le sens de l'erreur commise, on pourra donc la noter, selon les cas, au-dessus ou au-dessous du plateau considéré. Il semble que nous devions cette *méthode des plateaux* au mathématicien maghrébin Ibn al-Bannā, qui vécut à Marrakech au XIIIe siècle.

En fait, nous avons peu d'informations sur les dates et les conditions de transmission au Maghreb des techniques de calcul qui y sont enseignées. Nous supposons toutefois que cette transmission s'est effectuée selon trois voies distinctes : la première et la plus importante serait byzantine et préislamique, elle aurait permis l'introduction et la diffusion du calcul byzantin, Ibn al-Bannā y a d'ailleurs consacré un ouvrage ; la seconde voie est celle qui, dès la fin du VIIIe siècle, a relié Bagdad à Kairouan, c'est par elle que le calcul indien aurait été d'abord diffusé dans l'Occident musulman ; la troisième voie, la dernière à s'être constituée, est celle de l'Espagne musulmane.

Le texte d'Ibn al-Bannā

Extrait du *Talkhīṣ d'Ibn al-Bannā*, par M. Souissi, Publications de l'Université de Tunis, 1968. Traduction A. Djebbar (d'après le texte arabe pp. 70-71).

Quant à [la méthode des] plateaux, elle fait partie de l'art de la géométrie. Elle se décrit [ainsi] : tu dessines une balance selon cette figure :

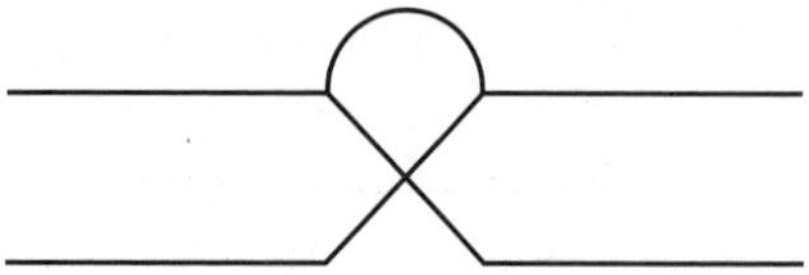

Tu places le [nombre] supposé connu sur sa coupole et tu prends pour l'un des deux plateaux le nombre quelconque que tu veux et tu lui appliques ce qui a été supposé [dans le problème], comme addition, réduction ou autres. Puis, tu compares [le résultat] à ce qui est sur la coupole :
Si c'est exactement [ce que tu as trouvé], ce plateau est le nombre inconnu [cherché]. Si tu t'es trompé, inscris l'erreur au-dessus de la coupole, si elle est par excès, ou en-dessous d'elle, si elle est par défaut. Puis, prends pour l'autre plateau le nombre quelconque que tu veux, autre que le premier, et procède avec lui comme tu as procédé avec le premier. Puis, multiplie l'erreur de chaque plateau par le [nombre] exact de l'autre. Puis, examine [le résultat] :
Si les erreurs sont toutes deux par excès ou toutes deux par défaut, retranche la plus petite des deux de la plus grande et le plus petit des deux produits du plus grand, et divise le reste [de la différence] des deux produits par le reste [de la différence] des deux erreurs.
Si l'une des deux [erreurs] est par excès, et l'autre par défaut, divise la somme des deux produits par la somme des deux erreurs.
Si tu veux, tu [peux] prendre pour le second plateau le premier nombre ou un autre, tirer sa partie que tu compares à ce qui est sur la coupole, la multiplier par le [nombre] exact du premier [plateau], multiplier l'erreur du premier par le [nombre] exact du second [plateau]; puis, si l'erreur du premier [plateau] est par défaut, ajouter les deux produits, et si elle est par excès, prendre leur différence.
Le résultat, tu le divises par la partie du second plateau et le résultat [cherché en] découle.

La figure dans la « méthode des plateaux » est un bon moyen mnémotechnique pour effectuer les opérations prescrites : les fausses positions sont placées dans les deux plateaux, le « nombre supposé connu » sur la coupole, les erreurs au-dessus si elles sont par excès, en-dessous si elles sont par défaut.

erreurs par excès	erreurs par défaut	*e'* par excès, *e''* par défaut
$\dfrac{x'e'' - x''e'}{e'' - e'}$	$\dfrac{x'e'' - x''e'}{e'' - e'}$	$\dfrac{x'e'' + x''e'}{e'' + e'}$

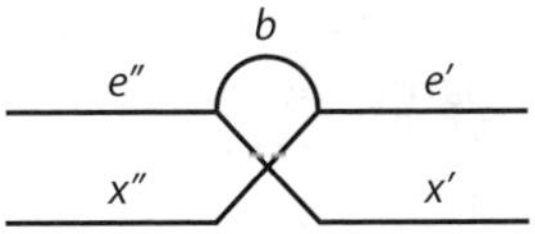

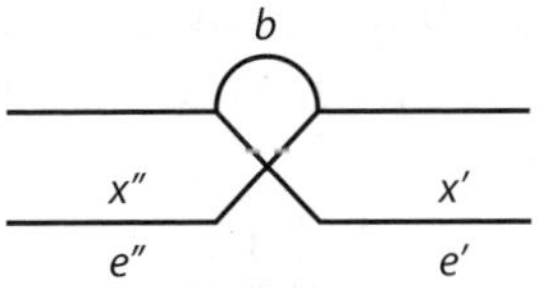

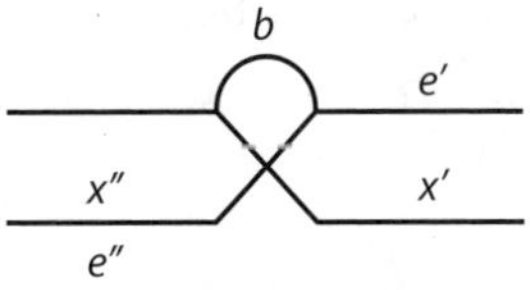

Avec cette présentation, l'algorithme n'est toutefois applicable qu'à un type précis de problèmes : sous sa forme algébrique, l'inconnue ne doit figurer au premier degré que dans le premier membre et le nombre supposé dans le second. Cette condition apparaît clairement dans la partie suivante où Ibn al-Bannā propose un procédé particulier de simple fausse position.

Pour résoudre l'équation $a\,x = b$, dans le cas d'une fausse position x' par défaut, par exemple, le procédé revient à la formule suivante :

$$x = \frac{x'(ax') + (b - ax')x'}{ax'}$$

Cette formule n'est compliquée qu'en apparence ; comme les autres formules de fausse position, elle permet d'obtenir x sans avoir à calculer a.

Au Moyen Âge, certains auteurs adoptent une représentation figurée où la coupole n'apparaît pas. Il s'agit donc de positionner uniquement les nombres nécessaires à la conduite des calculs. La méthode de double fausse position correspondante peut alors s'appliquer à des problèmes où l'inconnue figure au « second membre ».

7. FIBONACCI : LA RÈGLE *ELCHATAYN*

Léonard de Pise, plus connu sous le nom de Fibonacci, est le premier mathématicien original connu en Occident. Son père, représentant de la République de Pise à Bougie (Bejaïa), en Afrique du Nord, l'appelle auprès de lui en 1192 afin de l'initier aux affaires et aux méthodes commerciales, en particulier aux calculs. Il reçoit alors une solide formation mathématique et apprend, notamment, le calcul indien, c'est-à-dire notre arithmétique de position. Après ses études, il voyage en Égypte, en Syrie, en Grèce, en Sicile et en Provence. De retour à Pise, il compose, en 1202, son *Liber Abaci* ou « livre de l'abaque » [11].

Il s'agit, en fait, d'un livre d'arithmétique et d'algèbre où, en quinze chapitres, l'auteur mélange les pratiques arithmétiques « indiennes », les règles commerciales et l'algèbre « arabe ». Dès les premières pages, Fibonacci met l'accent sur les neuf symboles numériques indiens et le *zephirum*, d'où dérive notre appellation du zéro. Dans les chapitres 7 et 8, relatifs aux fractions, Léonard de Pise utilise les fractions communes, les fractions sexagésimales et les quantièmes égyptiens. Il dresse même une table de décomposition des fractions en quantièmes ; il écrit, par exemple 97 parties de 100 sous la forme :

$$\frac{1}{50}\frac{1}{5}\frac{1}{4}\frac{1}{2};$$

ces fractions unitaires interviennent souvent dans les calculs commerciaux. Fibonacci ignore toutefois les fractions décimales et il décompose les fractions en leur partie entière et leur partie fractionnaire : il écrit ainsi $\frac{1}{5}7$ pour représenter $7 + \frac{1}{5}$, c'est-à-dire $\frac{36}{5}$.

Après des chapitres plus « commerciaux » qu'arithmétiques, les problèmes de fausse position sont traités dans les chapitres 12 et 13. Nous avons choisi de présenter le début du chapitre 13 ; Fibonacci y donne les règles d'*elchatayn* (des deux erreurs), c'est-à-dire de double fausse position, au moyen desquelles « presque toutes les questions d'abaque sont résolues », et un exemple particulier afin de l'on « puisse comprendre subtilement les solutions aux autres questions ».

L'idée de Fibonacci consiste à se rapprocher de la valeur exacte en considérant les différences entre les erreurs d'une part, les fausses positions d'autre part, différences auxquelles il applique « la règle de la quatrième proportionnelle ».

Le texte de Fibonacci

Extrait de *Il liber abaci di Leonardo Pisano* de B. Boncompagni,
Tipografia delle scienze matematiche e fisiche, Rome, 1857, vol. I (p. 318).
Trad. J. Delatre. et A. Michel-Pajus.

Ch. 13. Des règles de l'elchatayn et de la manière de les utiliser pour résoudre presque toutes les questions de l'abaque.

Elchatayn, en arabe, se traduit en latin par « règle des deux fausses positions », au moyen desquelles on trouve une solution à presque toutes les questions. Parmi celles-ci, il en est une que nous avons appris à résoudre dans la troisième partie du chapitre douze : les règles des arbres et choses semblables. Pour ces questions, il n'est pas opportun de poser l'*elchatayn* dans sa totalité, c'est-à-dire les deux positions, puisque l'on peut les résoudre avec une seule position. Et pourtant, nous voulons montrer de quelle manière on doit résoudre ces questions et beaucoup d'autres avec l'*elchatayn*. En effet, posons au hasard ces deux fausses positions. Où que les valeurs se présentent, soit toutes deux plus petites que la vérité, soit toutes deux plus grandes, soit l'une plus grande et l'autre plus petite, on trouve la vérité des solutions en suivant la proportion de la différence d'une position à l'autre, c'est à-dire ce que l'on obtient dans la règle de la quatrième proportionnelle, quand on en connaît trois nombres, au moyen desquels on découvre le quatrième inconnu, c'est-à-dire la vérité de la solution. Le premier de ces nombres est la différence de nombre d'une fausse position à l'autre. Le deuxième est l'approche à la vérité qui résulte de cette différence même. Le troisième est ce qui reste encore pour approcher de la vérité. Comment ceci se fait, c'est ce que nous voulons montrer d'abord dans la règle du canthare afin que, après avoir montré, dans tous les détails, ces trois différences pour le canthare, on puisse comprendre la résolution des autres questions par l'*elchatayn*.

livres	sous
5	1
3	$\frac{3}{5}$

En effet, supposons qu'un canthare, c'est-à-dire 100 rotuli, vaille 13 livres et que l'on demande combien vaut 1 rotulus. Posons, au hasard, que 1 rotulus vaut 1 sou. Donc 100 rotuli, c'est-à-dire un canthare, vaudra dans ces conditions 100 sous, c'est-à-dire 5 livres. Mais, vu que le prix du canthare est 13 livres, cette première position est fausse et distante de la vérité de 8 livres, c'est-à-dire de la différence qu'il y a entre 5 livres et 13 livres. D'où, nous posons pour le prix de ce rotulus 2 sous, soit 1 sou de plus que dans la première position, et dans ces conditions le canthare vaudra 200 sous, c'est-à-dire 10 livres. De même, cette valeur est fausse et s'écarte de la vérité de 3 livres, c'est-à-dire de la différence qu'il y a entre 10 livres et 13 livres. Maintenant, dans la première position, nous étions à 8 livres de la vérité, dans la deuxième, à 3 livres. Donc, grâce à la différence qu'il y a entre la première position et la deuxième, c'est-à-dire 1 sou, nous avons approché la vérité de 5 livres, c'est-à-dire la différence qu'il y a entre 8 livres et 3 livres. Et il reste à s'approcher de 3 livres. C'est pourquoi on dira : pour 12 derniers que j'ai ajoutés au prix d'un rotulus, j'ai approché le prix du canthare de 5 livres. Que dois-je donc ajouter au prix de ce rotulus pour m'approcher des 3 livres qui manquent au prix du canthare à partir de la deuxième position ? Donc, multiplie les nombres extrêmes et divise par celui du milieu, selon ce que nous avons montré dans les règles des arbres et choses semblables, autrement dit multiplie 12 par 3, et divise par 5 qui est au milieu. Il en sortira $\frac{1}{5}7$ derniers. Après les avoir ajoutés aux 2 sous qui étaient posés dans la seconde position, tu auras comme prix d'un rotulus 2 sous et $\frac{1}{5}7$ derniers.

Détaillons l'exemple du canthare, c'est-à-dire des 100 rotuli, qui valent 13 livres. N'étant pas exercé aux fractions décimales, Fibonacci ne calcule pas directement le prix d'un rotulus en divisant le prix du canthare par 100. De plus, pour sa démonstration, il applique une règle de double fausse position bien qu'une simple fausse position suffise. Il adopte des fausses positions en sous-unité de la livre, c'est-à-dire en sous. Rappelons les correspondances : 1 livre = 20 sous et 1 sou = 12 deniers.

Si un rotulus vaut $x' = 1$ sou, un canthare vaut 5 livres, d'où un « écart à la vérité » $e' = 13 - 5 = 8$ livres.

Si un rotulus vaut $x'' = 2$ sous, un canthare vaut 10 livres, d'où un « écart à la vérité » $e'' = 13 - 10 = 3$ livres.

La variation des écarts étant proportionnelle à la variation des positions, Fibonacci applique la règle de la quatrième proportionnelle : au moyen de 1 sou, c'est-à-dire de 12 deniers, différence entre les fausses positions x' et x'', on s'est approché de la vérité de 5 livres, différence entre e' et e'' ; il faut encore se rapprocher de 3 livres, à savoir la deuxième erreur e''; pour obtenir la vraie valeur x, il faut donc, ajouter à x'', la quatrième proportionnelle correspondant à ces trois nombres 5, 12 et 3. On peut schématiser cette règle de la quatrième proportionnelle de la façon suivante :

5 livres	3 livres
$e' - e''$	e''
$x'' - x'$	$x - x''$
12 deniers	

La vraie valeur est donc :

$$2 \text{ sous} + \left(\frac{3 \times 12}{5}\right) \text{deniers} = 2 \text{ sous} + \left(7 + \frac{1}{5}\right) \text{deniers.}$$

Finalement, ces opérations correspondent à la formule algébrique :

$$x = x'' + e'' \frac{x'' - x'}{e' - e''}.$$

Notons que, dans la suite du chapitre, Fibonacci donne la règle correspondant à la formule « classique » $x = \dfrac{x''e' - x'e''}{e' - e''}$, avec le schéma général ci-dessous.

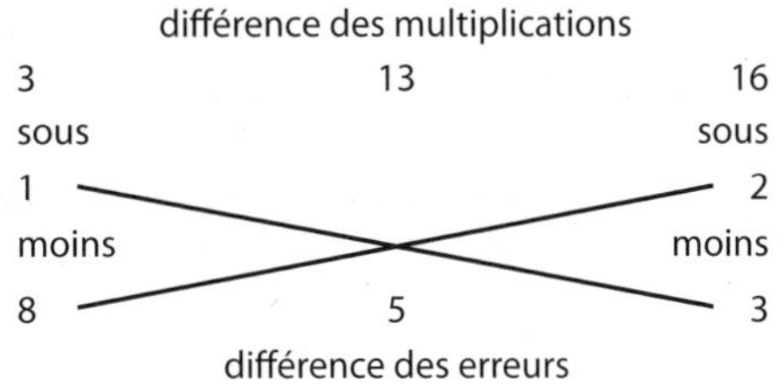

8. PELLOS : RÈGLE DE TROIS ET MÉTHODE DE SIMPLE FAUSSE POSITION

Méthode de simple fausse position et règle de trois sont intrinsèquement liés par l'intermédiaire des proportions. Rappelons quelques éléments concernant l'histoire de la règle de trois (*cf.* [22]). Les Égyptiens utilisent couramment, pour leurs raisonnements, le *pefsu*, c'est-à-dire la quantité, de pain par exemple, qu'une certaine quantité de farine permet de fabriquer. Ce passage par l'unité n'est pas utilisé par l'auteur chinois des *Procédures opératoires en neuf chapitres* qui formule la règle de trois pour résoudre certains problèmes d'échanges de céréales. Quant aux Indiens, ils n'hésitent pas à appliquer les règles de trois simple, inverse ou composée à des nombres fractionnaires. Naturellement, nous retrouvons ces procédés dans de nombreux textes arabes et, en Occident, dans la plupart des traités arithmétiques médiévaux.

Nous avons choisi le premier ouvrage occitan d'arithmétique publié : *le Compendion de l'abaco* (Compendium de l'abaque). Composé vers 1460 par un gentilhomme niçois, Francès Pellos, paru en 1492, ce livre s'inspire sans doute d'un texte occitan plus ancien, le manuscrit de Pamiers, écrit vers 1430 [18]. Comme ses lointains prédécesseurs indiens, Pellos applique la règle de trois à des nombres fractionnaires. C'est ensuite qu'il expose la méthode de simple fausse position et qu'il l'utilise pour effectuer des règles de trois.

Le texte de Pellos

Extrait du *Compendion de l'abaco* (1492), d'après le texte établi par R. Laffont, Éditions de la Revue des Langues Romanes, Montpellier, 1967, (pp. 104 et 181). Traduction M. Guillemot.

De même, si trois et demi valent 6 et demi, combien valent 4 et un tiers ? Multiplie 4 et un tiers par 6 et demi, il vient 28 et un sixième, que tu divises par 3 et demi, et tu trouveras 8 et un vingt et unième, et ainsi tu fais dans tous les « exemples » semblables.

[...]

De même, trouve un nombre tel que si on le divise par 7 il vient 3 et un demi. Fais ainsi : pose selon ton plaisir 14, que tu divises par 7, il vient 2. Ensuite, dis ainsi, si 2 sont venus de 14, de quoi viennent 3 et demi ? Fais comme tu sais par règle de trois et tu trouveras 24 et demi. Et ceci est le nombre demandé.

Le premier énoncé, celui de la règle de trois, correspond aux opérations suivantes :

$$\frac{\left(4+\frac{1}{3}\right)\left(6+\frac{1}{2}\right)}{3+\frac{1}{2}} = \frac{28+\frac{1}{6}}{3+\frac{1}{2}} = 8+\frac{1}{21}.$$

Le deuxième énoncé correspond à la résolution de l'équation : $\frac{x}{7} = 3 + \frac{1}{2}$. Pellos nous invite à prendre pour fausse position $x' = 14$.

D'où : $b' = \frac{x'}{7} = \frac{14}{7} = 2$ au lieu de $b = 3 + \frac{1}{2}$ et, par la règle de trois, on obtient :

$$\frac{14.\left(3+\frac{1}{2}\right)}{2} = \frac{49}{2} = 24+\frac{1}{2}.$$

Outre le caractère linéaire des problèmes auxquelles elles s'appliquent, règle de trois et méthode de simple fausse position possèdent plusieurs points communs. La règle de trois s'utilise dans la situation suivante : si p fois y vaut q, que vaut r fois y ? La réponse est r fois y vaut rq/p. La simple fausse position s'applique à la question : si a fois x vaut b (où a n'est pas explicité), que vaut x ? La méthode consiste à dire : si a fois x' vaut b', alors x vaut bx'/b'. Dans la phase finale, on opère dans les deux cas sur trois nombres p, q, r d'une part, b, x', b' d'autre part. De plus, les deux techniques permettent souvent de raisonner en nombres entiers : pour la fausse position, on choisit x' de façon que bx' et b' soient entiers (ici, Pellos choisit $x' = 14$, multiple à la fois de 7 et de 2) ; pour la règle de trois, c'est moins systématique, mais automatique lorsque r est un multiple de p. Enfin, et surtout, les deux méthodes évitent le calcul de certains termes intermédiaires : le coefficient a de l'équation $ax = b$, nous l'avons dit déjà pour la fausse position, la valeur de y dans le cas de la règle de trois.

9. CLAVIUS : RÉSOLUTION D'UN SYSTÈME D'ÉQUATIONS

Lorsqu'en 1583 Christophore Clavius édite son *Epitome Arithmeticae Practicae* [8], il n'est pas le premier à appliquer une méthode de fausse position pour traiter des problèmes qui, algébriquement, correspondent à la résolution de systèmes d'équations linéaires [12]. On pourrait trouver des exemples en Chine ou bien encore chez les mathématiciens arabes. Chez Clavius cependant il s'agit de « véritables » systèmes à plusieurs inconnues.

L'ouvrage de Clavius traite des opérations sur les entiers, des fractions, des règles de trois simples et composées. Les règles de simple et double fausse position occupent les chapitres 12 et 13. Voici le 6e exemple du chapitre 13, qui en comporte 24. Pour une lecture plus aisée nous avons indiqué, en marge, la transcription algébrique des différents calculs de Clavius.

Dans le cas d'un système de trois équations à trois inconnues, que nous noterons x, y et z, à partir d'une première fausse position x_1, Clavius commence par résoudre « le système formé des deux premières équations », bien entendu, par double fausse position. Il obtient ainsi les fausses positions y_1 et z_1 des deux autres inconnues. Il recommence à partir d'une deuxième fausse position x_2 et obtient les fausses positions y_2 et z_2. La « troisième équation » permet de déterminer les erreurs e_1 et e_2. Il suffit alors, comme nous allons le voir, d'appliquer la méthode de double fausse position à chacune des inconnues avec les erreurs ainsi obtenues pour achever la résolution du problème proposé.

Le texte de Clavius

Extrait de *Epitome arithmeticae practicae* (Abrégé d'arithmétique pratique), Dominici Basae, Rome, 1583 (pp. 231-235). Trad. Maryvonne Spiesser.

[Nous indiquons en marge la transcription algébrique des calculs de Clavius.] On cherche trois nombres tels que le premier, ajouté à 73, fasse le double de deux autres; le second, avec 73, fasse le triple des deux autres, le troisième enfin, avec 73, fasse le quadruple des deux autres.

$x + 73 = 2(y + z)$
$y + 73 = 3(z + x)$
$z + 73 = 4(x + y)$

Pose d'abord que le premier nombre est 1, ou un autre nombre impair quelconque, de sorte qu'ajouté à 73, il fasse un nombre pair, qui puisse avoir une moitié, puisque le premier avec 73 doit faire un nombre double des deux autres.

$x_1 = 1$

Donc, puisque 1 avec 73 fait 74 qui doit être, conformément à l'exemple proposé, double des deux autres, il est nécessaire que les deux autres ensemble soient 37.

$37 = y_1 + z_1$

Et puisque le second avec 73 doit faire un nombre triple du premier (qui est 1) et du troisième, le nombre 37 sera divisé d'après la question précédente en deux parties dont la première avec 73 fait le triple du nombre composé de la seconde partie et de 1. Ainsi, avant de résoudre la question proposée, il est nécessaire d'en résoudre d'abord une autre qui apparaît dans cette opération.

$y_1 + 73 = 3(1 + z_1)$

Pose donc que la première partie est 2, et par conséquent la deuxième 35. La première fait avec 73 le nombre 75, la deuxième avec 1 fait 36, dont le triple n'est pas 75, mais 108. Il nous a donc manqué 33 unités par rapport à la vérité, puisque notre nombre 75 est inférieur à 108 d'autant d'unités. Pose alors plutôt que la première partie est 5, et donc la deuxième 32. Mais la première avec 73 fait 78 et la deuxième avec 1 fait 33, dont le triple n'est pas le nombre 78, mais 99. Par conséquent, nous avons encore manqué [la vérité] de 21 unités.

$y_1' = 2$
$z_1' = 35$
$y_1' + 73 = 75$
$3(1 + z_1') = 108$
$e_1' = 108 - 75 = 33$
$y_1'' = 5$
$z_1'' = 32$
$e_1'' = 21$

En appliquant alors les préceptes de la règle du faux, on trouvera que la première partie est $10\frac{1}{4}$ et la seconde $26\frac{3}{4}$. C'est pourquoi, si le premier nombre de la question proposée est 1, le second sera $10\frac{1}{4}$ et le troisième $26\frac{3}{4}$.

$$y_1 = \frac{y_1'' e_1' - y_1' e_1''}{e_1' - e_1''} = 10 + \frac{1}{4}$$

$$z_1 = 26 + \frac{3}{4}$$

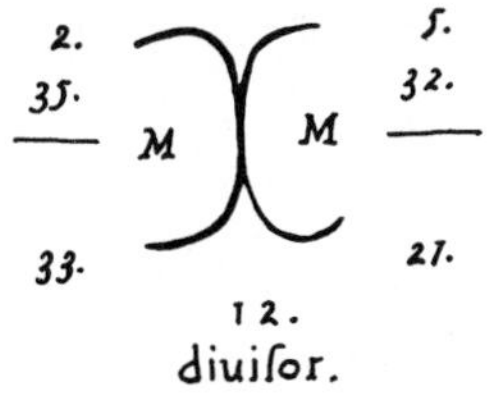

Ainsi, en effet le premier avec 73 fait le double des deux autres et le second avec 73 fait le triple des deux autres. Par conséquent, si le troisième avec 73 faisait le quadruple des deux autres, on satisferait à la question. Mais le troisième fait avec 73 le nombre $99\frac{3}{4}$ qui n'est pas le quadruple du nombre $11\frac{1}{4}$, union du premier et du second, mais c'est 45, qui est le quadruple de $11\frac{1}{4}$. Nous avons donc excédé la vérité de $54\frac{3}{4}$.

$$z_1 + 73 = 99 + \frac{3}{4}$$

$$4(x_1 + y_1) = 45$$

$$e_1 = 54 + \frac{3}{4}$$

Pose alors que le premier nombre est 3, ce qui avec 73 fait 76, qui doit être un nombre double des deux autres. Les deux nombres restants font donc 38. Et parce que le second avec 73 doit faire le triple du premier (qui est 3) et du troisième, le nombre 38 sera divisé d'après la question précédente en deux parties, dont la première avec 73 fait le triple du nombre qui est composé de la deuxième partie et de 3.

$$x_2 = 3$$
$$y_2 + z_2 = 38$$
$$y_2 + 73 = 3(3 + z_2)$$

Pose alors que la première partie est 2 et donc que la seconde est 36. Mais la première avec 73 fait 75 et la seconde avec 3 fait 39 dont le triple n'est pas le nombre 75 mais le nombre 117. Nous avons donc manqué la vérité de 42.

$$y_2' = 2$$
$$z_2' = 36$$
$$e_2' = 42$$

Pose alors plutôt que la première partie est 23 et par suite que la seconde est 15. La première avec 73 fait 96, et la deuxième avec 3 fait 18 dont le triple n'est pas 96 mais le nombre 54. Nous avons par conséquent excédé le nombre exact de 42.

$$y_2'' = 23$$
$$z_2'' = 15$$
$$e_2'' = 42$$

En opérant suivant la règle du faux, tu trouveras que la première partie est $12\frac{1}{2}$ et par suite la dernière $25\frac{1}{2}$. Donc, si le premier nombre de la question proposée est 3, le second sera $12\frac{1}{2}$ et le troisième $25\frac{1}{2}$.

$$x_2 = 3$$

$$y_2 = 12 + \frac{1}{2}$$

$$z_2 = 25 + \frac{1}{2}$$

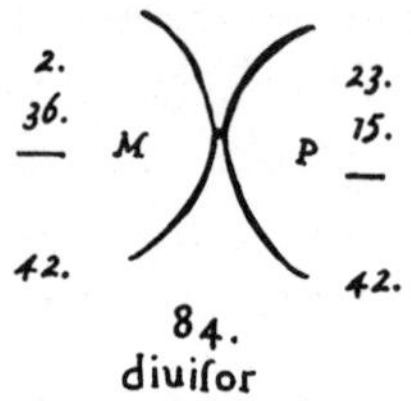

Ainsi, en effet, le premier avec 73 fait le double des deux autres, et le second avec 73 fait le triple des deux autres. Si le troisième avec 73 faisait le quadruple des deux autres, la question serait résolue. Mais le troisième avec 73 fait le nombre $98\frac{1}{2}$, qui n'est pas le quadruple du nombre $15\frac{1}{2}$, lequel est 62. Nous avons donc dépassé le vrai nombre de $36\frac{1}{2}$.

$$e_2 = 36 + \frac{1}{2}$$

Dès lors, si tu multiplies en croix les premiers nombres par les erreurs, de même les deuxièmes et les troisièmes (on trouve le second et le troisième plus aisément de cette façon qu'en voulant les tirer du premier [nombre] trouvé; parce qu'il serait nécessaire de se servir de la question précédente) et la soustraction une fois faite, si tu divises les nombres restants par le diviseur trouvé $18\frac{1}{4}$ c'est-à-dire par la différence des erreurs, puisque dans chaque situation, on a toujours eu un excès, tu trouveras que le premier nombre est 7, le second 17 et le troisième 23.

$$x = \frac{x_2e_1 - x_1e_2}{e_1 - e_2} = 7$$

$$y = \frac{y_2e_1 - y_1e_2}{e_1 - e_2} = 17$$

$$z = \frac{z_2e_1 - z_1e_2}{e_1 - e_2} = 23$$

De ce fait, le premier avec 73 fait 80, qui est le double des deux autres, et le second avec 73 fait 90 qui est le triple des deux autres. Le troisième enfin avec 73 fait 96 qui est le quadruple des deux autres.

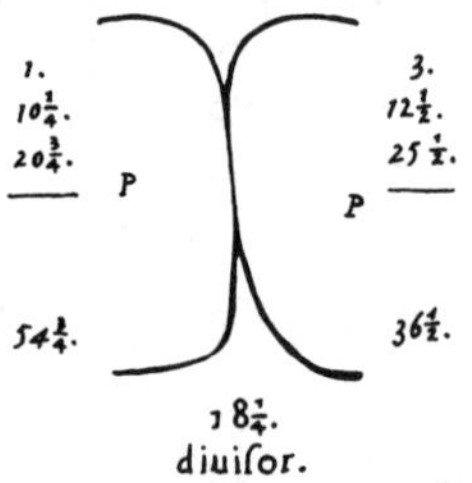

La remarque de Clavius selon laquelle « on trouvera le second et le troisième plus aisément de cette façon, que si on voulait les rechercher, à partir du premier trouvé » est importante sur le plan pratique. En effet, on n'a pris que les deux fausses positions x_1 et x_2 et l'on pourrait penser n'obtenir ainsi que la valeur de l'inconnue x. Mais, au cours des calculs, on a obtenu des fausses positions y_1 et y_2 d'une part, z_1 et z_2 d'autre part ; or, celles-ci permettent d'appliquer la méthode de fausse position aux inconnues y et z aussi. La validité de cette remarque peut se montrer comme suit.

Considérons le système suivant :

$$\begin{cases} ax + by + cz = d \\ a'x + b'y + c'z = d' \\ a''x + b''y + c''z = d'' \end{cases} \quad \text{où } A = \begin{bmatrix} a & b & c \\ a' & b' & c' \\ a'' & b'' & c'' \end{bmatrix} \text{ et la sous-matrice } \begin{bmatrix} b & c \\ b' & c' \end{bmatrix}$$

sont supposées régulières. En adoptant les fausses positions distinctes x_i ($i = 1, 2$), on est amené à considérer des fausses positions y_i et z_i solutions des systèmes :

$$\begin{cases} by + cz = d - ax_i \\ b'y + c'z = d' - ax_i \end{cases}$$

Elles conduisent aux erreurs

$$e_i = a''x_i + b''y_i + c''z_i - d''$$

Autrement dit, (x_i, y_i, z_i) est solution du système :

$$\begin{cases} ax + by + cz = d \\ a'x + b'y + c'z = d' \\ a''x + b''y + c''z = d'' + e_i \end{cases}$$

Ainsi, les variables x, y, z jouent finalement un rôle symétrique et, si l'on considère x par exemple, on a :

$$x_i = \frac{\begin{vmatrix} d & b & c \\ d' & b' & c' \\ d'' + e_i & b'' & c'' \end{vmatrix}}{\det A} = \frac{\begin{vmatrix} d & b & c \\ d' & b' & c' \\ d'' & b'' & c'' \end{vmatrix}}{\det A} + e_i \frac{\begin{vmatrix} b & c \\ b' & c' \end{vmatrix}}{\det A} = x + e_i \frac{\begin{vmatrix} b & c \\ b' & c' \end{vmatrix}}{\det A}$$

D'où :

$$x = \frac{x_2 e_1 - x_1 e_2}{e_1 - e_2}$$

En procédant ainsi pour y et pour z, on retrouve les calculs effectués par Clavius. Bien entendu, cet algorithme s'étend à la résolution de système linéaires à plus de trois inconnues (voir [20]).

BIBLIOGRAPHIE

[1] AL-BANNĀ, *Talhkīṣ a'māl al-ḥisāb* (Résumé des opérations du calcul), texte établi et traduit par M. Souissi, Publications de l'Université de Tunis, Tunis, 1969.

[2] BARREME, *L'arithmétique*, nouvelle édition, 1752.

[3] P. BENOIT K. CHEMLA & J. RITTER, *Histoire de fractions, fractions d'histoire*, Birkhäuser, Bâle, 1992.

[4] BHĀSKARA, *in* H. T. Colebrooke, *Algebra with arithmetic and mensuration from the sanscrit of Brahmegupta and Bhascara*, John Murray, Londres, 1817.

[5] E. M. BRUINS et M. RUTTEN, *Textes mathématiques de Suse*, Paul Geuthner, Paris, 1961.

[6] K. CHEMLA A. DJEBBAR & G. MAZARS, Monde arabe, chinois, indien : quelques points communs dans le traitement des nombres fractionnaires, *in* [3], pp. 263-276.

[7] N. CHUQUET, *in* A. Marre, Le triparty en la science des nombres par Maistre Nicolas Chuquet parisien, *Bullettino di bibliografiae di storia delle scienze matematiche e fisiche* t. 13 (1880), pp. 555-659 et 693-814.

[8] C. CLAVIUS, *Epitome arithmeticae practicae* (Abrégé d'arithmétique pratique), Dominici Basae, Rome, 1583.

[9] E. COMBETTE, *Cours Moyen et Supérieur. Arithmétique, système métrique et géométrie usuelle*, Alcide Picard et Kaan, Paris, 10e éd., s.d.

[10] S. DEMARE-LAFONT, Les partages successoraux paléobabyloniens *in* [3], pp. 103-104.

[11] FIBONACCI, *in* B. Boncompagni, *Il liber abaci di Leonardo Pisano*, Tipographia delle scienze matematiche e fisiche, Rome, 1857.

[11*] A. IMHAUSEN, *Ägyptische Algorithmen. Eine Untersuchung zu den mittelägyptischen mathematischen Aufgabentexte*, Harrassowitz Verlag, Wiesbaden, 2003.

[12] Groupe I.R.E.M. d'Histoire des Mathématiques, *Un fruit bien défendu*, publication de l'I.R.E.M. de Reims, 1988.

[13] *Jiuzhang Suanshu* (Procédés calculatoires en neuf chapitres) in Qian Baocong (ed.), *Suanjing shishu* (les dix ouvrages canoniques de calcul), Pékin, 1964.

[14] C. MICHEL, Les fractions dans les tablettes économiques du début du second millénaire en Assyrie et en Babylonie, *in* [3], p. 101.

[15] Papyrus Rhind *in* A. Chace, *The Rhind Mathematical Papyrus*, 2 vol., Oberlin, Ohio, 1927-1929.

[16] F. PELLOS, *Compendion de l'abaco* (Compendium de l'abaque), 1492. Texte établi par R. Laffont, Éditions de la Revue des Langues Romanes, Montpellier, 1967.

[17] QUSṬĀ Ibn LŪQĀ, *in* H. Suter, Die Abhandlung Qostā ben Lūqās und zwei andere Anonyme über die Rechnung mit zwei Fehlern und mit der angenommenen Zahl, *Bibliotheca mathematica*, t. 9 (1908), p. 111-122.

[18] J. SESIANO, Une arithmétique médiévale en langue provençale, *Centaurus*, t. 27 (1984), p. 26-75.

[19] A. SMEUR, The Rule of false applied to the quadratic equation, in three sixteenth century arithmetics, *Archives internationales d'histoire des sciences*, t. 102 (1978), pp. 66-101.

[20] M. SPIESSER, *Équations du premier degré, Méthode de fausse position*, publication de l'I.R.E.M. de Toulouse, 1982.

[21] F. THUREAU-DANGIN, *Textes mathématiques babyloniens*, Brill, Leyde, 1938.

[22] J. TROPFKE, *Geschichte der Elementarmathematik*, Walter de Gruyter, Berlin, 1980.

[23] A. YOUSCHEVITCH, *Les mathématiques arabes (VIIIe-XVe siècles)*, trad. M. Cazenave et K. Jaouiche, Vrin, Paris, 1976.

Chapitre 4

Autour de l'algorithme d'Euclide

By 1950, the world algorithm was most frequently associated with « Euclid's algorithm ».

Donald KNUTH,
The art of computer programming, (t. I, p. 2)

Nous l'avons dit dans l'introduction de l'ouvrage, l'algorithme d'Euclide représente bien souvent pour le mathématicien le prototype de la procédure algorithmique et cette méthode classique reste d'une remarquable actualité. Elle peut être mise en œuvre non seulement dans la recherche du plus grand commun diviseur de deux entiers selon le propos d'Euclide lui-même (*cf.* § 1), mais aussi, en remontant la procédure, dans la résolution d'équations indéterminées conduisant à l'identité de Bézout (*cf.* § 3). Elle permet à al-Khayyām de comparer deux rapports ou de prouver leur égalité (*cf.* § 2) ; cela apparaît encore plus clairement dans l'écriture des nombres en fractions continues, systématiquement étudiées par Euler (*cf.* § 4). On peut enfin, ce qui peut surprendre, utiliser cet algorithme dans la méthode de Sturm permettant de déterminer le nombre de racines réelles d'une équation algébrique (*cf.* § 5).

1. L'ALGORITHME D'EUCLIDE

Avant Euclide, on ne connaît pas d'utilisation explicitement énoncée de cette méthode que nous appelons « l'algorithme d'Euclide », mais on peut s'interroger sur la façon dont Aristarque de Samos a procédé pour obtenir certaines approximations. Ainsi, dans son *Traité sur les dimensions et les distances du Soleil et de la Lune* [2], il remplace le rapport de 71 755 875 à 61 735 500 par celui de 43 à 37 et le rapport de 7 921 à 4 050 par celui de 88 à 45. Plus tard, dans *De la Mesure du Cercle* [1], à la recherche d'un encadrement du rapport de la circonférence au diamètre, Archimède remplace le rapport de 6 336 à 2 017 + 1/4 par 3 + 10/71 (*cf.* chap 5, § 1). Or, ces trois approximations peuvent s'obtenir assez naturellement par l'utilisation de l'algorithme d'Euclide, que, de façon moins anachronique et plus proche du texte original, on appelle parfois *anthyphérèse* ou soustractions alternées.

Les deux énoncés cités dans l'extrait ci-après fondent cet algorithme : ils fournissent une méthode permettant de savoir si deux nombres entiers sont premiers entre eux (proposition 1) et indiquent sinon comment trouver leur plus grand commun diviseur (proposition 2). Après quelques définitions relatives aux entiers, ces deux propositions ouvrent le Livre VII des *Éléments* [14]. Celui-ci constitue avec les Livres VIII et IX un ensemble à part, « *les Livres Arithmétiques d'Euclide* » [20], qui établissent les bases de la Théorie des Nombres.

Dans le texte, on notera l'expression selon laquelle « un nombre mesure un autre nombre », elle signifie que le premier nombre divise le second. Cette formulation exprime d'ailleurs le fait que si ces nombres correspondaient à des longueurs, la première pourrait alors servir d'unité de mesure pour évaluer la seconde. On remarquera à ce propos que chez Euclide les nombres ne sont pas spécifiés sous forme numérique, ils sont désignés par des lettres et représentés par des segments. Ceci offre l'avantage de permettre de parler a priori de n'importe quel nombre et de fournir ainsi des raisonnements susceptibles d'être transposés à d'autres grandeurs.

Le texte d'Euclide

Extrait des *Éléments*, Livre VII, IIIe siècle av. J.-C.
Trad. F. Peyrard, *Les œuvres d'Euclide*, Patris, Paris, 1819.
Rééd. Blanchard, Paris, 1966 (p. 181-183).

Proposition Première.

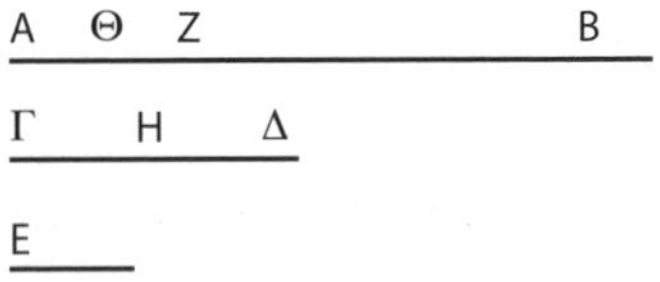

Deux nombres inégaux étant proposés, le plus petit étant toujours retranché du plus grand, si le reste ne mesure celui qui est avant lui que lorsque l'on a pris l'unité, les nombres proposés seront premiers entr'eux.

Soient les deux nombres inégaux AB, ΓΔ; que le plus petit étant toujours retranché du plus grand, le nombre restant ne mesure celui qui est avant lui que lorsque l'on a pris l'unité; je dis que les nombres AB, ΓΔ sont premiers entr'eux, c'est-à-dire que l'unité seule les mesure.

Car si les nombres AB, ΓΔ ne sont pas premiers entr'eux, quelque nombre les mesurera. Que quelque nombre les mesure, et que ce soit E ; que ΓΔ mesurant AB laisse ZA plus petit que lui-même ; que ZA mesurant ΔΓ, laisse HΓ plus petit que lui-même ; et qu'enfin HΓ mesurant ZA laisse l'unité ΘA.

Puisque E mesure ΓΔ, et que ΓΔ mesure ZB, le nombre E mesure ZB. Mais il mesure AB tout entier ; donc il mesurera le reste AZ. Mais AZ mesure ΔH ; donc E mesurera ΔH. Mais il mesure ΓΔ tout entier ; donc il mesurera le reste ΓH. Mais ΓH mesure Z ; donc E mesurera ZΘ. Mais il mesure ZA tout entier ; donc un nombre mesurera l'unité restante AΘ, ce qui est impossible. Donc, aucun nombre ne mesurera les nombres AB, ΓΔ. Donc les nombres AB, ΓΔ sont premiers entr'eux. Ce qu'il fallait démontrer.

Proposition II

Deux nombres non premiers entr'eux étant donnés, trouver leur plus grande commune mesure.

Soient donnés les deux nombres AB, ΓΔ non premiers entr'eux, et que ΓΔ soit le plus petit ; il faut trouver la plus grande commune mesure des nombres AB, ΓΔ.

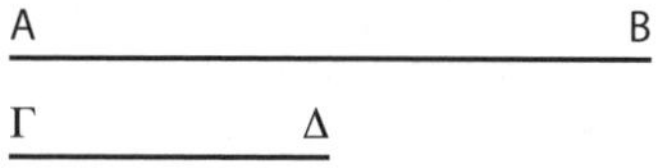

Si ΓΔ mesure AB, le nombre ΓΔ sera une commune mesure des nombres ΓΔ, AB, parce que ΓΔ se mesure lui-même ; et il est évident qu'il en sera la plus grande, car aucun nombre plus grand que ΓΔ ne peut mesurer ΓΔ.

Mais si ΓΔ ne mesure pas AB, et si on retranche toujours le plus petit des nombres AB, ΓΔ du plus grand, il restera quelque nombre qui mesurera celui qui est avant lui. On n'aura pas l'unité pour reste ; car si cela était, les nombres AB, ΓΔ seraient premiers entr'eux, ce qui n'est pas supposé ; il restera donc quelque nombre qui mesurera celui qui est avant lui. Que ΓΔ mesurant AB laisse EA plus petit que lui-même ; que EA mesurant ΔΓ laisse ZΓ plus petit que lui-même ; et enfin que ΓZ mesure EA. Puisque ΓZ mesure AE, et que AE mesure ΔZ, le nombre ΓZ mesurera ΔZ. Mais il se mesure lui-même ; donc il mesurera ΓΔ tout entier. Mais ΓΔ mesure BE ; donc ΓZ mesure AB et ΓΔ ; donc ΓZ est une commune mesure des nombres AB, ΓΔ. Je dis qu'il en est la plus grande. Car si ΓZ n'est pas la plus grande commune mesure des nombres AB, ΓΔ, quelque nombre plus grand que ΓZ mesurera les nombres AB, ΓΔ. Qu'un nombre plus grand les mesure, et que ce soit H. Puisque H mesure ΓΔ, et que ΓΔ mesure BE, le nombre H mesurera BE. Mais il mesure BA tout entier ; donc il mesurera le reste AE. Mais AE mesure ΔZ ; donc H mesure ΔZ. Mais il mesure ΔΓ tout entier ; donc il mesurera le reste ΓZ, le plus grand le plus petit, ce qui est impossible ; donc quelque nombre plus grand que ΓZ ne mesurera pas les nombres AB, ΓΔ ; donc ΓZ est la plus grande commune mesure des nombres AB, ΓΔ. Ce qu'il fallait démontrer.

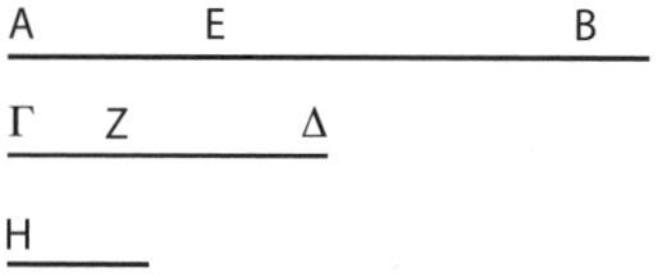

Corollaire

Il suit évidemment de là, que si un nombre en mesure deux autres, il mesurera aussi leur plus grande commune mesure.

Organigramme dans le style des années 60 :

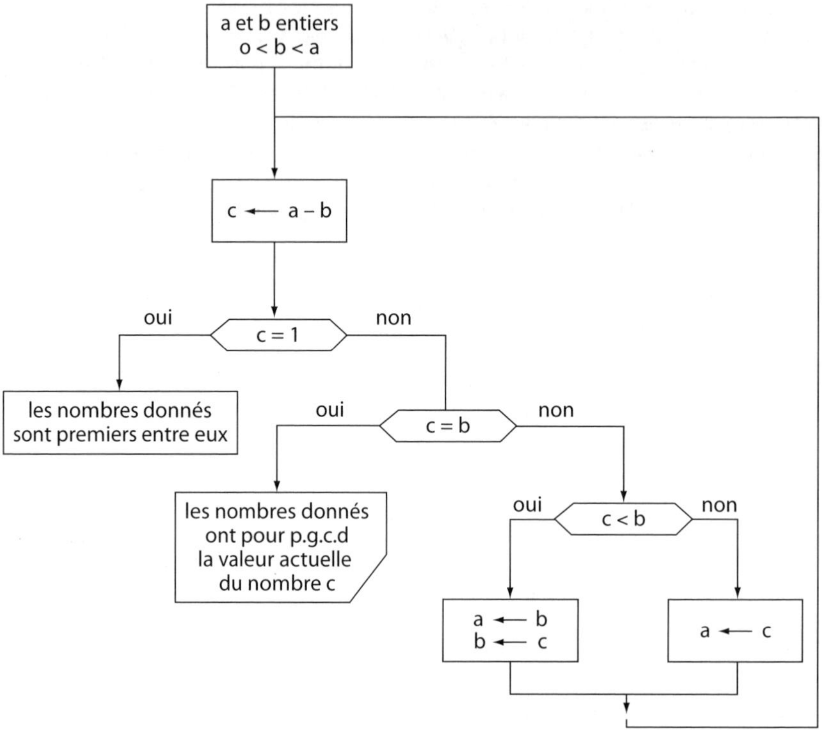

Selon des formulations moins anciennes :

```
u := a ; v := b ;
TANT QUE u ≠ v FAIRE
    DÉBUT
    SI u > v ALORS u := u – v
    SINON v := v – u
    FIN
résultat := u
```

Sous la forme récursive qui exprime la véritable raison de l'algorithme du pgcd :

```
pgcd (a,b)
SI a = b ALORS a
        SINON
          DÉBUT
          SI a > b ALORS pgcd (a-b, b)
          SINON pgcd (a, b-a)
          FIN
```

Si l'on dispose d'une arithmétique plus riche, plutôt que d'effectuer ces soustractions alternées, on emploie la «*division euclidienne*». Au lieu de considérer la différence c entre a et b, on considère le reste r de la division de a par b, ce qui accélère la convergence du processus :

```
u := a ; v := b ;
TANT QUE v > O FAIRE
    DÉBUT
    r := mod (u, v) ;
    u := v ;
    v := r
    FIN
résultat := u
```

Revenons à Aristarque de Samos, à Archimède et à l'utilisation supposée de cet algorithme. Voici par exemple la reconstruction proposée par Itard ([20], p. 27) :

Premier rapport d'Aristarque

Posons $A = 71\,755\,875$ et $B = 61\,735\,500$:

$$A - B = C = 10\,020\,375$$
$$B - 6C = D = 1\,613\,250$$
$$C - 6D = 340\,875.$$

Négligeons ce dernier reste. Il vient :

$$C = 6D, B = 6C + D = 37D, A = B + C = 43D, A/B \approx 43/37.$$

Au XVIIe siècle, ces procédés seront à l'honneur avec l'algorithme des «*fractions continues*» (*cf.* chap 4, § 4).

Si, dans l'exemple précédent, on mène le processus à son terme, de $D = 1\,613\,250$ et $E = 340\,875$, on déduit :

$$D - 4E = F = 249\,750, E - F = G = 91\,125, F - 2G = H = 67\,500,$$
$$G - H = I = 23\,625, H - 2I = J = 20\,250, I - J = K = 3\,375, J - 6K = 0,$$

le P.G.C.D. de $A = 71\,755\,875$ et $B = 61\,735\,500$ est donc $K = 3\,375$.

On appelle aujourd'hui *anneau euclidien* [33] un anneau A muni d'un «*algorithme euclidien*» c'est-à-dire d'une application g de A dans $\mathbb{N}$ telle que : étant donnés deux éléments a et b de A, b étant non nul, il existe deux éléments q et r de A vérifiant :

$$a = b\,q + r \text{ et } g(r) < g(b).$$

Par exemple : A = $\mathbb{Z}$ avec g(a) = $|a|$ (plus petit reste en valeur absolue) ou encore A = $\mathbb{R}[X]$ avec $g(\mathrm{P}(X)) = 1 + \mathrm{d}^\circ(\mathrm{P}(X))$ et $g(0) = 0$.

Il ne semble pas que soit étudiée avant la première moitié du XIXe siècle la possibilité d'une majoration a priori du nombre de divisions à effectuer dans l'algorithme d'Euclide en fonction des données ($0 < b \leq a$), c'est-à-dire, une mesure de la «complexité» de l'algorithme. Ainsi, en 1811 Reynaud obtient le majorant $b/2$, en 1841 Finck obtient $2[\log_2 b] + 1$ et en 1844 Lamé obtient $5([\log_{10} b] + 1)$ [33**].

Comme le reste dans la division de a par b est $< a/2$, les données sont divisées par 2 après deux divisions successives. Ainsi, si r est un entier tel que $2^r > b$, l'algorithme s'arrête nécessairement avant que l'on ait effectué $2r + 1$ divisions. Le nombre d'itérations est donc bien borné par $2[\log_2 b] + 1$. Comme $2[\log_2 b] + 1$ est le nombre de chiffres de b écrit en base 2, c'est une mesure de la taille de b et la majoration précédente exprime que la complexité de l'algorithme d'Euclide est au pire une fonction linéaire de la taille des données.

Le fait que le nombre d'étapes nécessaires est maximal pour des équimultiples de 2 termes consécutifs de la suite de Fibonacci avait déjà été remarqué en 1571 au moins par Simon Jacob [33*]. Ces données « au pire » impliquent que le nombre d'étapes est majoré par $\log_\phi a + 1$ où ϕ désigne le nombre d'or et que c'est le meilleur majorant possible.

Nous avons vu que chez Euclide les grandeurs sont représentées à l'aide de segments. Ici, les grandeurs sont des nombres entiers naturels, si bien que la procédure utilisée aboutit automatiquement à un « résultat affiché » au bout d'un nombre fini d'étapes. Partant au contraire de grandeurs quelconques, comme le suggèrent les segments eux-mêmes, cette procédure peut ne jamais s'arrêter, la boucle étant indéfiniment parcourue, il s'agit alors de nombres incommensurables, situation qu'Euclide envisage au Livre X des *Éléments* (Itard [20], p. 88) :

Proposition 2. Si de deux grandeurs inégales données on retranche toujours alternativement la plus petite de la plus grande, sans que jamais le reste ne mesure la grandeur précédente, ces grandeurs seront incommensurables.

Nous y reviendrons avec le texte suivant d'al-Khayyām.

2. COMPARAISON DES RAPPORTS

Dans le Livre V des *Éléments*, Euclide donne de l'égalité et de l'inégalité des rapports de grandeurs, commensurables ou non, des définitions précises. Ainsi ([20], pp. 54-55) :

Définition 5. Des grandeurs sont dites être dans le même rapport, la première à la seconde, et la troisième à la quatrième, lorsque des équimultiples quelconques de la première et de la troisième, et d'autres équimultiples quelconques de la seconde et de la quatrième, sont tels que les premiers équimultiples surpassent, chacun à chacun, les seconds équimultiples, ou leur sont égaux à la fois, ou plus petits à la fois.

Notant a, b, c, d les quatre grandeurs, comment caractériser l'égalité des rapports a/b et c/d? Il ne nous est pas a priori possible de considérer les produits *ac* et *bd* car il s'agit de grandeurs et non de nombres entiers. En revanche, on sait comparer entre eux des multiples entiers de grandeurs et c'est ce qu'utilise Euclide dans sa définition 5. L'égalité $a/b = c/d$ y est en effet caractérisée par ce que nous pouvons traduire : quels que soient les entiers k et h, ka est supérieur (respectivement inférieur, égal) à hb si et seulement si kc est supérieur (respectivement inférieur, égal) à hd. Autrement dit, cette définition revient à exiger la comparaison des deux rapports considérés a/b et c/d avec tous les rapports rationnels h/k possibles.

Aujourd'hui, on en saisit mieux la subtilité après l'introduction axiomatique des coupures par Dedekind au XIXe siècle, mais ces définitions théoriques restent difficilement utilisables dans la pratique.

Or, il existe une autre façon de caractériser le rapport de deux grandeurs : par la suite des quotients entiers successivement obtenus dans l'application de l'algorithme d'Euclide, suite finie – on l'a vu – dans le cas où les grandeurs sont des entiers ou plus généralement des quantités commensurables, suite infinie dans le cas de grandeurs incommensurables.

Pour Itard ([20], p. 25) et Caveing ([11], tome III, p. 1261), il semble que, dans les *Topiques* ([3], VIII, 3), Aristote fasse allusion à ces soustractions alternées à propos de l'égalité des rapports. Mais cela reste du domaine de l'interprétation.

Au IXe siècle, al-Māhānī envisage explicitement de lire l'égalité des rapports sur la coïncidence des suites de quotients correspondants (*cf.* [39]). Al-Khayyām déduit même de cette suite de quotients une définition pour les inégalités de rapports.

Comme beaucoup de mathématiciens en pays d'Islam, al-Khayyām s'intéresse plus particulièrement dans *Les Éléments* d'Euclide à la théorie des parallèles du Premier Livre et, ainsi qu'on le voit ici, à la question des rapports du Livre V et des grandeurs irrationnelles du Livre X. Dans l'extrait ci-après, al-Khayyām expose comment l'égalité des deux rapports se lit sur l'identité des deux suites de quotients associées et comment la comparaison de deux rapports inégaux s'effectue à l'aide des deux premiers quotients distincts et de la parité de leur numéro d'ordre dans ces suites. Il tente par ailleurs de montrer que ses définitions ne sont pas en désaccord avec celles données par Euclide et même qu'elles les impliquent.

En fait, s'il est aisé de constater la différence de deux rapports par l'apparition de deux quotients distincts, on ne peut être assuré de l'identité des suites de quotients que pour des suites finies, c'est-à-dire des rapports rationnels, ou des suites périodiques, c'est-à-dire, comme on le sait maintenant, des rapports qui sont des nombres algébriques de degré 2 (*cf.* les commentaires § 4).

Le texte d'al-Khayyām

Extrait de la *Seconde Épître sur l'Évocation de la Proportion, de l'Idée de Proportionnalité et de leur [sens] véritable,* édition A. I. Sabra, Dār al Ma^{c}ārif, Alexandrie, 1961, p. 44-47. Trad. A. Djebbar.

Les mots entre crochets sont ajoutés pour faciliter la compréhension.

[Définition de l'égalité de deux rapports]

Étant [données] quatre grandeurs [telles que] la première soit égale à la seconde et la troisième égale à la quatrième, ou bien [telles que] la première soit une partie de la seconde et la troisième cette même partie de la quatrième, ou bien [telles que] la première soit plusieurs parties de la seconde et la troisième ces mêmes parties de la quatrième, alors le rapport de la première à la seconde est nécessairement comme le rapport de la troisième à la quatrième ; et ce rapport est numérique.

Si les [grandeurs] ne sont pas selon ces trois formes et que, lorsqu'on retranche de la seconde tous les multiples de la première [contenus dans la seconde] jusqu'à ce qu'il reste un résidu inférieur à la première, et si, de la même manière, lorsqu'on retranche de la quatrième tous les multiples de la troisième jusqu'à ce qu'il reste un résidu inférieur à la troisième et qu'alors le nombre de multiples de la première [contenus] dans la seconde est égal au nombre de multiples de la troisième [contenus] dans la quatrième. Et si, après [cela], on retranche [de la première] tous les multiples du résidu de la seconde par rapport à la première, de telle sorte qu'il reste un résidu inférieur au résidu de la seconde et que, de la même [manière], on retranche [de la troisième] tous les multiples du résidu de la quatrième par rapport à la troisième, jusqu'à ce qu'il reste un résidu inférieur au résidu de la quatrième, et qu'alors le nombre des multiples du résidu de la seconde est égal au nombre des multiples du résidu de la quatrième ; et si, [après cela], lorsqu'on retranche, du résidu de la seconde, tous les multiples du résidu de la première et que l'on retranche, de la même [manière], du résidu de la quatrième, tous les multiples du résidu de la troisième, leur nombre est le même ; et si, lorsque de la même [manière], on retranche tous les multiples des résidus, successivement les uns des autres, comme nous l'avons montré, le nombre des résidus de la première et de la seconde est égal au nombre des résidus correspondants de la troisième et de la quatrième, [et ce] indéfiniment, alors le rapport de la première à la seconde sera, nécessairement, comme le rapport de la troisième à la quatrième. Et c'est cela le rapport véritable pour le type géométrique [des grandeurs].

[Définition de l'inégalité de deux rapports]

Quant aux petits et aux plus grands rapports véritables, c'est comme lorsque tu dis : si étant (données) quatre grandeurs, la première est égale à la seconde et à la troisième est inférieure à la quatrième ; ou bien la première est supérieure à la seconde et la troisième n'est pas supérieure à la quatrième ; ou bien la première est une partie de la seconde et la troisième est une autre partie de la quatrième, plus petite que cette partie-là, ou plusieurs parties [de la quatrième] dont l'ensemble est inférieur à cette partie ; ou bien la première est plusieurs parties de la seconde et la troisième une autre partie de la quatrième inférieure à ces parties, ou bien plusieurs parties dont l'ensemble est inférieur à ces parties-là. Alors, [dans tous ces cas,] le rapport de la première à la seconde est plus grand que le rapport de la troisième à la quatrième.

[...]

Quant au [cas] géométrique, si on retranche de la seconde tous les multiples de la première et qu'il reste un résidu [inférieur à la première] et, de la quatrième, tous

les multiples de la troisième et qu'il reste un résidu et que le nombre de multiples de la première est inférieur au nombre de multiples de la troisième ; ou bien si ce nombre-là est égal à celui-ci, mais que, lorsqu'on retranche [de la première] tous les multiples du résidu de la seconde par rapport à la première jusqu'à ce qu'il reste un résidu et que l'on retranche [de la troisième] tous les multiples du résidu de la quatrième par rapport à la troisième, jusqu'à ce qu'il reste un résidu et que le nombre de multiples du résidu de la seconde est supérieur au nombre de multiples du résidu de la quatrième ; ou bien si ce nombre-ci est égal à ce nombre-là mais que, lorsqu'on retranche tous les multiples du résidu de la première par rapport au résidu de la seconde et tous les multiples du résidu de la troisième par rapport au résidu de la quatrième et que le nombre de multiples du résidu de la première est inférieur [au nombre de multiples du résidu de la troisième], ou qu'il ne reste pas de résidu de la seconde ou rien du résidu de la seconde et qu'il reste un résidu de la quatrième ou [un résidu] du résidu de la quatrième ; alors, [dans tous les cas,] et d'une manière véritable, le rapport de la première à la seconde est nécessairement supérieur au rapport de la troisième à la quatrième.
D'une manière générale, pour ce cas [des grandeurs géométriques], s'il ne reste aucun résidu de la seconde ou de l'un de ses résidus [successifs], ou si ses résidus sont inférieurs [aux résidus correspondants de la quatrième], ou s'il reste, de la première et de ses résidus, un résidu et qu'il ne reste pas de résidu de la troisième et de ses résidus ; ou bien si les résidus de la première sont supérieurs aux résidus de la troisième, alors, [dans tous ces cas,] on aura nécessairement le rapport de la première à la seconde supérieur au rapport de la troisième à la quatrième.
Cette idée possède des développements plus longs que ceux-là qu'il t'est possible de connaître à l'aide de cette règle que tu as apprise. Comprends-le.

Essayons pour commencer d'effectuer une transcription symbolique du texte d'al-Khayyām.

Définition de l'égalité de deux rapports.

Pour des rapports rationnels : soient a, b, c, d, quatre grandeurs telles que $a = b$ et $c = d$, ou bien $a = b/n$ et $c = d/n$, ou bien $a = (k/n)b$ et $c = (k/n)d$, où n et k désignent des entiers, alors, dans tous ces cas, les rapports a/b et c/d sont égaux. Pour des grandeurs quelconques, si elles ne sont pas de l'une de ces trois formes, mais si on a :

$$b - n_1 a = p_1 \text{ où } p_1 < a \text{ et } d - n_1 c = q_1 \text{ où } q_1 < c,$$

$$a - n_2 p_1 = p_2 \text{ où } p_2 < p_1 \text{ et } c - n_2 q_1 = q_2 \text{ où } q_2 < q_1,$$

$$p_1 - n_3 p_2 = p_3 \text{ où } p_3 < p_2 \text{ et } q_1 - n_3 q_2 = q_3 \text{ où } q_3 < q_2,$$

et ainsi de suite indéfiniment, c'est-à-dire si, à chaque étape k, le facteur n_k est le même dans chacune des deux égalités, alors les rapports a/b et c/d sont égaux.

Définition de l'inégalité de deux rapports.

Pour des rapports rationnels : si $a = b$ et $c < d$, ou bien $a > b$ et $c = d$, ou bien $a = b/n$ et $c = (k/m)d$ avec $(k/m) < 1/n$, ou bien $a = (k/n)b$ et $c = (k'/m)d$

avec $(k'/m) < (k/n)$, alors $a/b > c/d$. Pour des grandeurs quelconques, écrivons : $b - n_1 a = p_1$ avec $p_1 < a$ et $d - m_1 c = q_1$ avec $q_1 < c$.

Si $n_1 < m_1$, alors $a/b > c/d$.

Si $n_1 = m_1$, on poursuit le procédé de soustraction des multiples :

$a - n_2 p_1 = p_2$ avec $p_2 < p_1$ et $c - m_2 q_1 = q_2$ avec $q_2 < q_1$.

Si $n_2 > m_2$, alors $a/b > c/d$.

Si $n_2 = m_2$, on poursuit le procédé de soustraction des multiples :

$p_1 - n_3 p_2$ avec $p_3 < p_2$ et $q_1 - m_3 q_2 = q_3$ avec $q_3 < q_2$.

Si $n_3 < m_3$ ou bien si $n_3 = m_3$, mais $p_3 = 0$ et $q_3 \neq 0$, alors $a/b > c/d$.

D'une manière générale, si l'un des résidus successifs de b, à savoir un terme de la forme p_{1+2i}, est nul sans que le résidu correspondant q_{1+2i} de d le soit, ou bien si le « nombre de multiples » n_{1+2i} d'un résidu de a contenu dans le résidu de b est inférieur au « nombre de multiples » m_{1+2i} du résidu correspondant de c contenu dans le résidu de d, ou bien si l'un des résidus successifs de c, à savoir un terme de la forme q_{2i}, est nul sans que le résidu correspondant p_{2i} de a le soit, ou encore si le « nombre de multiples » m_{2i} d'un résidu de b contenu dans le résidu de a est inférieur au « nombre » de multiples n_{2i} du résidu correspondant de d contenu dans le résidu de c, alors $a/b > c/d$.

Vérifions cette affirmation relative à la comparaison des rapports a/b et c/d à partir de la suite des quotients successifs $n_1, n_2, \ldots$ pour a/b et $m_1, m_2, \ldots$ pour c/d, dans le cas où ces deux suites diffèrent au rang k, c'est-à-dire où $n_1 = m_1, \ldots, n_{k-1} = m_{k-1}$ et $n_k \neq m_k$. Supposons, par exemple, que $n_k < m_k$. Considérons les k premières étapes de l'algorithme d'Euclide :

$$p_{t-1} = n_{t+1} p_t + p_{t+1} \text{ avec } 0 < p_{t+1} < p_t$$

$$q_{t-1} = m_{t+1} q_t + q_{t+1} \text{ avec } 0 < q_{t+1} < q_t$$

où : $0 \leq t \leq k-1$, $a = p_0$, $b = p_{-1}$, $c = q_0$, $d = q_{-1}$.

D'où : $p_{k-2}/p_{k-1} = n_k + p_k/p_{k-1} < n_k + 1 \leq m_k < m_k + q_k/q_{k-1} = q_{k-2}/q_{k-1}$.

Par suite : $p_{k-1}/p_{k-2} > q_{k-1}/q_{k-2}$.

De façon analogue : $p_{k-3}/p_{k-2} = n_{k-1} + p_{k-1}/p_{k-2} > n_{k-1} + q_{k-1}/q_{k-2} = q_{k-3}/q_{k-2}$.

Par suite : $p_{k-2}/p_{k-3} < q_{k-2}/q_{k-3}$,

de façon analogue : $p_{k-3}/p_{k-4} > q_{k-3}/q_{k-4}$.

Et ainsi de suite... Si bien que, lorsque k est impair $p_0/p_{-1} > q_0/q_{-1}$, c'est-à-dire $a/b > c/d$, et, lorsque k est pair, $a/b < c/d$. Dans le cas où $n_k = m_k$, mais $p_k = 0$ et $q_k \neq 0$, cette démonstration à peine modifiée conduit à la même conclusion.

À titre d'exemple, considérons les rapports suivants, rationnels pour commencer : $a/b = 223/71$ et $c/d = 355/113$. Les quotients successifs sont 0, 3, 7, 10, pour le premier rapport, et 0, 3, 7, 16, pour le second. Ici, $k = 4$ est pair et $n_4 < m_4$, donc 223/71 ($\approx$ 3,1408) est inférieur à 355/113 ($\approx$ 3,14153). On peut aussi considérer des rapports irrationnels comme $a/b = \sqrt{3}/3$ et $c/d = \sqrt{2}/2$:

$$p_1 = b - n_1 a = 3 - \sqrt{3} \quad (n_1 = 1);$$
$$q_1 = d - m_1 c = 2 - \sqrt{2} \quad (m_1 = 1);$$
$$p_2 = a - n_2 p_1 = \sqrt{3} - (3 - \sqrt{3}) (n_2 = 1);$$
$$q_2 = c - m_2 q_1 = \sqrt{2} - 2(2 - \sqrt{2}) \qquad (m_2 = 2).$$

Ici, $k = 2$ et $n_2 < m_2$, donc $\sqrt{3} / 3 < \sqrt{2} / 2$. Tout ceci apparaîtra encore plus clairement avec l'écriture des nombres en fractions continues (*cf.* ci-après p. 145).

3. L'IDENTITÉ DE BÉZOUT

Comment résoudre en nombres entiers l'équation du premier degré :

$$a\,x - b\,y = c$$

où x et y désignent les inconnues et a, b, c sont trois entiers donnés ? Ce problème a-t-il toujours une solution ? On sait en particulier que, lorsque les entiers a et b sont premiers entre eux, il est toujours possible de trouver deux entiers x_0 et y_0 tels que :

$$a\,x_0 - b\,y_0 = 1,$$

relation que l'on appelle aujourd'hui l'*identité de Bézout.*

La méthode se trouve déjà exposée dans la deuxième édition de 1624 des *Problèmes plaisants et délectables* de Bachet de Méziriac [5]. La théorie réside dans sa proposition XVIII : « Deux nombres premiers étant donnés, trouver le moindre multiple de chacun d'iceux, surpassant de l'unité un multiple de l'autre. » L'auteur en donne une preuve distinguant selon la parité du nombre de divisions à effectuer dans l'algorithme d'Euclide pour obtenir le reste 1 et pratiquant sur des lettres une sorte de récurrence laborieuse et difficile à suivre.

Bachet propose des applications pratiques dans son Problème sixième, « *Deviner le Nombre que quelqu'un aura pensé* », et dans sa dixième « *Petite Subtilité* » : « *Il y a 41 personnes en un banquet tant hommes que femmes et enfants qui en tout dépensent 40 sous, mais chaque homme paye 4 sous, chaque femme 3 sous, chaque enfant 4 deniers. Je demande combien il y a d'hommes, combien de femmes, combien d'enfants.* » Signalons que ce problème se rattache à la tradition médiévale des problèmes arabes, indiens et chinois dits « des 100 volailles » (*cf.* [31] et [39]).

Nous avons préféré présenter ici un texte de Bézout, extrait de son *Cours d'Algèbre* de 1766 [6], plus facile à lire que celui de Bachet. C'est en fait sur un exemple :

$$17x - 11y = 542$$

qu'il détaille la méthode. L'extrait ci-dessous illustre bien la façon dont Bézout procède dans tout son Cours : plutôt que d'exposer de façon dogmatique – à la façon d'Euclide – il préfère introduire ses explications par l'intermédiaire d'exemples numériques plus ou moins concrets, à partir desquels il est aisé d'induire ensuite des principes généraux. Les manuels de Bézout joueront d'ailleurs un rôle important dans l'enseignement des mathématiques.

Le texte de Bézout

Extrait du *Cours de Mathématiques à l'usage des Gardes du Pavillon et de la Marine*, 6 vol., 1764-1769. Troisième Partie contenant l'Algèbre et l'Application de cette Science à l'Arithmétique et la Géométrie, Musier, Paris, 1766 (fac-similé des pp. 118-121).
Belin, cliché J.-L. Charmet, Bibliothèque Mazarine, Paris.

Des Problèmes indéterminés

Queſtion premiere. *On demande en combien de manieres on peut payer 542 livres, en donnant des pieces de 17 liv. & recevant en échange des pieces de 11 livres.*

Repréſentons par x le nombre des pieces de 17 liv. & par y celui des pieces de 11 liv.; en donnant x pieces de 17 liv. on payera x fois 17 liv. ou $17x$: en recevant y pieces de 11 liv. on recevra $11y$; par conſéquent, on aura payé $17x - 11y$; & puiſqu'on veut payer 542 liv. on aura $17x - 11y = 542$. Tirons la valeur de y, c'eſt-à-dire, de l'inconnue qui a le moindre coëfficient, & nous aurons $y = \frac{17x - 542}{11}$.

Comme on n'a que cette équation, on voit qu'en mettant arbitrairement pour x tel nombre qu'on voudra, on aura pour y une valeur qui ſatisfera ſûrement à l'équation; mais comme la queſtion exige que x & y ſoient des nombres entiers, voici comment il faut s'y prendre pour y parvenir directement.

La valeur de $y = \frac{17x - 542}{11}$ ſe réduit, en faiſant la diviſion autant qu'il eſt poſſible, à $y = x - 49 + \frac{6x - 3}{11}$; il faut donc que $\frac{6x - 3}{11}$ ſoit un nombre entier : ſoit u ce nombre entier ; on aura $\frac{6x - 3}{11} = u$, & par conſéquent $6x - 3 = 11u$ & $x = \frac{11u + 3}{6}$, ou, en faiſant la diviſion, $x = u + \frac{5u + 3}{6}$; il faut donc que $\frac{5u + 3}{6}$ faſſe un nombre entier : ſoit t ce nombre entier ; on aura $\frac{5u + 3}{6} = t$, & par conſéquent $5u + 3 = 6t$ & $u = \frac{6t - 3}{5} = t + \frac{t - 3}{5}$; il faut donc que $\frac{t - 3}{5}$ faſſe un nombre entier : ſoit s ce nombre entier, on aura $\frac{t - 3}{5} = s$, & par conſéquent $t = 5s + 3$: l'opération eſt terminée ici, parce qu'il eſt évident qu'en prenant pour s tel nombre entier qu'on voudra, on aura toujours pour t un nombre entier tel que l'exige la queſtion, puiſqu'il n'y a plus de dénominateur.

Remontons maintenant aux valeurs de x & y : puiſqu'on a trouvé $u = \frac{6t - 3}{5}$; en mettant pour t ſa valeur $5s + 3$, on aura $u = \frac{30s + 18 - 3}{5} = 6s + 3$: & puiſqu'on a trouvé $x = \frac{11u + 3}{6}$, en mettant pour u ſa valeur, on aura $x = \frac{66s + 33 + 3}{6} = 11s + 6$: enfin, puiſqu'on a trouvé $y = \frac{17x - 542}{11}$, en ſubſtituant pour x ſa valeur, on aura $y = \frac{187s + 102 - 542}{11} = 17s - 40$; ainſi les valeurs correſpondantes de x & de y ſont $x = 11s + 6$, & $y = 17s - 40$. Par la premiere, on eſt libre de prendre pour s tel nombre entier qu'on voudra; mais la ſeconde ne permet pas de prendre s plus petit que 3; en effet y devant être poſitif, il faut que $17s$ ſoit plus grand que 40, ou que s ſoit plus grand que $\frac{40}{17}$, c'eſt-à dire, plus grand que 2.

On peut donc ſatisfaire à cette queſtion d'une infinité de manieres différentes, qu'on aura toutes en mettant dans les valeurs de x & de y, au lieu de s, tous les nombres entiers poſitifs imaginables depuis 3 juſqu'à l'infini; ainſi poſant ſucceſſivement $s = 3$, $s = 4$, $s = 5$, $s = 6$, $s = 7$, &c, on aura les valeurs correſpondantes de x & de y comme il ſuit:

x	$= 39$. . .	$y = 11$
	$= 50$	$= 28$
	$= 61$	$= 45$
	$= 72$	$= 62$
	$= 83$, &c.	$= 79$

Dont chacune eſt telle qu'en donnant le nombre de pieces de 17 liv. déſigné par x, & recevant le nombre correſpondant de pieces de 11 liv. déſigné par y, on payera 542 livres.

Pour décrire l'algorithme de résolution en nombres entiers d'une équation :

$$ax - by = c,$$

on introduit aujourd'hui une étape intermédiaire. Cette première étape consiste à trouver une solution particulière de l'équation :

$$ax - by = d$$

où d désigne le plus grand commun diviseur de a et b. La deuxième étape en déduit aisément toutes les solutions de l'équation initiale – qui est effectivement résoluble si et seulement si c est un multiple de d. D'une certaine façon, on retrouve au cours de cette première étape la procédure d'abord descendante, puis remontante de Bézout. Reprenons en effet l'exemple étudié.

Première étape. Trouver une solution particulière (x_0, y_0) de l'équation :

(1) $$17\,x - 11\,y = 1.$$

En effectuant les divisions euclidiennes successives à partir de 17 et 11 :

$$17 = 11.1 + 6,\ \ 11 = 6.1 + 5,\ \ 6 = 5.1 + 1,$$

on obtient un reste 1, le plus grand commun diviseur de 11 et 17 est 1 et les nombres 11 et 17 sont premiers entre eux. En remontant la procédure à partir du dernier reste 1 :

$$1 = 6 - 5 = 6 - (11 - 6) = 2.6 - 11 = 2\,(17 - 11) - 11 = 2.17 - 3.11,$$

on obtient la solution particulière $(x_0, y_0) = (2,3)$ de l'équation (1).

Deuxième étape. Trouver toutes les solutions de l'équation :

(2) $$17\,x - 11\,y = 542.$$

Remarquant que $(x_1, y_1) = (542.2,\ 542.3)$ est une solution particulière de l'équation (2), on voit que (x,y) est une solution de (2) si et seulement si (x,y) est solution de l'équation :

(3) $$17\,(x - x_1) = 11\,(y - y_1).$$

Ainsi, 17 et 11 n'ayant pas de facteurs communs, 17 divise $(y - y_1)$ et y est de la forme $y_1 + 17\,k$ où k désigne un entier. Par report dans (3), on voit que x est de la forme $x_1 + 11\,k$. Inversement, quel que soit l'entier k, le couple $(x_1 + 11k,\ y_1 + 17k)$ est solution de (2). Ainsi, les solutions de (2) sont de la forme : $x = (2 \times 542) + 11k, y = (3 \times 542) + 17\,k$, où k est entier.

Pour que la solution (x,y) soit formée de nombres entiers naturels, il faut et il suffit que k vérifie à la fois : $(2 \times 542) + 11k > 0$ et $(3 \times 542) + 17k > 0$, c'est-à-dire : $k > -95{,}6$; d'où : $k = -95$, $x = 39$, $y = 1$; $k = -94$, $x = 50$, $y = 28$, ... ou encore :

$$x = 39 + 11\,h,\ y = 1 + 17\,h \text{ où } h \text{ est un entier naturel.}$$

Comme nous l'avons suggéré, les calculs effectués par Bézout reviennent aussi à une utilisation de l'algorithme d'Euclide.

En effet, Bézout pose successivement :

$$u = (6\,x - 3)/\mathbf{11}\,;\ t = (5\,u + 3)/\mathbf{6}\,;\ s = (1\,t - 3)/\mathbf{5},$$

où les nombres en gras correspondent aux diviseurs et les nombres en ombrés aux restes dans les divisions euclidiennes successives que nous avons effectuées.

Cependant, la preuve de l'algorithme sous-tendu par la technique de Bézout est relativement complexe puisque, en écriture littérale, on peut lire la construction d'au moins trois suites dans la résolution de $a\,x - b\,y = c$. L'initialisation du processus chez Bézout permet de comprendre la genèse de ces trois suites. En effet, de l'équation à résoudre, il tire $y = (a\,x + c)\,/\,b$ qui, tout comme x, doit prendre une valeur entière ; d'où l'idée de faire apparaître le reste a_2 dans la division de $a = a_0$ par $b = a_1$ et le reste c_2 dans la division de $c = c_1$ par $b = a_1$, de sorte que :

$$y = (a\,x + c)/b = (a_0 x + c_1)\,/\,a_1 \equiv (a_2\,x + c_2)\,/\,a_1 \pmod 1;$$

puis l'idée d'introduire la quantité $u = (a_2x + c_2) / a_1$ qui, tout comme y, doit prendre une valeur entière. Ceci s'écrit encore :

$$a_2 x - a_1 u = - c_2,$$

et on peut itérer le processus en tirant $x = (a_1 u - c_2) / a_2$. On est ainsi conduit naturellement à considérer :

– la suite strictement décroissante d'entiers $(a_n)_{0 \le n \le k+1}$ des restes dans l'algorithme d'Euclide relatif au couple (a,b) : si $a_0 = a$ et $a_1 = b$, alors a_{n+1} désigne le reste de a_{n-1} dans la division par a_n ;

par suite, $a_{n+1} \equiv a_{n-1} \pmod{a_n}$, $a_{k+1} = 0$ et $a_k =$ P.G.C.D. (a,b)

– la suite décroissante d'entiers $(c_n)_{1 \le n \le k+1}$ où $c_1 = c$ et c_{n+1} désigne le reste de c_n dans la division par a_n ; par suite, $c_{n+1} \equiv c_n \pmod{a_n}$

– une suite de lettres $(x_n)_{0 \le n \le k+1}$ où $x_0 = y$ et $x_1 = x$ et dont les valeurs sont liées entre elles par la relation de récurrence :

$$a_n x_{n+1} - a_{n+1} x_n = (-1)^n c_{n+1} \text{ pour } n \ge 0.$$

Par construction même, si la valeur de x_n est entière, alors la différence $x_{n+1} - x_{n-1}$ est un entier. En effet,

$$x_{n+1} = (a_{n+1} x_n + (-1)^n c_{n+1}) / a_n \equiv (a_{n-1} x_n + (-1)^n c_n) / a_n = x_{n-1} \pmod{1}.$$

Par suite, on vérifie aisément par récurrence que, si les valeurs de x et y sont entières, alors les valeurs de $x_2, ..., x_{k+1}$ sont elles aussi entières.

Or, $a_{k+1} = 0$, donc $x_{k+1} = (-1)^k c_{k+1} / a_k$ n'est entier que si a_k divise c_{k+1}, d'où $c_{k+1} = 0$ et le P.G.C.D. de a et b divise c.

Inversement, supposons que le P.G.C.D. de a et b divise c, alors a_k divise c_k, $c_{k+1} = 0$ et $x_{k+1} = 0$. Par suite, à toute valeur entière de x_k correspond, en remontant la récurrence, des valeurs entières pour $x_{k-1}, ..., x_2, x_1 = x$ et $x_0 = y$.

L'écriture du P.G.C.D. 1 de 11 et 17 sous la forme d'une combinaison de 11 et 17 à coefficients entiers :

$$1 = 2 \times 17 - 3 \times 11$$

est appelée *identité de Bézout*.

Une telle identité a lieu non seulement dans l'anneau des entiers $\mathbb{Z}$, mais aussi dans l'anneau $K[X]$ des polynômes à coefficients dans un corps K, comme l'anneau $\mathbb{R}[X]$ (*cf.* le commentaire souligné ci-après p. 156), en fait dans tout anneau euclidien (*cf.* le commentaire souligné p. 133). Ainsi, si A et B sont deux polynômes étrangers entre eux, il existe deux polynômes U et V tels que :

$$A\,U + B\,V = 1.$$

L'obtention de U et V s'effectue par la même méthode, c'est-à-dire l'utilisation de l'algorithme d'Euclide pour déterminer le P.G.C.D. de A et B.

Plus généralement, on appelle aujourd'hui *anneau de Bézout* un anneau dont tout idéal de type fini est principal. Deux éléments a et b

y possèdent un P.G.C.D. à savoir un élément d tel que Ad soit l'idéal engendré par a et b et l'identité de Bezout y a bien lieu puisque :

$$Aa + Ab = Ad.$$

Mais on ne dispose plus nécessairement de l'algorithme d'Euclide pour déterminer un tel P.G.C.D., d.

4. LES FRACTIONS CONTINUES

Le développement en fraction continue d'un nombre rationnel ou irrationnel fournit des approximations rationnelles de ce nombre et celles-ci s'avèrent dans une certaine mesure optimales. Une fois de plus, le processus met en œuvre l'algorithme d'Euclide.

Nous ne savons pas si la notion de fraction continue est sous-jacente dans les calculs d'auteurs anciens que ce soit pour simplifier des rapports de grands nombres comme chez Aristarque de Samos ou Archimède ou que ce soit pour approcher des nombres irrationnels comme le nombre d'or dans le *Liber Abaci* de Fibonacci en 1202 ou comme les racines carrées dans l'*Algebra* de Bombelli en 1572 et le *Trattato* de Cataldi en 1613. Il ne s'agit d'ailleurs à chaque fois tout au plus que de résultats numériques.

L'idée est cependant en germe dans le Livre X des *Éléments* d'Euclide, nous l'avons vu avec la proposition 2 relative aux nombres incommensurables et, sur le plan théorique toujours, elle progresse lorsque al-Māhānī au IXe siècle, puis al-Khayyām au XIIe siècle traduisent l'égalité de deux rapports par l'identité des suites des quotients successifs dans l'algorithme d'Euclide appliqué à chacun de ces rapports, autrement dit – comme on va le voir – par ce qui n'est autre que l'identité de leur développement en fractions continues.

Le premier nombre écrit explicitement sous la forme d'une fraction continue est $4/\pi$ (*cf.* fig. ci-dessous). Cette formule due à Lord Brouncker est citée par Wallis dans l'*Arithmetica infinitorum* de 1656 [37]. Wallis y aborde l'élaboration d'une théorie des fractions continues, qu'il reprend dans son *Algebra* de 1685 [38].

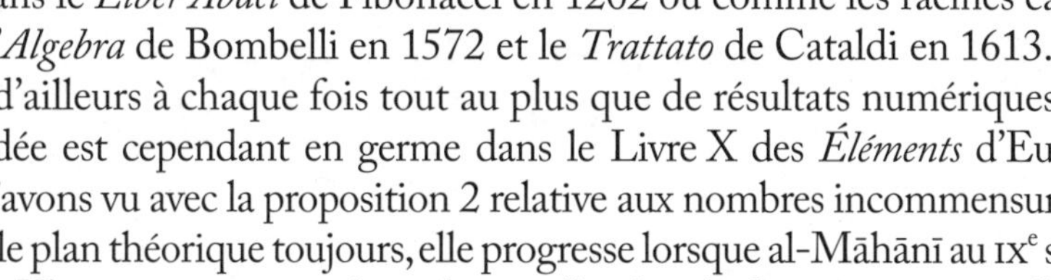

Signalons l'intérêt porté par Leibniz à cette notion. Huygens pour sa part y est amené par la construction en 1682 d'un automate planétaire : il lui faut en effet fixer le nombre de dents des roues de sa machine et pour cela trouver des nombres à la fois pas trop grands et dont le rapport soit cependant assez proche de celui de grands nombres fournis par les données astronomiques. Il esquisse une première approche de la convergence des fractions dans le *Descriptio Automati Planetarii* [19, pp. 587-652].

La théorie des fractions continues telle que nous la connaissons aujourd'hui est véritablement élaborée au XVIIIe siècle; entreprise par Euler, elle est quasiment achevée par Lagrange. Les passages donnés ci-dessous sont extraits du premier texte d'Euler sur ce thème, son *Essai sur les Fractions continues* écrit en 1737 [15]. Euler reviendra sur ce sujet dans son *Introductio in analysin infinitorum* [16].

Rappelons comment peut être obtenu le développement en fraction continue d'un nombre réel x supposé positif pour simplifier. Notant $[x]$ la partie entière de x, c'est-à-dire l'unique entier a tel que $a \leq x < a + 1$, on définit par récurrence les suites de nombres z_n et a_n :

$$z_0 = x,\ a_n = [z_n] \text{ et } z_{n+1} = 1/(z_n - a_n) \text{ lorsque } z_n \neq a_n.$$

Si l'un des z_n est entier, on s'arrête; ceci se produit si et seulement si x est un nombre rationnel. Ainsi, le nombre e est irrationnel puisque son développement en fraction continue est infini (*cf.* le paragraphe 21 du texte d'Euler cité ci-dessous).

On a l'égalité
$$x = a_0 + \cfrac{1}{a_1 + \cfrac{1}{a_2 + \ldots \cfrac{1}{a_{n-1} + \cfrac{1}{z_n}}}}$$

et on écrit
$$x = a_0 + \cfrac{1}{a_1 + \cfrac{1}{a_2 + \ldots \cfrac{1}{a_n + \ldots}}}$$

La fraction
$$x = a_0 + \cfrac{1}{a_1 + \cfrac{1}{a_2 + \ldots \cfrac{1}{a_n}}}$$

tronquée au rang n est appelée la réduite de rang n.

Aux notations indicielles près, Lagrange [22] montre les propriétés suivantes qu'il expose de façon systématique en 1774 [24]. Si l'on écrit la réduite x_n sous la forme d'un quotient de deux entiers p_n/q_n, ces deux entiers peuvent être définis par la récurrence :

$$p_n = a_n p_{n-1} + p_{n-2} \text{ avec } p_0 = a_0 \text{ et } p_1 = a_0 a_1 + 1$$
$$q_n = a_n q_{n-1} + q_{n-2} \text{ avec } q_0 = 1 \text{ et } q_1 = a_1$$

De plus, cette fraction est irréductible, car :

$$p_{n+1}q_n - q_{n+1}p_n = (-1)^n.$$

En outre, la suite des réduites de rang pair est croissante, la suite des réduites de rang impair est décroissante et elles tendent toutes deux vers x :

$$x_{2n} < x_{2n+2} < x < x_{2n+1} < x_{2n-1} \text{ avec } |x - x_n| < 1/q_n q_{n+1}.$$

Enfin, la représentation fractionnaire de x par $x_n = p_n/q_n$ est optimale en ce sens que toute fraction plus proche de x que ne l'est x_n possède nécessairement un dénominateur strictement supérieur à q_n.

Voilà pourquoi l'utilisation des développements en fractions continues fournit des représentations fractionnaires simples et en même temps proches des nombres à évaluer. C'est ce qu'utilise Huygens pour la construction de ses automates. C'est ainsi que l'on peut obtenir les approximations d'Aristarque de Samos ou d'Archimède (*cf.* chap 4, § 1). En effet :

$$\frac{71\,755\,875}{61\,735\,500} = 1 + \frac{10\,020\,375}{61\,735\,500} = 1 + \cfrac{1}{6 + \cfrac{1\,613\,250}{10\,020\,375}} = 1 + \cfrac{1}{6 + \cfrac{1}{6 + \cfrac{1}{\dots}}}$$

$$\approx 1 + \cfrac{1}{6 + \cfrac{1}{6}} = \frac{43}{37}$$

En fait, tous ces résultats théoriques – sans être explicitement formulés – peuvent se lire dans le paragraphe 10 du texte d'Euler ci-dessous. Le lien avec l'algorithme d'Euclide est mis en évidence dans le paragraphe 12. Les nombres π et e sont évoqués aux paragraphes 15 et 21.

Le texte d'Euler

Extrait de « De Fractionibus continuis Dissertatio » (écrit en 1737), *Commentarii academiae scientiarum Petropolitanae*, t. 9 (1744), 98-137. *Opera omnia*, sér. 1, vol. 14, pp. 187-215. Trad. J.-L. Chabert.

Essai sur les Fractions continues

[...]

10. Si donc est proposée la fraction continue suivante, dont tous les numérateurs sont égaux à 1,

$$a + \cfrac{1}{b + \cfrac{1}{c + \cfrac{1}{d + \cfrac{1}{e + \cfrac{1}{f + etc.}}}}}$$

les fractions de la série suivante

$$\begin{array}{cccccc} a & b & c & d & e & \\ \dfrac{1}{0}, & \dfrac{a}{1}, & \dfrac{ab+1}{b}, & \dfrac{abc+c+a}{bc+1}, & \dfrac{abcd+cd+ad+ab+1}{bcd+d+b}, & \text{etc.,} \end{array}$$

s'approcheront de sa valeur, cette série étant uniquement déterminée par la progression a, b, c, d etc... On vérifie aisément que tant le numérateur, que le dénominateur de chaque fraction multiplié par l'indice et augmenté respectivement du numérateur et du dénominateur de la fraction précédente, donnera le numérateur et le dénominateur de la fraction suivante. Ainsi la valeur de cette fraction continue sera égale à la somme de la série suivante

$$a+\frac{1}{1.b}-\frac{1}{b(bc+1)}+\frac{1}{(bc+1)(bcd+d+b)}-\frac{1}{(bcd+d+b)(bcde+\ldots)}+\text{etc.}$$

ou à la somme de celle en laquelle celle-ci est transformée

$$a+\frac{c}{bc+1}+\frac{e}{(bc+1)(bcde+de+be+bc+1)}+\text{etc.}$$

à savoir une série dont les dénominateurs sont formés à partir des dénominateurs alternés de la série de fractions supérieure, d'une manière facile à déterminer.

[...]

12. Ainsi, s'il est proposé de transformer la fraction *A/B* en une fraction continue dont tous les numérateurs sont égaux à 1, je divise *A* par *B* obtenant le quotient *a* et le reste *C*; le diviseur précédent *B* est divisé par ce reste *C* donnant le quotient *b* et le reste *D*, par lequel *C* est divisé, et ainsi de suite jusqu'à ce qu'on parvienne à un reste nul et un quotient infiniment grand. En outre, cette opération est représentée de la façon suivante

B	*A*	*a*				
	C	*B*	*b*			
		D	*C*	*c*		
			E	*D*	*d*	
				F	*E*	*e*
					G	etc.

Ainsi, par cette opération on trouvera les quotients a, b, c, d, e, f, etc., dont la connaissance donne :

$$\frac{A}{B}=a+\cfrac{1}{b+\cfrac{1}{c+\cfrac{1}{d+\cfrac{1}{e+\text{etc.}}}}}$$

[...]

15. Appliquons notre méthode pour la solution de ce problème à la fraction

$$\frac{355}{113},$$

qui exprime approximativement selon Metius le rapport de la circonférence au diamètre ; par conséquent nous cherchons des fractions, formées des plus petits nombres, qui diffèrent de cette fraction aussi peu que possible. Je divise donc 355 par 113 et je trouve

$$\frac{355}{113} = 3 + \cfrac{1}{7 + \cfrac{1}{16}}$$

à partir de quoi je forme les fractions suivantes

$$\begin{matrix} & 3 & 7 & 16 \\ \frac{1}{0}, & \frac{3}{1}, & \frac{22}{7}, & \frac{355}{113}; \end{matrix}$$

donc les fractions 3/1 et 22/7 approchent plus la fraction 355/113 que toutes les autres formées avec des nombres plus petits ; en outre 22/7 est supérieure et 3/1 est inférieure à la fraction proposée comme nous l'avons noté plus haut dans le cas général.

[...]

21. Avant de calculer d'autres fractions continues, dans lesquelles les dénominateurs forment une progression arithmétique, considérons certaines quantités transcendantes qui converties en fractions continues donnent des dénominateurs en progression arithmétique, d'où se dégage une méthode plus simple de calcul des fractions continues de cette sorte. Ainsi, en s'attachant aux logarithmes et à d'autres quantités transcendantes, j'ai trouvé que le nombre dont le logarithme naturel est 1 et ses puissances conduisent à des fractions continues de cette sorte. Ainsi je pose ce nombre = e, soit

$$e = 2{,}71828182845904,$$

qui est transformé en la fraction continue

$$e = 2 + \cfrac{1}{1 + \cfrac{1}{2 + \cfrac{1}{1 + \cfrac{1}{1 + \cfrac{1}{4 + \cfrac{1}{1 + \cfrac{1}{1 + \cfrac{1}{6 + \cfrac{1}{1 + \text{etc.}}}}}}}}}}$$

dont les dénominateurs de trois en trois forment la progression arithmétique 2, 4, 6, 8 etc., les autres étant égaux à 1. Même si cette règle est découverte à partir de cette seule observation, il est cependant probable qu'elle vaut jusqu'à l'infini, ce qui sera confirmé avec certitude ci-dessous. De la même façon, si

$$\sqrt{e} = 1{,}6487212707$$

est transformé en une fraction continue, ce sera

$$\sqrt{e} = 1 + \cfrac{1}{1 + \cfrac{1}{1 + \cfrac{1}{1 + \cfrac{1}{5 + \cfrac{1}{1 + \cfrac{1}{1 + \cfrac{1}{9 + \cfrac{1}{1 + \cfrac{1}{1 + \cfrac{1}{13 + \text{etc.}}}}}}}}}}}$$

dont la loi de progression est semblable à la précédente. Il est permis d'observer des faits semblables dans d'autres fractions continues en lesquelles sont transformées des puissances de ce e lui-même. [...]

La question de la langue latine mise à part, la formulation d'Euler est trop moderne pour qu'une transcription soit nécessaire. Dans ce même essai, Euler note que les développements en fraction continue qui sont périodiques correspondent à des nombres racines d'une équation du second degré. Lagrange [23] montrera la réciproque.

Lagrange [23] indique par ailleurs que l'on peut augmenter la rapidité de convergence de la suite des réduites en considérant pour a_n non pas la partie entière de z_n mais l'entier le plus proche – donc tel que $|z_n - a_n| < 1/2$. Ceci correspond à un algorithme d'Euclide où l'on choisit le plus petit reste en valeur absolue [ou encore à l'application $g(a) = |a|$ selon les notations du commentaire souligné p. 133). De plus, ce choix du reste s'avère optimal selon Lazard [27].

Les fractions continues suggèrent à Lagrange des procédés de résolution par approximations successives pour les équations numériques [22] (*cf.* aussi chap. 7, § 8) et pour les équations différentielles [25]. Elles lui permettent de donner la résolution générale des équations de Pell-Fermat :

$$Ax^2 + 1 = y^2$$

où A est un entier non carré donné et où les inconnues x et y représentent des entiers [24] (*cf.* aussi chap. 8, §§ 10 et 11).

De façon analogue à l'expression de $4/\pi$ donnée par Lord Brouncker, Euler considérait aussi des fractions continues dites généralisées de la forme :

$$a_0 + \cfrac{b_0}{a_1 + \cfrac{b_1}{a_2 + \cfrac{b_2}{\cdots\cdots}}}$$

où les b_n ne sont pas nécessairement égaux à 1. Cependant on n'est plus alors assuré des belles propriétés énoncées précédemment.

On peut aussi introduire des variables. Ainsi, Lambert [26] prouve en 1761 l'irrationalité de π et Legendre [28] en 1794 celle de π^2 à l'aide du développement en fraction continue de $\tan x$ (*cf.* l'épilogue du chapitre 5 p. 188). Notons que l'on n'a su prouver la transcendance de e et celle de π que vers la fin du XIXe siècle (Hermite [18] et Lindemann [29]). En attendant, Liouville [30] montre l'existence de nombres transcendants grâce à l'algorithme des fractions continues. Sur les fractions continues on pourra consulter (Brezinski [8]).

5. LE NOMBRE DE RACINES D'UNE ÉQUATION

Une des premières mises en évidence d'une règle permettant de majorer le nombre de racines réelles d'une équation algébrique est énoncée dans *La Géométrie* de Descartes de 1637 [13], la fameuse règle des signes :

Combien il peut y auoir de vrayes racines en chaſque Equation.

On connoiſt auſſy, de cecy, combien il peut y auoir de vrayes racines, & combien de fauſſes, en chaſque Equation. A ſçauoir : il y en peut auoir autant de vrayes que les ſignes + & – s'y trouuent de fois eſtre changés ; & autant de fauſſes qu'il s'y trouue de fois deux ſignes +, ou deux ſignes –, qui s'entreſuiuent (*).

autrement dit, le nombre de racines réelles positives est majoré par le nombre de changements de signes dans la suite des coefficients de l'équation et le nombre de racines réelles négatives est majoré par le nombre de permanences de signe. Chez Descartes, cette règle n'est pas prouvée, mais seulement vérifiée sur un exemple d'équation dont tous les coefficients sont non nuls.

Par ailleurs, dans son *Algèbre* de 1690, Rolle [32] remarque que les racines réelles d'un polynôme sont nécessairement séparées par celles du polynôme que l'on appelle maintenant polynôme dérivé, ces dernières par celles du polynôme dérivé second, et ainsi de suite, c'est la méthode des *Cascades*.

Lagrange [22] propose une procédure qui en théorie permet à la fois de dénombrer les racines réelles de toute équation algébrique $V = 0$ et de les séparer. La première étape consiste à remplacer le polynôme V par un polynôme V_0 ayant les mêmes racines que V mais sans multiplicité : il suffit de diviser V par le P.G.C.D. de V et de son polynôme dérivé V'. À la deuxième étape, on détermine un intervalle contenant toutes les racines réelles de l'équation : Newton avait déjà donné une méthode pour cela (*cf.* chap. 6, § 1, p. 199). Dans un troisième temps, on choisit un minorant des distances entre les racines : à cet effet, on considère l'équation dont les racines sont les carrés des différences des racines de l'équation proposée, on détermine un minorant de la plus petite des racines positives de cette équation, puis on en prend la racine carrée. Enfin, la dernière phase consiste à substituer à l'inconnue x dans le polynôme V_0 une suite de valeurs en progression arithmétique comprises dans l'intervalle déterminé à l'étape 2 et dont la raison est inférieure au minorant trouvé à l'étape 3 : chaque changement de signes dans la suite des valeurs indique l'existence d'une racine et d'une seule dans l'intervalle correspondant à ce changement de signes. Le nombre de racines réelles est donc en particulier égal au nombre de changement de signes dans cette suite de valeurs prises par V_0. Cette procédure reste cependant peu maniable car le calcul des coefficients du polynôme dont les racines sont les carrés des différences des racines de l'équation proposée s'effectue grâce aux relations entre coefficients et racines. Ce calcul est pénible, voire impraticable dès que le degré est élevé.

Par des voies différentes, Budan dans un mémoire présenté en 1811 [9] et Fourier [17] en 1820 obtiennent une règle plus commode. Selon Budan : « Si une équation en x a n racines comprises entre zéro et un nombre positif quelconque p, la transformée en $(x - p)$ doit avoir au moins n variations de moins que la proposée.» D'après Fourier : on considère la suite des dérivées V, V', V", ..., $V^{(m-1)}$, $V^{(m)}$; on substitue à l'inconnue x des valeurs A et B et on compte dans chacune des deux suites de valeurs V(A), V'(A),... et V(B), V'(B), ... le nombre de changements de signes ; l'écart entre ces deux nombres est un majorant du nombre de racines réelles, comptées avec leur multiplicité, comprises dans l'intervalle [A,B]. Mais ces deux résultats, que l'on pourrait considérer comme équivalents, ne fournissent qu'un majorant du nombre de racines réelles.

En 1815, Cauchy [10] donne pour la première fois une solution complète à la question de la détermination du nombre de racines réelles d'une équation algébrique V = 0 contenues dans un intervalle donné, mais les calculs sont trop inextricables pour être utilisés. À l'opposé la méthode que Sturm expose dans son Mémoire de 1835, méthode vraisemblablement inspirée de celle de Fourier, paraît relativement simple. Elle fait intervenir une fois de plus l'algorithme d'Euclide, appliqué ici non pas à des nombres entiers, mais à des polynômes, à savoir le polynôme V et son polynôme dérivée V' et elle utilise un simple décompte de changements de signes. Ce mémoire assurera la célébrité du mathématicien-physicien Charles Sturm.

Le Mémoire de Sturm

Extrait du « Mémoire sur la résolution des équations numériques », *Mémoires présentés par divers savants à l'Académie Royale des Sciences, Sciences mathématiques et physiques*, t. VI (1835), 271-318.
Belin, cliché J.-L. Charmet, Bibliothèque Mazarine, Paris

1.

Soit

$$Nx^m + Px^{m-1} + Qx^{m-2} + \ldots + Tx + U = 0$$

une équation numérique d'un degré quelconque, dont on se propose de déterminer toutes les racines réelles.

On commencera par exécuter sur cette équation le calcul qui sert à trouver si elle a des racines égales, en opérant de la manière que nous allons indiquer. En désignant par V la fonction entière $Nx^m + Px^{m-1} +$ etc., et par V_1 sa fonction dérivée (qui se forme en multipliant chaque terme de V par l'exposant de x dans ce terme et diminuant cet exposant d'une unité), il faut chercher le plus grand commun diviseur des deux polynomes V et V_1. On divisera d'abord V par V_1, et quand on sera arrivé à un reste d'un degré inférieur à celui du diviseur V_1, on changera les signes de tous les termes de ce reste (les signes + en — et les — en +). Désignons par V_2 ce que deviendra ce reste après ce changement de signes. On divisera de la même manière V_1 par V_2, et, après avoir encore changé les signes du reste, on aura un nouveau polynome V_3 d'un degré inférieur à celui de V_2. La division de V_2 par V_3 conduira de même à une fonction V_4 qui sera le reste de cette division où l'on aura changé les signes. On continuera cette série de divisions, en ayant toujours soin de changer les signes des termes de chaque reste. Ce changement de signes qui serait inutile si l'on n'avait pour but que de trouver le plus grand commun diviseur des polynomes V et V_1 est nécessaire dans la théorie que nous exposons. Comme les degrés des restes successifs vont en diminuant, on arrivera finalement soit à un reste numérique indépendant de x et différent de zéro, soit à un reste fonction de x qui divisera exactement le reste précédent. Nous examinerons ces deux cas séparément.

2.

Supposons, en premier lieu, qu'on parvienne après un certain nombre de divisions à un reste numérique qui soit désigné par V_r.

Dans ce cas, on est assuré que l'équation $V = 0$ n'a pas de racines égales, puisque les polynomes V et V_1 n'ont pas de diviseur commun fonction de x. En représentant par Q_1, Q_2,.. Q_{r-1}.. les quotiens donnés par les divisions successives qui laissent pour restes $-V_2$, $-V_3$, ... $-V_r$, on a cette suite d'égalités

$$\begin{aligned} V &= V_1Q_1 - V_2 \\ V_1 &= V_2Q_2 - V_3 \\ V_2 &= V_3Q_3 - V_4 \qquad (1) \\ &\ldots \\ V_{r-2} &= V_{r-1}Q_{r-1} - V_r. \end{aligned}$$

Cela posé, la considération de ce système de fonctions $V, V_1, V_2, \ldots V_r$ fournit un moyen sûr et facile de connaître *combien l'équation* $V = 0$ *a de racines réelles comprises entre deux nombres* A *et* B *de grandeurs et de signes quelconques,* B *étant plus grand que* A. Voici la règle qui remplit cet objet :

On substituera à la place de x *le nombre* A *dans toutes les fonctions* $V, V_1, V_2, \ldots V_{r-1}, V_r$, *puis on écrira par ordre sur une même ligne les signes des résultats, et l'on comptera le nombre de variations qui se trouveront dans cette suite de signes. On écrira de même la suite des signes que prendront ces mêmes fonctions, par la substitution de l'autre nombre* B, *et l'on comptera le nombre des variations qui se trouveront dans cette seconde suite. Autant elle aura de variations de moins que la première, autant l'équation* $V = 0$ *aura de racines réelles comprises entre les deux nombres* A *et* B. *Si la seconde suite a autant de variations que la première, l'équation* $V = 0$ *n'aura aucune racine entre* A *et* B. *D'ailleurs,* B *étant plus grand que* A, *la seconde suite ne peut pas avoir plus de variations que la première.*

[...]

2e EXEMPLE.

Cherchons les conditions nécessaires pour que l'équation

$$x^3 + px + q = 0$$

ait toutes ses racines réelles.

On a

$$\begin{aligned} V &= x^3 + px + q, \\ V_1 &= 3x^2 + p. \end{aligned}$$

On obtient V_2 et V_3 par les divisions successives. Pour éviter les fractions, on a soin de multiplier le dividende par 3 dans la première division, et dans le seconde par $4p^2$ qui est une quantité positive (n° 7).

On trouve

$$V_2 = -2px - 3q,$$
$$V_3 = -4p^3 - 27q^2.$$

Les conditions de la réalité des racines de l'équation proposée sont (nos 15 et 14) les deux suivantes :

$$-2p > 0, \qquad -4p^3 - 27q^2 > 0,$$

qui reviennent à celles-ci :

$$p < 0, \qquad 4p^3 + 27q^2 < 0.$$

La première se trouve comprise dans la seconde; ce qui est d'ailleurs bien connu.

On pourrait trouver de la même manière les conditions nécessaires pour que l'équation

$$x^4 + px^2 + qx + r = 0$$

ait toutes ses racines réelles.

Voici le principe de la preuve dans le cas où V n'a pas de racines multiples. Reprenons les notations $V_1, V_2, ..., V_r$ du Mémoire. Le nombre de changements de signes dans la suite des valeurs $V(x), V_1(x), V_2(x), ..., V_r(x)$ ne peut varier que lorsque x passe par une valeur annulant l'un des polynômes.

Supposons que $x = c$ soit une racine de V. Alors $V_1, V_2, ..., V_r$ ne s'annulent pas pour $x = c$ puisque c est racine simple de V. Ainsi $V, V_1, V_2, ..., V_r$ n'ont pas de racines autres que c dans l'intervalle $[c - u, c + u]$ si u est assez petit. Les formules :

$$V(c + u) = V(c) + uV'(c) + u^2V''(c)/2 + ... = u[V'(c) + uV''(c)/2 + ...]$$

et $$V(c - u) = - u[V'(c) - uV''(c)/2 + ...]$$

montrent que, pour u assez petit, $V(c + u)$ est du signe de $V'(c)$, donc du signe de $V'(c + u)$ tandis que $V(c - u)$ est du signe opposé à celui de $V'(c)$ donc à celui de $V'(c - u)$. Par conséquent, en passant de la suite $V(c - u)$, $V_1(c - u)$, ... à la suite $V(c + u)$, $V_1(c + u)$, ... le nombre de changements de signes diminue d'une unité.

Supposons maintenant que $x = b$ soit racine de V_n pour un n compris entre 1 et $r - 1$. Alors ni V_{n-1} ni V_{n+1} ne peuvent s'annuler pour $x = b$ sinon la constante V_r s'y annulerait aussi.

De $V_{n-1} = V_n Q_n - V_{n+1}$, on déduit $V_{n-1}(b) = - V_{n+1}(b)$.

Ainsi, pour u assez petit, $V_{n-1}(b - u)$ et $V_{n-1}(b + u)$ sont de même signe, $V_{n+1}(b - u)$ et $V_{n+1}(b + u)$ sont encore de même signe, mais celui-ci est opposé au précédent et $V_n(b - u)$ et $V_n(b + u)$ sont de signes opposés. On a donc soit les deux suites de signes + + –, soit les deux suites – + +, et finalement pas de modification dans le nombre de changements de signes.

Ce nombre compte donc exactement le nombre de racines de V. En fait, lorsque V a des racines multiples, la procédure fonctionne encore mais ne compte pas les multiplicités.

Le théorème de Sturm a été perfectionné par Sylvester [36] de la façon suivante : si W désigne un polynôme premier au polynôme V et si dans l'algorithme de Sturm on prend pour V_1 le polynôme V'W, alors la différence entre les nombres de variations de signes de la suite des valeurs des polynômes $V, V_1, \ldots, V_r$ calculées en A et B est égal à la différence entre le nombre de racines de V comprises entre A et B en lesquelles W est positif diminué du nombre de racines de V comprises entre A et B en lesquelles W est négatif.

Plus généralement, l'algorithme d'Euclide pouvant être mis en œuvre dans tout anneau de polynômes à coefficients dans un corps K, le théorème de Sturm est encore valable pour des équations polynomiales dont on cherche les racines dans le corps K pourvu que l'on y puisse appliquer le théorème des valeurs intermédiaires.

À cet effet, il faut tout d'abord pouvoir munir K d'un ordre compatible avec les opérations, c'est la notion de *corps réel* ou ordonnable – caractérisée par le fait que – 1 ne peut y être somme des carrés –, il faut ensuite des conditions affirmant l'existence de racines dans K – en fait que K(i) soit un corps algébriquement clos –, le corps réel K est alors appelé *corps réel clos* ou corps ordonné maximal.

Ainsi, le théorème de Sturm et sa généralisation par Sylvester restent vrais si l'on remplace le corps $\mathbb{R}$ des réels, par un corps réel clos (Artin et Schreier [4]). Sur ce sujet on peut consulter ([7] ou [34]).

À l'origine essentiellement théorique, l'intérêt de ces algorithmes s'est trouvé renouvelé avec l'apparition de logiciels de calculs formels comme MACSYMA, REDUCE, MAPLE ou DERIVE. Dans cet ordre d'idées, signalons la procédure de démonstration automatique de théorèmes de géométrie plane proposée en 1977 par le mathématicien chinois Wu Wen-Tsiin, fondée sur l'utilisation répétée de l'algorithme d'Euclide dans des anneaux de polynômes à plusieurs indéterminées (*cf.* Chou Shang-Ching [12]).

BIBLIOGRAPHIE

[1] ARCHIMÈDE, *De la Mesure du Cercle* in *Œuvres complètes*, trad. P. Ver Eecke ; rééd. Blanchard, Paris, 1961.

[2] ARISTARQUE DE SAMOS, *Traité sur les dimensions et les distances du Soleil et de la Lune*, texte grec avec traduction anglaise et notes par T.L. Heath, Oxford Clarendon Press, 1913.

[3] ARISTOTE, *Organon, Les Topiques*, trad. J. Tricot, Vrin, Paris, 1984.

[4] E. ARTIN et O. SCHREIER, Algebraische Konstruktion reellen Körper, *Abhandlungen aus dem Mathematischen Seminar der hamburgischen Universität*, 1927.

[5] Cl.-G. BACHET, Sieur de Meziriac, *Problèmes plaisans et délectables qui se font par les nombres*, 1ère éd. 1612 ; 2ème éd. 1624 chez Pierre Rigaud, à Lyon ; éd. simplifiée, Blanchard, Paris, 1959.

[6] E. BÉZOUT, *Cours de Mathématiques à l'usage des Gardes du Pavillon et de la Marine*, tome III, *Algèbre*, Musier, Paris, 1766.

[7] J. BOCHNAK, M. COSTE et M.-F. ROY, *Géométrie algébrique réelle*, Springer, New-York, 1987.

[8] Cl. BREZINSKI, *History of Continued Fractions and Padé Approximants*, Springer, 1991.

[9] F.-D. BUDAN, Mémoire contenant la démonstration de quelques Théorèmes nouveaux, relatifs aux successions de signes, considérées dans les termes des suites et dans les coefficients des équations in *Nouvelle méthode pour la résolution des équations numériques d'un degré quelconque*, Dondey-Dupré, Paris, 1822.

[10] A.-L. CAUCHY, Mémoire sur la Détermination du nombre de Racines réelles dans les Équations algébriques, *Journal de l'École Polytechnique*, t. 10 (1815), 457-548 ; *Œuvres*, 2ème série, Gauthier-Villars, Paris, t. I, 1905, 170-257.

[11] M. CAVEING, *La constitution du type mathématique de l'idéalité dans la pensée grecque*, Thèse présentée à l'Université Paris X en 1977, Atelier National de Reproduction des Thèses, Lille, 1982.

[12] CHOU S. C., *Mechanical Geometry Theorem Proving*, Reidel Publishing Company, Dordrecht, 1988.

[13] R. DESCARTES, *La Géométrie*, Jan Maire, Leyde, 1637 ; *Œuvres* éditées par Charles Adam et Paul Tannery, t. VI ; rééd. Vrin, Paris, 1956.

[14] EUCLIDE, *Œuvres*, trad. F. Peyrard, Patris, Paris, 1819 ; rééd. Blanchard, Paris, 1966. Nouvelle trad. B. Vitrac, *Euclide, Les Éléments*, vol. I (Livres 1 à 4), vol. II (Livres 4 à 9), Presses Universitaires de France, Paris 1990-1994.

[15] L. EULER, De Fractionibus continuis Dissertatio, *Commentarii academiae scientiarum Petropolitanae*, t. 9 (1744), 98-137. *Opera omnia*, sér. 1, vol. 14. Trad. anglaise in *Math. Systems Theory*, t. 18 (1985), 295-328.

[16] L. EULER, *Introductio in Analysin infinitorum*, Lausanne, 1748. Trad. J.-B. Labey, *Introduction à l'analyse infinitésimale*, Paris, 1796.

[17] J. FOURIER, Sur l'Usage du Théorème de Descartes dans la recherche des limites des racines, *Bulletin des Sciences par la Société philomatique de Paris*, oct. 1820, 156-165 et déc. 1820, 181-187. *Œuvres*, Gauthier-Villars, Paris, t. II, 1890, 289-309.

[17*] D. H. FOWLER, *The Mathematics of Plato's Academy : A new Reconstruction*, Clarendon Press, Oxford, 1987 ; réimpr. avec corrections 1990.

[18] Ch. HERMITE, Sur la fonction exponentielle, *Comptes Rendus de l'Académie des Sciences de Paris*, t. 77 (1873), 18-24, 74-79, 226-233 et 285-293.

[19] C. Huygens, *Œuvres complètes*, t. XXI, *Cosmologie*, Martinus Nijhoff, La Haye, 1944.
[20] J. Itard, *Les Livres Arithmétiques d'Euclide*, Hermann, Paris, 1961.
[21] D. Knuth, The Art of computer programming, vol. I et II, Addison-Wesley, Reading Massachusetts, 1968-69 ; 3ème éd. 1997.
[22] J.-L. Lagrange, Mémoire sur la résolution des équations numériques, *Mémoires de l'Académie de Berlin*, t. 23 (1767) 311-352. *Œuvres*, Gauthier-Villars, Paris, t. II, 1868, 539-578.
[23] J.-L. Lagrange, Addition au mémoire sur la résolution des équations numériques, *Mémoires de l'Académie de Berlin*, t. 24 (1768) 111-180. *Œuvres*, Gauthier-Villars, Paris, t. II, 1868, 581-652.
[24] J.-L. Lagrange, Additions à l'analyse indéterminée, in L. Euler, *Éléments d'Algèbre*, traduits de l'Allemand, 1774, t. II, 369-658. *Œuvres*, Gauthier-Villars, Paris, t. VII, 1877, 5-180.
[25] J.-L. Lagrange, Sur l'usage des fractions continues dans le calcul intégral, *Mémoires de l'Académie de Berlin*, 1776. *Œuvres*, Gauthier-Villars, Paris, t. IV, 1869, 301-332.
[26] J.-H. Lambert, Mémoire sur quelques propriétés remarquables des quantités transcendantes circulaires et logarithmiques, *Mémoires de l'Académie de Berlin*, t. 17 (1761), 265-322. *Mathematische Werke*, t. II, 112-159.
[27] D. Lazard, Le meilleur algorithme d'Euclide pour K[X] et $\mathbb{Z}$, *Comptes Rendus de l'Académie des Sciences de Paris*, t. 284, Série A (1977), 1-4.
[28] A.-M. Legendre, *Éléments de Géométrie*, Didot, Paris, 1794.
[29] C. Lindemann, Über die Zahl π, *Mathematische Annalen*, t. 20 (1882), 213-225.
[30] J. Liouville, Sur des classes très étendues de quantités dont la valeur n'est ni algébrique, ni même réductible à des traditionnelles algébriques, *Comptes Rendus de l'Académie des Sciences de Paris*, t. 18 (1844), 883-885.
[31] J.-C. Martzloff, *Histoire des mathématiques chinoises*, Masson, Paris, 1987.
[32] M. Rolle, *Traité d'Algèbre*, Michallet, Paris, 1690.
[33] P. Samuel, About euclidean rings, *Journal of Algebra*, t. 19 (1971), 282-301.
[33*] P. Schreiber, A supplement to J. Shallit's paper 'Origins of the Analysis of the Euclidean Algorithm, *Historia Mathematica*, t. 22 (1995), 422-424.
[33**] J. Shallit, Origins of the Analysis of the Euclidean Algorithm, *Historia Mathematica*, t. 21 (1994), 401-419.
[34] H. Sinaceur, *Corps et modèles, Essai sur l'histoire de l'algèbre réelle*, Vrin, Paris, 1991.
[35] Ch. Sturm, Mémoire sur la résolution des équations numériques, *Mémoires présentés à l'Académie Royale des Sciences, Sciences mathématiques et physiques*, t. VI (1835), 271-318.
[36] J. Sylvester, On a theory of syzygetic relations of two rational integral functions, comprising an application to the theory of Sturm's function, *Philosophical Transactions of the Royal Society of London*, t. 142 (1853), 407-548. *Œuvres*, t. I, Cambridge, 1904, p. 429-586.
[37] J. Wallis, *Arithmetica infinitorum*, 1656. *Opera mathematica*, Oxford, t. I, 1695, 355-478.
[38] J. Wallis, *Algebra*, 1685. *Opera mathematica*, Oxford, t. II, 1693, 1-482.
[39] A. Youschkevitch, *Les mathématiques arabes (VIIIe-XVe siècles)*, trad. M. Cazenave et K. Jaouiche, Vrin, Paris, 1976.

Chapitre 5

De la mesure du cercle au calcul de π

וַיַּעַשׂ אֶת־הַיָּם מוּצָק
עֶשֶׂר בָּאַמָּה מִשְּׂפָתוֹ עַד־שְׂפָתוֹ עָגֹל ׀ סָבִיב
וְחָמֵשׁ בָּאַמָּה קוֹמָתוֹ
וְקָוֹה שְׁלֹשִׁים בָּאַמָּה יָסֹב אֹתוֹ סָבִיב׃

Puis il fit la Mer en fonte, qui avait dix coudées
de bord à bord ; parfaitement circulaire,
elle avait une hauteur de cinq coudées ; un cordeau
de trente coudées en mesurait le tour.

La Bible, I, Rois VII, 23 [3]

On disposait avant Archimède de « valeurs » empiriques de π. Ainsi se plait-on à rappeler que, dans La Bible, π est « assimilé » à 3 et que, selon le Papyrus Rhind, l'« estimation » des Égyptiens est de $4.(1-1/9)^2 = 3{,}16...$ Prévenons cependant une erreur qu'il convient d'éviter absolument. En aucune façon π ne pouvait être considéré comme un nombre figurant dans une formule. Tout d'abord, on n'écrivait et on n'envisageait jamais d'expressions algébriques, mais on énonçait des programmes de calculs, des « algorithmes » formulés en langage courant.

Ainsi, le Papyrus Rhind, copie vers 1550 avant J.-C. par le scribe Ahmès d'un texte plus ancien, indique à partir d'exemples une règle de calcul de l'aire d'un cercle de diamètre donné. Celle-ci, utilisée par exemple dans le problème 48, donne pour l'aire d'un cercle de diamètre 9 celle d'un carré de côté 8, règle dont la transcription algébrique nous conduit à la formule :

$A = (d - d/9)^2$

et dont nous déduisons selon notre propre point de vue :
$\pi = 4\,A/d^2 = 4\,(8/9)^2 = 3{,}16\ldots$

(B. N.) Papyrus Rhind, Problème 48 [18]

À propos de la citation de *La Bible* donnée dans la page de titre, c'est nous qui effectuons le rapport de 30 à 10 pour obtenir le nombre 3. Or, il s'agit ici d'un « genre littéraire » à partir duquel il est souvent dangereux d'extrapoler sur les connaissances scientifiques de l'époque, d'autant plus que le passage en question a vraisemblablement été écrit au VIe siècle avant J.-C. et que l'on disposait donc de bien meilleures approches.
En fait, l'idée même de π en tant que nombre ne remonte pas au-delà du XVIIe siècle et l'usage par Jones [9] de la lettre grecque π pour désigner ce nombre ne s'est imposé qu'après son utilisation par Euler [7].

Les différentes approches du nombre π peuvent être classées en trois types apparus successivement au fil du temps :
Jusqu'au XVIIe siècle le point de vue géométrique est centré sur des évaluations de rapports de longueurs ou d'aires et il n'est jamais question de déterminer un nombre en tant que tel.
L'avènement de l'analyse infinitésimale révolutionne véritablement l'approche avec l'utilisation de sommes et de produits infinis, de fonctions trigonométriques ou encore de fractions continues.
Enfin des recherches plus théoriques, avec la preuve de l'irrationalité de π par Lambert [11], puis celle de sa transcendance par Lindemann [16], se conjuguent aux prouesses techniques et algorithmiques pour obtenir toujours plus de décimales.

Dans ce recueil, nous sommes essentiellement concernés par les deux premiers aspects. L'approche géométrique sera illustrée par un texte d'Archimède fournissant un encadrement de la longueur du cercle à l'aide de polygones réguliers inscrits et circonscrits (§ 1), un texte chinois donnant cette fois un encadrement de l'aire du cercle à l'aide des mêmes polygones (§ 2) et un texte de Descartes relatif à la méthode des isopérimètres (§ 3).

Quant au calcul infinitésimal, il est mis en œuvre ici par Leibniz (§ 4) puis Euler (§ 5), π est maintenant un nombre que l'on peut calculer comme somme d'une série. Le premier est séduit par la beauté de sa formule explicite ne contenant que des entiers et le second plus préoccupé par l'accélération de la convergence.

LES APPROCHES GÉOMÉTRIQUES

1. LE PÉRIMÈTRE DU CERCLE

« De la proporcion du dyamètre a sa ligne circonférenciale, l'usage commun tient que c'est comme de 7 à 22, mais c'est chose qui ne se peult prouver par aulcune démonstracion. »

Nicolas Chuquet, *La Géométrie*, ms. 1484 ([5], p. 415)

Le texte d'Archimède intitulé *De la mesure du cercle*, composé de trois propositions, faisait sans doute partie d'un ouvrage plus important. La première proposition établit ce que l'on résumerait aujourd'hui dans la formule :

$$A = \frac{rp}{2}$$

où A désigne l'aire d'un cercle, r son rayon et p son périmètre. Cette formule revient à affirmer l'égalité des rapports :

$$A/r^2 \text{ et } p/2r,$$

rapports que l'on savait par ailleurs indépendants du choix d'un cercle particulier. La troisième proposition donnée ci-dessous établit l'encadrement :

$$3\,d + \frac{10}{71}d < p < 3\,d + \frac{1}{7}d,$$

où p désigne toujours le périmètre du cercle et d son diamètre ; à cet effet, Archimède calcule les longueurs de polygones réguliers inscrits et circonscrits à un cercle.

Principalement occupé de Géométrie et de Mécanique, Archimède fut capable aussi bien d'ingénieuses réalisations pratiques que de démonstrations théoriques raffinées. Dans une certaine mesure ces deux aspects apparaissent ici : la théorie avec la première proposition dont la démonstration utilise la méthode « d'exhaustion », modèle de rigueur permettant de contourner la notion d'infini ; la pratique avec cette proposition 3 pour la preuve de laquelle les calculs quoique fastidieux sont efficacement menés.

Précisons bien que π n'apparaît implicitement dans les textes tout au plus que comme un rapport de deux grandeurs, longueurs ou aires. Chez Archimède lui-même, l'énoncé de la proposition 3 ci-dessous est explicite à ce propos : le périmètre du cercle est compris entre deux multiples fractionnaires du diamètre. Dans sa traduction, Mügler lui-même écrit cependant : « *le rapport du périmètre au diamètre est donc inférieur à* 3 1/7 *et supérieur à* 3 10/71 » ([2], p. 3) et nous le transcrivons symboliquement :

$$3 + \frac{10}{71} < \pi < 3 + \frac{1}{7}$$

Nous allons voir que non seulement Archimède donne une « bonne » approximation, mais qu'il fournit un encadrement, donc une précision sur la valeur de l'approximation, et que de plus sa preuve est une méthode qui par itération permet d'obtenir des valeurs approchées aussi bonnes que désirées.

Le texte d'Archimède

Fac-similé d'un extrait de *De la mesure du cercle* in *Les œuvres complètes d'Archimède*, t. I, trad. Paul Ver Eecke, 1921 ; rééd. Blanchard, Paris, 1961. (pp. 130-134)

PROPOSITION III

Le périmètre de tout cercle vaut le triple du diamètre augmenté de moins de la septième partie, mais de plus des dix soixante et onzièmes parties du diamètre.

Soit un cercle, un diamètre ΑΓ, le centre E, une tangente ΓΛΖ et l'angle sous ZE, EΓ tiers d'un angle droit. Dès lors, le rapport de EZ à ΓZ est celui de 306 à 153, tandis que le rapport de EΓ à ΓZ est celui de 265 à 153 (1). Partageons l'angle ZEΓ en deux parties égales par la droite EH ; dès lors, ZE est à EΓ comme ZH est à HΓ (2). Par conséquent, la somme de ZE, EΓ est à ZΓ comme EΓ est à ΓH ; de manière que le rapport de ΓE à ΓH est plus grand que celui de 571 à 153. Dès lors, le rapport du carré de EH au carré de HΓ est égal à celui de 349450 à 23409 ; donc, le rapport des racines est égal à celui de 591 $\frac{1}{8}$ à 153 (3).

Que l'angle HEΓ soit de nouveau divisé en deux parties égales par la droite EΘ. Dès lors, de même, le rapport de EΓ à ΓΘ sera plus grand que celui de 1162 $\frac{1}{8}$ à 153 ; par conséquent, le rapport de ΘE à ΘΓ sera plus grand que celui de 1172 $\frac{1}{8}$ à 153 (4).

Que l'angle ΘΕΓ soit encore divisé en deux parties égales par la droite ΕΚ. Dès lors, le rapport de ΕΓ à ΓΚ sera plus grand que celui de 2334 ¼ à 153 ; par conséquent, le rapport de ΕΚ à ΓΚ est plus grand que celui de 2339 ¼ à 153 (1).

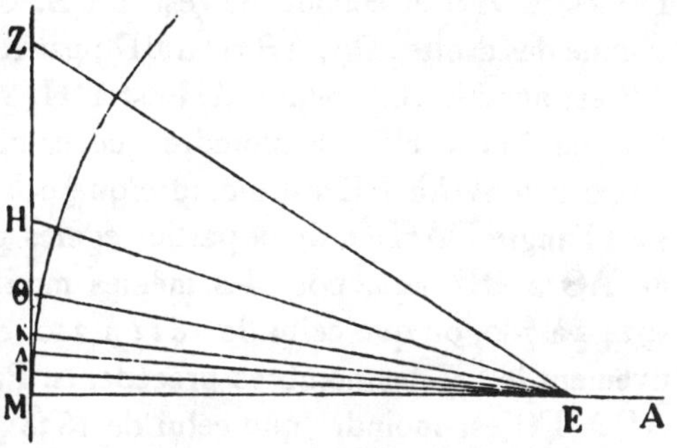

Que l'angle ΚΕΓ soit encore divisé en deux parties égales par la droite ΛΕ. Dès lors, le rapport de ΕΓ à ΛΓ sera plus grand que celui de 4673½ à 153 (2) ; par conséquent, puisque l'angle ΖΕΓ, qui est le tiers de l'angle droit, a été divisé quatre fois en deux parties égales, l'angle ΛΕΓ sera la quarante-huitième partie de l'angle droit. Faisons donc au point E un angle ΓΕΜ égal à ce dernier angle (3). Dès lors, l'angle ΛΕΜ est la vingt-quatrième partie de l'angle droit, et, par conséquent, la droite ΛΜ est le côté du polygone de 96 côtés circonscrit au cercle. Donc, puisqu'il a été démontré que le rapport de ΕΓ à ΓΛ est plus grand que celui de 4673½ à 153, tandis que ΑΓ est le double de ΕΓ et que ΛΜ est le double de ΓΛ, il en résulte que le rapport de ΑΓ au périmètre du polygone de 96 côtés est aussi plus grand que celui de 4673½ à 14688. De plus, ce dernier nombre est le triple du premier avec un excédent de 667½ qui est moindre que la septième partie de 4673½ ; de manière que le polygone (4) circonscrit au cercle est plus petit que le triple augmenté de plus d'un septième du diamètre. En conséquence, la circonférence du cercle est à fortiori plus petite que le triple augmenté de plus d'un septième du diamètre (1).

Soit un cercle de diamètre ΑΓ et un angle ΒΑΓ qui soit le tiers de l'angle droit. Dès lors, le rapport de ΑΒ à ΒΓ est moindre que celui de 1351 à 780 (2), tandis que le rapport de ΑΓ à ΓΒ est celui de 1560 à 780 (3). Divisons l'angle ΒΑΓ en deux parties égales par la droite ΑΗ. Dès lors, puisque l'angle ΒΑΗ est égal à l'angle ΗΓΒ ainsi qu'à l'angle ΗΑΓ, l'angle ΗΓ sera aussi égal à l'angle ΗΑΓ. De plus ,l'angle droit ΑΗΓ est commun; par conséquent, le troi-

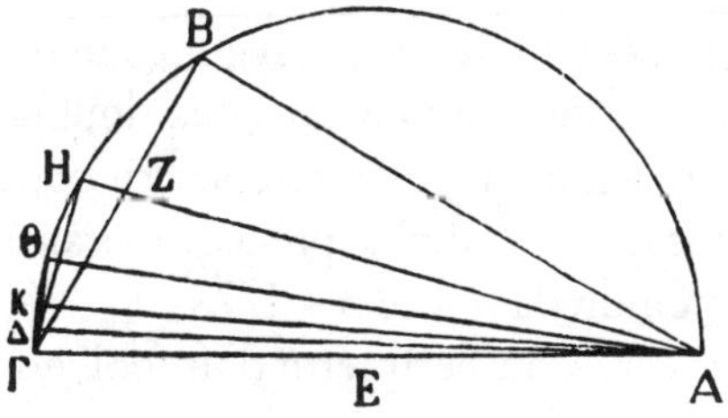

sième angle ΗΖΓ sera égal au troisième angle ΑΓΗ. Il en résulte que les triangles ΑΗΓ, ΓΗΖ sont équiangles. Dès lors, ΑΗ est ΗΓ comme ΓΗ est à ΗΖ et comme ΑΓ est à ΓΖ. Or, ΑΓ est à ΓΖ comme la somme des droites ΓΑ, ΑΒ est à ΒΓ ; par conséquent, la somme de ΓΑ, ΑΒ est aussi à ΒΓ comme ΑΗ est à ΗΓ. Il résulte de là que le rapport de ΑΗ à ΗΓ est moindre que celui de 2911 à 780, et que le rapport de ΑΓ à ΓΗ est moindre que celui de $3013\frac{3}{4}$ à 780 (4). Divisons l'angle ΓΑΗ en deux parties égales par la droite ΑΘ ; le rapport de ΑΘ à ΘΓ sera, pour les mêmes motifs, plus petit que celui de $5924\frac{3}{4}$ à 780, ou que celui de 1823 à 240, car ces nombres sont respectivement les $\frac{4}{13}$ des nombres précédents. Par conséquent, le rapport de ΑΓ à ΓΘ est moindre que celui de $1838\frac{9}{11}$ à 240 (1).

Divisons encore l'angle ΘΑΓ par la droite ΚΑ ; dès lors, le rapport de ΑΚ à ΚΓ est moindre que celui de 1007 à 66, car ces nombres sont respectivement les $\frac{11}{40}$ d'autres nombres. Par conséquent, le rapport de ΑΓ à ΓΚ est moindre que celui de $1009\frac{1}{6}$ à 66 (2).

Divisons encore l'angle ΚΑΓ en deux parties égales par la droite ΛΑ ; dès lors, le rapport de ΑΛ à ΛΓ sera moindre que celui de $2016\frac{1}{6}$ à 66, tandis que le rapport de ΑΓ à ΓΛ sera moindre que celui de $2017\frac{1}{4}$ à 66 (3).

Il en résulte que, par inversion, le rapport du périmètre du polygone au diamètre est plus grand que celui de 6336 à $2017\frac{1}{4}$. Or, le premier de ces nombres est trois et $\frac{10}{71}$ fois plus grand que $2017\frac{1}{4}$; par conséquent, le périmètre du polygone de 96 côtés inscrit dans un cercle est aussi plus grand que le triple plus $\frac{10}{71}$ du diamètre ; de manière que le cercle (1) est aussi, à fortiori, plus grand que le triple plus $\frac{10}{71}$ du diamètre (2). Dès lors, la circonférence du cercle vaut trois fois le diamètre plus une partie inférieure au septième, mais supérieure aux $\frac{10}{71}$ du diamètre.

Le périmètre d'un cercle est majoré par celui de tout polygone circonscrit à ce cercle. Partant d'un hexagone régulier circonscrit, puis doublant successivement le nombre des côtés du polygone régulier circonscrit considéré, Archimède obtient des majorations de plus en plus précises et s'arrête au polygone à 96 côtés qui permet d'atteindre la borne 3 + 1/7.

Pour obtenir le rapport du rayon du cercle au périmètre d'un polygone régulier, il suffit de connaître le rapport du rayon au demi-côté du polygone. Sur la figure, CZ correspond au demi-côté d'un hexagone régulier circonscrit, par suite : $EC/CZ = \sqrt{3} > 265/153$ (cette valeur approchée par défaut est donnée sans explications, *cf.* Chap. 8, § 11) et $EZ/CZ = 2 = 306/153$.

Puis, EH désignant la bissectrice de l'angle CEZ, CH correspond au demi-côté d'un dodécagone régulier circonscrit. Le rapport cherché EC/CH est égal à EZ/ZH car le rapport des segments ZH et HC découpés sur le côté CZ du triangle ECZ par la bissectrice EH de l'angle en E est égal au rapport des côtés EZ et EC de l'angle en E (Euclide, *Éléments*, Livre VI, proposition 3).

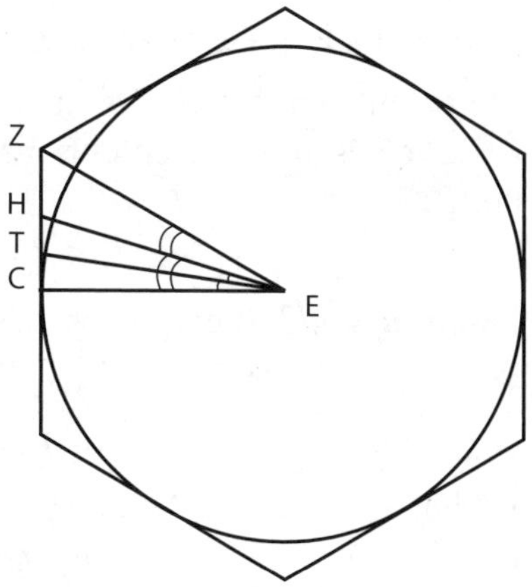

Ainsi :

EC/CH = EZ/ZH = (EC + EZ)/(CH + ZH)
= (EC + EZ)/CZ > (306 + 265)/153 = 571/153.

Ensuite, ET désignant la bissectrice de l'angle CEH, CT correspond au demi-côté d'un polygone régulier circonscrit ayant 24 côtés. Il s'agit d'évaluer EC/CT à partir de EC/CH > a/b et le raisonnement est tout à fait analogue au précédent, mais pour cela il faut d'abord évaluer le rapport EH/CH. Or, $(EH/CH)^2 = (EC^2 + CH^2)/CH^2 > (a^2 + b^2)/b^2$. Soit donc c tel que $a^2 + b^2 > c^2$; alors EH/CH > c/b, ainsi EC/CT = EH/HT = (EC + EH)/CH > $(a + c)/b$. Ici, $a = 571$, $b = 153$ et $c = 591\ 1/8$.
D'une façon générale, le rapport x_n du rayon au demi-côté du polygone à 3.2^n côtés est supérieur au $n^{\text{ième}}$ terme de la suite a_n/b définie par :

$$a_{n+1}/b = (a_n + c_n)/b,$$

où $a_1 = 265$, $b = 153$ et c_n désigne un nombre tel que :

$$c_n^{\,2} < a_n^{\,2} + b^2.$$

Puisque π est majoré par $3.2^n.x_n$, les polygones réguliers circonscrits successivement considérés conduisent aux majorations de π par :

hexagone	: 6 CZ/EC < 6.153/265 < 3,47
dodécagone	: 12 CH/EC < 12.153/571 < 3,22
24 côtés	: 24 CT/EC < 24.153/1161 1/8 < 3,16
48 côtés	: 48 CK/EC < 48.153/2334 1/4 < 3,147
96 côtés	: 96 CL/EC < 96.153/4673 1/2 < 3 1/7

La deuxième moitié de la preuve est tout à fait semblable : la considération de polygones réguliers inscrits fournit une minoration et c'est encore un polygone à 96 côtés qui permet d'atteindre la borne 3 10/71.

Reprenons les calculs précédents en remplaçant les inégalités par des égalités. Notons encore x_n le rapport du rayon au demi-côté du polygone circonscrit de 3.2^n côtés. Des formules :

$$(EH/CH)^2 = (EC/CH)^2 + (CH/CH)^2 = (EC/CH)^2 + 1$$

$$EC/CT = EH/HT = EC/CH + EH/CH,$$

on déduit : $x_{n+1} = x_n + \sqrt{1 + x_n^2}$.

Ou encore, en notant $2p_n$ et $2q_n$ les périmètres des polygones réguliers à 3.2^n côtés respectivement inscrits et circonscrits au cercle de rayon unité :

$$p_n < p_{n+1} < \pi < q_{n+1} < q_n.$$

Posons $u_n = \pi/3.2^n$ et $c_n = \cos u_n$. On a :

$$p_n/p_{n+1} = \sin u_n / 2 \sin u_{n+1} = \cos u_{n+1} = c_{n+1}.$$

Ainsi : $$p_{n+1} = p_n / c_{n+1}.$$

De même : $$q_n = 3.2^n \tan u_n$$

et $$p_n / q_n = \cos u_n = c_n.$$

D'où, pour $n > 0$, les relations de récurrence :

$$c_{n+1}^2 = (1 + c_n)/2$$

$$p_{n+1} = p_n / c_{n+1}$$

$$q_n = p_n / c_n$$

avec les conditions initiales :

$$c_0 = \frac{1}{2} \text{ et } p_0 = 3\frac{\sqrt{3}}{2}.$$

À propos de la convergence, notons que la suite $\frac{\pi - p_{n+1}}{\pi - p_n}$ converge vers 1/4.

Regardons le nombre d'itérations à effectuer pour obtenir k décimales exactes lorsque l'on prend pour valeur approchée la moyenne $(p_n + q_n)/2$:

$$q_n - p_n = p_n\left[\frac{1}{c_n} - 1\right] < \pi\frac{1 - c_n}{c_n} < \pi\frac{u_n^2}{2 - u_n^2} = \frac{\pi}{\frac{3^2.2^{2n+1}}{\pi^2} - 1}$$

Par suite, $q_n - p_n < 10^{-k}$ dès que $2n \log 2 > k + 0{,}24$, c'est-à-dire à peu près :

$$n > (5k/3) + (2/5).$$

On obtient ainsi : 3 décimales avec $n = 6$; 4 décimales avec $n = 7$; 9 décimales avec $n = 16$; 16 décimales avec $n = 28$.

D'autres valeurs de π ont été calculées après Archimède. Ainsi, au IIe siècle après J.-C., Ptolémée se sert de la « valeur » sexagésimale $3 + 8/60 + 30/3600 = 3{,}1417$.. proche de la moyenne des deux valeurs limites données par Archimède. Par l'utilisation d'une méthode analogue à la précédente et de polygones ayant un nombre suffisant de côtés, une série de calculateurs obtiennent des approximations dont on mesure aujourd'hui la valeur par le nombre de décimales exactes qu'elles fourniraient.

Ainsi, vers 500, Āryabhatta en Inde obtient 62832 / 20000 = 3,1416 avec 3.2^7 côtés ; en 1424, à Samarcande, al-Kāshī obtient ce qui correspond à 16 décimales exactes avec 3.2^{28} côtés et, en 1609, en Allemagne, Ludolph van Ceulen en obtient 36 avec 2^{62} côtés, pour ne citer que les meilleures performances.

On peut aussi utiliser les aires au lieu des périmètres des polygones inscrits et circonscrits, c'est ainsi que procèdent par exemple François Viète en 1593 [23] (*cf.* § 4) ou encore James Gregory en 1667 [8]. Mais voici un exemple chinois remontant au IIIe siècle.

2. L'AIRE DU CERCLE DANS LE *JIUZHANG SUANSHU*

Les commentaires philologiques et mathématiques de la plus célèbre et de la plus ancienne arithmétique chinoise connue, le *Jiuzhang suanshu* [Procédés calculatoires en neuf chapitres] de la dynastie des Han (220 avant notre ère à 206 après) contiennent de remarquables justifications logiques d'algorithmes de calcul (surface du cercle, du segment de cercle, calcul du volume de la sphère et de la pyramide, etc.).

Pour l'aire du « champ rond », le *Jiuzhang suanshu* utilise régulièrement un ensemble de procédés qui équivalent à prendre $\pi = 3$.

Peu convaincu, le mathématicien Liu Hui (fin du 3e siècle de notre ère) explique, dans un commentaire mathématique resté célèbre, comment obtenir une meilleure approximation du rapport de la circonférence au diamètre en utilisant une suite de polygones réguliers de 6, 12, 24, 48, 96 et enfin 192 côtés, inscrits dans un cercle. Mais sa technique repose sur la détermination d'une approximation de l'aire du cercle et non pas du périmètre de la circonférence comme chez Archimède.

En dehors de Liu Hui, les principaux commentaires mathématiques du *Jiuzhang suanshu* sont ceux de Zu Chongzhi (Ve siècle) et de Li Chunfeng (VIIe siècle). Au premier de ces auteurs – plus connu comme astronome et constructeur de machines ingénieuses – les Chinois doivent l'approximation 355/113 et au second, la simplification commode 22/7. On ne sait pas exactement d'où Li Chunfeng tenait cette dernière valeur mais pour ce qui est du rapport 355/113 on pense généralement que Zu Chongzhi l'a obtenu en poussant la méthode de Liu Hui dans ses derniers retranchements, c'est-à-dire en considérant davantage de polygones que ce dernier.

Les problèmes n°s 31 et 32 (non traduits ici) du chapitre 1 du *Jiuzhang suanshu* proposent le calcul de l'aire d'un cercle à partir de la donnée de son diamètre et de la longueur de sa circonférence en appliquant la formule

$$S = (c/2)(d/2) \qquad (1)$$

dans laquelle c = périmètre de la circonférence et d = diamètre du cercle. Dans le commentaire relatif à ces problèmes et à leur solution, Liu Hui justifie d'abord la formule (1). Rappelant ensuite que les Chinois de l'antiquité prenaient généralement « 3 » pour rapport de la circonférence au diamètre, il explique que cette valeur est erronée puis il détermine une valeur beaucoup plus précise de ce rapport correspondant à notre π = 3,14.

Pour nous, la forme du texte original de Liu Hui paraît naturellement un peu déroutante. Voici donc quelques précisions indispensables à sa lecture :

(a) sens du terme « module » (en chinois *lü*) : dans le cas particulier du présent texte, le « module » du diamètre et le « module » de la circonférence désignent respectivement une valeur particulière du diamètre d'un cercle et la valeur correspondante de la circonférence, données l'une et l'autre, explicitement ou non, avec les mêmes unités de longueur, étant entendu que ces deux longueurs varient proportionnellement l'une à l'autre. Ainsi, ce que nous appelons « π » correspond fondamentalement pour Liu Hui à un couple de longueurs, l'une associée à la longueur du diamètre et l'autre à celle de la circonférence.

(b) unités de longueur : les unités du texte chinois sont toutes à variation décimale. Ainsi, dans la liste qui suit, chaque unité vaut le dixième de celle qui la précède immédiatement : *chi* [« pied »], *cun* [« pouce »], *fen* [dixième de pouce], *li*, *hao*, *miao*, *hu*.

(c) calculs et représentation des nombres : on pense généralement qu'à l'époque de Liu Hui, les calculs s'effectuaient sur une « surface à compter » comportant des emplacements particuliers réservés aux diverses unités, mais le texte n'est pas explicite à cet égard et a priori, d'autres modes de calcul ne sont pas exclus.

Dans notre traduction nous avons systématiquement noté tous les nombres de l'original en transcription « moderne » car sinon le texte serait devenu pratiquement illisible (les nombres du texte original sont transcrits dans un type de numération décimale qui ignore le zéro ; en pratique le zéro devait cependant apparaître sous forme d'espace vide sur la surface à compter lorsque les unités correspondantes manquaient).

(d) termes géométriques : au lieu de recourir à des lettres de l'alphabet pour désigner les divers éléments géométriques d'un triangle rectangle donné comme l'auraient fait les mathématiciens de tradition grecque de son époque, Liu Hui utilise des termes particuliers désignant les côtés d'un tel triangle : l'hypoténuse *xian* et les deux côtés de l'angle droit : la base *gou* et la « hauteur » *gu*.

Lorsque plusieurs triangles entrent en jeu dans une même figure, Liu Hui les différencie à l'aide d'un adjectif qualificatif.

Le commentaire de Liu Hui

D'après Bai Shangshu, *Jiuzhang suanshu zhushi*
[Édition critique du texte du *Jiuzhang suanshu* et de ses commentaires originaux], Pékin : Kexue chubanshe, 1983, p. 35-45. Traduction : J.-C. Martzloff.

En prenant la demi-circonférence pour longueur et le rayon pour largeur, le produit longueur-largeur donne l'aire [du cercle]. Étant donné un cercle de diamètre 2 *chi*, le côté de l'hexagone inscrit est précisément égal au rayon du cercle : cela correspond à des « modules » de la circonférence et du diamètre valant respectivement 3 et 1. D'après la figure, en multipliant le côté d'un hexagone par le rayon [puis le résultat] par 3, on obtient l'aire du dodécagone [inscrit]. Si on divise à nouveau le dodécagone alors en multipliant le côté du dodécagone par le rayon [puis le résultat] par 6, on obtient l'aire du polygone [inscrit] de 24 côtés. Plus on divise finement [le polygone], plus l'erreur diminue. En divisant le polygone encore et encore jusqu'à ce qu'il devienne impossible de le diviser davantage, ce que l'on obtient se confond avec le « corps » du cercle et il n'y a plus d'erreur. À l'extérieur du côté d'un polygone [donné], il y a toujours un « diamètre restant ». En multipliant le côté d'un polygone par [son] « diamètre restant », [on obtient une] surface qui « déborde à l'extérieur de l'arc [de cercle]. C'est pourquoi, si le polygone [provient d'une division du cercle très] fine, son « corps » se confond avec celui du cercle et le « diamètre restant » finit par disparaître. Mais alors, s'il n'y a plus de « diamètre restant », la surface [composée d'un polygone régulier inscrit dont les côtés sont surmontés de petits rectangles] ne déborde plus sur l'extérieur. En multipliant le rayon par le côté [issu du processus de division] de l'arc, le nombre de côtés du polygone double à chaque fois. C'est pourquoi le produit de la demi-circonférence par le rayon donne la surface du cercle. Mais puisqu'on ne considère plus que la circonférence et le diamètre, on peut dire que les nombres auxquels on abouti ainsi sont « parfaitement corrects ». Il n'est [donc] plus question d'une circonférence et d'un diamètre dont les « modules respectifs vaudraient 3 et 1. [En fait], quand on dit que la circonférence vaut 3, on pense seulement au pourtour de l'hexagone. [Dans ces conditions] si on se sert [des « modules » 3 et 1] pour apprécier l'erreur commise sur [l'aire du] cercle on voit [que cette erreur] est similaire à celle commise [lorsqu'on remplace] l'arc par la corde. Toutefois, cette méthode [i.e. celle qui consiste à prendre pour « modules » 3 et 1] a été transmise de génération en génération et personne n'a cherché une meilleure précision. Suivant les anciens, les étudiants ont appris l'ancienne méthode erronée. Sans fondements clairs, il est difficile de débattre [de cette question]. D'une manière générale, les choses qui ne sont pas rondes sont carrées. Si on cherche à « comprendre intimement » les « modules » du rond et du carré on parviendra à les connaître même s'ils sont difficiles d'accès. Considérant les « modules » de cette façon on verra que leurs applications sont nombreuses. Je fais remarquer respectueusement que [dans ce qui suit] j'ai utilisé des figures pour construire les « modules précis ». [De plus] j'ai craint de présenter [ma] méthode « dans l'abstrait » parce que les nombres [qu'elle met en jeu pourraient paraître] obscurs et difficiles à comprendre. Aussi je fournis ici [ces nombres] libéralement et je les commente précisément.

Méthode pour diviser l'hexagone [inscrit] de façon à obtenir un dodécagone :

Poser le diamètre du cercle, 2 *chi*, en prendre la moitié, soit 1 *chi* : c'est le côté de l'hexagone inscrit dans le cercle. Considérer le rayon, 1 *chi* comme une hypoténuse et prendre le demi-côté, 5 *cun* pour base. [Avec ces données] chercher la « hauteur » : soustraire base-carrée, 25 *cun* [carrés] d'hypoténuse-carrée, reste 75 *cun* [carrés]. Extraire la racine carrée [de 75] en descendant jusqu'aux [unités appelées] *miao* et *hu* puis rétrograder à nouveau le « diviseur » de façon à déterminer les petits nombres [correspondant à des unités plus petites que les plus petites unités de longueur connues, à savoir les *miao* et les *hu*]. Considérer les petits nombres (*qui n'ont pas de nom*) [d'unité] comme des numérateurs ayant dix pour dénominateur. En simplifiant, trouver 2/5 de *hu*. Obtenir une « hauteur » de 8 *cun* 6 *fen* 6 *li* 2 *miao* 5 *hu* et 2/5 de *hu*. En soustrayant [ce résultat] du rayon, reste 1 *cun* 3 *fen* 3 *li* 9 *hao* 7 *miao* 4 *hu* et 3/5 de *hu*. Appeler « petite base » ce résultat. Appeler aussi « petite hauteur » le demi-côté du polygone ; [avec cette « petite base » et cette « petite hauteur »] chercher la « petite hypoténuse ». En négligeant le reste, le carré [de cette « petite hypoténuse »] vaut 267949193445 (*hu*) [carrés]. En extrayant la racine carrée [de ce nombre], obtenir le côté du dodécagone [inscrit].

Méthode pour diviser le dodécagone [inscrit] de façon à obtenir un « 24-gone » :

Prendre encore le rayon comme hypoténuse et le demi-côté comme base et calculer la « hauteur » [correspondante]. Poser en haut le carré de la petite hypoténuse et en prendre le quart. En négligeant le reste [de la division], obtenir 66987298361 *hu* [carrés]. C'est le carré de la base. En le soustrayant du carré de l'hypoténuse et en extrayant la racine carrée de ce qui reste, obtenir une « hauteur » de 9 *cun* 6 *fen* 5 *li* 9 *hao* 2 *miao* 5 *hu* et 4/5 de *hu*. En soustrayant cela du rayon, reste 3 *fen* 4 *li* 7 *miao* 4 *hu* et 1/5 de *hu*. Appeler « petite base » [ce résultat] ; appeler aussi « petite hauteur » le demi-côté du polygone. [Avec cette « petite base » et cette « petite hauteur »], chercher la « petite hypoténuse ». Le carré [de cette « petite hypoténuse] vaut 68148349466 *hu* [carrés] en négligeant la fraction restante. En en extrayant la racine carrée, obtenir le côté du 24-gone.

Méthode pour diviser le 24-gone [inscrit] de façon à obtenir le 48-gone :

Prendre encore le rayon comme hypoténuse et le demi-côté comme base et chercher la « hauteur » [correspondante]. Poser en haut le carré de la petite hypoténuse, diviser le résultat par 4. En négligeant le reste [de la division], on obtient 17037087366 *hu* [carrés]. C'est le carré de la base. En ôtant [ce carré de la base] du carré de l'hypoténuse et en extrayant la racine carrée de ce qui reste, obtenir une « hauteur » de 9 *cun* 9 *fen* 1 *li* 4 *hao* 4 *miao* 4 *hu* et 4/5 de *hu*. En soustrayant [ce résultat] du rayon, reste 8 *li* 5 *hao* 5 *miao* 5 *hu* et 1/5 de *hu*. Appeler cela « petite base ». Appeler aussi « petite hauteur » le demi-côté du polygone. [À partir de la « petite base » et de la « petite hauteur »] chercher la « petite hypoténuse ». En négligeant le reste [de l'opération] son carré vaut 17110278813 *hu* [carrés]. En extrayant la racine carrée, obtenir 1 *cun* 3 *fen* 8 *hao* 6 *hu* pour « petite hypoténuse », en négligeant ce qui reste. C'est le côté du 48-gone. En multipliant [ce résultat] par le rayon 1 *chi*, puis par 24, obtenir une aire de 3139344000000 *hu* [carrés]. En divisant [ce résultat] par cent fois cent millions [10^{10}] obtenir une aire de 313 *cun* [carrés] et 584/625 *cun* [carrés], c'est-à-dire l'aire du 96-gone.

Méthode pour diviser le 48-gone [inscrit] de façon à obtenir le 96-gone inscrit :

Prendre encore le rayon pour hypoténuse et le demi-côté pour base afin d'en déduire la « hauteur ». Poser le carré de l'hypoténuse, diviser le résultat par 4. Obtenir ainsi 4277569703 *hu* [carrés] en négligeant ce qui reste. C'est le carré de la base. Oter ce résultat du carré de l'hypoténuse, extraire la racine carrée, obtenir 9 *cun* 9 *fen* 7 *li* 8 *hao* 5 *miao* 8 *hu* et 9/10 de *hu*. Soustraire [ce résultat] du rayon, reste 2 *li* 1 *hao* 4 *miao* 1 *hu* et 1/10 de *hu*, c'est ce qu'on appelle la « petite base ». Appeler aussi « petite hauteur » la moitié du côté du polygone. [Avec ces données] chercher la « petite hypoténuse ». Son carré vaut 4282154012 *hu* [carrés] en négligeant le reste. En extrayant la racine carrée, obtenir 6 *fen* 5 *li* 4 *hao* 3 *miao* 8 *hu* pour « petite hypoténuse », en négligeant ce qui reste. C'est le côté du 96-gone. En multipliant [ce résultat] par le rayon, 1 *chi*, puis le résultat par 48, obtenir pour aire 3141024000000 *hu*[carrés]. En divisant [ce résultat] par 100 fois cent millions *yi*, obtenir pour aire 314 *cun* [carrés] et 64/625 *cun* [carrés]. C'est l'aire du 192-gone. En soustrayant [de ce résultat] l'aire du 96-gone, reste 105/625, que l'on appelle « l'écart en aire » (*cha-mi*). Doubler [cet écart], ce qui fait 210 [au numérateur], c'est la partie extérieure qui « sort » du cercle relativement au 96-gone. C'est le total des aires correspondant à « la flèche que multiplie l'hypoténuse ». Ajouter cette aire à celle du 96-gone, obtenir 314 *cun* [carrés] et 169/625 *cun* [carrés], c'est ce qui déborde à l'extérieur du cercle. C'est pourquoi l'aire du 192-gone vaut au total 314 *cun* [carrés]. On peut considérer que c'est « le module déterminé de l'aire du cercle », pourvu que l'on néglige la fraction restante. En divisant l'aire du cercle par 1 *chi* et en doublant [le résultat], obtenir 6 *chi* 2 *cun* 8 *fen*, c'est le nombre de la circonférence.

Partant d'un hexagone régulier inscrit dans un cercle de rayon 1 *chi*, c'est-à-dire 1 « pied », Liu Hui affirme d'abord que le produit du côté de l'hexagone par le rayon du cercle et le nombre « 3 » (= 1/2 × 6) égale l'aire du dodécagone inscrit. Il précise ensuite que le produit du côté du dodécagone par le rayon et le nombre « 6 » (= 1/2 × 12) donne l'aire du polygone régulier de 24 côtés. Après avoir donné ces deux exemples, Liu Hui conclut en affirmant qu'en continuant d'appliquer le même procédé, le polygone obtenu finira par se confondre avec le cercle. Autrement dit, en substance, il existe une relation simple entre l'aire S_{2n} du polygone régulier de $2n$ côtés, le rayon du cercle (= $d/2$), la longueur c_n du côté du polygone régulier de n côtés et le nombre n :

$$S_{2n} = c_n \, (n/2) \, (d/2) \qquad (2)$$

D'où la formule (1) p. 168 car, en passant intuitivement à la limite, nc_n tend vers la longueur de la circonférence c.

Ce principe général étant acquis, Liu Hui se fonde concrètement sur les valeurs numériques des aires S_{96} et S_{192} des polygones réguliers inscrits de 96 et de 192 côtés, respectivement. Pour calculer ces aires, il commence par calculer les longueurs des côtés de ces deux polygones particuliers. Partant de c_6 = rayon du cercle, il calcule successivement c_{12}, c_{24}, c_{48} et enfin c_{96} ; dès qu'il parvient à c_{48} il calcule immédiatement S_{96} en appliquant la formule (1) présentée dans la première partie de son commentaire :

$$S_{96} = c_{48} \times r \times 24$$

Toujours grâce à la même formule il calcule aussi

$$S_{192} = c_{96} \times r \times 48.$$

Bien que le texte original qui nous est parvenu ne contienne pas de figures, il n'est pas difficile de voir qu'aux notations près, les calculs de Liu Hui correspondent à la figure suivante :

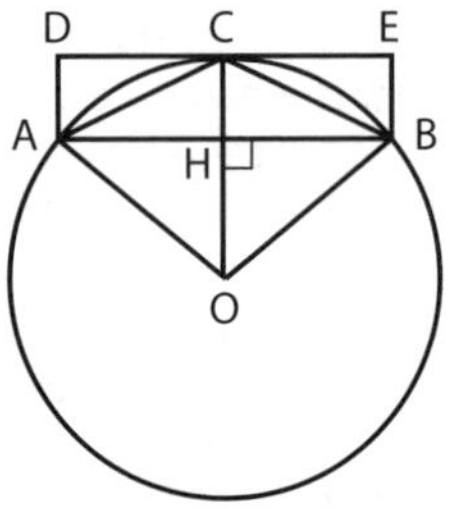

Dans cette figure OA = OB = r; AB = c_n (côté du polygone régulier inscrit de n côtés), AC = CB = c_{2n}, AH = $c_n/2$ et OH = a_n (apothème du polygone régulier de n côtés).

En appliquant le théorème de Pythagore dans les triangles AOH et ACH, on obtient :

$$a_n = \sqrt{r^2 - \left(\frac{c_n}{2}\right)^2} \qquad c_{2n} = \sqrt{\left(\frac{c_n}{2}\right)^2 + \left(r - a_n\right)^2}$$

Comme on peut le constater en se reportant à la traduction, l'algorithme de Liu Hui repose sur ces deux formules mais pas sur le calcul systématique de toutes les racines carrées : Liu Hui calcule a_n puis c_{2n}^2 pour $n = 6, 12, 24$ mais ce n'est qu'en fin de parcours qu'il calcule effectivement c_{2n} (n est alors égal à 48).

Après avoir obtenu $S_{96} = 314\ 584/625$ *cun* carrés et $S_{192} = 314\ 64/625$ *cun* carrés, Liu Hui calcule aussi

$$S_{96} + 2(S_{192} - S_{96}) = 314\,169/625.$$

Comme le lecteur pourra le constater à l'aide de la figure, le terme $2(S_{192} - S_{96})$ correspond géométriquement à l'aire de 96 petits rectangles tous identiques à ABED qui, ajoutés à S_{96} recouvrent complètement le cercle en débordant légèrement vers son extérieur. Les calculs de Liu Hui correspondent donc à l'encadrement suivant de l'aire S du cercle :

$$314\ 64/625 = S_{192} < S < S_{96} + 2(S_{192} - S_{96}) = 314\ 169/625.$$

D'où le résultat : $S = 314$ *cun* [carrés].

On note que les calculs de Liu Hui font intervenir l'addition, la soustraction, la multiplication, la division et l'extraction de la racine carrée. La technique particulière d'extraction des racines carrées employée ici est très proche de celle qui était encore en vigueur dans l'enseignement, en France, il y a une trentaine d'années : Liu Hui partage le nombre dont il désire extraire la racine en tranches de deux chiffres et détermine ensuite le plus grand carré contenu dans chaque tranche ; il obtient ensuite les chiffres de la racine les uns après les autres. Les calculs intermédiaires font intervenir en outre le doublement du « reste » ; lorsque les calculs ne tombent pas juste, Liu Hui met le reste sous forme fractionnaire.

Contrairement à Archimède (qui procède systématiquement par encadrements) Liu Hui tronque fréquemment les résultats partiels. Toutefois, la dernière étape de ses calculs repose pourtant sur un encadrement rigoureusement correct. Enfin, les démonstrations ne se présentent pas du tout ici comme dans les textes similaires issus de la tradition grecque. Souvent, Liu Hui fait appel à l'évidence visuelle, par exemple lorsqu'il affirme que le côté de l'hexagone régulier inscrit est égale au rayon du cercle. Il lui arrive aussi de généraliser à partir de quelques exemples bien choisis. Ainsi, lorsqu'il explique la formule (1) il énonce le résultat pour le dodécagone, puis pour le 24-gone et généralise sans autre forme de procès ; de même pour le passage à la limite.

ANTVERPIÆ, APVD IOANNEM ET IACOBVM MEVRSIOS. ANNO M. DC. XLVII.
Cum priuilegio Cæsareo et Regis Hispaniarum.

3. LA MÉTHODE DES ISOPÉRIMÈTRES

La question de la *quadrature du cercle* (*cf.* [4] ou [12]), c'est-à-dire la construction, « à la règle et au compas », d'un carré dont l'aire est égale à celle d'un cercle donné, remonte au moins au ve siècle avant J.-C. Un problème équivalent, la rectification du cercle à la règle et au compas, consiste à construire un segment de longueur égale au périmètre du cercle donné. Quelle que soit la question choisie, la résolution effective permettrait d'obtenir π comme le rapport de deux grandeurs rectilignes. Au ive siècle avant J.-C., Dinostrate avec la *trissectrice* d'Hippias d'Elis et, au iiie siècle, Archimède avec sa *spirale* montrent comment rectifier un cercle ; cependant, l'un des deux segments intervenant dans ce rapport ne peut être construit à la règle et au compas ; il s'obtient en fait, selon nous, à la suite d'un passage à la limite.

Dans le texte très court ci-après, Descartes procède à une sorte de résolution inverse : construire un cercle à partir d'un carré. Plus précisément, il propose la construction – effectuable à la règle et au compas – du diamètre d d'un cercle ayant même périmètre p qu'un carré donné, autrement dit tel que $p/d = \pi$. En fait, tout comme dans les méthodes grecques évoquées, le diamètre d, et donc la valeur de π, ne sont atteints ici que par un passage à la limite, puisqu'il s'agit d'effectuer une infinité d'itérations, mais la méthode permet de s'en approcher autant que désiré.

Cette méthode repose sur le principe selon lequel, parmi toutes les figures planes de périmètre donné, le cercle est celle d'aire maximale. Or, ce cercle et cette aire maximale peuvent être obtenus en considérant la limite d'une suite de polygones réguliers convexes de même périmètre, mais dont le nombre de côtés double à chaque étape. Il ne reste plus alors qu'à mettre en évidence la suite des diamètres des cercles inscrits à ces polygones pour obtenir à la limite le diamètre d cherché.

C'est la construction de cette succession de diamètres que Descartes expose dans le texte ci-dessous, écrit vers 1640, mais non publié de son vivant. Ce texte fait partie d'un ensemble d'autres écrits édités à Amsterdam en 1701.

Quant à la question dite des *isopérimètres*, c'est-à-dire la preuve de ce que le cercle est effectivement la figure d'aire maximale pour un périmètre donné, elle est assez ancienne. Cependant, quoique cette propriété du cercle paraisse naturelle, sa démonstration rigoureuse n'est effectuée qu'à la fin du xixe siècle.

Illustration de l'ouvrage du Père Grégoire de Saint-Vincent, *Problema austriacum : quadratura circuli*, Anvers, 1647. Le faisceau lumineux traversant le cadre carré et recouvrant exactement le cercle tracé sur le sol symbolise la quadrature du cercle, tandis que la sphère posée sur le cube évoque la cubature de la sphère.

Le texte de Descartes

Circuli quadratio (De la quadrature du cercle), Excerpta ex MS. R. Des Cartes, Édit. Amsterdam, 1701, in *les Œuvres de Descartes*, publiées par Charles Adam et Paul Tannery, t. X, 1908, pp. 304-305 ; rééd. Vrin, Paris, 1974. Trad. J.-L. Chabert.

En ce qui concerne la quadrature du cercle, je ne trouve rien de plus approprié que d'ajouter à un carré donné *bf* le rectangle *cg* compris sous les lignes *ac* et *cb*, de sorte qu'il soit égal au quart du carré *bf*; ainsi que le rectangle *dh*, formé avec les lignes *da, dc*, égal au quart du précédent; et de la même façon le rectangle *ei*, et même une infinité d'autres jusqu'à *x* : tous ceux-ci ensemble seront égaux au tiers du carré *bf*. Et cette ligne *ax* sera le diamètre du cercle, dont la circonférence est égale au pourtour de ce carré *bf* : tandis que *ac* est le diamètre d'un cercle inscrit dans un octogone isopérimétrique au carré *bf; ad* est le diamètre d'un cercle inscrit dans une figure à 16 côtés, *ae* le diamètre d'un cercle inscrit dans une figure à 32 côtés, isopérimétrique au carré *bf*; et ainsi à l'infini.

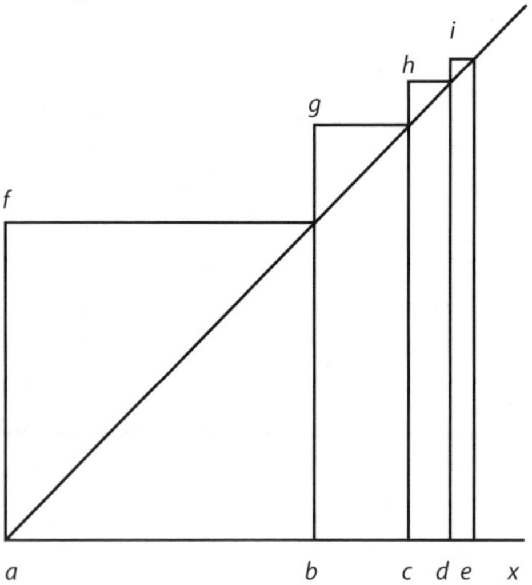

Le texte de Descartes se limite à la description du schéma de construction et à une simple indication sur le sens de la méthode. Partant du carré *bf* (repéré par sa diagonale), il s'agit d'obtenir le diamètre *ax* d'un cercle de même périmètre que le carré. L'extrémité *x* est la limite de la suite de points *b, c, d, e*... obtenus par la construction de rectangles successifs *cg, dh, ei*... dont les aires sont en progression géométrique de raison 1/4. Voici pour la construction. Il y manque la façon explicite de construire ces rectangles c'est-à-dire de trouver la longueur L connaissant l'écart ℓ entre longueur et largeur et l'aire $A/4$; soit à résoudre géométriquement $L(L-\ell) = A/4$ (cette équation en L ayant une racine positive et une seule). La résolution est fournie par la proposition 29 du Livre VI des *Éléments* d'Euclide. Nous l'expliciterons ci-dessous après avoir établi les formules de récurrence.

En ce qui concerne la raison de cette méthode, Descartes explique que les segments successifs *ab, ac, ad, ae*... seraient les diamètres des cercles inscrits dans les polygones réguliers convexes de même périmètre que le carré et ayant respectivement 4, 8, 16, 32... côtés. En voici une explication :

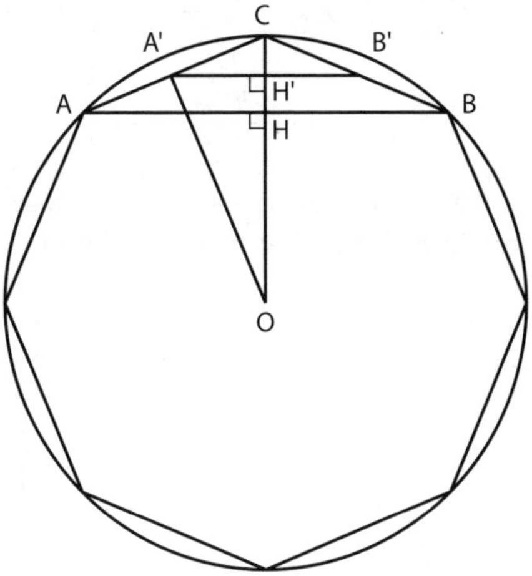

Soit AB le côté d'un polygone régulier de 2^{n+1} côtés. Soient O le centre du cercle circonscrit à ce polygone, C le milieu de l'arc AB, A' et B' les milieux des segments AC et BC. Alors A'B' = AB/2 est le côté d'un polygone régulier ayant deux fois plus de côtés que le précédent, mais ayant le même périmètre p. Soient H et H' les intersections de OC avec AB et A'B'. Les longueurs OH et OH' sont les rayons r_n et r_{n+1} des cercles inscrits respectivement dans le premier et le deuxième polygone. Dans le triangle rectangle OA'C, on a :

$$A'H'^2 = H'C.H'O, \text{ c'est-à-dire : } (r_{n+1} - r_n)\, r_{n+1} = p^2/4^{n+3}.$$

Les produits $(r_{n+1} - r_n)\, r_{n+1}$ sont donc en progression géométrique de raison 1/4, tout comme les aires successives des rectangles considérés.

Or, si l'on pose : $p/4 = ab = 2r_1, ac = 2r_2, ad = 2r_3, \ldots,$

comme, par construction : $ac(ac - ab) = ab^2/4 = (p/4)^2/4,$

on a bien : $r_2(r_2 - r_1) = p^2/4^4$

de même : $ad(ad - ac) = ac(ac - ab)/4$

d'où : $r_3(r_3 - r_2) = p^2/4^5$; etc...

Ainsi, $ax = 2 \lim r_n$ est bien le diamètre limite cherché.

Reprenons les calculs précédents pour obtenir les formules de récurrence de la méthode des isopérimètres. Notons r_n et s_n les rayons des cercles respectivement inscrits et circonscrits à un polygone régulier de périmètre p ayant 2^{n+1} côtés. Nous avons :

$$p/2s_n < \pi < p/2r_n$$

$$r_n < r_{n+1} < s_{n+1} < s_n$$

et, lorsque n tend vers l'infini, $s_n - r_n$ tend vers 0. Nous venons de voir la relation de récurrence :

$$r_{n+1}\,(r_{n+1} - r_n) = p^2/4^{n+3}$$

d'où, en posant, $r_1 = p/8$:

$$r_{n+1} = \frac{\left(r_n + \sqrt{r_n^2 + \dfrac{r_1^2}{4^n}}\right)}{2}.$$

Cette formule montre comment construire la succession des rectangles de Descartes : connaissant $ab = 2\,r_1$ et $al = 2\,r_n$, il s'agit d'obtenir le point m tel que $am = 2\,r_{n+1}$

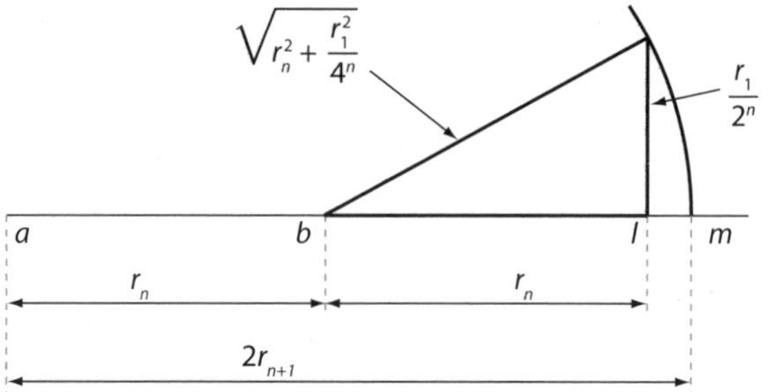

Voici d'autres formules de récurrence : OH' = (OH + OC)/2, c'est-à-dire :

$$r_{n+1} = (r_n + s_n)/2$$

$$OH'.OC = OH'.(OH' + H'C) = OH'^2 + OH'.H'C = OH'^2 + A'H'^2 = OA'^2,$$

c'est-à-dire : $$s_{n+1} = \sqrt{s_n\,.\,r_{n+1}}$$

avec l'initialisation : $r_1 = p/8$ et $s_1 = p\sqrt{2}/8$.

Ou encore, en posant $c_n = \cos(\pi/2^{n+1})$:

$$c_{n+1} = \sqrt{\frac{1 + c_n}{2}}$$

$$r_n = s_n c_n$$

$$s_{n+1} = s_n c_{n+1}$$

avec l'initialisation : $c_1 = \sqrt{2}/2$ et $s_1 = p\sqrt{2}/8$.

On notera la similitude avec les formules obtenues par la méthode d'Archimède (*cf.* § 1).

Nous savons maintenant que la quadrature du cercle n'est pas résoluble à la règle et au compas et donc que le point x de la construction de Descartes ne peut être obtenu en un nombre fini d'étapes. En effet, Wantzel [25] a montré en 1837 que le nombre π serait sinon solution d'une équation algébrique de degré 2^n tandis que Lindemann [16] a prouvé en 1882 la non algébricité de π.

LES APPROCHES ANALYTIQUES

4. QUADRATURE ARITHMÉTIQUE

Tandis que les méthodes de calculs approchés sont perfectionnées, des formules analytiques fournissant la valeur de π sont mises au point, tout d'abord à l'aide de produits infinis ou de fractions continues. En 1593, François Viète ([23], chap. XVIII) donne la première expression explicite de π à l'aide d'un nombre infini d'opérations. Partant toujours du point de vue géométrique et considérant encore des polygones réguliers inscrits de 4, 8, 16... côtés, mais en utilisant les aires cette fois-ci, il aboutit pour la valeur de 2/π au produit infini suivant :

$$\frac{2}{\pi} = \sqrt{\frac{1}{2}}\sqrt{\frac{1}{2}+\frac{1}{2}\sqrt{\frac{1}{2}}}\ \sqrt{\frac{1}{2}+\frac{1}{2}\sqrt{\frac{1}{2}+\frac{1}{2}\sqrt{\frac{1}{2}}}}\cdots$$

Du point de vue numérique cette expression analytique est peu utilisée. Viète lui-même a d'ailleurs recours à la méthode d'Archimède pour obtenir une valeur approchée de π.

Un autre produit infini dont la convergence est très lente mais dont l'expression ne fait apparaître que des entiers est donnée par John Wallis [24] en 1656, où □ désigne la quantité 4/π :

$$\square \begin{cases} minor\ quam \dfrac{3\times3\times5\times5\times7\times7\times9\times9\times11\times11\times13\times13}{2\times4\times4\times6\times6\times8\times8\times10\times10\times12\times12\times14}\times\sqrt{1\frac{1}{13}} \\ major\ quam \dfrac{3\times3\times5\times5\times7\times7\times9\times9\times11\times11\times13\times13}{2\times4\times4\times6\times6\times8\times8\times10\times10\times12\times12\times14}\times\sqrt{1\frac{1}{14}} \end{cases}$$

autrement dit : $\dfrac{4}{\pi} = \dfrac{3.3.5.5.7.7....}{2.4.4.6.6.8....}$

Wallis l'obtient en effectuant une quadrature de $\sqrt{1-x^2}$ fondée à la fois sur la formule du binôme de Newton, la quadrature de courbes algébriques $(1-x^2)^k$ et un principe d'induction sur la forme des expressions algébriques, une sorte d'interpolation. Aujourd'hui, on retrouve cette formule à l'aide des intégrales dites de Wallis :

$$I_n = \int_0^{\frac{\pi}{2}} sin^n x \, dx,$$

en effet : $I_n = (n-1)/n\, I_{n-2}$ et $I_0 = \pi/2$.

Voici une autre expression utilisant les développements en fractions continues (*cf.* chap. 4, § 4). Elle aussi donne π avec toute la précision voulue à condition de poursuivre les calculs assez loin. Due à Lord Brouncker, elle est commentée par Wallis [24] :

$$\frac{4}{\pi}=1+\cfrac{1^2}{2+\cfrac{3^2}{2+\cfrac{5^2}{2+\cfrac{7^2}{2+\cfrac{9^2}{2+\dots}}}}}$$

Leibniz quant à lui obtient π comme la somme d'une série, à savoir :

$$\frac{\pi}{4}=1-\frac{1}{3}+\frac{1}{5}-\frac{1}{7}+\frac{1}{9}-\frac{1}{11}+\dots$$

On ne sait pas comment Brouncker a obtenu le développement en fraction continue de $4/\pi$, on notera toutefois le lien avec la série de Leibniz puisque les réduites successives de la fraction continue, 1, 3/2, 15/13, 105/76, ... ne sont autres que les inverses des sommes partielles de la série.

Leibniz qualifie sa formule de *quadrature arithmétique* car elle « *exprime la grandeur de la figure proposée par un rang infini de nombres rationaux ou commensurables à une grandeur donnée* » [15]. Leibniz invente cette formule en 1673, mais elle n'est publiée que 9 ans plus tard dans les *Acta Eruditorum* [14]. Dans ce texte, Leibniz s'attache à mettre en évidence l'harmonie de certaines suites de nombres sans expliquer la véritable raison de son résultat. On peut avoir une idée de sa méthode, la méthode des *métamorphoses*, en se référant à des lettres antérieures, comme par exemple sa lettre à Oldenburg du 17 août 1673 [22]. Pour la simplicité, nous donnons ci-après des extraits d'une lettre de Leibniz adressée à la Roque, directeur des *Acta Eruditorum* [15], lettre dans laquelle Leibniz explique sa méthode générale des métamorphoses : l'aire sous une courbe est découpée en triangles infinitésimaux, chacun de ces triangles a une aire égale à la moitié de celle de certains rectangles infinitésimaux, ces derniers remplissent l'aire sous une autre courbe, courbe qui peut aisément être quarrée. Appliquée à certains cas particuliers, cette technique redonne des quadratures connues et, dans le cas du cercle, permet d'obtenir une expression de π.

Le texte de Leibniz

Extraits d'une lettre à La Roque, *Mathematische Schriften*, t. V, p. 88-92, Olms, Hildesheim, 1962.

Monsieur

La quadrature arithmétique du cercle et de ses segments ou secteurs, que j'ai trouvée et communiquée à plusieurs excellents géomètres il y a quelques années, leur a paru assez extraordinaire, et ils m'ont exhorté d'en faire part au public.

[...]

La quadrature arithmétique du cercle ou de ses parties peut être comprise dans ce théorème : le rayon du cercle étant l'unité, et la tangente BC de la moitié BD d'un arc donné BDE étant appelée b, la grandeur de l'arc sera : $\frac{b}{1}-\frac{b^3}{3}+\frac{b^5}{5}-\frac{b^7}{7}+\frac{b^9}{9}-\frac{b^{11}}{11}$ etc. Or les arcs étant trouvés, il est aisé de trouver les espaces, et le corollaire de ce théorème est que le diamètre et son carré étant 1, le cercle est $\frac{1}{1}-\frac{1}{3}+\frac{1}{5}-\frac{1}{7}+\frac{1}{9}-\frac{1}{11}$ etc. [...]

Or comme il n'y a rien de si important que de voir les origines des inventions qui valent mieux à mon avis que les inventions mêmes, à cause de leur fécondité et par ce qu'elles contiennent en elles la source d'une infinité d'autres qu'on en pourra tirer par une certaine combinaison (comme j'ai coutume de l'appeler) ou application à d'autres sujets lorsqu'on s'avisera de la faire comme il faut ; j'ai cru être obligé de faire part au public de celle-ci. [...]

Or le moyen que les combinaisons m'ont offert sert à trouver un nombre infini de figures commensurables à une figure donnée. Pour cet effet, je me suis servi de ce lemme : trois parallèles BC, GE, HF (fig. 1), passant par les trois angles d'un triangle BEF et un des côtés EF étant prolongé jusqu'à la rencontre d'une des parallèles en C, le rectangle sous l'intervalle BC entre le point de rencontre C et l'angle B, par lequel passe cette parallèle, et sous GH, la distance des deux autres parallèles GE, HF, c'est-à-dire le rectangle PGH (en supposant BGH normale à BC, et CP égale et parallèle à BG) sera le double du triangle BEF. De même, si HQ égale BM, le rectangle QHN sera égal au double du triangle BFL. Et si ces bases EF, FL etc. sont infiniment petites, et continuées pour que les triangles BEF, BFL etc. remplissent tout l'espace EB((E))LFE à la courbe EFL((E)), et de même si GH, HN etc. sont infiniment petites afin que les rectangles BGH, QHN etc. remplissent tout l'espace PG((G))((P))QP à la courbe PQ((P)), tout cet espace sera le double de l'autre espace. Et puisque FEC, LFM, ((E))((C)) seront les touchantes de la première courbe, le théorème se pourra énoncer généralement ainsi : si d'une courbe E((E)) on mène à un côté AB d'un angle droit ABC les ordonnées EG, ((E))((G)), à l'autre côté BC les touchantes EC, ((E))((C)), alors la somme des interceptées BC, ((B))((C)) entre le point de l'angle B et le point de rencontre des touchantes C ou ((C)) appliquées normalement à l'axe AB ou GP, ((G))((P)), c'est-à-dire la figure PG((G))((P))QP sera le double de l'espace EB((E))E compris entre une portion de la première courbe et les droites qui joignent les extrémités de cette portion au point B.

Ce théorème est un des plus considérables et des plus universels de la géométrie. Et j'en ai tiré quelques conséquences qui méritent d'être touchées en passant.

[...]

Le troisième corollaire est la quadrature arithmétique du cercle. Car la courbe E(E)((E)) étant un arc de cercle, la courbe des interceptées, savoir BP(E)((P)), se pourra rapporter à l'angle droit RBC par cette équation $\frac{2az^2}{a^2+z^2} \prod x$, appelant BG ou CP, x et BC ou GP, z, c'est-à-dire RB sera à BG en raison doublée de AC à BC, comme il est aisé de démontrer. [...]

fig. 1

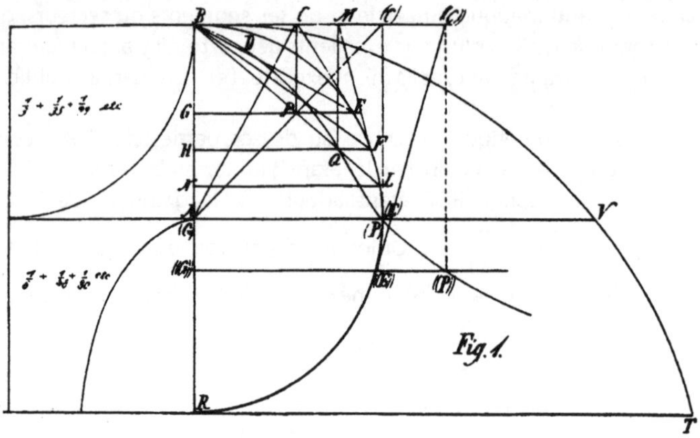

Revenons sur la méthode des métamorphoses de Leibniz. Montrons d'abord que l'aire du triangle BEF est la moitié de celle du rectangle GPQH.

fig. 2

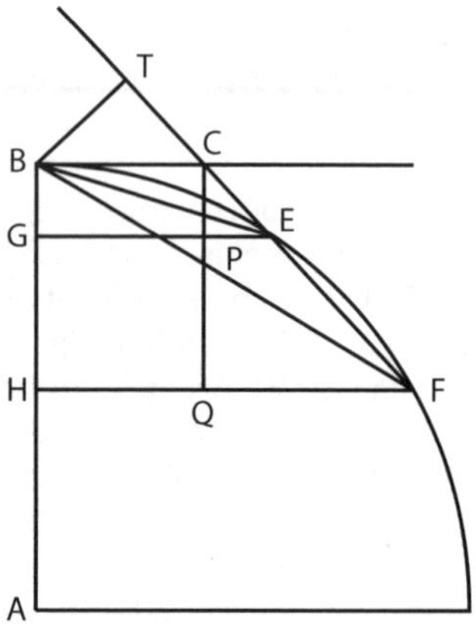

Soit BT la perpendiculaire à EF issue de B et soit α = la mesure commune des angles CBT et PCE (fig. 2). On a :

aire du triangle BEF = EF.BT/2 = EF.(BC.cos α)/2 = (EF.cos α).BC/2 = GH.BC/2 = (1/2) aire du rectangle GPQH.

Ensuite, l'aire sous la courbe intégrale, limitée par les segments joignant B aux extrémités de cette courbe, est égale à la somme des aires des triangles BEF où F est infiniment voisin de E. Par conséquent, elle est égale à la demi-somme des aires des rectangles infinitésimaux GPQH où Q est infiniment proche de P, c'est-à-dire à la moitié de l'aire sous la courbe décrite par P, limitée par les segments parallèles à BC passant par les extrémités de la courbe. Pour construire effectivement le point P, on remplace la droite EF par la tangente en E à la courbe.

Voyons ce qu'il en est dans le cas d'un quart de cercle. Comme Leibniz, notons a le rayon du cercle, z = PG et x = BG l'abscisse et l'ordonnée de P.

fig. 3

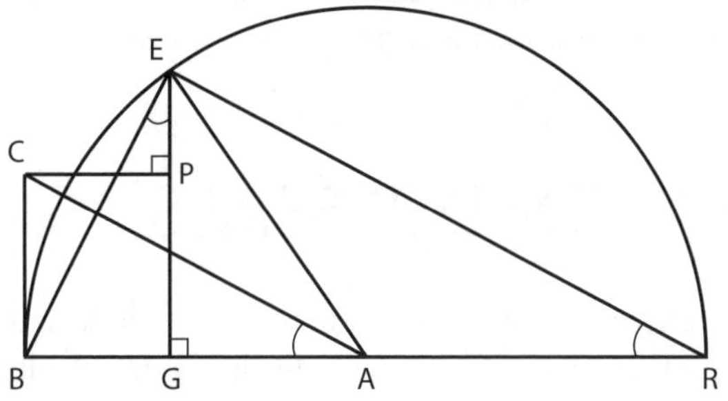

Les triangles rectangles BER, BGE et CBA sont semblables, donc :

$$\frac{BR}{BE} = \frac{BE}{BG} = \frac{CA}{CB}; \text{ par suite : } \left(\frac{CA}{CB}\right)^2 = \frac{BR}{BE} \times \frac{BE}{BG} = \frac{BR}{BG};$$

d'où :

$$\frac{2a}{x} = \frac{a^2 + z^2}{z^2} \text{ ou encore } x = \frac{2az^2}{a^2 + z^2}.$$

La méthode des métamorphoses ramène donc le calcul de l'aire sous la courbe $\sqrt{a^2 - x^2}$ à l'aire sous la courbe $\frac{2az^2}{a^2 + z^2}$ où x et z varient entre 0 et a.

Au bout du compte, dans le cas particulier où a = 1, il s'agit d'effectuer la quadrature de :

$$\frac{1}{1 + z^2} = 1 - z^2 + z^4 - z^6 + \dots$$

En employant la même technique que celle utilisée par Nicolas Mercator pour la quadrature de l'hyperbole $y = \frac{1}{1 + x} = 1 - x + x^2 - \dots$, c'est-à-dire le développement en série, puis l'intégration terme à terme, Leibniz obtient :

$$z - \frac{z^3}{3} + \frac{z^5}{5} - \frac{z^7}{7} + \dots$$

En fait, avant les travaux de Leibniz, Gregory avait obtenu le développement en série entière de Arctan x, par exemple dans la lettre du 15 février 1671 adressée à Collins [22] :

$$\text{Arctan } x = x - \frac{x^3}{3} + \frac{x^5}{5} - \frac{x^7}{7} + \dots$$

Gregory obtient cette série dans le cadre de ses recherches sur les développements en série de fonctions données ; il n'en déduit pas la valeur de π.

Signalons aussi que cette quadrature arithmétique aurait en fait déjà été pressentie par Nīlakaṇṭha dans un texte sanscrit de 1500 environ [19].

Notons enfin qu'avec cette formule il n'est pas question de performance dans le calcul de π, en effet la convergence de la série est très lente ; pour obtenir trois décimales exactes seulement, il faut sommer mille termes. Nous allons maintenant aborder cette question avec Euler.

5. UTILISATION DES SÉRIES

Considérant encore le développement en série de la fonction Arctan t, mais abandonnant un peu de la simplicité due à π/4, Euler s'intéresse en revanche à l'accroissement de la convergence de la série de Leibniz. À cet effet, il utilise la valeur particulière :

$$\tan \pi/6 = 1/\sqrt{3}$$

ou, mieux encore, il considère deux séries ensemble remplaçant la formule :

$$\pi/4 = \text{Arctan } 1$$

par :

$$\pi/4 = \text{Arctan}(1/2) + \text{Arctan}(1/3).$$

Précisons que le texte d'Euler donné ci-après n'est pas original sur le plan de la technique, il est donné pour la clarté des explications. En effet, nous avons dit (§ 4) que Gregory avait trouvé l'expression :

$$\text{Arctan } x = x - x^3/3 + x^5/5 - \ldots$$

Newton [17] pour sa part avait donné dans son *Traité des Fluxions*, à propos de la quadrature d'une portion de cercle d'équation $y = \sqrt{x - x^2}$, une formule commençant essentiellement de la façon suivante :

$$\pi/24 = \sqrt{3}/32 + 2/3.2^3 - 1/5.2^5 - 1/28.2^7 - 1/72.2^9 - \ldots$$

et dont la convergence est bien meilleure.

Ces formules analytiques permettent d'accroître considérablement le nombre de décimales calculées de π. Ainsi, Abraham Sharp double la performance de van Ceulen avec 72 décimales. Mais c'est John Machin qui fait véritablement progresser le calcul avec la formule :

$$\pi/4 = 4\ \text{Arctan}(1/5) - \text{Arctan}(1/239).$$

Cette formule, qui ne porte que sur des entiers, lui permet d'obtenir 100 décimales en 1706. En 1719, M. de Lagny [10] calcule 127 décimales à partir de la formule évoquée à propos d'Euler :

$$\pi/4 = \text{Arctan}(1/2) + \text{Arctan}(1/3).$$

Voici la valeur obtenue par de Lagny :

3, 14159265358979323846264338327950 2
884197169399375105820974944592307816
40628620899862803482534211706798214 80
865132723066647*0938446 +.

* le 114e chiffre n'est pas un 7 mais un huit.

Le texte d'Euler

Fac-similé d'un extrait de l'*Introductio in analysin infinitorum*, Livre I, Chapitre VIII, De quantitatibus transcendentibus ex circulo ortis, Lausanne, 1748 ; *Introduction à l'analyse infinitésimale*, Livre I, Chapitre VIII, Des Quantités transcendantes qui naissent du Cercle, trad. J.-B. Labey, Paris, 1796, p. 104-105. (B. N.).

[...]

, nous aurons $z = \frac{tang.\, z}{1} - \frac{(tang.\, z)^3}{3} + \frac{(tang.\, z)^5}{5} - \frac{(tang.\, z)^7}{7} +$ &c. Faiſons donc *tang.* $z = t$, de ſorte que z ſoit l'arc dont la tangente eſt t, & que nous déſignerons ainſi : *A. tang. t*, ce qui donne $z = A\ tang.\ t$. La tangente t étant connue, l'arc correſpondant ſera $z = \frac{t}{1} - \frac{t^3}{3} + \frac{t^5}{5} - \frac{t^7}{7} + \frac{t^9}{9} -$ &c. Puis donc qu'en ſuppoſant la tangente t égale au rayon 1, l'arc z devient = à l'arc de 45° ou $z = \frac{\pi}{4}$, nous trouverons $\frac{\pi}{4} = 1 - \frac{1}{3} + \frac{1}{5} - \frac{1}{7} +$ &c ; ſérie que Leibnitz a donnée le premier pour exprimer la valeur de la circonférence du cercle.

141. Mais pour obtenir promptement, au moyen d'une telle ſérie, la longueur d'un arc de cercle, il eſt clair qu'on doit prendre pour la tangente t une fraction aſſez petite. Ainſi, on trouveroit facilement, à l'aide de cette ſérie, la longueur de l'arc z, dont la tangente t ſeroit $\frac{1}{10}$; car cet arc ſeroit $z = \frac{1}{10} - \frac{1}{3000} + \frac{1}{500000} -$ &c. ſérie dont on peut aiſément obtenir la valeur par le moyen des décimales ; mais la meſure d'un tel arc n'apprendroit rien pour la

longueur de toute la circonférence, parce que le rapport de l'arc, dont la tangente $= \frac{1}{10}$, à la circonférence entiere eſt inaſſignable. C'eſt pourquoi, dans cette recherche, on doit prendre un arc qui ſoit une partie aliquote de la circonférence, & dont la tangente aſſez petite puiſſe être exprimée commodément. On choiſit ordinairement pour remplir ce but l'arc de 30° dont la tangente $= \frac{1}{\sqrt{3}}$, parce que les tangentes des arcs plus petits, qui ont un rapport commenſurable avec la circonférence, ſont trop irrationnelles. Ainſi, à cauſe de l'arc de $30° = \frac{\pi}{6}$, on aura $\frac{\pi}{6} = \frac{1}{\sqrt{3}} - \frac{1}{3 \cdot 3\sqrt{3}} + \frac{1}{5 \cdot 3^2\sqrt{3}} - \&c.$ & $\pi = \frac{2\sqrt{3}}{1} - \frac{2\sqrt{3}}{3 \cdot 3} + \frac{2\sqrt{3}}{5 \cdot 3^2} - \frac{2\sqrt{3}}{7 \cdot 3^3} + \&c.$ Et c'eſt par le moyen de cette ſérie, & avec un travail incroyable, qu'on eſt venu à bout de trouver la valeur de π que nous avons donnée ci-deſſus.

142. Ce calcul eſt d'autant plus pénible, que tous les termes ſont irrationnels, & que chacun d'eux n'eſt gueres plus petit, que le tiers de celui qui précede; mais on pourra remédier ainſi à cet inconvénient: prenons toujours l'arc de 45° ou $\frac{\pi}{4}$. Quoique cet arc ait une valeur exprimée par une ſérie à peine convergente $1 - \frac{1}{3} + \frac{1}{5} - \frac{1}{7} + \&c$; conſervons-le cependant, & imaginons-le partagé en deux arcs a & b, de maniere que $a + b = \frac{\pi}{4} = 45°$. Puis donc que $tang. (a + b) = 1 = \frac{tang. a + tang. b}{1 - tang. a\ tang. b}$, nous aurons $1 - tang. a\ tang. b = tang. a + tang. b$ & $tang. b = \frac{1 - tang. a}{1 + tang. a}$. Soit maintenant $tang. a = \frac{1}{2}$; nous trouverons $tang. b = \frac{1}{3}$; alors les deux arcs a & b ſeront exprimés par une ſérie rationnelle beaucoup plus convergente que la précédente, & leur ſomme donnera la valeur de l'arc $\frac{\pi}{4}$. Donc . . . .

$$\pi = 4 \left\{ \begin{array}{l} \frac{1}{1 \cdot 2} - \frac{1}{3 \cdot 2^3} + \frac{1}{5 \cdot 2^5} - \frac{1}{7 \cdot 2^7} + \frac{1}{9 \cdot 2^9} - \&c. \\ \frac{1}{1 \cdot 3} - \frac{1}{3 \cdot 3^3} + \frac{1}{5 \cdot 3^5} - \frac{1}{7 \cdot 3^7} + \frac{1}{9 \cdot 3^9} - \&c. \end{array} \right\}$$

On auroit donc pu trouver de cette maniere la longueur de la demi-circonférence beaucoup plus promptement qu'on ne l'a fait, en ſe ſervant de la ſérie que nous avons donnée auparavant.

Une traduction en langage moderne est quasiment inutile. Euler est d'ailleurs un des premiers auteurs dont le langage et les formulations soient si semblables aux nôtres.

Partant de :

$$\text{Arctan}\, x = x - \frac{x^3}{3} + \frac{x^5}{5} - \frac{x^7}{7} + \ldots$$

et remarquant que :

$$\tan \pi/6 = 1/\sqrt{3}$$

il obtient :

$$\pi = 2\sqrt{3}\left(1 - \frac{1}{3.3} + \frac{1}{5.3^2} - \ldots + \frac{(-1)^n}{(2n+1)\,.\,3^n} + \ldots\right)$$

Par ailleurs, utilisant la relation que nous écrivons :

$$\text{Arctan } 1 = \text{Arctan}(1/2) + \text{Arctan}(1/3)$$

Euler obtient :

$$\frac{\pi}{4} = \sum_{n\geq 0}\frac{(-1)^n}{(2n+1)2^{2n+1}} + \sum_{n\geq 0}\frac{(-1)^n}{(2n+1)3^{2n+1}}$$

dont la convergence est meilleure encore. Euler reprend ici la notation π employée par William Jones [9] ; elle sera alors définitivement adoptée.

D'autres formules sont envisageables pour accélérer la convergence et Euler lui-même en utilise de plus rapides. Rappelons la célèbre formule de Machin déjà évoquée :

$$\pi/4 = 4\, \text{Arctan}(1/5) - \text{Arctan}(1/239),$$

avec laquelle William Shanks [20] calculera plus de 600 décimales de π – mais il fit une erreur à la 527e (erreur découverte en 1945 seulement). D'ailleurs, jusqu'à ces dernières années, les formules utilisées pour calculer les décimales de π ne sont que des variantes de la formule de Machin.

Euler encore met en évidence les belles formules :

$$1 + 1/2^2 + 1/3^2 + 1/4^2 + \ldots = \frac{\pi^2}{6}$$

$$1 + 1/2^4 + 1/3^4 + 1/4^4 + \ldots = \frac{\pi^4}{90}$$

$$1 + 1/3^2 + 1/5^2 + 1/7^2 + \ldots = \frac{\pi^2}{8}$$

$$1 - 1/3^3 + 1/5^3 - 1/7^3 + \ldots = \frac{\pi^3}{32}$$

etc...

La convergence de ces sommes est beaucoup plus lente que celle des séries utilisées précédemment. On les établit actuellement à l'aide des développements en série de Fourier de fonctions périodiques. Ainsi, les fonctions :

$$f(x) = |x| \text{ et } g(x) = x^2 \text{ pour } |x| \leq$$

admettant la période 2π fournissent respectivement $\frac{\pi^2}{8}$ et $\frac{\pi^2}{6}$ comme sommes de séries.

Pour terminer, citons l'étonnant résultat de Bailey, Borwein et Plouffe [2*] obtenu en octobre 1995 : « La 10 milliardième hexadécimale de π est 9. » En effet, on peut calculer n'importe quelle hexadécimale d'un rang donné, sans avoir à calculer les précédentes, grâce au développement remarquable suivant :

$$\pi = \sum_{n=0}^{\infty} \left(\frac{4}{8n+1} - \frac{2}{8n+4} - \frac{1}{8n+5} - \frac{1}{8n+6} \right) \frac{1}{16^n}$$

Il faut noter que la formule donne facilement les chiffres en base 16 et non pas en base 10. De plus, si la rapidité de calcul d'un chiffre de rang donné est prodigieuse, en revanche, pour connaître la succession des chiffres de π, l'algorithme n'est pas plus performant que d'autres.

ÉPILOGUE

À cette quête de nouvelles décimales se superposent ensuite des recherches théoriques relatives à la nature du nombre π. Ainsi, Lambert [11] prouve en 1761 l'irrationalité de π. À cet effet, il établit le développement en fraction continue généralisée suivant :

$$\tan x = \cfrac{x}{1 - \cfrac{x^2}{3 - \cfrac{x^2}{5 - \cfrac{x^2}{7 - \dots}}}}$$

et en déduit que $\tan x$ est irrationnel dès que x est rationnel ; par suite, $\pi/4$ est irrationnel puisque $\tan \pi/4 = 1$ ne l'est pas. Legendre [13] utilise ce même développement en 1794 pour montrer que π^2 n'est pas rationnel.

Reprenant les méthodes d'Hermite pour démontrer la transcendance de e, Lindemann [16] prouve en 1882 celle de π. Il établit en particulier que si $a, b, c, \dots, d$ sont des nombres algébriques distincts et $A, B, C, \dots, D$ des nombres algébriques non tous nuls, alors l'expression :

$$A\,e^a + B\,e^b + C\,e^c + \ldots + D\,e^d$$

ne peut être nulle. Ainsi, la formule d'Euler :

$$e^{i\pi} + 1 = 0$$

montre la transcendance de π car sinon iπ et 0 seraient des nombres algébriques distincts et $e^{i\pi} + 1$ serait non nul.

On avance ainsi dans la connaissance du nombre π, celui-ci est de plus en plus circonscrit, mais ses mystères n'en sont pas pour autant tous élucidés. Par exemple, nous avons évoqué le joli développement en fraction continue généralisée de 4/π donné par Brouncker ; mais si l'on désire un développement en fraction continue régulière c'est-à-dire où tous les numérateurs sont égaux à 1 (*cf.* chap. 4, § 4), alors on ne connaît pas de loi pour un tel développement. Une approximation décimale de π nous donne la fraction continue régulière :

$$3+\cfrac{1}{7+\cfrac{1}{15+\cfrac{1}{1+\cfrac{1}{292+\cfrac{1}{1+\ldots}}}}}$$

dont les réduites successives sont :

3, 22/7, 333/106, 355/113, ...

La seconde valeur a été donnée par Archimède, la quatrième par Adrien Metius. On ne sait pas non plus si les décimales de π ont une distribution aléatoire.

En revanche, on calcule de plus en plus de décimales de π par des méthodes utilisant à la fois des théories de plus en plus raffinées et des ordinateurs de plus en plus puissants :

10^4 décimales en 1958 (F. Genuys)
10^5 décimales en 1961 (D. Shanks et J. Wrench)
10^6 décimales en 1974 (J. Guilloud et M. Bouyer)
10^7 décimales en 1983 (Y. Kanada et collaborateurs)
10^8 décimales en 1987 (Y. Kanada et collaborateurs)
2×10^9 décimales en 1991 (D. Chudnovsky et G. Chudnovsky)
5×10^{10} décimales en 1997 (Y. Kanada et collaborateurs)
2×10^{11} décimales en 1999 (Y. Kanada et collaborateurs)

Pour cette dernière performance, l'algorithme utilisé est à convergence quadratique, du type de ceux découverts par J. Borwein et P. Borwein en

1985. À ce propos, notons tout d'abord que les relations de récurrence décrites au §5.1 et donnant, dans la méthode d'Archimède, les valeurs des demi-périmètres p_n et q_n des polygones inscrits et circonscrits à 3×2^n côtés, peuvent aussi s'écrire :

$$p_{n+1} = \sqrt{p_n q_{n+1}} \text{ et } \frac{1}{q_{n+1}} = \frac{1}{2}\left(\frac{1}{p_n} + \frac{1}{q_n}\right)$$

Sous cette forme, on voit apparaître un lien avec l'itération de la moyenne arithmetico-géométrique dont la théorie a été développée par Gauss et qui inspire un certain nombre d'algorithmes de calculs rapides récents, notamment l'algorithme des Borwein (voir [3*], chap. II, sect. 5) suivant :

$$x_{n+1} = \frac{1}{2}\left(\sqrt{x_n} + \frac{1}{\sqrt{x_n}}\right), \; y_{n+1} = \frac{y_n\sqrt{x_n} + \frac{1}{\sqrt{x_n}}}{y_n + 1}$$

et

$$\pi_n = \pi_{n-1}\frac{x_n + 1}{y_n + 1}$$

avec

$$x_0 = \sqrt{2}, \; \pi_0 = 2 + \sqrt{2}, \; y_1 = 2^{\frac{1}{4}} \text{ pour } n \geq 1.$$

Le terme π_n s'approche de π avec une très grande vitesse :

$$0 < \pi_n - \pi < 10^{-2^{n+1}}$$

(chaque itération double le nombre de décimales exactes.) C'est cependant par un retour aux formules classiques utilisant des Arctang que Kanada et son équipe calcule en 2002 les 1012 premières décimales de π [3**].

ÉTUDES À PROPOS DE π

Le petit Archimède, Numéro Spécial π, ADCS, Amiens, 1980 ; rééd. 1992.

P. Dedron et J. Itard, La quadrature du cercle, in *Mathématiques et Mathématiciens*, Magnard, Paris, 1959.

J.-P. Delahaye, *Le fascinant nombre* π, Éditions Belin/Pour la Science, Paris, 1997.

G. Th. Guilbaud, Trois lettres à un ami, in *Leçons d'à-peu-près*, Bourgois, Paris, 1985.

J.-E. Montucla, *Histoire des recherches sur la quadrature du cercle*, 1754 ; rééd. Bachelier, Paris, 1831.

M. Serfati, Quadrature du cercle, fractions continues et autres contes, in *Fragments d'histoire des mathématiques*, t. 4, A.P.M.E.P., Paris, 1992.

BIBLIOGRAPHIE

[1] ARCHIMÈDE, De la mesure du cercle, in *Les Œuvres complètes d'Archimède*, t. I., trad. P. Ver Eecke, 1921 ; rééd. Blanchard, Paris, 1961.

[2] ARCHIMÈDE, La mesure du cercle, in *Les Œuvres d'Archimède*, t. 1, texte établi et traduit par Charles Mügler, Les Belles Lettres, Paris, 1970.

[2*] D. BAILEY, P. BORWEIN et S. PLOUFFE, On the rapid Computation of various Polylogarithmic Constants, *Mathematics of Computation*, t. 66 (1997), 903-913.

[3] La Bible, *Ancien Testament*, Bibliothèque de la Pléiade, t. I, Gallimard, Paris, 1956.

[3*] J.M. BORWEIN et P.B. BORWEIN, *Pi and the AGM : A Study in Analytic Number Theory and Computational Complexity*, Wiley, New York, 1987, rééd. 1998.

[3**] J.M. BORWEIN et M.S. MACKLEM, The (digital) life of Pi, *Gazette of the Australian Mathematical Society*, vol. 33 (2006), 243-248.

[4] J.-Cl. CARREGA, *Théorie des corps, la règle et le compas*, Hermann, Paris, 1981.

[5] N. CHUQUET, *La Géométrie*, édition annotée par H. l'Huillier, Vrin, Paris, 1979.

[6] R. DESCARTES, *Circuli quadratio*, manuscrit édité à Amsterdam en 1701 ; *Œuvres*, éditées par Ch. Adam et P. Tannery, t. X, 1908, 304-305 ; rééd. Vrin, Paris, 1974.

[7] L. EULER, *Introductio in analysin infinitorum*, Lausanne, 1748 ; trad. J.-B. Labey, Paris, 1796.

[8] J. GREGORY, *Vera circuli et hyperbolae quadratura*, Padoue, 1667.

[9] W. JONES, *Synopsis palmariorum matheseos*, Londres, 1706.

[10] T.-G. de LAGNY, *Mémoire sur la quadrature du cercle*, Histoire de l'Académie Royale, Paris, 1719.

[11] J.-H. LAMBERT, Sur quelques propriétés remarquables des quantités transcendantes circulaires et logarithmiques, *Mémoires de l'Académie de Berlin*, t. 17 (1761), 265-322 ; *Mathematische Werke*, t. II, 112-159.

[12] H. LEBESGUE, *Leçons sur les constructions géométriques* professées au Collège de France en 1940/1941, Paris, Gauthier-Villars, 1950 ; rééd. Gabay, Paris, 1988.

[13] A.-M. LEGENDRE, *Éléments de géométrie*, Didot, Paris, 1794.

[14] G.-W. LEIBNIZ, De vera proportione circuli ad quadratum circumscriptum in numeris rationalibus, *Acta eruditorum*, Leipzig, fév. 1682 ; *Mathematische Schriften*, t. V, 118-122, éd. par C.I. Gerhardt, 1858 ; réimpr. Olms, Hildesheim, 1962. Trad. Marc Parmentier : Expression en nombres rationnels de la proportion exacte entre un cercle et son carré circonscrit, in *Leibniz, Naissance du calcul différentiel*, Vrin, Paris, 1989.

[15] G.-W. LEIBNIZ, Lettre à La Roque, *Mathematische Schriften*, t. V, 88 92, éd. par C.I. Gerhardt ; 1858 ; réimpr. Olms, Hildesheim, 1962.

[16] C.-L. LINDEMANN, Über die Zahl π, *Mathematische Annalen*, t. 20 (1882), 213-225.

[17] I. NEWTON, *Methodus Fluxionum et Serierum infinitarum*, écrit entre 1664 et 1671 ; édition anglaise 1736 ; trad. M. de Buffon, Paris, 1740 ; réimp. Paris, Blanchard, 1966.

[18] Papyrus Rhind, *The Rhind mathematical papyrus*, édité par A.-B. Chace, Oberlin, Ohio, 1927 et 1929 ; rééd. partielle N.C.T.M., 1979.

[19] C. T. Rajagopal et T. V. Vedamurthiaiyar, On the Hindu proof of Gregory's series, *Scripta Mathematica*, t. 17 (1951), 65-74.

[20] W. Shanks, *Contributions to Mathematics Comprising Chiefly the Rectification of the Circle to 607 Places of Decimals*, Bell, Londres, 1853.

[21] D. J. Struik, *A Source Book in Mathematics, 1200-1800*, Harvard University Press, 1969.

[22] H. W. Turnbull, *The Correspondence of Isaac Newton*, Cambridge University Press, 1959.

[23] Fr. Viète, *Variorum de rebus mathematicis responsorum, Liber* VIII, Tours, 1593 ; *Opera Mathematica*, Leyde, 1646.

[24] J. Wallis, *Arithmetica Infinitorum*, Oxford, 1656 ; *Opera Mathematica*, t. I, Oxford, 1695, 355-478.

[25] L. Wantzel, Recherches sur les moyens de reconnaître si un problème de géométrie peut se résoudre avec la règle et le compas, *Journal de Mathématiques Pures et Appliquées*, t. 2 (1837), 366-372.

Chapitre 6

Les méthodes de Newton

La méthode de Newton est remarquable à la fois par la simplicité de son principe – l'approximation par linéarisation – et par son efficacité – une convergence souvent très rapide. Elle porte en fait deux noms différents selon les objets auxquels elle s'applique. Lorsqu'il s'agit de la résolution par approximations successives d'une équation numérique :

$$P(y) = 0,$$

on parle de la *méthode de la tangente* ou simplement de la méthode de Newton. Lorsqu'il s'agit d'obtenir la solution y d'une équation algébrique :

$$F(x,y) = 0,$$

sous la forme d'une série en x, on parle de la *méthode du polygone* de Newton. Ces deux versants, numérique et algébrique, se trouvent successivement exposés par Newton dans sa *Méthode des Fluxions et des Suites infinies*.

Indiquons, en termes actuels, l'origine de la méthode. Au cours de cette période de naissance du calcul infinitésimal, notre calcul différentiel et intégral, on cherche à calculer, entre autres, les « aires sous les courbes ». Or, lorsque la courbe considérée est une courbe algébrique, donnée par une équation $F(x,y) = 0$ liant entre elles les coordonnées des points, on essaye de se ramener au cas que l'on sait en principe résoudre, celui où l'ordonnée y est exprimée sous la forme d'une fonction f de l'abscisse x. Il suffit alors de connaître une primitive de cette fonction f pour savoir en calculer l'intégrale. En fait, à cette époque, on calcule aisément – et Newton tout particulièrement – les primitives de fonctions, lorsque celles-ci sont exprimées sous forme de séries en x. Newton obtient justement un tel développement de y en série en x, par la méthode, appelée aujourd'hui méthode du polygone de Newton. Il s'agit donc de la résolution de l'équation en y :

$$F(x,y) = 0,$$

résolution à obtenir sous la forme $y = f(x)$ où $f(x)$ est une série en x.

Mais, un peu abstraite, cette « *réduction des équations affectées en espèces* » est délicate à concevoir au premier abord. C'est pourquoi, Newton commence par expliquer sa méthode sur la « *réduction des équations affectées en nombres* », c'est-à-dire la résolution des équations numériques :

$$P(y) = 0$$

où P est un polynôme à coefficients donnés dont il s'agit de trouver les racines. Ces racines vont être obtenues comme somme d'une succession de nombres améliorant à chaque étape l'approximation précédente. Si bien que, chaque méthode permet de mieux comprendre l'autre : le versant numérique, plus concret, permet d'aborder, par analogie, l'algébrique ; mais aussi l'algébrique permet, par sa formalisation, de saisir le principe de la méthode numérique. Il s'agit dans les deux cas de résolutions par approximations successives.

Nous allons voir ci-après des extraits dans lesquels Newton expose ces deux méthodes. Ils seront suivis de textes postérieurs apportant des améliorations et des compléments aux résultats de Newton.

LA MÉTHODE DE LA TANGENTE

(résolution des équations numériques)

Newton expose sa méthode, vers 1669, sur des exemples numériques (§ 1). Il n'utilise pas alors l'interprétation géométrique d'une courbe approchée par sa tangente et il ne met pas en évidence la formule de récurrence aujourd'hui couramment utilisée. Celle-ci qui évite les substitutions fastidieuses est introduite par Raphson en 1690 (§ 2), d'où le nom de *méthode de Newton-Raphson* parfois employé. La question importante des conditions initiales assurant la convergence des approximations successives semble explicitement soulevée pour la première fois, en 1768, par Mourraille (§ 3) et, ultérieurement, par Lagrange. C'est par une approche géométrique que la question a pu être abordée. Elle est reprise en 1818 par Fourier qui traite ce faisant le problème de la rapidité de la convergence ; il s'agit donc d'un retour au numérique. Cauchy étudie cette question à son tour en 1821, puis, de façon très précise, en 1829 (§ 4). Il s'intéresse alors à ce que donne la méthode dans le cas de racines complexes ; ce cas conduira plus tard à des recherches en relation avec la notion moderne d'ensemble fractal, mêlant les différentes approches numérique, géométrique, voire topologique. Aussi verrons-nous quatre textes dus respectivement à Newton, Raphson, Mourraille et Cauchy, complétés par un texte récent faisant le lien avec les fractals (§ 5).

1. LA LINÉARISATION DE L'ÉQUATION

La méthode de Newton est une méthode par approximations successives. À ce propos, on peut citer, parmi ses prédécesseurs, Héron d'Alexandrie, au Iᵉʳ siècle après J.-C., dont la méthode d'extraction des racines carrées, selon un principe au départ tout différent, peut s'interpréter comme un cas particulier de la méthode de Newton, et surtout, al-Kāshī qui, au XVᵉ siècle, pour trouver une valeur approchée de sin 1°, à partir de la connaissance de sin 3°, est amené à résoudre une équation que nous écrivons maintenant :

$$3x - 4x^3 = c \ (= \sin 3°)$$

Quant au procédé de résolution proposé par Viète en 1600, on peut dire qu'il présente certaines analogies avec celui de Newton. Nous détaillerons ces différentes méthodes au chapitre suivant ; mais revenons à Newton.

La première partie de *La Méthode des Fluxions* [17] est une version augmentée du *De Analysi per Aequationes numero terminorum infinitas* [16] écrit en 1669. Il s'agit d'un exposé détaillé des techniques de calcul utilisant les séries à la suite duquel Newton explique sa théorie des fluxions : la notion de dérivation correspond au calcul de la vitesse ou fluxion (géométriquement la pente de la tangente) et la notion d'intégration correspond au calcul de la *fluente* à partir de la donnée des *fluxions* (géométriquement l'aire sous la courbe). Puis, Newton donne de nombreuses applications de sa théorie comme la construction de tangentes, la recherche d'extrema, le calcul d'aires ou de courbures, etc...

Ici, nous nous intéressons aux techniques de calcul exposées dans la première partie et plus précisément aux résolutions d'équations. Nous avons dit que Newton commence par expliquer sa méthode sur la résolution des équations numériques $P(y) = 0$, où P est un polynôme à coefficients donnés. Newton part d'une valeur approchée a d'une racine y. Dans un premier temps, il substitue à l'équation en y l'équation vérifiée par l'écart p entre la racine y et la valeur approchée a. Dans un deuxième temps, il résout cette équation par linéarisation, c'est-à-dire en négligeant les termes en p de degrés supérieurs ou égaux à 2. Puis, il itère le procédé à partir de la nouvelle valeur approchée $a + p$ obtenue, et ainsi de suite... Newton considère donc la succession des approximations $a, a + p, a + p + q, a + p + q + r, \ldots$ dans une sorte d'*arithmétique de l'infini*. Précisons que pour l'instant il n'est nulle part fait mention de géométrie. Ce n'est qu'à la suite de ces considérations numériques et algébriques que Newton s'engage dans la voie du calcul des fluxions, puis évoque la tangente à une courbe.

Le texte de Newton

Extrait du *Methodus Fluxionum et Serierum infinitarum*, écrit en latin entre 1664 et 1671, édité en anglais en 1736. Fac-similé de la traduction M. de Buffon, *La Méthode des Fluxions et des Suites infinies*, Paris, 1740 (pp. 6-8). (B. N.).

XIX. Il faut que nous entrions dans un détail un peu plus grand, pour expliquer comment on doit reduire les Racines de ces Equations à des ſuites infiniés ; car ce que les Géomettres nous ont donné ſur les Equations en Nombres, eſt extrêmement embaraſſé, & chargé d'Opérations ſuperfluës ; de ſorte qu'on ne peut prendre ſur cela un bon Modele pour faire les mêmes Opérations en Eſpeces. Je ferai donc voir d'abord comment ſe doit faire en Nombres la Reduction des Equations Affectées, & enſuite j'appliquerai la Methode aux Eſpeces.

XX. Soit l'Equation $y^3 - 2y - 5 = 0$ à reduire en ſuite infinie, prenez un Nombre comme 2, qui ne differe pas d'une de ſes dixiemes Parties de la vraie valeur de la Racine, & faites $2 + p = y$, ſubſtituez $2 + p$ pour y dans l'Equation donnée, & vous aurez $p^3 + 6p^2 + 10p - 1 = 0$, dont il faut chercher la Racine pour l'ajoûter au Quotient ; rejettez $p^3 + 6p^2$ à cauſe de ſa petiteſſe, il reſtera $10p - 1 = 0$, ou $p = 0{,}1$, ce qui eſt très-près de la vraie valeur de p ; c'eſt pourquoi l'écrivant au Quotient, je fais $0{,}1 + q = p$, & ſubſtituant comme auparavant, j'ai $q^3 + 6{,}3q^2 + 11{,}23q + 0{,}061 = 0$, négligeant les deux premiers Termes, il reſte $11{,}23q + 0{,}061 = 0$, ou $q = -0{,}0054$ à peu près (& cela en diviſant $0{,}061$ par $11{,}23$ juſqu'à ce qu'on ait autant de Figures qu'il y a de places entre les premieres Figures de ce Quotient & le principal Quotient excluſivement, comme ici où il a deux places entre 2 & 0,005) J'écris donc $-0{,}0054$ dans le Quotient, mais au-deſſous parce que ce Terme eſt Négatif ; & ſuppoſant $-0{,}0054 + r = q$, je ſubſtitue comme auparavant, & je continue ainſi l'Opération auſſi long-tems qu'il convient, comme on le peut voir ci-deſſous.

$y^3 - 2y - 5 = 0$		$+2{,}10000000$ $-0{,}00544852$ $+2{,}09455148$, &c. $= y$
$2 + p = y$	$+y^3$ $-2y$ -5	$+8 + 12p + 6p^2 + p^3$ $-4 - 2p$ -5
SOMME.		$-1 + 10p + 6p^2 + p^3$
$0{,}1 + q = p$	$+p^3$ $+6p^2$ $+10p$ -1	$+0{,}001 + 0{,}03q + 0{,}3q^2 + q^3$ $+0{,}06 + 1{,}2 + 6$ $+1, + 10,$ $-1,$
SOMME.		$+0{,}061 + 11{,}23q + 6{,}3q^2 + q^3$
$-0{,}0054 + r = q.$	$+q^3$ $+6{,}3q^2$ $+11{,}23q$ $+0{,}061$	$-0{,}0000001$[illegible] $+ 0{,}000$[illegible]$8r -$ [illegible]$r^2 + r^3$ $+0{,}0001837$[illegible] $-0{,}068$[illegible] $+6{,}3$ $-0{,}060642$ $+11{,}23$ $+0{,}061$
SOMME.		$+0{,}0005416$ $+11{,}162r$
$-0{,}00004852 + s = r$		

XXI. On peut abreger le Calcul vers la fin de l'Opération, & cela principalement dans les Equations qui ont pluſieurs Dimenſions ; vous déterminerez d'abord juſqu'où vous voulez pouſſer votre Extraction, c'eſt-à-dire combien vous voulez que le Quotient contienne de Chiffres ; enſuite vous compterez autant de Chiffres moins un après la premiere Figure du Coefficient du dernier Terme des Equations, qu'il reſte de Places à remplir dans le Quotient, & vous rejetterez les Decimales qui ſuivent ; dans le dernier Terme il faudra négliger les Decimales qui ſeront au-delà du nombre des Figures du Quotient ; dans le Terme antepénultiéme toutes celles qui ſeront en-deçà de ce même nombre de Figures, en procedant ainſi Arithmetiquement, ſuivant l'intervalle des Chiffres ; ou bien, ce qui eſt la même choſe, vous couperez par-tout autant de Figures que dans le terme pénultiéme ; de ſorte que leurs Places les plus éloignées ſoient en progreſſion Arithmétique, ſelon la ſuite des Termes, ou ſoient ſuppoſées remplies de Chiffres, lorſque cela arrive autrement. Ainſi dans l'exemple ci-deſſus, ſi je ne veux pas pouſſer mon Extraction, ou continuer mon Quotient plus loin que la huitiéme Figure des Decimales ; lorſque j'aurai ſubſtitué 0,0054 + r pour q, il y aura dans le Quotient quatre Places de Decimales remplies, & autant qui demeureront à remplir ; je puis donc négliger les Figures dans les cinq places les plus éloignées, & c'eſt pour cela que je les ai croiſées de petites lignes ; & à la vérité j'aurois pû négliger auſſi le premier Terme r quoique ſon Coefficient ſoit 0,99999, &c. Ainſi en ne tenant plus compte de ces Figures, l'on aura dans l'Opération ci-deſſus 0,0005416 + 11,162 r pour la ſomme, ce qui par la Diviſion continuée auſſi loin que le terme preſcrit, donne pour la valeur de r, — 0,00004852, ce qui remplit le Quotient juſqu'au Terme preſcrit ; il ne reſte qu'à ſouſtraire le Négatif du Quotient de l'Affirmatif, & l'on aura 2,09455148 pour la Racine de l'Equation propoſée.

N'oublions pas que, dans cette partie du traité, Newton ne parle ni de tangente, ni de dérivée et que l'interprétation géométrique suivante de la résolution de l'équation étudiée par Newton n'y figure en aucune façon.

Considérons la fonction :

$$z = f(y) = y^3 - 2y - 5.$$

Son graphe a l'allure ci-contre. Il coupe l'axe horizontal pour une valeur de y comprise entre 2 et 3, « proche » de 2.

Regardons ce qui se passe pour des valeurs de y « proches » de 2. En première approximation, assimilons la portion de courbe à sa tangente au point de coordonnées (2, −1). Avec le développement du calcul infinitésimal, on saura que

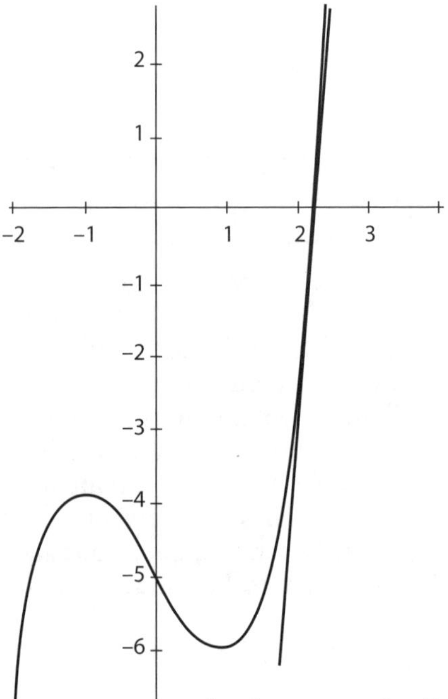

fonction z = yyy − 2y − 5

cette dernière a pour équation :

$$z + 1 = (y - 2)f'(2),$$

c'est-à-dire :

$$z = -1 + 10(y - 2).$$

Posons $y = 2 + p$, la courbe coupe l'axe horizontal pour p vérifiant :

$$p^3 + 6p^2 + 10p - 1 = 0$$

(*cf.* texte de Newton) et la tangente le coupe pour p vérifiant

$$10p - 1 = 0.$$

Remplacer la portion de courbe par la tangente considérée c'est négliger, comme Newton, les termes $p^3 + 6p^2$. On obtient alors $p = 0{,}1$.

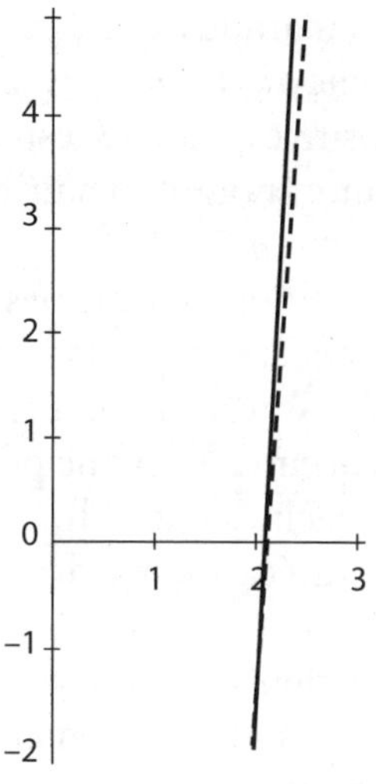

L'approximation est encore meilleure si l'on se place au point correspondant, non plus à $y = 2$, mais à la nouvelle valeur approchée $y = 2{,}1$, et ainsi de suite...

Pour appliquer la méthode de Newton, la première question à résoudre est celle de la détermination d'une première valeur approchée pour chaque racine et, à cet effet, il faut tout d'abord préciser des limites entre lesquelles chacune de ces racines se situe. Newton indique plusieurs procédures tout particulièrement dans l'*Arithmetica universalis* [15], écrite entre 1670 et 1680 (*cf.* texte ci-dessous).

Multipliez chacun des termes de l'équation par l'exposant de l'inconnue dans ce terme, ensuite divisez le produit par la racine. Recommencez la même opération sur l'équation résultante, et continuez ainsi jusqu'à ce que vous arriviez à un reste qui ne contienne plus que deux termes. Alors si dans ce dernier reste, ainsi que dans ceux de toutes les opérations précédentes, vous substituez pour l'inconnue, un nombre de même signe que le terme le plus élevé de l'équation proposée, et que, par l'effet de la substitution, tous ces restes aient des résultats de même signe que le terme le plus élevé de l'équation proposée ; le nombre que vous aurez substitué pour l'inconnue, sera plus grand que la plus grande racine positive de l'équation.

(traduction Beaudeux, 1802, t. 2, p. 26)

En termes plus actuels, étant donné un polynôme :

$$P(x) = x^n + a_{n-1}x^{n-1} + \ldots + a_1 x + a_0,$$

Newton remarque que si un nombre positif b, substitué à x, fournit, pour le polynôme P et ses dérivées, des valeurs $P(b)$, $P'(b)$, $P''(b)$, ..., $P^{(n-1)}(b)$, toutes positives, alors b est supérieur aux racines positives de P. Pour obtenir un minorant, il suffit de procéder de façon analogue après avoir changé x en $-x$.

La séparation des racines et le choix de valeurs approchées peuvent donc être effectuées par tâtonnements systématiques grâce aux polynômes dérivés, en essayant les entiers les uns après les autres, puis en raffinant à l'aide des décimaux. On ne pourra cependant être sûr d'avoir effectivement séparé les racines que si l'on sait que les intervalles utilisés sont inférieurs au plus petit écart entre deux racines consécutives (à ce propos *cf.* chap. 4, § 5, p. 151).

La question des conditions de convergence n'est pas vraiment posée. Newton demande simplement de partir d'une valeur approchée à 0,1 près et, si cela ne paraît pas suffire, il propose d'utiliser aussi le terme de degré 2, autrement dit, dans son exemple, de déterminer p à partir de $6p^2 + 10p - 1 = 0$. Cette méthode d'approximation, non pas linéaire, mais jusqu'au second degré sera reprise de façon systématique par Halley en 1694 [9].

Évoquons enfin un artifice de calcul développé par Newton, dans le *De Analysi per Aequationes* [16], à propos des substitutions dans les polynômes :

> Pour ce qui est du travail que cela représente, on le verra en substituant les quantités les unes aux autres, mais je pense, cela pouvant être réalisé de plusieurs manières, que la façon suivante est la plus commode, surtout quand les nombres coefficients sont composés de plusieurs chiffres. Soit $p + 3$ à substituer à y dans l'équation :
>
> $$y^4 - 4y^3 + 5y^2 - 12y + 17 = 0;$$
>
> puisque l'on peut transformer cette équation en :
>
> $$\overline{\overline{\overline{y-4}\times y:+5}\times y:-12}\times y:+17=0$$
>
> on obtient une nouvelle équation de la façon suivante :
> $p - 1 \times p + 3 = pp + 2p - 3$
> et $pp + 2p + 2$ multiplié par $p + 3$ égale $p^3 + 5p^2 + 8p + 6$
> et $p^3 + 5p^2 + 8p - 6$ multiplié par $p + 3$
> égale $p^4 + 8p^3 + 23pp + 18p - 18$
> et $p^4 + 8p^3 + 23p^2 + 18p - 1 = 0$, ce que l'on cherchait.
>
> (d'après l'éd. Whiteside, t. II, p. 222)

Dans une écriture algébrique moderne, nous mettrions entre parenthèses les expressions *surlignées* par Newton. Il vaut mieux s'en garder; en effet, nous reconnaissons là ce qui, maintenant, est appelé le *schéma de*

Horner, du nom de son propagateur W.G. Horner [10]. La méthode était en fait connue des Chinois et des Arabes depuis le XIIIe siècle, dans le cadre des extractions de racines n-ièmes. C'est un cheminement extrêmement rapide permettant d'obtenir sur une calculatrice la valeur d'un polynôme pour une valeur donnée de la variable : il suffit d'effectuer les opérations dans l'ordre indiqué (*cf.* chap. 7, § 9).

2. LA FORMULE DE RÉCURRENCE

Dans sa méthode, à chaque étape, Newton tire le correctif supplémentaire d'une nouvelle équation, en remplaçant l'inconnue par l'expression $a + p$ où a est l'approximation en cours et p le correctif cherché. Le mathématicien anglais Joseph Raphson propose une simplification dans son traité, *Analysis Æquationum universalis*, paru à Londres en 1690 : c'est la même équation

$$a_{n+1} = a_n - f(a_n)\,/f'(a_n)$$

qui fournit les approximations successives. Raphson ouvre ainsi la voie à une procédure algorithmique.

Bien sûr, nous allons trop loin en utilisant la notation indicielle a_n et la dérivée f', mais le principe est bien celui-ci. Dans le texte ci-après, Raphson traite l'équation liée à la trisection de l'angle :

$$3y - y^3 = c$$

notée ici :

$$ba - aaa = c.$$

Il la résout en notant que chaque approximation g de la valeur cherchée a est améliorée quand on remplace g par $g + x$ où :

$$x = (c + g^3 - bg)/(b - 3g^2).$$

Newton n'avait pas publié ses travaux ; ceux-ci étaient cependant connus, car exposés dans l'*Algebra* de John Wallis, publiée en 1685 [22].

Avec son *Historia fluxionum* de 1715, Raphson sera un défenseur de Newton dans sa controverse avec Leibniz à propos de la paternité du calcul différentiel.

Le texte de Raphson

Extraits et fac-similé de l'*Analysis Æquationum universalis*, Londres, 2e édition, 1697 (pp. 8 et 20). Traduction J.-L. Chabert. (B. N.).

PROP. II

On propose ba – aaa = c

On choisit une quantité quelconque (g) inférieure à (a). Je dis que (g) obtenu de proche en proche (par notre méthode) est toujours supérieur au précédent, mais inférieur à (a), et par conséquent converge vers la vraie valeur.

À partir de l'hypothèse $g + z = a$, on aura

$$bg - ggg + \overline{b - 3gg}^{\times} z - 3gzz - zzz = ba - aaa = c.$$

Donc $\overline{b - 3gg}^{\times} z - 3gzz - zzz = c + ggg - bg.$

Donc $+z - \dfrac{3gzz + zzz}{b - 3gg} = \dfrac{c + ggg - bg}{b - 3gg} = +x.$

D'après les théorèmes de convergence, on aura $+z = +x + \dfrac{3gzz + zzz}{b - 3gg}$,

on ajoute (g) aux deux membres, ce qui produit

$$g + z = a = g + x + \frac{3gzz + zzz}{b - 3gg}.$$

Mais le nouveau (g) $= g + x$ est supérieur au précédent de la quantité (x), inférieur cependant à (a) de la quantité $\dfrac{3gzz + zzz}{b - 3gg}$. Q.E.D.

[...]

PROBLÈME XII

Trisection de l'angle

Le rayon r d'un cercle et la corde c d'un arc étant donnés, trouver la corde (a) de la tierce partie de l'arc.

L'équation $3rra - aaa = crr$ donne la corde d'un arc de 20 degrés, troisième partie de soixante.

Dans le cas où $c = r = 10.000$ et l'équation est $300a - aaa = 1\,000$

(à savoir) $ba - aaa = c$ selon le même théorème que précédemment :

g = 3
c + ggg − bg = + 127
b − 3gg = + 273) + 127.0 (+.4 = x

3.
+.4
g = 3.4

c + ggg − bg = + 19.304
b − 3gg = 265.32) + 19.3040 (+.072 = x

3.4
+.072
g = 3.472

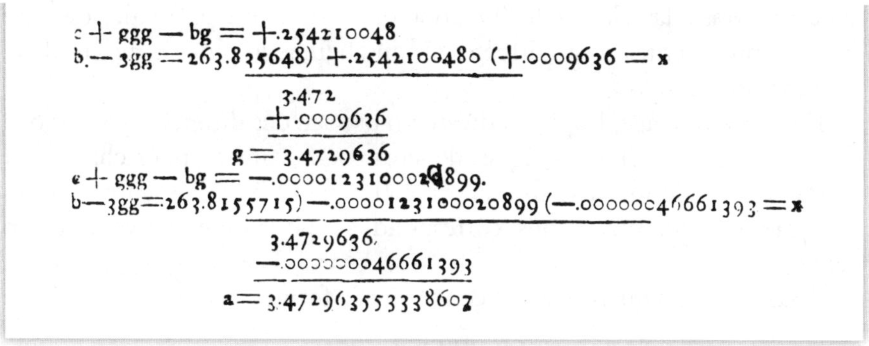
c + ggg — bg = +.254210048
b.— 3gg = 263.835648) +.2542100480 (+.0009636 = x
3.472
+.0009636
g = 3.4729636
c + ggg — bg = —.00001231000208899.
b—3gg = 263.8155715) —.00001231000208899 (—.0000004666 1393 = x
3.4729636
—.00000004666 1393
a = 3.472963553338607

Dans le problème XII, il s'agit de résoudre l'équation numérique :

$$300\,a - a^3 = 1000,$$

cas particulier de l'équation générale :

$$ba - a^3 = c,$$

où b et c sont des coefficients.

La relation $\sin 3t = 3 \sin t - 4 \sin^3 t$ conduit en effet à l'équation :

$$c/2r = 3a/2r - 4(a/2r)^3,$$

c'est-à-dire à : $r^2c = 3r^2a - a^3$.

Raphson utilise le résultat de la proposition II selon lequel, si g est une valeur approchée par défaut de a, alors l'approximation est améliorée en remplaçant g par $g + x$ où :

$$x = (c + g^3 - bg)/(b - 3g^2)$$

et, par conséquent, la suite des g ainsi obtenus :

3 ; 3,4 ; 3,472 ; 3,4729636 ; 3,472963553338607

converge vers la vraie valeur de a.

La raison de cela, selon les explications antérieures de Raphson : en remplaçant dans l'équation donnée l'inconnue a par $g + z$ on obtient une nouvelle équation vérifiée par z :

$$b(g + z) - (g + z)^3 = c,$$

soit en développant :

$$bg - g^3 + (b - 3g^2)z - 3gz^2 - z^3 = c.$$

D'où : $z = (c + g^3 - bg)/(b - 3g^2) + (3gz^2 + z^3)/(b - 3g^2)$

et donc en négligeant $(3gz^2 + z^3)/(b - 3g^2)$,

on obtient : $x = (c + g^3 - bg)/(b - 3g^2)$

de sorte que : $g < g + x < g + z = a$.

En fait, $b - 3g^2$ n'est pas nécessairement positif et il se peut que x ne soit pas inférieur à z, même lorsque la valeur initiale g est choisie inférieure à la racine. Ainsi, dans le cas de l'équation de la trisection de l'angle, les affirmations précédentes sont correctes si l'on cherche la plus petite des deux racines positives.

Dans son ouvrage, Raphson dresse un tableau des différentes équations de degré 2, 3 et 4 selon les signes de leurs coefficients et, pour chacune, il donne la formule fournissant x et $g + x$. Il le fait suivre d'un autre tableau indiquant ce qui pour nous correspond au polynôme dérivé jusqu'au degré 10.

Aujourd'hui, l'équation étant écrite sous la forme :

$$f(a) = 0,$$

on donne une expression générale pour le correctif x, à savoir :

$$x = -f(g)/f'(g).$$

En effet, $f(a) = 0$ s'écrit $f(g + x) = 0$. Or,

$$f(g + x) = f(g) + bx + cx^2 + dx^3 + \ldots + mx^k,$$

où $b = f'(g)$. Tenant compte de la petitesse de x, on a de façon approchée :

$$f(g) + xf'(g) = 0.$$

Par suite, la nouvelle approximation $g + x$ s'écrit :

$$g + x = g - f(g)/f'(g),$$

et les approximations successives a_n sont fournies par la formule de récurrence :

$$a_{n+1} = a_n - f(a_n)/f'(a_n).$$

Pendant longtemps les deux méthodes, celle de Newton et celle de Raphson, ont été exposées de façons distinctes. Newton mettait l'accent sur le choix de valeurs initiales suffisamment approchées pour pouvoir effectuer des approximations linéaires, tandis que Raphson utilisait des encadrements obtenus en choisissant la valeur initiale par excès ou par défaut selon le type d'équation considérée. Dans la note V de son *Traité de la résolution des équations numériques*, Lagrange [12] met en évidence le fait que « *ces deux méthodes ne sont au fond que la même présentée différemment* ».

Ce procédé, utilisé par Newton et Raphson pour des équations algébriques à coefficients rationnels seulement, est appliqué au cas d'équations irrationnelles et transcendantes dans les *Essays on Mathematics* de Thomas Simpson [21] publiés en 1740. Mais la question des conditions initiales assurant la convergence n'est pas alors véritablement posée.

3. LES CONDITIONS INITIALES

La convergence de la méthode de Newton semble discutée avec précision, pour la première fois, par Mourraille en 1768, dans son *Traité de la résolution des équations numériques* [14]. Jean-Raymond Mourraille, mathématicien et astronome, fut maire de Marseille de 1791 à 1793. Il est curieux que son ouvrage soit passé quasiment inaperçu car il apporte plusieurs idées nouvelles. En particulier, contrairement à Newton ou Raphson, il privilégie l'aspect géométrique – le nom de méthode de la tangente y prend son sens – et s'appuie sur cette représentation pour préciser le comportement de la suite itérative produite par l'algorithme de Newton.

Soit $f(x) = 0$ l'équation dont on cherche les racines a, b, ... et soit ABM la courbe correspondante.

Soit P un point sur l'axe des abscisses tel que $\overline{OP}$ représente une valeur approchée de la racine $b = \overline{OB}$ et soit M le point de la courbe au-dessus de P. Soit Mp la tangente en M à la courbe et soit Pp la sous-tangente correspondante.

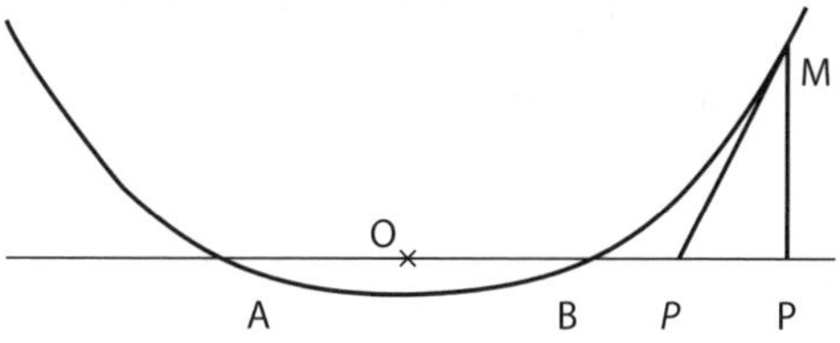

La méthode de Newton consiste à remplacer la valeur approchée $\overline{OP}$ par la nouvelle valeur $\overline{Op} = \overline{OP} + \overline{Pp}$. Or, si, comme le note Mourraille, la portion de courbe BM est « convexe vers l'abscisse », alors le point p sera compris entre B et P, la nouvelle valeur $\overline{Op}$ sera comprise entre $b = \overline{OB}$ et $\overline{OP}$; ainsi, d'une part l'approximation sera améliorée, d'autre part on pourra l'itérer et le processus sera convergent. Lorsque f' et f'' sont de signes constants, cette condition de « convexité vers l'abscisse » s'écrit encore $f\left(\overline{OB}\right).f''\left(\overline{OP}\right) > 0$.

Le texte ci-après est intéressant car il expose de façon très imagée ce qui peut arriver si l'on ne prend pas la précaution de choisir un point P satisfaisant à cette condition. Or, bien des possibilités sont offertes : osciller, s'éloigner à l'infini, tendre vers une autre racine ; enfin, lorsqu'il y a convergence vers la racine cherchée, cette convergence peut être plus ou moins rapide.

Le texte de Mourraille

Extrait du *Traité de la Résolution des Équations en général*, Londres et Marseille, 1768. Chapitre cinquième, section III : De l'approximation des racines incommensurables (pp. 340-345).

Inconvénients de cette méthode

... Supposant donc qu'on cherche la racine OB en prenant le point P du premier terme OP entre A et B, je vais examiner les inconvénients qui peuvent résulter de cette position trop indéterminée, je déterminerai les limites qu'elle doit avoir pour les éviter, et je ferai voir qu'en les évitant, cette position doit retourner à celle que j'ai prescrite.

À mesure que le point P se meut d'un mouvement égal de B vers A, le point p de la première sous-tangente Pp se meut de B vers N d'un mouvement très accéléré, il franchira bientôt le point Q qui répond à l'inflexion R voisine de B, ensuite il passera rapidement au-delà du point Π' qui répond au maximum suivant $\Pi'\mu'$, plus rapidement encore au-delà du point Q' qui marque l'inflexion suivante R', encore plus rapidement au-delà du point Π'' où je suppose qu'aboutit un maximum $\Pi''\mu''$ et parcourant ainsi toute la ligne des abscisses de B vers N, il tombera enfin à une distance infinie du point B lorsque P parviendra au point Π du maximum $\Pi\mu$. Après cela P se mouvant de Π vers A, le point p reparaîtra d'abord du côté de I à une distance presque immense, et viendra enfin en A lorsque P y arrivera aussi : mais comme l'on a pris OP plus grande que OB, et que par conséquent le second terme Pp de la suite doit être négatif par rapport à OP, je pense qu'on s'apercevrait d'abord que la position qui donnerait Pp positif par rapport à OP, est trop proche de A, et qu'en conséquence on diminuerait OP.

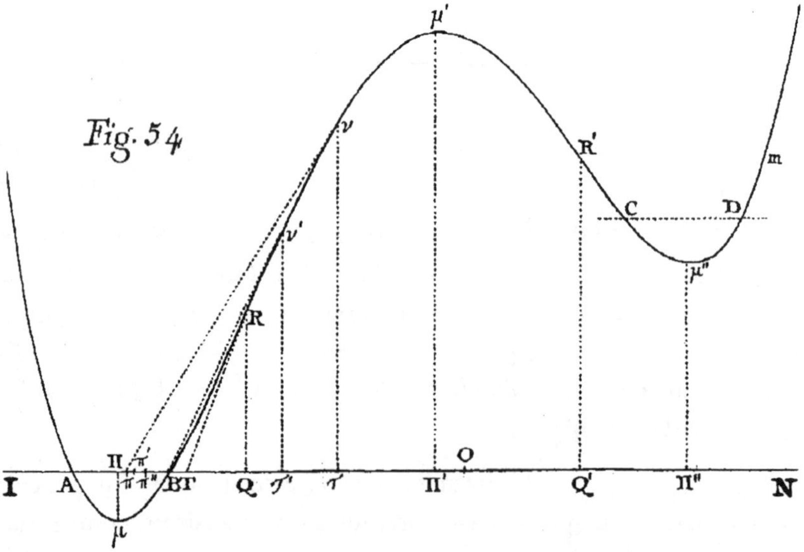

Je suppose donc qu'on prenne OP moindre que $O\Pi$; le second terme Pp viendra négatif par rapport à OP : mais je suppose aussi, ce qui peut fort bien arriver, que la partie de courbe $R'\mu''m$ au lieu de donner un minimum $\Pi''\mu''$, donne au contraire un

maximum fort proche de B, c'est-à-dire, qu'elle coupe l'abscisse par ses points C, D fort près de B dans la partie OB, et que le point p réponde à un point de la partie R'C de la courbe, supérieure à l'abscisse, laquelle partie est convexe vers l'abscisse. Alors le terme suivant pp', ou la seconde sous-tangente, et tous les suivant p'p'', p''p''', etc. seront négatifs par rapport au premier OP, et la suite OP – Pp – pp' – p'p'', etc. au lieu de donner la racine OB, donnera la racine OC fort proche de OB, peut-être, par cette raison, sans qu'on s'aperçoive de l'erreur. La suite OP – Pp – pp' – p'p'', etc. donnerait aussi la même OC, si p répondait à l'un des points de la partie concave μ'R' tel qu'il renvoyât le point suivant p' dans un point correspondant à la partie convexe R'C; et la suite OP – Pp + pp' – p'p'' – p''p''' – p'''p^{iv} etc. donnerait encore la même OC, si p répondait à l'un des points de la partie concave inférieure Cμ'', tel qu'il renvoyât le point suivant p' dans un point correspondant à la partie convexe R'C. D'autres suites encore pourraient donner la même OC de plusieurs autres manières qu'il est inutile de détailler. D'autres suites pourraient donner de plusieurs façons la racine suivante OD; on en trouverait d'autres qui donneraient d'autres racines, et il n'y a aucune racine qui ne pût avoir sa suite, et même plusieurs suites différentes; on trouverait des suites qui se fixeraient aux environs d'un minimum Π''μ'', et qui par des balancements continuels s'en approcheraient et s'en éloigneraient alternativement. Enfin, la position indéterminée de P dans la partie concave μB peut conduire les points p, p', p'', p''', etc. dans toutes les régions de la ligne des abscisses IN, sans jamais leur faire trouver un point de convergence.
Il est vrai qu'ayant des limites intermédiaires aux racines successives, on s'apercevrait bientôt de ces écarts; mais il est bien plus expédient de les éviter absolument, ces écarts, que de corriger ensuite la position qui les aurait donnés. Voilà donc les inconvénients, et voici leurs limites.

Limites de ces inconvénients

Il y a dans BΠ un certain point π, où plaçant le point P du premier terme OP, le point p de la première sous-tangente Pp tombe en τ dans QΠ', lequel τ répondant au point v de la partie concave Rμ', renvoye le point p' de la seconde sous-tangente pp' dans le même point π d'où l'on est parti.
Il y a dans Bπ un certain point π', où plaçant le point P, le point p tombe en τ' dans Qτ, lequel τ' répondant au point v' de la partie concave Rv, place le point p' dans le point B de la racine.
Il y a enfin dans Bπ' un certain point π'', où plaçant le point P, le point p tombe en Q, lequel Q répondant au point d'inflexion R, place le point p' dans le point T où aboutit la tangente en R.
On voit donc que si l'on fait avancer le point P de π vers B, le point p s'avancera continuellement de τ vers B, tandis que p' viendra de π en B, de B en T, et retournera de T vers B; et que si au contraire on fait avancer le point P de π vers Π, le point p s'avancera continuellement de τ vers N, et le point p' parcourra d'abord tout πI tandis que p parcourra seulement τΠ', etc...
Le point π est donc la limite entre la convergence et la divergence de la suite. Dans le point π la suite est Oπ – πτ + τπ – πτ + τπ – πτ + τπ, etc. = Oπ, toujours de la même grandeur; elle est nécessairement convergente, si l'on prend P entre π et B; et divergente, si l'on prend P entre π et Π.
Le point π' est le seul dans π B qui fasse terminer la suite par trois termes; et dans la position de P dans certains points de ππ', qui sont les seuls de πB qui fassent terminer la suite par un nombre fini de termes, cette suite ne peut se terminer que par 3, 5, 7, 9, etc. termes. Dans le point π' la suite est Oπ' – π'τ' + τ'B = OB;

et si P tombant entre π et π' plaçait le point p', ou p''', ou p^v, etc. en π' la suite $OP - Pp + pp' - p'p'' + p''p''' - p'''p^{iv} + p^{iv}p^{v} - p^{v}p^{vi} + p^{vi}p^{vii}$, etc. = OB se terminerait en p''p''', ou $p^{iv}p^{v}$, ou $p^{vi}p^{vii}$, etc. Mais cela n'arrivera jamais dans une suite en nombres, c'est-à-dire, dans l'usage, si OB est incommensurable ; et si elle est commensurable, on a donné, pour la trouver, des méthodes incomparablement meilleures.

Si l'on prend P entre π et π', la suite peut converger lentement, si P est fort près de π ; mais elle sera plus convergente à mesure que P s'approchera de π'. Ses termes seront alternativement positifs et négatifs, jusqu'à ce que le point p''', ou p^v, ou p^{vii}, etc. tombe au-delà de B ; après quoi tous les termes suivants seront positifs par rapport au premier.

Si l'on prend P entre π' et π'', le second terme de la suite sera négatif par rapport au premier, comme dans tous les cas de P entre Π et B, mais tous les termes suivants seront positifs, et la suite sera d'autant moins convergente, que P sera plus près de π''. Enfin, si l'on prend P entre π'' et B, le second terme de la suite sera négatif, et tous les suivants seront positifs, comme dans le cas précédent ; mais la suite sera d'autant plus convergente, que P sera plus près de B.

De sorte que P venant de π en B, la convergence de la suite est zéro dans le point π, elle est un maximum ou infinie dans le point π', un minimum dans le point π'', et infinie, ou un maximum dans le point B ; cette convergence étant positive, c'est-à-dire, réelle dans tout ce mouvement.

Mais en quelque point entre π et B qu'on prenne P, il y aura toujours un terme négatif p, ou p'', ou p^{iv}, etc. où l'alternance des signes + – cessant, les termes suivants seront tous positifs ; et par conséquent lorsque prenant P dans la partie concave µB, la suite est convergente, elle revient toujours au cas où l'on aurait pris P dans la partie convexe BR. Or, il est bien évident, qu'en général prenant P dans Bπ, la suite sera moins convergente qu'en prenant P dans BQ à une distance égale de B. Considérez de plus, qu'en prenant P dans BQ à une distance quelconque de B, la convergence de la suite augmente continuellement, ce qui n'arrive pas toujours en prenant P dans Bπ. Il convient donc toujours de prendre P dans la partie BQ correspondante à la partie convexe BR, d'autant plus qu'il n'est pas difficile de la connaître, cette partie, tandis qu'il l'est beaucoup de connaître les points π, π', π'' dont nous avons parlé.

Voici, en bref, ce qui, selon Mourraille, est susceptible de se produire lorsque le point P est choisi entre B et Π. Tandis que P se meut de B vers Π, *p* parcourt la demi-droite BN d'un « mouvement accéléré » et, lorsque P se meut de Π vers A, *p* parcourt la demi-droite IA d'un « mouvement décéléré ».

Il note tout d'abord qu'il peut exister des positions de P pour lesquelles la méthode conduit à s'approcher d'une racine autre que la racine cherchée, ou encore ne conduise vers aucune limite.

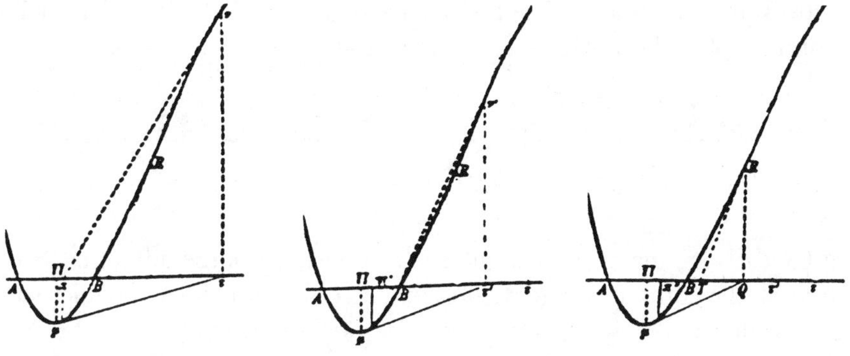

Il s'intéresse ensuite à trois positions particulières de P entre Π et B, à savoir π, π' et π", telles qu'à la seconde itération on obtienne respectivement π, B et T. On peut résumer ceci schématiquement, lorsque P se déplace de Π vers B, de la façon suivante :

$$P : \Pi \to \pi \to \pi' \to \pi'' \to B,$$

$$p : N \to \tau \to \tau' \to Q \to B,$$

$$p' : I \to \pi \to B \to T \to B$$

C'est donc pour P entre π et B que l'on est assuré de la convergence, mais celle-ci est plus ou moins rapide : elle « augmente » lorsque P s'approche de π' ou de B, elle « diminue » lorsque P s'approche de π ou de π''.

La morale que Mourraille tire de ces considérations est la suivante : pour P compris entre Π et B – c'est-à-dire lorsque la portion de courbe BM est concave vers l'abscisse – la convergence, si elle a lieu, nous ramène toujours à un moment donné au cas où P aurait été choisi entre B et Q – c'est-à-dire où la portion de courbe BM est convexe vers l'abscisse.

Nous nous placerons donc dans la situation d'un point P tel que la portion de courbe correspondante BM soit « convexe vers l'abscisse ». Quand en est-il ainsi ? Supposons la fonction f deux fois dérivable et considérons d'abord le cas général où les signes de f' et f'' sont constants dans un intervalle contenant la racine cherchée $b = \overline{OB}$ (comme l'intervalle ΠQ de la figure de Mourraille). Quatre cas de figures peuvent se présenter :

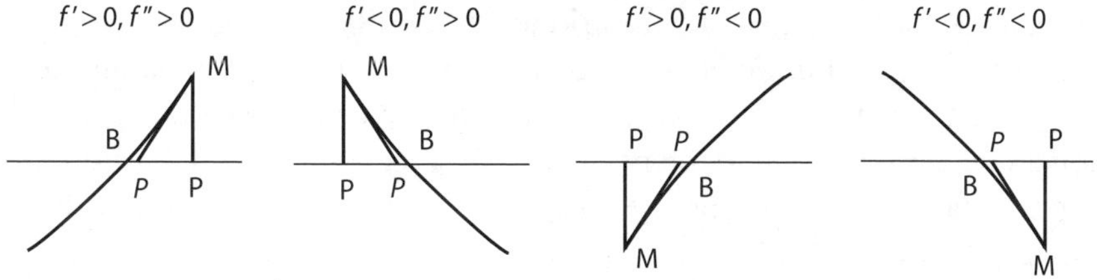

On voit que la portion de courbe BM a sa convexité tournée vers l'abscisse lorsque $f(\mathrm{OP})$ et $f''(\mathrm{OP})$ ont le même signe.

Lorsqu'on n'est pas dans le cas général, ou bien f' s'annule en b, la racine b est multiple et la convexité est toujours tournée vers l'abscisse :

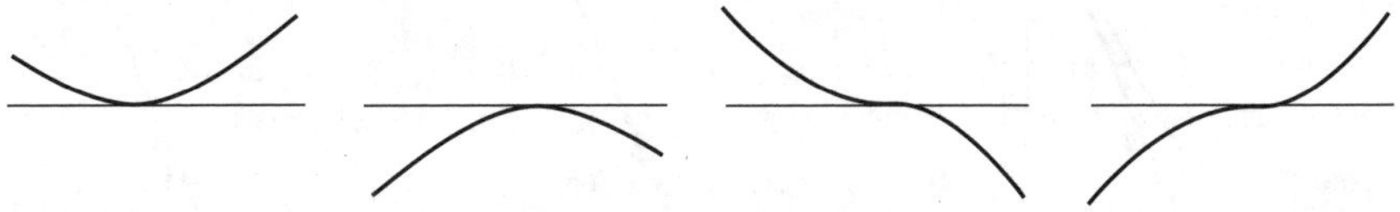

ou bien f'' s'annule en b sans que f' s'y annule, la courbe admet en B un point d'inflexion sans tangente horizontale et les situations possibles sont les suivantes :

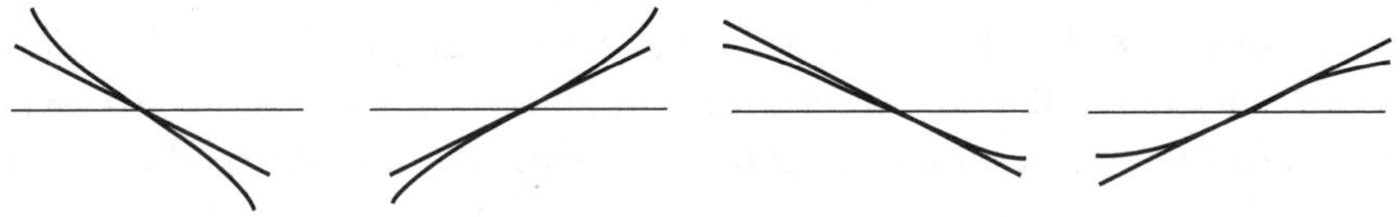

Dans les deux derniers cas, la courbe tourne toujours sa concavité vers l'abscisse ; cependant, comme le note Mourraille, b étant aussi racine de f'', on est ramené à la résolution de $f''(x) = 0$ et, s'il le faut, éventuellement de $f^{(4)}(x) = 0$ ou $f^{(6)}(x) = 0$... jusqu'à ce que ce cas défavorable n'ait plus lieu.

C'est l'aspect géométrique du problème qui a permis à Mourraille d'avancer dans la question du choix de la valeur approchée initiale, de façon à être sûr de la convergence de la méthode. Mais pour préciser la rapidité de cette convergence, esquissée ici seulement de façon qualitative, il va falloir revenir à une formulation analytico-algébrique.

4. LA MESURE DE LA CONVERGENCE

Dans son *Traité des Fluxions* [17], Newton a donné une indication sur le nombre de décimales obtenues à chaque étape supplémentaire, mais son énoncé reste empirique. Mourraille [14], nous l'avons vu, a soulevé la question de la convergence dans le cas d'une équation algébrique. Cependant, son point de vue géométrique, exprimé en termes de concavité, lui permet seulement d'affirmer la convergence de la suite des approximations, il ne lui permet pas de préciser la rapidité de la convergence du processus.

En 1818, Fourier aborde, le premier semble-t-il, une telle évaluation dans une note intitulée *Question d'analyse algébrique* [7], mais une incorrection se trouve dans sa formule. Il y revient dans l'*Analyse des équations déterminées* [8], publiée après sa mort en 1831. Cauchy étudie ce thème dès 1821 [2], il ne donne toutefois une formulation agréable qu'en 1829 (*cf.* texte ci-après).

Le passage suivant est extrait d'une note aux *Leçons sur le Calcul différentiel* [3], note relative à la détermination approximative des racines d'une équation $f(x) = 0$. Cauchy y donne des conditions, portant sur les valeurs des dérivées f' et f'', permettant d'affirmer que la valeur exacte sera comprise entre deux nouvelles bornes et de préciser comment converge alors la suite des valeurs approchées successives fournies par la méthode de Newton.

Le souci de clarté et de rigueur, que l'on retrouve dans tous les écrits de Cauchy, permet ici de conclure – pour un temps – la question de la convergence dans la méthode de Newton.

Avant d'aborder l'extrait ci-dessous, précisons qu'au début de sa note, Cauchy introduit les équations :

$$(1)\, f(x) = 0 \qquad (5)\, f(a) + i\, f'(a) = 0 \qquad (8)\, i = -f(a)\,/\,f'(a)$$

et que « valeur numérique », chez lui, signifie « valeur absolue » pour nous.

Le texte de Cauchy

Fac-similé d'un extrait des *Leçons sur le Calcul différentiel*, 1829.
Note : Sur la détermination approximative des racines d'une équation algébrique ou transcendante.
Œuvres, 2e série, vol. IV, Gauthier-Villars, Paris, 1899, pp. 573-609.

Théorème II. — *Concevons que, la quantité i étant déterminée par l'équation* (5) *ou* (8), *on nomme* B *un nombre égal ou supérieur à la plus grande valeur numérique que peut acquérir la fonction $f''(x)$ entre les limites $x = a$, $x = a + 2i$. Si la valeur numérique de la quantité $f'(a)$ est supérieure à celle du produit*

$$2Bi, \tag{10}$$

l'équation (1) *admettra une seule racine réelle, renfermée entre les limites a, $a + 2i$.*

Démonstration. — En effet, si l'on pose

$$x = a + i + z, \tag{11}$$

on aura, en vertu de l'équation (5) et des formules (47), (48) de la huitième Leçon,

$$(12)\quad \begin{cases} f(x) = f(a) + (i+z)\,f'(a) + \dfrac{(i+z)^2}{2} f''[a+\theta(i+z)] \\ = z\,f'(a) + \dfrac{(i+z)^2}{2} f''[a+\theta(i+z)], \end{cases}$$

$$(13)\quad f'(x) = f'(a) + (i+z)\,f''[a+\Theta(i+z)],$$

θ, Θ désignant des nombres inférieurs à l'unité. Or, si la condition énoncée dans le théorème II est remplie, la fonction $f'(x)$ conservera évidemment le même signe que $f'(a)$ pour toutes les valeurs de z comprises entre les limites $z = -i$, $z = +i$, par conséquent, pour toutes les valeurs de x comprises entre les limites a, $a + 2i$, tandis que les valeurs extrêmes de la fonction $f(x)$, savoir

$$(14)\quad -i\,f'(a) \quad \text{et} \quad i[f'(a) + 2i\,f''(a+2\theta i)],$$

seront affectées de signes contraires. Donc, en vertu du théorème I, l'équation (1) aura une seule racine réelle comprise entre les limites a, $a + 2i$.

Théorème III. — *Concevons que, la quantité i étant déterminée par la formule* (8), *on pose*

$$(15)\quad b = a + i$$

et

$$(16)\quad j = -\frac{f(b)}{f'(b)}.$$

Soient d'ailleurs A *la plus petite valeur numérique que puisse acquérir la fonction $f'(x)$ entre les limites $x = a$, $x = a + 2i$, et* B *la plus grande valeur numérique que puisse acquérir entre les mêmes limites la fonction $f''(x)$. Si la valeur numérique du rapport*

$$(17)\quad \frac{2Bi}{A}$$

est inférieure à l'unité, celle de j ne surpassera pas le produit

$$(18)\quad \frac{B}{2A} i^2,$$

et l'équation (1) *admettra une racine réelle comprise non seulement entre les limites* a, $a+2i$, *mais encore entre les limites* b, $b+2j$.

Démonstration. — Si, comme on le suppose, la valeur numérique du rapport (17) reste inférieure à l'unité, la valeur numérique de $2Bi$ ne surpassera pas celle de $f'(a)$. Donc, en vertu du théorème II, l'équation (1) offrira une racine réelle, mais une seule, renfermée entre les limites a, $a+2i$. De plus, en désignant par θ un nombre compris entre les limites 0, 1, et ayant égard à la formule (5), on trouvera

$$(19)\quad f(b)=f(a+i)=f(a)+if'(a)+\frac{i^2}{1.2}f''(a+\theta i)=\frac{i^2}{2}f''(a+\theta i);$$

puis on tirera de l'équation (19), combinée avec les formules (15) et (16),

$$(20)\qquad j=-\frac{f(a+i)}{f'(a+i)}=-\frac{\frac{i^2}{2}f''(a+\theta i)}{f'(a+i)};$$

et comme, par hypothèse, les valeurs numériques des quantités

$$f''(a+\theta i),\quad f'(a+i)$$

seront, la première inférieure à B, la seconde supérieure à A, il est clair que la valeur numérique de j ne surpassera pas celle du produit

$$\frac{B}{2A}i^2.$$

Donc la quantité j sera renfermée entre les limites

$$-\frac{B}{2A}i^2,\quad +\frac{B}{2A}i^2,$$

et la quantité $2j$ entre les suivantes

$$-\frac{Bi}{A}i,\quad +\frac{Bi}{A}i,$$

par conséquent entre les limites $-\frac{i}{2}$, $+\frac{i}{2}$. Donc

$$b+2j=a+i+2j$$

sera renfermé, ainsi que b, entre les limites a, $a+2i$; et, si l'on fait varier x depuis $x = b$ jusqu'à $x = b + 2j$, les valeurs numériques des fonctions $f'(x)$, $f''(x)$ demeureront, la première supérieure à A, la seconde inférieure à B. Enfin, comme, j étant inférieur à i, et A supérieur à $f'(b)$ (abstraction faite des signes), la valeur numérique du produit $2Bj$ ne surpassera pas celle du produit $2Bi$ qui est inférieure à A, ni, à plus forte raison, celle de $f'(b)$, on prouvera par des raisonnements semblables à ceux à l'aide desquels on a établi le théorème II, que la racine réelle déjà mentionnée est renfermée entre les limites b, $b + 2j$.

Corollaire I. — On voit par ce qui précède comment, étant donnée la valeur approchée a d'une racine réelle de l'équation (1), on peut, à l'aide de la formule (5) ou (8), obtenir de nouvelles valeurs approchées et resserrer de plus en plus les limites entre lesquelles la racine se trouve comprise. C'est dans l'emploi de cette même formule que consiste la méthode de Newton pour la résolution approximative des équations numériques. Il est bon d'observer que les différences entre la racine cherchée et ses deux premières valeurs approchées a, b seront respectivement inférieures, l'une à la valeur numérique de $2i$, l'autre à la valeur numérique de $2j$, et, à plus forte raison, au produit

$$\frac{B}{A} i^2 = \frac{Bi}{2A}(2i).$$

Donc, si l'on désigne par ρ la valeur numérique de i, et celle de la quantité $\frac{Bi}{2A}$ par

$$\varepsilon = \frac{B\rho}{2A}, \tag{21}$$

les différences dont il s'agit ne surpasseront pas les nombres

$$2\rho, \quad 2\rho\varepsilon, \quad 2\rho\varepsilon^3, \quad 2\rho\varepsilon^7, \quad \ldots.$$

[...]

On peut résumer le texte de Cauchy de la façon suivante : soient f une fonction deux fois dérivable et a un nombre. Posons : $i = -f(a)/f'(a)$, $\rho = |i|$, $A = inf_{a \leq x \leq a+2i} |f'(x)|$ et $B = sup_{a \leq x \leq a+2i} |f''(x)|$. Si $2B\rho / A < 1$, alors l'équation $f(x) = 0$ admet une racine et une seule comprise entre a et $a + 2i$.

Plus généralement, en posant :

$$i_n = -f(a_n)/f'(a_n),\ a_{n+1} = a_n + i_n \text{ et } a_0 = a,$$

l'équation $f(x) = 0$ admet une racine et une seule comprise entre a_n et $a_n + 2i_n$ et les écarts correspondant aux valeurs approchées successives a_n sont inférieurs à $2\rho\,\varepsilon^{2^n-1}$ où $\varepsilon = B\rho/2A\ (<1/4)$.

On notera de plus, avec Cauchy [2] et Fourier [7], que si f'' ne change pas de signe pour x compris entre a et $a + 2i$, il en est de même pour f' qui ne peut s'annuler et, par suite, les quantités $i_n = -f(a_n)/f'(a_n)$ sont toutes de même signe et la suite des approximations sera donc soit toujours croissante, soit toujours décroissante.

Dans le cas de l'équation de Newton :

$$x^3 - 2x - 5 = 0$$

on a : $f'(x) = 3x^2 - 2, f''(x) = 6x, a = 2$ et $i = -f'(a)/f'(a) = 0{,}1$.

Sur l'intervalle $[2\,;\,2{,}2]$, on a :

$$A = 10\,;\ B = 13{,}2\,;\ 2B\rho/A = 0{,}264 < 1\,;\ \varepsilon = B\rho\,/2A = 0{,}066.$$

D'où : $|x - a| < 0{,}2\ ;\ |x - a_1| < 0{,}0132\ ;\ |x - a_2| < 0{,}00006$.

Si l'on prend pour mesure de la convergence le comportement asymptotique de la suite des quotients :

$$|a_{n+1} - r|\,/\,|a_n - r|$$

où r désigne la racine cherchée, on voit que, lorsque les hypothèses du théorème III de Cauchy sont réalisées, le rapport considéré est majoré par :

$$|a_n - r|\ .\ B/2A.$$

En effet, de : $a_{n+1} = a_n - f(a_n)/f'(a_n)$,

on déduit : $(a_{n+1} - r)/(a_n - r) = 1 - f(a_n)/(a_n - r)f'(a_n)$,

et, comme : $f(r) = 0 = f(a_n) + (r - a_n)f'(a_n) + (r - a_n)^2 f''(x_n)/2$

où x_n est compris entre r et a_n, on a :

$$|a_{n+1} - r|\,/\,|a_n - r| \leq |a_n - r|\,|f''(x_n)|\,/\,2|f'(a_n)| \leq |a_n - r|\,B/2A.$$

La convergence est dite quadratique car :

$$|a_{n+1} - r| \leq c^{\text{ste}}\,|a_n - r|^2,$$

ce que nous traduisons avec Newton ([16], Whiteside, p. 220) : « *Tu gagneras deux fois plus de chiffres dans l'approximation à chaque opération.* »

Bien sûr, l'énoncé III de Cauchy n'est plus applicable tel quel dans le cas d'une racine multiple r, puisqu'alors la dérivée f' s'y annulerait. Cependant, en précisant les hypothèses, la formule de Raphson pourrait encore fournir un processus convergent, mais la convergence ne serait que linéaire (le quotient $|a_{n+1} - r|/|a_n - r|$ tend vers une limite k où $0 < k < 1$), le coefficient de convergence k dépendant de la multiplicité de la racine r. On peut, toutefois, dans le cas d'équations algébriques, $P(x) = 0$, exclure ce cas en remplaçant le polynôme P par le polynôme obtenu en divisant P par le p.g.c.d. de P et de P'.

Enfin, n'oublions pas ce par quoi il faut commencer avant d'appliquer la méthode de Newton : la séparation des racines, c'est-à-dire la détermination d'intervalles contenant chacun une racine et une seule (éventuellement multiple). Newton [17] (*cf.* chap. 4, § 1), Mourraille [14], Lagrange [12], Cauchy [2] et Fourier [8] proposent à cet effet diverses méthodes dans le cas d'équations algébriques.

À la fin de sa note, Cauchy effectue les traductions nécessaires pour adapter ses énoncés à la détermination des racines imaginaires. La méthode de Newton dans le cas complexe avait déjà été employée par Waring en 1770, dans ses *Meditationes algebricæ* [23], mais on aborde là un sujet délicat...

5. LES RACINES COMPLEXES

Chercher les racines de l'équation :

$$P(x) = 0,$$

c'est chercher les points fixes de la fonction :

$$F_P(x) = x - P(x)/P(x).$$

La méthode de Newton et la formule de Raphson :

$$x_{n+1} = x_n - P(x_n)/P'(x_n) = F_P(x_n)$$

reviennent donc à considérer la suite des itérés :

$$x_n = F_P^n\left(x_0\right)$$

où x_0 désigne une valeur initiale, de préférence proche d'une racine de P.

Lorsque P est un polynôme, F est une fraction rationnelle et la recherche des racines réelles ou complexes de P conduit à l'étude de la suite des itérés de x_0 par F.

Cette étude initialisée vers 1920 par Fatou [6] et Julia [11] (voir par exemple [4]), remise au goût du jour dans les années 1970, connaît une expansion très forte avec les possibilités graphiques des ordinateurs et l'engouement pour les ensembles fractals. Le texte ci-après est un court extrait d'une conférence de « vulgarisation », passage dans lequel le lien avec la méthode de Newton est établi.

Pour faciliter la lecture, commençons par un petit glossaire :
– point fixe superattractif de F : valeur a telle que $F(a) = a$ et $F'(a) = 0$.
– cycle attractif de F : suite $(x_1, ..., x_k)$ telle que $F(x_1) = x_2, F(x_2) = x_3, ...,$ $F(x_k) = x_1$ et $\Pi_{1\le i\le k}\left|F'(x_i)\right|<1$.
– point critique de F : valeur c telle que $F'(c) = 0$.

Lorsque $F(z) = z - P(z)/P'(z)$, on a $F'(z) = P(z)P''(z)/P'(z)^2$; par suite, les points critiques de F sont d'une part les racines a de P, d'autre part les points ω tel que $P''(\omega) = 0$.
– *F hyperbolique* : tout point critique de F est attiré par un cycle attractif.
– *ensemble de Mandelbrot* : ensemble M des nombres complexes c tels que la suite $\left(f_c^n(0)\right)_{n\ge0}$ ne tende pas vers l'infini où $f_c(z) = z^2 - c$.

Le texte de vulgarisation

Extrait de « L'étude dynamique des polynômes quadratiques complexes et ses réinvestissements », conférence donnée le 26 janvier 1985 par Adrien Douady, lors de la Journée annuelle de la Société Mathématique de France.

Photo J. Hubbard et H. Smith, 1982, Cornell University

Soit P un polynôme de degré 3. On part d'un point z_0 et on définit la suite (z_n) par $z_{n+1} = F_p(z_n)$ où $F_p(z) = z - P(z)/P'(z)$. Si z_0 est voisin d'une racine a de P, la suite z_n tend très vite vers a (qui est un point fixe superattractif de F_p). Les bons polynômes sont ceux tels que, pour presque tout choix de z_0, la suite z_n tend vers une racine. Parmi les mauvais, il y a ceux pour lesquels F_p a un cycle attractif autre que les racines de P.

En vertu d'un théorème de Fatou, un tel cycle attire nécessairement le point ω tel que $P''(\omega) = 0$, qui est un point critique de F_p. Si ω est attiré par une racine, F_p est hyperbolique et P est bon.
Curry, Garnett et Sullivan d'une part, Hubbard et Homer Smith d'autre part ont considéré la famille $\left(P_\lambda = (z-1)\left(z+\frac{1}{2}-\lambda\right)\left(z+\frac{1}{2}+\lambda\right)\right)\lambda \in \mathbb{C}$. Tout polynôme de degré 3 est équivalent pour ce problème à 6 polynômes de cette famille.
Pour chaque λ, on prend $z_0 = \omega = 0$. On colorie λ en bleu [gris foncé] si $z_n \to 1$, en rouge [noir] si $z_n \to -\frac{1}{2}+\lambda$, en vert [gris moyen] si $z_n \to -\frac{1}{2}-\lambda$, en jaune [gris clair] si rien de tout ça. La figure représente une petite région du plan des λ. Elle contient une copie en jaune [gris clair] de l'ensemble de Mandelbrot.

Voici un exemple de cycle attractif, obtenu par la méthode de Newton, dans le cas de :

$$P(z) = z^3 - 2z + 2.$$

On a alors :

$$F_P(z) = \left(2z^3 - 2\right) / \left(3z^2 - 2\right);$$

or,

$$F_P(0) = 1\,; F_P(1) = 0\,;$$

$$F_P'(0) = 0 = P''(0).$$

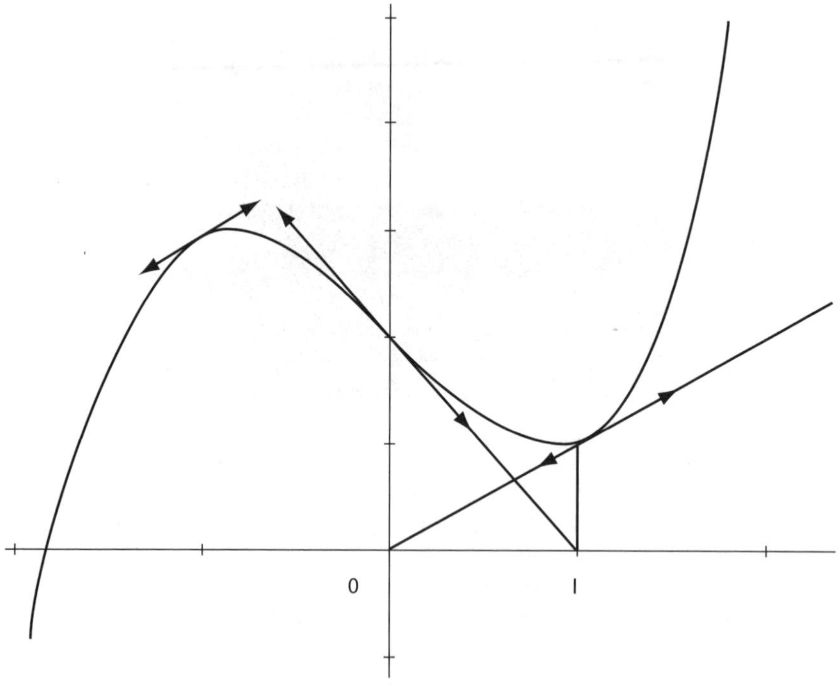

L'ensemble de Mandelbrot [13] s'introduit naturellement de la façon suivante. Pour tout paramètre complexe c, posons :

$$f_c(z) = z^2 - c$$

et notons K_c l'ensemble des nombres complexes z dont la suite des itérés $\left(f_c^n(z)\right)$ ne tend pas vers l'infini. Julia [11] et Fatou [6] ont montré que l'ensemble K_c est connexe si et seulement si 0 lui appartient (sinon K_c est isomorphe à un ensemble de Cantor). L'ensemble M est l'ensemble des paramètres c tels que K_c soit connexe, il est d'ailleurs connexe lui-même. Il s'agit de la partie noire ci-dessous, dont de nombreuses ramifications ne sont pas visibles, elle est symétrique par rapport à l'axe réel et les points de la « cardioïde » situés sur cet axe ont pour abscisses respectives – 0,75 et + 0,25.

En fait cette définition de M est en accord avec celle donnée dans le glossaire : c'est aussi l'ensemble M des nombres complexes c tels que la suite $f_c^n(0)$ ne tende pas vers l'infini où $f_c(z) = z^2 - c$. Ce qui est curieux, dans l'extrait de la conférence donné ci-dessus, c'est que cet ensemble M s'obtient aussi comme ensemble de points du plan pour lesquels la méthode de Newton ne marche pas, c'est-à-dire comme ensemble de valeurs (complexes) initiales pour lesquelles il n'y a pas convergence vers une racine.

LE POLYGONE DE NEWTON

Résolution des équations algébriques

Tout de suite après avoir exposé sa méthode numérique, Newton établit, selon le même principe, sa méthode de résolution des équations algébriques. Il explique comment traduire la méthode d'approximations linéaires successives à l'aide d'une règle et de « petits parallélogrammes » (texte ci-après), première version de ce qui s'appellera le polygone de Newton. Le procédé sera repris dans un cadre plus général par Puiseux en 1850, d'une part en envisageant le cas de branches multiples, d'autre part en considérant des fonctions de variables complexes.

6. LA RÈGLE ET LES PETITS PARALLÉLOGRAMMES

« ... appliquer à l'Algèbre la doctrine des Fractions Décimales... »

Isaac NEWTON

Newton essaye de résoudre l'équation algébrique :

$$P(x,y) = 0, \text{ où } P(x,y) = \sum_{i,j} a_{ij} x^i y^i$$

est un polynôme en x et y. Il s'agit d'exprimer y comme fonction de x. En fait, Newton cherche y sous la forme d'une série en x :

$$y = \sum_{k \geq 0} b_k x^k.$$

Il l'obtient par approximations successives, à l'aide de polynômes en x, de degrés croissants. Ainsi, une série, somme infinie de monômes, est approchée par des polynômes, sommes finies de monômes, tout comme dans la méthode numérique, exposée précédemment, un nombre réel est approché par des nombres décimaux, ceux-ci n'étant autre que l'écriture décimale tronquée du nombre cherché.

Or, pour que la série $y = \sum_{k \geq 0} b_k x^k$ ait un sens, pour que des polynômes puissent en être des approximations, il faut que les valeurs de x considérées soient suffisamment petites. On se situe donc implicitement au voisinage d'un point de la forme $(0, y_0)$ sur la courbe d'équation $P(x,y) = 0$ (autrement dit, y_0 est solution de l'équation $P(0,y) = 0$).

Comme nous allons le voir, en fait, les exposants de x, dans ces polynômes et ces séries, ne sont pas nécessairement des entiers : ils peuvent être fractionnaires. Là encore, Newton explique sa méthode sur des exemples.

Le texte de Newton

Extrait du *Methodus Fluxionum et Serierum infinitarum*, écrit en latin entre 1664 et 1671, édité en anglais en 1736. Fac-similé de la traduction M. de Buffon, *La Méthode des Fluxions et des Suites infinies*, Paris, 1740 (pp. 10-13). (B. N.).

XXIX. La Figure ſuivante facilitera l'uſage, & donnera une idée plus claire de cette regle. Diviſez l'Eſpace Angulaire ABC en petits Quarrés ou Paralellogrammes égaux, dans leſquels vous inſcrirez x & y ſelon leurs Dimenſions, comme vous le voyez. Quand on vous propoſera une Equation, marquez tous les Paralellogrammes qui correſpondent par leurs Dimenſions à tous les Termes de l'Equation; puis appliquez une Regle à l'Angle du Paralellogramme le plus bas à main gauche de tous les Paralellogrammes marqués, faites tourner cette Regle juſqu'à ce qu'elle touche un ou plus d'un Paralellogramme marqué à main droite, ſans qu'elle quitte celui qui eſt à main gauche; prenez ces termes que la Regle touche, & en les égalant à zero, tirez-en la quantité qu'il faut écrire au Quotient.

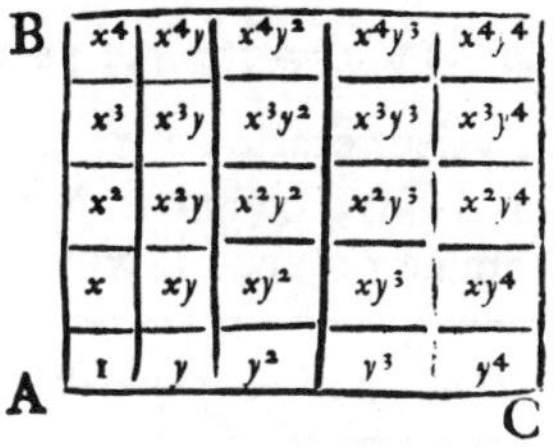

XXX. Par exemple pour tirer la Racine y de l'Equation $y^6 - 5xy^5 + \frac{x^3}{a}y^4 - 7a^2x^2y^2 + 6a^3x^3 + b^2x^4 = 0$, je marque les Paralellogrammes auſquels les termes de cette Equation appartiennent de la Note $*$, puis j'applique la Regle DE au plus bas Paralellogramme marqué à main gauche, & je la fais tourner à main droite, juſqu'à ce qu'elle touche un ou plus d'un autre Paralellogramme marqué; je vois que ceux qu'elle touche appartiennent à x^3, x^2y^2 & y^6 je prens donc dans l'Equation les Termes de ces Dimenſions, ſçavoir $y^6 - 7a^2x^2y^2 + 6a^3x^3$, & je les égale à zero; & pour avoir une Equation plus ſimple, je fais $y = v\sqrt{ax}$ ce qui en ſubſtituant me donne $v^6 - 7v^2 + 6 = 0$, dont les Racines $\pm\sqrt{ax}$ & $\pm\sqrt{2ax}$ me donnent chacune à mon choix le premier Terme du Quotient, & cela ſelon la Racine de cette Equation que j'ai deſſein de tirer.

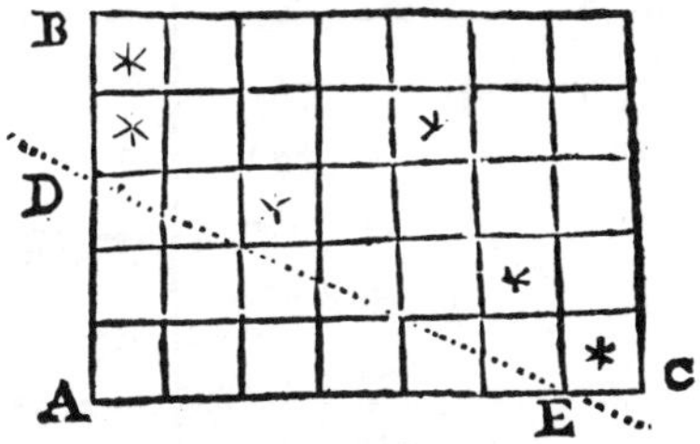

[...]

XXXVI. Il nous reſte maintenant à montrer la pratique de la Réſolution. Soit donc pour Exemple l'Equation $y^3 + a^2y + axy - 2a^3 - x^3 = 0$, dont il faille tirer la Racine; je choiſis, comme je l'ai dit les Termes $y^3 + a^2y - 2a^3$, qui étant égalés à zero, me donnent $y - a = 0$, ainſi j'écris $+a$ dans le Quotient; mais parce que $+a$ n'eſt pas la valeur complette de y je fais $a + p = y$, & je ſubſtitue dans l'Equation cette valeur de y, & parmi les Termes

$p^3 + 3ap^2 + axp$, &c. qui en réſultent ; je choiſis de la même façon les Termes $+ 4a^2p + a^2x$, qui étant égalés à zero donnent $p = -\frac{1}{4}x$, j'écris donc $-\frac{1}{4}x$ au Quotient ; mais parce que $-\frac{1}{4}x$ n'eſt pas la valeur exacte de p, je fais $-\frac{1}{4}x + q = p$, & ſubſtituant cette valeur je choiſis dans les Termes $q^3 - \frac{3}{4}xq^2 + 3aq^2$, &c. qui en réſultent, les Termes $q^3 - \frac{1}{16}ax^2$ qui étant égalez à zero donnent $q = \frac{xx}{64a}$ que j'écris au Quotient, mais comme $\frac{xx}{64a}$ n'eſt pas la valeur exacte de q, je fais $\frac{xx}{64a} + r = q$, & je ſubſtitue comme ci-deſſus, ce qui ſe peut continuer auſſi long-tems qu'on voudra, comme on peut le voir dans la Figure ſuivante.

$$y^3 + a^2y - 2a^3 + axy - x^3 = 0. \quad y = a - \frac{x}{4} + \frac{x^2}{64a} + \frac{131x^3}{512a^2} + \frac{509x^4}{16384a^3} \text{ \&c.}$$

$+ a + p = y.$	$+y^3$ $+axy$ $+a^2y$ $-x^3$ $-2a^3$	$+a^3 \; +3a^2p + 3ap^2 + p^3$ $+a^2x + axp$ $+a^3 \; +a^2p$ $-x^3$ $-2a^3$
$-\frac{1}{4}x + q = p.$	$+p^3$ $+3ap^2$ $+axp$ $+4a^2p$ $+a^2x$ $-x^3$	$-\frac{1}{64}x^3 \; +\frac{3}{16}x^2q \; -\frac{3}{4}xq^2 + q^3$ $+\frac{3}{16}ax^2 \; -\frac{3}{2}axq \; +3aq^2$ $-\frac{1}{4}ax^2 \; +axq$ $-a^2x \; +4a^2q$ $+a^2x$ $-x^3$
$+\frac{x^2}{64a} + r = q.$	$+q^3$ $-\frac{3}{4}xq^2$ $+3aq^2$ $+\frac{3}{16}x^2q$ $-\frac{1}{2}axq$ $+4a^2q$ $-\frac{65}{64}x^3$ $-\frac{1}{16}ax^2$	* * $+\frac{3x^4}{4096a}$ * $+\frac{3}{32}x^2r + 3ar^2$ $+\frac{3x^4}{1024a}$ * $+\frac{3}{16}x^2r$ $-\frac{1}{128}x^3 \; -\frac{1}{2}axr$ $+\frac{1}{16}ax^2 \; +4a^2r$ $-\frac{65}{64}x^3$ $-\frac{1}{16}ax^2$

$$+4a^2 - \frac{1}{2}ax + \frac{9}{32}x^2) + \frac{131}{128}x^3 - \frac{15x^4}{4096a} \left(+ \frac{131x^3}{512a^2} + \frac{509x^4}{16384a^3}\right.$$

En substituant à y la série $\sum_{k\geq 0} b_k x^k$ dans le polynôme $P(x,y)$, nous cherchons à obtenir 0 ; il est donc nécessaire en particulier que les termes correspondant au plus petit des exposants α de x s'annulent entre eux.

Or, après substitution, les exposants de x sont de la forme $i + kj$. Pour que les termes de plus bas degré s'annulent entre eux, il est nécessaire qu'il y en ait au moins deux, donc qu'il existe au moins deux couples (i_1,j_1) et (i_2,j_2) dans l'expression de $P(x,y)$ tels que :

$$i_1 + kj_1 = i_2 + kj_2.$$

Les petits carrés considérés par Newton permettent de ranger les termes $x^i y^j$ apparaissant dans $P(x,y)$, ce que nous représentons aujourd'hui en coordonnées cartésiennes de la façon suivante : exemple du paragraphe XXX :

$$y^6 - 5xy^5 + (1/a)x^3y^4 - 7a^2x^2y^2 + 6a^3x^3 + b^2x^4 = 0$$

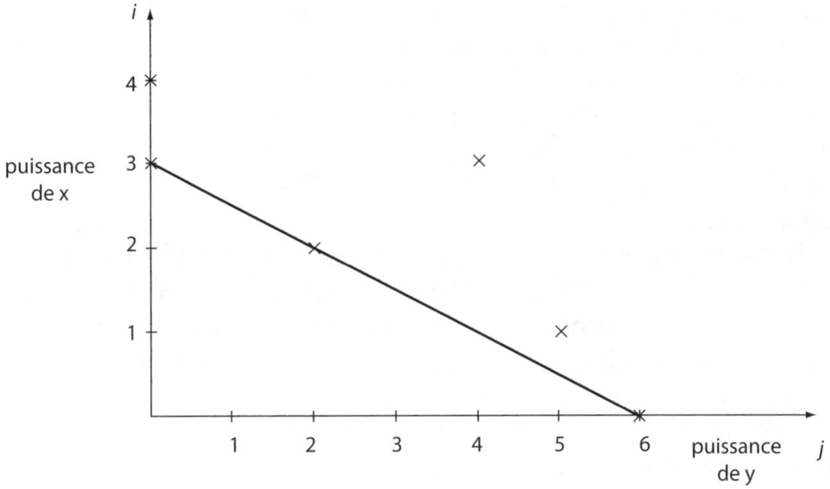

La droite joignant les points (i_1,j_1) et (i_2,j_2) a pour pente $-k$ et elle coupe l'axe vertical au point d'ordonnée α. Considérons donc toutes les droites passant par au moins deux points du graphique. Pour que la valeur $i + kj$ associée à une telle droite corresponde à l'exposant des termes de plus bas degré, il faut qu'il n'y ait pas de point (i,j) situé au-dessous de cette droite ; d'où, la procédure explicitée par Newton au paragraphe XXIX.

Les points – deux ou plus – situés sur une droite vérifiant cette assertion indiqueront les monômes à considérer dans l'expression de $P(x,y)$; leur somme constituera une quantité plus simple $Q(x,y)$ et la résolution de $Q(x,y) = 0$ fournira le premier terme bx^k du développement de y en fonction de x.

Notons que l'exemple du paragraphe XXX fournit, dès la première approximation, l'exposant fractionnaire $k = 1/2$ et plusieurs choix possibles pour le coefficient b, correspondant à plusieurs branches de la courbe au point (0,0).

Dans l'exemple du paragraphe XXXVI, le graphique a l'allure ci-contre. Quelle droite faut-il considérer ? La verticale fournit $x = \sqrt[3]{2}$, nous ne sommes plus au voisinage de $x = 0$ et, de plus, k serait infini. L'horizontale fournit $y = a$ et $k = 0$: la première approximation de y est cette valeur constante a.

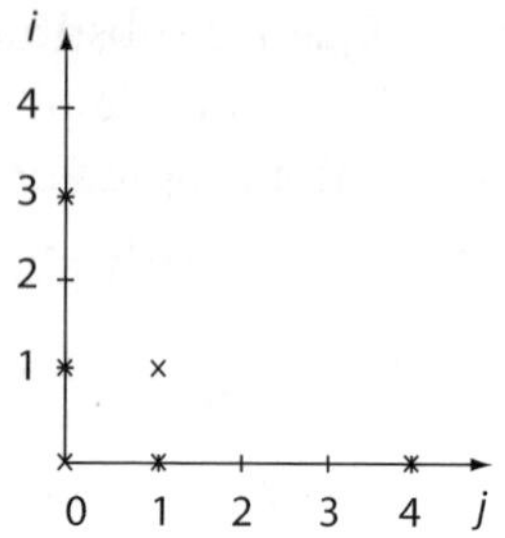

Posant alors $y = a + p$, on aboutit au graphique ci-contre. On pourrait à nouveau hésiter, entre l'horizontale et la droite de pente − 1 ; mais l'horizontale conduirait à une valeur constante de p (ici 0) ; il nous faut, cette fois, une puissance effective de x afin de poursuivre l'approximation.

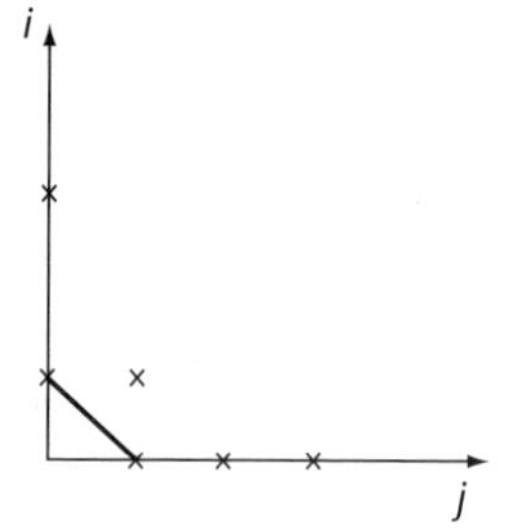

Les choix faits, à chaque pas, pour l'exposant k et pour le coefficient b_k permettent d'annuler, à chaque fois, des termes en x de degré de plus en plus grand dans $P(x,y)$, et donc d'améliorer l'approximation.

Notons aussi, selon Newton (paragraphes XLVII et XLVIII), que, si x n'est pas petit, mais diffère peu d'une quantité a, on substituera $z = x - a$ dans l'équation ou encore, si x est une quantité « indéfiniment grande », on substituera la quantité $z = 1/x$ qui sera « indéfiniment petite ».

Dans les exemples exposés par Newton les répartitions des points de coordonnées (i,j) sont telles que les droites auxquelles conduit la méthode joignent toujours un point de l'axe horizontal à un point de l'axe vertical. Il se pourrait cependant que la configuration soit la suivante et alors, en utilisant l'une ou l'autre des deux droites mises en évidence, la méthode fonctionne et conduit à des développements distincts, correspondant à des branches de courbes d'allures différentes, passant par le point considéré.

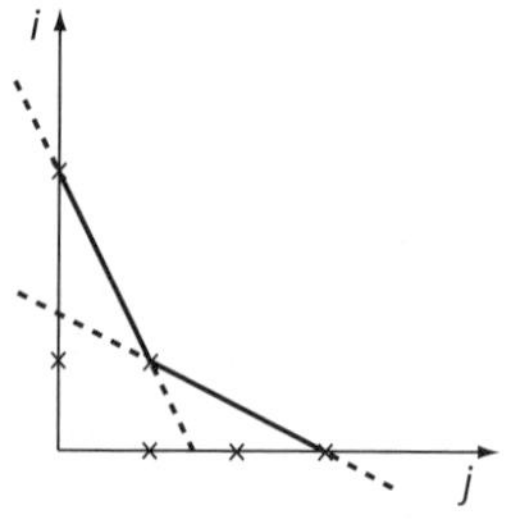

C'est ce que Puiseux étudie de façon précise dans son *Mémoire sur les fonctions algébriques* [18], publié en 1850. Étudiant les intégrales de fonction u d'une variable complexe z, il est amené à s'intéresser aux différentes branches d'une courbe définie de façon implicite par une équation algébrique :

$$f(u,z) = 0.$$

À cet effet, il expose une méthode qui n'est autre que la méthode des parallélogrammes de Newton, de façon plus complète cependant, puisqu'il envisage non plus seulement une droite qui balaie le plan pour s'arrêter dans une position, mais une succession de segments qui constitueront le polygone de Newton.

Les travaux de Puiseux poursuivent dans une certaine mesure ceux de Cauchy sur les fonctions d'une variable complexe. Celui-ci n'a cependant pas étudié d'une façon systématique la question de ces fonctions implicites, fonctions multiformes dont les valeurs, sauf en certains points critiques, se déterminent par continuité le long d'un arc de courbe du plan complexe.

La méthode de Puiseux est très clairement exposée dans la deuxième édition de la *Théorie des fonctions elliptiques* de Briot et Bouquet [1]. Les travaux de Puiseux relatifs à ces fonctions multiformes et à leurs intégrales constituent le point de départ de la Théorie des fonctions abéliennes [20] développée par Riemann, où la difficulté liée aux « points de ramification » se dénoue en quelque sorte sur ses fameuses surfaces.

BIBLIOGRAPHIE

[1] Ch. Briot et J.-C. Bouquet, *Théorie des fonctions elliptiques*, Gauthier-Villars, 2e édition, Paris, 1875.

[2] A.-L. Cauchy, Sur la résolution numérique des équations, Note III du *Cours d'Analyse*, 1821. *Œuvres*, 2e série, Gauthier-Villars, Paris, t. III, 1897, 378-425.

[3] A.-L. Cauchy, Sur la détermination approximative des racines d'une équation algébrique ou transcendante, Note aux *Leçons sur le Calcul différentiel*, de Bure, Paris, 1829. *Œuvres*, 2e série, Gauthier-Villars, Paris, t. IV, 1899, 573-609.

[4] J.-L. Chabert, Un demi-siècle de fractales : 1870-1920, *Historia Mathematica*, t. 17 (1990), 339-365.

[5] A. Douady, *L'étude dynamique des polynômes quadratiques complexes et ses réinvestissements*, Journée annuelle de la Société Mathématique de France du 26 janvier 1985, pp. 21-42.

[6] P. Fatou, Sur les équations fonctionnelles, *Bulletin de la Société Mathématique de France*, t. 47 (1919), 161-271 ; t. 48 (1920), 33-94 et 208-314.

[7] J. Fourier, Question d'analyse algébrique, *Bulletin des Sciences par la Société philomatique*, avr. 1818, 61-67. *Œuvres*, Gauthier-Villars, Paris, t. II, 1890, 241-253.

[8] J. Fourier, *Analyse des équations déterminées*, Didot, Paris, 1831.

[9] E. Halley, A new, exact and easy Method of finding the Roots of any Equations generally, and that without any previous Reduction, *Philosophical Transactions*, n° 210 (1694), p. 136 (traduit du latin en anglais in P.T.R.S.L. 3 (1809), 640-649)

[10] W. Horner, A new method of solving numerical equations of all orders by continuous approximation, *Philosophical Transactions*, t. 109 (1819), 308-335.

[11] G. Julia, Mémoire sur l'itération des fractions rationnelles, *Journal de Mathématiques Pures et Appliquées*, t. 4 (1918), 47-245.

[12] J.-L. Lagrange, *Traité de la résolution des équations numériques*, Paris, 1798.

[13] B. Mandelbrot, *The fractal Geometry of Nature*, Freeman and co, New York, 1977.

[14] J.-R. Mourraille, *Traité de la Résolution des Équations en général*, Londres et Marseille, 1768.

[15] I. Newton, *Arithmetica universalis*, Ed. Cambridge, 1707. Traduction N. Beaudeux, Paris, 1802.
[16] I. Newton, *De Analysi per Aequationes numero terminorum infinitas*, London, 1711. D.T. Whiteside, *The mathematicals papers of Isaac Newton*, t. II, Cambridge University Press, 1968.
[17] I. Newton, *Methodus Fluxionum et Serierum infinitarum*, écrit entre 1664 et 1671, édition anglaise en 1736. Traduction M. de Buffon, *La méthode des fluxions et des suites infinies*, Paris, 1740. Réimp. Paris, Blanchard, 1966.
[18] V. Puiseux, Mémoire sur les fonctions algébriques, *Journal de Mathématiques Pures et Appliquées*, t. 15 (1850), 365-480.
[19] J. Raphson, *Analysis Aequationum universalis*, Londres, 1690.
[20] B. Riemann, Theorie der Abelschen Functionen, *Journal für die reine und angewandte Mathematik*, t. 54 (1857), 115-155. Trad. Théorie des fonctions abéliennes, in *Œuvres mathématiques de Riemann*, réimpr. Blanchard, Paris, 1968, pp. 89-162.
[21] Th. Simpson, *Essays on Mathematics*, Londres, 1740.
[22] J. Wallis, *Algebra*, 1685. *Opera mathematica*, Oxford, t. II, 1693, 1-482.
[23] E. Waring, *Meditationes algebraicae*, 1770.

Chapitre 7

Résolutions d'équations par approximations successives

« Les physiciens insistent avec raison sur le fait que pour eux un théorème est sans intérêt s'il n'aboutit pas en définitive à la possibilité de calculer numériquement les nombres ou les fonctions que l'on étudie [...], un nombre réel n'étant "connu" que lorsqu'on en a donné un procédé de calcul approché – avec une approximation que le mathématicien désire arbitrairement petite, alors que l'utilisateur se contente de beaucoup moins. »

Jean DIEUDONNE,
Calcul infinitésimal, Hermann, Paris, 1968, p. 8.

Laissons à d'Alembert le soin d'introduire ce chapitre avec un extrait de l'article APPROXIMATION de l'*Encyclopédie*.

«*APPROXIMATION*, approximation, *f.f.* (en Mathématique) *est une opération par laquelle on approche toujours de plus en plus de la valeur d'une quantité cherchée, sans cependant en trouver jamais la valeur exacte. Voyez RACINE.*

*Wallis, Raphson, Halley, & d'autres, nous ont donné différentes méthodes d'*approximation : *toutes ces méthodes consistent à trouver des séries convergentes, à l'aide desquelles on approche si près qu'on veut de la valeur exacte d'une quantité cherchée; & cela plus ou moins rapidement, selon la nature de la série.* Voyez *CONVERGENT & SÉRIE.*

*Si un nombre n'est point un carré parfait, il ne faut pas s'attendre d'en pouvoir tirer la racine exacte en nombres rationnels, entiers, ou rompus; dans ces cas il faut avoir recours aux méthodes d'*approximation, *& se contenter d'une valeur* *qui ne diffère que d'une très petite quantité de la valeur exacte de la racine cherchée. Il en est de même de la racine cubique d'un nombre qui n'est pas un cube parfait, & ainsi des autres puissances...* »

Comme d'Alembert, nous commencerons par traiter des procédés d'extraction de racines carrées. Puis, nous passerons en revue diverses résolutions numériques d'équations par approximations successives. Enfin, nous examinerons des perfectionnements techniques pour l'application de ces méthodes itératives.

Nous avons déjà évoqué l'idée d'approximation : l'approximation des nombres irrationnels à l'aide de leur développement en fractions continues, au chapitre 4, et l'approximation du nombre π, au chapitre 5. Ici, nous nous centrons non pas sur des nombres donnés, mais sur des nombres racines d'une équation donnée.

Nous avons longuement étudié les équations linéaires au chapitre 3 à propos des méthodes de fausse position. Nous commencerons donc par l'équation la plus simple après celles-ci, à savoir l'équation correspondant à la racine carrée d'un nombre entier donné. Nous verrons qu'elle peut être traitée selon plusieurs approches (trois premiers textes).

Héron d'Alexandrie, au Iᵉʳ siècle, est le premier, semble-t-il, à proposer explicitement d'itérer le processus d'approximation en utilisant la nouvelle valeur approchée obtenue (*cf.* p. 231). Mais c'est plutôt à partir de la technique d'extraction des racines carrées dite de la potence, ou encore « racine, pas de racine », exposée ici par Ibn al-Bannā (*cf.* p. 235), que l'on peut repérer des analogies avec des méthodes de résolution d'équations algébriques qui procèdent par déterminations successives des chiffres des racines, comme celle proposée par al-Ṭūsī (*cf.* § 4) ou encore par Viète (*cf.* § 5). Dans une certaine mesure, ces travaux trouvent leur prolongement dans la méthode de Newton-Raphson, méthode dont la simplicité et l'efficacité nous ont conduits à lui consacrer le chapitre précédent.

Au début du XIXᵉ siècle, Ruffini, Budan et Horner explicitent des perfectionnements techniques fournissant plus commodément les équations polynomiales transformées que nécessite l'utilisation de ces méthodes (*cf.* § 9). Il s'agit de procédures inconnues jusqu'alors mais dont on découvre des prémisses dans des textes mathématiques du XIIᵉ siècle écrits en langue arabe – travaux d'al-Ṭūsī – ou dans des textes mathématiques chinois du XIIIᵉ siècle.

L'idée de la méthode des approximations successives, c'est-à-dire le recours à des algorithmes itératifs qui génèrent une suite convergente dont la limite est la solution du problème considéré, exprimée sous la forme d'une *méthode de point fixe*, ne s'est dégagée que très progressivement à partir de quelques équations $x = g(x)$ – dont les solutions sont alors des points fixes de la fonction g. Pour les besoins de l'astronomie, au début du XVᵉ siècle, al-Kāshī calcule ainsi des valeurs approchées de sin 1° connaissant sin 3° en se servant de la relation algébrique : $x = (\sin 3° + 4x^3) / 3$ (*cf.* p. 249). Toujours pour les besoins de l'astronomie, Kepler est conduit à résoudre par ce procédé une équation transcendante, appelée maintenant équation de Kepler (*cf.* § 6).

En général, dans ce type de méthode, il convient de disposer d'une approximation initiale x_0 de la solution recherchée, choisie de telle sorte que l'on soit assuré de la convergence de la suite définie par la relation de récurrence $x_{k+1} = g(x_k)$. Au début du XXe siècle, la portée générale de cette méthode est dégagée par les travaux de Picard sur l'existence et la construction de solutions d'équations différentielles (*cf.* chap. 12, § 2). Les diverses méthodes de résolution approchée des équations numériques (interpolation linéaire, linéarisation par le calcul différentiel) peuvent alors être unifiées par ce schéma.

Il existe d'autres méthodes de résolution par approximations successives plus spécifiques. Il en est ainsi de la méthode des séries récurrentes de Daniel Bernoulli (*cf.* § 7) ou encore de l'utilisation des fractions continues par Lagrange (*cf.* § 8). Mais, dans ce chapitre, nous ne prétendons pas les épuiser toutes.

EXTRACTIONS DE RACINES CARRÉES

Les tablettes babyloniennes donnent de nombreuses approximations de racines carrées. Par exemple, dans la tablette VAT 6598 du Musée de Berlin, datée de l'ancien âge babylonien (entre 2000 et 1700 avant J.-C.), le problème 6 de cette tablette demande de déterminer la diagonale d'une porte rectangulaire de hauteur 40 et de largeur 10. Il s'agit donc de donner une approximation sexagésimale de $\sqrt{(40)^2 + (10)^2} = 10\sqrt{17}$. Rappelons que les Babyloniens utilisent un système numérique de position sexagésimal (voir chapitre 1) et connaissent la relation de « Pythagore ». Le scribe babylonien propose 41; 15 (c'est-à-dire 41 + 15/60). Cette réponse correspond, si l'on appelle h et ℓ respectivement la hauteur et la largeur de la porte, à l'approximation classique de $\sqrt{h^2 + \ell^2}$ par $h + \ell^2/2h$ lorsque ℓ est petit par rapport à h.

En l'absence d'indications, il est difficile de savoir selon quel principe les Babyloniens parvenaient à de telles approximations (par exemple, sur la fameuse tablette YBC 7289, le scribe donne la valeur 1; 24; 51; 10 ce qui est une remarquable approximation de la « constante de la diagonale », notre $\sqrt{2}$), d'autant plus qu'il existe, comme nous allons le voir, plusieurs façons d'aboutir à cette formule. Notons aussi qu'il n'y est pas question d'itérer le processus, autrement dit d'approcher des valeurs exactes par étapes successives, contrairement aux textes que nous allons considérer ici.

Pour approcher la racine carrée r d'un nombre A qui n'est pas un carré, l'idée la plus naturelle est de partir d'une valeur a dont le carré est proche de A, par défaut ou par excès.

Ensuite, une première façon de raisonner consiste à remarquer que a et A/a constituent deux approximations de r et qu'elles l'encadrent. On peut alors prendre, comme meilleure approximation de la racine, la moyenne arithmétique de ces deux nombres :

$$\frac{1}{2}\left(a+\frac{A}{a}\right).$$

Cette valeur excède toujours la valeur r de la racine. Remarquons que, si, dans le problème babylonien, on prend h comme première approximation de la diagonale, alors :

$$\frac{1}{2}\left(h+\frac{h^2+\ell^2}{h}\right)=h+\frac{\ell^2}{2h}$$

Le calcul par moyenne arithmétique peut facilement être itéré de façon à obtenir une approximation encore meilleure. Une telle procédure est énoncée par Héron d'Alexandrie, au premier siècle de notre ère (texte p. 231).

Une autre façon de procéder consiste à examiner l'écart x entre la valeur approchée a et la valeur exacte r.

Supposons d'abord que a^2 soit inférieur à A, alors $a + x = r$. Nous avons :

$$(a+x)^2 = A, \text{ ou encore } x^2 + 2ax = A - a^2.$$

Si a est proche de r, alors x est petit et, en négligeant x^2, nous avons :

$$2ax = A - a^2, \text{ ou encore } x = \frac{A-a^2}{2a},$$

Nous obtenons comme meilleure approximation de r : $a + \dfrac{A-a^2}{2a}$, cette valeur excède la valeur r de la racine. Il est intéressant de noter que ce raisonnement donne le même résultat que précédemment, car :

$$a+\frac{A-a^2}{2a}=\frac{1}{2}\left(a+\frac{A}{a}\right).$$

Si nous partons d'une valeur par excès de la racine r de A, des calculs identiques aux précédents nous conduisent à une approximation de la racine égale à :

$$a-\frac{a^2-A}{2a}=\frac{1}{2}\left(a+\frac{A}{a}\right).$$

Ce type de raisonnement est exposé de manière géométrique par Théon d'Alexandrie, vers l'an 370 de notre ère. En itérant les calculs, Théon énonce une procédure d'approximation des racines carrées (texte p. 233).

Une dernière manière d'envisager le problème consiste, dans le cas d'une première approximation a par défaut, à partir de la formule :

$$x^2 + 2ax = A - a^2$$

et à chercher une valeur x telle que $x(x + 2a)$ soit le plus proche possible de $(A - a^2)$ par défaut. On peut alors itérer les calculs pour approcher r. Ce raisonnement, fondé sur le développement du binôme $(a + x)^2$, s'avère particulièrement efficace si on s'appuie sur la représentation des nombres dans un système positionnel. Il est à la base de la méthode dite « *racine, pas de racine* », enseignée en France jusque dans les années 1960. Cette méthode est exposée par le mathématicien Ibn al-Bannā au XIIIe siècle (texte p. 235).

Comme nous le verrons avec l'ensemble des textes présentés dans cette partie, la procédure proposée est tributaire du système de numération utilisé.

1. LA MÉTHODE DE HÉRON D'ALEXANDRIE

D'après les documents qui nous sont connus, le premier à avoir mis l'accent sur l'idée qui s'avéra si fructueuse d'approximations successives est Héron d'Alexandrie. Ce mathématicien grec vécut vraisemblablement au premier siècle de notre ère.

Le texte de Héron

Extrait des Métriques, *Heronis Alexandrini, Opera quœ supersunt omnia*, vol. III, éd. Hermann Schöne, Leipzig, 1903, Livre I, paragraphe 8, pp. 18-20. Trad. J.-P. Levet.

Puisque 720 n'a pas de côté rationnel, nous extrairons le côté avec une très petite différence de la façon suivante. Comme le premier nombre carré plus grand que 720 est 729 qui a pour côté 27, divise 720 par 27, cela fait 26 et $\frac{2}{3}$, ajoute 27 cela fait $53\frac{2}{3}$; prends-en la moitié, cela fait $26\frac{1}{2}\frac{1}{3}$. En fait, $26\frac{1}{2}\frac{1}{3}$ multiplié par lui-même donne $720\frac{1}{36}$; de sorte que la différence (sur les carrés) est $\frac{1}{36}$. Si nous voulons rendre cette différence inférieure encore à $\frac{1}{36}$, nous mettrons $720\frac{1}{36}$ trouvé tout à l'heure à la place de 729 et, en procédant de la même façon, nous trouverons que la différence (sur les carrés) est beaucoup plus petite que $\frac{1}{36}$.

Dans le texte précédent, retrouvé en 1896 par R. Schöne, Héron propose un algorithme pour approcher une racine carrée. Connaissant une première valeur approchée a de $\sqrt{A}$, Héron donne une seconde approximation $\frac{1}{2}\left(a + \frac{A}{a}\right)$ et propose de poursuivre la méthode. Les explications, essentiellement rhétoriques, portent sur un exemple, celui de la recherche du « côté » de 720, c'est-à-dire $\sqrt{720}$. Héron utilise des quantièmes (voir Chapitre 1), c'est-à-dire les inverses de l'unité et $\frac{2}{3}$.

L'approximation de la racine carrée se situe dans la tradition des moyennes chères aux Pythagoriciens puisqu'elle revient à considérer la moyenne arithmétique de deux approximations, l'une par excès et l'autre par défaut. L'application de cette formule est équivalente, nous l'avons dit, à la formule :

$$a + \frac{A - a^2}{2a}$$

Toutefois, les calculs auxquels ces deux formules conduisent sont différents. Le cadre numérique des quantièmes explique peut-être la préférence accordée par Héron à la moyenne arithmétique. En effet, il est difficile de soustraire des quantièmes pour calculer $(A - a^2)$.

Notons que le caractère itératif de la méthode est clairement suggéré dans la dernière phrase du texte. Un examen plus approfondi de son œuvre montre que Héron d'Alexandrie n'utilise pas toujours ce procédé.

2. LA MÉTHODE DE THÉON D'ALEXANDRIE

Théon d'Alexandrie, qui vécut vers l'an 370 de notre ère, et sa fille Hypatie sont les témoins de l'activité mathématique de la dernière période de la Grèce Ancienne. Dans ses *Commentaires sur l'Almageste de Ptolémée*, Théon explique, dans le cadre de la géométrie grecque, comment déterminer une approximation sexagésimale de la racine carrée à la seconde près.

Rappelons que le développement du binôme $(a + b)^2$ est donné sous forme géométrique dans les *Éléments* d'Euclide. Euclide énonce dans la proposition IV du Livre II : « *Si la droite est coupée à volonté, le carré de la droite entière est égal aux carrés des segments, et à deux fois le rectangle contenu sous les deux segments* ».

Ce qui correspond bien à la formule
$(a + b)^2 = a^2 + b^2 + 2ab$.

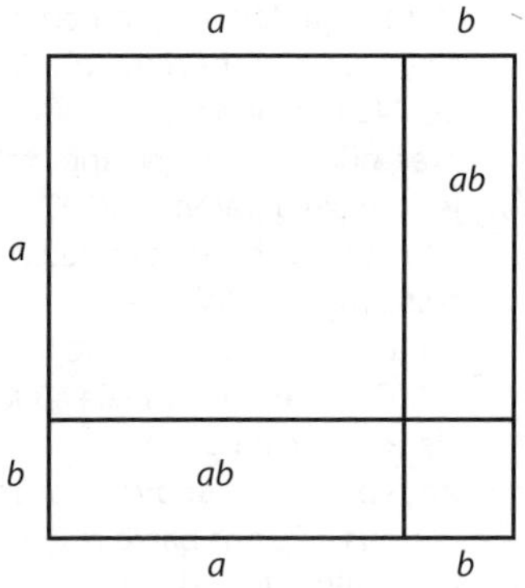

L'exemple de Théon porte ici sur la recherche de $\sqrt{4500}$. Cet exemple lui est fourni par Ptolémée qui, dans son *Almageste*, écrit que la longueur du côté d'un carré de 4500 est de 67°4'55" à très peu près, sans plus d'explication.

Le texte de Théon d'Alexandrie

Extrait du *Commentaire sur le premier livre de la Syntaxe mathématique de Ptolémée*.
Texte grec in *Commentaires de Pappus et de Théon d'Alexandrie sur l'Almageste*,
éd. A. Rome, Biblioteca Apostolica Vaticana, 1936 (t. II, p. 471-473). Traduction M. Crubellier.

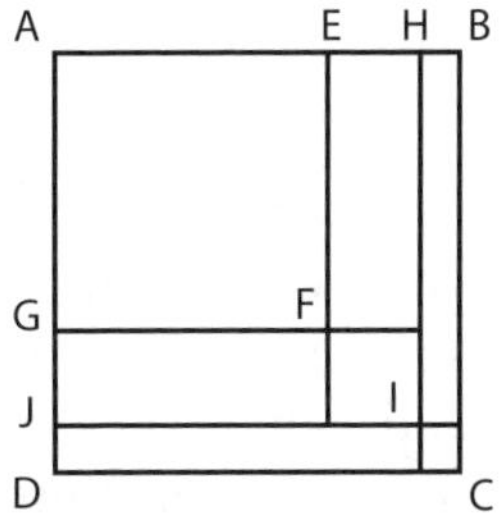

Afin d'illustrer aussi la détermination par soustraction partielle sur l'un des exemples de nombres que l'on trouve dans la *Syntaxe*, faisons notre démonstration avec le nombre 4500 ; dont le côté est estimé [dans la *Syntaxe*] à 67°4'55".
Soit une surface carrée ABCD, exprimable en puissance seulement, dont l'aire est de 4500 degrés ; on demande de calculer le côté de carré le plus proche. Puisque donc le nombre carré le plus proche de 4500 qui ait un côté fait d'unités entières est 4489, dont le côté est 67, retranchons du carré ABCD le carré AF qui vaut 4489 unités, dont le côté est de 67 unités. Le reste, le gnomon BΓΓD vaut donc 11 unités, que nous exprimons en les réduisant en minutes, soit 660'. Ensuite nous doublerons le segment EF, parce que le rectangle de côté EF [est pris] deux fois, comme si l'on posait que EF est sur la droite de FG, puis nous diviserons les 660 minutes par le résultat 134, et le résultat de la division, 4 minutes, nous donnera les deux [segments] EH et GJ. Et en complétant les parallélogrammes HF, FJ, nous trouverons que ceux-ci valent 536 minutes, chacun des deux valant 268. Ensuite, nous réduirons à leur tour les 124 minutes restantes en 7440 secondes et nous soustrairons le carré FI construit sur [un côté égal à] 4 minutes, qui vaut 16 secondes, afin que, ayant placé un gnomon autour du carré initial AF, nous obtenions le carré AI de côté 67°4', constitué de 4497 degrés 56'16", et comme

reste, cette fois, le gnomon BIID qui vaut 2 degrés 3'44", c'est à dire 7424 secondes. Nous doublerons cette fois HI, comme si HI se trouvait sur la droite IJ, et, ayant divisé les 7424 secondes par le résultat 134'8", le résultat de la division, 55 secondes à peu près, nous donne une approximation des deux [segments] HB, JD. Et en complétant les parallélogrammes BI, ID, nous trouverons que ceux-ci valent 7370 secondes et 440 tierces, chacun des deux valant d'une part 3685 secondes et 220 tierces. Et il est resté comme différence 46 secondes et 40 tierces, ce qui fait à peu près le carré IC dont le côté se trouve être de 55 secondes, et nous avons trouvé que le côté du carré ABCD qui se compose de 4500 degrés, est à peu près de 67°4'55".
De sorte qu'en général, si nous cherchons à calculer la racine carrée d'un nombre, nous prenons d'abord le côté du nombre carré le plus proche. Puis nous le doublons et nous divisons par le résultat le nombre restant, après avoir réduit en minutes, et du résultat de la division nous retranchons un carré, puis ayant réduit à son tour le reste en secondes, en le divisant par le double des degrés, minutes et secondes, nous obtiendrons à peu près le nombre que nous cherchons, celui du côté de la surface carrée [donnée].

Théon part d'une première valeur approchée par défaut de la racine. Soient $A = 4500$ l'aire du carré ABCD et $a^2 = 67^2$ l'aire du carré AEFG, l'aire du gnomon restant EBCDGF (c'est-à-dire la surface comprise entre les deux carrés) a pour aire : $A - a^2 = 660'$. Si nous notons x la longueur de GD, le gnomon se décompose en deux rectangles d'aire ax chacun et d'un carré d'aire x^2. En négligeant l'aire de ce carré, nous approchons l'aire du gnomon par $2ax$ et le côté x par :

$$\frac{A - a^2}{2a}.$$

Ce raisonnement correspond aux calculs proposés par Théon. Mais celui-ci prend la partie entière du rapport, ce qui lui permet de trouver une approximation encore par défaut de la racine. Théon itère le schéma et les calculs correspondants pour obtenir une nouvelle approximation de la racine. Pour calculer l'aire du gnomon HBCDJI, il ne s'expose pas au calcul de l'aire du carré de côté AH, mais il soustrait l'aire du gnomon EHIJGF de l'aire du gnomon EBCDGF.

3. ALGORITHMES BINOMIAUX MÉDIÉVAUX

Le procédé d'extraction de racines carrées appelé «*racine, pas de racine*», ou encore «*algorithme de la potence*», a été enseigné en France jusque dans les années 1960. Ce procédé repose sur le développement du binôme $(a + b)^2$ et sur la représentation en système décimal des nombres. Il se généralise assez aisément à l'extraction des racines cubiques. Nous le trouvons, sous différentes formes, en Chine ancienne au IIIe siècle, en Inde et dans tout le bassin méditerranéen au Moyen Âge.

Les plus anciens procédés généraux chinois d'extraction des racines carrées et cubiques sont exposés dans le chapitre 4 du *Jiuzhang suanshu* (Procédés calculatoires en neuf chapitres). D'après le commentaire de cet ouvrage, écrit par Liu Hui à la fin du IIIe siècle, ces procédés reposent sur le découpage en tranches de 2 (resp. 3) chiffres des nombres dont il s'agit d'extraire la racine. Ces nombres sont exprimés dans la numération positionnelle et décimale des baguettes à calculer et le calcul des racines s'effectue chiffre par chiffre. De plus, à toutes les étapes, les calculs reposent fondamentalement sur le développement du binôme $(a + b)^n$, $n = 2$ ou 3. Enfin, à l'issue de l'extraction de la racine considérée, deux techniques d'approximation du « reste », c'est-à-dire de la partie non entière de la racine, sont considérées.

Comme le procédé spécifique à la tradition chinoise, qui utilise des baguettes, le procédé du XIIIe siècle d'Ibn al-Bannā se retrouve dans tous les ouvrages de calcul du Moyen Âge, quelle que soit l'aire culturelle de rédaction de ces ouvrages.

Le texte d'Ibn al-Bannā

Extrait du *Talkhīṣ aᶜmāl al-ḥisāb d'Ibn al-Bannā*,
d'après l'édition critique de M. Souissi, Tunis, 1968. Trad. A. Djebbar.

Le procédé pour extraire la racine exacte [d'un nombre consiste à] énumérer ses ordres par « racine », « pas de racine », jusqu'à la fin de la ligne. Puis, tu vas jusqu'au dernier de ses [ordres] qui a une racine et tu poses au-dessous de lui un nombre [tel que si] tu le multiplies par lui-même, tu épuises ce qui est au-dessus de lui ou il [en] reste [un nombre tel] qu'il ne puisse pas [y avoir] d'entier plus petit que lui. Puis, tu le rétrogrades, [après l'avoir] doublé, sous l'ordre « pas de racine », et tu cherches un nombre à placer sous l'ordre « racine » qui le précède [qui soit tel] que si tu le multiplies par le [nombre] rétrogradé et doublé, puis par lui-même, il épuise ce qui est au-dessus d'eux ou il reste un [nombre tel] qu'il n'est pas possible qu'il en ait de plus petit que lui. Puis, tu ne cesses de procéder ainsi, doublant le [nombre] rétrogradé et [le] déplaçant jusqu'à ce que tu épuises toute la ligne. Ce qui résulte sur la deuxième ligne avant le doublement est la racine.

Pour comprendre le texte d'Ibn al-Bannā, il faut se souvenir que celui-ci écrit les nombres de droite à gauche. Nous devons donc remplacer, dans le texte, « dernier de ses ordres » par « premier de ses ordres », et « précède » par « suit ».

Appliquons les calculs d'Ibn al-Bannā au nombre 189 574. Ibn al-Bannā commence par séparer le nombre en tranches de deux chiffres, de la droite vers la gauche pour nous, en scandant les mots « racine » (r) et « pas de racine » (p) :

18	95	74
pr	*pr*	*pr*

Il faut imaginer que les calculs s'effectuent sur un tableau où les espaces sont ainsi bien marqués. La racine carrée va être obtenue chiffre par chiffre. Nous écrirons ces chiffres, comme le fait al-Ṭūsī dans sa résolution numérique d'équations, au-dessus des chiffres marqués par « racine » (r). La racine aura donc, dans notre exemple, trois chiffres. Nous écrirons les calculs intermédiaires sur une troisième ligne, au-dessous du nombre.

Ibn al-Bannā cherche d'abord le plus grand nombre dont le carré est inclus dans 18 : c'est 4 (fig. 1). Le reste $18 - 16 = 2$ remplace 18 sur le tableau (fig. 2). Il calcule ensuite le double de 4 et l'écrit sur une troisième ligne en le rétrogradant, c'est-à-dire qu'il place le 8 sous le 9 (fig. 3).

4		
18	95	74

fig.1

4		
2	95	74

fig.2

4		
2	95	74
	8	

fig.3

Puisque 80 se trouve au-dessous de 295, il faut trouver le plus grand nombre n tel que $(80 + n)\, n < 295$. Ce nombre est 3, il est placé sur la première ligne au-dessus du 5. Le reste $295 - 249 = 46$ remplace 295 (fig. 4). À l'étape suivante du calcul nous devons doubler 43, et l'écrire sur la dernière ligne en le rétrogradant (fig. 5). Puisque 860 se trouve maintenant au-dessous de 4 674, il faut trouver le plus grand nombre n tel que $(860 + n)\, n < 4674$. Ce nombre est 5, il est placé sur la première ligne au dessus du 4. Ainsi 435 est la racine entière de 189 574.

4	3	
	46	74

fig.4

4	3	
	46	74
	8	6

fig.5

4	3	5
	46	74
	8	6

fig.6

Rappelons le principe de la méthode « *racine, pas de racine* » pour l'extraction de la racine carrée d'un entier N et la disposition pratique des calculs.

Initialisation :	**Exemple**
Écrivons N sous la forme :	$N = 18\,95\,74$
$N = Q\,10^{2k} + R$, avec $Q < 100$ et $R < 10^{2k}$	$k = 2, Q = 18, R = 9574$
alors la racine entière n de N comporte nécessairement $k + 1$ chiffres.	
Notons q le premier chiffre de n, alors n s'écrit : $$n = q\,10^k + r, \text{ avec } r < 10^k.$$	
Par conséquent, q est le plus grand entier tel que $$q^2 < Q$$	$q^2 < 18, q = 4$

Récurrence :	**Exemple**
Supposons qu'il ne reste plus que les h derniers chiffres de n à connaître, alors n s'écrit :	
$n = a\ 10^h + b$, avec $b < 10^h$ et a connu	$a = 4$
Écrivons N sous la forme :	
$N = A\ 10^{2h} + B$, avec $B < 10^{2h}$.	$A = 18, B = 9\,574$
Nous avons $n^2 = N$, donc b doit vérifier :	
$(a\ 10^h + b)^2 = A\ 10^{2h} + B$,	
ou encore, d'après la formule du binôme :	
$b(b + 2a\ 10^h) = (A - a^2)\ 10^{2h} + B$.	
Notons c le premier chiffre de b et C le nombre constitué des deux premiers chiffres de B, alors c est le plus grand entier tel que	$C = 95$
$c\ 10^{h-1}(c10^{h-1} + 2a10^h) < (A - a^2)10^{2h} + C^{2h-2}$,	
ou encore :	$c(c + 80) < (18 - 16)\ 10^2 + 95$
$c\,(c + 20a) < (A - a^2)\ 10^2 + C$	$c(c + 80) < 295, c = 3$.

La disposition pratique des calculs se fait ainsi :

1re étape :

N	18 95 74	4	a
$(A-a^2)10^2 + C$	2 95	$c(c + 80) < 295$	

nous trouvons $c = 3$.

2ème étape :

N	18 95 74	43	a
	2 95	$3(3 + 80) < 295$	
$(A-a^2)10^2 + C$	46 74	$c(c + 860) < 4674$	

nous trouvons $c = 5$, et donc 435 est la racine entière de 189 574. Le calcul peut être poursuivi pour obtenir des décimales.

RÉSOLUTIONS NUMÉRIQUES D'ÉQUATIONS

4. LES TABLEAUX D'AL-ṬŪSĪ

Le *Traité des Équations* d'al-Ṭūsī contient la discussion la plus approfondie de la théorie des équations cubiques de toutes les mathématiques médiévales actuellement connues. L'étude d'al-Ṭūsī, tout en s'inscrivant dans le projet d'al-Khayyām, le complète et le dépasse à la fois.

Dans son *Traité sur le Jabr et la Muqābala*, al-Khayyām donne une classification des 25 types d'équations de degré inférieur ou égal à 3, dont les coefficients sont positifs. Il distingue les équations pour lesquelles l'existence d'une solution positive est établie à partir des *Éléments* d'Euclide de celles dont les solutions s'obtiennent par intersection de deux arcs de coniques ou d'une conique et d'un cercle [17]. Al-Ṭūsī propose une classification différente de celle d'al-Khayyām : elle prend en compte l'existence ou non de solutions positives. Pour huit des types, l'équation admet toujours une racine positive et pour cinq autres, des cas d'impossibilité de résolution peuvent se présenter. Toutefois al-Ṭūsī, pas plus qu'al-Khayyām, ne signale que l'équation « un cube et des racines égale des carrés et un nombre », qui s'écrit dans le formalisme actuel

$$x^3 + 3bx = 3ax^2 + N,$$

peut, pour certaines données, avoir trois racines positives.

Dans l'exemple étudié ici, al-Ṭūsī expose le mode de résolution de l'équation « un cube plus des carrés en nombre de la forme 12 et des racines en nombres de la forme 102 égalent un nombre de la forme 34 345 395 », ce que nous écrivons aujourd'hui :

$$x^3 + 12x^2 + 102x = 34\,345\,395.$$

Cette équation particulière joue le rôle d'exemple générique pour traiter le type d'équation de degré trois de la forme $x^3 + 3ax^2 + 3bx = N$, équation qui admet toujours une racine positive. Al-Ṭūsī appelle 12 le « nombre des carrés », 102 le « nombre des racines » et 34 345 395, le « nombre ». L'étude d'al-Ṭūsī comporte trois parties :

– la justification géométrique de l'existence d'une racine, pour cela, il considère, comme al-Khayyām, un demi-cercle et une branche d'hyperbole équilatère et prouve que ces deux arcs de courbes ont un point commun qui correspond à la racine ;

– la résolution numérique par une méthode qui s'inspire des méthodes d'extraction de racines cubiques, chiffre par chiffre, déjà utilisées par les mathématiciens arabes du XIe siècle, selon une disposition des calculs intermédiaires qui réduit légèrement le nombre d'opérations arithmétiques ;

– la justification géométrique de l'algorithme, du type de celle de Théon.

Le principe de la méthode d'al-Ṭūsī est de déterminer, chiffre par chiffre, la racine de l'équation en utilisant un tableau. Les colonnes du tableau déterminent l'ordre des grandeurs des nombres intervenant dans les calculs et remplacent avantageusement l'écriture exponentielle des puissances de 10. Les lignes du tableau sont modifiées au fur et à mesure des calculs et jouent le rôle de registres qui permettent de mémoriser certains résultats. Il y a quatre lignes. La « ligne supérieure » reçoit les approximations successives de la racine cherchée. La ligne au-dessous contient initialement le « nombre » et les deux lignes suivantes, appelées « ligne intermédiaire » et « ligne inférieure », contiennent initialement et respectivement les tiers du « nombre des racines » et du « nombre des carrés ».

Pour faciliter la compréhension du texte, nous l'avons subdivisé et nous l'avons accompagné, dans la colonne de droite, des calculs correspondants.

Le texte d'al-Ṭūsī

D'après l'édition critique de R. Rashed, *Sharaf al-Dīn al-Ṭūsī, œuvres mathématiques, algèbre et géométrie au* XII*e siècle*, 2 tomes, Les Belles Lettres, Paris, 1986 (tome I, pp. 78-79).

Nous disons : un cube avec des carrés – 12 dans ce cas – et des racines – 102 dans ce cas – égalent un nombre – 34 345 395 dans ce cas –. Nous comptons également le nombre par *racine, pas de racine*, et nous déterminons la valeur de combien l'ordre du dernier [chiffre] du nombre des carrés est inférieur à l'ordre homonyme du dernier cube, et nous déplaçons le dernier ordre du nombre des carrés jusqu'à l'ordre inférieur au dernier cube. Et nous déplaçons le dernier ordre du nombre des racines jusqu'à l'ordre qui est inférieur à la racine homonyme du dernier cube, de cette valeur. Puis, nous ramenons le nombre des carrés et le nombre des racines au tiers. On aura alors cette figure :

	○			○			○
3	4	3	4	5	3	9	5

	○			○			○
3	4	3	4	5	3	9	5
			1	0	2		
		1	2				

	○			○			○
3	4	3	4	5	3	9	5
				3	4		
			4				

Puis, nous déterminons le [nombre] dont on cherche le cube – et c'est trois – ; et nous le mettons [à la place] du dernier cube.

	3			○			○
3	4	3	4	5	3	9	5
				3	4		
			4				

Nous retranchons son cube du nombre — $34\,345\,395 - 27\,000\,000 = 7\,345\,395$

et nous le multiplions par le tiers du nombre des carrés — $300 \times 4 = 1\,200$

et nous ajoutons le résultat à la ligne intermédiaire – c'est celle où est le tiers du nombre des racines – ; — $1\,200 + 34 = 1\,234$

nous le multiplions par la ligne intermédiaire, — $300 \times 1\,234 = 370\,200$

nous retranchons trois fois chaque produit du nombre — $7\,345\,395 - 3 \times 370\,200 = 6\,234\,795$

et nous ajoutons le carré du [nombre] cherché à la ligne intermédiaire dans l'ordre qui est à côté d'elle. — $(300)^2 = 90\,000$; $1\,234 + 90\,000 = 91\,234$

Nous le multiplions une autre fois par le tiers du nombre des carrés et nous ajoutons le résultat à la [ligne] intermédiaire. Il sera [alors] sous cette forme :

$91\,234 + 1\,200 = 92\,434$

3			○			○
6	2	3	4	7	9	5
9	2	4	3	4		
		4				

Puis, nous déplaçons les [lignes] supérieure et inférieure de deux rangs et la [ligne] intermédiaire d'un rang.

		3	○			○
6	2	3	4	7	9	5
	9	2	4	3	4	
				4		

Puis, nous posons un autre [nombre] cherché – et c'est deux –; nous retranchons son cube du nombre,

$(20)^3 = 8\,000$
$6\,234\,795 - 8\,000 = 6\,226\,795$

nous le multiplions par le premier [nombre] cherché et par le tiers du nombres des carrés,

$20 \times (300 + 4) = 6\,080$

nous ajoutons le résultat du produit à la [ligne] intermédiaire,

$6\,080 + 92\,434 = 98\,514$

nous le multiplions par la [ligne] intermédiaire

$98\,514 \text{ x } 20 = 1\,970\,280$

et nous retranchons trois fois chaque produit du nombre.

$6\,226\,795 - 3 \times 1\,970\,280 = 315\,955$

Puis, nous ajoutons son carré à la ligne intermédiaire

$(20)^2 = 400$
$98\,514 + 400 = 98\,914$

et nous le multiplions par le premier [nombre] cherché et par le tiers du nombre des carrés, et nous ajoutons le résultat à la ligne intermédiaire. Il sera alors sous cette forme :

$98\,914 + 6\,080 = 104\,994$

			3	2		○
	3	1	5	9	5	5
1	0	4	9	9	4	
				4		

Puis, nous déplaçons les [lignes] supérieure et inférieure de deux rangs et la [ligne] intermédiaire d'un rang, nous posons le troisième [nombre] cherché – et c'est un –, nous retranchons son cube du nombre, nous le multiplions par la somme du premier et du second [nombres] cherchés et par le tiers du nombre des carrés, nous ajoutons le résultat à la [ligne] intermédiaire, nous le multiplions par la [ligne] intermédiaire et nous retranchons trois fois chaque produit par du nombre. Le nombre disparaît alors et il [en] résulte la ligne supérieure selon cette forme : 321.

			3	2	○
3	1	5	9	5	5
1	0	4	9	9	4
					4

La méthode d'al-Ṭūsī s'apparente bien à ce que nous appelons désormais un algorithme. Le cas étudié par al-Ṭūsī : « un cube plus des carrés en nombre de la forme 12 et des racines en nombres de la forme 102 égalent un nombre de la forme 34 345 395 » se formalise aujourd'hui par l'équation :

$$x^3 + 12x^2 + 102x = 34\,345\,395,$$

cas particulier de l'équation : $x^3 + 3ax^2 + 3bx = N$,
avec $a = 4$, $b = 34$ et $N = 34\,345\,395$.

Al-Ṭūsī commence par donner la configuration initiale du tableau. Il détermine d'abord l'ordre de grandeur de la racine, c'est-à-dire le nombre de ses chiffres. Pour cela il inspecte, de droite à gauche, tous les chiffres du nombre N et place un O sur les chiffres correspondant à la *racine* cubique en n'inscrivant rien sur deux chiffres successifs où il n'y a *pas de racine*. La racine aura autant de chiffres que la ligne supérieure contient de O. Ici la racine aura 3 chiffres puisque $(100)^3 < N < (1\,000)^3$.

Al-Ṭūsī va travailler ensuite sur le premier chiffre de la racine. Comme cette racine est d'ordre 10^2, son carré est d'ordre 10^4. Par conséquent, al-Ṭūsī place $b10^2$ en « ligne intermédiaire » et $a10^4$ en « ligne inférieure ». La configuration initiale du tableau est donc :

	O			O			O	
3	4	3	4	5	3	9	5	*N*
				3	4			*b*
			4					*a*

Le principe de l'algorithme est de déterminer la racine chiffre par chiffre. À la première boucle, l'algorithme comprend deux étapes :
– première étape : estimer le premier chiffre de la racine x, et donc fournir une première approximation x_0 de cette racine ;
– deuxième étape : calculer une équation dont $s = x - x_0$ soit la racine.
Ensuite, puisque s possède un chiffre de moins que x, on peut recommencer en appliquant les deux étapes précédentes à la nouvelle équation. Et ainsi de suite.

Al-Ṭūsī ne dit pas comment il obtient la valeur 3 du premier chiffre de la racine. Mais a et b étant petits par rapport à N, il suffit de chercher le plus grand nombre dont le cube soit inférieur à 34 : c'est 3.
Le nombre s est solution de l'équation

$$(x_0 + s)^3 + 3a(x_0 + s)^2 + 3b(x_0 + s) = N$$

ou encore, en effectuant les calculs, de l'équation $s^3 + 3a_1s^2 + 3b_1s = N_1$

avec :

$$N_1 = N - x_0^{\ 3} - 3x_0\left(ax_0 + b\right)$$

$$a_1 = x_0 + a$$

$$b_1 = x_0^2 + 2ax_0 + b$$

Nous retrouvons cette équation dans les calculs d'al-Ṭūsī, en tenant compte du fait que celui-ci utilise les colonnes du tableau pour établir l'ordre exponentiel des chiffres. Il calcule successivement :

$$N - x_0^3 = 7\ 345\ 395$$
$$ax_0 = 1\ 200$$
$$ax_0 + b = 1\ 234$$
$$x_0\left(ax_0 + b\right) = 370\ 200$$
$$N_1 = N - x_0^3 - 3x_0\left(ax_0 + b\right) = 6\ 234\ 795$$
$$b_1 = x_0^2 + \left(ax_0 + b\right) + ax_0 = 92\ 434$$

Le tableau d'al-Ṭūsī devient alors :

3			○			○	x_0
6	2	3	4	7	9	5	N_1
9	2	4	3	4			b_1
		4					a

Le nombre a_1 est obtenu en sommant les nombres de la première et de la dernière lignes. Al-Ṭūsī va ensuite travailler sur le premier chiffre de s. Puisque s est d'ordre 10, il décale d'un rang à droite la ligne de b_1, donc $b_1 10$ est sur cette ligne, et de deux rangs les nombres de la première et de la dernière lignes, donc $a_1 10^2$ est la somme de ces deux lignes. Il obtient le tableau suivant :

		3	○			○	x_0
6	2	3	4	7	9	5	N_1
	9	2	4	3	4		b_1
				4			a

Al-Ṭūsī estime que le premier chiffre de s est 2, mais il ne dit pas comment. Cette fois le coefficient b_1 est grand, il suffit donc de chercher le plus grand entier dont la multiplication par 3 b_1 est inférieure à 6234795, c'est effectivement 2. La seconde étape de l'algorithme lui fournit comme nouveau tableau :

		3	2			○	x_1
	3	1	5	9	5	5	N_2
1	0	4	9	9	4		b_2
				4			a

et après décalage :

				3	2	○	x_1
	3	1	5	9	5	5	N_2
	1	0	4	9	9	4	b_2
						4	a

Le nombre a_2 est égal alors à la somme des nombres des premières et dernières lignes, $a_2 = s + a_1 = x_1 + a$, soit 324. Al-Ṭūsī estime à 1 le dernier chiffre de la racine. Il aura remarqué, de la même façon que précédemment, que le plus grand entier dont la multiplication par $3b_2$ soit inférieure à 315955 est 1. Puis, en calculant N_3, il constate que ce « nombre disparaît ». Ceci signifie que l'équation obtenue dans la seconde étape admet 0 pour racine, et donc que 321 est solution de l'équation de départ.

5. LA MÉTHODE DE VIÈTE

Le traité *De numerosa potestatum ad exegesim resolutione* (De la résolution des puissances numériques) est le dernier ouvrage de l'*Art analytique ou Analyse mathématique restaurée* de Viète qui ait été publié avant la mort de l'auteur en février 1603.

La lecture des travaux de Viète sur la résolution numérique des équations n'est pas des plus aisées : la langue vieillie, l'absence d'un formalisme adapté et la concision du traité ne facilitent guère sa compréhension. Le projet de Viète est extrêmement ambitieux : décrire à l'aide d'une quarantaine d'exemples une méthode générale permettant de déterminer sous forme de fractions décimales (dans son *Canon* Viète avait plaidé en faveur de la numération décimale) des approximations des solutions positives d'équations algébriques de degré deux à six. Cette méthode est une extension des méthodes d'extraction des racines de même degré qu'il expose dans une première partie.

Les exemples numériques du traité se répartissent ainsi :

– une première partie expose l'extraction des puissances pures, c'est-à-dire l'extraction de racines n-ièmes pour $n \leq 6$;

– une seconde partie est consacrée aux puissances « affectées »
affirmativement, comme par exemple : $x^6 + 6000x = 191\,246\,976$
ou *négativement*, comme : $x^5 - 5x^3 + 500x = 7\,905\,504$
ou encore aux puissances *arrachées*, comme : $65x^3 - x^4 = 1\,481\,544$.

La méthode de Viète illustre les principes exposés dans l'*Introduction à l'Art analytique* et repose sur des « théorèmes synthétiques » énoncés de façon rhétorique, c'est-à-dire sans faire usage d'un symbolisme algébrique, comme :

$$\left(x_1 + x_2\right)^5 = x_1^5 + \left(5\,x_1^4\right)x_2 + \left(10\,x_1^3\right)x_2^2 + \left(10\,x_1^2\right)x_2^3 + \left(5x_1\right)x_2^4 + x_2^5$$

$$\left(x_1 + x_2\right)^3 = x_1^3 + 3\,x_1^2\,x_2 + 3\,x_1\,x_2^2 + x_2^3$$

Nous présentons ici la démarche de Viète pour résoudre l'équation du problème XV $\qquad x^5 - 5x^3 + 500x = 7\,905\,504$.

Respectant la « loi des homogènes » (on n'ajoute que des grandeurs ayant même dimension), Viète assimile le coefficient 5 à un *nombre-plan*, c'est-à-dire au produit de deux longueurs, et le coefficient 500 à un *plano-plan*, c'est-à-dire au produit de deux aires. Cette loi montre bien que Viète est héritier du caractère géométrique des mathématiques grecques, tout comme son appellation « côté » pour désigner la racine et ses approximations.

Le texte de Viète

Extrait de *De numerosa potestatum ad exegesim resolutione*, Paris, 1600, pp. 24-27, d'après une traduction inédite de F. Ritter, Bibliothèque de l'Institut.

PROBLÈME XV

Extraire le côté du carré-cube donné en nombres affecté par l'addition d'un plano-solide produit du côté et d'un coefficient plano-plan donné, et par la soustraction d'un plano-solide produit du cube du côté et d'un coefficient longueur donné.

Un nombre multiplié par son carré-carré et par 500 et diminué du produit de son cube par 5 fait 7,905,504. Quel est ce nombre ?

ou avec notre notation 1QC – 5C + 500N égale 7 905 504. Combien 1N contient-il d'unités ?

7,905,504 est un carré-cube affecté par l'adjonction d'un plano-solide produit du côté et d'un plano-plan donné 500 et diminué d'un plano-solide produit du cube et d'un plan 5.

[...]

Exemple de l'analyse d'un carré-cube doublement affecté par affirmation pour le côté et par négation pour le cube.

I. Extraction du premier côté partiel

– coefficient plan		5	à multiplier par le cube
		• •	
+ coefficient plano - plan		5 0 0	à multiplier par le côté
		• •	
carré - cube affecté à résoudre	7 9	0 5 5 0 4	
	•	QQ C Q N •	
	QCj	QCij	
soustractifs	3 2		carré - cube du premier côté
plano - solides		1 0 0 0	premier côté par le coefficient - plan
additif		4 0	cube du premier côté par le coefficient plan
		•	
excès des plano - solides soustractifs	3 1	7 0 0 0	
reste du carré - cube affecté à resoudre	4 7	3 5 5 0 4	

	0	0
N	2	4
Q	4	16
C	8	64
QQ	16	256
QC	32	1 024

II. Extraction du second côté partiel

partie supérieure des diviseurs	– plano - plan d'explétion, coefficient plan par le triple carré du premier côté		6 0	
	– solide d'explétion, coefficient plan par le triple du premier côté		3 0	
	– coefficient plan		5	
	+ coefficient plano - plan		5 0 0 •	
reste du carré - cube affecté à résoudre		4 7	3 5 5 0 4 •	
partie inférieure des diviseurs	quintuple carré-carré du premier côté	8	0	
	décuple cube du même décuple carré du même quintuple du premier côté		8 0 4 0 1 0	
somme des diviseurs de l'affection additive		8	8 4 6 0	
somme des diviseurs de l'affection soustractive			6 3 0 5	
excès des diviseurs de l'affection additive		8	7 8 2 9 5	

plano - solides à retrancher provenant de la division	supérieurs	3 2	0	second côté par le quintuple carré - carré du premier côté.
		1 2	8 0	carré du second côté par le décuple cube du premier.
		2	5 6 0	cube du second côté par le décuple carré du premier
			2 5 6 0	carré - carré du second côté par le quintuple du premier côté.
			1 0 2 4	carré - cube du second côté.
	inférieur		2 0 0 0	second côté par le coefficient plano - plan.

somme des plano-solides soustractifs	4 7	6 4 6 2 4	
plano-solides additifs		2 4 0	second côté par le plano-plan d'explétion.
		4 8 0	carré du second côté par le solide d'explétion.
		3 2 0	cube du second côté par le coefficient plan.
somme des plano-solides additifs		2 9 1 2 0	
excès des plano-solides soustractifs égal au carré-cube affecté à résoudre	4 7	3 5 5 0 4	

Donc si 1 QC – 5 C + 500 N égale 7,905,504, 1 N est 24, en suivant mais en sens contraire, exactement la même voie que celle de la composition.

Voici la démarche de Viète pour résoudre l'équation du problème XV :

$$x^5 - 5x^3 + 500x = 7\,905\,504$$

L'initialisation de la procédure consiste à déterminer l'ordre de grandeur de la racine positive cherchée et son premier chiffre décimal. Viète ne retient pour cela que les termes de l'équation qui concernent cet ordre décimal. Ici, compte tenu de la taille des coefficients, il ne retient que le terme constant. Il inscrit un point sous le chiffre des unités du terme constant, ainsi que sous le chiffre des puissances cinquièmes dont le rang est de la forme $1 + 5k$, $k = 1, 2, \ldots$. Le nombre de tranches de 5 chiffres que l'on compte fournit le nombre de chiffres de la racine x, donc x possède deux chiffres.

Si n désigne le premier chiffre de x alors $10n$ est une première approximation de x. Donc n doit être le plus grand entier tel que :

$$10^5 n^5 - 5.10^3 n^3 + 500.10n \leq 7\,905\,504.$$

Le plus grand entier vérifiant $n^5 < 79$ est $n = 2$. Par conséquent, compte tenu de la grandeur des coefficients de l'équation, 20 constitue une première approximation de la racine.

Notons $x = 20 + s$, l'équation à résoudre s'écrit

$$(20 + s)^5 - 5(20 + s)^3 + 500(20+s) = 7\,905\,504$$

Pour déterminer les divers termes de cette équation de degré 5, Viète a recours aux *théorèmes synthétiques* qui fournissent les développements binomiaux. Il distingue la «partie supérieure des diviseurs» issue des termes

$-\,5(20{+}s)^3 + 500(20{+}s)$, de la « partie inférieure des diviseurs » qui proviennent du développement de $(20{+}s)^5$ et qui interviennent pour toute extraction d'une racine cinquième. Les adjectifs « supérieur » et « inférieur » correspondent à la disposition des tableaux, la partie supérieure occupant les lignes situées au-dessus du reste du « carré-cube affecté à résoudre », la partie inférieure étant inscrite au-dessous. De plus, Viète sépare, dans les opérations intermédiaires, les termes qui seront à ajouter et ceux qui seront à retrancher.
Viète commence par calculer le terme constant du polynôme

$$(20{+}s)^5 - 5(20{+}s)^3 + 500(20{+}s).$$

Il obtient :

$+ (20)^5$	+ 3 2	0 0 0 0 0
$+ 500 \times 20$	+	1 0 0 0 0
$- 5 \times (20)^3$	−	4 0 0 0 0
d'où le terme constant	+ 3 1	7 0 0 0 0
Ce terme retranché de :	7 9	0 5 5 0 4
donne la différence :	4 7	3 5 5 0 4

Ainsi, en utilisant les développements binominaux, l'équation à résoudre est maintenant :
$5.(20)^4s + 10.(20)^3s^2 + 10.(20)^2s^3 + 5.20s^4 + s^5 - 5.3.(20)^2s - 5.3.(20)s^2 - 5s^3 + 500s = 4\,735\,504$.

Le nombre s est un chiffre compris entre 0 et 9. Pour diminuer le nombre de valeurs possibles pour s, nous pouvons écrire l'équation précédente sous la forme

$$s^5 + sP(s) = 4\,735\,504$$

avec
$P(s) = 5.(20)^4 + 10.(20)^3s + 10.(20)^2s^2 + 5.20s^3 - 5.3.(20)^2 - 5.3.20s - 5s^2 + 500$, et remarquer que $s\,P(1) < s\,P(s) < s^5 + s\,P(s) = 4\,735\,504$. Ainsi, s doit être nécessairement inférieur au quotient de 4 735 504 par $P(1)$.
Ce raisonnement correspond à la démarche de Viète. Il calcule $P(1)$ et obtient :

$- 5.3.(20)^2$	−	6 0 0 0
$- 5.3.(20)$	−	3 0 0
$- 5$	−	5
à retrancher :	−	6 3 0 5
$+ 500$	+	5 0 0

$+ 5.(20)^4$	+	8	0	0	0	0	0
$+ 10.(20)^3$	+		8	0	0	0	0
$+ 10.(20)^2 s$	+			4	0	0	0
$+5.20$	+				1	0	0
à ajouter :	+	8	8	4	6	0	0
en retranchant	–			6	3	0	5
$P(1)$ égale :	+	8	7	8	2	9	5

Le quotient de 4 735 504 par 878 295 est un nombre supérieur à 5, donc la première valeur s à tester est 5. Les calculs opérés à partir de cette valeur montrent que 5 est trop grand. Ces calculs utilisent les valeurs des coefficients calculés précédemment. Ainsi, pour la valeur suivante de s à tester, $s = 4$, Viète obtient :

$+ 800000\, s$	+3	2	0	0	0	0	0
$+ 80000\, s^2$	+1	2	8	0	0	0	0
$+ 4000\, s^3$	+	2	5	6	0	0	0
$+ 100\, s^4$	+		2	5	6	0	0
$+ s^5$	+			1	0	2	4
$+ 500\, s$	+			2	0	0	0
à ajouter :	+4	7	6	4	6	2	4

$- 6000\, s$	–		2	4	0	0	0
$- 300\, s^2$	–			4	8	0	0
$- 5\, s^3$	–				3	2	0
à retrancher	–		2	9	1	2	0
d'où la valeur :	+4	7	3	5	5	0	4

qui indique que 24 est la valeur exacte de la racine de l'équation.

Dans le cas d'un nombre à trois chiffres, on aurait fait les mêmes calculs, moyennant des décalages sur les tableaux de calculs. Bien entendu, une fois le deuxième chiffre obtenu, on applique le même algorithme pour trouver le troisième chiffre. Ce sera le cas dans les problèmes I, II, III. On peut poursuivre ce procédé jusqu'à ce qu'on ait une écriture de la racine avec une précision requise. Viète choisit les coefficients de telle sorte que les racines soient entières et le plus souvent ce sont 8, 12, 19, 24, 27, 34, 45, 57, ou exceptionnellement, 243 ou 432.

L'approximation de sin 1° par al-Kāshī vers 1400 dans l'*Épître de la corde et du sinus*

Les astronomes ont besoin de « tables trigonométriques » extrêmement précises. Ainsi, au IIe siècle, Ptolémée insère des tables de cordes dans son ouvrage d'astronomie, l'*Almageste*. Si on note cord b, la longueur de la corde sous-tendue par un angle b dans un cercle de rayon $R = 60$, on a la relation : cord $b = 2\,R \sin b/2 = 120 \sin b/2$. La technique de calcul de Ptolémée fondée sur des raisonnements géométriques lui permet d'obtenir avec une grande précision cord 12°, cord 6°, cord 3°, cord 1°30. Si élaborée soit-elle, sa méthode ne permet cependant pas d'obtenir de meilleures approximations sexagésimales de cord 2° et cord 1° que cord 2° = 2; 5,40 et cord 1° = 1; 2,50 (*cf.* chap. 10, § 1).

Les Indiens introduisirent et les Arabes utilisèrent la demi-corde, plus proche de notre sinus, puisque si l'on note Sin a la demi-corde « sous-tendue » par l'angle a – toujours pour un cercle de rayon 60 –, on a la relation : Sin $a = 60 \sin a$. Vers 1400, le mathématicien et astronome al-Kāshī décrit, dans son *Épître de la corde et du sinus* (Rīsalat al-watar wa-l-jayb), un algorithme permettant de calculer, avec une très grande précision, Sin 1° à partir de Sin 3°, dont on connaissait par ailleurs la valeur à « 60^{-7} près » : Sin 3° = 3; 8, 24, 33, 59, 34, 28, 15.

Ce traité n'a pas été retrouvé; on connaît cependant la méthode d'al-Kāshī par la description qu'en a donnée son petit-fils Mīram Shalabī dans un commentaire de tables astronomiques écrit vers 1500. Le Sinus étant considéré comme « une chose », c'est-à-dire une inconnue, le problème est ramené à la formulation suivante : 45 unités du premier ordre multipliées par la chose sont égales à la somme du cube et d'un nombre (*cf.* [1], [21], [22]).

En effet, en utilisant le formalisme d'aujourd'hui et en posant Sin 1° = x, « notre » relation $\sin 3a = 3 \sin a - 4 (\sin a)^3$ conduit al-Kāshī à résoudre l'équation suivante ou plutôt à en chercher la racine positive : $3x = 4x^3 / 60^2 + \text{Sin } 3°$, c'est-à-dire :

$$qx = x^3 + p,$$

où, en notations sexagésimales, $p = 47,6; 8,29,53,37,3,45$ et $q = 45,0$ (équation de la *trisection de l'angle*, *cf.* chap. 6, § 2).

Al-Kāshī résout cette équation en considérant x comme la somme de ses différents ordres sexagésimaux : $x = a + b + c + \ldots$. Comme x^3 est petit devant p, a peut être déterminé en négligeant x^3 : $a \cong p / q \cong 47 / 45 \cong 1$. Puis, b peut être déterminé en remplaçant, dans l'équation, x^3 par l'approximation $a^3 = 1$, et x par $a+b = 1+b$. D'où,

$$b \cong \left(p + a^3\right) / q - a = \left(p - aq + a^3\right) / q = \left(p - q + 1\right) / q \cong 0\,;2.$$

Puis c est déterminé en remplaçant x^3 par $(a+b)^3 = (1;\, 2)^3$ et x par $a+b+c = 1;2 + c$. D'où :

$$c \cong \left[p + (a+b)^3\right]/q - (a+b)$$
$$= \left[p - (a+b)q + (a+b)^3\right]/q \cong 0;\, 0,49.$$

Et ainsi de suite... al-Kāshī effectue ainsi 9 itérations et obtient :

Sin 1° = 1; 2,49,43,11,14,44,16,26,17 ce qui correspond en notations décimales à : sin 1° = 0,017 452 406 437 283 571.

La convergence du processus est remarquable. En formalisant le procédé, nous pouvons dire qu'al-Kāshī calcule Sin 1° à l'aide de 10 approximations successives x_k obtenues, à partir de $x_0 = 1$, par la relation $x_{k+1} = f(x_k)$ où $f(x) = (p+x^3)/q$.

6. L'ÉQUATION DE KEPLER

Dans le livre V de son *Epitomes astronomiae Copernicanae* [Abrégé d'astronomie copernicienne] [9] publié en 1618, Johannes Kepler est amené à résoudre l'équation suivante, appelée maintenant *équation de Kepler* :

$$x = t - e \sin x$$

où t et e sont donnés.

Cette équation sert à décrire le mouvement d'un corps céleste C se déplaçant autour d'un deuxième corps céleste A. D'après la « première loi de Kepler », C décrit une ellipse dont A occupe l'un des foyers. Notons e = AB/RB l'excentricité de l'ellipse (*cf.* fig. 1). Notons u l'angle PAC permettant de repérer la position de C sur son orbite à partir du périhélie P.

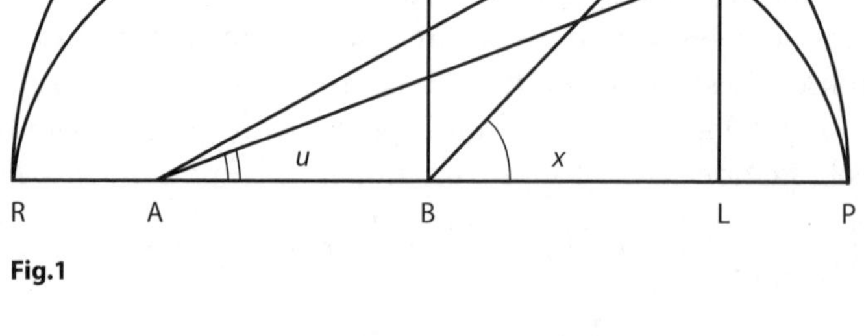

Fig.1

D'après la « deuxième loi de Kepler », au cours du mouvement, l'aire PAC balayée par le rayon AC joignant les deux corps célestes, est proportionnelle au temps. Il est alors naturel d'introduire un angle fictif t, qui correspondrait au mouvement d'un corps animé d'un mouvement circulaire uniforme et effectuant une révolution dans le même temps. Kepler appelle *anomalie moyenne* cet angle t. Par opposition, l'angle u est appelé *anomalie vraie*.

L'anomalie moyenne t est donc proportionnelle à l'aire elliptique PAC ; or, d'après les propriétés d'affinité du cercle et de l'ellipse, cette aire est elle-même proportionnelle à l'aire PAK, où K désigne l'intersection du cercle de diamètre PR avec la perpendiculaire à PR passant par C. Enfin, on repère ce point K sur le cercle, par l'angle x = PBK appelé *anomalie excentrique*. L'étrange terme « anomalie » traduit la persistance du vocabulaire de l'astronomie ptoléméenne : *an* est le suffixe privatif et *omalia* signifie régulier en grec ancien.

L'équation de Kepler s'obtient alors comme une égalité d'aires :

$$\text{aire PAK} = \text{aire PBK} + \text{aire KBA}.$$

En effet, notant a le demi-grand axe de l'ellipse, on a :

$$\text{aire PAK} / t = c^{te} = a^2/2,$$
$$\text{aire PBK} = x \,.\, a^2/2,$$
$$\text{aire KBA} = \text{AB.KL} / 2 = ae \,.\, a \sin x /2,$$

d'où : $$1/2\, a^2 t = 1/2\, a^2 x + 1/2 a^2 e \sin x$$

ou encore : $$t = x + e \sin x.$$

De l'anomalie excentrique x, on déduit donc aisément l'anomalie moyenne t, mais, en astronomie, c'est le problème inverse qui présente de l'intérêt. En effet, l'anomalie moyenne t est proportionnelle au temps, et c'est en fonction du temps que l'on désire connaître la position du corps céleste C. Or, celle-ci est parfaitement déterminée par l'anomalie excentrique x, c'est-à-dire par l'arc PK, puisque C est à l'intersection de l'ellipse avec la perpendiculaire au grand axe issue de K.

La relation étant transcendante, on ne peut la résoudre directement, mais seulement par approximations. En fait, une équation tout à fait du même type que l'équation de Kepler, a déjà été considérée à propos de l'établissement de tables nécessaires à la théorie de la parallaxe. Au IXe siècle, Habas al-Hāsib la résout par un algorithme itératif [8] analogue à celui qu'utilisera al-Kāshī pour calculer sin 1° (*cf.* p. 249) ou Kepler pour résoudre l'équation qui porte son nom.

Il s'agit dans chaque cas de ce que l'on appelle une *méthode du point fixe*. Pour résoudre l'équation $x = f(x)$, on part d'une valeur x_0 proche de la racine cherchée et on considère la suite des approximations définies par

$$x_{n+1} = f(x_n),$$

si la suite x_n tend vers une limite, alors celle-ci est nécessairement une solution de l'équation.

Pour établir ses nouvelles tables astronomiques, les *Tables rudolphines*, Kepler a été conduit à résoudre l'équation précédente pour les différentes valeurs de t. Précisons que chez Kepler les aires sont exprimées par leur rapport à l'aire du cercle ; ce rapport est exprimé en unités sexagésimales, l'aire du cercle étant de 360° ou 21 600' ou 1 296 000". Comme chez al-Kāshī, le sinus est multiplié par le rayon du cercle, ici r = 100 000, de sorte que, dans le texte de Kepler, le sinus de 50°9'10" vaut 76 775.

Le texte de Kepler

Extrait de *Epitomes astronomiæ Copernicanæ*, Linz, 1618-1622 (Livre V, Chapitre IV, p. 694-696). Trad. A. Michel-Pajus. (B. N.).

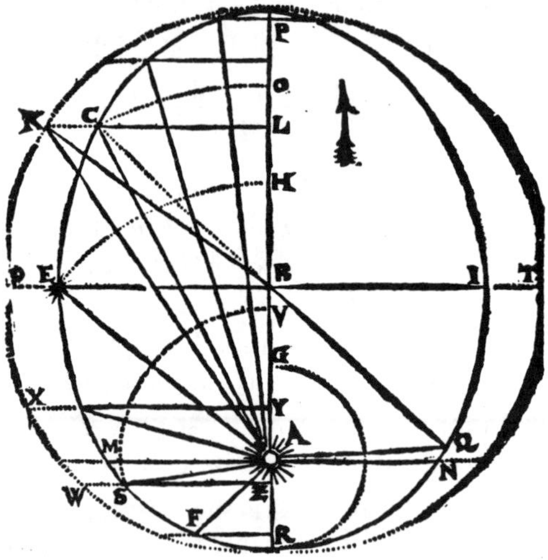

Peux-tu enseigner sur un exemple une méthode commode afin que quelqu'un qui n'a pas l'habitude n'erre pas trop à cause de positions mal déterminées ?

Reprenons donc l'exemple ci-dessus et soit l'anomalie moyenne ou l'aire PKA égale à 50°9'10", déjà donnée ; il est évident que, si l'on connaît l'aire du triangle KBA, on obtiendra l'aire restante KBP, du même nombre de degrés que son arc PK, et donc, après avoir enlevé la valeur de KBA à PKA il restera l'anomalie excentrique PK. Donc, puisque PKA est plus grand que PKB, le sinus de l'arc PK sera plus petit que le sinus de 50°9'10", donc inférieur à 76 775. Soit ce sinus pris dans la première position égal à 70 000 pour la facilité de la multiplication.

Donc, celui-ci, une fois multiplié par la valeur du triangle DBA, qui était dans l'exemple ci-dessus 11 910", en supprimant les 5 [derniers chiffres], donne pour BKA 8 337", soit 2°18'57", que tu ajoutes aux 44°25', l'arc dont le sinus est 70 000, l'aire PKA vaudra 46°44'. Cette valeur est trop petite, il manque en effet 3°25', puisqu'elle aurait dû faire 50°9', la valeur donnée. Soit donc ce sinus pris dans la seconde position, obtenue en ajoutant 3°25' à l'arc posé d'abord égal à 44°25', de sorte que PC fasse à peu près 47°50', dont le sinus est très proche de 74000, que je choisis à nouveau pour la facilité du calcul. Celui-ci, multiplié par 11 910 augmente maintenant BKA de 7'56", d'où 2°26'53" que tu ajoutes à la deuxième position de PK, c'est-à-dire aux 47°44'6" de PKB ; il viendra pour PKA 50°10'59" et nous dépassons la valeur due 50°9'10", de 1'49". C'est pourquoi nous sentons que ce petit excédent doit être enlevé à la seconde position de PK, et l'anomalie excentrique cherchée, soit PK, sera 47°42'17". Il est permis d'accepter cette valeur. Le sinus de cet arc est en effet 73 979, qui [multiplié] par 11 910" demande 2°26'50" comme valeur pour KBA, et ceci étant ajouté donnera 50°9'7", qui s'écarte de la valeur due 50°9'10" de façon insensible.

Kepler appelle sa méthode « règle de position », allusion vraisemblable à la longue tradition des règles de fausse position (*cf.* chap. 3). Il l'explicite sur un exemple en donnant à l'anomalie moyenne t, c'est-à-dire en fait à l'aire PKA, la valeur 50°9'10". L'excentricité e, ou plutôt la quantité $e\,a^2/2$, correspond à l'aire du triangle ABD, évaluée antérieurement à 11 910". Il s'agit de trouver l'anomalie excentrique x ou l'arc PK, correspondant à l'aire PKB, à partir de l'équation :

$$t = x + e \sin x.$$

Comme $x < t$, on a $\text{Sin}\, x < \text{Sin}\, t = 76775$, [nous écrivons Sin lorsqu'il s'agit de valeurs du sinus multipliées par $r = 100000$], et Kepler choisit, comme valeur initiale de x, le nombre x_1 tel que $\text{Sin}\, x_1 = 70000$, soit $x_1 = 44°25'$ (en réalité Arc Sin 70000 = 44°25'37").

Kepler calcule ensuite :

$$x_1 + e\sin x_1 \cong 44°25' + 2°18'57" \cong 46°44'.$$

D'où :

$$t - (x_1 + e\sin x_1) \cong 3°25'.$$

Il utilise cette erreur de 3°25' pour obtenir une meilleure approximation de x :

$$x_2 = x_1 + 3°25' = 47°50'.$$

En fait, comme $\text{Sin}\, x_2$ est proche de 74000, pour faciliter le calcul, il prend :

$$x_2 = \text{Arc Sin } 74\ 000 \cong 47°44'6"$$

(en réalité, Arc Sin 74000 = 47°43'53").

Avec cette valeur de x_2, Kepler calcule à nouveau :

$$e \sin x_2 = e \sin x_1 + e(\sin x_2 - \sin x_1) = 2°18'57" + 7'56" = 2°26'53"$$

et

$$x_2 + e\sin x_2 \cong 47°44'6" + 2°26'53" \cong 50°10'59".$$

D'où :

$$t - (x_2 + e\sin x_2) \cong 50°9'10" - 50°10'59" = -1'49"$$

et une nouvelle approximation :

$$x_3 = x_2 - 1'49" = 47°42'17".$$

Kepler s'arrête là car :

$$x_3 + e \sin x_3 = 50°9'7".$$

Tout se passe donc comme si les approximations successives x_n étaient définies par la formule :

$$x_n = f(x_{n-1}) \text{ où } f(x) = t - e \text{ Sin } x.$$

Dans ses *Principia mathematica* de 1687 [13], Newton s'intéressera bien sûr à l'équation de Kepler. Il explique, dans la proposition XXXI du premier livre, « *comment trouver pour un temps donné le lieu d'un corps qui se meut dans une trajectoire elliptique donnée.* » Il effectue pour cela une très belle démonstration géométrique à partir d'une trochoïde, sorte de cycloïde déformée (le clou de la roue n'est plus situé au bord de la roue). Newton reconnaît cependant que la construction de cette courbe est difficile et il propose dans un scholie d'employer une solution approchée. Il s'agit, selon Whiteside, de la première publication par Newton de sa méthode (*cf.* chap. 6).

Plus tard, Lagrange [12] appliquera ses travaux sur les fonctions analytiques à la résolution approchée de l'équation de Kepler.

7. LA MÉTHODE DES SÉRIES RÉCURRENTES DE BERNOULLI

Daniel Bernoulli, fils de Jean Bernoulli, est professeur de Mathématiques à St Petersbourg de 1725 à 1733. Il s'attaque à nombre de problèmes tirés de la physique, notamment en hydrodynamique et en élasticité. Il essaie de résoudre les équations aux dérivées partielles correspondantes en utilisant en particulier des séries, séries entières ou séries trigonométriques.

En 1728, il publie un article intitulé *Observations concernant les séries qui sont formées en ajoutant ou en soustrayant d'une façon quelconque les termes successifs, où l'on montre en particulier la remarquable utilisation de ces mêmes séries pour trouver les racines de toutes les équations algébriques* [3]. Le procédé qui nous intéresse ici est donc un corollaire d'une étude générale sur les suites récurrentes ; Bernoulli l'énonce ainsi :

« *Nouvelle méthode pour trouver des racines de toutes les équations à coefficients aussi bien numériques qu'algébriques*
Mettre l'équation proposée sous la forme :

$$1 = ax + bx^2 + cx^3 + ex^4 + etc.$$

Ensuite former une suite commençant par des termes arbitraires, en nombre égal au degré de l'équation, selon la loi suivante : si A, B, C, D, E désignent des termes consécutifs pris dans l'ordre, on aura toujours E = aD + bC + cB + eA + etc. Soient dans cette suite continuée assez loin deux termes voisins M et N. On aura alors le terme M divisé par le suivant N presqu'égal à une racine cherchée. »

Bernoulli ne donne pas de véritable justification. Il souligne les difficultés liées à l'existence de plusieurs racines distinctes de même plus petit module et montre, sur des exemples, comment se tirer de ces cas difficiles.

C'est Daniel Bernoulli qui fait venir Euler à St Petersbourg et l'engage comme assistant en 1733. Il lui cède son poste la même année lorsque qu'il part enseigner la médecine à Bâle. Euler reprend un certain nombre de problèmes abordés par Bernoulli. C'est ainsi qu'il publie la méthode de Bernoulli en 1748, dans son *Introduction à l'Analyse infinitésimale* [5]. Il en donne une preuve utilisant les séries récurrentes, c'est-à-dire les séries de la forme $A + Bz + Cz^2 + \ldots$ dont les coefficients A, B, C, ... sont liés entre eux par une relation de récurrence linéaire, tout comme les termes des suites étudiées par Bernoulli. Pour résoudre l'équation algébrique $T(z) = 0$, où le terme constant de T est égal à 1, l'idée consiste à considérer le polynôme $T(z)$ comme le dénominateur d'une fraction rationnelle en z, $S(z)/T(z)$ où le numérateur $S(z)$ est choisi arbitrairement. Cette fraction admet un développement en série entière en z. En effet, on peut poser $T(z) = 1 - zU(z)$ où $U(z)$ est un polynôme ; alors $S(z)/T(z) = S(z)/(1 - zU(z)) = S(z)\ [1 + zU(z) + z^2U(z)^2 + \ldots]$. Il suffit donc de développer les termes $U(z)^n$, de les multiplier par $S(z)$ et de regrouper les puissances de z pour obtenir la série récurrente $A + Bz + Cz^2 + \ldots + Pz^n + Qz^{n+1} + \ldots$. On utilise alors le fait que, comme on va le voir ci-après dans le cas où toutes les racines sont simples et réelles, lorsque n est assez grand, le rapport P/Q est une bonne approximation de la racine de plus petite valeur absolue.

Le texte d'Euler

Extrait de l'*Introductio in analysin infinitorum*, Lausanne, 1748. Fac-similé de l'*introduction à l'analyse infinitésimale*, traduction J.-B. Labey, Paris, 1796. Livre I, Chapitre XVII, De l'usage des Séries récurrentes dans la recherche des Racines des Équations. (B. N.).

333. Toute ſérie récurrente pouvant être regardée comme le développement d'une fraction rationnelle quelconque, prenons la fraction

$$= \frac{a + bz + cz^2 + dz^3 + ez^4 + \&c.}{1 - \alpha z - \beta z^2 - \gamma z^3 - \delta z^4 - \&c.}$$

laquelle donne naiſſance à la ſérie récurrente ſuivante :

$$A + Bz + Cz^2 + Dz^3 + Ez^4 + Fz^5 + \&c.$$

dont les coëfficients A, B, C, D, &c. ſont déterminés, ainſi qu'il ſuit :

$$A = a$$
$$B = \alpha A + b$$
$$C = \alpha B + \beta A + c$$
$$D = \alpha C + \beta B + \gamma A + d$$
$$E = \alpha D + \beta C + \gamma B + \delta A + e$$
&c.

Or le terme général ou le coëfficient de la puissance z^n, se trouve en décomposant la fraction proposée en fractions simples, dont les dénominateurs soient les facteurs du dénominateur $1 - \alpha z - \beta zz - \gamma z^3 -$ &c, comme on l'a vu (Chap. XIII.)

334. Quant à la forme du terme général, elle dépend principalement de la nature des facteurs simples du dénominateur, suivant qu'ils sont réels ou imaginaires, inégaux entre eux, ou égaux deux à deux, ou en plus grand nombre. Pour parcourir ces différents cas par ordre, supposons d'abord que tous les facteurs simples du dénominateur soient réels & inégaux entr'eux. Soient donc tous les facteurs simples du dénominateur $(1 - pz)(1 - qz)(1 - rz)(1 - sz)$ &c; au moyen desquels la fraction proposée puisse être décomposée en ces autres fractions simples $\frac{A}{1 - pz} + \frac{B}{1 - qz} + \frac{C}{1 - rz} + \frac{D}{1 - sz} +$ &c. Celles-ci étant connues, le terme général de la série récurrente sera $= z^n(Ap^n + Bq^n + Cr^n + Ds^n +$ &c.$)$ que nous ferons $= Pz^n$, c'est-à-dire, que P sera le coëfficient de la puissance z^n, & ceux des puissances suivantes seront Q, R, &c, de maniere que la série récurrente deviendra

$$A + Bz + Cz^2 + Dz^3 + \ldots + Pz^n + Qz^{n+1} + Rz^{n+2} + \&c.$$

335. Supposons à présent n un nombre très-grand, ou la série récurrente continuée jusqu'à un très-grand nombre de termes; comme les puissances des nombres inégaux sont elles-mêmes d'autant plus inégales, qu'elles sont plus élevées, il y aura une si grande différence entre les puissances Ap^n, Bq^n, Cr^n, que celle, qui résultera du plus grand des nombres p, q, r, &c, surpassera beaucoup en grandeur les autres, & que celles-ci deviendront absolument nulles à l'égard de la premiere, si n est un nombre infiniment grand. Les nombres p, q, r, &c, étant donc inégaux entr'eux, supposons p le plus grand de tous; par conséquent, si n est un nombre infini, on aura $P = Ap^n$; mais si n est seulement un nombre très-grand, on aura à-peu-près $P = Ap^n$; on aura pareillement $Q = Ap^{n+1}$, & par conséquent $\frac{Q}{P} = p$. Il suit

de-là évidemment que, si la série récurrente est prolongée suffisamment, le coëfficient de chaque terme divisé par le précédent, exprimera la valeur approchée de la plus grande lettre p.

336. Donc, si dans la fraction proposée

$$\frac{a + bz + cz^2 + dz^3 + \&c.}{1 - \alpha z - \beta z^2 - \gamma z^3 - \delta z^4 - \&c.}$$

le dénominateur ne renferme que des facteurs simples réels inégaux entr'eux, la série récurrente qui en naîtra, pourra faire connoître un des facteurs simples, savoir, celui $1 - pz$, dans lequel la lettre p a la plus grande valeur de toutes.

[...]

337. Il est assez facile à présent de voir comment se peut faire l'application de ces principes à la recherche des racines d'une équation algébrique quelconque. En effet, les facteurs du dénominateur $1 - \alpha z - \beta z^2 - \gamma z^3 - \delta z^4 - \&c.$ étant connus, on assignera facilement les racines de cette équation

$$1 - \alpha z - \beta z^2 - \gamma z^3 - \delta z^4 - \&c. = 0,$$

de sorte que si un des facteurs est $1 - pz$, une des racines de cette équation sera $z = \frac{1}{p}$. Puis donc que la série récurrente fait connoître le plus grand nombre p, on obtiendra en même temps la plus petite racine de l'équation $1 - \alpha z - \beta z^2 - \gamma z^3 - \&c. = 0$; ou bien, si on fait $z = \frac{1}{x}$, pour avoir l'équation

$$x^m - \alpha x^{m-1} - \beta x^{m-2} - \gamma x^{m-3} - \&c. = 0,$$

on aura, à l'aide de la même méthode, la plus grande racine de cette derniere équation, savoir $x = p$.

[...]

EXEMPLE II.

Soit proposée l'équation $3x - 4x^3 = \frac{1}{2}$, *dont les racines représentent les sinus de trois arcs, dont les triples ont un sinus* $= \frac{1}{2}$.

Ayant ramené l'équation à la forme $0 = 1 - 6x * + 8x^3$, cherchons-en, pour nous en tenir aux nombres entiers, la plus petite racine, de maniere qu'il ne soit pas nécessaire de mettre $\frac{1}{z}$ pour x. Formons donc en conséquence la fraction

$$\frac{a + bx + cxx}{1 - 6x * + 8x^3}$$

& comme les trois premiers termes sont à notre choix, nous prendrons 0, 0, 1, pour rendre, par ce moyen, le calcul plus expéditif; ce qui nous donnera, en omettant les

> puiſſances de x, parce que nous n'avons beſoin que des coëfficients, la ſérie récurrente ſuivante
>
> 0 ; 0 ; 1 ; 6 ; 36 ; 208 ; 1200 ; 6912 ; 39808 ; 229248.
>
> La valeur approchée de la plus petite racine de l'équation ſera donc $= \frac{39808}{229248} = \frac{311}{1791} = 0{,}1736460$, laquelle conſéquemment devroit être le ſinus de l'angle de 10° ; mais, ſuivant les Tables, ce ſinus eſt 0,1736482 ; quantité, qui ſurpaſſe la racine trouvée auparavant de $\frac{22}{10000000}$.

Dans son article, Bernoulli, qui recherche en particulier les suites géométriques vérifiant la relation de récurrence, est conduit à introduire ce que nous appelons l'*équation caractéristique* de la relation de récurrence. Il donne par induction, sans véritable démonstration, la forme du terme général de la suite solution, ce que nous notons aujourd'hui $\sum_{1 \leq i \leq s} P_i(n) q_i^n$ où $q_1, \ldots, q_s$ sont les racines de l'équation caractéristique et P_i est un polynôme de degré égal à la multiplicité de q_i diminuée de 1. C'est vraisemblablement ce résultat qui lui permet d'énoncer sa règle.

Euler quant à lui justifie cette règle par une démarche différente. Il se sert du développement en série d'une fraction rationnelle qu'il écrit de deux façons différentes : la première façon met en évidence le fait que la série est une série récurrente, les coefficients de la relation de récurrence étant ceux du polynôme $T(z)$, c'est-à-dire ceux de l'équation à résoudre ; la deuxième façon utilisant la décomposition de la fraction rationnelle en éléments simples permet d'obtenir une expression du terme général de la série.

Euler remarque ensuite, tout comme Bernoulli, que s'il y a deux racines opposées de plus petit module, alors la considération des termes de deux en deux fournit le carré de ces racines. Il note encore que s'il existe des racines multiples, alors la convergence peut être beaucoup plus lente. Il suggère de contourner la difficulté en itérant le processus : après avoir obtenu une valeur approchée z_0 d'une racine, on transforme l'équation initiale en posant $y = z - z_0$, de sorte que l'équation transformée en y admette une racine beaucoup plus proche de 0 que toutes les autres, d'où une bonne convergence. Il propose aussi une méthode dans le cas de deux racines imaginaires conjuguées, mais celle-ci s'avère délicate à mettre en œuvre.

Dans la Note VI de son *Traité de la résolution des équations numériques* [11], Lagrange revient sur cette méthode de Bernoulli. Remarquant lui aussi que la convergence du procédé est plus lente dans le cas de racines multiples, il propose de se servir du caractère arbitraire du numérateur de la fraction $S(z)/T(z)$ et de choisir pour $S(z)$ la dérivée du polynôme $T(z)$, de cette façon la fraction $T'(z)/T(z)$ n'a que des pôles simples.

Aitken [2] perfectionne la méthode pour obtenir toutes les racines en utilisant des déterminants. Il généralise en particulier le résultat de Bernoulli de la façon suivante : soient $q_1, q_2, ..., q_s$ les racines de l'équation à résoudre, rangées par ordre de modules croissants, et soit (u_n) une suite vérifiant la relation de récurrence associée à l'équation; si $|q_m| < |q_{m+1}|$, alors :

$$q_1 q_2 q_3 \cdots q_m = \lim_{n\to\infty} U_n / U_{n+1}$$

où

$$U_n = \begin{vmatrix} u_n & u_{n+1} & \cdots & u_{n+m-1} \\ u_{n-1} & u_n & \cdots & u_{n+m-2} \\ \cdots & \cdots & \cdots & \cdots \\ u_{n-m+1} & u_{n-m+2} & \cdots & u_n \end{vmatrix}$$

Lorsque $m = 1$, la formule donne q_1 et on retrouve le résultat de Bernoulli. Lorsque les racines ont des modules tous distincts, on peut calculer successivement q_1, q_1q_2, donc q_2, $q_1q_2q_3$, donc q_3 etc... Dans ce même article, Aitken expose son fameux procédé d'accélération de convergence pour les suites (*cf.* chap. 14, § 4).

8. L'APPROXIMATION PAR FRACTIONS CONTINUES

Les premiers travaux de Lagrange sur l'approximation des racines d'une équation sont publiés dans les *Mémoires de l'Académie Royale des Sciences de Berlin* de l'année 1769. Lagrange y développe une nouvelle approche par le biais des fractions continues (*cf.* chap. 4, § 5 et chap. 8, § 11). En voici le principe.

Soit à résoudre l'équation algébrique :

$$Ax^m + Bx^{m-1} + Cx^{m-2} + ... + K = 0.$$

Supposons que l'on ait su déterminer une valeur entière approchée p d'une racine – de sorte que cette racine appartient à l'intervalle $[p, p+1[$. Si l'on effectue le changement d'inconnue $x = p + 1/y$ $(0 < 1/y < 1)$, on obtient une nouvelle équation en y :

$$A'y^m + B'y^{m-1} + C'y^{m-2} + ... + K' = 0$$

dont on est assuré a priori qu'elle possède au moins une racine supérieure à 1. Si l'on désigne par q la valeur entière approchée de cette racine, le changement d'inconnue $y = q + 1/z$ conduit à une nouvelle équation en z qui a au moins une racine supérieure à 1. Nous noterons r sa partie entière... et ainsi de suite. La fraction continue :

$$p + \cfrac{1}{q + \cfrac{1}{r + \cfrac{1}{\dots}}}$$

fournit alors la valeur d'une racine de l'équation initiale et les réduites successives donnent alternativement des valeurs approchées par défaut et par excès. Bien entendu, si la racine est rationnelle, le processus s'arrête au bout d'un nombre fini d'itérations. Pour les racines irrationnelles, on dispose d'une estimation de l'erreur à chacune des étapes du procédé, information que la méthode de Newton-Raphson ne fournissait pas. Le texte de Lagrange se passe de tout autre commentaire.

Le texte de Lagrange

Extrait de « Sur la résolution des équations numériques »,
Mémoires de l'Académie royale des Sciences et Belles-Lettres de Berlin, t. XXIII (1769).
Œuvres, t. II, Gauthier-Villars, Paris, 1868, pp. 539-578.

§ III. — *Nouvelle méthode pour approcher des racines des équations numériques.*

18. Soit l'équation

$$(a) \qquad Ax^m + Bx^{m-1} + Cx^{m-2} + \ldots + K = 0,$$

et supposons qu'on ait déjà trouvé par la méthode précédente ou autrement la valeur entière approchée d'une de ses racines réelles et positives; soit cette première valeur p, en sorte que l'on ait

$$x > p \quad \text{et} \quad x < p + 1;$$

on fera

$$x = p + \frac{1}{y},$$

et, substituant cette valeur dans l'équation proposée, à la place de x, on aura, après avoir multiplié toute l'équation par y^m et ordonné les termes par rapport à y, une équation de cette forme

$$(b) \qquad A'y^m + B'y^{m-1} + C'y^{m-2} + \ldots + K' = 0.$$

Or, comme, par hypothèse, $\frac{1}{y} > 0$ et < 1, on aura $y > 0$; donc l'équation (b) aura nécessairement au moins une racine réelle plus grande que l'unité.

On cherchera donc par les méthodes du § I la valeur entière approchée de cette racine, et, comme cette racine doit être nécessairement positive, il suffira de considérer y comme positif (4).

Ayant trouvé la valeur entière approchée de y, que je nommerai q, on fera ensuite

$$y = q + \frac{1}{z},$$

et, substituant cette valeur de y dans l'équation (b), on aura une troisième équation en z de cette forme

$$(c) \qquad A''z^m + B''z^{m-1} + C''z^{m-2} + \ldots + K'' = 0,$$

laquelle aura nécessairement au moins une racine réelle plus grande que l'unité, dont on pourra trouver de même la valeur entière approchée.

Cette valeur approchée de z étant nommée r, on fera

$$z = r + \frac{1}{u},$$

et substituant on aura une équation en u qui aura au moins une racine réelle plus grande que l'unité, et ainsi de suite.

En continuant de la même manière, on approchera toujours de plus en plus de la valeur de la racine cherchée; mais, s'il arrive que quelqu'un des nombres p, q,... soit une racine exacte, alors on aura $x = p$ ou $y = q$,..., et l'opération sera terminée; ainsi, dans ce cas, on trouvera pour x une valeur commensurable.

Dans tous les autres cas la valeur de la racine sera nécessairement incommensurable, et l'on pourra seulement en approcher aussi près qu'on voudra.

[...]

§ IV. — *Application des méthodes précédentes à quelques exemples.*

25. Je prendrai pour premier exemple l'équation que Newton a résolue par sa méthode, savoir

$$x^3 - 2x - 5 = 0.$$

[...]

Je fais maintenant, suivant la méthode du § III, $x = 2 + \frac{1}{y}$; j'ai, en substituant et ordonnant les termes par rapport à y, l'équation

$$y^3 - 10y^2 - 6y - 1 = 0,$$

dans laquelle j'ai changé les signes pour rendre le premier terme positif.

Cette équation aura donc nécessairement une seule racine plus grande que l'unité (19), de sorte que, pour en trouver la valeur approchée, il n'y aura qu'à substituer les nombres 0, 1, 2, 3,.. , jusqu'à ce que l'on trouve deux substitutions consécutives qui donnent des résultats de signe contraire.

Pour ne pas faire beaucoup de substitutions inutiles, je remarque qu'en faisant $y = 0$ j'ai un résultat négatif, et qu'en faisant $y = 10$ le résultat est encore négatif; je commence donc par le nombre 10, et je fais successivement $y = 10, 11, \ldots$. Je trouve d'abord les résultats -61, 54,...; d'où je conclus que la valeur approchée de y est 10; donc $q = 10$.

Je fais donc $y = 10 + \frac{1}{z}$, j'aurai l'équation

$$61z^3 - 94z^2 - 20z - 1 = 0,$$

et, supposant successivement $z = 1, 2, \ldots$, j'aurai les résultats -54, 71,...; donc $r = 1$.

Je fais encore $z = 1 + \frac{1}{u}$; j'aurai

$$54u^3 + 25u^2 - 89u - 61 = 0,$$

et, supposant $u = 1, 2, \ldots$, j'aurai les résultats -71, 293,...; donc $s = 1$, et ainsi de suite.

En continuant de cette manière, on trouvera les nombres

$$2,\quad 10,\quad 1,\quad 1,\quad 2,\quad 1,\quad 3,\quad 1,\quad 1,\quad 12,\ldots,$$

de sorte que la racine cherchée sera exprimée par cette fraction continue

$$x = 2 + \cfrac{1}{10 + \cfrac{1}{1 + \cfrac{1}{1 + \cfrac{1}{2 + \ddots}}}},$$

d'où l'on tirera les fractions (**23**)

$$\frac{2}{1}, \frac{21}{10}, \frac{23}{11}, \frac{44}{21}, \frac{111}{53}, \frac{155}{74}, \frac{576}{275}, \frac{731}{349}, \frac{1307}{624}, \frac{16415}{7837}, \ldots,$$

lesquelles seront alternativement plus petites et plus grandes que la valeur de x.

La dernière fraction $\frac{16415}{7837}$ est plus grande que la racine cherchée; mais l'erreur sera moindre que $\frac{1}{(7837)^2}$ (**23**, 2°), c'est-à-dire moindre que 0,000 000 016 3; donc, si l'on réduit la fraction $\frac{16415}{7837}$ en fraction décimale, elle sera exacte jusqu'à la septième décimale; or, en faisant la division, on trouve 2,094 551 486 5,...; ainsi, la racine cherchée sera entre les nombres 2,094 551 49 et 2,094 551 47.

Newton a trouvé par sa méthode la fraction 2,094 551 47 (*voyez* sa *Méthode des suites infinies*), d'où l'on voit que cette méthode donne dans ce cas un résultat fort exact; mais on aurait tort de se promettre toujours une pareille exactitude.

TECHNIQUES HORNERIENNES DE TRANSFORMATION DES ÉQUATIONS POLYNOMIALES

9. LE SCHÉMA DE RUFFINI-BUDAN

Au début du XIXe siècle, d'ingénieuses techniques de transformation des équations polynomiales furent mises au point, vraisemblablement indépendamment les unes des autres, par trois mathématiciens, Ruffini en 1804 [18], Budan en 1807 [4] et Horner en 1819 [7]. Ces techniques jointes à des résultats sur la localisation des racines d'une équation polynomiale leur permettent de déterminer par approximations successives, chiffre par chiffre le plus souvent, les décimales de la racine cherchée avec une grande économie d'opérations.

On trouve déjà des traces de l'évaluation d'un polynôme selon ce principe dans un texte de Newton (*cf.* chap. 6, § 1), cependant la systématisation pour déterminer, non seulement le terme constant, mais aussi tous les autres coefficients du polynôme transformé $Q(x) = P(x+u)$, n'apparaît pas complètement avant cette époque. Les mathématiciens du XVIIIe siècle n'avaient pas réussi en effet à trouver une méthode pratique et simple pour transformer une équation en une autre, dont les racines s'obtiennent par l'addition d'une certaine constante aux racines de la première.

Il semble bien que Paolo Ruffini [18] soit le premier, en Europe tout au moins, à formuler un algorithme de transformation des coefficients de l'équation. Il est suivi de peu par François Budan [4]. (Bien que la méthode soit publiée plus tardivement en Angleterre, il y eut une querelle d'antériorité entre Horner et Holdred [5*].) Paolo Ruffini, médecin et professeur de mathématiques à Modène, est principalement connu pour son travail sur l'impossibilité de résoudre algébriquement l'équation de degré 5. Budan, docteur en médecine et professeur de mathématiques à Nantes, effectue des travaux portant sur la résolution des équations polynomiales.

Nous donnons successivement un extrait de ces deux auteurs. Pour faciliter la lecture du premier extrait, précisons les notations employées par Ruffini. L'équation considérée est

(A) $$Ax^m + Bx^{m-1} + Cx^{m-2} + \ldots + Sx^2 + Tx + V = 0.$$

Les quantités suivantes sont introduites :

$$P' = A,\ P'' = P'p + B = Ap + B,\ P''' = P''p + C = Ap^2 + Bp + C, \ldots$$

$$P^{(m+1)} = P^{(m)}p + V = Ap^m + Bp^{m-1} + \ldots + Tp + V.$$

La notation $P^{(k)}$ ne correspond donc pas à une dérivée.

Ruffini introduit aussi :

$$Q^{(k)} = \frac{\mathrm{d}P^{(k+1)}}{\mathrm{d}p},\ R^{(k)} = \frac{\mathrm{d}Q^{(k+1)}}{2\mathrm{d}p},\ S^{(k)} = \frac{\mathrm{d}R^{(k+1)}}{3\mathrm{d}p},\ \text{etc.}$$

et montre que :

$$Q^{(k)} = Q^{(k-1)}p + P^{(k)},\ R^{(k)} = R^{(k-1)}p + P^{(k)},\ S^{(k)} = S^{(k-1)}p + P^{(k)},\ \text{etc.}$$

La première formule du texte correspond à la formule de Taylor pour un polynôme Z de degré m :

$$Z(p+y) = Z(p) + Z'(p)y + \frac{Z''(p)}{2}y^2 + \frac{Z'''(p)}{2.3}y^3 + \ldots + \frac{Z^{(m)}(p)}{m!}y^m$$

où la dérivée $Z^{(k)}$ est ici notée $\dfrac{\mathrm{d}^k Z}{\mathrm{d}x^k}$.

Le texte de Ruffini

Extrait de *Sopra la determinazione delle radici nelle equazioni numeriche di qualunque grado*, 1804, Modena. *Opere matematiche*, t. II, Edizioni Cremonese, Rome, 1953 (pp. 300-302). Trad. G. Hamon.

Je suppose $x = p + y$, déterminer une méthode rapide dans laquelle l'équation (A) est transformée en une autre d'inconnue y.

Des propriétés des transformées nous savons, que Z étant le premier membre de l'équation (A), la transformée demandée s'obtient en mettant p à la place de x dans l'équation

$$Z + \frac{dZ}{dx}y + \frac{d^2Z}{2dx^2}y^2 + \frac{d^3Z}{2.3.dx^3}y^3 + \ldots + Ay^m = 0.$$

Alors, dans l'hypothèse $x = p$, nous avons $Z = P^{(m+1)}$, et alors

$$\frac{dZ}{dx} = \frac{dP^{(m+1)}}{dp} = Q^{(m)}, \frac{d^2Z}{2dx^2} = \frac{dQ^{(m)}}{2dp} = R^{(m-1)}, \frac{d^3Z}{2.3\,dx^3} = \frac{dR^{(m-1)}}{3dp} = S^{(m-2)}$$

Donc ces quantités $P^{(m+1)}$, $Q^{(m)}$, $R^{(m-1)}$, $S^{(m-2)}$ ne sont rien d'autre que les coefficients de l'équation en y et c'est la raison pour laquelle elle devient :

(*F*) $P^{(m+1)} + Q^{(m)}y + R^{(m-1)}y^2 + S^{(m-2)}y^3 + \ldots + Ay^m = 0$.

Ceci étant, pour résoudre notre problème nous n'aurons rien d'autre qu'à déterminer rapidement les quantités $P^{(m+1)}$, $Q^{(m)}$, $R^{(m-1)}$, $S^{(m-2)}$, ...

À cette fin, les coefficients de l'équation (A) étant disposés dans (IV) de la même manière que dans le (I), et toutes les quantités A, P'', P''', ..., $P^{(m+1)}$ étant déterminées de la même manière, je mets dans un troisième rang sous celui de P'' le coefficient A, je multiplie celui-ci par p, je fais la somme du produit $Ap = Q'p$ avec P'' qui est au dessus, et le résultat $Q'p + P''$, étant égal à Q'', se met dans la troisième ligne sous le résultat P'''. On multiplie ce Q'' par p, on l'additionne à P''' et on met en dessous de P^{IV} le résultat $Q''p + P''' = Q'''$. En continuant à opérer ainsi nous obtiendrons en dessous de $P^{(m+1)}$ le résultat $Q^{(m)}$.

Dans une quatrième ligne nous écrivons en dessous de Q'' le résultat A, celui-ci étant multiplié par p, nous l'additionnons avec Q'' au-dessus, et le résultat $Ap + Q'' = R'p + Q'' = R''$ se met dans même ligne en dessous de Q'''. R'' étant multiplié par p, et additionné avec Q''', j'écris le résultat $R''p + Q''' = R'''$ en dessous de Q^{IV}. Je continue à opérer de la même manière, et en dessous de $Q^{(m)}$ il y résultera dans le quatrième rang la quantité $R^{(m-1)}$.

En opérant toujours de la même manière, nous aurons dans un cinquième rang la série de la quantité $A = S'$, S'', S''', ..., $S^{(m-2)}$, dans un sixième la série des $A = T'$, T'', T''', ..., $T^{(m-3)}$, et ainsi de suite.

	A,	B,	C,	D,	E,	F,	...,	V	
		A,	P',	P'',	P^{IV},	P^{V},	...,	$P^{(m)}$,	$P^{(m+1)}$
IV			A,	Q',	Q''',	Q^{IV},	...,	$Q^{(m-1)}$,	$Q^{(m)}$
				A,	R',	R'',	...,	$R^{(m-2)}$,	$R^{(m-1)}$
					A,	S',	...,	$S^{(m-3)}$,	$S^{(m-2)}$
						A,	...,	$T^{(m-4)}$,	$T^{(m-3)}$

Dans la dernière $(m + 1)^{\text{ème}}$ colonne verticale, sont contenues les valeurs des coefficients de l'équation (F), je les substitue dans l'équation (F) elle même, et de cette manière nous obtenons la transformée demandée par des opérations simples, et faciles à faire, comme chacun peut facilement voir par lui-même, et comme il apparaît dans l'exemple suivant :

Étant donnée l'équation $4x^5 - 6x^4 + 3x^3 - 5x^2 - 4x + 8 = 0$, on veut la transformer en une autre, dans laquelle soit $y = x - 6$. J'opère de la manière ci-dessous exposée :

			6				
4,	−6,	3,	−5,	−4,	8,		
		4,	18,	111,	661,	3962,	23780
			4,	42,	363,	2389,	20996
				4,	66,	759,	7393
					4,	90,	1299
						4,	114
							4

et nous obtenons la transformée :

$$4y^5 + 114y^4 + 1299y^3 + 7393y^2 + 20996y + 23780 = 0$$

Si on veut transformer cette dernière équation en une autre, dans laquelle on ait $x = y + 6$, ayant $y = x - 6$, j'opère ci-dessous de la manière habituelle.

		−6				
4,	114,	1299,	7393,	20996,	23780,	
	4,	90,	759,	2839,	3962,	8
		4,	66,	363,	661,	−4
			4,	42,	111,	−5
				4,	18,	3
					4,	−6
						4

et la transformée sera l'équation

$$4x^5 - 6x^4 + 3x^3 - 5x^2 - 4x + 8 = 0$$

qui est l'équation proposée au début, comme de fait on devait le voir apparaître ; ainsi cette seconde transformée peut servir de règle, à partir de laquelle on peut reconnaître si la première transformation a été faite correctement.

Dans l'extrait suivant, tiré de la seconde édition de sa *Nouvelle méthode pour la résolution des équations numériques d'un degré quelconque*, Budan explique sa théorie des « suites syntagmatiques » présentée à l'Académie des Sciences en 1813.

Le texte de Budan

Fac-similé de *Nouvelle Méthode pour la résolution des équations numériques d'un degré quelconque*, Dondey, Dupré, Paris, 1822 (pp. 99-100).
Belin, Cliché J.-L. Charmet, Bibliothèque de l'Institut, Paris.

ARTICLE IV. — *Algorithme pour la transformation d'un Polynome en* x *du degré* n, *en un Polynome équivalent, du même degré, en* (x — u), u *étant positif ou négatif, entier ou fractionnaire.*

Etant donnée une suite............. $a_0 \ldots a_1 \ldots\ldots a_n$ etc.
Si l'on calcule une 2e suite............ $a_0 \ldots a_1^{(1)} \ldots\ldots a_n^{(1)}$ etc.

de telle manière qu'on ait (quelque soit n)... $a_n = a_n^{(1)} - u\, a_{n-1}^{(1)}$; u étant un facteur constant, ou............... $a_n^{(1)} = a_n + u\, a_{n-1}^{(1)}$

J'appelle la première suite l'*anti-syntagmatique* de la seconde ; un terme $a_n^{(1)}$ de la seconde suite, s'appellera le *syntagme* des termes de la première, depuis a_0 jusqu'à a_n.

En calculant de la même manière, on obtiendra la syntagmatique de la syntagmatique, ou la syntagmatique seconde de la suite donnée, dont on se procure semblablement les syntagmatiques 3e., 4e., etc.; les termes généraux des syntagmatiques des différens ordres, seront représentés par $a_n^{(1)}$, $a_n^{(2)}$, $a_n^{(3)}$, etc.

Ceci posé, pour obtenir les coefficiens d'un polynome en $(x-u)$ équivalent au polynome d'un même degré n, $a_0 x^n + \ldots$ dont les coefficiens donnés sont $a_0 \ldots a_1 \ldots\ldots a_n$, écrivez ceux-ci, comme formant une suite, en écrivant 0 pour un terme, quand 0 sera le coefficient d'une puissance de x; c'est-à-dire, quand cette puissance manquera dans le polynome : ensuite vous vous procurerez successivement la syntagmatique première de cette suite; puis ses syntagmatiques 2e., 3e., 4e., etc, en calculant à chaque fois un terme de moins; les derniers termes respectifs représentés par $a_n^{(1)}$, $a_{n-1}^{(2)}$, $a_{n-2}^{(3)}$,...... $a_1^{(n)}$ seront respectivement les coefficiens de $(x-u)^0, (x-u)^1, \ldots (x-u)^{n-1}$; quant au coefficient de $(x-u)^n$, il sera le même que celui de x^n; c'est-à-dire a_0.

La raison de ce procédé est que, si l'on prend la syntagmatique, au module constant quelconque u, des coefficiens d'un polynome, le *syntagme* de ces coefficiens sera le reste de la division du polynome par $(x-u)$, et que les termes qui précèdent ce syntagme seront les coefficiens du polynome-quotient; c'est-à-dire, que désignant le polynome donné par P_n et le polynome-quotient par P_{n-1}

on aura $$\frac{1}{x-u}P^n = P_{n-1} + \frac{a_n^{(1)}}{x-u};$$

puis, en divisant les deux membres de l'équation par $x-u$, on a

$$\frac{1}{(x-u)^2}P_n = P_{n-2} + \frac{a_{n-1}^{(2)}}{(x-u)} + \frac{a_n^{(1)}}{(x-u)^2};$$

et continuant ainsi les divisions, on arrive à

$$\frac{1}{(x-u)^n}P_n = a_0 + \frac{a_1^{(n)}}{x-u} + \ldots + \frac{a_n^{(1)}}{(x-u)^n};$$

d'où $P_n = a_0(x-u)^n + a_1^{(n)}(x-u)^{n-1} + \ldots + a_{n-1}^{(2)}(x-u)^1 + a_n^{(1)}$

Prenant pour exemple le polynome $2x^3-3x^2+5x-3$, on calculera, de cette manière, les coefficiens du polynome équivalent en $(x+1)$, en observant que pour lors le module u est -1. dans l'équation de relation $a_n^{(1)} = a_n + u\, a_{n-1}^{(1)}$.

Coefficiens............	$2-3+5-3$
Syntagmatique 1ère.............	$2-5+10-13$
Syntagmatique 2ème............	$2-7+17$
Syntagmatique 3ième............	$2-9$
Syntagmatique 4ième............	2

d'ou résulte le polynome équivalent

$$2(x+1)^3-9(x+1)^2+17(x+1)^1-13(x+1)^0.$$

C'est le même résultat obtenu au Chap. II de la nouvelle méthode, page 19. L'énoncé de cet algorithme, est le même qui se trouve dans la 2e proposition à la page 13, pourvu qu'on y change $(x-1)$ en $(x-u)$, et les mots *somme première*, *somme seconde*, etc. en *syntagme premier*, *syntagme second*, etc.

L'algorithme défini par Ruffini permet d'obtenir à partir des $m+1$ coefficients d'un polynôme $P(x)$ de degré m, les $m+1$ coefficients du polynôme $Q(x) = P(x + u)$. Des justifications purement algébriques peuvent être données en considérant les divisions successives de $P(x)$ par le monôme $(x - u)$.

Soit, en effet, le polynôme $P(x) = a_0x^m + a_1x^{m-1} + ... + a_m$, les coefficients du polynôme quotient $P^{(1)}$ tel que $P(x) = P^{(1)}(x)(x - u) + r_0$ sont les m premiers termes de la suite définie par les relations :

$$a_0^{(1)} = a_0 \text{ et } a_n^{(1)} = a_n + u\, a_{n-1}^{(1)} \text{ pour } n = 1,\ldots, m - 1.$$

De plus le reste $r_0 = a_m^{(1)}$, égal à $P(u)$, est le terme d'indice m de cette suite.

Considérons la suite des polynômes obtenus en itérant la division par $(x - u)$:

$$P^{(k)}(x) = P^{(k+1)}(x)(x - u) + r_k \text{ pour } k = 1, ..., m.$$

Là encore, la suite définie par les relations :

$$a_0^{(k+1)} = a_0 \text{ et } a_j^{(k+1)} = a_j^{(k)} + u\, a_{j-1}^{(k+1)} \text{ pour } j = 1,\ldots, m - k$$

fournit les $m - k$ coefficients du polynôme $P^{(k+1)}$ et la valeur du reste $r_k = a$.

$$\text{Or, } P(x) = r_m(x - u)^m + r_{m-1}(x - u)^{m-1} + ... + r_1(x - u) + r_0.$$

L'algorithme décrit par Budan en 1807 calcule à partir de la donnée des $m + 1$ coefficients d'un polynôme $P(x)$, les coefficients du polynôme $Q(x) = P(x + 1)$ ce qui ne nécessite que des additions. Budan le généralise dans le mémoire présenté à l'Institut en 1813 sous le titre de *suites syntagmatiques* (ce mémoire figure en appendice de la réédition de 1822 de son ouvrage). Aux dispositions des calculs intermédiaires près, cette procédure correspond à celle décrite par Ruffini. L'algorithme donné plus tard, par Horner en 1819, ignore les travaux de Ruffini mais s'inspire de l'ouvrage publié en 1807 par Budan.

Bien entendu, ce schéma de calcul permet d'obtenir simultanément les valeurs de $P(a)$ et $P'(a)$ avec une grande économie d'opérations et de mémorisation de données intermédiaires, et facilite donc la mise en œuvre de la méthode de Newton dans le cas d'équations algébriques.

BIBLIOGRAPHIE

[1] A. Åboe, Al-Kāshī's Iteration Method for the determination of sin (1°), *Scripta mathematica* 20, (1954), 24-29.

[2] A.C. Aitken, On Bernoulli's Numerical Solution of Algebraic Equations, *Proceedings of the Royal Society of Edinburgh*, t. 46 (1926), 289-305.

[3] D. Bernoulli, Observationes de Seriebus quae formantur ex additione vel substractione quacunque terminorum se mutuo consequentium, *Commentarii Academiæ Scientiarum Imperialis Petropolitanæ*, t. III (1728), 85-100. *Die Werke von Daniel Bernoulli*, vol. II, pp. 49-80, Birkhäuser, 1982.

[4] F.-D. Budan, *Nouvelle Méthode pour la résolution des équations numériques d'un degré quelconque*, Courcier, Paris, 1807; rééd. augmentée, Dondey-Dupré, Paris, 1822.

[5*] A.T. Fuller, Horner versus Holdred : An Episode in the History of Root Computation, *Historia Mathematica*, t. 26 (1999), pp. 29-51.

[5] L. Euler, *Introductio in analysin infinitorum*, Lausanne, 1748. Traduction J.-B. Labey, *Introduction à l'analyse infinitésimale*, Paris, 1796.

[6] Héron d'Alexandrie, *Les Métriques*, in Opera quae supersunt omnia, vol. III, 1903; Rationes Dimentiendi et Commentatio Dioptrica recensivit Hermannus Schoenne, Leipzig, B.G. Teubner, 1899-1914.

[7] Horner, A new method of solving numerical equations of all orders by continuous approximation, *Philosophical Transactions*, t. 109 (1819), 308-335.

[8] E. S. Kennedy et W. R. Transue, A medieval iterative algorism, *American Mathematical Monthly*, t. 63 n° 2 (1956), 513-516.

[9] J. Kepler, *Epitomes astronomiæ Copernicanæ*, Linz, 1618-1622. *Joannis Kepleri astronomi Opera omnia*, éd. Ch. Frisch, Frankfurt, 1858. *Gesammelte Werke*, vol. VII, éd. W. von Dyck et M. Caspar, Munich, 1953.

[10] J.-L. Lagrange, Sur la résolution des équations numériques, *Mémoires de l'Académie royale des Sciences et Belles-Lettres de Berlin*, t. XXIII (1769). *Œuvres*, t. II, Gauthier-Villars, Paris, 1868.

[11] J.-L. Lagrange, *Traité de la résolution des équations numériques de tous les degrés*, 1798; 2e édition, 1808. *Œuvres*, t. VIII, Gauthier-Villars, Paris, 1879.

[12] J.-L. Lagrange, Sur le problème de Kepler, *Mémoires de l'Académie royale des Sciences et Belles-Lettres de Berlin*, t. XXV (1771). *Œuvres*, t. III, pp. 113-138, Gauthier-Villars, Paris, 1869.

[13] I. Newton, *Philosophiae naturalis Principia mathematica*, London, 1687. Trad. fr. Mme du Châtelet, Paris, 1759; réimpr. Paris, Blanchard, 1964.

[14] R. Parker, *Demotic Mathematical Papyri*, Brown University Press, Providence, 1972.

[15] R. Rashed, *Sharaf al-Dīn al-Ṭūsī, œuvres mathématiques, Algèbre et Géométrie au* XIIe *siècle*, texte établi et traduit par R. Rashed, 2 tomes, Paris, Les Belles Lettres, 1986.

[16] R. Rashed, Résolution des équations numériques et algèbre : Sharaf al-Dīṇ al-Ṭūsī, Viète, *Archive for History of Exact Sciences*, vol. 12 (1974), 243-290.

[17] R. Rashed et A. Djebbar, *L'œuvre algébrique d'al-Khayyām*, Alep, I.H.A.S., Université d'Alep, 1981.

[18] P. Ruffini, *Sopra la determinazione delle radici nelle equazioni numeriche di qualunque grado*, Modena, 1804. *Opere matematiche*, t. II, Edizioni Cremonese, Rome, 1953.

[19] M. Souissi, *Talkhīṣ aʿmāl al-ḥisāb d'Ibn al-Bannā*, Tunis, Publication de l'Université de Tunis, édition critique avec traduction française, 1968.

[20] F. Viète, *Opera mathematica*, Abrabim Elzeviriorum, 1646; reprint Georg Olms Verlag, avec Introduction de Joseph E. Hofmann, Hildesheim, 1970.

[21] A. P. Youschkevitch et B. A. Rosenfeld, article in *Dictionary of Scientific Biography*, Gillepsie Ed. New York Charles Scubmer's sons, 1970-1980.

[22] A. P. Youschkevitch, *Les mathématiques arabes (*VIIIe-XVe *siècles)*, traduction M. Cazenave et K. Jaouiche, Vrin, Paris, 1976.

Chapitre 8

Des algorithmes de l'arithmétique

« Le problème où l'on se propose de distinguer les nombres premiers des nombres composés, et de décomposer ceux-ci en leurs facteurs premiers, est connu comme un des plus importants et des plus utiles de toute l'Arithmétique [...]. La dignité de la science semble demander que l'on recherche avec soin tous les secours nécessaires pour parvenir à la solution d'un problème si élégant et si célèbre ».

GAUSS, *Recherches arithmétiques*, 1801.

Existe-t-il un procédé pour connaître tous les nombres premiers ? Cette question est sans doute aussi vieille que cette Science des nombres qu'on appelle Arithmétique, et elle débouche elle-même, comme nous allons le voir, sur d'autres questions algorithmiques. Nous proposons dans ce chapitre quelques algorithmes célèbres de l'histoire de l'Arithmétique.

Nous commençons avec le crible d'Ératosthène, qui répond théoriquement à la question (*cf.* § 1). Mais dans la pratique, est-il possible de déterminer si un nombre entier N donné est premier ?

Comme le montre le mémoire de Pascal de 1665, il est facile de savoir si ce nombre est divisible par 3, 5, 7 ou 11 (*cf.* § 2). Cependant tester tous les diviseurs possibles de N demande des calculs gigantesques dès que N est assez grand. De fait, l'obtention de tests de primalité efficaces est une question difficile qui a donné lieu à de nombreuses recherches : nous avons choisi de présenter les tests établis en réciproque du petit théorème de Fermat par Lucas et Lehmer, le test des « suites de Lucas » et le test de Pépin (*cf.* §§ 4 à 6). Excepté ce dernier, les tests proposés nécessitent d'avoir une factorisation de $N+1$ ou de $N-1$, si N est le nombre dont on cherche à déterminer la primalité. Nous sommes ainsi amenés à un nouveau problème : comment factoriser les nombres entiers ?

Cette question est encore plus difficile que la précédente quand le nombre à factoriser est assez grand. Nous présentons ici aussi trois algorithmes. Celui de Fermat est astucieux et simple, mais il n'est efficace que dans des cas particuliers (*cf.* § 7). Les algorithmes beaucoup plus performants, imaginés au siècle suivant par Gauss et Legendre, reposent sur des théories mathématiques élaborées, celles des résidus quadratiques et celles des fractions continues (*cf.* §§ 8 et 9).

Outre la théorie des congruences, les algorithmes que nous présentons dans ce chapitre sont fondés sur ces deux théories. Nous rappelons les définitions et quelques résultats au fur et à mesure des présentations et des commentaires. Le calcul des résidus quadratiques a lui-même donné lieu à un algorithme, dû à Legendre au XVIIIe siècle, que nous présentons également dans ce chapitre (*cf.* § 3).

Nous présentons, en fin de chapitre, des algorithmes relatifs à la résolution de l'équation de Pell-Fermat. Cette équation diophantienne a joué un rôle historique important : c'est le défi de Fermat qui a ouvert tout un domaine de recherche aux mathématiciens, et c'est la réponse élégante de Lagrange qui a offert toute une gamme de solutions (*cf.* §§ 10 et 11).

Les recherches d'algorithmes concernant divisibilité, primalité ou factorisation, trouvent sans doute leur origine dans la fascination des nombres, elles ont ensuite accompagné le développement de la théorie des nombres. Fascination et intérêts théoriques restent vivaces aujourd'hui, et la recherche d'algorithmes puissants motivent toujours mathématiciens et… informaticiens. Mais l'attrait pour toutes ces questions a été renouvelé ces dernières années, en particulier par la cryptographie. En effet, en 1978, Rivest, Shamir et Adelman ont imaginé une méthode de cryptographie à « clé publique » utilisant les nombres premiers. C'est la méthode RSA [24] (*cf.* ci-après), l'une des méthodes de chiffrement à clé publique les plus utilisées actuellement, notamment sur Internet et pour le paiement par carte de crédit.

Cryptographie à clé publique

Il s'agit d'un système permettant à tous les membres d'un réseau de coder leurs messages selon une règle rendue publique et de transmettre ces messages codés éventuellement par la voie publique, car seul le chef de réseau qui a fourni la clé du codage possède la clé du décodage.

En voici le principe : le chef de réseau choisit deux grands nombres premiers p et q ; il calcule les produits $n = p.q$ et $\varphi(n) = (p-1)(q-1)$; il choisit ensuite un nombre d inférieur à $\varphi(n)$ et premier à $\varphi(n)$; il détermine un nombre e tel que $d.e \equiv 1 \pmod{\varphi(n)}$, c'est-à-dire tel que $d.e-1$ soit un multiple de $\varphi(n)$; enfin, il diffuse aux membres du réseau les nombres n et e, tout en gardant secrets les nombres p, q, $\varphi(n)$ et d.

Le codage s'effectue alors de la façon suivante : le message est traduit en nombres N inférieurs à n, puis chacun de ces nombres N est remplacé par un nombre C défini par $C \equiv N^e \pmod{n}$. C'est ce nombre codé C qui est transmis.

Pour procéder au décodage, c'est-à-dire obtenir N à partir de C, il suffit de calculer C^d. En effet, d'après le petit théorème de Fermat :

$$C^d \equiv N^{ed} \equiv N^{1+\lambda\varphi(n)} \equiv N \pmod{n}.$$

Ce décodage nécessite la connaissance de d et donc de $\varphi(n)$; or, pour connaître $\varphi(n)$ il faut factoriser n, ce qui est impossible dans la pratique même avec les ordinateurs les plus puissants, pourvu que les nombres considérés soient assez grands (de l'ordre de plusieurs centaines de chiffres).

DIVISEURS ET MULTIPLES

Le point de départ de l'Arithmétique est l'étude d'une certaine relation entre deux entiers, à savoir la possibilité pour l'un d'être diviseur de l'autre, ou encore, la possibilité pour l'un d'être multiple de l'autre. Nous avons déjà consacré un chapitre du présent ouvrage au célèbre algorithme d'Euclide, pour calculer le plus grand commun diviseur de deux nombres. Nous présentons, dans cette partie, quatre autres algorithmes qui concernent la relation diviseur/multiple.

Cette relation place d'emblée à part ces nombres qui ne sont divisibles que par eux-mêmes, les nombres premiers. Euclide démontre, dans la proposition XXXIII du livre VII des *Éléments*, que tout nombre composé, c'est-à-dire tout nombre qui n'est pas premier, est divisible par un nombre premier. Il démontre aussi, dans la proposition XX du Livre IX, que « *Les nombres premiers sont en plus grande quantité que toute quantité proposée de nombres premiers* », ce que nous traduisons aujourd'hui en disant qu'il y a une infinité de nombres premiers. Mais comment établir la liste des nombres premiers inférieurs à une certaine « grandeur » ? Au premier siècle de notre ère, Nicomaque de Gérase, dans son *Introduction arithmétique*, propose un crible qui permet de discerner les nombres premiers des autres nombres. Ce crible, attribué à Ératosthène, s'obtient en « marquant » les multiples des nombres premiers (cf. §1).

Nous pouvons savoir qu'un nombre est divisible par un nombre donné en utilisant un algorithme de division. Mais les calculs deviennent vite fastidieux quand le nombre contient beaucoup de chiffres. Nous trouvons, dès le Xᵉ siècle, des critères de divisibilité qui permettent de conclure, à partir d'un calcul simple portant sur les chiffres du nombre testé. Un des critères les plus anciens et les plus simples est le critère de la divisibilité par 9 : un nombre, écrit dans un système de base 10, est divisible par 9 si la somme de ses chiffres l'est aussi. Tous les critères proposés reposent sur des propriétés de congruence que Pascal met à jour dans un mémoire de 1654 (*cf.* § 2). Pascal n'utilise pas le langage des congruences, celui-ci sera systématisé par Gauss dans ses *Recherches arithmétiques* de 1801.

Les travaux d'Euler, au XVIIIᵉ siècle, mettent en lumière un autre problème, en apparence simple : étant donnés deux nombres n et m, où $n < m$, n peut-il être le reste de la division par m d'un nombre carré ? Il s'agit du problème des résidus quadratiques, dont nous verrons plusieurs applications dans les deux parties suivantes de ce même chapitre. Legendre propose un algorithme rapide. Cet algorithme repose sur un résultat fondamental de la théorie des nombres : la loi de réciprocité quadratique (*cf.* § 3).

1. LE CRIBLE D'ÉRATOSTHÈNE

Le crible d'Ératosthène est expliqué par Nicomaque de Gérase, néo-pythagoricien du premier siècle de notre ère, dans l'*Introduction arithmétique*. Cet ouvrage donne une présentation systématique, claire et ordonnée des propriétés des nombres. Nicomaque traite des nombres pairs, impairs, carrés, rectangulaires, et polygonaux, et donne un certain nombre de propriétés connues des Pythagoriciens. Il étudie aussi les différents types de proportions. Tout ceci dans l'esprit des Pythagoriciens, avec des considérations aussi bien esthétiques, mystiques que morales sur les nombres. L'*Introduction arithmétique* sera un ouvrage de référence pendant des siècles. Traduit par Boèce au Vᵉ siècle, il servira à l'enseignement dans les Écoles du Moyen Âge. Ératosthène est bien antérieur à Nicomaque : vivant vers 250 avant J.-C., il fut le premier grand géographe d'Alexandrie et on lui doit, en particulier, l'évaluation du rayon terrestre.

Le crible permet d'obtenir une table de tous les nombres premiers inférieurs à un nombre N fixé à l'avance. Léonard de Pise, dans son *Liber Abaci* de 1202, donne une table pour $N = 97$. Les mathématiciens des siècles suivants confectionneront des tables pour N de plus en plus grand, en perfectionnant la méthode d'Ératosthène.

À quoi peuvent servir ces tables ? Par exemple, à étudier la répartition des nombres premiers, ou encore, à chercher les plus longues listes de nombres composés consécutifs. Elles permettent donc aux mathématiciens de formuler un certain nombre de conjectures sur les nombres premiers, conjectures sur lesquelles ils travaillent encore [6].

Il y a un siècle, les tables de nombres premiers occupaient de nombreuses pages. Aujourd'hui, elles sont stockées en ordinateur sous une forme beaucoup plus compacte. Une méthode très simple consiste à coder chaque nombre impair par 0 ou 1 selon qu'il est composé ou premier. Par exemple, 01110 signifie : 1 non premier, 3 premier, 5 premier, 7 premier, 9 composé. Un nombre binaire de cinq chiffres représente les nombres impairs compris entre 11 et 19,..., entre 41 et 49 :

0 1 1 1 0	1 1 0 1 1	0 1 0 0 1	1 0 0 1 0	1 1 0 1 0
1 3 5 7 9	11 13 15 17 19	21 23 25 27 29	31 33 35 37 39	41 43 45 47 49

Ainsi, une table de nombres premiers jusqu'à 50 sera donné par la suite : 01110 11011 01001 10010 11010. On peut obtenir une table plus compacte en excluant les multiples de 3 ou de 5. Si on exclut les multiples de 5, la table devient : 0110 1111 0101 1010 1110. Chacun des nombres 0110, 1111, 0101, 1010, 1110 est la représentation binaire d'un nombre inférieur à 15. Par conséquent, on peut le représenter par un simple symbole dans un système hexadécimal (de base 16). En prenant A = 10, B = 11, C = 12, D = 13, E = 14 et F = 15, la table précédente devient : 6F5AE [23].

Le texte de Nicomaque de Gérase

Extrait de l'*Introductio Arithmetica*,
Livre I, chap. XIII. Ed. Hoche, Leipzig, 1866, p. 29. Trad. M. Crubellier.

Le crible se construit ainsi : j'écris successivement tous les impairs à partir de trois, en une rangée aussi longue que possible, et, en commençant par le premier, j'examine quels sont ceux qu'il peut mesurer. Je trouve qu'il peut mesurer ceux que l'on obtient en passant deux nombres intermédiaires, aussi loin que nous voudrons avancer; et qu'il ne les mesure pas n'importe comment et au hasard, mais il mesure le premier nombre (je veux dire le premier que l'on atteint en passant deux nombres intermédiaires) selon la quotité du tout premier terme de la rangée, c'est-à-dire selon sa propre quotité, à savoir trois fois; et celui qu'on atteint en passant deux nombres intermédiaires à partir de celui-là, il le mesure selon la quotité du nombre qui occupe la seconde place dans la rangée, c'est-à-dire cinq fois; et de même, celui qu'on trouvera plus loin en passant encore deux nombres, il le mesure selon la quotité du nombre qui occupe la troisième place, c'est-à-dire sept fois; et celui qu'on trouvera encore plus loin en passant deux nombres de plus, selon la quotité de celui qui occupe la quatrième place, c'est-à-dire neuf fois, et ainsi de suite à l'infini.

Puis après cela, prenant un autre point de départ, je considère le second et j'examine quels sont les nombres qu'il peut mesurer; et je trouve que ce sont tous ceux que l'on atteint en passant à chaque fois un groupe de quatre nombres; et que, par ailleurs, il mesure le premier selon la quotité du premier terme de la rangée, c'est-à-dire trois fois ; le second selon celle du second, c'est-à-dire cinq fois, le troisième selon celle du troisième, c'est-à-dire 7 fois.

Recommençons encore une fois : le troisième nombre, 7, devenant à son tour la mesure, mesurera ceux que l'on atteint en passant six nombres ; et par ailleurs il mesurera le premier selon la quotité du nombre 3, qui est le premier de la rangée ; le second selon celle du 5, puisque celui-ci occupe la seconde place, et le troisième selon celle du 7, car celui-ci, de la même façon, se trouve en troisième position dans la rangée.

Et cela continue selon la même analogie, sans rencontrer nulle part d'obstacle, de telle sorte que :

– les nombres se succèderont dans le rôle de mesure selon la place qu'ils occupent dans la rangée ;

– la quantité de nombres qu'il faut passer sera déterminée selon la progression régulière des pairs, de deux jusqu'à l'infini ; ou encore, selon le double du rang occupé par le nombre qui mesure ;

– le nombre de fois [que la mesure se trouve contenue dans le nombre mesuré] sera déterminé par la progression régulière des impairs, de trois jusqu'à l'infini.

Si donc tu affectes d'indices les nombres [ainsi mesurés], tu trouveras que ceux qui jouent le rôle de mesure ne mesurent jamais tous ensemble le même nombre (il arrive en fait qu'il n'y ait même pas deux nombres qui mesurent le même), et que les nombres de la rangée ne sont pas absolument tous mesurés par quelque nombre, mais certains échappent tout à fait à la mesure par quelque nombre que ce soit ; d'autres sont mesurés par un seul nombre, d'autres encore par deux ou même plus. Ceux qui ne se laissent mesurer d'aucune façon, mais échappent à la mesure, sont les nombres premiers et non composés, qui se trouvent ainsi séparés du reste comme par un crible.

Nicomaque dit qu'un nombre mesure un nombre s'il est un diviseur de celui-ci, et il appelle quotité d'un nombre, le nombre d'unités qu'il contient. Écrivons les nombres impairs en ligne, à partir de la triade, c'est-à-dire de 3 :

3 5 7 9 11 13 15 17 19 21 23 25 27 29 31 33 35 37 39...

L'algorithme consiste à marquer les nombres multiples de 3 : ces nombres sont séparés par un intervalle de deux nombres. On obtient :

3 5 7 9* 11 13 15* 17 19 21* 23 25 27* 29 31 33* 35 37 39*...

Puis à marquer les multiples de 5 : ces nombres sont séparés d'une tétrade, c'est-à-dire par un intervalle de quatre nombres. On obtient :

3 5 7 9* 11 13 15** 17 19 21* 23 25* 27* 29 31 33* 35* 37 39*...

Puis à marquer les multiples de 7 : ces nombres sont séparés par un intervalle de six nombres. On obtient :

3 5 7 9* 11 13 15** 17 19 21** 23 25* 27* 29 31 33* 35** 37 39*...

Ainsi de suite. Dans notre exemple, aller jusqu'à 5 suffit puisque $\left[\sqrt{39}\right] = 6$: les nombres non marqués sont premiers, les autres sont mesurés par un ou deux nombres. La remarque selon laquelle, pour avoir la table des nombres premiers inférieurs à N, il suffit d'aller jusqu'à $\sqrt{N}$ est faite par Ibn al-Bannā, au XIIIe siècle, dans son *Talkhīṣ*.

2. CRITÈRES DE DIVISIBILITÉ

Comment savoir si un nombre est divisible par un nombre donné sans effectuer la division ? D'après le *Talmud*, un nombre de la forme $100a + b$ est divisible par 7 si $2a + b$ est divisible par 7. Ce critère de divisibilité est typique : il repose sur un calcul simple à partir des chiffres composant le nombre à tester. Un autre critère est fort ancien, celui de la divisibilité par 9 : un nombre est divisible par 9 si la somme de ses chiffres est divisible par 9. La « preuve par 9 », basée sur ce critère de divisibilité, est vraisemblablement d'origine indienne.

Léonard de Pise, dans son *Liber Abaci* de 1202, donne des critères de divisibilité par 7 et par 11, et Ibn al-Bannā, dans son *Talkhīs* vers 1250, par 7, 8 et 9. L'utilisation des critères de divisibilité, par 7 ou par 9, pour tester les opérations arithmétiques se trouve, au XVe siècle, dans le *Triparty en la Science des nombres* de Chuquet et dans la *Summa* de Luca Pacioli. Dans son *Arithmétique* de 1556, Pierre Forcadel de Béziers explique que pour savoir si un nombre est divisible par 7, il faut multiplier le premier chiffre par 3, puis soustraire le plus grand multiple de 7, puis ajouter le chiffre suivant, multiplier la somme par trois, et recommencer ainsi de suite : le dernier nombre obtenu doit être divisible par 7. Ainsi, 5845 est divisible par 7, parce que

$$5 \times 3 - 2 \times 7 + 8 = 9 ; 9 \times 3 - 3 \times 7 + 4 = 10 ; \text{et } 10 \times 3 - 4 \times 7 + 5 = 7.$$

Dans un mémoire adressé à l'Académie Parisienne en 1654, Pascal rassemble tous ces critères en un critère général de divisibilité et en fournit la démonstration. Nous présentons un extrait de ce mémoire. L'idée de base est la suivante : pour savoir si un nombre est divisible par p, il faut utiliser les restes des divisions des différentes puissances de 10 par p.

Dans les années qui suivirent, d'autres mathématiciens ou amateurs de nombres donneront des critères de divisibilité [2], qui sont interprétables dans le cadre général donné par Pascal. Donnons deux exemples de critères de divisibilité par 7. En 1728, Fontenelle énonce comme critère : multiplier le premier chiffre par 3, ajouter le deuxième et remplacer les deux premiers chiffres du nombre par cette somme, puis recommencer, le dernier nombre obtenu doit être 7. Par exemple, 5845 est divisible par 7 car la suite des calculs donne successivement comme nombres : 5845, 2345, 945, 315, 105, 35, 14, 7. En 1889, Tucker donne comme critère : scinder le nombre en deux parties dont la deuxième est le dernier chiffre, retrancher le double de la deuxième à la première, recommencer, le dernier nombre de deux chiffres obtenu doit être divisible par 7. Par exemple, 5845 est divisible par 7, car la suite des calculs donne : $584 - 2 \times 5 = 574$; $57 - 2 \times 4 = 49$. Il est facile de vérifier la validité de ces critères en utilisant la théorie des congruences, sous-jacente à la méthode de Pascal, dont nous donnons les principes dans les commentaires.

Le texte de Pascal

Extrait de *Des caractères de divisibilité des nombres déduits de la somme de leurs chiffres* (1665), *Œuvres complètes*, Ed. du Seuil, Paris, 1963, pp. 84-86.

REMARQUE PRÉLIMINAIRE

Rien de plus connu en arithmétique que la proposition d'après laquelle un multiple quelconque de 9 se compose de chiffres dont la somme est elle-même un multiple de 9. Si, par exemple, on additionne les chiffres dont se compose 18, double de 9, on trouve $1 + 8 = 9$. De même, en additionnant les chiffres d'un nombre quelconque, on reconnaîtra si ce nombre est divisible par 9. Ainsi, 1719 est un multiple de 9, parce que la somme $1 + 7 + 1 + 9$ ou 18 de tous ses chiffres est elle-même divisible par 9. Bien que cette règle soit communément employée, je ne crois pas que personne jusqu'à présent en ait donné une démonstration ni ait cherché à en généraliser le principe. Dans ce petit traité, je justifierai le caractère de divisibilité par 9 et plusieurs autres analogues; j'exposerai aussi une méthode générale qui permet de reconnaître, à la simple inspection de la somme de ses chiffres, si un nombre donné est divisible par un nombre quelconque; cette méthode ne s'applique pas seulement à notre système décimal de numération (système qui repose sur une convention, d'ailleurs assez malheureuse, et non sur une nécessité naturelle, comme le pense le vulgaire), mais elle s'applique encore sans défaut à tout système de numération ayant pour base tel nombre qu'on voudra, ainsi qu'on le verra dans les pages qui suivent.

PROPOSITION UNIQUE

Reconnaître, à la seule inspection de la somme de ses chiffres si un nombre donné est divisible par un autre nombre donné.

Pour plus de généralité nous remplacerons les nombres par des lettres. Soit donc un diviseur quelconque que nous représenterons par la lettre A, et soit un dividende TVNM dans lequel les lettres M, N, V, T représentent respectivement les chiffres des unités simples, des dizaines, des centaines, des unités de mille, et ainsi de suite : de telle sorte que, pour passer des quantités littérales aux quantités numériques, il suffirait de remplacer chacune des lettres par l'un des 9 premiers nombres, par exemple M par 4, N par 3, V par 5, T par 6, ce qui donnerait pour dividende 6534, le diviseur A étant un nombre quelconque tel que 7. Mais nous laisserons les exemples particuliers afin de comprendre tous les cas possibles dans une même solution générale. Étant donné donc le dividende TVNM et un diviseur quelconque A il s'agit de reconnaître, à la seule inspection de la somme de ses chiffres, si ce dividende est exactement divisible par A.

Écrivons sur une même ligne, et dans l'ordre décroissant, les nombres de la suite naturelle, puis au dessous, une autre suite de nombres, de manière à former le tableau :

10	9	8	7	6	5	4	3	2	1
K	I	H	G	F	E	D	C	B	1

Dans ce tableau les nombres de la seconde ligne sont formés comme il suit :

Au dessous de l'unité on place l'unité.

De celle-ci prise *dix fois*, c'est-à-dire du nombre 10, on retranche le diviseur A autant de fois que possible, et l'on écrit le reste B sous le nombre 2.

De B pris *dix fois*, on retranche le même diviseur A autant de fois que possible, et l'on écrit le reste C sous le nombre 3.

De 10 C on retranche encore le diviseur A autant de fois que possible, et l'on écrit le reste D sous le nombre 4.

Et ainsi de suite.

Prenons maintenant le dernier chiffre du dividende, M, qui est le premier à partir de la droite, et multiplions-le par l'unité (qui dans notre tableau se trouve placé sous le chiffre 1).

Prenons ensuite le second chiffre N, et multiplions le par le nombre B, qui dans notre tableau se trouve placé sous le chiffre 2 ; puis écrivons le produit au-dessous de M.

Prenons encore le troisième chiffre V, et multiplions le par C (nombre placé sous le chiffre 3), et écrivons le produit sous les produits précédents.

$$\begin{array}{c} M \\ N \times B \\ V \times C \\ T \times D \end{array}$$

Opérons de même pour T, et ainsi de suite.

Je dis que, pour que le nombre proposé TVNM soit divisible par A, il faut et il suffit que la somme $M + N \times B + V \times C + T \times D$, etc., soit elle-même divisible par A.

[...]

Exemples

Soit à chercher quels sont les multiples du nombre 7. J'écris la suite des dix premiers nombres, et je forme le tableau

10	9	8	7	6	5	4	3	2	1
6	2	3	1	5	4	6	2	3	1

en procédant comme il suit :

J'écris l'unité sous l'unité.

De l'unité prise 10 fois, je retranche 7 autant de fois que possible, et je place le chiffre 3 sous le chiffre 2.

Je multiplie le reste 3, par 10 et du produit 30 je retranche 7 autant de fois que possible ; je place le nouveau reste 2 sous le chiffre 3.

De 20 je retranche 7 autant de fois que possible ; il reste 6 que j'écris sous 4.

De 60 je retranche 7 autant de fois que possible ; il reste 4 que j'écris sous 5.

De 40 je retranche 7 autant de fois que possible ; il reste 5 que j'écris sous 6.

De 50 je retranche 7 autant de fois que possible ; il reste 1 que j'écris sous 7.

De 10 je retranche 7 autant de fois que possible ; ce qui me fait retomber sur le premier reste obtenu, soit 3, que j'écris sous 8.
De 30 je retranche 7 autant de fois que possible ; je retrouve le second reste obtenu, savoir 2, que j'écris sous 9.
Les restes déjà obtenus, savoir 1, 3, 2, 6, 4, 5, se retrouvent donc dans le même ordre, et ainsi indéfiniment.
Soit alors à reconnaître si un nombre quelconque 287 542 178 est multiple de 7.
Je prends le premier chiffre du nombre à partir de la droite, et je le multiplie par l'unité (qui dans notre tableau est placée sous le nombre 1).

J'écris donc le produit de 8 par l'unité, c'est-à-dire	8
J'écris ensuite le produit de 7 par le chiffre 3 placé sous 2 dans notre tableau, soit	21
Puis le produit de 1 par 2	2
le produit de 2 par 6	12
le produit de 4 par 4	16
le produit de 5 par 5	25
le produit de 7 par 1	7
le produit de 8 par 3	24
le produit de 2 par 2	4
et je fais la somme	119

Si 119 est divisible par 7, le nombre proposé 287 542 178 le sera aussi.

La théorie des congruences sous-tend la méthode de Pascal, il est donc agréable d'en utiliser le langage et le symbolisme pour analyser le texte. Soit $A > 1$, nous disons que deux entiers a et b, $a > b$, sont congrus modulo A lorsque $(a - b)$ est multiple de A. Nous écrivons alors :

$$a \equiv b \pmod{A}.$$

Par exemple, $48 \equiv 20 \pmod{7}$. Si $a = Aq + r$ est la division euclidienne de a par A, alors $a \equiv \mathrm{r} \pmod{A}$ et r est le plus petit nombre congru à a modulo A. Par exemple, $100 \equiv 2 \pmod{7}$. Les congruences ont des propriétés immédiates et très utiles :

$$\text{si } a \equiv b \pmod{A} \text{ et } b \equiv c \pmod{A}, \text{ alors } a \equiv c \pmod{A}$$
$$\text{si } a \equiv b \pmod{A} \text{ et } c \equiv d \pmod{A},$$
$$\text{alors } a + c \equiv b + d \pmod{A} \text{ et } ac \equiv bd \pmod{A}.$$

Nous déduisons de la première propriété que deux nombres sont congrus modulo A si et seulement si ils ont le même reste dans la division par A.

Au XVIIIe siècle, les travaux d'Euler, de Lagrange et de Legendre s'appuient sur l'idée de congruence. Gauss développe la théorie des congruences et introduit le symbolisme dans ses *Recherches arithmétiques* de 1801.

Pascal calcule d'abord les restes de la division par A des puissances de 10 et les dispose dans un tableau : soit $i > 1$, si $10^i = Aq + r_i$ alors r_i est placé sous i.

10	9	8	7	6	5	4	3	2	1
r_{10}	r_9	r_8	r_7	r_6	r_5	r_4	r_3	r_2	1

Nous avons $10^i \equiv r_i$ (mod A). Nous pouvons calculer les r_i par récurrence, comme le fait Pascal. En effet, puisque $10^i \equiv r_i$ (mod A), nous avons $10^{i+1} \equiv 10\, r_i$ (mod A) et ainsi $r_{i+1} \equiv 10\, r_i$ (mod A). Par conséquent, la deuxième ligne du tableau s'obtient de droite à gauche, le premier terme est 1 et chaque terme de cette ligne s'obtient en calculant le reste de la division par A de 10 fois celui qui vient d'être calculé.

Écrivons $N = a_n 10^n + a_{n-1} 10^{n-1} + ... + a_2 10^2 + a_1 10 + a_0$, avec $0 \leq a_i \leq 9$, le nombre dont on veut tester la division par A. Pour tout $i = n, ..., 1$, $a_i 10^i \equiv a_i r_i \left(\text{mod } A\right)$ donc

$$N \equiv a_n r_n + a_{n-1} r_{n-1} + \ldots + a_2 r_2 + a_1 r_1 + a_0 (\text{mod } A).$$

Par conséquent, si le membre de droite est divisible par A il en est de même pour N : ceci est bien la règle de Pascal.

Dans le cas particulier où $A = 9$, toutes les puissances de 10 étant congrues à 1 modulo 9, un nombre est congru modulo 9 à la somme de ses chiffres. Ainsi, la règle de Pascal est-elle une extension du cas particulièrement favorable de 9.

Dans le cas particulier où $A = 7$, nous pouvons justifier les critères énoncés plus haut. Ceux de Forcadel et de Fontenelle sont tous les deux fondés sur le fait que

$$a_n 10^n + a_{n-1} 10^{n-1} + \ldots + a_0 \equiv \left(3 \times a_n + a_{n-1}\right) 10^{n-1} + \ldots + a_0 \left(\text{mod } 7\right).$$

Le critère de Tucker repose sur le fait que deux entiers a et b vérifient toujours :

$$10b + a \equiv 0 \text{ (mod 7) si et seulement si } b - 2a \equiv 0 \text{ (mod 7)}.$$

3. CALCUL DE RÉSIDUS QUADRATIQUES

La notion de résidu quadratique apparaît dans un mémoire d'Euler de 1754-1755, c'est une notion très importante de la théorie des nombres. Nous en verrons quelques applications pour les tests de primalité, avec les tests de Lucas et de Pépin, et pour les algorithmes de factorisation, avec la méthode de Gauss.

Étant donnés un nombre premier impair p et un nombre entier $a > 0$, trouver les nombres dont le résidu modulo p est a, c'est-à-dire résoudre l'équation $x \equiv a$ (mod p), ne présente aucune difficulté. Il existe toujours une infinité de solutions : il suffit de prendre $x = a + kp$. En revanche, trouver les nombres de résidu quadratique a modulo p, c'est-à-dire résoudre l'équation $x^2 \equiv a$ (mod p), est moins simple. Considérons, par exemple, l'équation $x^2 \equiv 32$ (mod 5) : nous pouvons d'abord remarquer qu'elle se ramène à $x^2 \equiv 2$ (mod 5), et il suffit de calculer les restes modulo 5 des nombres compris entre 1 et 4 pour répondre. Or $1^2 \equiv 1$, $2^2 \equiv 4$, $3^2 \equiv 4$ et $4^2 \equiv 1 \pmod 5$, par conséquent l'équation donnée n'a pas de solution. Nous disons, avec Euler, que a est résidu quadratique modulo p si l'équation $x^2 \equiv a \pmod p$ a une solution et que a est non-résidu quadratique modulo p sinon. Ainsi, 1 et 4 sont résidus quadratique modulo 5, tandis que 2 et 3 sont non-résidus quadratiques modulo 5. La moitié des nombres compris entre 1 et $p - 1$ sont résidus quadratiques modulo p.

Comment savoir si a est résidu quadratique modulo p ? Dès que p est grand les calculs ci-dessus deviennent fastidieux. Dans sa *Théorie des nombres*, Legendre donne un algorithme très simple pour répondre à la question. Cet algorithme, que nous présentons ici, repose sur un résultat très puissant de la théorie des nombres : *la loi de réciprocité quadratique*.

La loi de réciprocité quadratique est énoncée par Euler dans un mémoire de 1783, mais sans la preuve. Legendre l'énonce également, de façon indépendante en 1785, et sa preuve est incomplète. La démonstration donnée dans la *Théorie des nombres* est encore incomplète. Une première démonstration rigoureuse sera proposée par Gauss dans ses *Recherches arithmétiques* de 1801. Depuis, plus de cinquante démonstrations ont été fournies [8]. Gauss considérait cette loi comme le joyau de l'arithmétique.

Pour exprimer cette loi, utilisons le symbolisme très commode proposé par Legendre. D'après le théorème d'Euler, si p ne divise pas a alors $a^{(p-1)/2} \equiv \pm 1 \pmod p$. Nous en déduisons le critère d'Euler qui énonce que a est un résidu quadratique modulo p si et seulement si $a^{(p-1)/2} \equiv 1 \pmod p$.

Legendre note $\left(\frac{a}{p}\right)$ le reste de la division de $a^{(p-1)/2}$ par p, ainsi $\left(\frac{a}{p}\right) = 1$ si a est résidu quadratique modulo p et $\left(\frac{a}{p}\right) = -1$ sinon.

Legendre énonce la loi de réciprocité quadratique de la façon suivante : soient p et q deux nombres premiers impairs, si p et q ne sont pas tous deux de la forme $4n + 3$ alors $\left(\frac{p}{q}\right) = \left(\frac{q}{p}\right)$, si p et q sont tous deux de la forme $4n + 3$ alors $\left(\frac{p}{q}\right) = -\left(\frac{q}{p}\right)$. Il remarque que l'on peut résumer cette proposition par la formule :

$$\left(\frac{p}{q}\right)\left(\frac{q}{p}\right) = (-1)^{(p-1)(q-1)/4}.$$

La loi envisage bien tous les cas possibles puisque le reste de la division d'un nombre premier impair par 4 est nécessairement 1 ou 3.

Le texte de Legendre

Extrait de la *Théorie des nombres* (1798) ; 3ème éd., Firmin Didot, Paris, 1830 ; réimpr. Blanchard, Paris, 1955, tome I, pp. 244-245.

Usage du théorème précédent pour connaître si un nombre premier *c* divise la formule $x^2 + a$. Des cas où l'on peut déterminer *a priori* le nombre *x*.

Lorsque c est un nombre un peu grand, et qu'on a besoin de savoir si c est un diviseur de $x^2 + a$, il peut être fort long d'élever a à la puissance $(c-1)/2$, même en abrégeant l'opération autant qu'il est possible, et ayant soin d'omettre les multiples de c à mesure qu'ils se présentent. Voici un procédé que fournit le théorème précédent, et qui conduit très-promptement à la valeur cherchée de $\left(\frac{a}{c}\right)$.

1°. Si a est plus grand que c, on mettra, au lieu de a, le reste de la division de a par c ; ainsi on pourra toujours supposer que a est plus petit que c. En effet, on voit bien que $(mc + \alpha)^{(c-1)/2}$ divisé par c, laissera le même reste que $\alpha^{(c-1)/2}$

2°. Si le nombre a ainsi réduit est un nombre premier, l'expression $\left(\frac{a}{c}\right)$ se changera suivant le théorème, soit en $\left(\frac{c}{a}\right)$, soit en $-\left(\frac{c}{a}\right)$ ce dernier cas n'ayant lieu que lorsque a et c sont tous deux de la forme $4n + 3$. Mais puisque $c > a$, on peut au lieu de c, prendre le reste de la division de c par a ; soit ce reste c', on aura donc $\left(\frac{c}{a}\right) = \left(\frac{c'}{a}\right)$; ainsi la recherche de $\left(\frac{c}{a}\right)$ est réduite à celle de $\left(\frac{c'}{a}\right)$, qui est composée de plus petits nombres ; la résolution se fera donc ultérieurement, tant par ce qui a été déjà dit que parce que nous allons ajouter.

3°. Si a n'est pas premier, décomposez a en ses facteurs premiers α, β, γ... parmi lesquels 2 peut être compris, vous aurez $\left(\frac{a}{c}\right)$ = au produit des expressions $\left(\frac{\alpha}{c}\right)\left(\frac{\beta}{c}\right)\left(\frac{\gamma}{c}\right)$, etc. Omettez parmi les facteurs, ceux qui sont carrés, car en général $\left(\frac{\alpha^2}{c}\right) = \left(\frac{\alpha}{c}\right)\left(\frac{\alpha}{c}\right) = +1$; observez de plus, que suivant le n° 150 on a $\left(\frac{2}{c}\right) = +1$, si c est de la forme $8n \pm 1$, et $\left(\frac{2}{c}\right) = -1$, si c est de la forme $8n \pm 3$.

Au moyen de ces préceptes et des renversements donnés par le théorème du paragraphe précédent, on trouvera bientôt la valeur de l'expression proposée $\left(\frac{a}{c}\right)$. Et l'opération, assez semblable à celle par laquelle on cherche le plus grand commun diviseur de deux nombres, sera à peu près aussi expéditive.

Exemple I

Pour avoir la valeur de l'expression $\left(\frac{601}{1013}\right)$ j'observe que ces deux nombres sont premiers, et j'aurai, en vertu du théorème $\left(\frac{601}{1013}\right) = \left(\frac{1013}{601}\right)$; la division de 1013 par 601 donne 412 de reste, et 412 étant le produit de 4 par 103, on peut omettre le facteur carré quatre, ce qui donnera $\left(\frac{601}{1013}\right)=\left(\frac{103}{601}\right)$. Mais 103 étant encore un nombre premier, on a par le théorème, $\left(\frac{103}{601}\right)=\left(\frac{601}{103}\right)$ (en divisant 601 par 103 et ne conservant que le reste) $\left(\frac{86}{103}\right)=\left(\frac{-17}{103}\right)=-\left(\frac{17}{103}\right)=-\left(\frac{103}{17}\right)=-\left(\frac{1}{17}\right)=-1$. Donc $\left(\frac{601}{1013}\right)=-1$. Donc 1013 n'est pas résidu quadratique de 601.

Avant cet extrait, Legendre a démontré deux propriétés des résidus quadratiques :

1. si c est de la forme $4n + 3$, alors $\left(\frac{-a}{c}\right)=\left(\frac{a}{c}\right)$ et sinon $\left(\frac{-a}{c}\right)=-\left(\frac{a}{c}\right)$
2. $\left(\frac{ab}{c}\right)=\left(\frac{a}{c}\right)\left(\frac{b}{c}\right)$.

Au début de l'extrait, il démontre aussi, en utilisant le critère d'Euler, que si $a = mc + r$ est la division euclidienne de a par c, alors $\left(\frac{a}{c}\right)=\left(\frac{r}{c}\right)$. Ces propriétés et la loi de réciprocité quadratique lui permettent de construire son algorithme.

Comme le remarque Legendre, cet algorithme est comparable à celui d'Euclide pour calculer le p.g.c.d. de deux nombres. En effet, le renversement de la loi de réciprocité quadratique permet de ramener le calcul de $\left(\frac{a}{c}\right)$ à celui de $\left(\frac{c}{b}\right)$ avec $c < a$, donc en recommençant plusieurs fois on est ramené à des nombres suffisamment petits pour conclure aisément.

Ainsi, $\left(\frac{601}{1013}\right)=\left(\frac{1013}{601}\right)$ parce que $601 = 4 \times 125 + 1$. Puisque $1013 = 601 + 412$ est la division euclidienne de 1013 par 601, nous avons : $\left(\frac{1013}{601}\right)=\left(\frac{412}{601}\right)$. La décomposition en facteurs premiers de 412 est $2^2 \times 103$, donc $\left(\frac{412}{601}\right)=\left(\frac{2^2}{601}\right)\left(\frac{103}{601}\right)=\left(\frac{103}{601}\right)$, car $\left(\frac{2^2}{601}\right)=\left(\frac{2}{601}\right)\left(\frac{2}{601}\right)=1$. On est ainsi ramené au calcul de $\left(\frac{103}{601}\right)$. Il suffit d'utiliser de nouveau la loi de réciprocité quadratique, etc. On arrive finalement à $\frac{1}{17}$, qui est égal à 1 puisque l'équation $x^2 \equiv 1 \pmod{17}$ admet la solution triviale 1.

TESTS DE PRIMALITÉ

Il existe un algorithme très simple pour tester la primalité d'un entier impair N, c'est-à-dire pour savoir s'il est premier ou composé. Il suffit de diviser N successivement par tous les entiers d tels que $d < \sqrt{N}$ (*cf.* § 1). Malheureusement, dès que N est grand le nombre d'opérations devient énorme. Comme nous le verrons dans la partie suivante, les algorithmes de factorisation de N nécessitent encore plus d'opérations. Aussi, avant de s'y lancer, vaut-il mieux s'être assuré que le nombre considéré est bien composé, et donc utiliser au préalable un test de primalité.

Ainsi, l'obtention de tests de primalité efficaces, c'est-à-dire pour lesquels le nombre d'opérations à effectuer ne soit pas trop important, est-elle, depuis longtemps, l'objet de recherche de la part des mathématiciens. Cette recherche va de pair avec celle « du plus grand nombre premier ». Il fallait des calculs humainement faisables, quand ils étaient effectués à la main. Avec l'invention des ordinateurs, on s'attaque à certains nombres de plus de 60000 chiffres, et c'est le temps-machine qu'il faut économiser. L'idéal était de trouver un algorithme d'ordre polynomial, c'est-à-dire dont le nombre d'opérations croît comme un polynôme en n, où n est le nombre de chiffres du nombre testé. On sait depuis peu qu'un tel algorithme existe, c'est l'algorithme dit AKS du nom des trois mathématiciens/informaticiens indiens qui l'on découvert en 2002 [0*].

Nous pouvons classer les tests de primalité selon divers critères. Tout d'abord, il existe des tests qui s'appliquent à des entiers quelconques, c'est le cas des deux premiers tests que nous présentons, et d'autres qui ne s'appliquent qu'à des entiers de forme donnée, c'est le cas du test de Pépin. Par ailleurs, il existe des tests déterministes, comme les trois tests présentés, et des tests probabilistes. Nous donnerons une idée du fonctionnement de ces derniers à propos du théorème de Fermat.

Les trois tests que nous présentons s'appuient sur des résultats élémentaires de la théorie des congruences et de la théorie des résidus quadratiques, dont nous avons donné dans la partie précédente les principes et quelques résultats fondamentaux. Nous avons choisi de présenter ces trois tests à cause de leurs racines historiques : fondés sur des théories anciennes, leur perfectionnement est encore aujourd'hui l'objet de recherches.

Les deux premiers tests nécessitent que l'on connaisse les diviseurs de $N-1$ ou de $N+1$. Cette particularité explique qu'ils aient beaucoup servi à tester des nombres de la forme $2^n \pm 1$ ou $10^n \pm 1$. Les nombres de la forme $2^{2^n} + 1$, appelés nombre de Fermat, auxquels s'adresse exclusivement le test de Pépin, et les nombres de Mersenne, de la forme $2^m - 1$, auxquels s'applique bien le test de Lucas, ont ainsi été particulièrement étudiés. « Le plus grand nombre premier » connu est le plus souvent un nombre de

Mersenne. C'est encore le cas en 2009 avec le nombre $2^{43\,112\,609} - 1$ découvert en 2008 qui possède près de 13 millions de chiffres [5*].

4. LA RÉCIPROQUE DU THÉORÈME DE FERMAT

Pierre de Fermat commence à s'intéresser à la théorie des nombres après avoir lu l'*Arithmétique* de Diophante, publiée en 1621 par Bachet. À partir de 1636, il s'entretient sur ce sujet avec ses correspondants, dont le Père Mersenne et Frénicle de Bessy. Dans une lettre d'octobre 1640, adressée à ce dernier, il énonce ce qu'aujourd'hui nous appelons « le petit théorème de Fermat » : soient a et p deux entiers premiers entre eux, si p est un nombre premier alors $a^{p-1} \equiv 1 \pmod{p}$.

La lettre de Fermat

« Tout nombre premier mesure infailliblement une des puissances –1 de quelque progression que ce soit, et l'exposant de ladite puissance est sous multiple du nombre premier donné –1. Et après qu'on a trouvé la première puissance qui satisfait à la question, toutes celles dont les exposants sont multiples de l'exposant de la première satisfont de même à la question.

Exemple, soit la progression donnée,

1	2	3	4	5	6	
3	9	27	81	243	729	etc.

Avec ses exposants au dessus.

Prenez, par exemple, le nombre 13, il mesure la troisième puissance – 1, de laquelle 3 exposant est sous multiple de 12 qui est moindre de l'unité que le nombre de 13. Et parce que l'exposant de 729 qui est 6 est multiple du premier exposant 3 il s'ensuit que 13 mesure aussi la dite puissance de 729 – 1. Et cette proposition est généralement vraie en toutes progressions et en tous nombres premiers. De quoi je vous enverrais la démonstration, si je n'appréhendais d'être trop long » [4].

Fermat n'a jamais donné de démonstration à son théorème. Nous en trouvons une dans les manuscrits de Leibniz, mais Euler est le premier à publier une preuve en 1736. Cette preuve s'appuie sur les propriétés arithmétiques des coefficients binomiaux.

Le théorème de Fermat peut permettre d'affirmer qu'un nombre N est composé, mais il ne peut servir de test de primalité, car l'énoncé inverse est faux. En effet, prenons $a = 2$ et $N = 341$, nous avons $2^{340} \equiv 1 \pmod{341}$ et pourtant N n'est pas premier puisque $341 = 11 \times 31$. Mais si nous prenons $a = 3$, alors $3^{340} \equiv 56 \pmod{341}$ indique que 341 est composé. Un nombre qui vérifie la conclusion du théorème de Fermat pour un entier a sans être premier est dit «*pseudo-premier de base a*». Ainsi, 341 est pseudo-premier de base 2.

Les nombres pseudo-premiers sont rares même si il y en a une infinité : il n'existe que 1770 nombres, inférieurs à 25×10^9, pseudo-premiers à la fois pour les bases 2, 3, 5 et 7 [23]. Aussi, est-il naturel de tester la primalité d'un entier N à l'aide de plusieurs nombres « témoins » $a_1, a_2, \ldots, a_k$. Si aucun témoin ne reconnaît N comme étant composé, c'est-à-dire, si $a_i^{N-1} \equiv 1 \pmod{N}$ pour $i = 1, 2, \ldots, k$, alors N a de fortes chances d'être premier.

Mais il existe des nombres, les nombres de Carmichael, qui sont pseudo-premiers quelle que soit la base a choisie. Le plus petit nombre de Carmichael est $561 = 3 \times 11 \times 17$. De plus, on sait depuis 1994 qu'il existe une infinité de nombres de Carmichael. Il faut donc utiliser une contrainte vérifiée par les nombres premiers plus forte que le petit théorème de Fermat, suffisamment forte pour qu'un nombre composé soit nécessairement non pseudo-premier pour au moins un témoin a de ce test renforcé. Considérons, par exemple, le critère d'Euler énoncé au § 3 formulé à l'aide du symbole de Legendre :

Si p est un nombre premier impair alors, pour tout nombre a premier à p, on a :

$$a^{\frac{(p-1)}{2}} \equiv \left(\frac{a}{p}\right) \pmod{p}.$$

On sait que la réciproque est vraie (sous réserve d'utiliser une extension du symbole de Legendre au cas où p n'est pas premier, à savoir le symbole de Jacobi). C'est cette réciproque qui est utilisée dans le test de primalité de Solovay-Strassen de 1974 [26]. Mais, comme il serait beaucoup trop long de tester tous les entiers $a < N$, on n'utilise qu'un nombre restreint de nombres témoins $a_1, \ldots, a_k$. Du coup, la réponse ne peut-être que : – soit le nombre est composé, – soit le nombre est peut-être premier, avec une certaine probabilité dépendant du nombre de témoins utilisés. Nous renvoyons à l'épilogue en fin d'ouvrage pour parler de ce type de tests qui ne sont pas des algorithmes à proprement parler puisqu'ils ne donnent pas systématiquement une réponse à la question posée. Nous y évoquerons le test dit de Miller-Rabin plus performant que celui de Solovay-Strassen. Mais revenons à une époque un peu plus ancienne.

Pour obtenir un test de primalité déterministe, il fallait disposer d'une réciproque partielle du théorème de Fermat, c'est-à-dire trouver une condition supplémentaire qui permette d'affirmer que N est premier. Lucas établit un tel énoncé en 1876. Mais la condition supplémentaire introduite par Lucas est coûteuse. Aussi le mathématicien Lehmer propose en 1927 une nouvelle réciproque du théorème de Fermat. Pendant un week-end de 1949, il a eu l'occasion de tester la faisabilité de sa méthode sur le premier calculateur électronique, l'*Electronic Numerical Integrator and Computer* (ENIAC) de l'Armée.

Voici des extraits des travaux de Lucas et Lehmer. Lucas appelle «*partie aliquote*» d'un nombre un diviseur de ce nombre, excepté lui-même mais y compris l'unité.

Le texte de Lucas

Extrait de la *Théorie des nombres* (1891), réédition Blanchard, Paris, 1961, p. 441.

Réciproque du théorème de Fermat. Si $a^x - 1$ est divisible par n, pour x égal à $(n - 1)$, et n'est pas divisible par n pour x égal à une partie aliquote de $(n - 1)$, le nombre n est premier.

Nous avons énoncé pour la première fois ce théorème en 1876, au Congrès de l'Association française pour l'Avancement des Sciences, à Clermont-Ferrand, dans une note intitulée : *Sur la recherche des grands nombres premiers*. Nous en donnerons, dans le second volume, un grand nombre de corollaires.

Exemple I. Soit $a = 3$, $n = 65537 = 2^{16} + 1$;

les diviseurs de $(n - 1)$ sont $1, 2, 2^2, 2^3, 2^4, 2^5, ..., 2^{16}$.

Si l'on calcule les restes par n des puissances de 3 dont les exposants sont égaux aux termes de la suite précédente, en observant que chaque reste s'obtient en divisant par n le carré du reste précédent, on trouve 3, 9, 81, 6561, −11088, ..., − 1, et, puisqu'il n'y a aucun reste égal à 1 avant le dernier de la suite, on en conclut que $2^{16} + 1 = 65537$ est un nombre premier.

La difficulté de l'algorithme est qu'il nécessite de factoriser $n - 1$, et de faire une vérification pour chacun des facteurs. Cette difficulté est minimisée si on applique le test à des nombres de la forme $n = p^k + 1$, avec p premier. Lucas considère le cas où $p = 2$, ce qui simplifie grandement les vérifications, et établit ainsi la primalité d'un grand nombre : le nombre de Fermat $2^{16} + 1$.

Lucas prend $a = 3$, et considère donc la suite des puissances 3^x pour $x = 1, 2, 2^2, 2^3, 2^4, 2^5, ..., 2^{16}$. Chacun des termes de la suite est le carré du précédent, par conséquent son reste modulo n est le reste de la division par n du carré du reste du terme précédent de la suite. En effet, si $3^x \equiv r \pmod{n}$, alors $3^x = nq + r$, d'où $(3^x)^2 = n^2q^2 + 2nqr + r^2$ et ainsi $(3^x)^2 \equiv r^2 \pmod{n}$. Le calcul fait à la main reste fastidieux.

Au début de son article de 1927, Lehmer énonce les défauts du théorème de Lucas et propose des améliorations.

Le texte de Lehmer

Extrait de « Tests for primality by the converse of Fermat's theorem »,
Bulletin of the American Mathematical Society, vol. 33 (1927), pp. 327-340.
Reproduit dans *Selected papers of D.H. Lehmer*, ed. Mc Carthy,
The Charles Babbage Research Centre, vol 1, Winnipeg, 1981, pp. 70-79. Trad. E. Barbin.

Théorème 1. Si *$a^x \equiv 1 \pmod N$ pour $x = N - 1$, mais non pour x diviseur propre de $N - 1$, alors N est premier.*

Quand on l'applique à un N particulier, ce théorème présente trois défauts. Premièrement, la factorisation complète de $N - 1$ doit être connue. Deuxièmement, le nombre de valeurs de x qui doivent être essayées de façon à montrer que la seconde condition de l'hypothèse est remplie, peut être très grande. Troisièmement, la condition de primalité est suffisante mais pas nécessaire. Si, toutefois, N est de la forme $2^n + 1$, les deux premiers défauts s'évanouissent; car dans ce cas tous les diviseurs de $N - 1$ sont des puissances de 2, aussi en testant la première partie de l'hypothèse, la seconde partie est automatiquement vérifiée par le calcul des carrés successifs des restes modulo N. Malheureusement les seuls nombres de la forme $2^n + 1$ qui ont une chance d'être premiers sont les nombres de Fermat pour lesquels n est une puissance de 2. Les nombres $2^{128} + 1$ et $2^{256} + 1$ ont été testés par Morehead et A.E. Western, et ces deux nombres ont été trouvés composés. Le nombre de Fermat suivant est $2^{1024} + 1$, un nombre de 309 chiffres. Un calculateur habile pourra tester ce nombre en une dizaine d'années. Autant que le sache le présent auteur, aucun nombre premier hors de portée des méthodes de factorisation ordinaires n'a jamais été identifié par la réciproque du théorème de Fermat. Il est clair que le théorème doit être amélioré avant que davantage de résultats soient possibles.

[...]

L'amélioration suivante du théorème 1 qui se suggère d'elle-même est la réduction du nombre de valeurs de x à essayer. Dans le théorème suivant ce nombre est réduit du nombre de diviseurs de $N - 1$ au nombre de ses facteurs premiers.

Théorème 2. *Si $a^x \equiv 1 \pmod N$ pour $x = N - 1$, mais non pour x quotient de $N - 1$ par division d'un de ses facteurs premiers, alors N est premier.*

[...]

Théorème 3. *Si $a^x \equiv 1 \pmod N$ pour $x = N - 1$ et si $a^x \equiv r > 1 \pmod N$ pour $x = (N - 1)/p$, et si $r - 1$ est premier avec N, alors tous les facteurs premiers de N sont de la forme $np^a + 1$, où a est la plus grande puissance du nombre premier p qui divise $N - 1$.*

[...]

Exemple 3. $N = 9\,999\,999\,900\,000\,001$

Ce nombre est $(10^{24} + 1) / (10^8 + 1)$. Dans ce cas nous avons :

$$N - 1 = \frac{10^{24} + 1}{10^8 + 1} - 1 = \frac{10^8}{10^8 + 1}\left(10^{16} - 1\right) = 2^8.5^8.3^2.11.73.101.137.$$

Les diviseurs 2^8 et 5^8 sont choisis comme valeurs de p^a et testés en une seule opération comme suit. On trouve d'abord que

$$7^{(N-1)/10} \equiv 7128121476353673 \equiv r \pmod N.$$

Alors

$$r^2 \equiv 7^{(N-1)/5} \equiv 428233546143224 \pmod N,$$

et finalement

$$r^5 \equiv -1 \text{ et } r^{10} \equiv 1 \pmod N.$$

Puisque $r^2 - 1$ est premier avec N, il s'ensuit que tous les facteurs de N sont de la forme $5^8n + 1$ et aussi de la forme $2^8n + 1$. Mais $N^{1/2} < 10^8$, aussi N est premier et nous avons la factorisation complète :

$$10^{24} + 1 = 17 . 5882353 . 9999999900000001.$$

Lehmer démontre les théorèmes 2 et 3 en raisonnant sur les congruences. L'algorithme de Lehmer déduit du théorème 3 convient particulièrement aux nombres N tels que $N - 1$ possède peu de facteurs premiers. C'est le cas pour les sept exemples traités par Lehmer, qui tous concernent des diviseurs de nombres de la forme $10^n \pm 1$.

Pour tester la primalité de $N = (10^{24} + 1) / (10^8 + 1)$, Lehmer montre que

$7^{N-1} \equiv 1 \pmod N$,

$7^{(N-1)/2} \equiv N - 1 > 1 \pmod N$ avec $(N - 2)$ et N premiers entre eux,

$7^{(N-1)/5} \equiv r^2 > 1 \pmod N$ avec $(r^2 - 1)$ et N premiers entre eux.

Il en déduit que tous les facteurs de N sont de la forme $2^8n + 1$, et également de la forme $5^8n + 1$. Par conséquent, N aurait des facteurs de la forme $10^8n + 1$, ceci est impossible car $\sqrt{N}$ est inférieur à ce nombre.

Pour mener à bien les calculs, Lehmer note que si N est le diviseur d'un nombre de la forme $10^n + 1$, alors le reste modulo N s'obtient immédiatement à partir du reste modulo $10^n + 1$. Or le reste modulo $10^n + 1$ d'un nombre de $2n$ chiffres s'obtient aisément en séparant le nombre en 2 tranches de n chiffres, à partir de la droite, et en soustrayant la seconde période de la première. Par exemple, $256743 = 256 \times 10^3 + 743 = 256 \times (10^3 + 1) + 743 - 256$, donc $256743 \equiv 743 - 256 \equiv 487 \pmod{10^3 + 1}$. Avant l'invention des ordinateurs, les exemples ne pouvaient être que bien choisis et les calculateurs astucieux.

Un résultat de John Selfridge de 1975 simplifie le théorème 2 en autorisant à changer de valeur a pour chaque diviseur premier de $N - 1$. Il énonce que si pour tout diviseur premier p de $N - 1$, il existe a tel que

$$a^{(N-1)/p} \not\equiv 1 \pmod N \text{ tandis que } a^{(N-1)} \equiv 1 \pmod N$$

alors N est premier. Il existe d'autres simplifications du théorème 2 ne nécessitant pas que $N - 1$ soit entièrement factorisé [23].

5. LE TEST DE LUCAS

L'emploi des suites de Lucas pour tester la primalité d'un nombre N résulte des recherches sur les propriétés arithmétiques de certaines suites récurrentes et, en tout premier lieu, de la suite de Fibonacci.

Dans son *Liber Abaci* de 1228, Fibonacci dit Léonard de Pise emploie la suite 1, 2, 3, 5, 8, 13, ... dans un problème concernant le nombre de lapins issus d'une portée d'un couple de lapins. Albert Girard note, dans *L'Arithmétique de Simon Stevin de Bruges* de 1634, que la suite de Fibonacci s'obtient par une récurrence : $u_1 = 1$, $u_2 = 2$ et $u_{n+2} = u_{n+1} + u_n$. Puis, en 1753, Robert Simson remarque qu'elle s'obtient à partir du développement en fraction continue de $\left(1 + \sqrt{5}\right)/2$, racine positive de l'équation $x^2 - x - 1 = 0$. À partir de 1750, de nombreux mathématiciens, tels Lagrange, Legendre, Gauss ou Dirichlet, vont s'intéresser aux propriétés arithmétiques des suites récurrentes.

En 1876, Lucas note a et b les racines de l'équation $x^2 - x - 1 = 0$, et considère les deux suites définies par :

$$U_n = (a^n - b^n) / (a - b) \text{ et } V_n = a^n + b^n = U_{n-1} + U_{n+1}.$$

Il démontre de nombreuses propriétés arithmétiques de ces suites. Ces propriétés conduisent à des tests de primalité efficaces et bien adaptés à l'étude des nombres de Mersenne, c'est-à-dire aux nombres de la forme $2^m - 1$. Ainsi, Lucas établit que $2^{127} - 1$ est premier. Ce nombre restera, pendant 75 ans, « le plus grand nombre premier connu ». Avec l'invention des ordinateurs, le test de Lucas a permis de battre de nouveaux records (*cf.* § 3).

Les « suites de Lucas » généralisent les suites précédentes pour une équation du second degré $x^2 - Px + Q = 0$ à coefficients P et Q entiers et premiers entre eux. Les termes de ces suites se calculent aisément en utilisant les formules suivantes :

$$U_{2n} = U_n V_n,\ V_{2n} = V_n^{\,2} - 2Q^n,\ U_{2n+1} = U_{n+1} V_n - Q^n$$
$$\text{et } V_{2n+1} = V_{n+1} V_n - PQ^n.$$

Dans l'extrait suivant, Lucas énonce un théorème général sur les propriétés arithmétiques des « suites de Lucas » qui fournit immédiatement un test de primalité. Puis il énonce un corollaire de ce théorème qui lui permet de tester la primalité du nombre $2^{31} - 1$.

Le texte de Lucas

Extrait de la « Théorie des fonctions numériques simplement périodiques », *American Journal of Mathematics pure and applied*, t. 1, (1878), pp. 302-307.

Théorème fondamental :

Si dans l'une des séries récurrentes U_n, le terme U_{p-1} est divisible par p, sans qu'aucun des termes de la série dont le rang est un diviseur de p − 1 le soit, le nombre p est premier, de même, si U_{p+1} est divisible par p, sans qu'aucun des termes de la série dont le rang est un diviseur de p + 1 le soit, le nombre p est premier.

[...]

Exemple :

Soit $2^7 - 1 = 127.$

Pour savoir si 127 est premier, nous calculons U_{128} dans la série de Fibonacci ; on a alors les formules

$$V_{4n+2} = V_{2n+1}^2 + 2,\ V_{4n} = V_{2n}^2 - 2;$$

on forme ainsi le tableau

$$\begin{aligned}
U_4 &= U_2\left(V_1^2 + 2\right) = U_2 \times 3,\\
U_8 &= U_4\left(V_2^2 - 2\right) = U_4 \times 7,\\
U_{16} &= U_8\left(V_4^2 - 2\right) = U_8 \times 47,\\
U_{32} &= U_{16}\left(V_8^2 - 2\right) = U_{16} \times 2207,\\
U_{64} &= U_{32}\left(V_{16}^2 - 2\right) = U_{32} \times 48\ 70847,\\
U_{128} &= U_{64}\left(V_{32}^2 - 2\right) = U_{64} \times 2732\ 51504\ 97407,
\end{aligned}$$

Or 127 divise le dernier facteur et ne divise aucun des précédents, ainsi $2732\ 51504\ 97407 = 127 \times 18\ 68122\ 08641$, par conséquent 127 est un nombre premier. On simplifie considérablement le calcul par la méthode des congruences, en remplaçant continuellement les nombres V_2, V_4, V_8, ... par leurs résidus suivant le module 127. En tenant compte de cette observation, le tableau précédent devient :

$$\begin{aligned}
V_4 &= 3^2 - 2 = 7,\\
V_8 &= 7^2 - 2 = 47,\\
V_{16} &= 47^2 - 2 \equiv 48 \pmod{127},\\
V_{32} &\equiv 48^2 - 2 \equiv 16 \pmod{127},\\
V_{64} &\equiv 16^2 - 2 \equiv 0 \pmod{127}.
\end{aligned}$$

Cette méthode de vérification des grands nombres premiers, qui repose sur le principe que nous venons de démontrer, est la *seule méthode directe et pratique*, connue actuellement, pour résoudre le problème en question [...].

Pour vérifier la dernière assertion du P. Mersenne, sur le nombre supposé premier

$$2^{257} - 1,$$

et qui a soixante dix huit chiffres, il faudrait à l'humanité toute entière, formée de mille millions d'individus, calculant simultanément et sans interruption, un temps supérieur à un nombre de siècles représenté par un nombre de vingt chiffres ; par notre méthode, il suffit d'effectuer successivement les carrés de 250 nombres ayant 78 chiffres, au plus ; cette opération ne demanderait pas, à deux calculateurs habiles contrôlant leurs opérations, plus de huit mois de travail. Nous appliquerons d'abord le théorème fondamental à la vérification des grands nombres premiers de la série de Fermat qui appartiennent à la forme

$$p = 2^{4q+3} - 1,$$

dans laquelle nous supposerons l'exposant $4q + 3$ égal à un nombre premier tel que $8q + 7$ soit un nombre composé.[...]

Théorème II :

Soit le nombre $p = 2^{4q+3} - 1$ pour lequel $4q + 3$ est premier, et $8q + 7$ composé ; on forme la série r_n

$$1, 3, 7, 47, 2207, ...$$

par la relation, pour $n>1$,

$$r_{n+1} = r_n^2 - 2;$$

le nombre p est premier lorsque le rang du premier terme, divisible par p, occupe un rang compris entre 2q + 1 et 4q + 2; le nombre p est composé, si aucun des 4q + 2 premiers termes de la série n'est divisible par p[...].

Dans la pratique, on calcule par congruences, en ne conservant que les résidus suivant le module p, ainsi que nous l'avons montré précédemment pour le nombre $p = 2^7 - 1$. Nous avons indiqué un autre procédé de calcul, qui repose sur l'emploi du système de numérotation binaire, et qui conduit à la construction d'un mécanisme propre à la vérification des grands nombres premiers.

Dans ce système de numérotation, la multiplication consiste simplement dans le déplacement longitudal du multiplicande; d'autre part, il est clair que le reste de la division de 2^m par $2^n - 1$ est égal à 2^r, r désignant le reste de la division de m par n; par conséquent dans l'essai de $2^{31} - 1$, par exemple, il suffira d'opérer sur des nombres ayant, au plus, 31 chiffres. Le tableau [I] donne le calcul du résidu de $V_{2^{26}}$ déduit du résidu de $V_{2^{25}}$ suivant le module $2^{31} - 1$, par la formule

$$V_{2^{26}} \equiv (V_{2^{25}})^2 - 2 \ (\text{mod. } 2^{31} - 1);$$

les carrés noirs représentent les unités des différents ordres du système binaire, et les carrés blancs représentent les zéros. La première ligne est le résidu de $V_{2^{25}}$; les

	30	29	28	27	26	25	24	23	22	21	20	19	18	17	16	15	14	13	12	11	10	9	8	7	6	5	4	3	2	1	0	
0	■	□	□	■	■	■	■	□	■	□	□	■	■	■	□	□	□	■	■	□	■	■	■	□	■	■	□	■	■	□	■	0
1	□	□	□	□	□	□	□	□	□	□	□	□	□	□	□	□	□	□	□	□	□	□	□	□	□	□	□	□	□	□	□	1
2	□	■	■	■	■	□	■	□	□	■	■	■	□	□	□	■	■	□	■	■	■	□	■	■	□	■	■	□	■	■	□	2
3	■	■	■	■	□	■	□	□	■	■	■	□	□	□	■	■	□	■	■	■	□	■	■	□	■	■	□	■	■	□	□	3
4	□	□	□	□	□	□	□	□	□	□	□	□	□	□	□	□	□	□	□	□	□	□	□	□	□	□	□	□	□	□	□	4
5	■	■	□	■	□	□	■	■	■	□	□	□	■	■	□	■	■	■	□	■	■	□	■	■	□	■	■	□	□	■	■	5
6	■	□	■	□	□	■	■	■	□	□	□	■	■	□	■	■	■	□	■	■	□	■	■	□	■	■	□	□	■	■	■	6
7	□	□	□	□	□	□	□	□	□	□	□	□	□	□	□	□	□	□	□	□	□	□	□	□	□	□	□	□	□	□	□	7
8	■	□	□	■	■	■	□	□	□	■	■	□	■	■	■	□	■	■	□	■	■	□	■	■	□	□	■	■	■	■	□	8
9	□	□	■	■	■	□	□	□	■	■	□	■	■	■	□	■	■	□	■	■	□	■	■	□	□	■	■	■	■	□	■	9
10	□	■	■	■	□	□	□	■	■	□	■	■	■	□	■	■	□	■	■	□	■	■	□	□	■	■	■	■	□	■	□	10
11	□	□	□	□	□	□	□	□	□	□	□	□	□	□	□	□	□	□	□	□	□	□	□	□	□	□	□	□	□	□	□	11
12	■	■	□	□	□	■	■	□	■	■	■	□	■	■	□	■	■	□	■	■	□	□	■	■	■	■	□	■	□	□	■	12
13	■	□	□	□	■	■	□	■	■	■	□	■	■	□	■	■	□	■	■	□	□	■	■	■	■	□	■	□	□	■	■	13
14	□	□	□	□	□	□	□	□	□	□	□	□	□	□	□	□	□	□	□	□	□	□	□	□	□	□	□	□	□	□	□	14
15	□	□	□	□	□	□	□	□	□	□	□	□	□	□	□	□	□	□	□	□	□	□	□	□	□	□	□	□	□	□	□	15
16	□	□	□	□	□	□	□	□	□	□	□	□	□	□	□	□	□	□	□	□	□	□	□	□	□	□	□	□	□	□	□	16
17	■	■	□	■	■	■	□	■	■	□	■	■	□	■	■	□	□	■	■	■	■	□	■	□	□	■	■	■	□	□	□	17
18	■	□	■	■	■	□	■	■	□	■	■	□	■	■	□	□	■	■	■	■	□	■	□	□	■	■	■	□	□	□	■	18
19	□	■	■	■	□	■	■	□	■	■	□	■	■	□	□	■	■	■	■	□	■	□	□	■	■	■	□	□	□	■	■	19
20	□	□	□	□	□	□	□	□	□	□	□	□	□	□	□	□	□	□	□	□	□	□	□	□	□	□	□	□	□	□	□	20
21	□	□	□	□	□	□	□	□	□	□	□	□	□	□	□	□	□	□	□	□	□	□	□	□	□	□	□	□	□	□	□	21
22	■	□	■	■	□	■	■	□	■	■	□	□	■	■	■	■	□	■	□	□	■	■	■	□	□	□	■	■	□	■	■	22
23	□	□	□	□	□	□	□	□	□	□	□	□	□	□	□	□	□	□	□	□	□	□	□	□	□	□	□	□	□	□	□	23
24	■	■	□	■	■	□	■	■	□	□	■	■	■	■	□	■	□	□	■	■	■	□	□	□	■	■	□	■	■	■	□	24
25	■	□	■	■	□	■	■	□	□	■	■	■	■	□	■	□	□	■	■	■	□	□	□	■	■	□	■	■	■	□	■	25
26	□	■	■	□	■	■	□	□	■	■	■	■	□	■	□	□	■	■	■	□	□	□	■	■	□	■	■	■	□	■	■	26
27	■	■	□	■	■	□	□	■	■	■	■	□	■	□	□	■	■	■	□	□	□	■	■	□	■	■	■	□	■	■	□	27
28	□	□	□	□	□	□	□	□	□	□	□	□	□	□	□	□	□	□	□	□	□	□	□	□	□	□	□	□	□	□	□	28
29	□	□	□	□	□	□	□	□	□	□	□	□	□	□	□	□	□	□	□	□	□	□	□	□	□	□	□	□	□	□	□	29
30	■	■	□	□	■	■	■	■	□	■	□	□	■	■	■	□	□	□	■	■	□	■	■	■	□	■	■	□	■	■	□	30
0	□	■	□	□	■	□	■	■	□	■	■	■	■	■	■	□	□	■	■	□	■	□	□	■	■	■	■	■	□	■	■	0
1	■	■	■	■	□	■	□	□	□	■	■	■	■	□	□	■	□	■	□	□	■	■	□	■	■	□	■	■	■	■	■	1
2	□	■	□	■	□	□	■	■	□	□	■	□	□	■	□	■	■	■	□	□	■	□	□	■	■	□	□	□	□	■	□	2
3	■	■	■	■	■	■	■	■	■	■	■	■	■	■	■	■	■	■	■	■	■	■	■	■	■	■	■	■	■	■	■	3
	■	□	□	■	□	□	■	■	□	□	□	■	■	■	□	■	■	□	□	□	□	□	□	■	□	□	■	■	■	□	■	

Tableau I : calcul du résidu de $V_{2^{26}}$ au moyen de $V_{2^{25}}$ suivant le module $2^{31}-1$.

31 premières lignes numérotés 0 – 30 figurent le carré de $V_{2^{25}}$; les 4 lignes numérotées 0, 1, 2, 3 du bas de la page indiquent l'addition des unités de chaque colonne avec les reports ; on a retranché une unité de la première colonne à gauche ; enfin la dernière ligne est le résidu de $V_{2^{26}}$.
Le tableau [II] contient l'ensemble de tous les résidus de V_2, V_{2^2}, V_{2^3}, ... $V_{2^{29}}$, $V_{2^{30}}$ suivant le module de $2^{31} - 1$. La dernière ligne, entièrement composée de zéros, nous montre que $2^{31} - 1$ est premier.

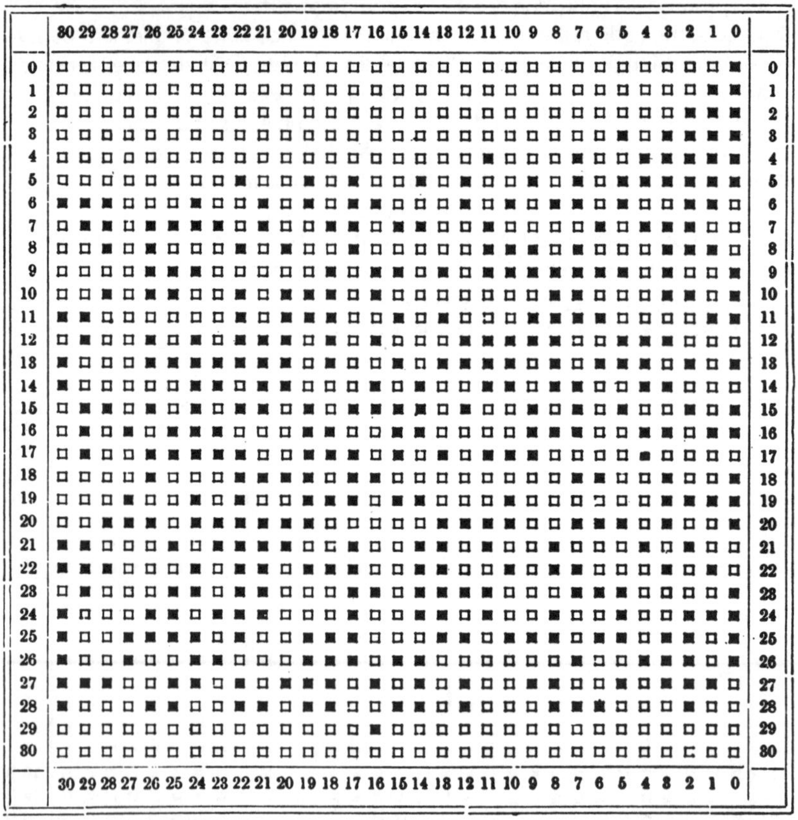

Tableau II : diagramme du nombre premier $2^{31}-1$.

Le théorème fondamental appliqué à la suite de Fibonacci est particulièrement bien adapté pour les nombres de Mersenne, c'est-à-dire les nombres de la forme $p = 2^m - 1$. En effet, dans ce cas, les diviseurs de $p + 1 = 2^m$ sont des puissances de 2. L'algorithme consiste à calculer U_2, U_{2^2}, U_{2^3}, ..., U_{2^m} :

si $U_{2^m} \equiv 0 \pmod{p}$ et $U_{2^k} \not\equiv 0 \pmod{p}$ pour $k = 1, 2, 3, ..., m - 1$, alors $p = 2^m - 1$ est premier. Le calcul des termes de la suite s'obtient aisément à l'aide des formules $U_{2n} = U_n V_n$ et $V_{2n} = V_n - 2(-1)^n$.

Dans le cas de nombres de la forme $p = 2^{2^n} - 1$, ces formules deviennent

$$U_{2^n+1} = U_{2^n}V_{2^n} \text{ et } V_{2^n+1} = \left(V_{2^n}\right)^2 - 2,$$

et Lucas donne un algorithme de recherche plus rapide en considérant la suite r_n telle que $r_n = V_{2^n}$. De plus, les calculs sont simplifiés en écrivant les termes de cette suite en nombre binaire. Comme les calculs se font par congruences modulo $2^{2^n} - 1$, il suffit de considérer des nombres binaires de 2^{2^n} chiffres. Ces calculs s'opèrent aisément car, soit

$$r = a_m 2^m + a_{m-1} 2^{m-1} + \ldots + a_1 2 + a_0, \text{ alors}$$

$$2r = a_m 2^{m+1} + a_{m-1} 2^m + \ldots + a_1 2^2 + a_0 2$$

$$2r \equiv a_{m-1} 2^m + \ldots + a_1 2^2 + a_0 2 + a_m \left(\text{mod } 2^m + 1\right)$$

donc il suffit de décaler les coefficients à gauche pour doubler un nombre modulo $2^m + 1$, et $r^2 = a_m(2^m r) + a_{m-1}(2^{m-1} r) + \ldots + a_1 2r + a_0 r$
donc il suffit d'ajouter sur un tableau chacun des termes de cette somme.

Le théorème fondamental peut être amélioré de façon à obtenir un test de primalité plus efficace. En 1932, A.E. Western donne un test particulièrement simple pour la primalité des nombres de Mersenne : le nombre $N = 2^m - 1$, avec m impair et premier, est premier si et seulement si N divise le $(n-1)^{\text{ème}}$ terme de la suite définie par $V_1 = 4$ et $V_n = V_{n-1}^2 - 2$. Lehmer donne une démonstration élémentaire de ce résultat en 1934, dans un article intitulé *Lucas's test for the primality of Mersenne's numbers* [14].

6. LE TEST DE PÉPIN

Le théorème de Pépin constitue un algorithme efficace pour tester la primalité des nombres de Fermat. Un nombre de Fermat est un nombre de la forme $F_n = 2^{2^n} + 1$. Fermat soutenait que tous les nombres de cette forme étaient premiers. Il prétendait même, dans une lettre à Carcavi de 1659, avoir démontré ce résultat par sa méthode de descente infinie. En 1729, Goldbach attire l'attention d'Euler sur cette conjecture de Fermat. Son illustre correspondant prouve en 1732 que la conjecture est fausse puisque $F_5 = 2^{32} + 1$ est composé : il s'écrit 641×6700417. À partir de cette date commence une grande épopée, toujours d'actualité, pour connaître les propriétés des nombres de Fermat. Intérêt accru par les travaux de Gauss de 1801, qui montrent que ces nombres interviennent dans la constructibilité à la règle et au compas des polygones réguliers.

À la fin du XIXe siècle, F_6 défie l'art des mathématiciens : est-il premier ou composé ? En 1877, Lucas prétend que 30 heures (d'un homme !) suffiraient pour tester sa primalité en utilisant l'une de ses suites. La même année, Pépin propose un test simple, dont la démonstration utilise la théorie des résidus quadratiques, développée par les mathématiciens depuis les travaux d'Euler de 1754. Pépin termine son article en énumérant les 63 congruences qu'il faudra calculer pour conclure sur la nature de F_6.

L'introduction des ordinateurs a prouvé l'intérêt du théorème de Pépin pour tester la primalité des grands nombres de Fermat. Il est particulièrement intéressant à cause de la représentation binaire fort simple de ces nombres. En 2009, on ne connaît toujours pas de nombres premiers de Fermat autres que $F_0 = 3, F_1 = 5, F_2 = 17, F_3 = 257$ et $F_4 = 65537$. Le plus grand nombre de Fermat dont on connaît la décomposition complète est F_{11} (performance de Brent et Morain de 1988), et F_{14} est le plus petit nombre de Fermat composé dont on ne connaît aucun facteur. Enfin, F_{33} est le plus petit nombre de Fermat dont on ne sait toujours pas s'il est premier ou composé [27].

Le texte de Pépin

Extrait de « Sur la formule $2^{2^n} + 1$ », *Comptes rendus de l'Académie des Sciences*, tome 84, Juillet-Décembre 1877, pp. 329-331.

Théorème.

La condition nécessaire et suffisante pour que le nombre $a_n = 2^{2^n} + 1$ *soit premier, quand n est > 1, est que le nombre* $5^{(a_n - 1)/2} + 1$ soit divisible par a_n

1. Cette condition est nécessaire; car n étant > 1, le nombre a_n est congru à 2 suivant le modulo 5; a_n est donc non-résidu quadratique de 5; et réciproquement 5 est non-résidu quadratique de a_n, si ce dernier est premier. Or tous les non-résidus quadratiques de a_n vérifient la congruence

(1) $$x^{(a_n - 1)/2} \equiv -1 \pmod{a_n}$$

si donc a_n est premier, il divise nécessairement le nombre $5^{(a_n - 1)/2} + 1$.

2. Cette condition est suffisante; car, lorsqu'elle est remplie, on en déduit que tout diviseur premier de a_n, autre que l'unité, est égal à a_n. Soit, en effet, P un diviseur premier de a_n; on aura, par hypothèse, les congruences

(2) $$5^{(a_n - 1)/2} + 1 \equiv 0 \ , \ 5^{(a_n - 1)} \equiv 1 \pmod{P};$$

et, par le théorème de Fermat,

(3) $$5^{P-1} \equiv 1 \pmod{P}.$$

Le plus grand commun diviseur des deux nombres $P - 1$, $a_n - 1$ est une puissance de 2; désignons-le par 2^α. On conclut d'abord, des congruences (2) et (3), que l'on a aussi

(4) $$5^{2^\alpha} \equiv 1 \pmod{P}.$$

Or 2^α ne peut être inférieur à $a_n - 1$; car, dans cette hypothèse, 2^α serait diviseur de $(a_n - 1)/2$, et l'on déduirait de la formule (4)

$$5^{(a_n - 1)/2} \equiv 1 \pmod{P}$$

on aurait, donc, en même temps, les deux congruences

$$5^{(a_n-1)/2}+1 \equiv 0 \text{ et } 5^{(a_n-1)/2}-1 \equiv 0,$$

ce qui est manifestement impossible. Le plus grand commun diviseur des deux nombres $P-1$ et a_n-1 est donc a_n-1, et, comme P est diviseur de a_n, il est nécessaire que $P=a_n$, c'est-à-dire que le nombre a_n n'ait pas d'autre diviseur premier que lui-même et l'unité. La congruence (2) suffit donc, lorsqu'elle est vérifiée, pour nous assurer que a_n est premier.

Pour reconnaître si la congruence (2) est vérifiée, oui ou non, on formera la suite

$$\text{(A)} \qquad 5^2, 5^4, 5^8, \ldots, 5^{(a_n-1)/2},$$

composée de 2^n-1 termes, dont chacun est le carré du précédent; mais on aura soin de réduire chaque terme à son résidu minimum suivant le module a_n, de sorte que toutes les opérations nécessaires se réduiront à élever au carré des termes dont le nombre des chiffres ne surpasse jamais celui des chiffres de a_n. Soit, par exemple, $n=6$; la suite (A) se compose de soixante trois termes, le nombre a_6 est premier ou composé, suivant que le résidu positif minimum du soixante-troisième terme se réduit, oui ou non, au nombre $a_n-1=2^{64}$.

La preuve de la condition nécessaire utilise la théorie des résidus quadratiques. Le nombre a_n est congru à 2 modulo 5 car

$$2^4 = 16 \equiv 1 \pmod 5 \text{ et } 2^{2^n} = 4^{2^{n-1}} \equiv 1 \pmod 5$$

Puisque 2 n'est pas résidu quadratique de 5, il en est de même de a_n, c'est-à-dire, en utilisant le symbole de Legendre, $\left(\frac{a_n}{5}\right) = -1$. D'après la loi de réciprocité quadratique (*cf.* § 3) :

$$\left(\frac{a_n}{5}\right)\left(\frac{5}{a_n}\right) = (-1)^{(a_n-1)(5-1)/4} = 1,$$

donc $\left(\frac{5}{a_n}\right) = -1$ et 5 est non-résidu quadratique de a_n. D'après le critère d'Euler :

$$\left(\frac{5}{a_n}\right) \equiv 5^{(a_n-1)/2} \pmod{a_n}, \text{donc } 5^{(a_n-1)/2} \equiv -1 \pmod{a_n}.$$

Ainsi, si a_n est premier, il divise $5^{(a_n-1)/2}+1$.

La preuve de la condition suffisante repose sur un raisonnement concernant les divisibilités et les congruences, elle ne présente aucune difficulté.

Le théorème de Pépin reste vrai si on remplace 5 par n'importe quel nombre non-résidu quadratique de a_n, par exemple 3. Riesel simule l'algorithme, avec 3, pour montrer que F_4 est premier [23] :

$$3^8 \equiv 6561,\ 3^{16} \equiv 54449,\ 3^{32} \equiv 61869,\ 3^{64} \equiv 19139 \pmod{F_4},$$
$$3^{128} \equiv 15028,\ 3^{256} \equiv 282,\ 3^{512} \equiv 13987,\ 3^{1024} \equiv 2^{13}+2^5 \pmod{F_4},$$
$$3^{2048} \equiv -2^3,\ 3^{4096} \equiv 2^{12},\ 3^{16384} \equiv -2^8, 3^{32768} \equiv 2^{16} \equiv -1 \pmod{F_4}.$$

Au lieu de tester la primalité des nombres, on peut essayer d'obtenir tous les nombres premiers à l'aide d'une formule. Euler a proposé la formule $n^2 - n + 41$, qui fournit un nombre premier pour $n = 1, 2, 3, ..., 40$, mais plus pour n = 41. En fait, l'ensemble des nombres premiers est récursivement énumérable (*cf.* p. 518), et donc, d'après les travaux datant des années 1960, cet ensemble est représentable par une formule polynomiale.

Il restait à trouver explicitement un bon polynôme. Ce sera fait dans un article de 1976, où J.P. Jones, D. Sato, H. Wada et D. Wiens exhibent un polynôme de degré 25 avec 26 variables [7]. Le polynôme s'écrit :

$$
\begin{aligned}
&(k+2)\Big\{1-\left[wz+h+j-q\right]^2-\left[(gk+2g+k+1)(h+j)+h-z\right]^2\\
&-\left[2n+p+q+z-e\right]^2-\left[16(k+1)^3(k+2)(n+1)^2+1-f^2\right]^2\\
&-\left[e^3(e+2)(a+1)^2+1-o^2\right]^2-\left[(a^2-1)y^2+1-x^2\right]^2\\
&-\left[16r^2y^4(a^2-1)+1-u^2\right]^2\\
&-\left[\left(\left(a+u^2(u^2-a)\right)^2-1\right)(n+4dy)^2+1-(x+cu)^2\right]^2\\
&-\left[n+l+v-y\right]^2-\left[(a^2-1)\ell^2+1-m^2\right]^2-\left[ai+k+1-\ell-i\right]^2\\
&-\left[p+\ell(a-n-1)+b(2an+2a-n^2-2n-2)-m\right]^2\\
&-\left[q+y(a-p-1)+s(2ap+2a-p^2-2p-2)-x\right]^2\\
&-\left[z+pl(a-p)+t(2ap-p^2-1)-pm\right]^2\Big\}
\end{aligned}
$$

L'ensemble des nombres premiers est exactement l'ensemble des valeurs positives prises par ce polynôme quand on y remplace les variables par des entiers naturels. Les auteurs de l'article expliquent qu'il est possible de trouver un polynôme de degré 5, mais avec 42 variables, et qu'il est aussi possible de trouver un polynôme de 12 variables seulement, mais de degré très élevé.

ALGORITHMES DE FACTORISATION

Comment factoriser un entier N? Avant même d'entreprendre cette décomposition, il vaut mieux s'être assuré que le nombre considéré est bien composé, car les algorithmes de factorisation nécessitent plus d'opérations que les tests de primalité. Par ailleurs, comme le note Knuth dans *The art of computer programming*, il est beaucoup plus difficile de factoriser que de trouver le p.g.c.d. de deux nombres. Aussi, vaut-il mieux, avant de se lancer dans un tel algorithme, commencer par tester la division de N par de petits nombres premiers. Bien auparavant, dans ses *Recherches arithmétiques* de 1801, Gauss propose deux méthodes de factorisation, mais il conseille à son lecteur : «*Avant de se servir des méthodes suivantes, il est toujours très utile d'essayer la division du nombre proposé, par quelques uns des plus petits nombres premiers, comme 2, 3, 5, 7, etc. jusqu'à 19, ou encore plus loin [...] afin de ne pas s'exposer à regretter d'avoir employé des méthodes recherchées et des artifices délicats pour trouver des nombres que la seule division aurait pu donner*». En 1985, Riesel dans *Prime numbers and computer method for factorization* donne le même conseil, mais, avec les performances des machines, il demande de tester les nombres premiers jusqu'à 100 ou 1000. En revanche, tester tous les nombres premiers inférieurs à $\sqrt{N}$ demanderait des calculs gigantesques.

La plupart des algorithmes existants sont fondés sur les méthodes que nous présentons, dues à Fermat, Gauss et Legendre. En particulier, l'idée de Legendre, d'utiliser le développement en fraction continue de $\sqrt{N}$ pour obtenir une factorisation de N, a été reprise au XXe siècle pour construire des algorithmes très performants. Ces trois méthodes sont générales, c'est-à-dire qu'elles cherchent des diviseurs, de n'importe quelle forme, d'un nombre ayant n'importe quelle forme. Elles sont toutes les trois déterministes. Actuellement, parmi les méthodes modernes de factorisation les plus performantes, on trouve la méthode du crible quadratique, la méthode du crible algébrique ou crible sur les corps de nombres, et la méthode des courbes elliptiques (nous ne les développerons pas ici). La méthode du crible quadratique est due à Pomerance en 1982. Il s'agit d'un important raffinement de la méthode des fractions continues perfectionnée par Morrison et Brillhart en 1975 [17*]. Le principe de la méthode du crible algébrique est semblable au départ à celui du crible quadratique, elle a été introduite par Pollard vers 1988, puis développée par Buhler, Lenstra et Pomerance (cf. [14**]). La méthode des courbes elliptiques a été inventée par Lenstra en 1985 [14*], elle généralise la méthode $p - 1$ de Pollard de 1974 (qui utilise le groupe $(\mathbb{Z}/p\,\mathbb{Z})^*$ d'ordre $p - 1$). Partant du fait que l'ensemble des points d'une courbe elliptique est naturellement muni d'une structure de groupe commutatif, Lenstra a l'idée de remplacer, pour un nombre premier p fixé, le groupe $(\mathbb{Z}/p\,\mathbb{Z})^*$ par toute une famille de groupes en considérant des courbes elliptiques à coefficients dans le corps $\mathbb{Z}/p\,\mathbb{Z}$.

En fait, en comparaison des tests de primalité à notre disposition, notre capacité à factoriser de grands nombres en est encore au Moyen-Âge (*cf.* [21*]). De plus, tous les records obtenus par ces méthodes seront pulvérisés le jour où l'algorithme quantique de factorisation décrit par Shor en 1994 [25] pourra être mis en œuvre sur des ordinateurs quantiques (*cf.* l'épilogue).

7. FACTORISATION PAR DIFFÉRENCE DE DEUX CARRÉS

En 1643, le Père Mersenne met Fermat au défi de factoriser le nombre 100 895 598 169. Celui-ci répond en énonçant une méthode systématique pour factoriser un nombre. L'idée de départ est d'essayer d'écrire le nombre N à factoriser sous la forme d'une différence de deux nombres carrés. On a alors : $$N = x^2 - y^2 = (x + y)(x - y).$$

Le nombre x surpasse nécessairement la racine carrée entière de N. Il suffit donc de tester un par un les nombres x supérieurs à cette racine en examinant si la différence $x^2 - N$ est ou non un carré. Fermat donne un algorithme très simple pour mener à bien tous ces calculs.

La méthode de Fermat nécessite beaucoup de calculs. Aussi, les successeurs de Fermat ont-ils essayé d'écrire N comme différence de deux carrés par d'autres méthodes. Kausler, en 1805, et Collins, en 1840, utilisent des calculs de congruences modulo 4 : N étant impair, il est nécessairement congru à 1 ou 3 modulo 4. La méthode de Kraïtchik de 1911 utilise plusieurs congruences et la théorie des résidus quadratiques. Si $N = x^2 - y^2 \equiv r \pmod{n}$ alors $a = r + y^2$ est un résidu quadratique modulo n, ainsi que $a - r$. Ceci permet d'obtenir des valeurs possibles pour r, x et y [2]. Cependant, l'algorithme de Fermat a été repris, en 1974, par Sherman Lerman. Son idée est d'éliminer les cas défavorables, c'est-à-dire ceux pour lesquels N admet de petits facteurs premiers [23].

La lettre de Fermat

Extrait des *Œuvres*, éd. Tannery et Henry, tome II, 1894, Lettre de 1643, pp. 257-258.

Cela posé, qu'un nombre me soit donné, par exemple 2 027 651 281, on demande s'il est premier ou composé, et de quels nombres il est composé, au cas qu'il le soit. J'extrais la racine, pour connaître le moindre des dits nombres, et trouve 45 029 avec 40 440 de reste, lequel j'ôte du double plus 1 de la racine trouvée, savoir de 90 059 : reste 49 619, lequel n'est pas carré, parce qu'aucun carré ne finit par 19, et partant je lui ajoute 90 061, savoir 2 plus que 90 059 qui est le double plus 1 de la racine 45 029. Et parce que la somme 139 680 n'est pas encore carrée, comme on le voit par les finales, je lui ajoute encore le même nombre augmenté de 2, savoir 90 063, et je continue ainsi d'ajouter tant que la somme soit un carré, comme on peut voir ici. Ce qui n'arrive qu'à 1 040 400, qui est carré de 1020, et partant le nombre donné est composé ; car il est aisé, par l'inspection des dites sommes, de voir qu'il n'y a aucune qui soit nombre carré que la dernière, car les carrés ne peuvent souffrir les finales qu'elles ont, si ce n'est 499 944 qui néanmoins n'est pas carré. Pour savoir maintenant les nombres qui composent 2 027 651 281, j'ôte le nombre que j'ai premièrement ajouté, savoir 90061, du dernier ajouté 90081. Il reste 20, à la moitié duquel plus 2, savoir à 12, j'ajoute la racine premièrement trouvée 45029. La somme est 45041, auquel nombre ajoutant et ôtant 1020, racine de la dernière somme 1040400, on aura 46061 et 44021, qui sont les deux nombres plus prochains qui composent 2027651281. Ce sont aussi les seuls, parce que l'un et l'autre sont premiers.

La copie de la lettre qui nous est parvenue ne mentionne pas les calculs que Fermat avait probablement écrits dans la marge.

Notons $N = x^2 - y^2 = (x + y)(x - y)$. La première étape de l'algorithme consiste à écrire le nombre à factoriser sous la forme $N = x^2 - z$ avec la plus petite valeur possible pour x, à savoir $x = [\sqrt{N}] + 1$. Posons $[\sqrt{N}] = n$ et $N = n^2 + r$. Les plus petites valeurs de z et x à tester sont donc :

$$z = x^2 - N = (n+1)^2 - n^2 - r = 2n + 1 - r \text{ et } x = n + 1.$$

Pour l'exemple traité par Fermat,
$n = 45\,029$, $r = 40\,440$, $z = 2 \times 45\,029 + 1 - 40\,440 = 49\,619$ et $x = 45\,030$.
Le nombre z n'est pas un carré car 19, le nombre formé par ses deux dernières chiffres, n'est pas un carré. Il faut donc continuer.

La seconde étape consiste à tester le nombre x suivant, donc à écrire N sous la forme $N = (x + 1)^2 - z'$. Les prochains z' et x' à tester sont donc :

$$z' = (x+1)^2 - N = (x+1)^2 - x^2 + z = 2x + 1 + z \text{ et } x' = n + 1.$$

Pour l'exemple traité par Fermat,

$$z' = 2 \times 45\,030 + 1 + 49\,619 = 139\,680 \text{ et } x' = 45\,031.$$

Le nombre z' n'est pas un carré car 80, le nombre formé par ses deux derniers chiffres, n'est pas un carré.

On recommence alors une nouvelle étape. À chaque fois les nouvelles valeurs x' et z' à tester s'obtiennent à partir des précédentes z et x par les formules : $z' = 2x + 1 + z$ et $x = x' + 1$.
On peut représenter les différents calculs sur un tableau :

étape	z	x	2x + 1
1	49619	45030	90061
2	139680	45031	90063
...	...	...	...
11	950319	45040	90081
12	1040400	45041	

Fermat n'explicite pas, comme nous l'avons fait, les valeurs successives de x. Mais il explicite les valeurs successives de $2x + 1$. Pour obtenir x, Fermat calcule le nombre d'étapes du calcul qui est égal à

$$2 + (90081 - 90061) / 2 = 12.$$

Il obtient donc $x = 45\,029 + 12 = 45\,041$. Fermat aurait pu tout simplement remarquer que le dernier x est $(90081 + 1)/2$.

Fermat trouve finalement que son nombre est égal à $46\,061 \times 44\,021$, après 12 étapes de calcul. Nous pouvons dire qu'il a bien choisi son exemple, puisque les deux facteurs sont très proches. En effet, si $N = x^2 - y^2 = ab$ avec $a > b$, le nombre d'étapes de l'algorithme est égal à

$$x - \sqrt{N} = 1/2(a + b) - \sqrt{N} = 1/2(a + N/a) - \sqrt{N} = \left(a - \sqrt{N}\right)^2/2a.$$

L'exécution de l'algorithme est donc en général très longue.

Que se passe-t-il si N est premier? Lucas répond à cette question dans son ouvrage *Théorie des nombres* de 1891, en faisant remarquer qu'un nombre impair est premier si et seulement si il s'écrit d'une seule manière comme différence de deux nombres carrés. En effet, si N est premier alors nous avons nécessairement

$$x + y = N, x - y = 1 \text{ et } x = (N + 1)/2.$$

Mais si $N = ab$ est composé, avec $a > b$, alors

$$x + y = a, x - y = b \text{ et } x = (a + b)/2 = (a + N/a)/2 < (N + 1)/2.$$

Ainsi, comme le note Lucas, la méthode de Fermat est une conséquence de cette propriété. On doit poursuivre les calculs jusqu'à ce que x atteigne la valeur $(N + 1)/2$: si nous n'avons pas trouvé de valeur x plus petite pour laquelle $x^2 - N$ soit un carré, c'est que N est premier [16].

8. FACTORISATION PAR LES RÉSIDUS QUADRATIQUES

Dans ses *Recherches arithmétiques* de 1801, Gauss se plaint que les méthodes données jusque là soient, ou bien restreintes à des cas très particuliers, ou bien longues et pénibles. Il propose deux méthodes de factorisation. Nous présentons la première, fondée sur la recherche de petits résidus quadratiques du nombre à factoriser. Rappelons que a est un résidu quadratique de N s'il existe x tel que $x^2 \equiv a \pmod{N}$.

Cette méthode est importante car elle a été beaucoup utilisée dans son principe et en pratique dans les 150 années suivantes, à une époque où les calculs s'effectuaient à la main ou avec de petits calculateurs.

La méthode de Gauss est une méthode par exclusion. L'idée de base est la suivante : soit N le nombre à factoriser, le fait que l'on sache qu'un nombre a est résidu quadratique de N permet d'exclure de l'ensemble des diviseurs premiers possibles de N la moitié d'entre eux. En utilisant successivement plusieurs résidus quadratiques, les diviseurs premiers possibles de N deviennent rapidement peu nombreux. S'il n'en reste aucun alors le nombre N est premier, si il en reste plus d'un alors on pourra effectuer des tests par division. Cette méthode suppose que l'on sache comment exclure les nombres premiers. Gauss a étudié cette question et a établi une table pour les petits résidus quadratiques. Il reste alors à savoir calculer les petits résidus quadratiques du nombre à factoriser.

Le texte de Gauss

Extrait des *Recherches arithmétiques* (1801).
Trad. A.-C.-M. Poullet-Delisle, Paris, 1807, rééd. Blanchard, Paris, 1953, pp. 417-421.

Le principe qui sert de base à la PREMIÈRE MÉTHODE est le théorème suivant lequel *tout nombre positif ou négatif qui est résidu quadratique d'un autre nombre M, est aussi résidu de tout diviseur de* $\sqrt{M}$. *On sait que si M* n'est divisible par aucun nombre premier plus petit que $\sqrt{M}$, M est certainement un nombre premier; donc si tous les diviseurs premiers au-dessous de cette limite, qui divisent M, sont p, q, etc., le nombre M sera composé des seuls nombres p, q, etc. ou de leurs puissances, ou bien il renfermera un seul facteur premier plus grand que M, qui se trouve en divisant M par p, q, etc. autant de fois qu'il est possible. Désignant donc par ω l'ensemble de tous les nombres premiers au dessous de $\sqrt{M}$, il suffit évidemment d'avoir tous les diviseurs premiers de M qui sont contenus dans ω. Or si l'on sait d'une manière quelconque qu'un certain nombre r, non carré, est résidu de M, on pourra être sûr que tout nombre premier, dont r est non-résidu, ne peut être diviseur de M, et par conséquent rejeter de ω tous les nombres qui se trouveront dans ce cas (ils composent le plus souvent presque la moitié de tous les nombres de ω). Si l'on sait encore qu'un autre nombre r' est résidu de M, on pourra rejeter des nombres que la première exclusion a laissés dans ω, tous ceux dont r' est non-résidu, qui composent encore presque la moitié, du moins si les résidus r et r' sont indépendants, c'est-à-dire, si l'un n'est pas par lui-même et nécessairement résidu de tous les nombres dont l'autre est résidu, ce qui arriverait quand rr' serait un carré. Si l'on connaît encore d'autres résidus de M, r'', r''', etc. qui soient tous indépendants de ceux qui précèdent*, on peut faire avec chacun d'eux des exclusions semblables, au moyen desquelles les nombres contenus dans ω décroissent avec tant de rapidité que bientôt ils sont tous effacés, auquel cas le nombre M est premier, ou il en reste si peu que la division peut être essayée sans peine; dans ce dernier cas, parmi les nombres qui restent se trouvent nécessairement les diviseurs de M, s'il en existe. Pour un nombre qui ne surpasse pas beaucoup 1000000, il suffit le plus souvent de six ou sept exclusions; et de neuf ou dix, pour un nombre de huit ou neuf chiffres. Il nous reste maintenant deux choses à faire, 1°. à trouver les résidus de M qui soient convenables et en assez grand nombre; 2°. à effectuer l'exclusion de la manière la plus commode. Mais nous intervertirons l'ordre de ces questions, d'autant plus que la seconde nous apprendra quels sont les résidus qui conviennent le mieux.

Nous avons enseigné avec assez de détails dans la section IV, à distinguer les nombres premiers dont un nombre donné r est résidu (r n'étant divisible par aucun carré), d'avec ceux dont il est non-résidu, c'est-à-dire, les diviseurs de $x^2 - r$ d'avec les non-diviseurs ; on a vu que les premiers étaient contenus sous des formes de cette espèce :

$$rz + a,\ rz + b, \text{ etc. ou } 4rz + a,\ 4rz + b, \text{ etc.}$$

et les derniers sous des formes semblables. Toutes les fois que r est un nombre assez petit, les exclusions pourront s'exécuter très commodément, à l'aide de ces formules ; ainsi, par exemple, quand $r = 1$, il faut exclure tous les nombres de la forme $8z + 3$ et $8z + 5$, quand $r = 2$, etc. Mais comme on n'est pas toujours maître de trouver de tels résidus du nombre proposé, et que l'application des formules n'est plus assez commode quand r est un grand nombre, on gagne beaucoup et l'on diminue prodigieusement le travail des exclusions, si pour une assez grande quantité de nombres (r) non-divisibles par des carrés, pris positivement et négativement, on construit une table dans laquelle on ait distingué les nombres premiers qui sont résidus des différents nombre (r), d'avec ceux qui en sont non-résidus. Cette table pourra être disposée comme la petite table II qu'on trouve à la fin de cet ouvrage, et dont nous avons déjà donné la description. [...] Un exemple éclaircira suffisamment cette explication.
Si l'on sait, d'une manière quelconque, que les nombres

$$-6,\ +13,\ -14,\ +17,\ +37,\ -53$$

sont résidus de 997331, on doit rassembler la première colonne, qui dans ce cas doit être continuée jusqu'à 997, c'est-à-dire, jusqu'au nombre moindre que $\sqrt{997331}$, et les bâtons en tête desquels sont inscrits les nombres – 6, + 13, etc. Voici une partie du tableau que l'on forme de cette manière

	– 6	+ 13	– 14	+ 17	+ 37	– 53
3	–	–	–		–	–
5	–		–			
7	–		–		–	
11	–				–	
13		–	–	–		–
17		–		–		–
19			–	–		–
23		–	–			–
			etc.			
113		–	–			–
127	–	–	–	–	–	–
			etc.			

De la même manière qu'on reconnaît ici à l'inspection, que des nombres premiers contenus dans ce tableau, 127 est le seul qui reste dans ω, après exclusion faite avec les nombres – 6, + 13, etc., on reconnaîtra, en achevant le travail jusqu'à 997, qu'il n'en reste effectivement pas d'autre. En essayant la division par 127, elle réussit, et l'on a $997331 = 127 \times 7853$**.
Au reste il suit de ce que nous venons d'exposer, qu'il faut employer surtout des résidus qui ne soient pas très-grands, ou du moins qui puissent se décomposer en facteurs premiers de grandeur moyenne, puisque l'usage immédiat ne s'étend qu'aux nombres qui peuvent se décomposer en facteurs premiers contenus dans la table.

* Si le produit de tant de nombres r, r', r'', etc. qu'on voudra est un carré, un quelconque d'entre eux, r, par exemple, sera résidu de tout nombre dont les autres seront résidus. Ainsi, pour que les résidus soient indépendants, il faut que leurs produits ne puissent être des carrés, soient qu'on les prenne deux à deux, ou trois à trois, ou quatre à quatre, etc.

** L'auteur a construit pour son propre usage une grande partie de l'appareil de cette table, et il l'aurait publié volontiers, si le petit nombre de ceux auxquels elle serait utile, suffisait aux frais d'une telle entreprise ; cependant si quelque amateur, après s'être bien pénétré des principes, désirait se construire une pareille table, l'auteur se ferait un grand plaisir de lui communiquer, par lettres, les différents procédés et les artifices que l'on peut employer.

Dans le tableau de Gauss, la première colonne contient tous les nombres premiers jusqu'à 997, un signe – dans les autres colonnes signifie que le nombre, positif ou négatif, de la colonne est résidu quadratique du nombre premier de la ligne. Ainsi, les nombres – 6, + 13, – 14, + 17, + 37, – 53 sont résidus quadratiques de 127.

Le principe de la méthode de Gauss et son application sont très simples. Mais, comme le note Gauss, il faut que l'on connaisse les petits résidus quadratiques du nombre à factoriser. Comment procéder ? Comment obtenir, par exemple les petits résidus quadratiques de 997 331 ? On peut remarquer d'abord que de petits résidus quadratiques d'un nombre N s'obtiennent en soustrayant de N les carrés de nombre proches de $\sqrt{N}$, ensuite que les résidus quadratiques des multiples de N sont encore des résidus quadratiques de N. Par ailleurs, le rapport et le produit de deux résidus quadratiques de N est encore un résidu quadratique de N. On peut donc chercher à combiner les résidus quadratiques de N et de ses multiples pour trouver des résidus petits. Par exemple, pour $N = 997\,331$, on a : $2N = (1412)^2 + 918$ et $918 = 2 \times 3^3 \times 17$ donc 6×17 est résidu quadratique de N. Une méthode plus rapide et plus élégante pour trouver les petits résidus quadratiques de N consiste à utiliser le développement en fraction continue de $\sqrt{N}$. Nous étudions ce type de technique dans la partie suivante.

9. FACTORISATION PAR LES FRACTIONS CONTINUES

L'idée d'utiliser le développement en fraction continue de $\sqrt{N}$ pour obtenir une factorisation de N est assez ancienne : elle est proposée, à titre de remarque, par Legendre dans sa *Théorie des nombres* de 1798. Elle sera reprise par quelques mathématiciens, mais elle sera surtout mise à l'honneur en 1931, par un article de Lehmer et Powers, dont nous présentons un extrait. Avec l'avènement des ordinateurs, l'algorithme de Lehmer et Powers prend tout son intérêt, et il a connu depuis 1970 plusieurs perfectionnements qui ont permis d'obtenir des algorithmes très performants.

Rappelons (*cf.* chap. 4) que le développement en fraction continue de $\sqrt{N}$,

$$\sqrt{N} = b_0 + \cfrac{1}{b_1 + \cfrac{1}{b_2 + \cfrac{1}{b_3 + \cfrac{1}{\cdots}}}}$$

s'obtient à l'aide des formules de récurrence :

$$x_0 = \sqrt{N},\ b_i = [x_i],\ x_{i+1} = \frac{1}{x_i - b_i}.$$

Si l'on écrit chaque x_i sous la forme :

$$x_i = \frac{\sqrt{N} + P_i}{Q_i}$$

on peut vérifier par récurrence que les P_i et Q_i sont entiers.

Soient A_n / B_n la $n^{\text{ème}}$ réduite du développement en fraction continue de $\sqrt{N}$, il existe une relation entre les entiers ainsi définis :

$$A_{n-1}^2 - NB_{n-1}^2 = (-1)^n Q_n \text{ ou encore } A_{n-1}^2 \equiv (-1)^n Q_n \pmod{N}.$$

Legendre remarque dans sa *Théorie des nombres* que si $(-1)^n Q_n$ est un carré alors il existe deux nombres x et y tels que $x^2 \equiv y^2 \pmod{N}$, ou encore $(x + y)(x - y) \equiv 0 \pmod{N}$. Par conséquent, N et $x \pm y$ ont des facteurs communs que l'on peut déterminer en calculant leurs p.g.c.d. La recherche d'un $(-1)^n Q_n$ qui soit un carré est limitée, puisque le développement en fraction continue de $\sqrt{N}$ est périodique. Ce dernier résultat a été démontré par Lagrange en 1767.

La méthode de Lehmer et Powers est fondée sur une idée analogue, ils en donnent un exposé clair et en montrent l'efficacité.

Le texte de Lehmer et Powers

Extrait de On factoring large numbers, *Bulletin of the American Mathematical Society*, vol. 37 (1931), pp. 770-776. Trad. E. Barbin.

Si A_n / B_n est la $n^{\text{ème}}$ réduite de $N^{1/2}$, nous avons la relation bien connue

$$A_{n-1}^2 - NB_{n-1}^2 = (-1)^n Q_n = Q_n^*,$$

qui peut être écrite $\quad Q_n^* \equiv A_{n-1}^2 \pmod{N}$

Par conséquent si Q_i^* et Q_j^* sont équivalents [leur produit est un carré], de sorte que $x^2 Q_i^* = y^2 Q_j^*$, alors

$$\left(xA_{i-1}\right)^2 - \left(yA_{j-1}\right)^2 \equiv 0 \pmod{N}.$$

À moins que N divise $x A_{i-1} \pm y A_{j-1}$ il est possible, par le procédé du plus grand commun diviseur, d'obtenir une factorisation de N. De la même façon plus de deux Q^* peuvent être utilisés. Par exemple, si $x^2 Q_i^* Q_j^* = y^2 Q_k^*$, alors

$$\left(x A_{i-1} A_{j-1}\right)^2 - \left(y A_{k-1}\right)^2 \equiv 0 \pmod{N}$$

Les A sont bien sûr calculés par la récurrence familière

$$A_n = q_n A_{n-1} + A_{n-2} \left(A_{-2} = 0, A_{-1} = 1\right),$$

et quand cela est nécessaire les A peuvent être réduits modulo N.

[...]

Considérons le cas où $N = 13290059$. Les éléments pour $N^{1/2}$ sont les suivants.

n	Q_n^*	q_n	$A_n \pmod{N}$
0	1	3645	3645
1	-2×2017	1	3645
2	3257	1	7291
3	-5×311	4	32810
4	1321	5	171341
5	$-2 \times 5^2 \times 41$	3	546833
[...]			
24	5×877	1	39935
25	-5×571	1	11455708
26	$2 \times 31 \times 53$	1	11495643
27	-13×271	1	9661292
28	2381	2	4238109
29	-5×571	2	4847451
[...]			

Lehmer et Powers donnent le tableau complet jusqu'à $n = 36$. Nous observons, avec eux, que $Q_{25}^* = Q_{29}^* = -5 \times 571$, donc nous cherchons, par l'algorithme d'Euclide, le p.g.c.d. de $A_{24} + A_{28}$ et de N. On trouve que ce p.g.c.d. est 4261, d'où la factorisation :

$$N = 3119 \times 4261.$$

On peut remarquer, qu'alors que l'algorithme de Fermat était fondé sur la possibilité d'écrire N sous la forme $x^2 - y^2$, celui de Lehmer et Powers cherche x et y tels que $x^2 \equiv y^2 \pmod{N}$, c'est-à-dire qu'un multiple de N s'écrive sous la forme $x^2 - y^2$.

L'algorithme de Lehmer et Powers est perfectionné, dans les années 1970, par Shanks, et par Morrison et Brillhart. L'idée de Morrison et Brillhart est de décomposer les $(-1)^n Q_n$ en facteurs premiers

$$(-1)^n Q_n = (-1)^{e0}\, p_1^{e_1} p_2^{e_2} \cdots p_r^{e_r}$$

Les nombres premiers forment une base, et les factorisations sont stockées sous forme de vecteurs $(e_0, e_1, e_2, \ldots, e_r)$. Ensuite, les multiplications partielles des $(-1)^n Q_n$ sont effectuées en sommant les composantes des vecteurs. Ceci de sorte à obtenir un vecteur dont toutes les composantes soient paires, et donc un produit de $(-1)^n Q_n$ qui soit un carré [23]. Cet algorithme est très performant : il permet de traiter un nombre de 25 chiffres en environ 30 secondes, et un nombre de 40 chiffres en environ 50 minutes sur matériel IBM 360/91. Il a connu son premier triomphe, en 1970, avec la factorisation du nombre de Fermat $2^{128} + 1$ [8]. En 1983, Pomerance et Wagstaff proposent l'«*Early Abort Strategy*», qui apporte de nouvelles améliorations : ce dernier algorithme croît comme $C.N^{\sqrt{1{,}5 \ln\ln N / \ln N}}$ [23].

L'ÉQUATION DE PELL-FERMAT

Une équation diophantienne est une équation de la forme $P(x_1, x_2, ..., x_n) = 0$, où P est un polynôme à coefficients entiers et où les solutions cherchées sont entières ou rationnelles. Pourquoi diophantienne ? Parce que dans ses *Livres arithmétiques*, Diophante résout des problèmes qui correspondent à des équations du type $ay^2 + by + c = x^2$. Nous proposons un extrait de l'ouvrage de Diophante.

Existe-t-il toujours une procédure de décision, c'est-à-dire un algorithme, permettant d'affirmer qu'une équation diophantienne possède une solution ? Cette question fait l'objet du 10e problème d'Hilbert. Comme nous aurons l'occasion de le redire à la fin de cet ouvrage, en 1970, le mathématicien Matijasevič répond par la négative à cette question.

Nous nous limiterons ici aux algorithmes auxquels a donné lieu l'équation de Pell-Fermat, car l'étude générale des équations diophantiennes est très vaste. Par ailleurs, l'équation de Pell-Fermat a joué un rôle historique très important. Une équation de Pell-Fermat est une équation diophantienne à solutions entières de la forme $x^2 - ay^2 = 1$, ou encore $ay^2 + 1 = x^2$, avec a entier non carré.

La recherche de x et y entiers vérifiant cette équation équivaut à la recherche d'un rationnel qui approxime $\sqrt{a}$. En effet, on a alors $(x/y)^2 = a + 1/y^2$, et, plus grand est y, meilleure est l'approximation. Certaines approximations de $\sqrt{2}$ données par les mathématiciens grecs et indiens correspondent à des solutions de $2y^2 + 1 = x^2$. C'est le cas de l'approximation de Théon de Smyrne, par les nombres côtés et diagonaux, et c'est aussi le cas des approximations 17/12 et 577/408 de Baudhâyana [2].

Ceci peut expliquer l'intérêt des mathématiciens indiens pour la résolution d'équations de Pell-Fermat [1]. Brahmagupta, au VIIe siècle, donne une règle générale pour obtenir une solution, que nous pouvons traduire algébriquement ainsi : soit x et y tels que $ay^2 + R = x^2$, alors :

$$m = 2xy \text{ et } n = ay^2 + x^2 \text{ vérifient } am^2 + R^2 = n^2, \text{ et}$$
$$p = 2xy/R \text{ et } q = (ay^2 + x^2)/R \text{ vérifient } ap^2 + 1 = q^2.$$

Bhāskara, au XIIe siècle, énonce une règle de composition qui permet d'obtenir d'autres solutions de l'équation à partir d'une seule. Donnons cette règle car nous retrouvons les formules de Bhāskara plusieurs fois dans l'histoire, y compris dans la démonstration de Lagrange. Soient x, y et x', y' tels que $ay^2 + R = x^2$ et $ay'^2 + R' = x'^2$, alors :

$$p = xy' + x'y \text{ et } q = ayy' + xx' \text{ vérifient } ap^2 + RR' = q^2.$$

Par conséquent, si x et y sont solutions de l'équation de Pell-Fermat, il en est de même de $2xy$ et de $ay^2 + x^2$.

L'équation de Pell-Fermat, appelée parfois équation de Pell, devrait s'appeler tout simplement équation de Fermat. C'est une confusion d'Euler qui fait qu'il en est autrement. En effet, c'est Fermat qui, en 1657, met au défi les mathématiciens de démontrer que cette équation a toujours une infinité de solutions. Bien que Fermat prétendit posséder une démonstration, elle ne fut jamais trouvée. Mais le défi de Fermat amena d'autres mathématiciens à s'intéresser à ce type de problèmes, et Lagrange fournira la première démonstration en 1766. Il est intéressant de noter que cette démonstration utilise une suite de rationnels convergeant vers $\sqrt{a}$, celle des réduites du développement en fraction continue de $\sqrt{a}$, car nous avons dit que c'est la recherche d'approximations de racines carrées qui a pu conduire à l'étude de ce type d'équation.

Lagrange pensait que la solution du problème de Fermat serait la clé de toutes les questions de ce genre. Effectivement, Legendre, en utilisant les méthodes de Lagrange, donne, dans la *Théorie des nombres* de 1798, des conditions de résolubilité d'équations diophantiennes quadratiques. Il démontre, par exemple, que si a est un nombre premier de la forme $4n + 1$, alors l'équation $x^2 - ay^2 = -1$ est possible. C'est le début d'une période intense dans l'étude des équations diophantiennes. Aujourd'hui, les méthodes utilisées pour résoudre ces équations font appel à des techniques très variées de l'algèbre, de la géométrie et de l'analyse, mais les méthodes d'approximations n'ont rien perdu de leur actualité. De telles méthodes sont utilisées pour démontrer le théorème de Roth qui permet de prouver que l'équation $x^3 - 2y^3 = 1$ n'a qu'un nombre fini de solutions [9].

10. LES ARITHMÉTIQUES DE DIOPHANTE

Les *Livres d'Arithmétiques* de Diophante, écrits vers l'an 250, se présentent, comme les papyrus égyptiens, sous forme de séries de problèmes résolus. Diophante écrit, dans sa dédicace au très honoré Dionysus, que bien que la matière paraisse difficile, «*elle te deviendra cependant facile à comprendre, grâce à ton zèle et à ma démonstration*».

Selon la traduction de Ver Eecke, Diophante écrit que le nombre «*qui possède en soi une quantité indéterminée d'unités s'appelle arithme*». La considération de puissances de l'arithme jusqu'à l'ordre 6 semble indiquer que l'œuvre de Diophante dépasse le caractère géométrique des mathématiques grecques classiques. Les inconnues recherchées ne sont pas des segments, ce sont des nombres rationnels (positifs). S'agit-il d'une œuvre marginale ou de la trace d'un courant grec numéricien ? Ceci est une question qui partage actuellement les historiens.

Les énoncés des problèmes de Diophante sont généraux, par exemple le problème I du Livre I demande de «*partager un nombre proposé en deux nombres dont la différence est donnée*», mais ils sont résolus pour des données particulières, ici le nombre proposé est 100 et la différence est 40. Cependant, cela n'enlève rien à la généralité du procédé : même s'ils sont numérisés, les nombres donnés ont bien valeur de paramètres.

La résolution des problèmes conduit Diophante à résoudre une quarantaine d'équations du type $ay^2 + by + c = x^2$. Il considère différents cas : souvent b est nul, sinon a ou c est généralement un carré. Diophante se contente le plus souvent d'une solution. Mais dans le lemme que nous présentons, il donne un problème, et même toute une famille de problèmes, qui peut recevoir une infinité de solutions. Ce lemme fournit une méthode de résolution de certaines équations de Pell-Fermat.

Le texte de Diophante d'Alexandrie

Extrait de *Les six Livres d'Arithmétique et le Livre des nombres polygones*, trad. Ver Eecke, Blanchard, Paris, 1959, pp. 251-252.

Étant donnés deux nombres dont la somme forme un carré, on trouvera une infinité de carrés qui, multipliés par l'un des nombres donnés, [et accrus de l'autre nombre], forment un carré.
Que les deux nombres donnés soient 3 et 6, et il faut leur trouver un carré qui, multiplié par 3, et augmenté de 6 unités, forme un carré.
Que le carré cherché soit 1 carré d'arithme plus 2 arithmes plus une unité. Dès lors, 3 carrés d'arithme plus 6 arithmes plus 9 unités deviennent égaux à un carré. Or ce carré peut être trouvé d'une infinité de manières, parce que la quantité des unités est quadratique. Que ce carré soit donc celui qui a comme racine 3 unités moins 3 arithmes, et l'arithme devient 4 unités ; en sorte que la racine du carré est 5 unités, et l'on en trouvera une infinité d'autres.

Ce lemme précède la proposition XII du Livre VI. Diophante n'utilise ni le vocabulaire, ni le symbolisme algébrique d'aujourd'hui, mais ses solutions se prêtent très bien à une traduction algébrique. Aussi, nous ne nous en priverons pas, de manière à mieux apprécier ses raisonnements.

Il s'agit de résoudre, avec nos notations, $3z^2 + 6 = x^2$. Diophante prend $z = y + 1$, avec y comme arithme, l'équation devient $3y^2 + 6y + 9 = x^2$. Puis il remarque que si on prend, par exemple, $x = 3 - 3y$, l'équation obtenue, $3y^2 + 6y + 9 = (3 - 3y)^2$, admet une solution $y = 4$. Par conséquent, $z = 5$ et $x = 9$ sont solutions de l'équation de départ. De plus, on peut trouver une infinité d'autres valeurs de x qui conduisent à des solutions.

Pourquoi avoir posé $z = y + 1$ et $x = 3 - 3y$? Comment trouver les autres valeurs de x qui conduisent à des solutions ? Une interprétation géométrique, qu'on appelle la « méthode de la corde », tente de l'expliquer [9]. Plaçons-nous dans le cas d'une équation de Pell-Fermat $az^2 + 1 = x^2$, où $a + 1$ est un carré b^2. En posant $z = y + 1$, Diophante fait apparaître b^2 : l'équation devient

$$ay^2 + 2ay + b^2 = x^2.$$

Considérons la conique définie par cette dernière équation, résoudre l'équation c'est trouver des points de la conique ayant des coordonnées rationnelles. Le point P de coordonnées $x = b$, $y = 0$ appartient à cette conique. Par conséquent, toute droite passant par P, d'équation $x = b - my$, avec m rationnel, rencontre la conique en un point de coordonnées rationnelles. Les calculs de Diophante sont équivalents à la recherche des coordonnées de ce point d'intersection. Posons $x = b - my$, nous obtenons l'équation

$$ay^2 + 2ay + b^2 = m^2y^2 - 2mby + b^2,$$

qui admet pour solution $y = (2a + 2mb) / (m^2 - a)$. Nous en déduisons des solutions rationnelles de l'équation de départ.

Cette « méthode de la corde » est fructueuse : sa généralisation aux hypersurfaces permet de résoudre des équations diophantiennes de degré quelconque. Mais Diophante a-t-il procédé ainsi ? Il semble que le premier a avoir donné une interprétation géométrique des calculs de Diophante ait été Newton. Mais Newton savait, grâce à Descartes, associer une équation à une courbe, alors que Diophante, s'il connaissait bien les coniques ne savait pas leur associer une équation. Aussi, en ce qui concerne Diophante, la valeur explicative de la « méthode de la corde » tient-elle surtout a son aspect algorithmique [9].

11. LE RÉSULTAT DE LAGRANGE

Dans une lettre à Frénicle de février 1657, Fermat énonce le théorème suivant : «*Tout nombre non carré est de telle nature qu'on peut trouver infinis carrés par lesquels si vous multipliez le nombre donné et si vous ajoutez l'unité au produit vienne un carré*». Il demande à son correspondant de trouver une règle générale qui permette de résoudre en nombres entiers l'équation $ay^2 + 1 = x^2$, où a est un nombre non carré. Fermat prend l'exemple de $a = 3$, on a : $3 \times 1^2 + 1 = 2^2$ et $3 \times 4^2 + 1 = 7^2$. Il poursuit : «*Il y en a infinis qui, multipliant 3, en prenant l'unité, font pareillement un nombre carré*» [4].

Sans doute l'affaire lui semble suffisamment sérieuse : le même mois, Fermat envoie le «*Second défi de Fermat aux mathématiciens*». Il y écrit : «*Il est à peine quelqu'un qui propose des questions purement arithmétiques, il est à peine quelqu'un qui sache les résoudre. Est-ce que parce que l'Arithmétique a plutôt été traitée jusqu'à présent au moyen de la géométrie que par elle-même ? [...] Cependant l'Arithmétique a un domaine propre, la théorie des nombres entiers [...] ; les arithméticiens ont donc à la développer ou à la renouveler. Pour éclairer leur marche, je leur propose de démontrer comme théorème l'énoncé suivant : s'ils y parviennent, ils reconnaîtront au moins que des questions de ce genre ne le cèdent ni pour la subtilité, ni pour la difficulté, ni pour le mode de démonstration aux plus célèbres de la géométrie. Étant donné un nombre non carré quelconque, il y a une infinité de carrés déterminés tels qu'en ajoutant l'unité au produit de l'un d'eux par le nombre donné, on ait un carré*» [4].

Des solutions vont arriver d'Angleterre : celles de Lord Brounker et de John Wallis qui s'échelonnent de novembre 1657 à janvier 1658. Frénicle propose, quant à lui, des tables de solutions jusqu'à $a = 150$, et demande à Wallis de poursuivre jusqu'à $a = 200$, où tout au moins de résoudre $a = 151$ et $a = 313$ qui sont hors de sa compétence. Brouncker réplique en montrant que, pour $a = 313$, une solution est $x = 2 \times 7170685 \times 126862\ 368$, résultat qu'il aurait trouvé en moins de deux heures de travail. Dans sa lettre à Carcavi d'août 1659, Fermat donne une «*Relation des nouvelles découvertes en la Science des nombres*» : il juge que Frénicle et Wallis ont «*donné diverses solutions particulières*», mais que «*la démonstration générale se trouvera par la descente dûment et proprement appliquée*» [4]. Cette démonstration ne fut jamais donnée par Fermat, mais ce dernier a quand même réussi à lancer les mathématiciens dans le «domaine propre» aux mathématiques qui s'appelle théorie des nombres.

Ainsi, dans une lettre du 10 août 1730 à son ami Goldbach, Euler note que la résolution d'une équation diophantienne $ay^2 + by + c = x^2$ se ramène à la résolution d'une équation $ay^2 + 1 = x^2$, et il appelle cette dernière une équation de Pell. Euler fait une confusion : il attribue à Pell la méthode de Brouncker présentée par Wallis, et jamais Pell n'a traité d'équation de ce type. Après cette lettre, il continue à s'intéresser à ce type d'équation. En 1732, il remarque que si on possède une solution de $ay^2 + 1 = x^2$, alors on peut en exhiber une infinité. Dans des lettres à Goldbach datant de 1753 et 1755, il retrouve les formules de composition de Brahmagupta, et il donne la plus petite solution de $61y^2 + 1 = x^2$ et de $109y^2 + 1 = x^2$.

La relation entre la résolution de l'équation $ay^2 + 1 = x^2$ et une suite de fractions convergeant vers $\sqrt{a}$ est établie dans les années 1750. En 1753, R. Simson exhibe une suite telle que chacune des fractions p/q vérifie $aq^2 + 1 = p^2$. En 1759, Euler remarque que la méthode de Brouncker, dite de Pell, s'obtient de manière plus convenable si on utilise le développement en fraction continue de $\sqrt{a}$. Il analyse les propriétés de ce développement et note, dans certains cas, une périodicité. L'étude des réduites le conduit à des remarques intéressantes, par exemple : soit $v = \lfloor \sqrt{a} \rfloor$, si une période contient $2v$ et si p/q est la réduite correspondante alors $aq^2 \pm 1 = p^2$ [2].

Les travaux de Lagrange sur les équations de Pell-Fermat sont publiés dans un mémoire de 1766-1769. Lagrange commence par rappeler l'énoncé du problème de Fermat, il rend ainsi à celui-ci ce qui lui appartient, et note les insuffisances du raisonnement de Wallis. Puis il donne un exposé complet des propriétés du développement en fraction continue d'une racine carrée. Ces propriétés, et en particulier les propriétés de convergence des réduites, vont lui permettre de démontrer « avec toute la rigueur et la généralité possibles » trois résultats principaux. Premièrement, que toute équation de Pell admet une solution, avec les moyens de la trouver. Deuxièmement, que si une solution est trouvée, on peut en trouver une infinité d'autres. Troisièmement, que toutes les solutions de l'équation $x^2 - ay^2 = 1$ s'obtiennent à partir du développement en fraction continue de $\sqrt{a}$, avec l'algorithme pour les obtenir. Nous présentons des extraits du mémoire de Lagrange, et un exemple d'application de l'algorithme.

Le texte de Lagrange

Extrait de « Solution d'un problème d'arithmétique », *Miscellanea Taurinensia*, 1766 - 1769, *Œuvres*, tome I, Gauthier-Villars, Paris, 1867, pp. 671-718.

Le problème que j'entreprends de résoudre dans ce Mémoire est celui-ci :

Étant donné un nombre quelconque entier et non carré, trouver un nombre entier et carré tel, que le produit de ces deux nombres augmenté d'une unité soit un nombre carré.

Ce problème est un de ceux que M. Fermat avait proposés, comme une espèce de défi, à tous les géomètres anglais, et particulièrement à M. Wallis, qui a été le seul, que je sache, qui l'ait résolu, ou au moins qui en ait publié la solution (*voyez* le chapitre XCVIII de son *Algèbre* et les lettres XVII et XIX de son *Commercium Epistolicum*); mais la méthode de ce savant géomètre ne consiste que dans un espèce de tâtonnement, par lequel on arrive au but que d'une manière assez incertaine, et sans savoir même si l'on y arrivera; d'ailleurs il faut démontrer surtout que la solution du problème est toujours possible, quelque soit le nombre donné, proposition qui est généralement regardée comme vraie, mais qui n'a pas encore été établie, que je sache, d'une manière solide et rigoureuse; il est vrai que M. Wallis a prétendu la prouver, mais par un raisonnement que les Mathématiciens trouveront bien peu satisfaisant, et qui n'est, ce me semble, dans le fond qu'une espèce de pétition de principe (*voyez* le chapitre XIX de son *Algèbre*). Il s'ensuit de là que le problème dont il s'agit n'a pas encore été résolu d'une manière satisfaisante et qui ne laisse rien à désirer; c'est ce qui m'a déterminé à en faire l'objet de mes recherches, d'autant plus que la solution de ce problème est comme la clef de tous les problèmes de ce genre.

1. Soit a le nombre donné non carré, y^2 le carré cherché et x^2 un autre carré quelconque, la question se réduit à satisfaire à cette équation : $ay^2+1=x^2$, en ne prenant pour x et pour y que des nombres entiers; ainsi il s'agit de trouver deux nombres entiers x et y tels que

$$x^2-ay^2=1.$$

Qu'on tire la racine carrée de a par approximation, et l'on aura une fraction décimale qu'on pourra changer, par les méthodes connues, en une fraction continue, laquelle ira nécessairement à l'infini, à cause que $\sqrt{a}$ est une quantité irrationnelle par l'hypothèse.

Pour cela il n'y aura qu'à diviser d'abord le numérateur de la fraction trouvée par son dénominateur, ensuite le dénominateur par le reste, et ainsi de suite, en pratiquant la même opération, par laquelle on cherche la plus grande commune mesure de deux nombres, et nommant $q, q', q'', q''', \ldots$, les quotients qui résultent de ces différentes divisions, on aura

$$\sqrt{a}=q+\cfrac{1}{q'+\cfrac{1}{q''+\cfrac{1}{q'''+\cfrac{1}{\cdots}}}}$$

Or cette fraction continue étant interrompue successivement au premier terme, au second, au troisième, etc., donnera une infinité de fractions particulières que je désignerai par m/n, M/N, m'/n', M'/N', ..., auxquelles ajoutant la fraction 1/0 on aura cette suite infinie de fractions :

1/0, m/n, M/N, m'/n', M'/N', m''/n'', M''/N'', m'''/n''', M'''/N''', ..., qui seront telles que

$$\begin{array}{ll}
m=q & n=1\\
M=q'm+1 & \mathrm{N}=q'n\\
m'=q''\mathrm{M}+m & n'=q''\mathrm{N}+n\\
\mathrm{M}'=q'''m'+\mathrm{M} & \mathrm{N}'=q'''n'+\mathrm{N}\\
m''=q^{\mathrm{iv}}\mathrm{M}'+m' & n''=q^{\mathrm{iv}}\mathrm{N}'+n'\\
\mathrm{M}''=q^{\mathrm{v}}m''+\mathrm{M}' & \mathrm{N}''=q^{\mathrm{v}}n''+\mathrm{N}'\\
\cdots\cdots & \cdots\cdots
\end{array}$$

Ces sortes de fraction ont plusieurs propriétés qui sont connues depuis longtemps des géomètres, mais que nous croyons devoir rappeler ici en peu de mots, parce que nous en ferons un grand usage dans la suite.

[...]

18. Je dis maintenant que tous les nombres *x* et *y* qui satisfont à l'équation

$$x^2 - ay^2 = 1$$

se trouvent nécessairement parmi les nombres M, M', M", ..., et N, N', N", ..., qui forment les fractions M/N, M'/N', M"/N", ..., convergentes vers la racine de *a*, mais toujours plus grandes que cette racine (n° 1) ; c'est-à-dire que chacun des nombres *x* est nécessairement égal à quelqu'un des termes de la série M, M', M", ..., et que le nombre correspondant *y* est égal au terme correspondant de la série N, N', N", ..., en sorte que la fraction *x/y* sera toujours une de celles dont nous venons de parler.

[...]

22. Exemple I.

– *Soit proposé de trouver deux nombres x et y tels que* $x^2 - 13y^2 = 1$.

Je commence par extraire la racine carrée de 13 en fractions décimales, et je trouve, en poussant l'approximation jusqu'à neuf caractères, ce qu'on fera aisément à l'aide des grandes Tables de logarithmes de Vlacq ; je trouve, dis-je,

$$\sqrt{13} = 3{,}60551950 = \frac{36055195}{10000000}.$$

Je divise le numérateur de cette fraction par son dénominateur, ensuite le dénominateur par le reste, et ainsi de suite, comme si je voulais trouver la plus grande commune mesure entre le numérateur et le dénominateur, et ces différentes divisions me donnent ces quotients : 3, 1, 1, 1, 1, 6, 1, 1, 1, 1, 6, 1, 1, ..., à l'aide desquels je forme, en commençant par 1/0, les fractions suivantes :

$$\begin{matrix} & 1 & 1 & 1 & 1 & 6 & 1 & 1 & 1 & \ldots \\ \frac{1}{0}, & \frac{3}{1}, & \frac{4}{1}, & \frac{7}{2}, & \frac{11}{3}, & \frac{18}{5}, & \frac{119}{33}, & \frac{137}{38}, & \frac{256}{71}, & \ldots, \end{matrix}$$

où l'on voit que le numérateur de chaque fraction est égal à la somme du numérateur de la fraction précédente multiplié par le nombre qui est au-dessus (ces nombres ne sont autre chose que les quotients dont il s'agit écrits de suite, et suivant l'ordre dans lequel on les a trouvés), et du numérateur de la fraction qui est avant celle-ci ; et il en est de même des dénominateurs, ce qui s'accorde avec ce que l'on a dit dans le n° 1.

Je substitue maintenant les numérateurs de ces différentes fractions à la place de *x*, et les dénominateurs correspondants à la place de *y* dans la formule $x^2 - ay^2 = R$, j'ai

x	*y*	*R*
1	0	1
3	1	–4
4	1	3
7	2	–3
11	3	4
18	5	–1
119	33	4
137	38	–3
256	71	3
...	...	...

Je remarque ici deux valeurs de *x* et de *y*, savoir : $x = 4$, $y = 1$ et $x' = 256$, $y' = 71$, lesquelles donnent également $R = 3$ qui est un nombre premier ; ainsi je puis faire usage du n° 6.

J'aurai donc $a = 13, R = 3, x = 4, y = 1, x' = 256, y' = 71$;

donc $xy' + yx' = 540$ qui est divisible par 3; de sorte que j'aurai d'abord $q = \frac{540}{3} = 180$; et ensuite $xx' + ayy' = 1947$, qui est aussi divisible par 3; d'où je tire $p = 1947/3 = 649$; ainsi les nombres cherchés seront $x = 649$ et $y = 180$; en effet, le carré de 649 est 421201, et celui de 180 est 32400, lequel étant multiplié par 13 donne 421200; de sorte qu'on aura

$$(649)^2 - 13(180)^2 = 1.$$

[...]

Au reste, en continuant la série $\frac{1}{0}, \frac{3}{1}, \ldots,$ on trouvera celle-ci : $\frac{393}{109}, \frac{649}{180}, \ldots,$ d'où l'on aura

x	y	R
393	109	–4
649	180	1
...	...	...

d'où l'on voit que les nombres 649 et 180 sont les plus petits qui satisfassent à l'équation $x^2 - 13y^2 = 1$ (n° 18); de sorte qu'en substituant ces nombres à la place de p et q dans les formules du n° 16 ou 17, on trouvera toutes les autres valeurs possibles de x et de y; ainsi désignant ces valeurs par $x, x', x'', \ldots$, et par, $y, y', y'', \ldots$, on aura

$x = 649,$	$y = 180,$
$x' = 842401,$	$y' = 253640,$
$x'' = 1093435849,$	$y'' = 303264540,$
....	....

et l'on pourra être assuré qu'il n'y a pas d'autres nombres plus petits que ceux-ci qui résolvent le problème (n° 17).

Lagrange a démontré que, si x et y sont solutions de $x^2 - 13y^2 = 1$, alors x/y est une réduite du développement en fraction continue de $\sqrt{13}$. Par conséquent, après avoir calculé ces réduites, il dispose dans une première colonne les numérateurs x des réduites, dans une deuxième colonne les dénominateurs y correspondants, et dans une troisième les nombres R tel que $x^2 - 13y^2 = R$.

Il a démontré également un certain nombre de résultats qui permettent d'éviter de calculer les réduites jusqu'à ce que $R = 1$. Ainsi, la présence de deux réduites différentes donnant le même R permettent de déduire une solution. En effet, dans la partie 6 de son mémoire, Lagrange remarque que si $x^2 - ay^2 = R$ et $x'^2 - ay'^2 = R$, alors

(1) $\left(xx' + ayy'\right)^2 - a\left(xy' + x'y\right)^2 = \left(x^2 - ay^2\right)\left(x'^2 - ay'^2\right) = R^2,$

(2) $x^2y'^2 - y^2x'^2 = R\left(y'^2 - y^2\right).$

D'après (2), R divise $xy + xy$, et donc d'après (1) R divise $xx + ayy$.
Par conséquent, si $p = (xx + ayy)/R$ et $q = (xy + xy)/R$ alors $p^2 - aq^2 = 1$.

Ceci lui permet de déduire, à partir de deux réduites donnant le même $R = 3$, une solution de $x^2 - 13y^2 = 1$.

Lagrange a démontré, dans la partie 15 de son mémoire, que, si $p^2 - aq^2 = 1$, alors, pour tout entier $m > 1$,

$$x_m = \frac{\left(p + q\sqrt{a}\right)^m + \left(p - q\sqrt{a}\right)^m}{2} \quad \text{et } y_m = \frac{\left(p + q\sqrt{a}\right)^m - \left(p - q\sqrt{a}\right)^m}{2}$$

vérifient aussi $x_m^2 - ay_m^2 = 1$. Il a montré de plus, dans la partie 17, que, si p et q sont les plus petits entiers vérifiant $p^2 - aq^2 = 1$, alors toutes les solutions de $x^2 - ay^2 = 1$ sont de la forme donnée précédemment. On a donc bien là un algorithme fournissant toutes les solutions de l'équation de Pell-Fermat.

Ajoutons que ces solutions (x_m, y_m) peuvent être calculées aussi à l'aide de la formule de récurrence :

$$\begin{pmatrix} x_{m+1} \\ y_{m+1} \end{pmatrix} = \begin{pmatrix} p & aq \\ q & p \end{pmatrix} \begin{pmatrix} x_m \\ y_m \end{pmatrix}$$

BIBLIOGRAPHIE

[0*] M. Agrawal, N. Kayal et N. Saxena, PRIMES is in P, *Annals of Mathematics*, t. 160 (2004), 781-793.

[1] H. T. Colebrooke, *Algebra with Arithmetic and Mensuration from the Sanscrit of Brahmegupta and Bhascara*, Murray, London, 1817.

[1*] R. Crandall et C. Pomerance, *Prime numbers : a computational perspective*, Springer Verlag, New York, 2001 ; 2ème éd. 2005.

[2] L. E. Dickson, *History of the Theory of numbers*, vol I et II, Chelsea Publishing Company, New York, 1952.

[3] Diophante d'alexandrie, *Les six Livres d'Arithmétique et le Livre des nombres polygones*, trad. Ver Eecke, Blanchard, Paris, 1959.

[4] Fermat, *Œuvres*, ed. Tannery et Henry, tome II et tome III, Gauthier-Villars, Paris, 1894 et 1896.

[5] C.-F. Gauss, *Disquisitiones arithmeticae*, Leipzig, 1801 ; *Recherches arithmétiques*, trad. A.-C.-M. Poullet-Delisle, Paris, 1807 ; rééd. Blanchard, Paris, 1953 ; réimpr. Gabay, Paris, 1989.

[5*] GIMPS (*Great Internet Mersenne Prime Search*) : http://www.mersenne.org/

[6] Hardy & Wright, *An introduction to the Theory of numbers*, 5ème éd., Oxford University Press, 1979 ; trad. fr. Fr. Sauvageot, Vuibert, Paris, 2006.

[7] J. Jones., D. Sato, H. Wada & D. Wiens, Diophantine representation of the set of prime numbers, *American Mathematical Monthly*, t. 83, (1976), pp. 449-474.

[8] D. E. Knuth, *The art of computer programming*, vol. 2, *Seminumerical Algorithm*, 2e edition, Addison-Wesley, Reading Massachussetts, 1981.

[9] G. Lachaud, Exactitude et approximation en analyse diophantienne, *L'à-peu-près*, Éditions de l'École des Hautes Études en Sciences Sociales, 1988, pp. 28-45.

[10] L.-A. Lagrange, Solution d'un problème d'arithmétique, *Miscellanea Taurinensia*, 1766-1769 ; *Œuvres*, tome I, Gauthier-Villars, Paris, 1867.

[11] A.-M. Legendre, *Théorie des nombres*, 1798 ; 3ème éd., Firmin Didot, Paris, 1830 ; réimpr. Blanchard, Paris, 1955 ; réimpr. Gabay, Paris, 2008.

[12] D. H. Lehmer, Tests for primality by the converse of Fermat's theorem, *Bulletin of the American Mathematical Society*, vol. 33 (1927), pp. 327-340. Reproduit dans *Selected papers of D. H. Lehmer*, ed. Mc Carthy, The Charles Babbage Research Centre, vol 1, Winnipeg, 1981.

[13] D. H. Lehmer et R. E. Powers, On factoring large numbers, *Bulletin of the American Mathematical Society*, vol. 37 (1931), pp. 770-776. Reproduit dans *Selected papers of D. H. Lehmer*, ed. Mc Carthy, The Charles Babbage Research Centre, vol 1, Winnipeg, 1981.

[14] D. H. Lehmer, Lucas's test for the primality of Mersenne's numbers, *Journal of the London Mathematical Society*, vol. 10 (1935), pp. 162-165. Reproduit dans *Selected papers of D. H. Lehmer*, ed. Mc Carthy, The Charles Babbage Research Centre, vol 1, Winnipeg, 1981.

[14*] H.W. Lenstra Jr, Factoring integers with elliptic curves, *Annals of Math.*, t. 126 (1987), 649-673.

[14**] A.K. Lenstra et H.W. Lenstra Jr (Eds), *The development of the number field sieve*, Lecture Notes in Math., t. 1554, Springer-Verlag, 1993.

[15] E. Lucas, Théorie des fonctions numériques simplement périodiques, *American Journal of Mathematics Pure and Applied*, Vol. 1, 1878.

[16] E. Lucas, *Théorie des nombres*, (1891) ; réédition Blanchard, Paris, 1961.

[17] J. Molk, *Encyclopédie des Sciences Mathématiques pures et appliquées*, tome I, chap. 15, Gauthier-Villars, 1906. Réimpr. Gabay, Paris, 1991-1993.

[17*] M. Morrison et J. Brillhart, A method of factoring and the factorization of F_7, *Math. Comp.*, t. 29 (1975), 183-205.

[18] J.-L. Nicolas, Tests de primalité, *Expositiones Mathematicae*, t. 2, (1984), pp. 223-234.

[19] Nicomaque de gerase, *Introductio Arithmetica*, Ed. Hoche, Leipzig, 1866.

[20] Pascal, *Des caractères de divisibilité des nombres déduits de la somme de leurs chiffres* (1665), Œuvres complètes, Ed. du Seuil, Paris, 1963.

[21] P. Pépin, Sur la formule $2^{2^n}+1$, *Comptes rendus de l'Académie des Sciences*, tome 84, Juillet-Décembre 1877.

[21*] C. Pomerance, Computational Number Theory, in *The Princeton Companion to Mathematics*, T. Gowers, éd., pp. 348-362, Princeton University Press, 2008.

[22] P. Ribenboim, *Nombres premiers : mystères et records*, Presses Universitaires de France, Paris, 1994.

[23] H. Riesel, *Prime Numbers and Computer Methods for Factorization*, Birkhäuser, Boston, 1985, 2ème éd. 1994.

[24] R.L. Rivest, A. Shamir et L.M. Adelman, A Method for Obtaining Digital Signatures and Public-Key Cryptosystems, *Communications of the ACM*, t. 21 (1978), pp. 120-126.

[25] P. W. Shor, Polynomial-Time Algorithms for Prime Factorization and Discrete Logarithms on a Quantum Computer, *SIAM J. Comput.*, t. 26 (1997), pp. 1184-1509.

Résolutions de systèmes d'équations linéaires

... l'élimination représente la partie la plus pénible et la plus longue du travail, si bien qu'on est amené malgré soi à souhaiter que la science parvienne à découvrir des moyens pour la faciliter, aussi efficaces que l'invention des logarithmes l'a été pour la multiplication...

Christian Ludwig Gerling,
Le Calcul des Compensations, 1843

La résolution de certains problèmes anciens peut être lue actuellement comme celle de systèmes d'équations linéaires. De tels problèmes se rencontrent fréquemment chez les Babyloniens et les Égyptiens, mais aussi au Moyen Âge en Inde, dans les pays de l'Islam et en Europe [29]. Il est toutefois difficile de préciser dans quel cadre ils se situent ainsi que les algorithmes proposés pour les résoudre. Leur solution se présente comme une suite d'instructions suivie d'une vérification dont la mise en œuvre à diverses reprises leur confère une certaine généralité. Cependant, pour évaluer leur degré de validité et faciliter notre compréhension, nous sommes amenés à les placer dans le domaine algébrique qui est le nôtre, et non pas celui des Anciens. Si bien que présenter, dans ce chapitre sur les systèmes linéaires, de tels problèmes serait anachronique. Nous en avons d'ailleurs vu des exemples au Chapitre 3, en particulier avec le texte de Clavius qui résout un « système d'ordre 3 » par double fausse position réitérée (*cf.* aussi [24]).

Les méthodes chinoises méritent toutefois une mention particulière. En effet, la description de certaines de leurs procédures présente parfois une analogie étonnante avec nos algorithmes matriciels modernes. La méthode *fangcheng* exposée pour la première fois dans le chapitre 8 du *Jiuzhang suanshu* répartit les coefficients du système dans un tableau. À partir de ce tableau un certain nombre d'opérations sont susceptibles d'être effectuées (*cf.* illustration p. 333). Multipliant certaines colonnes par un nombre donné ou procédant à des additions ou à des soustractions entre colonnes de nombres afin d'éliminer certains coefficients, ces méthodes reposent sur des procédures générales.

C'est à la fin du XVIIe siècle que, semble-t-il pour la première fois, se présentent des systèmes linéaires, avec des coefficients littéraux. On trouve même une double indexation chez Leibniz ([21], voir aussi [15]). Vers 1730, Maclaurin [22] calcule explicitement les solutions de tels systèmes à 2 et 3 équations et donne par induction les formules pour 4 équations. Enfin, en 1750 Cramer [7] écrit les formules générales pour un nombre quelconque d'équations sans toutefois en fournir de démonstration (*cf.* § 1).

Les formules de Cramer auraient pu clore la question. Mais les travaux d'Astronomie et de Géodésie conduisent à des systèmes à un grand nombre d'équations, et la quantité d'opérations à effectuer devient vite énorme (de l'ordre de 300 millions de multiplications pour 10 équations). C'est pourquoi d'autres méthodes ont dû être mises au point : par exemple la méthode du « pivot » de Gauss (*cf.* § 3) qui diminue le nombre des opérations, mais aussi des méthodes de résolutions par approximations successives.

De plus, les coefficients des équations, provenant de mesures, sont plus ou moins exacts et leur nombre est le plus souvent supérieur à celui des inconnues, ne serait-ce que dans un souci de plus grande fiabilité. Le premier travail des mathématiciens sera donc de trouver une méthode qui ramène la résolution du système de départ à celle d'un autre système ayant un nombre d'équations égal à celui des inconnues et dont les solutions approchent « au mieux » les valeurs cherchées. Parmi les différentes méthodes proposées, la méthode des moindres carrés de Legendre [20] et Gauss [9] optimise d'une certaine façon les erreurs commises puisqu'elle fournit des valeurs pour lesquelles « l'erreur moyenne à craindre est la moindre possible » (*cf.* § 2).

Le deuxième travail consistera à trouver des méthodes plus praticables que les formules de Cramer ou même que l'élimination classique selon la méthode du pivot de Gauss pour résoudre des systèmes carrés de grande dimension, tout particulièrement les systèmes issus de la méthode des moindres carrés. Il s'agira de méthodes itératives, développées au cours du XIXe siècle, permettant d'obtenir les solutions avec une précision donnée, méthodes à propos desquelles nous citerons Gauss [11], Jacobi [14] et Seidel [27] (*cf.* §§ 4, 5 et 6). Nekrasov s'intéressera ensuite à la rapidité de convergence du processus de Seidel (*cf.* § 7). Nous évoquerons enfin la méthode de Cholesky [1], méthode exacte cette fois, cependant toujours issue de la méthode des moindres carrés (*cf.* § 8).

Ainsi, nous allons considérer trois « méthodes exactes » : les formules de Cramer, le pivot de Gauss et la méthode de Cholesky et trois « méthodes approchées » : les processus itératifs de Gauss, Jacobi et Seidel. Comme nous le verrons, les formules de Cramer exceptées, tous ces procédés sont inspirés d'une manière ou d'une autre de la méthode des moindres carrés.

1. LES FORMULES DE CRAMER

Rappelons que les systèmes linéaires à coefficients littéraux apparaissent véritablement à la fin du XVIIe siècle et que MacLaurin [22] en calcule explicitement les solutions dans le cas d'un petit nombre d'équations. Dans le texte de Cramer donné ci-dessous, les formules sont obtenues pour n quelconque ; elles sont décrites par induction à partir des cas $n = 1, 2$ et 3. Les solutions y sont données sous la forme d'un quotient de deux polynômes homogènes de degré n. On ne disposait pas alors de la notion de déterminant (*cf.* [25]), mais nous reconnaissons l'expression de leur développement où apparaissent notamment les signes liés à la signature des permutations.

Ce passage est extrait de l'*Introduction à l'analyse des lignes courbes algébriques* de 1750. En effet, dans ses recherches sur la détermination des coniques passant par cinq points donnés, Cramer est conduit à élaborer de telles formules. Ses notations, meilleures que celles de MacLaurin, ne peuvent cependant rivaliser avec celles de Leibniz.

Les notations de Leibniz, mal connues car non publiées, anticipent nos notations indicielles que l'on reconnaît en interprétant les doubles chiffres comme les doubles indices des coefficients du système et les chiffres simples comme les indices des inconnues. Ainsi, dans un manuscrit daté de 1678 (*cf.* [15], pp. 5-6), Leibniz considère un système général de quatre équations linéaires à quatre inconnues, notées 2, 3, 4 et 5, système qu'il représente sous la forme :

$$12{,}2 + 13{,}3 + 14{,}4 + 15{,}5 - A \text{ égale } 0$$
$$22{,}2 + 23{,}3 + 24{,}4 + 25{,}5 - B \text{ égale } 0$$
$$32{,}2 + 33{,}3 + 34{,}4 + 35{,}5 - C \text{ égale } 0$$
$$42{,}2 + 43{,}3 + 44{,}4 + 45{,}5 - D \text{ égale } 0$$

Dans ce même manuscrit, Leibniz donne avec 75 ans d'avance les « formules de Cramer », la valeur de chaque inconnue est une fraction dont numérateur et dénominateur sont explicitement développés sous forme « littérale » dans le cas de 4 inconnues, la règle générale étant dans le même temps explicitée (*cf.* [24]). Ce texte n'a été découvert que tardivement et n'a pu avoir d'influence sur le développement de la résolution des systèmes linéaires.

Le texte de Cramer

Fac-similé de l'*Introduction à l'analyse des lignes courbes algébriques*, Genève, 1750 (pp. 657/658). Belin, Cliché J.-L. Charmet, Bibliothèque de l'Institut, Paris.

Soient pluſieurs inconnues z, y, x, v, &c. & autant d'équations

$$A^1 = Z^1z + Y^1y + X^1x + V^1v + \&c.$$
$$A^2 = Z^2z + Y^2y + X^2x + V^2v + \&c.$$
$$A^3 = Z^3z + Y^3y + X^3x + V^3v + \&c.$$
$$A^4 = Z^4z + Y^4y + X^4x + V^4v + \&c.$$
$$\&c.$$

où les lettres A^1, A^2, A^3, A^4, &c. ne marquent pas, comme à l'ordinaire, les puiſſances d'A, mais le prémier membre, ſuppoſé connu, de la prémiére, ſeconde, troiſiéme, quatriéme &c. équation. De même Z^1, Z^2, &c. ſont les coëfficients de z; Y^1, Y^2, &c. ceux de y; X^1, X^2, &c. ceux de x; V^1, V^2, &c. ceux de v; &c. dans la prémiére, ſeconde, &c. équation.

Cette Notation ſuppoſée, s'il n'y a qu'une équation & qu'une inconnue z; on aura $z = \frac{A^1}{Z^1}$. S'il y a deux équations & deux inconnues z & y; on trouvera $z = \frac{A^1Y^2 - A^2Y^1}{Z^1Y^2 - Z^2Y^1}$, & $y = \frac{Z^1A^2 - Z^2A^1}{Z^1Y^2 - Z^2Y^1}$. S'il y a trois équations & trois inconnues z, y, & x; on trouvera

$$z = \frac{A^1Y^2X^3 - A^1Y^3X^2 - A^2Y^1X^3 + A^2Y^3X^1 + A^3Y^1X^2 - A^3Y^2X^1}{Z^1Y^2X^3 - Z^1Y^3X^2 - Z^2Y^1X^3 + Z^2Y^3X^1 + Z^3Y^1X^2 - Z^3Y^2X^1}$$

$$y = \frac{Z^1A^2X^3 - Z^1A^3X^2 - Z^2A^1X^3 + Z^2A^3X^1 + Z^3A^1X^2 - Z^3A^2X^1}{Z^1Y^2X^3 - Z^1Y^3X^2 - Z^2Y^1X^3 + Z^2Y^3X^1 + Z^3Y^1X^2 - Z^3Y^2X^1}$$

$$x = \frac{Z^1Y^2A^3 - Z^1Y^3A^2 - Z^2Y^1A^3 + Z^2Y^3A^1 + Z^3Y^1A^2 - Z^3Y^2A^1}{Z^1Y^2X^3 - Z^1Y^3X^2 - Z^2Y^1X^3 + Z^2Y^3X^1 + Z^3Y^1X^2 - Z^3Y^2X^1}$$

L'examen de ces Formules fournit cette Règle générale. Le nombre des équations & des inconnues étant n, on trouvera la valeur de chaque inconnue en formant n fractions dont le dénominateur commun a autant de termes qu'il y a de divers arrangements de n choſes différentes.

> Chaque terme eſt compoſé des lettres *ZYXV &c.* toujours écrites dans le même ordre, mais auxquelles on diſtribue, comme expoſants, les *n* prémiers chiffres rangés en toutes les maniéres poſſibles. Ainſi, lorſqu'on a trois inconnues, le dénominateur a [1×2×3 =] 6 termes, compoſés des trois lettres *ZYX*, qui reçoivent ſucceſſivement les expoſants 123, 132, 213, 231, 312, 321. On donne à ces termes les ſignes + ou —, ſelon la Règle ſuivante. Quand un expoſant eſt ſuivi dans le même terme, médiatement ou immédiatement, d'un expoſant plus petit que lui, j'appellerai cela un *dérangement*. Qu'on compte, pour chaque terme, le nombre des dérangements : s'il eſt pair ou nul, le terme aura le ſigne +; s'il eſt impair, le terme aura le ſigne —. Par ex. dans le terme $Z^1 Y^2 V^3$ il n'y a aucun dérangement : ce terme aura donc le ſigne +. Le terme $Z^3 Y^1 X^2$ a auſſi le ſigne +, parce qu'il a deux dérangements, 3 avant 1 & 3 avant 2. Mais le terme $Z^3 Y^2 X^1$, qui a trois dérangements, 3 avant 2, 3 avant 1, & 2 avant 1, aura le ſigne —.
>
> Le dénominateur commun étant ainſi formé, on aura la valeur de *z* en donnant à ce dénominateur le numérateur qui ſe forme en changeant, dans tous ſes termes, *Z* en *A*. Et la valeur d'*y* eſt la fraction qui a le même dénominateur & pour numérateur la quantité qui réſulte quand on change *Y* en *A*, dans tous les termes du dénominateur. Et on trouve d'une maniére ſemblable la valeur des autres inconnues.

Nous reconnaissons bien dans le texte précédent les formules dites de Cramer que nous écririons :

$$z = \frac{\begin{vmatrix} A^1 & Y^1 & X^1 & \cdots \\ A^2 & Y^2 & X^2 & \cdots \\ A^3 & Y^3 & X^3 & \cdots \\ . & . & . & \cdots \end{vmatrix}}{\begin{vmatrix} Z^1 & Y^1 & X^1 & \cdots \\ Z^2 & Y^2 & X^2 & \cdots \\ Z^3 & Y^3 & X^3 & \cdots \\ . & . & . & \cdots \end{vmatrix}}, \quad y = \frac{\begin{vmatrix} Z^1 & A^1 & X^1 & \cdots \\ Z^2 & A^2 & X^2 & \cdots \\ Z^3 & A^3 & X^3 & \cdots \\ . & . & . & \cdots \end{vmatrix}}{\begin{vmatrix} Z^1 & Y^1 & X^1 & \cdots \\ Z^2 & Y^2 & X^2 & \cdots \\ Z^3 & Y^3 & X^3 & \cdots \\ . & . & . & \cdots \end{vmatrix}}, \quad x = \frac{\begin{vmatrix} Z^1 & Y^1 & A^1 & \cdots \\ Z^2 & Y^2 & A^2 & \cdots \\ Z^3 & Y^3 & A^3 & \cdots \\ . & . & . & \cdots \end{vmatrix}}{\begin{vmatrix} Z^1 & Y^1 & X^1 & \cdots \\ Z^2 & Y^2 & X^2 & \cdots \\ Z^3 & Y^3 & X^3 & \cdots \\ . & . & . & \cdots \end{vmatrix}}$$

Nous appelons *inversion* ce que Cramer appelle *dérangement*. Notons que la preuve des formules pour un nombre quelconque n d'équations, y compris la preuve de ce que nous considérons maintenant comme le développement d'un déterminant, résulte pour Cramer d'une induction sur les cas $n = 1, 2, 3$.

Cramer envisage ensuite la possibilité de systèmes impossibles ou indéterminés. Bézout [2] montrera pour sa part que l'existence de solutions non nulles pour un système homogène correspond à l'annulation du déterminant formé par les coefficients.

Les recherches d'expressions plus fonctionnelles, puis de démonstrations de ces formules donneront naissance à la théorie des déterminants. Si à leur propos on peut évoquer les noms de Vandermonde [30], Laplace [18] et Lagrange [16], c'est Cauchy [3] qui en 1815 fournit la première démonstration des formules de Cramer, établit la disposition actuelle, et surtout aborde l'étude des déterminants de façon systématique. Sylvester [28] introduit le terme de *matrice* en 1850. Comme le note Cayley [5], alors que, du point de vue de la logique mathématique, la notion de matrice précède celle de déterminant, leur théorie n'a été développée qu'après que leurs propriétés fondamentales aient été nettement circonscrites, tout comme la théorie des déterminants a suivi leur utilisation dans l'étude des systèmes linéaires.

2. LA MÉTHODE DES MOINDRES CARRÉS

Supposons que l'on désire connaître les valeurs d'un certain nombre d'inconnues $x, y, z, \ldots$ qui ne peuvent être mesurées directement, mais que l'on puisse par contre mesurer les valeurs $v, v', v'', \ldots$ prises par des fonctions $V, V', V'', \ldots$ de ces inconnues. On est alors amené à résoudre le système :

$$\begin{aligned} V(x, y, z, \ldots) &= v \\ V'(x, y, z, \ldots) &= v' \\ V''(x, y, z, \ldots) &= v'' \\ \ldots\ldots\ldots\ldots \end{aligned}$$

Les résultats des mesures étant susceptibles d'erreurs, on multiplie parfois les mesures dans l'espoir d'améliorer la précision et il s'agit alors de résoudre un système de n équations à k inconnues où $n > k$. En général ce système sera impossible. Une façon d'en déduire cependant un système de valeurs approchées pour les inconnues $x, y, z, \ldots$ consiste à donner aux inconnues des valeurs telles que les équations précédentes soient satisfaites au mieux et l'on peut décider qu'il en sera ainsi lorsque la somme des carrés des écarts :

$$e^2 + e'^2 + e''^2 + \dots$$

où

$$e = V(x, y, z, \dots) - v$$
$$e' = V'(x, y, z, \dots) - v'$$
$$e'' = V''(x, y, z, \dots) - v''$$

sera minimale.

On aurait pu minimiser aussi bien le maximum de la valeur absolue des écarts comme par exemple Euler [8] ou encore la somme des valeurs absolues des écarts comme par exemple Laplace [19]. Mais c'est la méthode des moindres carrés qui conduit aux calculs les plus agréables.

Legendre expose son principe en appendice des *Nouvelles Méthodes pour la Détermination des Orbites des Comètes* dans le cas où V, V', V'', ... sont des fonctions linéaires des inconnues $x, y, z,$...

Le texte de Legendre

Extrait de l'Appendice aux *Nouvelles Méthodes pour la détermination des Orbites de Comètes*, Paris, 1805.

Dans la plupart des questions où il s'agit de tirer des mesures données par l'observation les résultats les plus exacts qu'elles peuvent offrir, on est presque toujours conduit à un système d'équations de la forme :

$$E = a + bx + cy + fz + \text{etc.}$$

dans lesquelles a, b, c, f, etc. sont des coefficients connus qui varient d'une équation à l'autre, et x, y, z, etc. sont des inconnues qu'il faut déterminer par la condition que la valeur de E se réduise, pour chaque équation, à une quantité nulle ou très petite. Si l'on a autant d'équations que d'inconnues x, y, z, etc., il n'y a aucune difficulté pour la détermination de ces inconnues, et on peut rendre les erreurs E absolument nulles. Mais le plus souvent le nombre des équations est supérieur à celui des inconnues, et il est impossible d'anéantir toutes les erreurs.

Dans cette circonstance, qui est celle de la plupart des problèmes physiques et astronomiques, où l'on cherche à déterminer quelques éléments importants, il entre nécessairement de l'arbitraire dans la distribution des erreurs, et on ne doit pas s'attendre que toutes les hypothèses conduiront exactement aux mêmes résultats; mais il faut surtout faire en sorte que les erreurs extrêmes, sans avoir égard à leurs signes, soient renfermées dans les limites les plus étroites qu'il est possible.

De tous les principes qu'on peut proposer pour cet objet, je pense qu'il n'en est pas de plus général, de plus exact, ni d'une application plus facile, que celui dont nous avons fait usage dans les recherches précédentes, et qui consiste à rendre *minimum* la somme des carrés des erreurs. Par ce moyen il s'établit entre les erreurs une sorte d'équilibre qui, empêchant les extrêmes de prévaloir, est très propre à faire connaître l'état du système le plus proche de la vérité.

La somme des carrés des erreurs $E^2 + E'^2 + E''^2 +$ etc. étant

$$\begin{aligned}&(a + bx + cy + fz + \text{etc.})^2\\ &+ (a' + b'x + c'y + f'z + \text{etc.})^2\\ &+ (a'' + b''x + c''y + f''z + \text{etc.})^2\\ &+ \text{etc.};\end{aligned}$$

si l'on cherche son *minimum* en faisant varier x seule, on aura l'équation

$$0 = \int ab + x\int b^2 + y\int bc + z\int bf + \text{etc.}$$

dans laquelle par $\int ab$ on entend la somme des produits semblables $ab + a'b' + a''b'' +$ etc., par $\int b^2$ la somme des carrés des coefficients de x, savoir, $b^2 + b'^2 + b''^2 +$ etc., ainsi de suite.

Le *minimum* par rapport à y donnera semblablement

$$0 = \int ac + x\int bc + y\int c^2 + z\int fc + \text{etc.},$$

et le *minimum*, par rapport à z,

$$0 = \int af + x\int bf + y\int cf + z\int f^2 + \text{etc.},$$

où l'on voit que les mêmes coefficients $\int bc$, $\int bf$, etc., sont communs à deux équations, ce qui contribue à faciliter le calcul.

En général, *pour former l'équation du* minimum *par rapport à l'une des inconnues, il faut multiplier tous les termes de chaque équation proposée par le coefficient de l'inconnue dans cette équation, pris avec son signe, et faire une somme de tous ces produits.*

On obtiendra de cette manière autant d'équations du *minimum* qu'il y a d'inconnues, et il faudra résoudre ces équations par les méthodes ordinaires.

[...]

La règle par laquelle on prend le milieu entre les résultats de diverses observations (pour un seul élément), n'est qu'une conséquence très simple de notre méthode générale, que nous appellerons *méthode des moindres carrés.* En effet, si l'expérience a donné diverses valeurs a', a'', a''', etc. pour une certaine quantité x, la somme des carrés des erreurs sera $(a' - x)^2 + (a'' - x)^2 + (a''' - x)^2 +$ etc. ; et en égalant cette somme à un *minimum*, on a

$$0 = (a' - x) + (a'' - x) + (a''' - x) + \text{etc.},$$

d'où résulte $x = \dfrac{a' + a'' + a''' + \ldots + \text{etc.}}{n}$, n étant le nombre des observations.

Le texte de Legendre peut être reformulé de la façon suivante. Le système des équations étant :

$$\begin{aligned}ax + by + cz + \ldots + n &= 0\\ a'x + b'y + c'z + \ldots + n' &= 0\\ a''x + b''y + c''z + \ldots + n'' &= 0\\ \ldots\ldots\ldots\ldots\ldots\ldots\ldots\ldots\ldots\ldots&\end{aligned}$$

la somme des carrés des écarts vaut :

$$\Omega = \left(ax + by + cz + \ldots + n\right)^2 + \left(a'x + b'y + c'z + \ldots + n'\right)^2 + \left(a''x + b''y + c''z + \ldots + n''\right)^2 + \ldots.$$

c'est-à-dire : $\Omega = [aa]x^2 + [bb]y^2 + [cc]z^2 + \ldots [nn]$
$$+ 2[ab]xy + 2[ac]xz + 2[bc]yz + \ldots$$
$$+ 2[an]x + 2[bn]y + 2[cn]z + \ldots$$

où selon les notations de Gauss (*cf.* § 3 ci-après) :

$$[ab] = ab + a'b' + a''b'' + \ldots$$

Cette somme Ω est minimale lorsque ses dérivées partielles par rapport à $x, y, z, \ldots$ sont toutes nulles, c'est-à-dire lorsque :

$$\begin{aligned}
&[aa]x + [ab]y + [ac]z + \ldots + [an] = 0\\
&[ab]x + [bb]y + [bc]z + \ldots + [bn] = 0\\
&[ac]x + [bc]y + [cc]z + \ldots + [cn] = 0\\
&\ldots\ldots\ldots\ldots\ldots\ldots\ldots\ldots\ldots\ldots
\end{aligned}$$

Ce nouveau système formé de k équations entre les k inconnues $x, y, z, \ldots$ est actuellement appelé système des *équations normales.*

Matriciellement, si le système initial s'écrit :

$$\mathrm{M\,X + N = 0}, \quad \text{où } \mathrm{M} = \begin{bmatrix} a & b & c & \ldots \\ a' & b' & c' & \ldots \\ a'' & b'' & c'' & \ldots \\ . & . & . & \ldots \end{bmatrix}, \mathrm{X} = \begin{bmatrix} x \\ y \\ z \\ . \end{bmatrix} \text{ et } \mathrm{N} = \begin{bmatrix} n \\ n' \\ n'' \\ . \end{bmatrix},$$

le système des équations normales n'est autre que : $SX + P = 0$ où $S = {}^t\!M.M$ est une matrice symétrique et $P = {}^t\!M.N$.

La méthode consiste donc à remplacer le système des n équations initiales par seulement k équations, celles-ci étant obtenues à partir de combinaisons linéaires des précédentes (celles qui résultent de la multiplication à gauche par la matrice ${}^t\!M$). Mais ce choix n'est pas arbitraire : si pour Legendre il s'agit d'une méthode commode, pour Gauss par contre il résulte d'une justification – en fait a posteriori – par la Théorie des Probabilités (*cf.* par exemple [6]).

Gauss a utilisé cette méthode, exposée par Legendre en 1805, dès 1801 au moins, puisqu'il s'en est servi pour déterminer, à l'étonnement général, l'orbite de la planète Cérès de façon très précise bien que les observations aient été très courtes. Ainsi, en 1809, Gauss justifie sa méthode par l'axiome selon lequel la moyenne arithmétique des valeurs observées d'une certaine quantité est la valeur la plus probable de cette quantité [9]. En 1821, il montrera qu'en fait ce choix de combinaisons linéaires correspond exactement à celui pour lequel l'*erreur moyenne à craindre* pour chaque variable est la moindre possible [11], c'est-à-dire selon Seidel [27] :

« La probabilité pour que les vraies valeurs des inconnues soient dans des intervalles de longueur donnée autour des valeurs calculées est plus grande avec ce système qu'avec tout autre. »

L'interprétation de la méthode des moindres carrés peut être la suivante. Il s'agit de résoudre $MX + N = 0$, mais N n'appartient pas nécessairement à l'image de M ; aussi, l'on cherche X_0 tel que $MX_0 + N$ soit « le plus petit possible ». La méthode des moindres carrés correspond à la structure euclidienne, on cherche en effet un vecteur X_0 qui minimise $\|MX + N\|^2$ c'est-à-dire la somme des carrés des composantes. Considérons la quantité

$$\Phi_Y(t) = \|M(X_0 + tY) + N\|^2 = \|(MX_0 + N) + tMY\|^2$$

$$= \|MX_0 + N\|^2 + t^2\|MY\|^2 + 2t < MX_0 + N, MY >.$$

La minimalité pour X_0 impose, pour tout Y, la minimalité de $\Phi_Y(t)$ en $t = 0$, c'est-à-dire, pour tout Y :

$$\Phi_Y{}'(0)/2 = < MX_0 + N, MY > = < {}^tM(MX_0 + N), Y > = 0$$

d'où : $\quad {}^tM(MX_0 + N) = 0$, c.-à-d. ${}^tMMX_0 + {}^tMN = 0$,

noté précédemment : $\quad SX_0 + P = 0.$

On peut dire aussi que $\|MX_0 + N\|$ est la distance de $-N$ à l'image de M et donc que X_0 est tel que $-N_0 = MX_0$ soit la projection orthogonale de $-N$ sur l'image de M.

3. LE « PIVOT » DE GAUSS

Gauss s'est beaucoup occupé d'Astronomie. À trente ans, en 1807, il est nommé directeur de l'Observatoire de Göttingen et le demeure jusqu'à sa mort. Nous avons dit que peu après la découverte de Cérès par Piazzi en 1801, Gauss avait utilisé la méthode des moindres carrés pour déterminer son orbite. Lorsqu'ensuite Pallas est découverte par Olbers, Gauss se penche à nouveau sur la détermination précise de son orbite et, dans un mémoire de 1810, il montre comment mettre en œuvre sa méthode.

À partir de six observations effectuées alors que la planète est en opposition – donc proche de la Terre –, Gauss obtient 12 équations entre 6 inconnues (l'anomalie moyenne, le mouvement diurne moyen, la longitude du périhélie, l'excentricité, la longitude du nœud, l'inclinaison). Après l'obtention d'une solution approchée, il détermine 12 équations linéaires que doivent vérifier les rectifications à apporter aux 6 inconnues. Rejetant en fait la dixième car trop imprécise compte tenu de l'observation, il dispose de 11 équations dont il tire 6 équations normales et finalement 6 corrections.

Afin de faciliter la résolution algébrique du système formé par les équations normales, Gauss formule certaines remarques à la fin de la *Théorie du Mouvement des Corps célestes* de 1809, reprises et développées dans son Mémoire sur la planète Pallas de 1810, puis dans la deuxième partie de la *Théorie de la Combinaison des observations* parue en 1823, remarques qui évoquent pour nous en Algèbre linéaire la méthode d'élimination ou pivot de Gauss et la décomposition d'un polynôme de degré deux en somme de carrés, c'est-à-dire la diagonalisation d'une forme quadratique.

La méthode des moindres carrés conduisant à minimiser la quantité :

$$\Omega = w^2 + w'^2 + w''^2 + \ldots$$

où les w, w', w'', ... sont des combinaisons linéaires des inconnues p, q, r, ..., Gauss réécrit Ω comme une autre somme de carrés de façon à ce qu'à chaque étape une inconnue disparaisse. (C'est ce qu'on appelle maintenant la réduction de Gauss appliquée ici aux formes quadratiques définies positives). En annulant chacun des nouveaux carrés, il se ramène à un « système triangulaire ».

Le texte de Gauss

Extrait du *Disquisitio de Elementis Ellipticis Palladis ex oppositionibus annorum 1803, 1804, 1805, 1807, 1808, 1809*. Mémoire présenté le 25 novembre 1810 à la Société Royale des Sciences de Göttingen ; *Œuvres*, t. VI, 1874, 3-24. Trad. J. Bertrand, in *Méthode des moindres carrés*, Paris, 1855 (pp. 136-139).

Dans l'impossibilité où nous sommes de satisfaire exactement aux onze équations proposées, c'est-à-dire d'annuler tous les second membres, nous cherchons à rendre la somme de leurs carrés aussi petite que possible.
On aperçoit facilement que si l'on considère que les fonctions linéaires

$$\begin{aligned} n + ap + bq + cr + ds + \ldots &= w \\ n' + a'p + b'q + c'r + d's + \ldots &= w' \\ n'' + a''p + b''q + c''r + d''s + \ldots &= w'' \\ \ldots\ldots\ldots\ldots\ldots\ldots \end{aligned}$$

les équations qu'il faut résoudre pour rendre

$$\Omega = w^2 + w'^2 + w''^2 \ldots$$

un minimum, sont

$$\begin{aligned} aw + a'w' + a''w'' + \ldots &= 0, \\ bw + b'w' + b''w'' + \ldots &= 0, \\ cw + c'w' + c''w'' + \ldots &= 0, \\ \ldots\ldots\ldots\ldots\ldots\ldots \end{aligned}$$

ou, en posant, pour abréger,

$$\begin{aligned} an + a'n' + a''n'' + \ldots &= [an], \\ a^2 + a'^2 + a''^2 + \ldots &= [aa], \\ ab + a'b' + a''b'' + \ldots &= [ab], \\ \ldots\ldots\ldots\ldots\ldots\ldots \\ b^2 + b'^2 + b''^2 + \ldots &= [bb], \\ bc + b'c' + b''c'' + \ldots &= [bc], \\ \ldots\ldots\ldots\ldots\ldots\ldots \end{aligned}$$

p, q, r, s, etc., devront se déterminer par les équations suivantes :

$$[an]+[aa]p+[ab]q+[ac]r+\ldots=0,$$
$$[bn]+[ab]p+[bb]q+[bc]r+\ldots=0,$$
$$[cn]+[ac]p+[bc]q+[cc]r+\ldots=0,$$
$$\ldots\ldots\ldots\ldots\ldots\ldots\ldots\ldots\ldots\ldots$$

L'élimination, très-pénible lorsque le nombre des inconnues est considérable, peut se simplifier notablement de la manière suivante. Outre les coefficients $[an]$, $[aa]$, etc., [dont le nombre est $(i^2+3i)/2$, si le nombre des inconnues est i], supposons que l'on ait calculé la somme

$$n^2+n'^2+n''^2+\ldots=[nn];$$

on voit facilement que l'on a

$$\Omega=[nn]+2[an]p+2[bn]q+2[cn]r+\ldots+[aa]p^2+2[ab]pq+2[ac]pr+\ldots$$
$$+[bb]q^2+2[bc]qr+2[bd]qs+\ldots+[cc]r^2+2[cd]rs+\ldots;$$

et, en désignant

$$[an]+[aa]p+[ab]q+\ldots$$

par A, tous les termes de $A^2/[aa]$ qui contiennent le facteur p, se trouvent dans l'expression Ω, et, par suite, $\Omega-A^2/[aa]$ est une fonction indépendante de p. C'est pourquoi, en posant

$$[nn]-[an]^2/[aa]=[nn,1],$$
$$[bn]-[an][ab]/[aa]=[bn,1],$$
$$[cn]-[an][ac]/[aa]=[cn,1],$$
$$\ldots\ldots\ldots\ldots\ldots\ldots\ldots\ldots$$
$$[bb]-[ab]^2/[aa]=[bb,1],$$
$$[bc]-[ab][ac]/[aa]=[bc,1],$$
$$[bd]-[ab][ad]/[aa]=[bd,1],$$
$$\ldots\ldots\ldots\ldots\ldots\ldots\ldots\ldots$$

on aura

$$\Omega-A^2/[aa]=[nn,1]+2[bn,1]q+2[cn,1]r+2[dn,1]s+\ldots$$
$$+[bb,1]q^2+2[bc,1]qr+2[bd,1]qs+\ldots+[cc,1]r^2+2[cd,1]rs+\ldots$$

nous désignerons cette fonction par Ω'.

De même, en posant

$$[bn,1]+[bb,1]q+[bc,1]r\ldots.=B,$$

la différence

$$\Omega'-B^2/[bb,1]$$

sera indépendante de q; nous la représenterons par Ω''.

En posant de même,

$$[nn,1]-[bn,1]^2/[bb,1]=[nn,2],$$
$$[cn,1]-[bn,1][bc,1]/[bb,1]=[cn,2],$$
$$[cc,1]-[bc,1]^2/[bb,1]=[cc,2],$$
$$\ldots\ldots\ldots\ldots\ldots\ldots\ldots\ldots$$

et

$$[cn,2]+[cc,2]\,r+[cd,2]\,s+\ldots=C,$$

la différence $\Omega-C^2/[cc,2]$ sera une fonction indépendante de r.

En continuant ainsi, nous formerons une suite d'expressions Ω, Ω′, Ω″ etc., dont la dernière sera indépendante des diverses inconnues, et représentée par $[nn, \mu]$, si μ désigne le nombre de ces inconnues ; nous aurons alors

$$\Omega = \frac{A^2}{[aa]} + \frac{B^2}{[bb,1]} + \frac{C^2}{[cc,2]} + \frac{D^2}{[dd,3]} \ldots + [nn, \mu].$$

On prouvera facilement que Ω étant une somme de carrés

$$w^2 + w'^2 + w''^2 + \ldots,$$

et ne pouvant devenir négative, les diviseurs $[aa]$, $[bb, 1]$, $[cc, 2]$, etc., sont tous positifs. (Nous supprimons pour abréger le détail de la démonstration.) D'après cela, la valeur minimum de Ω correspond évidemment aux valeurs des inconnues, pour lesquelles, $A = 0$, $B = 0$, $C = 0$, ..., et, en commençant à résoudre le système par la dernière équation, qui ne contient qu'une inconnue, on trouvera les valeurs de p, q, r, s, etc., sans avoir aucune élimination à effectuer. La méthode donne, en même temps, la valeur minimum de Ω, qui est $[nn, \mu]$.

La transposition matricielle du système s'écrit :

$$\mathrm{N} + \mathrm{MX} = 0 \text{ où } \mathrm{M} = \begin{bmatrix} a & b & c & \ldots \\ a' & b' & c' & \ldots \\ a'' & b'' & c'' & \ldots \\ . & . & . & \ldots \end{bmatrix}, \mathrm{X} = \begin{bmatrix} p \\ q \\ r \\ . \end{bmatrix} \text{ et } \mathrm{N} = \begin{bmatrix} n \\ n' \\ n'' \\ . \end{bmatrix}.$$

Si l'on pose :

$$W = \mathrm{N} + \mathrm{MX},$$

il s'agit de minimiser :

$$\Omega = \|W\|^2 = \langle \mathrm{N} + \mathrm{MX}, \mathrm{N} + \mathrm{MX} \rangle$$

où $\langle , \rangle$ désigne le produit scalaire euclidien et $\| \ \|$ la norme correspondante. Le développement de Ω peut se lire de la façon suivante :

$$\Omega = {}^t(\mathrm{N} + \mathrm{MX})(\mathrm{N} + \mathrm{MX}) = {}^t\mathrm{NN} + 2\,{}^t\mathrm{NMX} + {}^t\mathrm{X}\,{}^t\mathrm{MMX}$$

ou encore

$$\Omega = \|\mathrm{N}\|^2 + 2 \langle {}^t\mathrm{MN}, \mathrm{X} \rangle + \langle {}^t\mathrm{MMX}, \mathrm{X} \rangle.$$

Les formules trouvées ensuite par Gauss évoquent pour nous la méthode dite du pivot. On peut toutefois remarquer qu'ici le système d'équations est symétrique puisqu'il s'agit du système des équations normales. Les pivots sont $[aa]$, $[bb,1]$, $[cc,2]$, ... ; mais cette métaphore n'est pas explicite dans le texte.

Les pivots qui apparaissent en dénominateur peuvent s'écrire comme rapports des mineurs diagonaux principaux de la matrice ${}^t\mathrm{MM}$:

$$[aa], \begin{pmatrix} [aa] & [ab] \\ [ab] & [bb] \end{pmatrix}, \begin{pmatrix} [aa] & [ab] & [ac] \\ [ab] & [bb] & [bc] \\ [ac] & [bc] & [cc] \end{pmatrix}, \ldots$$

Ces déterminants sont strictement positifs puisque la forme quadratique associée à ${}^{t}MM$ est définie positive.

Les techniques chinoises... et le pivot de Gauss

Les techniques chinoises reposent sur la répartition des nombres issus de tel ou tel problème arithmétique en colonnes parallèles (*hang*), chaque colonne traduisant une condition linéaire imposée à un ensemble d'inconnues, appelées les «choses» (*wu*). Ces colonnes de nombres (représentées concrètement par des groupements de baguettes affectées aux diverses unités décimales des nombres) sont posées, au sens propre du mot, sur une «surface à calculer» et laissent donc apparaître des configurations de nombres correspondant à ce que nous appellerions «la matrice du système augmentée des seconds membres». Comme l'ensemble revêt globalement l'aspect d'un carré, ou plus exactement d'un rectangle, les méthodes chinoises portent le nom générique de *fangcheng* [répartition de nombres en carré]. À partir de là, les procédés de résolution utilisent tout un arsenal se composant d'opérations telles que la «multiplication partout» (*bian cheng*), la multiplication d'une colonne de nombres par un même facteur, ou bien la «réduction directe» (*zhi chu*), c'est-à-dire, la soustraction terme à terme des coefficients de deux colonnes en vue de parvenir à l'élimination du coefficient de l'une des inconnues. L'un des procédés chinois les plus remarquables consiste à réduire la «matrice» du système à la forme triangulaire, puis à calculer les inconnues par substitutions successives, comme dans la méthode du «pivot» de Gauss ([17], [23]).

Extrait du *Sangaku keimô genkai taisei de Takebe Katahiro (fac-similé du verso de la page 32 du chapitre 4 du volume 3)*

Le *Sangaku keimô genkai taisei* [Somme de commentaires sur le *Suanxue qimeng*] est l'œuvre du mathématicien japonais Takebe Katahiro (1664-1739). Le *Suanxue qimeng* [L'introduction aux mathématiques], dont il est question ici, est un ouvrage du mathématicien chinois Zhu Shijie (dates inconnues), remontant à 1299. Après avoir été réimprimé en Corée, ce texte est finalement parvenu au Japon et y a été étudié en tant que manuel d'algèbre dans la seconde moitié du XVIIe siècle. En bas de page (*cf.* page suivante), Takebe a dessiné trois tableaux de «nombres en baguettes», disposés matriciellement, et représentant trois étapes successives de la résolution d'un système de trois équations à trois inconnues. Chaque équation correspond à une colonne, les caractères chinois placés en haut de chaque tableau signifient respectivement «colonne droite», «colonne centrale», «colonne gauche»; ceux placés à droite signifient quant à eux respectivement «gaze» (de soie), «mousseline» (de soie), «lustrine» et «sapèques» (i.e. pièces de monnaie). Il s'agit respectivement des trois inconnues du problème concret dont provient la «matrice» du système et des sommes d'argent mises à la place des «seconds membres». Enfin, dans chacune des douze cases carrées du tableau, on peut lire un nombre écrit dans le système chinois des baguettes à calculer (*cf.* p. 333); les barres obliques mises en travers d'un nombre signifient que le nombre en question est négatif; par ailleurs, ceux de ces nombres qui se composent de plus d'un chiffre sont écrits, de façon compacte, sous forme de monogramme : il fallait en effet faire rentrer les symboles correspondants dans l'espace limité de chaque case. Le lecteur pourra identifier les divers nombres et les opérations sur les colonnes des trois «matrices» de Takebe en s'aidant des traductions suivantes :

$$\begin{vmatrix} 0 & 0 & 4 \\ -14 & -1 & 5 \\ -16 & -14 & 6 \\ -2262 & -1023 & 1219 \end{vmatrix} \qquad \begin{vmatrix} 8 & 0 & 4 \\ -4 & -1 & 5 \\ -4 & -14 & 6 \\ 176 & -1023 & 1219 \end{vmatrix} \qquad \begin{vmatrix} 8 & 4 & 4 \\ -4 & 4 & 5 \\ -4 & -8 & 6 \\ 176 & 196 & 1219 \end{vmatrix}$$

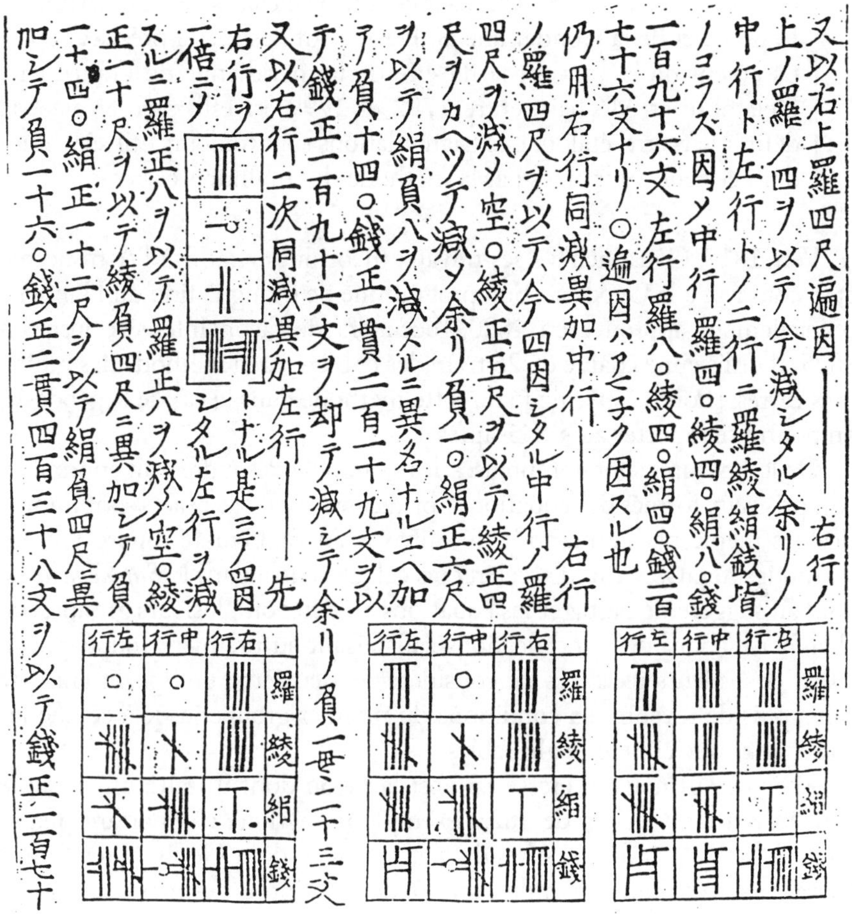

又以右上羅四尺遍因 ―― 右行ノ
上ノ羅ノ四ヲ以テ今減シタル余リノ
中行ト左行トノ二行ニ羅綾絹銭皆
ノコラズ因ソ中行羅四○綾四○絹八○銭
一百九十六文 左行羅八○綾四○絹四○銭二百
七十六文ナリ○遍因ハアマネク因スル也
仍用右行同減異加中行 ―― 右行
ノ羅四尺ヲ以テ今四因シタル中行ノ羅
四尺ヲ減ソ空○綾正五尺ヲ以テ綾正四
尺ヲカヘツテ減ソ余リ負一○絹正六尺
ヲ以テ絹負八ヲ減スルニ異名ナルユヘ加
テ負十四○銭正一貫二百一十九文ヲ以
テ銭正一百九十六文ヲ却テ減シテ余リ負一[illegible]二十三文
又以右行二次同減異加左行 ―― 先
右行ヲ トナル是ニテ四因
一倍テソ シタル左行ヲ減
スルニ羅正八ヲ以テ羅正八ヲ減ソ空○綾
正一十尺ヲ以テ綾負四尺ニ異加シテ負
一十四○絹正一十二尺ヲ以テ絹負四尺ニ異
加シテ負一十六○銭正二貫四百三十八文ヲ以テ銭正二百七十

4. UNE MÉTHODE ITÉRATIVE DE GAUSS

On peut lire les prémisses de la méthode dite de Gauss-Seidel dans une lettre à Gerling de 1823, dans laquelle Gauss expose une méthode « indirecte » – nous dirions « itérative » – pour résoudre le système des équations normales résultant de mesures géodésiques.

Les premières triangulations remontent au XVIe siècle avec Tycho-Brahé. Elles consistent à construire, à partir d'un côté supposé connu, un canevas de triangles dont tous les angles sont mesurables sur le terrain. Au XVIIe siècle, Picard mesure un arc de méridien dans la région parisienne afin de fixer la valeur du rayon terrestre.

Au XVIIIe siècle, les travaux des missions françaises de Maupertuis en Laponie et de la Condamine au Pérou sont destinés à préciser l'aplatissement de la Terre et la mesure de la méridienne de France par Delambre et Méchain entre 1792 et 1799 est effectuée en vue de définir le mètre-étalon. Les triangulations sont toujours utilisées et les données encore traitées par la méthode des moindres carrés.

Vers 1817, Gauss achève ses travaux théoriques relatifs à l'Astronomie et se consacre à la Géodésie. Son programme de triangulation du Hanovre, officiellement approuvé en 1820, l'occupera de façon intensive jusqu'en 1825. Il utilise une chaîne de 26 triangles et bien sûr la méthode des moindres carrés. [Pour la spécificité de cette méthode dans le cas de la géodésie, on pourra se reporter au § 8 ci-après.]

Or, les mesures sont nombreuses, les systèmes à résoudre sont énormes, y compris ceux formés des équations normales; les calculs exacts sont impraticables même par la méthode du «pivot». Aussi, Gauss propose-t-il des méthodes itératives afin d'accélérer les calculs. Ainsi dans le *Supplément* de 1826, il suggère de partager les équations en deux ou plusieurs groupes, de chercher d'abord des modifications satisfaisant au premier groupe, puis à partir des valeurs rectifiées de considérer le deuxième groupe, et ainsi de suite, puis de revenir aux conditions du premier groupe jusqu'à ce que les corrections deviennent négligeables.

Mais ce qui nous intéresse ici c'est la façon dont il traite un exemple dans sa lettre à Gerling de 1823, exemple numérique comportant quatre inconnues. Il s'agit des mesures de quatre angles, dont Gerling lui a fourni les valeurs avec l'indication du nombre de répétitions des mesures respectives, ce qui confère donc des poids à ces mesures. Gauss tient compte de ces poids pour obtenir une première série de valeurs approchées rectifiées qu'il va ensuite modifier à l'aide de quantités a, b, c et d à déterminer. À cet effet, il calcule pour tous les angles mesurés, l'écart entre la valeur obtenue par Gerling et la valeur modifiée à l'aide des quantités a, b, c, d; il multiplie ensuite celui-ci par le nombre de mesures correspondantes. Enfin, selon la méthode des moindres carrés, la somme des carrés de tous ces écarts devant être minimale, l'annulation des dérivées partielles conduit aux équations normales données ci-dessous.

L'extrait de la lettre concerne la résolution de ce système d'équations normales que Gauss effectue par approximations successives. Elle peut se résumer de la façon suivante : partant d'un système de valeurs approchées, il modifie une par une ces valeurs choisissant à chaque fois l'inconnue pour laquelle la modification sera la plus grande.

La lettre de Gauss

Extraits de la lettre de Gauss à Gerling du 26 décembre 1823, *Briefwechsel zwischen Carl Friedriech Gauss und Christian Ludwig Gerling*, Berlin, 1927. Trad. A. Michel-Pajus.

Göttingen, le 26 décembre 1823

Ma lettre est parvenue trop tard à la poste et elle m'est revenue. Aussi je la décachette pour ajouter des indications pratiques relatives à l'élimination. À vrai dire, il y a là beaucoup de petits avantages particuliers qu'on n'apprend qu'à l'usage.
Je prends, par exemple, vos mesures d'Orber-Reisig.

[...]

Les équations de conditions sont donc :

$$0 = +6 \quad +67a - 13b - 28c - 26d$$
$$0 = -7558 - 13a + 69b - 50c - 6d$$
$$0 = -14604 - 28a - 50b + 156c - 78d$$
$$0 = +22156 - 26a - 6b - 78c + 110d$$

somme = 0.

Pour l'élimination indirecte, je remarque que, si 3 des quantités a, b, c, d sont prises égales à 0, la quatrième prend la valeur la plus grande quand d est choisie comme quatrième. Naturellement chaque quantité doit être déterminée à partir de sa propre équation, et par conséquent d à partir de la quatrième. Je pose donc $d = -201$ et substitue cette valeur. Les termes constants deviennent : + 5232, –6352, +1074, + 46 ; le reste est inchangé.
Maintenant, c'est au tour de b, je trouve $b = +92$, je substitue et je trouve les termes constants : +4036, – 4, – 3526, – 506. Je continue ainsi jusqu'à ce qu'il n'y ait plus rien à corriger. Mais de tout ce calcul je n'écris en réalité que le tableau suivant :

	$d = -201$	$b = +92$	$a = -60$	$c = +12$	$a = +5$	$b = -2$	$a = -1$
+ 6	+ 5232	+ 4036	+ 16	– 320	+ 15	+ 41	–26
– 7558	– 6352	– 4	+ 776	+ 176	+ 111	– 27	–14
– 14604	+ 1074	– 3526	– 1846	+ 26	– 114	– 14	+14
+ 22156	+ 46	– 506	+ 1054	+ 118	– 12	0	+26

Dans la mesure où je ne pousse le calcul qu'au 2000ème de seconde près, je vois qu'il n'y a maintenant plus rien à corriger. J'en rassemble :

a = – 60	b = + 92	c = + 12	d = – 201
+ 5	– 2		
– 1			
– 56	+ 90	+ 12	– 201

[...]

Presque chaque soir, je fais une nouvelle édition du tableau, qu'il est facile d'améliorer n'importe où. Contre la monotonie du travail d'arpentage, c'est toujours une plaisante distraction ; on peut aussi voir immédiatement si quelque chose de douteux s'est glissé, ce qui reste à obtenir, etc. Je vous recommande cette méthode comme modèle. Il ne vous arrivera presque plus jamais de pratiquer une élimination directe, du moins quand vous avez plus de deux inconnues. La procédure indirecte peut se faire à moitié endormi, ou en pensant à autre chose.

Pour résoudre le système des équations normales, Gauss propose de procéder par approximations successives en ne modifiant que l'une des inconnues à la fois. Ainsi, en notations matricelles, pour résoudre :

$$SX + P = 0$$

où le vecteur P a pour composantes les termes absolus (constants) dans les équations et où S désigne la matrice du système, il considère le vecteur Δ_1 ayant une seule composante non nulle et satisfaisant « au mieux » :

$$D\Delta_1 + P = 0$$

où D désigne la matrice diagonale formée de la diagonale de S, c'est-à-dire un vecteur Δ_1 tel que sa composante non nulle ait la plus grande valeur absolue possible. Si l'on définit alors P_1 par :

$$S\Delta_1 + P = P_1,$$

on peut itérer la procédure sur le nouveau système $SX + P_1 = 0$ et obtenir un nouveau vecteur Δ_2 ayant une seule composante non nulle et satisfaisant « au mieux » :

$$D\Delta_2 + P_1 = 0;$$

d'où P_2 tel que :

$$S\Delta_2 + P_1 = P_2.$$

Et ainsi de suite, selon la récurrence :

$$P_0 = P$$
$$D\Delta_k + P_{k-1} = 0$$
$$S\Delta_k + P_{k-1} = P_k$$

On s'arrête à l'étape n lorsque les composantes de Δ_n sont inférieures à 0,5 en valeur absolue (ce qui correspond à l'approximation au 1/2 000 de Gauss) et l'on prend pour solution :

$$X = \Delta_1 + \Delta_2 + \ldots + \Delta_n,$$

puisqu'alors :

$$SX + P = S\Delta_1 + \ldots + S\Delta_n + P = S\Delta_2 + \ldots + S\Delta_n + P_1 = \ldots$$
$$= S\Delta_n + P_{n-1} = P_n \approx 0.$$

Gauss travaille ici sur des entiers, qu'il s'agisse des coefficients des équations ou des valeurs des solutions, si bien qu'il est assuré de ce que le processus s'arrête au bout d'un nombre fini d'étapes. Cette méthode sera exposée en 1843 par Gerling dans son livre sur le *Calcul des Compensations* [13]. Pour avoir une vue d'ensemble sur les méthodes itératives de Gauss, Seidel et Jacobi, on pourra se référer à la page 343.

On notera aussi dans cet exemple que les équations normales ne sont pas indépendantes puisque leur somme est nulle. Ceci est dû à ce qu'en fait Gauss travaille non pas sur les angles mesurés mais sur les directions qui les limitent. Et ce qui pourrait paraître un inconvénient présente au contraire selon Gauss un avantage puisqu'il permet une vérification aisée de la correction des calculs au cours des étapes successives du processus. Ainsi, il note : « *dans la méthode indirecte, il est très avantageux d'attribuer une variation à chaque direction. Vous pouvez facilement vous en convaincre en effectuant les calculs de ce même exemple sans ce procédé, vous perdez alors le grand avantage de toujours pouvoir vérifier que la somme des termes constants = 0.*» Il s'agit de la somme des termes constants dans le système des équations dont nous sommes partis, ainsi que dans tous les systèmes obtenus au cours du calcul. Cette préoccupation évoque l'invariant de boucle que l'on trouve dans les algorithmes modernes.

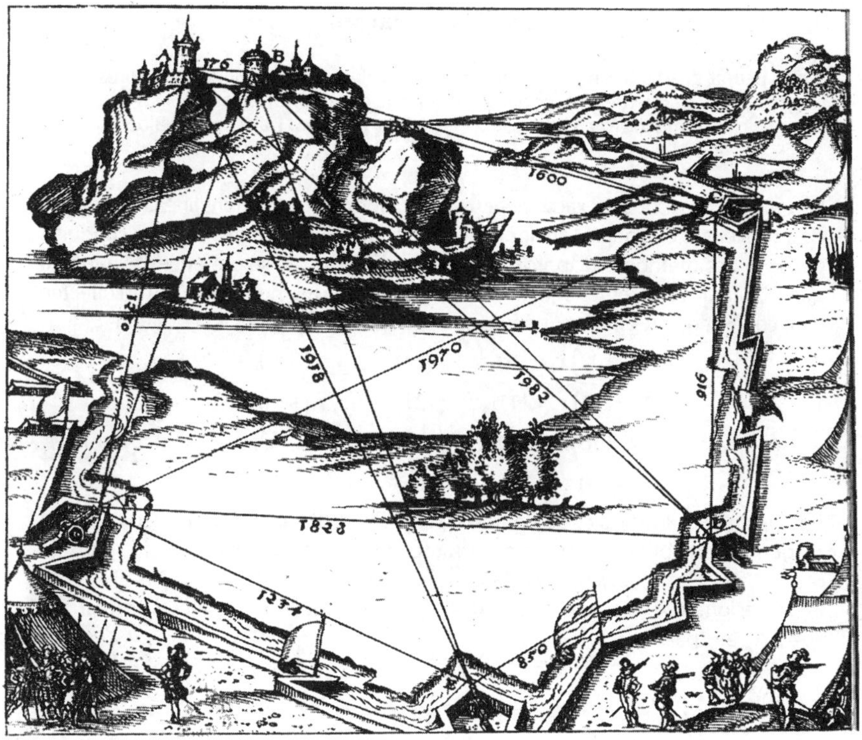

Casparus Waserus, *Novum Instrumentum Geometricum*, 1607, p. 16. (B. N.)

5. LA MÉTHODE DE JACOBI

Carl Gustav Jacobi a rencontré en particulier des systèmes linéaires lors de l'étude de systèmes physiques soumis à de petites oscillations. Le texte dont est extrait le bref passage présenté indique une méthode itérative qu'il juge efficace lorsque les coefficients diagonaux sont prépondérants. Quand ce n'est pas le cas, il utilise une rotation des axes – permettant d'annuler les plus gros coefficients non situés sur la diagonale – et qui donne en particulier les valeurs et vecteurs propres d'une matrice symétrique. Jacobi l'a appliquée aux sept équations établies par Le Verrier pour calculer une partie des irrégularités séculaires du système planétaire.

Nous ne retiendrons que le début du texte qui expose la méthode de résolution des systèmes linéaires connues actuellement sous le nom de méthode de Jacobi. Notons que la matrice concernée ici n'est pas forcément symétrique.

L'article de Jacobi

Extrait de « Sur un nouveau procédé de résolution des équations linéaires qui se présentent dans la méthode des moindres carrés », *Astronomische Nachrichten*, t. 22 (1845), p. 297-306. Trad. Colette Bloch.

La difficulté de résoudre exactement un grand nombre d'équations linéaires (comme c'est souvent le cas) quand on applique la méthode des moindres carrés, a conduit à penser à des méthodes d'approximation. Il en est une qui se présente d'elle-même quand, dans les différentes équations, ce n'est jamais la même variable qui est affectée d'un coefficient nettement supérieur aux autres. Soient en effet les équations :

$$\begin{aligned}(00)x + (01)x_1 + (02)x_2 + \ldots &= (0m),\\ (10)x + (11)x_1 + (12)x_2 + \ldots &= (1m),\\ (20)x + (21)x_1 + (22)x_2 + \ldots &= (2m),\\ \text{etc.} \quad \text{etc.} \quad \text{etc.}\end{aligned}$$

dans lesquelles tous les coefficients (*ik*) sont très petits par rapport à ceux (*ii*) de la diagonale ; on obtiendra une valeur approchée des inconnues x, x_1, x_2, etc. par :

$$(00)\,x = (0m),\ (11)\,x_1 = (1m),\ (22)\,x_2 = (2m),\ \text{etc.}$$

Si on désigne ces valeurs par a, a_1, a_2, etc., on obtient leurs premières corrections Δ, Δ_1, Δ_2, etc. par :

$$\begin{aligned}(00)\Delta &= -\{(01)a_1 + (02)a_2 + \ldots\},\\ (11)\Delta_1 &= -\{(01)a + (12)a_2 + \ldots\}, \text{etc.}\end{aligned}$$

et, si on pose en général :

$$\begin{aligned}x &= a + \Delta + \Delta^2 + \Delta^3 + \ldots,\\ x_1 &= a_1 + \Delta_1 + \Delta_1^2 + \Delta_1^3 + \ldots,\\ x_2 &= a_2 + \Delta_2 + \Delta_2^2 + \Delta_2^3 + \ldots, \text{etc.}\end{aligned}$$

où les indices supérieurs désignent les corrections successives, de plus en plus petites, on déduira les Δ^{i+1} des Δ^i par les égalités :

$$\begin{aligned}(00)\Delta^{i+1} &= -\{(01)\Delta_1^i + (02)\Delta_2^i + \ldots\},\\ (11)\Delta_1^{i+1} &= -\{(10)\Delta^i + (12)\Delta_2^i + \ldots\},\\ (22)\Delta_2^{i+1} &= -\{(20)\Delta^i + (21)\Delta_1^i + (23)\Delta_3^i + \ldots\}, \text{etc.}\end{aligned}$$

Dans les équations auxquelles conduit la méthode des moindres carrés, les coefficients diagonaux sont effectivement prépondérants parce qu'ils sont des sommes de carrés, tandis que les autres résultent de l'addition de nombres positifs et négatifs qui s'annulent en partie [...]

Il s'agit de résoudre le système :

$$AX = B$$

où A est une matrice carrée dont les éléments sur la diagonale sont non nuls. Décomposons A sous la forme :

$$A = D - C$$

où D est la matrice diagonale formée de la diagonale de A. La méthode de Jacobi consiste à introduire une première solution approchée X_0 satisfaisant à :

$$DX_0 = B,$$

puis à la modifier en :

$$X_1 = X_0 + \Delta \text{ où } D\Delta = CX_0.$$

Plus généralement, il définit des approches successives par :

$$X_i = X_0 + \Delta + \Delta^2 + \ldots + \Delta^i \text{ où } D\Delta^{i+1} = C\Delta^i$$

On peut vérifier, par récurrence sur *i*, que :

$$DX_{i+1} = CX_i + B.$$

Si la suite X_i a une limite X, celle-ci vérifie :

$$DX = CX + B$$

c'est-à-dire :

$$AX = B.$$

On notera que cette méthode nécessite, à chaque étape, de garder en mémoire à la fois X_i et X_{i+1}, puisque les composantes de X_{i+1} sont calculées à partir de toutes les composantes de X_i (*cf.* p. 343).

Nous savons maintenant que lorsque la matrice A est à « diagonale strictement dominante » c'est-à-dire lorsque, pour tout *i* :

$$|a_{ii}| > \sum_{j \neq i} |a_{ij}|,$$

la méthode converge vers une unique solution. Jacobi ne donne pas ici de justification théorique de la convergence, mais le reste de l'article est consacré à des transformations du système qui ont pour objet de rendre la matrice à diagonale suffisamment prépondérante, de sorte que « *à partir d'un certain point laissé à l'appréciation du calculateur, il sera avantageux d'introduire la méthode d'approximation. Si on le fait trop tôt, cette méthode elle-même mettra en évidence les coefficients qui compromettent son succès et qui doivent par conséquent être éliminés par de nouvelles transformations.* »

6. LA MÉTHODE DE SEIDEL

Ludwig Seidel, élève de Jacobi, effectue beaucoup de calculs pour ce dernier. Il doit en particulier résoudre des systèmes à 72 inconnues pour étudier la luminosité des étoiles. Aussi propose-t-il à son tour une technique itérative de résolution du système des équations normales. Inspirée à la fois par l'idée d'approximations successives de Jacobi et par la méthode du «pivot» de Gauss, elle s'avère correspondre en partie à la méthode itérative évoquée précédemment par Gauss dans sa lettre à Gerling. Il semble pourtant que Seidel n'en ait pas eu connaissance, cette dernière méthode paraissant s'être diffusée dans le milieu des géodésiens et non pas dans celui des astronomes.

Le texte cité ci-après commence par évoquer la méthode des moindres carrés, le système des équations normales, puis le pivot de Gauss et la méthode de Jacobi. On y retrouvera les notations introduites par Gauss et certaines analogies avec un début de triangularisation du système (*cf.* § 3). Ici, la convergence de la méthode est justifiée et ceci par la décroissance stricte, à chaque étape, de la somme des carrés des écarts. De plus, le choix optimal de la composante à modifier diffère quelque peu, comme on le verra, de celui de Gauss (*cf.* aussi p. 343).

La communication de Seidel

Extrait de *Sur un procédé pour résoudre par approximations successives les équations (dites normales) fournies par la méthode des moindres carrés ou, en général, tout système d'équations linéaires*, Communication à la section math-physique de l'Académie Royale des Sciences, Berlin, séance du 7 février 1874. Trad. Colette Bloch.

[...]

Supposons qu'on ait pris d'abord pour les inconnues x, y, z, ... un ensemble de valeurs quelconque qui ne vérifie pas encore le système le plus probable des «équations normales» (B) mais qui donne :

$$[aa]x + [ab]y + \ldots + [an] = N_1$$
$$[ab]x + [bb]y + \ldots + [bn] = N_2, \text{ etc.}\ldots$$

Par identification, la somme des carrés des écarts peut s'écrire :

$$Q = \{[aa]x + [ab]y + [ac]z + \ldots + [an]\}^2 / [aa] + [bb.1]y^2$$
$$+ [cc.1]z^2 + \ldots + 2[bc.1]yz + \ldots + 2[bn.1]y + 2[cn.1]z + \ldots + [nn.1]$$
$$= N_1^2 / [aa] + [bb.1]y^2 + \ldots + [nn.1].$$

Sous cette forme l'inconnue x ne figure que dans le premier terme (c'est-à-dire dans N_1) ; d'où l'on voit aussitôt qu'on diminuera Q de la quantité :

$$N_1^2 / [aa]$$

si, sans changer les valeurs prises pour $y, z, \ldots$, on modifie la valeur de x de telle sorte que l'expression qui valait N_1 devienne nulle. Ce sera réalisé en corrigeant x de :

$$\Delta x = -N_1/[aa]$$

et la valeur ainsi améliorée de $x + \Delta x$ est celle qui, pour la première inconnue, *s'accorde le mieux* aux valeurs choisies pour les autres inconnues et serait alors la meilleure si les valeurs provisoires des autres variables étaient déjà les vraies valeurs cherchées.
La modification de x, qui remplace N_1 par $N_1' = 0$, modifie du même coup les valeurs de $N_2, N_3, \ldots$ en :

$$N_2' = N_2 + [ab]\Delta x,$$

$$N_3' = N_3 + [ac]\Delta x, \text{ etc}\ldots$$

Si, au lieu de garder $y, z, \ldots$ et de corriger x de $-N_1/[aa]$, on avait gardé $x, z, \ldots$ et corrigé y de $-N_2/[bb]$, la somme Q aurait diminué de $N_2^2/[bb]$; elle aurait diminué de $N_3^2/[cc]$ si on avait corrigé z seul (de $-N_3/[cc]$).
Une deuxième étape va donc consister à corriger y de :

$$\Delta y = -N_2'/[bb];$$

$y + \Delta y$ sera la meilleure valeur s'accordant au système de valeurs $x + \Delta x, z, \ldots$ et réduisant Q de $N_2'^2/[bb]$, alors que Q avait déjà diminué de $N_1^2/[aa]$.

Cette modification de y remplace le système de valeurs $N_1' = 0, N_2', N_3', \ldots$ par $N_1'', N_2'' = 0, N_3'', \ldots$ où :

$$N_1'' = N_1' + [ab]\Delta y = [ab]\Delta y,$$

$$N_2'' = N_2' + [bb]\Delta y = 0,$$

$$N_3'' = N_3' + [bc]\Delta y, \text{etc}\ldots$$

Si maintenant on corrigeait z de telle façon que sa nouvelle valeur $z + \Delta z$ s'accorde le mieux possible aux valeurs $x + \Delta x$, $y + \Delta y$, et aux autres valeurs initiales des inconnues suivantes, on diminuerait Q de $N_3''^2/[cc]$; par contre Q diminuerait de $N_1''^2/[aa]$ si on revient à x (car $x + \Delta x$ n'est plus la meilleure valeur convenant à $y + \Delta y, z, \ldots$) et qu'on lui apporte une deuxième correction $-N_1''/[aa]$.
Si donc, partant d'un système quelconque de valeurs initiales, on les modifie successivement en les prenant dans un ordre arbitraire (et il n'est pas nécessaire de parcourir tout le cycle avant de revenir à une inconnue dont la valeur a déjà été corrigée), tout en prenant soin de déterminer toujours chaque correction de façon à vérifier celle des équations normales où la variable concernée occupe la position « diagonale », alors on diminue pas à pas la somme des carrés des écarts (et chaque fois d'une quantité immédiatement connue, de la forme $N^2/[aa]$ ou $[aa]\Delta x^2$), et ce aussi longtemps qu'on peut la diminuer.
Car les amoindrissements de Q et les corrections à apporter aux inconnues (la dernière de la forme $-N/[aa]$) ne deviennent négligeables que lorsque tous les N simultanément ont décru jusqu'à des valeurs pratiquement nulles. Quand ce but est atteint, toutes les équations normales sont vérifiées et, par améliorations successives, les inconnues ont pris les valeurs les plus vraisemblables.
Il faut bien remarquer que la preuve de la décroissance de Q et aussi de la convergence de ce processus d'approximation repose entièrement sur la condition que pour chaque variable on calcule les améliorations successives par rapport à l'équation où elle figure en terme diagonal; car si, dans un système quelconque de n équations

linéaires à *n* inconnues, on prétendait partir d'un ensemble de valeurs arbitraire pour les inconnues et apporter des améliorations successives en déterminant la correction pour *x* à partir d'une quelconque des équations, puis la correction pour *y* à partir d'une autre, arbitrairement choisie, etc..., – on ne pourrait pas prouver qu'en général on se rapproche indéfiniment de la solution du système – il pourrait bien plutôt arriver (comme on s'en convaincra facilement) que les valeurs successives des inconnues tendent vers l'infini ou oscillent indéfiniment entre deux valeurs distinctes finies.
Mais tout système de *n* équations linéaires à *n* inconnues peut être mis sous la forme normale [...]

Seidel note que cette convergence assurée de la méthode résulte des propriétés particulières des coefficients du système des équations normales [S = ^{t}M.M], mais que tout système de *k* équations à *k* inconnues [A.X = B] peut s'y ramener en lui associant le système de ses équations normales [^{t}A. A.X = ^{t}A.B].

Remarquons que chaque étape du processus de Seidel utilise le principe de Gauss de réduction d'une forme quadratique en somme de carrés, et, plus précisément, à chaque fois la première étape de cette réduction. En effet, c'est parce que la quantité $Q = \sum_i N_i^2$ peut s'écrire sous la forme :

$$Q = N_1^2 / \left[aa \right] + Q_1\left(y,z,\ldots \right),$$

où Q_1 ne contient plus la variable x, que la quantité Q diminuera de $N_1^2 / \left[aa \right]$, lorsqu'on remplaçe x par $x + \Delta x$ où $\Delta x = -N_1 / \left[aa \right]$, bien que tous les autres N_i soient changés et éventuellement augmentés. On peut donc considérer cette méthode comme une méthode d'optimisation.

De plus, « *à chaque étape, le plus rationnel, est*, selon Seidel, *de choisir de modifier la variable dont la correction réduira au maximum la somme des carrés des écarts.* » Ainsi, « *il n'est absolument pas nécessaire d'améliorer toutes les variables les unes après les autres dans l'ordre.* » Aussi, reprenant les notations de Seidel, on peut dire que, à chaque étape, le choix optimal est pour lui celui de l'indice i correspondant à la diminution $N_i^2 / \left[a_i a_i \right]$ de Q maximale, alors que pour Gauss il s'agit de celui correspondant à la modification $N_i / \left[a_i a_i \right]$ de x_i maximale. Il s'agit dans les deux cas de ce que l'on appelle, depuis les années 1940, avec Southwell et Temple, une « méthode de relaxation », méthode dans laquelle à chaque étape une seule coordonnée est modifiée, celle-ci étant choisie d'une façon optimale relativement aux écarts.

Si par contre on oublie les choix optimaux de Gauss et de Seidel, si on procède à des modifications « cycliques », c'est-à-dire en considérant successivement chaque variable et en revenant à la première après avoir modifié la dernière, il s'agit de la méthode actuellement dite de Gauss-Seidel.

Les méthodes indirectes de résolution des systèmes linéaires

Soit à résoudre le système MX + B = 0,

$$\text{où } M = \begin{bmatrix} m_1^1 \ m_1^2 \ \dots \ m_1^n \\ m_2^1 \ m_2^2 \ \dots \ m_2^n \\ \dots \ \dots \ \dots \ \dots \\ m_n^1 \ m_n^2 \ \dots \ m_n^n \end{bmatrix}, X = \begin{bmatrix} x_1 \\ x_2 \\ \dots \\ x_n \end{bmatrix} \text{ et } B = \begin{bmatrix} b_1 \\ b_2 \\ \dots \\ b_n \end{bmatrix}.$$

On appelle *résidu* relatif au vecteur X le vecteur W = M X + B. Les méthodes indirectes consistent à construire par récurrence, à partir d'un vecteur $X^{(0)}$, une suite de vecteurs $X^{(p)}$ de telle sorte que la suite des résidus correspondants : $W^{(p)} = M X^{(p)} + B$ tende vers le vecteur 0. Lorsque la matrice M est inversible, la suite $X^{(p)}$ a une limite et celle-ci est solution du système à résoudre.

Les méthodes de relaxation. On y modifie une seule composante à la fois. Ainsi, on passe du vecteur $X^{(p)}$ au vecteur $X^{(p+1)}$ en choisissant une composante, la $k^{\text{ième}}$ par exemple, et une équation, la $i^{\text{ème}}$ par exemple : $\sum_{1 \le j \le n} m_i^j x_j + b_i = 0$, de sorte que la $i^{\text{ème}}$ composante du résidu $W^{(p+1)}$ soit nulle – ou presque. Par suite, $X^{(p+1)}$ a pour composantes :

$$x_k^{(p+1)} = -\frac{b_i + \sum_{j \neq k} m_i^j x_j^{(p)}}{m_i^k} = x_k^{(p)} - \frac{w_i^{(p)}}{m_i^k}$$

et, pour $j \neq k$, $x_j^{(p+1)} = x_j^{(p)}$.

Dans les méthodes considérées ici le choix a toujours été de prendre $k = i$, ce qui exige des coefficients diagonaux non nuls.

Elles se différencient donc par le critère de choix de i : pour Gauss, c'est $\frac{\left|w_i^{(p)}\right|}{m_i^i}$ qui doit être maximal, pour Seidel, c'est $\frac{\left|w_i^{(p)}\right|^2}{m_i^i}$ et, pour Southwell, c'est $\left|w_i^{(p)}\right|$.

Les méthodes itératives. Il s'agit de méthodes de relaxation qui sont cycliques : à chaque pas, i augmente d'une unité (modulo n). On peut alors exprimer $X^{(p+1)}$ en fonction de $X^{(p)}$ sous forme matricielle (ainsi que cela apparaît clairement sur le texte suivant de Nekrasov).

Si M = T + A où T est inversible, on peut définir une récurrence par la formule : $X^{(p+1)} = -T^{-1} [A X^{(p)} + B]$.

Si la suite $X^{(p)}$ converge, alors sa limite X est solution du système puisque $TX^{(p+1)} = -A X^{(p)} - B$ et donc (T + A)X + B = 0. Les méthodes diffèrent par le choix de T : celui-ci correspond à la diagonale de M dans la méthode de Jacobi et au triangle inférieur de M dans la version cyclique de Seidel.

7. LA RAPIDITÉ DE CONVERGENCE SELON NEKRASOV

C'est à la demande de l'astronome Tséraki que Nekrasov s'intéresse à la méthode de Seidel. Dans un article de 1885, il se pose la question de la rapidité de sa convergence, qu'il étudie dans le cas où les modifications successives s'effectuent de façon « cyclique ». Ce choix permet de considérer globalement le passage des quantités $x_n, y_n, ..., t_n$ aux quantités $x_{n+1}, y_{n+1}, ..., t_{n+1}$ et les formules exprimant ce passage mettent en évidence le rôle du triangle inférieur T de la matrice S du système. Matriciellement, nous résumons ces formules par :

$$\mathrm{T}\,\mathrm{X}_{n+1} + (\mathrm{S} - \mathrm{T})\,\mathrm{X}_n - \mathrm{N} = 0.$$

En utilisant la technique de résolution des suites récurrentes qui consiste à chercher des solutions particulières du type « suite géométrique », Nekrasov montre que la rapidité de convergence est liée à ce que nous appelons les valeurs propres de la matrice qui définit l'itération, à savoir la matrice $\mathrm{T}^{-1}(\mathrm{T} - \mathrm{S})$.

L'article commence par exposer la méthode de Seidel pour résoudre le système des équations normales :

$$(1) \quad \begin{array}{l} (aa)x + (ab)y + (ac)z + \ldots + (ap)t - (aq) = 0 \\ (ba)x + (bb)y + (bc)z + \ldots + (bp)t - (bq) = 0 \\ (ca)x + (cb)y + (cc)z + \ldots + (cp)t - (cq) = 0 \\ \cdots\cdots\cdots\cdots\cdots\cdots\cdots\cdots\cdots\cdots \\ (pa)x + (pb)y + (pc)z + \ldots + (pp)t - (pq) = 0 \end{array}$$

et rappelle la raison de la convergence donnée par Seidel (*cf.* § 6).

Le texte de Nekrasov

Extrait de « Détermination des inconnues par la méthode des moindres carrés pour un grand nombre d'inconnues », *Matematiceskij Sbornik*, t. X 22 (1885), 189-204. Traduit du russe par Jacques Simon.

§ 3. Expression de l'erreur sur les valeurs approchées obtenues par la méthode de Seidel. La méthode de Seidel converge nécessairement vers les solutions cherchées du système (1), mais pour évaluer la rapidité de convergence, il est nécessaire d'avoir l'expression générale de l'erreur commise sur les grandeurs approchées par cette méthode. Cette expression à laquelle nous allons nous intéresser manque dans les travaux de Seidel.

Pour évaluer cette expression nous supposons que l'approximation successive des grandeurs se fait dans l'ordre suivant : d'abord successivement $x_1, ..., t_1$, puis les grandeurs $x_2, ..., t_2$, etc...

Soit $x_n, ..., t_n$ un système de grandeurs approchées par la méthode de Seidel après les n opérations décrites. Ensuite et par la même méthode, on obtiendra le système $x_{n+1}, y_{n+1}, z_{n+1}, ..., t_{n+1}$. Ces grandeurs satisfont aux équations :

$$
(4) \quad
\begin{aligned}
&(aa)x_{n+1} + (ab)y_n + (ac)z_n + \ldots + (ap)t_n - (aq) = 0 \\
&(ba)x_{n+1} + (bb)y_{n+1} + (bc)z_n + \ldots + (bp)t_n - (bq) = 0 \\
&(ca)x_{n+1} + (cb)y_{n+1} + (cc)z_{n+1} + \ldots + (cp)t_n - (cq) = 0 \\
&\cdots\cdots\cdots\cdots\cdots\cdots\cdots\cdots\cdots\cdots\cdots\cdots \\
&(pa)x_{n+1} + (pb)y_{n+1} + (pc)z_{n+1} + \ldots + (pp)t_{n+1} - (pq) = 0
\end{aligned}
$$

Ces équations peuvent être regardées comme des équations différentielles aux différences finies par rapport à la variable n. [...]

Soient $x', y', z', ..., t'$ les grandeurs exactes satisfaisant aux équations (1). Les erreurs correspondant à l'approximation $x_n, ..., t_n$ sont :

$$
(5) \quad \xi_n = x_n - x',\ \eta_n = y_n - y',\ \zeta_n = z_n - z', \ldots, \tau_n = t_n - t'.
$$

Ces grandeurs satisfont aux égalités suivantes :

$$
(4') \quad
\begin{aligned}
&(aa)\xi_{n+1} + (ab)\eta_n + (ac)\zeta_n + \ldots + (ap)\tau_n = 0 \\
&(ba)\xi_{n+1} + (bb)\eta_{n+1} + (bc)\zeta_n + \ldots + (bp)\tau_n = 0 \\
&(ca)\xi_{n+1} + (cb)\eta_{n+1} + (cc)\zeta_{n+1} + \ldots + (cp)\tau_n = 0 \\
&\cdots\cdots\cdots\cdots\cdots\cdots\cdots\cdots\cdots\cdots\cdots\cdots \\
&(pa)\xi_{n+1} + (pb)\eta_{n+1} + (pc)\zeta_{n+1} + \ldots + (pp)\tau_{n+1} = 0
\end{aligned}
$$

On va chercher une intégrale particulière de ce système en posant :

$$
\xi_n = \mathrm{A}\alpha^n, \eta_n = \mathrm{AB}\alpha^n,\ \zeta_n = \mathrm{AC}\alpha^n,\ \ldots,\ \tau_n = \mathrm{AP}\alpha^n.
$$

En introduisant ces grandeurs dans les égalités (4'), on obtient après simplification :

$$
(6) \quad
\begin{aligned}
&(aa)\alpha + (ab)\mathrm{B} + (ac)\mathrm{C} + \ldots + (ap)\mathrm{P} = 0 \\
&(ba)\alpha + (bb)\alpha\mathrm{B} + (bc)\mathrm{C} + \ldots + (bp)\mathrm{P} = 0 \\
&(ca)\alpha + (cb)\alpha\mathrm{B} + (cc)\alpha\mathrm{C} + \ldots + (cp)\mathrm{P} = 0 \\
&\cdots\cdots\cdots\cdots\cdots\cdots\cdots\cdots\cdots\cdots\cdots\cdots \\
&(pa) + (pb)\mathrm{B} + (pc)\mathrm{C} + \ldots + (pp)\mathrm{P} = 0
\end{aligned}
$$

En éliminant les grandeurs B, C, ..., P, on obtient pour un α déterminé l'égalité suivante :

$$
(7) \quad
\begin{vmatrix}
(aa)\alpha & (ab) & (ac) & \ldots & (ap) \\
(ba)\alpha & (bb)\alpha & (bc) & \ldots & (bp) \\
(ca)\alpha & (cb)\alpha & (cc)\alpha & \ldots & (cp) \\
\ldots & \ldots & \ldots & \ldots & \ldots \\
(pa) & (pb) & (pc) & \ldots & (pp)
\end{vmatrix} = 0
$$

Cette équation de degré $\mu - 1$ par rapport à α admet $\mu - 1$ racines $\alpha_1, ..., \alpha_{\mu-1}$. À chacune d'entre elles correspond un système de grandeurs B, C, ..., P, déterminées à l'aide des égalités (6). Il y a $\mu - 1$ intégrales particulières de la forme (5) avec une constante arbitraire A. À partir de ces intégrales particulières il est facile de former l'intégrale générale qui sera :

$$
(8) \quad
\begin{aligned}
&\xi_n = A_1\alpha_1^n + A_2\alpha_2^n + \ldots + A_{\mu-1}\alpha_{\mu-1}^n \\
&\eta_n = A_1B_1\alpha_1^n + A_2B_2\alpha_2^n + \ldots + A_{\mu-1}B_{\mu-1}\alpha_{\mu-1}^n \\
&\zeta_n = A_1C_1\alpha_1^n + A_2C_2\alpha_2^n + \ldots + A_{\mu-1}C_{\mu-1}\alpha_{\mu-1}^n \\
&\cdots\cdots\cdots\cdots\cdots\cdots\cdots\cdots\cdots\cdots\cdots\cdots \\
&\tau_n = A_1P_1\alpha_1^n + A_2P_2\alpha_2^n + \ldots + A_{\mu-1}P_{\mu-1}\alpha_{\mu-1}^n
\end{aligned}
$$

où $A_1, ..., A_{\mu-1}$ sont des constantes d'intégration arbitraires, α_i, B_i, C_i, ..., P_i sont des grandeurs définies par les égalités (6) et α_i satisfait à l'égalité (7). Les constantes arbitraires $A_1, ..., A_{\mu-1}$ sont liées aux erreurs initiales $\eta_0, \zeta_0, ..., \tau_0$ et aux valeurs choisies arbitrairement $y_0, z_0, ..., t_0$ par les égalités :

$$
\begin{aligned}
&\eta_0 = y_0 - y' = A_1B_1 + A_2B_2 + \ldots + A_{\mu-1}B_{\mu-1} \\
(9) \qquad &\zeta_0 = z_0 - z' = A_1C_1 + A_2C_2 + \ldots + A_{\mu-1}C_{\mu-1} \\
&\ldots\ldots\ldots\ldots\ldots\ldots\ldots\ldots\ldots\ldots\ldots\ldots \\
&\tau_0 = t_0 - t' = A_1P_1 + A_2P_2 + \ldots + A_{\mu-1}P_{\mu-1}.
\end{aligned}
$$

Si les racines de l'équation (6) ne sont pas toutes distinctes, les seconds membres des égalités (8) doivent être modifiés de façon évidente, mais les conclusions ci-dessous restent valables.

§ 4. Rapidité de convergence de la méthode de Seidel. Comme l'erreur sur les grandeurs x_n, y_n, z_n... doit tendre vers 0 quand n tend vers $+\infty$, ainsi qu'il a été prouvé au §2, les racines de l'équation (7) doivent avoir un module inférieur à 1. À cette condition seulement les seconds membres des égalités (8) tendront vers 0 quand n augmente indéfiniment.

Soit α la racine de (7) de plus grand module, nous l'appellerons la racine principale. Par rapport à la racine α, les erreurs ξ_n, η_n, ζ_n, ... déterminées par les égalités (8) seront $A\alpha^n$, $AB\alpha^n$, $AC\alpha^n$, ... La grandeur A dépendant de $y_0 - y'$, ..., $t_0 - t'$, comme le montrent les équations (9), ne peut être donnée à l'avance car y', ..., t' sont supposées inconnues. Ainsi, pour un choix arbitraire de y_0, ..., t_0, A ne sera pas nulle en général et c'est pourquoi les valeurs $A\alpha^n$, $AB\alpha^n$, $AC\alpha^n$, ... des erreurs diminueront lentement quand n augmentera en comparaison avec les autres erreurs. Dans la méthode de Seidel la convergence sera rapide si la racine principale a un module petit. Mais si la racine principale a un module voisin de 1, ce qui n'est pas rare, alors la convergence vers les solutions de (1) sera lente sauf si, mais c'est peu probable, le choix des valeurs initiales y_0, ..., t_0, entraîne $A = 0$.

De façon générale, la rapidité de convergence de la méthode de Seidel est entièrement liée à la valeur de la racine principale de l'équation (7). Si toutes les solutions de (7), y compris la principale sont petites, la méthode convergera vite, sinon elle convergera lentement.

En procédant ainsi, en abandonnant l'ajustement des inconnues une à une et en traitant le « système des inconnues » d'une façon plus globale, Nekrasov introduit dans une certaine mesure une manipulation vectorielle des inconnues, même s'il ne se sert que de déterminants et non de matrices. Les différents systèmes et équations considérés peuvent en effet être transcrits matriciellement de la façon suivante :

$$(1) \qquad SX - N = 0 \ (\text{équations normales})$$

$$(4) \qquad TX_{n+1} + (S - T)X_n - N = 0 \ (\text{formule de récurrence})$$

$$\text{ou} \qquad X_{n+1} = T^{-1}(T - S)X_n + T^{-1}N$$

En désignant par X′ une solution de (1), l'erreur à l'étape n :

$$(5) \qquad \Xi_n = X_n - X',$$

vérifie

$$(4') \qquad T\,\Xi_{n+1} + (S - T)\,\Xi_n = 0.$$

Les solutions de (4′) de la forme $\Xi_n = \alpha^n B$ correspondent à des vecteurs B vérifiant :

$$(6) \qquad \left[\alpha T + (S - T)\right]B = 0,$$

donc à des valeurs de α vérifiant :

$$(7) \qquad \text{dét}\left[\alpha T + (S - T)\right] = 0.$$

Or, $\alpha T + (S - T) = T\left[\alpha I + T^{-1}(S - T)\right] = -T\left[T^{-1}(T - S) - \alpha I\right]$,

autrement dit, α est valeur propre de la matrice $T^{-1}(T - S)$ de l'itération (4).

Après avoir donné des exemples où la convergence est très lente, Nekrasov met en évidence le fait que le choix optimum indiqué par Seidel n'accroît pas significativement la rapidité de la convergence.

8. LA MÉTHODE DU COMMANDANT CHOLESKY

«*Le Commandant d'Artillerie Cholesky, du Service géographique de l'Armée, tué pendant la grande guerre, a imaginé, au cours de recherches sur la compensation des réseaux géodésiques, un procédé très ingénieux de résolution des équations dites normales, obtenues par application de la méthode des moindres carrés à des équations linéaires en nombre inférieur à celui des inconnues. Il en a conclu une méthode générale de résolution des équations linéaires.*» (Commandant Benoit [1]).

Contrairement aux trois méthodes itératives étudiées précédemment, cette technique conduit en principe à une résolution exacte. Elle est introduite à propos de géodésie et, pour en comprendre la genèse, il peut être utile de rappeler ici la spécificité de l'utilisation de la méthode des moindres carrés dans le cadre de la géodésie. Ce sont les angles qui jouent à la fois le rôle d'inconnues et de valeurs mesurées et ces inconnues sont astreintes à certaines relations nécessaires. Par exemple, la somme des angles de chaque triangle doit être égale à 180° augmenté d'une certaine quantité – calculable avec une très bonne approximation – compte tenu de la sphéricité de la Terre. En général, il y a plus d'inconnues que de relations et il est donc toujours possible de modifier les valeurs mesurées des angles de façon à ce que ces *relations de condition* soient vérifiées exactement, ce que Gauss appelle *la compensation des observations* et ceci peut s'effectuer d'une infinité de manière. Or, le choix des *compensations les plus plausibles*, au sens de la deuxième théorie de Gauss, conduit à la méthode des moindres carrés et celle-ci revient ici à minimiser la somme des carrés des modifications.

Supposons que l'on ait n « compensations » $X = (x_1, ..., x_n)$ à effectuer satisfaisant à p équations ($p < n$), que l'on peut écrire vectoriellement :

$$(1) \qquad MX + K = 0 \; \text{(équations de condition)}$$

où M est une matrice à p lignes et n colonnes. La méthode demandant de minimiser la somme des carrés des compensations :

$$(2) \qquad x_1^2 + x_2^2 + \ldots + x_n^2$$

peut se traiter de la façon suivante.

On introduit p nouvelles variables $\Lambda = (\lambda_1, ..., \lambda_p)$ liées à $X = (x_1, ..., x_n)$ par les p équations :

$$(3) \qquad X = {}^t M \Lambda \; \text{(équations corrélatives)}$$

Ces nouvelles variables satisfont au système obtenu par substitution de (3) dans (1) :

$$(4) \qquad M\,{}^t M \Lambda + K = 0 \; \text{(équations normales)}$$

soit :

$$(5) \qquad S\Lambda + K = 0$$

où:

$$S = M\,{}^t M$$

Le procédé de Cholesky est fondé sur la recherche d'un autre système d'équations de condition :

$$(6) \qquad TY + H = 0$$

où T est une matrice triangulaire, ayant pour équations corrélatives :

$$(7) \qquad Y = {}^t T \Lambda$$

et conduisant au même système d'équations normales :

$$(8) \qquad T\,{}^t T \Lambda + H = 0,$$

soit :

$$(9) \qquad S = T\,{}^t T \text{ et } H = K.$$

La question est alors ramenée à la recherche d'une matrice triangulaire T telle que $T\,{}^t T = S$. En effet, si de S on sait déduire T par (9), alors de (6) on déduit Y, de (7) on déduit Λ (les systèmes (6) et (7) étant triangulaires) et enfin de (3) on déduit X. C'est par identification que Cholesky obtient les relations qui permettent de calculer les éléments de T. Si $T = (\alpha_{i,j})$ et $S = (a_{i,j})$, la loi de formation des α_{ij} en fonction des $a_{i,j}$ s'écrit en formules :

$$\alpha_{ii} = \sqrt{a_{i,i} - \sum_{1 \le k \le i-1} \alpha_{k,i}^2}$$

$$\alpha_{i,i+r} = \left[a_{i,i+r} - \sum_{1 \le k \le i-1} \alpha_{k,i}\alpha_{k,i+r} \right] / a_{i,i} \qquad (r > 0).$$

La note du Commandant Benoit

Extrait de la « Note sur une méthode de résolution des équations normales provenant de l'application de la méthode des moindres carrés à un système d'équations linéaires en nombre inférieur à celui des inconnues, (Procédé du Commandant Cholesky) », *Bulletin géodésique*, n° 2, 1923, pp. 67-77.

[...] Écrivons plus simplement le système des p équations normales :

$$(5)\qquad \begin{array}{l} a_1^1\lambda_1 + a_1^2\lambda_2 + \ldots + a_1^p\lambda_p + \mathrm{K}_1 = 0 \\ a_2^1\lambda_1 + a_2^2\lambda_2 + \ldots + a_2^p\lambda_p + \mathrm{K}_2 = 0 \\ \cdots\cdots\cdots\cdots\cdots\cdots\cdots\cdots \\ a_p^1\lambda_1 + a_p^2\lambda_2 + \ldots + a_p^p\lambda_p + \mathrm{K}_p = 0 \end{array}$$

où $a_1^2 = a_2^1$, $a_2^3 = a_3^2$, etc., et d'une façon générale $a_\ell^k = a_k^\ell$, puisque le système est symétrique par rapport à la diagonale. Les termes de cette diagonale a_1^1, a_2^2, etc., sont toujours positifs.

La méthode du Commandant Cholesky consiste à identifier ces équations normales à d'autres équations normales provenant d'un système de p équations linéaires *tout résolu*. On pourra déduire des solutions connues de ce système celles de ses équations normales (en passant par l'intermédiaire de leurs équations corrélatives) et, par suite, après identification, celles du système (5) primitif.

Soit :

$$(6)\qquad \begin{array}{ll} \alpha_1^1 y_1 & + \mathrm{H}_1 = 0, \\ \alpha_2^1 y_1 + \alpha_2^2 y_2 & + \mathrm{H}_2 = 0, \\ \alpha_3^1 y_1 + \alpha_3^2 y_2 + \alpha_3^3 y_3 & + \mathrm{H}_3 = 0, \\ \cdots\cdots\cdots\cdots\cdots\cdots & \\ \alpha_p^1 y_1 + \alpha_p^2 y_2 + \alpha_p^3 y_3 + \ldots + \alpha_p^p y_p & + \mathrm{H}_p = 0 \end{array}$$

le système des p équations linéaires ; il est immédiatement résoluble, puisqu'on peut tirer y_1 de la 1re, y_2 de la 2e, etc...

Appliquons lui la méthode des moindres carrés ; on obtiendrait ainsi la solution minima du système (6), mais celle-ci coïncidera avec la précédente, puisque le système n'a qu'une solution.

Ses équations corrélatives sont :

$$(7)\qquad \begin{array}{l} y_1 = \alpha_1^1\lambda_1 + \alpha_2^1\lambda_2 + \ldots + \alpha_p^1\lambda_p, \\ y_2 = \qquad\quad \alpha_2^2\lambda_2 + \ldots + \alpha_p^2\lambda_p, \\ \cdots\cdots\cdots\cdots\cdots\cdots \\ y_p = \qquad\qquad\qquad\quad \alpha_p^p\lambda_p, \end{array}$$

qui permettront de déduire les valeurs des λ de celles des inconnues y, tirées des équations (6). On connaîtra donc les solutions du système des équations normales déduites.

Écrivons ce système :

$$(8)\qquad \begin{array}{l} \alpha_1^{12}.\lambda_1 + \alpha_1^1\alpha_2^1.\lambda_2 + \alpha_1^1\alpha_3^1.\lambda_3 + \ldots + \alpha_1^1\alpha_p^1.\lambda_p + \mathrm{H}_1 = 0 \\ \alpha_1^1\alpha_2^1.\lambda_1 + \left(\alpha_2^{12} + \alpha_2^{22}\right).\lambda_2 + \left(\alpha_2^1\alpha_3^1 + \alpha_2^2\alpha_3^2\right).\lambda_3 + \\ \qquad\qquad \ldots + \left(\alpha_2^1\alpha_p^1 + \alpha_2^2\alpha_p^2\right).\lambda_p + \mathrm{H}_2 = 0 \\ \alpha_1^1\alpha_3^1.\lambda_1 + \left(\alpha_2^1\alpha_3^1 + \alpha_2^2\alpha_3^2\right).\lambda_2 + \left(\alpha_3^{12} + \alpha_3^{22} + \alpha_3^{32}\right).\lambda_3 + \\ \qquad\qquad \ldots + \left(\alpha_3^1\alpha_p^1 + \alpha_3^2\alpha_p^2 + \alpha_3^3\alpha_p^3\right).\lambda_p + \mathrm{H}_3 = 0 \\ \cdots\cdots\cdots\cdots\cdots\cdots\cdots\cdots \\ \alpha_1^1\alpha_p^1.\lambda_1 + (\ldots).\lambda_2 + (\ldots)\lambda_3 + \ldots + \left(\alpha_p^{12} + \alpha_p^{22} + \ldots + \alpha_p^{p2}\right).\lambda_p + \mathrm{H}_p = 0 \end{array}$$

Identifions ces équations aux équations normales (5) du système primitif [...]

Or, en nous reportant aux équations (6), $y_1 = -\dfrac{H^1}{\alpha_1^1} = -\dfrac{K_1}{\sqrt{a_1^1}}$.

On aura donc finalement pour la première équation corrélative :

$$\sqrt{a_1^1}.\lambda_1 + \frac{a_1^2}{\sqrt{a_1^1}}.\lambda_2 + \ldots + \frac{a_1^p}{\sqrt{a_1^1}}\lambda_p + \frac{K_1}{\sqrt{a_1^1}} = 0$$

En identifiant de même les deuxièmes équations normales nous reportant pour le terme y_2 à sa valeur déduite des équations (6), on peut écrire la 2e équation corrélative où il n'y a plus de terme en λ_1 :

$$\sqrt{a_2^2 - \alpha_2^{1\,2}}.\lambda_2 + \frac{a_2^3 - \alpha_2^1\alpha_3^1}{\alpha_2^2}.\lambda_3 + \ldots + \frac{a_2^p - \alpha_2^1\alpha_p^1}{\alpha_2^2}.\lambda_p + \frac{K_2 - \alpha_2^1 K_1'}{\alpha_2^2} = 0;$$

les α sont déjà calculés et l'on a désigné par K' le terme constant de l'équation précédente. D'une façon générale, pour l'équation corrélative de rang i, on obtiendra après identification des équations normales correspondantes et recherche du terme constant par le système :

$$\alpha_i^i = \sqrt{a_i^i - \alpha_i^{12} - \alpha_i^{22} - \ldots - \alpha_i^{(i-1)2}}$$

$$\alpha_{i+1}^i = \frac{a_i^{i+1} - \alpha_i^1\alpha_{i+1}^1 - \ldots - \alpha_i^{i-1}\alpha_{i+1}^{i-1}}{\alpha_i^i}$$

....

$$\alpha_{i+r}^i = \frac{a_i^{i+r} - \alpha_i^1\alpha_{i+r}^1 - \ldots - \alpha_i^{i-1}\alpha_{i+r}^{i-1}}{\alpha_i^i}$$

....

$$K_i' = \frac{K_i - \alpha_i^1 K_1' - \alpha_i^2 K_2' \ldots - \alpha_i^{i-1} K_{i-1}'}{\alpha_i^i};$$

les α et les K' sont les coefficients déjà calculés des équations précédentes.
On voit la loi de formation générale :
Le 1er coefficient α_i^i d'une équation corrélative est la racine carrée du coefficient a_i^i correspondant diminuée de la somme des carrés des coefficients α_i déjà calculés ;
Un coefficient α_{i+r}^i quelconque est égal au terme a_i^{i+r} correspondant diminué de la somme des produits 2 à 2 des coefficients λ_i par ceux de λ_{i+r} dans les équations corrélatives déjà écrites, le tout divisé par le 1er coefficient α_i^i calculé d'abord.

[...]

Vérifications. – Ces longs calculs seraient pratiquement inextricables si l'on ne se ménageait des vérifications fréquentes. Le Commandant Cholesky obtient ces vérifications par les termes Σ, Σ', Σ''. Les termes Σ sont les sommes des coefficients d'une même variable dans les équations de condition. *Traités comme des coefficients ordinaires*, ils fournissent les termes Σ' égaux respectivement à la somme de coefficients de l'équation normale correspondante ; d'où vérification pour la formation de cette équation normale. Les coefficients Σ', traités comme des coefficients ordinaires de leur équation normale, donnent des termes Σ'' égaux aux sommes des coefficients de l'équation correspondante. On ne passe ainsi au calcul d'une colonne qu'après vérification certaine de la précédente.

Le texte de la note du Commandant Benoit s'avère très proche du manuscrit original de Cholesky, découvert récemment et publié dans [2*].

On peut lire, dans le passage précédent, un invariant au cours de la procédure : un nouveau coefficient qui à chaque étape doit rester égal à la somme des coefficients de l'équation correspondante.

Le procédé de Cholesky s'applique plus généralement pour résoudre un système $AX = B$ où A s'écrit sous la forme $A = LU$, et L et U désignent des matrices triangulaires respectivement inférieure et supérieure. Il ramène là encore la résolution du système à celle de deux systèmes triangulaires.

ÉPILOGUE

Nous n'avons envisagé que des systèmes d'équations qui étaient linéaires. En fait, la méthode des moindres carrés est valable pour des fonctions quelconques et Gauss [9] explique comment on peut s'y ramener en considérant des valeurs approchées des inconnues (obtenues par exemple à partir de k équations) et en prenant pour coefficients les valeurs des dérivées partielles des fonctions en ce point (autrement dit, par linéarisation des fonctions au voisinage des valeurs approchées). Si les valeurs obtenues finalement sont trop différentes des valeurs approchées initiales, on itère la procédure à partir de ces nouvelles valeurs.

Dans une brève note de 1847, Cauchy [4] indique une méthode générale pour les systèmes d'équations plus nécessairement linéaires. Celle-ci recouvre à la fin la méthode des moindres carrés. On peut la considérer comme l'ancêtre des méthodes dites « du gradient » ou « de plus grande descente », méthode qui, pour déterminer une valeur de x minimisant une fonction $f(x)$, procède par approximations successives $x^{(k)}$ en choisissant à chaque fois $x^{(k+1)}$ sur la normale en $x^{(k)}$ à la surface de niveau :

$$f(x) = f(x^{(k)}).$$

La note de Cauchy

Soit d'abord $u = f(x, y, z)$
une fonction de plusieurs variables $x, y, z, \ldots$, qui ne devienne jamais négative et qui reste continue, du moins entre certaines limites. Pour trouver les valeurs de $x, y, z, \ldots$, qui vérifieront l'équation

(1) $$u = 0$$

il suffira de faire décroître indéfiniment la fonction u, jusqu'à ce qu'elle s'évanouisse. Or, soient

$$\mathrm{x}, \mathrm{y}, \mathrm{z}, \ldots$$

des valeurs particulières attribuées aux variables $x, y, z, \ldots$; u la valeur correspondante de u : X, Y, Z, ... les valeurs correspondantes de $D_x u$,

$D_y u$, $D_z u$,..., et α, β, γ,... des accroissements très petits attribués aux valeurs particulières x, y, z, ... Quand on posera

$$x = \text{x} + \alpha,\ y = \text{y} + \beta,\ z = \text{z} + \gamma,\ \ldots,$$

on aura sensiblement

$$(2)\qquad u = f(\text{x} + \alpha, \text{y} + \beta, \ldots) = \text{u} + \alpha \text{X} + \beta \text{Y} + \gamma \text{Z} + \ldots$$

Concevons maintenant que, θ étant une quantité positive, on prenne

$$\alpha = -\theta\text{X},\ \beta = -\theta\text{Y},\ \gamma = -\theta\text{Z},\ \ldots,$$

La formule (2) donnera sensiblement

$$(3)\ f(\text{x} - \theta\text{X}, \text{y} - \theta\text{Y}, \text{z} - \theta\text{Z}, \ldots) = \text{u} - \theta(\text{X}^2 + \text{Y}^2 + \text{Z}^2 + \ldots).$$

Il est aisé d'en conclure que la valeur Θ de u, déterminée par la formule

$$(4)\qquad \Theta = f(\text{x} - \theta\text{X}, \text{y} - \theta\text{Y}, \text{z} - \theta\text{Z}, \ldots),$$

deviendra inférieure à u, si θ est suffisamment petit. Si, maintenant, θ vient à croître, et si, comme nous l'avons supposé, la fonction $f(x, y, z, \ldots)$ est continue, la valeur Θ de u décroîtra jusqu'à ce qu'elle s'évanouisse, ou du moins jusqu'à ce qu'elle coïncide avec une valeur *minimum*, déterminée par l'équation à une seule inconnue.

$$(5)\qquad D_\theta \Theta = 0.$$

Il suffira donc, ou de résoudre cette dernière équation, ou du moins d'attribuer à θ une valeur suffisamment petite, pour obtenir une nouvelle valeur de u inférieure à u. Si la nouvelle valeur de u n'est pas un *minimum*, on pourra en déduire, en opérant toujours de la même manière, une troisième valeur plus petite encore; et, en continuant ainsi, on trouvera successivement des valeurs de u de plus en plus petites, qui convergeront vers une valeur minimum de u. [...]

Supposons maintenant que les inconnues x, y, z, ... doivent satisfaire, non plus à une seule équation, mais à un système d'équations simultanées

$$(7)\qquad u = 0,\ v = 0,\ w = 0,\ \ldots,$$

dont le nombre pourra même surpasser celui des inconnues. Pour ramener ce dernier cas au précédent, il suffira de substituer au système (7) l'équation unique

$$(8)\qquad u^2 + v^2 + w^2 + \ldots = 0$$

Extrait de « Méthode générale pour la résolution des systèmes d'équations simultanées », *Comptes Rendus de l'Académie des Sciences de Paris*, t. 25 (1847), 536-538

BIBLIOGRAPHIE

[1] C[t] Benoit, Note sur une méthode de résolution des équations normales provenant de l'application de la méthode des moindres carrés à un système d'équations linéaires en nombre inférieur à celui des inconnues, (Procédé du Commandant Cholesky), *Bulletin géodésique*, t. 2 (1923), p. 67-77.

[2] E. Bézout, *Histoire de l'Académie Royale des Sciences de Paris*, année 1764, p. 288.

[2*] C. Brezinski, La méthode de Cholesky, *Revue d'histoire des mathématiques*, t. 11 (2005), pp. 205-238.

[3] L.-A. Cauchy, Mémoire sur les fonctions qui ne peuvent obtenir que deux valeurs égales et de signes contraires par suite des transpositions opérées entre les variables qu'elles renferment, *Journal de l'École Polytechnique*, t. 10 (1815), pp. 29-112. *Œuvres* 2e série, vol. 1, pp. 91-169, Gauthier-Villars, Paris, 1905.

[4] L.-A. Cauchy, Méthode générale pour la résolution des systèmes d'équations simultanées, *Comptes Rendus de l'Académie des Sciences de Paris*, t. 25 (1847), pp. 536-538. *Œuvres*, série I, t. 10, pp. 399-402, Gauthier-Villars, Paris, 1897.

[5] A. Cayley, Remarques sur la notation des fonctions algébriques, *Journal für reine und angewandte Mathematik*, t. 50 (1855), pp. 282-285. *Collected Mathematical Papers*, vol. 2, pp. 185-188.

[6] J.-L. Chabert, Gauss et la méthode des moindres carrés, *Revue d'Histoire des Sciences*, t. 42 (1989), pp. 5-26.

[7] G. Cramer, *Introduction à l'analyse des lignes courbes algébriques*, 1750, Genève.

[8] L. Euler, *Recherches sur la question des inégalités du mouvement de Saturne et de Jupiter*, 1749. *Opera omnia*, 2e série, vol. 25, Turin, 1960, p. 45-157.

[9] C.-F. Gauss, *Theoria Motus Corporum coelestium in sectionibus solem ambientiem*, 1809, Hamburg. *Werke*, vol. VII, 1871. Trad. fr. E. Dubois, Paris, 1864.

[10] C.-F. Gauss, Disquisitio de elementis ellipticis Palladis, Mémoire présenté le 25 novembre 1810 à la Société Royale des Sciences de Göttingen. *Werke*, vol. VI, 1874, pp. 3-24.

[11] C.-F. Gauss, Theoria Combinationis observationum erroribus minimis obnoxiae, 1ère partie présentée à la Société Royale de Göttingen en 1821, 2ème partie en 1823, Supplément en 1826. *Werke*, vol. IV, 1873, pp. 1-108. Trad. fr. J. Bertrand, *Méthode des moindres carrés*, Paris, 1855.

[12] C.-F. Gauss, Lettre du 26 décembre 1823, *Briefwechsel zwischen Carl Friedrich Gauss und Christian Ludwig Gerling*, Berlin, 1927. Réimpr. Olms Verlag, Hildesheim, 1975.

[13] C.-L. Gerling, *Die Ausgleichungs-Rechnungen der praktischen Geometrie oder die Methode der kleinsten Quadrate mit ihrer Anwendungen für geodätische Aufgaben*, Hamburg, 1843.

[14] C.-G. Jacobi, Über eine neue Auflosungsart der bei der Methode der kleinsten Quadrate vorkommenden linearen Gleichungen, *Astronomische Nachrichten*, t. 22 (1845), pp. 297-306. *Gesammelte Werke*, vol. 3, 1884, pp. 469-478.

[15] E. Knobloch, *Der Begin der Determinantentheorie, Leibnizensnachgelassens Studien zum Determinantenkalkül; im Zuzammenhang mit dem gleichnamigen Abhandlungsband fast ausschlieblich zum ersten Mal nach den Originalschriften*, Gerstenberg Verlag, Hildsheim, 1980.

[16] J.-L. Lagrange, Nouvelle solution du problème du mouvement de rotation d'un corps de figure quelconque qui n'est animé par aucune force accélératrice, *Nouveaux Mémoires de l'Académie royale des Sciences et Belles-Lettres de Berlin*, 1773, pp. 85-128. *Œuvres*, vol. 3, pp. 577-616.

[17] Lam lay-Yong & Ang Tian-se, The Earliest Negative Numbers : How they Emerged from a Solution of Simultaneous Linear Equations, *Archives Internationales d'Histoire des Sciences*, t. 37 (1987), pp. 222-262.

[18] P.-S. Laplace, Recherches sur le calcul intégral et sur le système du monde, *Mémoires de l'Académie des Sciences de Paris*, 1772. *Œuvres*, vol. VIII, pp. 395-406.

[19] P.-S. Laplace, *Traité de Mécanique céleste*, 1799, Paris, Première partie, Livre III, chap. 5, § 39. *Œuvres*, vol. II, Paris, 1843.

[20] A.-M. Legendre, *Nouvelles Méthodes pour la détermination des Orbites des Comètes*, Paris, 1805.

[21] G.-W. Leibniz, Lettre à de l'Hospital du 28 avril 1693. *Mathematische Schriften*, t. 2, pp. 236-241. Hildesheim, Ohms, 1962.

[22] C. MacLaurin, *Treatise of Algebra*, Londres, 1748. Trad. fr. Paris, 1753.

[23] J.-C. Martzloff, *Histoire des Mathématiques Chinoises*, 1987, Paris, Masson.

[24] A. Michel-Pajus, Fragments d'une histoire des systèmes linéaires, *Mnémosyne*, n° 3 (1993), IREM Paris VII.

[25] T. Muir, *The theory of determinants in the historical order of development*, 4 vol., Londres, 1906-1923.

[26] P. A. Nekrasov, Détermination des inconnues par la méthode des moindres carrés pour un grand nombre d'inconnues, *Matematiceskij Sbornik*, t. X 22 (1885), pp. 189-204 (en russe).

[27] L. Seidel, Ueber ein Verfahren die Gleichungen, auf welche die Methode der kleinsten Quadrate führt, sowie lineäre Gleichungen überhaupt, durch successive Annäherung aufzulösen. Communication à la section math-physique de l'Académie Royale des Sciences de Berlin, séance du 7 février 1874.

[28] J. J. Sylvester, Additions to the articles, « On a new class of theorems », and « On Pascal's theorem », *Philosophical Magazine*, t. 37 (1850), pp. 363-370. *Collected Mathematical Papers*, vol. 1, pp. 145-151, New York, Chelsea Publishing Co, 1973.

[29] J. Tropfke, *Geschichte der Elementarmathematik*, 4e éd., vol. 1, Berlin et New York, Walter de Gruyter, 1980.

[30] A. T. Vandermonde, Mémoire sur l'élimination, *Histoire de l'Académie Royale des Sciences de Paris*, année 1772, 2e partie, Paris, pp. 516-532, 1776.

Chapitre 10

Tables et interpolation

« The theory of Interpolation... the science of reading between the lines of a mathematical table »

E. T. Whittaker, *The calculus of observations*, (Ch. I, p. 2)

La construction de tables s'est très vite avérée nécessaire pour faciliter les calculs et éviter d'avoir à procéder à de multiples reprises aux mêmes opérations. Nous avons vu qu'à des époques assez anciennes déjà, pour calculer les « inverses », les Babyloniens utilisaient des tables (*cf.* Chap. 1, § 2). Dans les calculs astronomiques, nos actuelles fonctions trigonométriques jouent un rôle important, elles correspondent aux tables de cordes que Ptolémée établit au IIe siècle (*cf.* § 1). Les tables de logarithmes fournissent un autre type de tables, elles sont relatives à une notion spécifiquement introduite pour faciliter les calculs, à savoir transformer les multiplications en additions ; nous verrons à ce propos les tables décimales de Briggs établies au début du XVIIe siècle à la suite des travaux de Neper (*cf.* § 2).

Le plus souvent dans ces tables, si certaines valeurs sont calculées à l'aide de procédés plus ou moins ingénieux, la plupart des autres valeurs sont obtenues par *interpolation* à partir des premières. Si bien que la sophistication de plus en plus grande des tables à établir conduit les mathématiciens à élaborer des méthodes d'interpolation de plus en plus performantes. Nous étudierons à ce propos les premières formules d'interpolation que sont la formule dite de Gregory-Newton et les polynômes d'interpolation de Newton et de Lagrange (*cf.* §§ 3, 4 et 5). Avec Cauchy et ses « fonctions interpolaires », nous apprécierons l'erreur commise au cours de l'interpolation (*cf.* § 6). Ces diverses formules sont établies entre la fin du XVIIe siècle et le début du XIXe. De façon plus contemporaine, nous verrons avec Neville comment on peut faciliter le calcul itéré du polynôme de Lagrange (*cf.* § 7), et nous évoquerons avec l'algorithme C.O.R.D.I.C. comment les calculatrices électroniques établissent leurs tables de fonctions usuelles (p. 389).

Mais que signifie précisément le terme « interpolation » ? Selon le Robert, il a pour origine le verbe latin « interpolare » qui veut dire « réparer », d'où le sens possible de « falsifier ». C'est ainsi qu'on peut parler d'une glose interpolée par un copiste, qui introduit dans un texte, par erreur ou par fraude, des termes qui n'y sont pas. Nous avons eu l'occasion, principalement dans les premiers chapitres, d'être confrontés à ce genre de problème. Quant à l'utilisation scientifique des termes « interpoler » et « interpolation », elle remonte au début du XIXe siècle ; ils expriment tout deux l'action consistant à intercaler des valeurs intermédiaires dans une série de valeurs connues.

On ne peut parler d'interpolation sans évoquer l'*extrapolation*. Dans le langage courant l'extrapolation peut comporter une certaine connotation négative ; l'acceptation scientifique correspond pour sa part à une opération qui n'est pas toujours facile, ni sûre, à savoir calculer des valeurs d'une fonction en dehors de la série des valeurs connues, c'est-à-dire pour des valeurs de la variable situées à l'extérieur de l'intervalle correspondant aux valeurs connues. Nous aurons l'occasion d'évoquer cette possibilité à propos du procédé d'extrapolation de Richardson (*cf.* chap. 14, § 5).

On ne peut pas non plus parler d'interpolation sans évoquer l'idée d'*approximation*, ne serait-ce que parce que la valeur d'une fonction obtenue par interpolation est toujours – ou presque – une approximation de la vraie valeur. Nous ferons ici la distinction suivante, qui n'est d'ailleurs pas dépourvue d'ambiguïté : l'interpolation d'une fonction sur un intervalle correspond au calcul approché de la valeur d'une fonction en un point à partir de la donnée d'autres valeurs, cette fonction n'étant pas nécessairement entièrement déterminée ; l'approximation d'une fonction traduit une idée plus globale, il s'agit de remplacer une fonction mal connue ou d'expression compliquée par une fonction connue ou plus simple qui soit proche de la fonction initiale sur tout un intervalle et non pas en un seul point. Le terme « proche » reste bien sûr à préciser dans la mesure où différentes « proximités » sont possibles.

En fait, même si l'interpolation d'une fonction consiste à calculer ses valeurs approchées en certains points à partir d'autres points en lesquels on connaît les valeurs de la fonction, on cherchera le plus souvent une fonction d'un type donné qui prend en ces derniers points les mêmes valeurs que la fonction à interpoler et on prendra pour valeurs interpolées les valeurs de cette nouvelle fonction. Toutefois cette idée de fonction interpolante d'un type donné n'est pas nécessairement spécifiée ; c'est le cas en particulier pour l'interpolation des tables. Le plus souvent les fonctions interpolantes considérées sont des polynômes, des combinaisons linéaires de fonctions trigonométriques et d'exponentielles ou des fractions rationnelles. Nous nous limiterons ici à l'interpolation polynomiale.

Notons que quel que soit le choix du type de fonction interpolante, celle-ci peut très bien constituer une approximation de la fonction initiale. Un polynôme d'interpolation ne représente-t-il pas à lui seul une approximation ? Si bien que nous sommes ramenés à la délicate distinction entre interpolation et approximation. Ces différents points seront progressivement précisés au cours de ce chapitre et du chapitre relatif à l'approximation des fonctions.

L'interpolation la plus élémentaire est l'*interpolation linéaire*. Elle est appelée parfois *méthode de Lagrange* ou *méthode de la sécante*. Elle consiste à remplacer une fonction f, dont on connaît les valeurs $f(a)$ et $f(b)$ pour deux valeurs a et b de la variable, par la fonction linéaire g prenant ces mêmes valeurs en a et b, à savoir :

$$g(x) = \frac{f(a) - f(b)}{a - b}x - \frac{bf(a) - af(b)}{a - b}.$$

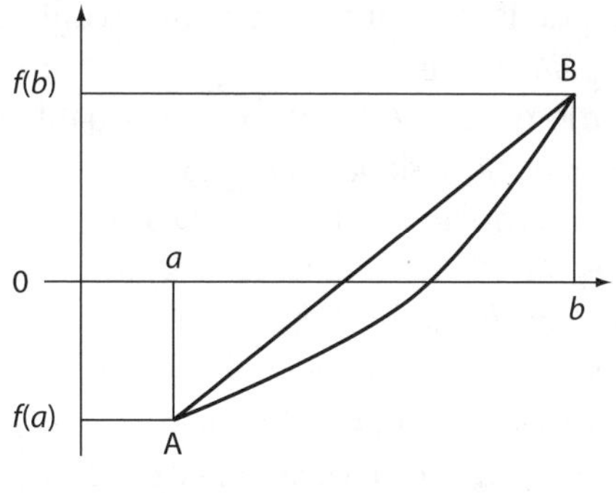

Dans un repère cartésien, il s'agit de remplacer la courbe d'équation $y = f(x)$ par la droite d'équation $y = g(x)$ (voir figure ci-dessus). Par suite, si l'on désire résoudre l'équation $f(x) = 0$, c'est-à-dire trouver l'abscisse du point d'intersection de la courbe d'équation $y = f(x)$ avec l'axe des x, l'interpolation linéaire consiste à remplacer la courbe par la sécante passant par les points A et B de coordonnées respectives $(a, f(a))$ et $(b, f(b))$.

Dans le cas où $f(a).f(b) < 0$, la résolution de $g(x) = 0$ donne :

$$x = \frac{bf(a) - af(b)}{f(a) - f(b)}$$

Et l'on retrouve là la fameuse règle de double fausse position si l'on interprète $f(a)$ et $f(b)$ comme les erreurs correspondant aux fausses valeurs a et b prises pour solution de l'équation linéaire (*cf.* Chap. 3).

1. LES TABLES DE CORDES DE PTOLÉMÉE

L'astronome Claude Ptolémée écrit sa *Composition Mathématique* vers 150 après J.-C. Cet ouvrage, appelé depuis l'*Almageste* – « le plus grand » en arabe –, a constitué pendant de nombreux siècles la référence essentielle en Astronomie, tout comme les *Éléments* d'Euclide pour la Géométrie. Ptolémée y explique en particulier la façon de construire une table des longueurs des cordes d'un cercle en fonction des valeurs des arcs correspondants. Ces tables sont les plus anciennes du genre parvenues jusqu'à nous, mais il est presque certain qu'avant lui Hipparque au IIe siècle avant J.-C. et Ménélaüs au Ier siècle de notre ère en avaient utilisées de semblables.

Nous avons dit que la tradition des tables numériques est ancienne, que l'on en trouve chez les Babyloniens. Mais celles-ci reposent sur des principes simples et aisés à mettre en œuvre (tables d'addition, de multiplication, de carrés, de cubes, d'inverses,...). D'autres au contraire n'auraient pu exister sans l'élaboration préalable de tout un arsenal théorique. Les tables de Ptolémée entrent dans cette catégorie puisque leur construction nécessite une théorie de la trigonométrie plane, d'ailleurs très précisément exposée dans l'*Almageste* même.

La notion de corde qu'utilise Ptolémée a probablement été introduite par Hipparque. Cette notion, depuis longtemps disparue de nos manuels de trigonométrie, est remplacée par celle de *sinus*, que l'on rencontrerait pour la première fois au VIe siècle dans les travaux du mathématicien indien Āryabhata. La corde d'un angle α dans un cercle de rayon R est la longueur cord(α) de la corde correspondant à un arc de cercle sous-tendu par un angle au centre α, si bien que le rapport de cette corde au diamètre est égal à ce que l'on appelle maintenant le sinus de l'angle $\alpha/2$ (*cf.* ci-contre), c'est-à-dire : $\text{cord}(\alpha) = 2R\sin(\alpha/2)$.

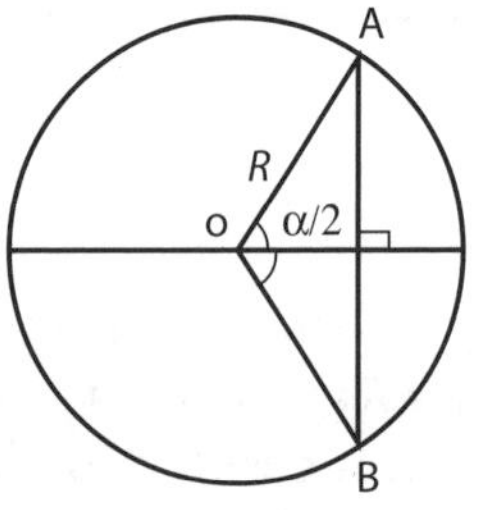

Ptolémée utilise la division babylonienne du cercle en 360° et calcule en numération sexagésimale. Il suppose aussi le diamètre partagé en 120 parties égales, si bien que l'unité de longueur de corde sera la partie (^{p}), divisée à son tour en minutes (') et en secondes ("). L'*Almageste* donne les valeurs des cordes par pas de un demi-degré avec une approximation correspondant à presque six décimales exactes.
Voici le schéma de la procédure exposée par Ptolémée :

1) *La détermination de cord(72°) et cord(36°).* Ptolémée commence par construire géométriquement les côtés du pentagone et du décagone réguliers, qui sous-tendent donc respectivement des arcs de 72° et

36°. Il en déduit, par l'utilisation itérée du théorème de Pythagore, les valeurs :

$$\text{cord}(72°) = 70^p\ 32'\ 3'' \text{ et } \text{cord}(36°) = 37^p\ 4'\ 55''.$$

2) *Le théorème de Ptolémée*. Il démontre ensuite le résultat, actuellement connu sous le nom de *théorème de Ptolémée* : dans un quadrilatère inscrit ABCD, le produit des diagonales est égal à la somme des produits des côtés opposés.

3) *La corde de la différence de deux arcs*. Avec l'énoncé précédent, Ptolémée montre comment, quand on connaît les cordes de deux arcs α et β, on peut calculer la corde de l'arc différence $\alpha - \beta$. D'où, en particulier, à partir de la corde de 72° déjà calculée et de celle de 60° facile à deviner, la corde de 12°.

4) *La corde d'un arc moitié*. Ptolémée explique ensuite comment, quand on connaît la corde d'un arc, on peut calculer la corde de l'arc moitié. D'où : cord(6°), cord(3°), cord(3/2°) et cord(3/4°).

5) *La corde de 1°*. Le procédé précédent ne permettant pas d'obtenir cord(1°), ni a fortiori cord(1/2°), Ptolémée utilise un encadrement subtil qui lui fournit la valeur de cord(1°), puis de cord(1/2°) avec une précision suffisante pour son projet.

6) *La table de demi-degré en demi-degré*. Ptolémée établit alors sa table selon la technique précédente en tenant compte aussi de ce que, grâce au théorème de Ptolémée, quand on connaît les cordes de deux arcs α et β, tout comme on sait calculer la corde de l'arc différence $\alpha - \beta$, on peut calculer la corde de l'arc somme $\alpha + \beta$.

Voici le passage correspondant aux points 2 et 3 et 4 ci-dessus. Le terme de corde y est traduit par *droite qui soutend* ou *soutendante*.

Le texte et la table de Ptolémée

Extrait du Tome Premier de la *Composition Mathématique* (vers 150 ap. J.-C). Traduction M. Halma, Paris, 1813 ; diffusion Blanchard, Paris (pp. 29-32 et 38).

Chapitre IX
ÉVALUATION DES DROITES INSCRITES DANS LE CERCLE

[...]

Soit un quadrilatère quelconque inscrit dans le cercle ABCD ; soient menées les diagonales AC, BD : il s'agit de prouver que le rectangle, construit sur AC et BD, est égal aux deux rectangles des côtés opposés AB CD, et AD BC. Soit fait l'angle ABE égal à l'angle DBC ; si nous ajoutons à chacun l'angle commun EBD, l'angle ABD égalera l'angle EBC. Mais BDA est égal à BCE ; car ces deux angles sont inscrits et appuyés sur le même arc ; donc le triangle ABD

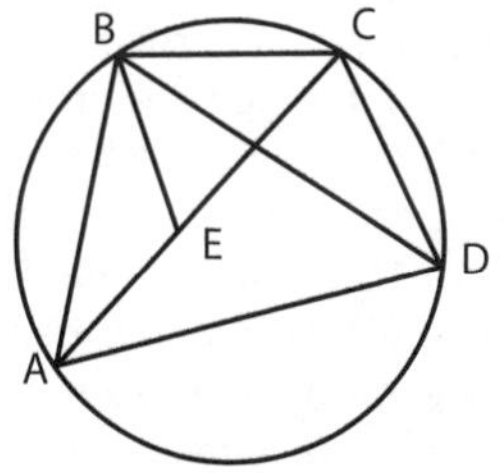

est équiangle au triangle BCE. On a donc l'analogie : BC est à CE, comme BD est à DA : par conséquent, le produit de BC multiplié par AD est égal à celui de BD multiplié par CE. Maintenant puisque l'angle ABE est égal à l'angle DBC, et que l'angle BAE est égal à l'angle BDC, le triangle ABE est équiangle au triangle BCD ; on a donc l'analogie : BD est à DC, comme BA est à AE ; donc le rectangle BA DC est égal au rectangle BD AE. Or il a été prouvé que le rectangle BC AD est égal au rectangle BD CE ; par conséquent le rectangle entier AC BD, est égal aux deux rectangles AB DC, et AD BC. Ce qu'il fallait démontrer.

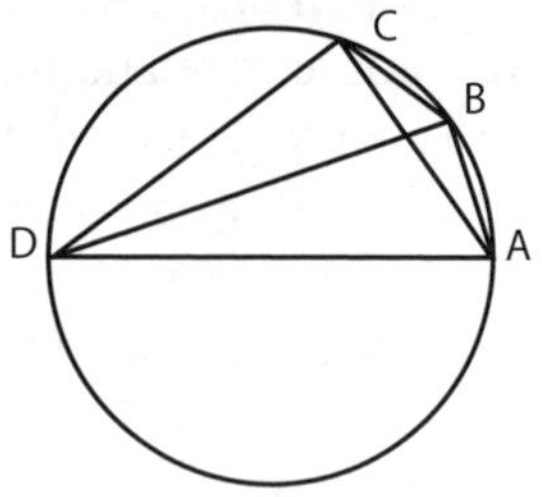

Cela posé, soit décrit un demi-cercle ABCD sur le diamètre AD ; soient menées du point A les deux droites AB AC, données de grandeur chacune en parties du diamètre donné de 120 parties, et joignez BC ; je dis que cette ligne est aussi donnée : car soient menées les droites BD CD ; elles sont aussi données, parce qu'elles sont soutendantes du reste de la demi-circonférence. Mais le quadrilatère ABCD étant inscrit dans le cercle, il s'ensuit que la somme des rectangles AB CD et AD BC est égale au rectangle AC BD. Or le rectangle construit sur AC et BD est donné, ainsi que le rectangle sur AB et CD, donc AD BC est aussi donné ; mais AD est le diamètre, donc la droite BC se trouve par là donnée. Ainsi nous voyons clairement que si deux arcs sont donnés avec leurs soutendantes, la droite qui soutend la différence de ces deux arcs, sera aussi donnée ; et il est évident que, par le moyen de ce théorème, nous inscrirons beaucoup d'autres droites qui soutendent les différences des deux arcs dont les soutendantes seront données, et que par conséquent, nous trouverons facilement celle qui soutend 12 parties de la circonférence, puisque nous avons celle de 60 et celle de 72 degrés.

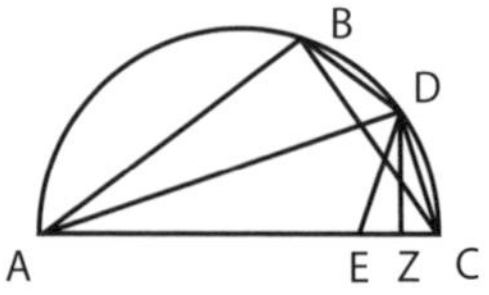

Soit encore proposé, étant donnée une droite inscrite dans un cercle, de trouver la soutendante de la moitié de l'arc soutendu par cette droite. Pour cela, soit le demi-cercle ABC décrit sur le diamètre AC, soit donnée la droite CB, et soit l'arc CB coupé par moitié au point D. Soient menées les droites AB, AD, BD, DC, et du point D soit abaissée la perpendiculaire DZ sur AC : je dis que ZC est la moitié de la différence entre AB et AC ; car, soit prise AE égale à AB, et joignons la droite DE ; puisque AB est égale à AE, et que AD est commune, les deux côtés AB, AD, sont égaux aux deux AE, AD, chacun à chacun, et l'angle BAD est égal à l'angle EAD ; la base BD est donc égale à la base DE. Mais BD est égale à DC ; donc DC est égale à DE. Le triangle DEC étant donc isocèle, soit abaissée du sommet la perpendiculaire DZ sur la base, EZ est égale à ZC ; or EC entière est la différence des droites AB, AC ; donc ZC est la moitié de cette différence. Ainsi, puisque la droite qui soutend l'arc BC étant donnée, AB qui soutend le reste de la demi-circonférence est aussi donnée, ZC moitié de la différence entre AC et AB, sera aussi par là même donnée. Mais puisque, dans le triangle rectangle ACD, étant menée la perpendiculaire DZ, le triangle rectangle ADC devient équiangle au triangle DCZ, et que CD est à CZ comme AC est à CD, il s'ensuit que le rectangle AC CZ est égal au carré fait sur CD ; donc la droite CD qui soutend la moitié de l'arc BC, sera donnée de longueur. Ce théorème servira à faire trouver la plupart des autres soutendantes en prenant les moitiés des arcs donné. Par exemple, au moyen de la droite qui soutend l'arc de 12 degrés, on trouvera celle des arcs 6^d, de 3^d, de $1\ 1/2^d$, et de 1/2 1/4 d'un seul degré. Or nous trouvons par le calcul, que la soutendante de $1\ 1/2^d$ contient à très-peu près $1^p34'\,15''$, des parties dont le diamètre en contient 120, et que celle de 1/2 1/4 en contient $0^p47'8''$.

[...]

ΜΑΘΗΜΑΤΙΚΗΣ ΣΥΝΤΑΞΕΩΣ ΒΙΒΛΙΟΝ Α.

TABLE DES DROITES INSCRITES DANS LE CERCLE.

ARCS.		CORDES.			TRENTIÈMES DES DIFFÉRENCES.			
Degrés	Min.	Part. du Diam.	Prim	Secon	Part.	Prim.	Secon.	Tierc.
0	30	0	31	25	0	1	2	50
1	0	1	2	50	0	1	2	50
1	30	1	34	15	0	1	2	50
2	0	2	5	40	0	1	2	50
2	30	2	37	4	0	1	2.	48
3	0	3	8	28	0	1	2	48
3	30	3	39	52	0	1	2	48
4	0	4	11	16	0	1	2	47
4	30	4	42	40	0	1	2	47
5	0	5	14	4	0	1	2	46
5	30	5	45	27	0	1	2	45
6	0	6	16	49	0	1	2	44
6	30	6	48	11	0	1	2	43
7	0	7	19	33	0	1	2	42
7	30	7	50	54	0	1	2	41
8	0	8	22	15	0	1	2	40
8	30	8	53	35	0	1	2	39
9	0	9	24	54	0	1.	2	38
9	30	9	56	13	0	1	2	37
10	0	10	27	32	0	1	2	35
10	30	10	58	49	0	1	2	33

ΚΑΝΟΝΙΟΝ ΤΩΝ ΕΝ ΚΥΚΛῼ ΕΥΘΕΙΩΝ.

ΠΕΡΙΦΕΡΕΙΩΝ.		ΕΥΘΕΙΩΝ.			ΕΞΗΚΟΣΤΩΝ.			
Μοιρῶν.		Μ.	Π.	Δ.	Μ.	Π.	Δ.	Τ.
ō	ϛ″	ō	λα	κε	ō	α	β	ν
α	ō	α	β	ν	ō	α	β	ν
α	ϛ″	α	λδ	ιε	ō	α	β	ν
β	ō	β	ε	μ	ō	α	β	ν
β	ϛ″	β	λζ	δ	ō	α	β	μη
γ	ō	γ	η	κη	ō	α	β	μη
γ	ϛ″	γ	λθ	νβ	ō	α	β	μη
δ	ō	δ	ια	ιϛ	ō	α	β	μζ
δ	ϛ″	δ	μβ	μ	ō	α	β	μζ
ε	ō	ε	ιδ	δ	ō	α	β	μϛ
ε	ϛ″	ε	με	κζ	ō	α	β	με
ϛ	ō	ϛ	ιϛ	μθ	ō	α	β	μδ
ϛ	ϛ″	ϛ	μη	ια	ō	α	β	μγ
ζ	ō	ζ	ιθ	λγ	ō	α	β	μβ
ζ	ϛ″	ζ	ν	νδ	ō	α	β	μα
η	ō	η	κβ	ιε	ō	α	β	μ
η	ϛ″	η	νγ	λε	ō	α	β	λθ
θ	ō	θ	κδ	νδ	ō	α	β	λη
θ	ϛ″	θ	νϛ	ιγ	ō	α	β	λζ
ι	ō	ι	κζ	λβ	ō	α	β	λε
ι	ϛ″	ι	νη	μθ	ō	α	β	λγ

La soustraction des arcs.

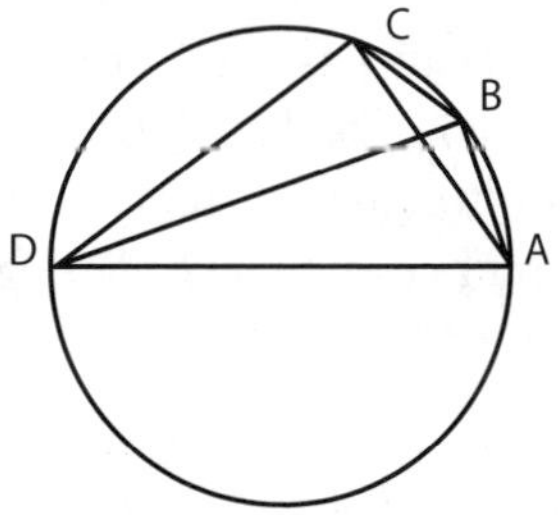

Le théorème de Ptolémée affirme que, lorsque ABCD désigne un quadrilatère inscrit dans un cercle, on a la relation :

$$AC.BD = AB.CD + AD.BC.$$

Par suite, le cas où AD est un diamètre (*cf.* figure ci-contre) montre que lorsque $AC = \text{cord}(\alpha)$ et $AB = \text{cord}(\beta)$ sont connus, $BC = \text{cord}(\alpha - \beta)$ est aussi connu.

En effet, d'après le théorème de Ptolémée :

$$\text{cord}(\alpha-\beta) = BC = \frac{AC.BD - AB.CD}{AD}$$

$$= \frac{\text{cord}(\alpha)\text{cord}(180^\circ-\beta) - \text{cord}(\beta)\text{cord}(180^\circ-\alpha)}{120}$$

Par ailleurs, le théorème de Pythagore fournit les valeurs :

$$\text{cord}^2(180^\circ-\alpha) = CD^2 = AD^2 - AC^2 = 120^2 - \text{cord}^2(\alpha)$$
$$\text{cord}^2(180^\circ-\beta) = BD^2 = AD^2 - AB^2 = 120^2 - \text{cord}^2(\beta).$$

On reconnaît la formule trigonométrique « actuelle » :

$$\sin(\alpha-\beta) = \sin\alpha\cos\beta - \sin\beta\cos\alpha \text{ avec } \cos\gamma = \sin(90^\circ-\gamma).$$

Ainsi, de cord(72°) = 70^p 32' 3" (*cf.* présentation) et de cord(60°) = 60^p (bien évidemment) résulte :

$$\text{cord}(12^\circ) = 12^p\ 32'\ 36''.$$

La division des arcs. Par ailleurs, grâce à un autre raisonnement géométrique, Ptolémée montre que si BC = cord(α) est connu, alors CD = cord(α/2) est aussi connu.
En effet, CD vérifie (*cf.* figure ci-contre) :
$CD^2 = AC.CZ$ où $AC = 120$, $CZ = (AC - AB)/2$ et AB = cord(180° – α).

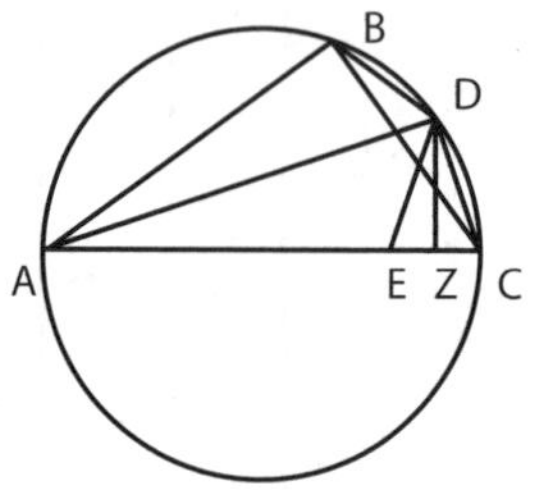

Autrement dit :

$$\text{cord}^2(\alpha/2) = 60\ [120 - \text{cord}(180^\circ-\alpha)].$$

On reconnaît : $2\sin^2(\alpha/2) = 1 - \cos\alpha$.
Ainsi, à partir de cord(12°) = 12^p 32' 36", Ptolémée peut calculer :

$$\text{cord}(6^\circ), \text{cord}(3^\circ), \text{cord}(3/2^\circ) = 1^p\ 34'\ 15'' \text{ et } \text{cord}(3/4^\circ) = 0^p\ 47'\ 8''.$$

Le calcul de cord(1°). Avec les procédures précédentes, on ne peut obtenir ni cord(1°), ni cord(1/2°). Il ne peut en effet exister de relation algébrique exprimée à l'aide de racines carrées seulement entre cord(α) et cord(α/3). C'est le problème de la trisection de l'angle à la règle et au compas que l'on ne savait pas résoudre à cette époque et dont on sait maintenant qu'il ne possède pas de solution sauf pour des valeurs particulières de α.

Ptolémée utilise une remarque *ad hoc* pour arriver cependant à déterminer cord(1°) avec le degré d'approximation désirée. À l'aide d'un raisonnement géométrique, il prouve que, étant donnés deux arcs α et β :

$$\text{si } \alpha < \beta, \text{ alors cord}(\alpha) / \text{cord}(\beta) > \alpha/\beta.$$

Un tel énoncé a déjà été utilisé par Aristarque de Samos, Euclide et Archimède. La dernière inégalité peut aussi s'écrire

$$\text{cord}(\alpha)/\alpha > \text{cord}(\beta)/\beta.$$

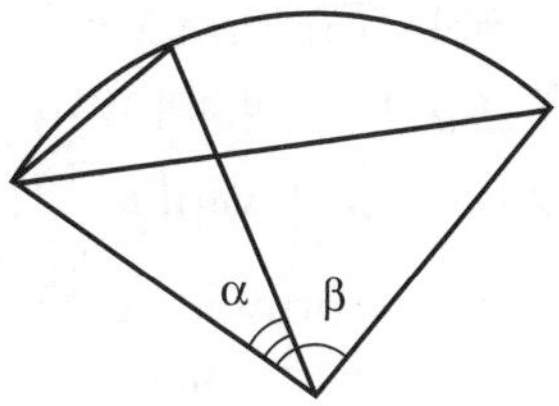

Elle est intuitivement naturelle : l'on sent bien que plus l'arc grandit, plus l'écart entre la corde et l'arc s'accroît (*cf.* figure ci-contre). Ainsi :

$$\frac{\text{cord}(3/4°)}{3/4} < \frac{\text{cord}(1°)}{1} < \frac{\text{cord}(3/2°)}{3/2}.$$

Or, il se trouve que, compte tenu des valeurs déjà obtenues pour cord(3/2°) et cord(3/4°), les deux termes extrêmes de ces inégalités sont égaux ; c'est donc qu'à l'approximation des calculs près cord(1°) = cord(3/2°) / 3/2 = 1^p 2' 50". D'où l'on déduit cord(1/2°) = 0^p 31' 25".

La table des cordes.

Ptolémée peut alors établir sa table de demi-degré en demi-degré en utilisant au mieux ses formules de division des arcs, de soustraction d'arcs et aussi d'addition d'arcs, obtenue elle aussi par le théorème de Ptolémée.

L'interpolation en tant que telle n'est pas apparue au cours de ce processus, sauf peut-être pour la détermination de cord(1°) par interpolation (constante !) de la fonction cord(α) / α dans l'intervalle [3/4,3/2]. Elle est en fait présente dans la table dressée par Ptolémée (*cf.* p. 361) : dans la première colonne apparaissent les valeurs des arcs de demi-degré en demi-degré, dans la deuxième les valeurs correspondantes des cordes et dans une troisième colonne intitulée « trentièmes des différences », le trentième de la valeur de l'accroissement de la corde dans l'intervalle de 30' en question. Il s'agit donc de ce qui correspond à l'accroissement de la corde pour un accroissement de l'arc de 1' calculé en terme d'approximation linéaire, autrement dit Ptolémée incite l'utilisateur de ses tables à calculer les valeurs des cordes des arcs de minute en minute par interpolation linéaire.

Évoquons brièvement quelques tables établies ultérieurement. Les mathématiciens indiens utilisaient la demi-corde dont le rapport au rayon correspond à notre sinus. Diverses relations entre multiples et sous-multiples d'un arc sont utilisées pour établir des tables de « sinus » d'arcs entre 0 et 90°, tables qui là encore servaient aux calculs de l'astronomie. On ne sait pas si les tables indiennes sont inspirées de celles de Ptolémée. Ce qui paraît probable c'est qu'aussi bien les tables de Ptolémée que celles des Indiens ont une source commune, à savoir l'astronomie babylonienne et ses divisions sexagésimales.

Dans son traité d'astronomie *Khaṇḍa Khādyaka*, écrit en 665, Brahmagupta indique comment interpoler les sinus d'angles fournis par la table. En termes modernes, en utilisant les différences finies $\Delta \sin pt$ et $\Delta \sin(p+1)t$, il approche $\sin p(t + \Delta t)$ à l'aide de :

$$\sin pt + \Delta t\left\{\left[\Delta\sin\left(p+1\right)t + \Delta\sin pt\right]/2 + \Delta t\left[\Delta\sin\left(p+1\right)t - \Delta\sin pt\right]/2\right\}.$$

C'est la « formule de Newton-Stirling » à l'ordre 2 (*cf.* § 3 et § 4 ci-après).

Les mathématiciens arabes connaissaient l'*Almageste* – comme on s'en doute – et aussi certains travaux indiens. La première table de sinus est établie dans un ouvrage d'astronomie d'al-Khwārizmī. Les Indiens ont introduit des grandeurs correspondant à notre sinus et aussi à notre cosinus. Les Arabes établissent des tables de grandeurs correspondant à nos tangente et cotangente. Celles-ci permettaient de trouver la hauteur α du soleil à partir de la longueur ℓ de l'ombre de la barre verticale d'un gnomon :

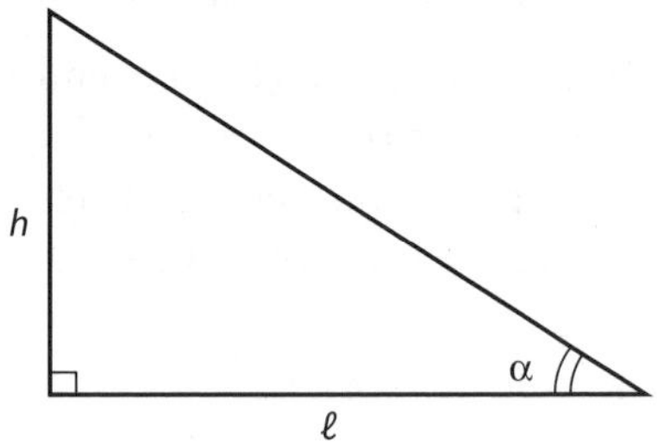

$$\ell = h \operatorname{cotg}(a) \text{ où } h \text{ désigne la hauteur de la barre.}$$

Les astronomes des pays d'Islam ont élevé la trigonométrie tant plane que sphérique au rang de véritable discipline. On peut à ce propos citer la *Révision de l'Almageste* d'al-Battānī (ɪxᵉ/xᵉ siècles), le *Livre complet* d'Abū l-Wafā, le *Qānūn al-Masʿūdī* d'al-Bīrūnī (xᵉ/xɪᵉ siècles) (*cf.* [32]). Dans ses tables de sinus, al-Bīrūnī utilise une interpolation quadratique qui, exprimée en termes de différences divisées, approcherait $\sin p(t + \Delta t)$ par :

$$\sin pt + \Delta t\,\Delta\sin\left(p-1\right)t + \Delta t^2\left[\Delta\sin pt - \Delta\sin\left(p-1\right)t\right].$$

Ibn Yūnis (xᵉ siècle) établit une formule qui revient essentiellement à :

$$\cos\alpha\ \cos\beta = \left[\cos\left(\alpha+\beta\right) + \cos\left(\alpha-\beta\right)\right]/2.$$

Avant l'invention des logarithmes, cette relation sera utilisée au xvɪᵉ siècle, par Tycho Brahé en particulier, pour remplacer les multiplications par des additions.

À propos du problème posé à Ptolémée par le calcul de la valeur exacte de cord(1°), on se rappellera la méthode itérative employée par al-Kāshī au xvᵉ siècle pour résoudre l'équation $\sin 3° = 3x - 4x^3$, c'est-à-dire pour obtenir une valeur approchée de sin 1° à partir de la valeur connue de sin 3° (*cf.* chap. 7, p. 249).

Signalons enfin qu'au xvɪᵉ siècle l'astronome allemand Rheticus, employant une équipe de calculateurs durant une dizaine d'années, établit une table de sinus avec un pas de 10" pour les arcs et quinze décimales pour les valeurs des sinus.

2. LES LOGARITHMES DÉCIMAUX DE BRIGGS

« The word algorithm itself is quite interesting ; at first glance it may look as though someone intended to write logarithm but jumbled up the first four letters. »

Donald E. KNUTH, The Art of Computer Programming, (t. 1, p. 1)

Alors que la notion de corde possède une origine géométrique, celle de logarithme est introduite pour faciliter les calculs. En effet, le logarithme transformant la multiplication en addition et la division en soustraction :

$$\log xy = \log x + \log y, \log x/y = \log x - \log y,$$

le but des tables de logarithmes est d'effectuer une fois pour toutes des opérations laborieuses, mises ensuite à la disposition des calculateurs.

Suggérée par Archimède dans l'*Arénaire*, la mise en correspondance d'une progression arithmétique avec une progression géométrique apparaît explicitement dans le *Triparty en la science des nombres* de Chuquet au XVe siècle, puis dans l'*Arithmetica integra* de Stiefel au XVIe siècle, où interviennent même des exposants négatifs. Les additions et soustractions des unes correspondent aux multiplications et divisions des autres.

C'est l'écossais John Napier – ou Neper – qui développe la théorie et la pratique du logarithme, le « nombre du rapport ». Afin d'obtenir une approximation suffisante, il introduit des progressions intermédiaires engendrées par un mouvement continu, liant ainsi continuité et approximation : « *Le logarithme de tout sinus est un nombre qui exprime avec une grande approximation la ligne, qui augmente également dans des temps égaux pendant que la ligne du sinus total décroît proportionnellement dans ce sinus, les deux mouvements ayant lieu dans le même temps, et au commencement avec la même vitesse.* » [12]

Si, à l'origine, les logarithmes de Neper concernent les sinus, c'est qu'ils ont pour but de faciliter les calculs astronomiques. En fait, Neper considère un cercle de rayon $R = 10^7$; de sorte que son logarithme s'exprime à l'aide de l'actuel logarithme – le *logarithme néperien* d'après l'appellation de Lacroix – selon la formule $R \operatorname{Log} R/x = 10^7 \operatorname{Log} 10^7 - 10^7 \operatorname{Log} x$. En 1614, Neper [19] publie dans son *Mirifici logarithmorum canonis Descriptio* des tables à 8 décimales.

Ces tables de logarithmes eurent très vite beaucoup de succès et de nombreuses autres furent ensuite publiées. Citons tout particulièrement les tables d'*Antilogarithmes* de l'astronome suisse Bürgi [3] imprimées à Prague en 1620, mais calculées antérieurement et indépendamment de Neper. Citons bien sûr Henry Briggs qui s'occupait de navigation, cherchant à la rendre à la fois plus sûre et plus rapide, et qui, de ce fait, a tout naturellement pris un grand intérêt pour les logarithmes. Il établit une première table, *Logarithmorum Chilias Prima*, parue en 1617, mais surtout il publie en 1624 l'*Arithmetica logarithmica* [2]. Les logarithmes qu'il y considère sont de nouveaux logarithmes valant respectivement 0 et 1 pour les nombres 1 et 10, ce sont nos logarithmes décimaux. Cette table, établie pour les entiers de 1 à 20 000 et de 90 000 à 101 000, comporte 14 décimales.

Si l'importance pratique des logarithmes est apparue d'emblée, leur intérêt théorique ne se révèle qu'un peu plus tard avec l'étude de la spirale logarithmique, puis de la courbe logarithmique elle-même, et avec le calcul de l'aire sous l'hyperbole. Établir une table de logarithmes confronte le mathématicien à des difficultés techniques : les tables doivent fournir des valeurs comportant assez de décimales pour permettre des calculs suffisamment précis, or les calculs des logarithmes eux-mêmes sont a priori laborieux. En effet, à partir de leur seule définition, il s'agit d'intercaler des rapports, donc d'extraire des racines carrées successives et ceci d'une façon suffisamment répétée pour obtenir le degré de précision voulue. Si bien que pour limiter ce travail considérable et ne calculer qu'un nombre limité de valeurs, il faut développer des méthodes d'interpolation.

Dans l'extrait ci-après, Briggs propose une première méthode de calcul du logarithme d'un nombre, ici log 2. Elle repose sur la remarque suivante : si l'écriture décimale de 2^n comporte k chiffres, c'est-à-dire :
si $10^{k-1} \leq 2^n \leq 10^k$, alors $(k-1)/n \leq \log 2 \leq k/n$, et la précision augmente avec l'entier n.

Le texte de Briggs

Extrait de l'*Arithmetica logarithmica* de Henry Briggs, Londres, 1624.
Traduction d'Adrien Vlacq, *Arithmétique logarithmétique*, Goude, 1628 (pp. 9 – 10). (B. N.).

Ainſi le deux eſtant multiplié en ſoy meſme produit quatre, dont l'Indice eſt 2. le quatre pareillement fait 16, & ſon Indice 4. item 16 donne en la meſme ſorte 256, dont l'Indice eſt 8. & puis ce dernier produit eſtant multiplié par 4 donne 1024, dont l'Indice 10 eſt egal aux Indices des produiſants : Et ſont les Characteres de ce dernier produit quatre en nombre. Tout ce que deſſus eſt evident par le quatrieſme & cinquieſme Lemme precedents. En voicy la conſtruction.

1	0		
2	1		
4	2	1.	1
16	4	2	1e. Quatraine.
256	8	3	
1024	10	4	
10,48576	20	7	
109,95116,27776	40	13	2e. Quatraine.
12089,25819,61463	80	25	
12676,50600,22823	100	31	
16069,38044,25899	200	61	
25822,49878,08685	400	121	3e. Quatraine.
66680,14432,87940	800	241	
10715,08607,18618	1000	302	
11481,30695,27407	2000	603	
13182,04093,43051	4000	1205	4e. Quatraine.
17376,62031,93695	8000	2409	
19950,63116,87912	10000	3011	
	Indices.	Nombre des char.	

Or ces quatre nombres 4. 16. 256. 1024. sont la premiere Quatraine : apres laquelle il en faut ordonner encore une autre ; & pour l'entrée, le premier nombre eu sera trouvé en multipliant le dernier de la precedente Quatraine par soy mesme ; le second sera le quarré du premier, & le troisiesme celuy du second ; le quatriesme est le produit du premier multiplié par le troisiesme de cette Quatraine : & ces quatre ont pour Indices 20. 40. 80. 100. le premier en contenant sept Characteres. le second 13. le troisiesme 25. & le quatriesme 31. Ainsi accompli-je pareillement les autres Quatraines jusqu'a ce que le quatriesme nombre de la derniere ait pour Indice 1,00000,00000,0000. & contiendra 30102,99956,6399. Characteres en nombre. Et ainsi il faudra placer environ cinquante & sept nombres principaux au second arrangement.* Dont le premier qui est le costé & la racine des autres, est Deux : & le dernier en à le mesme Indice, qui à esté donné, en la premiere progression infinie au Dix.

Pour la troisiesme progression, on l'auroit peu descrire toute entiere par le second Lemme, si le dernier produict de la seconde fust cognu : lequel doit estre par le premier Lemme egal au dernier produit de cette troisiesme progression. Dont en l'une & en l'autre est desia cognu le nombre des Characteres pour les derniers produits, qui n'outrepasse l'Indice de ce produit au troisiesme rang, & celuy de Deux en la premiere progression infinie, que d'une seule unité. Car pour trouver c'est Indice requis au troisiesme rang, il ne faut que diviser continuellement le dernier produit par Dix le nombre donné, dont l'Indice a esté donné pareillement. Et en divisant ainsi quelque nombre par Dix, le Quotient sera la Disme du divisé, c'est a dire, le mesme nôbre retrenché seulement vers dextre d'un Charactere (comme estant divisé 4357 par 10, donne quotient 435.) de sorte que le nombre des quotients ou des divisions ne sera, que d'un Charactere moins que le nombre divisé mesme. mais le nombre des quotients monstrera la distance qu'il y a du nombre divisé depuis l'Vnité, où l'Indice de ce mesme nombre divisé en ce troisiesme arrangement, estant le mesme avec celuy Indice de la premiere progression infinie, qui doit estre adjoint au costé du deuxiesme rang, a savoir au Deux, & est le Logarithme de Deux : le mesme qui nous est requis, a sçavoir 30102, 99956, 6398.

** Non pas qu'il les y faille mettre en leur entier, car il n'est pas necessaire ou possible ; Mais il suffit d'en mettre de chascun quelques Characteres devers la senestre, pour signifier le nombre d'iceux Characteres. Toutesfois nous avons descrit plus curieusement les premiers Characteres de chascune de ces Quatraines, parce qu'autrement on ne pourroit trouver le vray nombre des Characteres du dernier produit. comme il se verra en ces nombres marquez de B. esquels estant soubstraite une Vnité du dernier nombre de la premiere Quatraine 1024. il en vient pour le dernier nombre de la troisiesme Quatraine un nombre de 301 Characteres, qui devoit estre, comme il a esté trouvé cy devant, de 302.*

B	Indic.	Nombres des Char.	
1023	01	4	
1046529	20	7	1e. Quat.
1095223	40	13	
1199513	80	25	
1255332	100	31	
1575870	200	61	2e. Quat.
2483363	400	121	
6167075	800	241	
9718508	1000	301	

Briggs propose ensuite une autre méthode de calcul des logarithmes. Celle-ci est fondée sur les remarques suivantes :

1° pour $a > 1, \sqrt[2^n]{a}$ tend vers 1 quand n tend vers l'infini,

2° si $a = 1 + x$ où $x << 1$, alors $\sqrt{a} \approx 1 + x/2$,

3° pour $x << 1 \left(x < 10^{-6}\right)$, $\log\left(1 + x\right) \approx kx$ où $\exists k = 0{,}43429\ldots$

Ainsi, pour établir une table de logarithmes décimaux, il convient de calculer tout d'abord le logarithme de chaque nombre premier, puisque l'on

aura alors le logarithme de tout entier, donc de tout nombre décimal. Pour n assez grand : $$\sqrt[2^n]{p} = 1 + x \text{ où } x < 10^{-6},$$
d'où : $$\log p = 2^n \log(1 + x) \approx 2^n kx$$

Il s'agit donc essentiellement d'extraire des racines carrées successives (*cf.* chap. 7). Briggs accélère les calculs par des remarques astucieuses. Ainsi, dans le cas de log 2, il note que $2^{10}/1\,000 = 1{,}024$; il est donc plus rapide de commencer à extraire les racines carrées successives de 1,024 beaucoup plus proche de 1 que ne l'est le nombre 2.

Mais tout ceci est fastidieux et Briggs invente d'autres techniques ingénieuses, en particulier le calcul des différences finies dont il va être question dans les parties suivantes. Cette technique est fondée sur le fait que pratiquement pour toutes les fonctions tabulaires les différences finies d'un certain ordre sont nulles ou sont très petites. Cette interpolation à l'aide des différences finies est adaptée au cas présent de l'extraction de racines carrées. Nous n'en parlerons pas explicitement, disons simplement qu'il n'y est pas question, comme plus tard chez Gregory, d'une interpolation par des fonctions.

Les tables de logarithmes, tout comme les tables de fonctions trigonométriques, sont bien sûr rapidement tombées en désuétude avec l'avènement des calculateurs électroniques.

LOGARITHMES DES NOMBRES DE 1 A 10 000

	44	43
1	4,4	4,3
2	8,8	8,6
3	13,2	12,9
4	17,6	17,2
5	22,0	21,5
6	26,4	25,8
7	30,8	30,1
8	35,2	34,4
9	39,6	38,7
	42	**41**
1	4,2	4,1
2	8,4	8,2
3	12,6	12,3
4	16,8	16,4
5	21,0	20,5
6	25,2	24,6
7	29,4	28,7
8	33,6	32,8
9	37,8	36,9
	40	**39**
1	4	3,9
2	8	7,8
3	12	11,7
4	16	15,6
5	20	19,5
6	24	23,4
7	28	27,3
8	32	31,2
9	36	35,1
	38	**37**
1	3,8	3,7
2	7,6	7,4
3	11,4	11,1
4	15,2	14,8
5	19,0	18,5
6	22,8	22,2
7	26,6	25,9
8	30,4	29,6
9	34,2	33,3
	36	**35**
1	3,6	3,5
2	7,2	7,0
3	10,8	10,5
4	14,4	14,0
5	18,0	17,5
6	21,6	21,0

N	0	1	2	3	4	5	6	7	8	9
100	00 000	043	087	130	173	217	260	303	346	389
1	432	475	518	561	604	647	689	732	775	817
2	860	903	945	988	*030	*072	*115	*157	*199	*242
3	01 284	326	368	410	452	494	536	578	620	662
4	703	745	787	828	870	912	953	995	*036	*078
5	02 119	160	202	243	284	325	366	407	449	490
6	531	572	612	653	694	735	776	816	857	898
7	938	979	*019	*060	*100	*141	*181	*222	*262	302
8	03 342	383	423	463	503	543	583	623	663	703
9	743	782	822	862	902	941	981	*021	*060	*100
110	04 139	179	218	258	297	336	376	415	454	493
1	532	571	610	650	689	727	766	805	844	883
2	922	961	999	*038	*077	*115	*154	*192	*231	*269
3	05 308	346	385	423	461	500	538	576	614	652
4	690	729	767	805	843	881	918	956	994	*032
5	06 070	108	145	183	221	258	296	333	371	408
6	446	483	521	558	595	633	670	707	744	781
7	819	856	893	930	967	*004	*041	*078	*115	*151
8	07 188	225	262	298	335	372	408	445	482	518
9	555	591	628	664	700	737	773	809	846	882
120	918	954	990	*027	*063	*099	*135	*171	*207	*243
1	08 279	314	350	386	422	458	493	529	565	600
2	636	672	707	743	778	814	849	884	920	955
3	991	*026	*061	*096	*132	*167	*202	*237	*272	*307
4	09 342	377	412	447	482	517	552	587	621	656
5	691	726	760	795	830	864	899	934	968	*003
6	10 037	072	106	140	175	209	243	278	312	346
7	380	415	449	483	517	551	585	619	653	687
8	721	755	789	823	857	890	924	958	992	*025
9	11 059	093	126	160	193	227	261	294	327	361

II. Logarithmes des nombres de 1 à 10 000.

N	0	1	2	3	4	5	6	7	8	9
150	17 609	638	667	696	725	754	782	811	840	869
1	898	926	955	984	*013	*041	*070	*099	*127	*156
2	18 184	213	241	270	298	327	355	384	412	441
3	469	498	526	554	583	611	639	667	696	724
4	752	780	808	837	865	893	921	949	977	*005
5	19 033	061	089	117	145	173	201	229	257	285
6	312	340	368	396	424	451	479	507	535	562
7	590	618	645	673	700	728	756	783	811	838
8	866	893	921	948	976	*003	*030	*058	*085	*112
9	20 140	167	194	222	249	276	303	330	358	385
160	412	439	466	493	520	548	575	602	629	656
1	683	710	737	763	790	817	844	871	898	925
2	952	978	*005	*032	*059	*085	*112	*139	*165	*192
3	21 219	245	272	299	325	352	378	405	431	458
4	484	511	537	564	590	617	643	669	696	722
5	748	775	801	827	854	880	906	932	958	985
6	22 011	037	063	089	115	141	167	194	220	246
7	272	298	324	350	376	401	427	453	479	505
8	531	557	583	608	634	660	686	712	737	763
9	789	814	840	866	891	917	943	968	994	*019
170	23 045	070	096	121	147	172	198	223	249	274
1	300	325	350	376	401	426	452	477	502	528
2	553	578	603	629	654	679	704	729	754	779
3	805	830	855	880	905	930	955	980	*005	*030
4	24 055	080	105	130	155	180	204	229	254	279
5	304	329	353	378	403	428	452	477	502	527
6	551	576	601	625	650	674	699	724	748	773
7	797	822	846	871	895	920	944	969	993	*018
8	25 042	066	091	115	139	164	188	212	237	261
9	285	310	334	358	382	406	431	455	479	503
180	527	551	575	600	624	648	672	696	720	744

	28
1	2,8
2	5,6
3	8,4
4	11,2
5	14,0
6	16,8
7	19,6
8	22,4
9	25,2
	27
1	2,7
2	5,4
3	8,1
4	10,8
5	13,5
6	16,2
7	18,9
8	21,6
9	24,3
	26
1	2,6
2	5,2
3	7,8
4	10,4
5	13,0
6	15,6
7	18,2
8	20,8
9	23,4
	25
1	2,5
2	5,0
3	7,5
4	10,0
5	12,5
6	15,0
7	17,5
8	20,0
9	22,5
	24
1	2,4
2	4,8
3	7,2
4	9,6
5	12,0
6	14,4
7	16,8
8	19,2

C. Bouvart et A. Ratinet *Nouvelles tables de logarithmes à cinq décimales à l'usage des candidats au Baccalauréat et aux Écoles Polytechnique et de Saint-Cyr* Paris, Hachette, 1957. Il s'agit d'un classique des années 60. On note dans la marge les corrections à effectuer selon l'interpolation linéaire données en fonction de la valeur de la première différence finie.

3. LA FORMULE DE GREGORY-NEWTON

Nous avons vu que, dans un premier temps, pour calculer ou mettre en œuvre des tables numériques, les mathématiciens ont utilisé l'interpolation linéaire. C'est en tout cas ce que suggère Ptolémée à son lecteur pour connaître les valeurs des cordes d'arc de minutes en minutes. L'interpolation linéaire n'est cependant pas toujours suffisante pour obtenir de bonnes sous-tabulations, c'est-à-dire des valeurs intermédiaires assez précises. C'est ainsi que les mathématiciens ont été conduits à élaborer un nouveau calcul à l'aide des différences finies, que nous avons seulement citées à propos des tables trigonométriques indiennes et arabes et des tables de logarithmes de Briggs.

Donnons ici, selon des notations actuelles, les premiers éléments de ce calcul. Supposons que l'on connaisse les valeurs $y_0, y_1, ..., y_n$ d'une fonction f pour des valeurs équidistantes de la variable $x_k = x_0 + ck$, c'est-à-dire $y_k = f(x_k)$ pour $0 \leq k \leq n$. On associe alors à cette suite de valeurs y_k, la suite de leurs différences finies premières :

$$\Delta y_0 = y_1 - y_0,\ \Delta y_1 = y_2 - y_1, \ldots, \Delta y_{n-1} = y_n - y_{n-1},$$

À cette nouvelle suite Δy_k, on peut associer la suite de ses différences finies premières, qui constituent les différences finies secondes de la suite initiale, à savoir :

$$\Delta^2(y_k) = \Delta(\Delta y_k) = \Delta(y_{k+1} - y_k) = (y_{k+2} - y_{k+1}) - (y_{k+1} - y_k)$$
$$= y_{k+2} - 2y_{k+1} + y_k.$$

Et ainsi de suite... Les différences finies troisièmes conduisent à :

$$\Delta^3(y_k) = y_{k+3} - 3y_{k+2} + 3y_{k+1} - y_k.$$

D'une façon générale :

$$\Delta^r(y_k) = \sum_{0 \leq s \leq r} (-1)^{r-s} \binom{r}{s} y_{k+s}$$

On peut regrouper ces valeurs dans un tableau :

$$\begin{array}{ccccccccc}
y_0 & & y_1 & & y_2 & & y_3 & & y_4 \cdots \\
& \Delta y_0 & & \Delta y_1 & & \Delta y_2 & & \Delta y_3 \cdots & \\
& & \Delta^2 y_0 & & \Delta^2 y_1 & & \Delta^2 y_2 \cdots & & \\
& & & \Delta^3 y_0 & & \Delta^3 y_1 \cdots & & & \\
& & & & \Delta^4 y_0 \cdots & & & &
\end{array}$$

où chaque élément du tableau est la différence des deux éléments voisins situés sur la ligne précédente. On y dispose de la vérification suivante : la somme des éléments d'une ligne est toujours égale à la différence des termes extrêmes de la ligne précédente.

Dans le bref passage ci-après, extrait d'une lettre de Gregory à Collins, on peut lire une formule donnant la valeur interpolée d'une fonction f en un point $x = a$ à partir de la connaissance des différences finies de cette fonction en un point x_0. Ce texte semble au premier abord assez énigmatique à cause sans doute des notations qui ne nous sont pas familières. Les lettres d, f, h, i, ... représentent les différences finies successives prises au point x_0. Ici, $x_0 = 0$ et $f(0) = 0$. L'expression $\alpha\gamma$ représente la valeur de la fonction pour $x = a$. Une transcription en termes modernes de la formule de Gregory fournit la classique formule d'interpolation de Gregory-Newton :

$$\alpha\gamma = f(a) - f(0) = \frac{a}{c}\Delta f(0) + \frac{a(a-c)}{2c^2}\Delta^2 f(0) + \frac{a(a-c)(a-2c)}{6c^3}\Delta^3 f(0) + \frac{a(a-c)(a-2c)(a-3c)}{24c^4}\Delta^4 f(0) + \ldots$$

En fait, vers 1610, dans un texte non publié *De Numeris Triangularibus et inde De Progressionibus Arithmeticis Magisteria magna*, Sir Thomas Harriot a déjà élaboré une théorie des différences finies (*cf.* [17]). Il utilise une disposition en tableau, qui correspond à la formule précédente poussée jusqu'à l'ordre 5 et il interpole ainsi, pour des valeurs fractionnaires de la variable, des fonctions dont les différences finies cinquièmes sont constantes. Quant à Briggs, il a vraisemblablement connu les techniques de Harriot. De façon analogue, il effectue certaines tabulations de racines carrées pour calculer ses logarithmes [2]. Si bien que, selon Goldstine [10], la formule de Gregory-Newton devrait plus correctement être appelée formule de Harriot-Briggs. Gregory et Newton l'ont toutefois redécouverte indépendamment. Le premier y fait allusion en 1670 dans la lettre à John Collins citée ci-dessous. Le second développe ses idées dans une lettre à John Smith datée du 8 mai 1675. Ajoutons que cette formule était connue aussi de Mercator [18] et de Leibniz [16]. Mais c'est Gregory qui le premier met en évidence une formule de type polynomial.

La lettre de Gregory

Extrait de la lettre de James Gregory à John Collins du 23 novembre 1670, in *The correspondence of Isaac Newton*, vol. I (1661-1675), éditée par H.W. Turnbull, Cambridge University Press, 1959. Traduit du latino-anglais par A. Michel-Pajus.

... Je me souviens que, dans le temps, vous attendiez de moi ma méthode pour trouver la partie proportionnelle dans les tables; la voici : Dans la figure 8 de mes exercices, sur la droite AI imaginons un segment quelconque Aα sur lequel est menée la perpendiculaire $\alpha\gamma$, de sorte que γ soit sur la courbe ABH, tout le reste demeurant comme auparavant ; soit la série infinie $\frac{a}{c}, \frac{a-c}{2c}, \frac{a-2c}{3c}, \frac{a-3c}{4c}$, etc., et soit $\frac{b}{c}$ le produit des deux premiers termes de la série, $\frac{k}{c}$ celui des trois premiers, $\frac{i}{c}$ celui des quatre premiers, $\frac{m}{c}$ celui des cinq premiers, etc., à l'infini ; on aura le segment de droite $\alpha\gamma = \frac{ad}{c} + \frac{bf}{c} + \frac{kh}{c} + \frac{li}{c}$ + etc., à l'infini : cette méthode, telle que je la pratique, est à la fois plus commode et plus universelle que celles de Briggs et de Mercator, et fonctionne aussi sans tables...

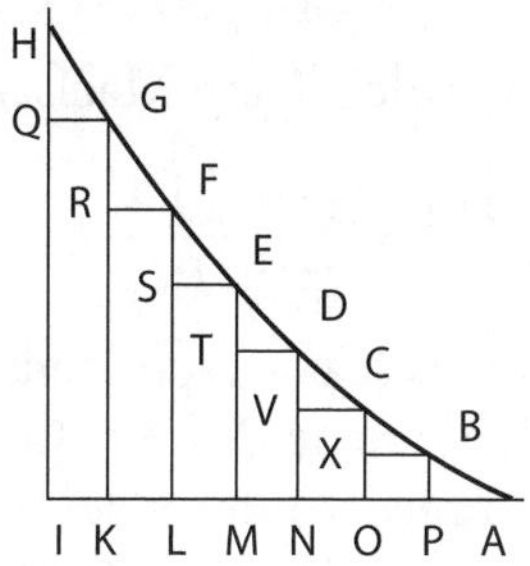

D'après la figure 8 des *Exercitationes Geometricae*, Londres, 1668.

Nous avons dit que la transposition de ces formules s'écrit :

$$f(a) - f(0) = \frac{a}{c}\Delta f(0) + \frac{a(a-c)}{2c^2}\Delta^2 f(0) + \frac{a(a-c)(a-2c)}{6c^3}\Delta^3 f(0) + \frac{a(a-c)(a-2c)(a-3c)}{24c^4}\Delta^4 f(0) + \ldots$$

Si l'on y remplace 0 par x_0, $f(0)$ par $f(x_0)$ et a par ct, elle devient :

$$f(x_0 + ct) = f(x_0) + t\Delta f(x_0) + \frac{t(t-1)}{2!}\Delta^2 f(x_0) + \frac{t(t-1)(t-2)}{3!}\Delta^3 f(x_0) + \ldots$$

Tronquée au rang n, cette formule correspond à l'interpolation des valeurs d'une fonction f à l'aide d'une fonction polynomiale de degré n admettant, jusqu'à l'ordre n, les mêmes différences finies en x_0 que la fonction initiale f. Pour s'en assurer il suffit de donner successivement à t les valeurs 0, 1, 2, ..., n.

Cette dernière assertion revient d'ailleurs à dire que la fonction polynomiale prend les mêmes valeurs que f en les $n + 1$ points $x_0 + kc$ où $k = 0, 1, ..., n$. En effet, les quantités $\Delta^k f(x_0)$ ont été obtenues à partir des valeurs $f(x_0 + ck)$ pour $k = 0, 1, ..., n$; mais réciproquement, la connaissance des

$\Delta^k f(x_0)$ permet de reconstituer le tableau donné en introduction, donc en particulier les $f(x_0 + ck)$.

On note actuellement $\binom{X}{n}$ le polynôme $\dfrac{X(X-1)\dots(X-n+1)}{n!}$, si bien que la formule de Gregory-Newton s'écrit :

$$f(x) = \sum_{k\geq 0} \Delta^k f(0) \binom{X}{k}$$

formule analogue à la formule de Taylor-MacLaurin :

$$f(x) = \sum_{k\geq 0} \frac{f^{(k)}(0)}{k!} X^k$$

où dérivées et différences finies se correspondent (*cf.* chap. 13, § 1).

Ajoutons que si un polynôme de degré n « approche bien » la fonction à interpoler, les différences finies d'ordre n de cette fonction seront « à peu près » toutes égales. En effet, les différences finies d'ordre n d'un polynôme de degré n sont constantes, à l'instar de la dérivée $n^{\text{ième}}$. C'est d'ailleurs ce principe qui a généralement présidé au choix de l'ordre jusqu'auquel il convenait de considérer les différences finies dans les sous-tabulations.

Une autre façon d'écrire la formule de Gregory-Newton consiste à l'écrire sous la forme :

$$f(x_0 + ct) = f(x_0) + t\left\{\Delta f(x_0) + \frac{t-1}{2}\left[\Delta^2 f(x_0) + \frac{t-2}{3}\left[\Delta^3 f(x_0) + \dots\right]\right]\right\}.$$

Autrement dit, on commence par la différence supposée constante d'ordre n : $\qquad u_n = \Delta^n f(x_0)$,

puis on calcule de proche en proche :

$$u_{n-1} = \Delta^{n-1} f(x_0) + u_n(t-n+1)/n,$$

....

$$u_k = \Delta^k f(x_0) + u_{k+1}(t-k)/(k+1),$$

....

$$f(x_0 + ct) = f(x_0) + u_1 t.$$

4. LE POLYNÔME D'INTERPOLATION DE NEWTON

C'est probablement Newton qui a le plus contribué à la théorie de l'interpolation et des différences finies. Il aborde, semble-t-il pour la première fois, cette question dans sa lettre à John Smith du 8 mai 1675 (*cf.* [23], p. 14-21). Il souhaite l'aider dans son élaboration d'une table à 8 décimales de racines carrés, cubiques et quatrièmes des nombres de 1 à 10000. À cet effet, il propose de calculer ces racines, avec 10 décimales, pour les entiers de 100 en 100, puis d'interpoler tout d'abord chacune des racines pour les valeurs intermédiaires de 10 en 10 à l'aide des différences finies troisièmes.

On trouve d'autres références à l'interpolation dans les travaux de Newton, ainsi dans le *Methodus Differentialis*, publié en 1711, mais écrit en octobre 1676 [24], et dans sa fameuse lettre à Oldenburg du 24 octobre 1676 (*cf.* [22], t. II, p. 119 et aussi [8]).

Ici nous allons nous intéresser à un lemme extrait des *Principes mathématiques de la philosophie naturelle* et qui présente la question d'une façon plus géomérique. Il y est demandé de « trouver la ligne parabolique qui passe par un nombre quelconque de points donnés ». Une *ligne parabolique* ne désigne pas ici une parabole, mais une courbe représentative d'une fonction polynomiale de degré n quelconque. Newton résout le problème par une formule semblable, aux notations près, à celle de Gregory. Il distingue cependant deux situations. Tout d'abord, celle où, comme chez Gregory, les sous-intervalles sont tous égaux et il retrouve la formule précédente où les différences finies successives relatives au point initial sont notées $b, c, d, e,...$ et les quantités polynomiales en l'abscisse p sont notées p, q, r, s, t ... (En fait, il s'agit des opposés).

Plus intéressante est la situation où les intervalles sont inégaux, car c'est souvent le cas lorsque les données résultent d'expérimentations. La régularité d'observations astronomiques par exemple peut être contrariée par des perturbations atmosphériques. Au lieu des différences finies précédentes, Newton considère alors ce que, depuis De Morgan ([6], p. 550), on appelle les *différences divisées* :

$$\underline{\Delta}\left(f\left(x_k\right)\right) = \frac{f\left(x_{k+1}\right) - f\left(x_k\right)}{x_{k+1} - x_k},$$

si bien que les entiers 2, 3, 4 ... correspondant à la progression le long de l'intervalle et divisant les quantités polynomiales disparaissent de la formule qui, avec nos notations, devient :

$$f\left(x\right) = f\left(x_0\right) + \left(x - x_0\right)\underline{\Delta} f\left(x_0\right) + \left(x - x_0\right)\left(x - x_1\right)\underline{\Delta}^2 f\left(x_0\right) + \ldots.$$

Le texte de Newton

Extrait de *Philosophiae naturalis principia mathematica*, Londres, 1687.
Traduction par Madame la Marquise du Chastelet, Desaint et Saillant, Paris, 1759.
Réimpr. Paris, Blanchard, 1964 (Livre troisième, pp. 120-122).

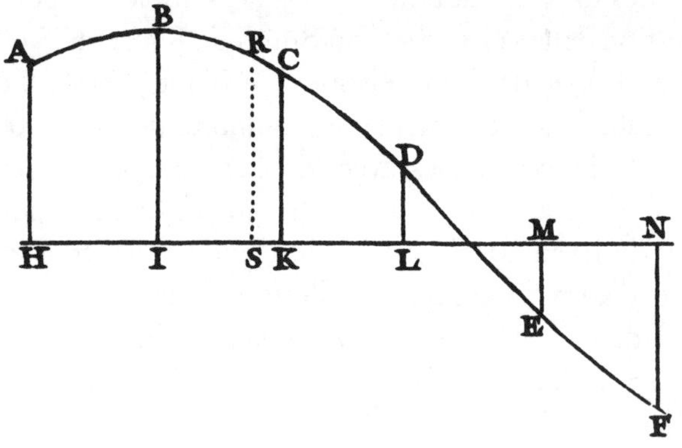

LEMME V.

Trouver la ligne parabolique qui passe par un nombre quelconque de points donnés.

Soient ces points donnés *A*, *B*, *C*, *D*, *E*, *F*, *&c.* & soient abaissées de ces points, à une droite quelconque *HN* donnée de position, les perpendiculaires *AH*, *BI*, *CK*, *DL*, *EM*, *FN*.

Cas 1. Si les intervalles *HI*, *IK*, *KL*, *&c.* des points *H*, *I*, *K*, *L*, *M*, *N* sont égaux, rassemblez les premieres différences *b*, 2*b*, 3*b*, 4*b*, 5*b*, *&c.* des perpendiculaires *AH*, *BI*, *CK*, *&c.* les secondes *c*, 2*c*, 3*c*, 4*c*, *&c.* les troisiémes *d*, 2*d*, 3*d*, *&c.* c'est-à-dire, que $AH - BI = b$, $BI - CK = 2b$, $CK - DL = 3b$, $DL + EM = 4b$, $-EM + FN = 5b$, *&c.* qu'en-

b 2*b* 3*b* 4*b* 5*b*

c 2*c* 3*c* 4*c*

d 2*d* 3*d*

e 2*e*

f

ſuite $b - 2b = c$ *&c.* & qu'on parvienne ainſi à la derniére différence ſuppoſée f, qu'on éleve enfin une perpendiculaire quelconque RS laquelle ſoit une ordonnée à la courbe cherchée : on aura ſa longueur de la maniére ſuivante, ſuppoſé que les intervalles HI, IK, KL, LM, *&c.* ſoient des unités, & que $AH = a$, $-HS = p$, $\frac{1}{2}p \times -IS = q$, $\frac{1}{3}q \times +SK = r$, $\frac{1}{4}r \times +SL = s$, $\frac{1}{5}s \times +SM = t$; & en continuant ainſi juſqu'à la pénultiéme perpendiculaire ME, & mettant des ſignes négatifs aux termes HS, IS, *&c.* qui ſont du côté de A par rapport à S, & des ſignes poſitifs aux termes SK, SL, *&c.* qui ſont de l'autre côté du point S. Et en ayant attention de placer ces ſignes comme il convient, on aura $RS = a + bp + cq + dr + es + ft$, *&c.*

Cas 2. Si les intervalles HI, IK, *&c.* des points H, I, K, L, *&c.* ſont inégaux, prenez les différences premieres b, $2b$, $3b$, $4b$, $5b$ des perpendiculaires AH, BI, CK, *&c.* diviſées par les intervalles de ces perpendiculaires, les ſecondes différences c, $2c$, $3c$, $4c$, *&c.* diviſées par les ſeconds intervalles, les troiſiémes d, $2d$, $3d$, *&c.* diviſées par les troiſiémes intervalles, les quatriémes e, $2e$, &c. diviſées par les quatriémes intervalles, & ainſi de ſuite, c'eſt-à-dire, de ſorte que $b = \frac{AH - BI}{HI}$, $2b = \frac{BI - CK}{IK}$, $3b = \frac{CK - DL}{KL}$, *&c.* enſuite $c = \frac{b - 2b}{HK}$, $2c = \frac{2b - 3b}{IL}$, $3c = \frac{3b - 4b}{KM}$, *&c.* & enfin $d = \frac{c - 2c}{HL}$, $2d = \frac{2c - 3c}{IM}$, *&c.* Ayant trouvé ces différences, ſoient nommées $AH = a$, $-HS = p$, $p \times -IS = q$, $q \times + SK = r$, $r \times + SL = s$, $s \times + SM = t$, & ainſi de ſuite juſqu'à la pénultiéme perpendiculaire ME, l'ordonnée cherchée RS ſera $= a + bp + cq + dr + es + ft$, *&c.*

Cor. On peut trouver par-là, à peu près, les aires de toutes les courbes ; car ſi on a quelques points d'une courbe quelconque qu'on ſe propoſe de quarrer, & qu'on imagine une parabole menée par ces mêmes points : l'aire de cette parabole ſera à peu près la même que celle de la courbe qu'on doit quarrer ; or on a des méthodes très-connues par lesquelles on peut toujours quarrer géométriquement les paraboles.

LEMME VI.

Ayant observé quelques-uns des lieux d'une comète, trouver son lieu dans un temps quelconque intermédiaire donné.

Que *HI*, *IK*, *KL*, *LM* représentent les temps qui se sont écoulés entre les observations ; *HA*, *IB*, *KC*, *LD*, *ME* les cinq longitudes observées de la comète ; *HS* le temps donné entre la premiere observation & la longitude cherchée ; si on suppose une courbe réguliére *ABCDE* qui passe par les points *A*, *B*, *C*, *D*, *E*, on trouvera par le Lemme précédent son ordonnée *RS*, & cette ligne sera la longitude cherchée.

Par la même méthode ayant observé cinq latitudes, on trouvera la latitude à un temps donné.

Si les différences des longitudes observées sont petites, comme de 4 ou 5 dégrés seulement ; il suffira de 3 ou 4 observations pour trouver la latitude & la longitude nouvelle. Si les différences sont plus grandes, comme de 10 ou 20 dégrés ; il faudra employer cinq observations.

Ainsi, le lemme VI fournit une application immédiate du lemme V. Quant au corollaire relatif au calcul de l'aire sous une courbe, il sera utilisé dans notre chapitre 11 relatif à l'intégration approchée.

Étudions la construction de ce polynôme d'interpolation. Appelons : x_0, $x_1, x_2, ..., x_n$ et x les abscisses des points H, I, K, L, M, N et S et $y_0, y_1, y_2, ...,$ y_n et y les ordonnées des points A, B, C, D, E, F et R.
Les différences finies divisées successives sont alors :

$$\underline{\Delta} y_k = \frac{y_{k+1} - y_k}{x_{k+1} - x_k},$$

$$\underline{\Delta}^2 y_k = \frac{\dfrac{y_{k+2} - y_{k+1}}{x_{k+2} - x_{k+1}} - \dfrac{y_{k+1} - y_k}{x_{k+1} - x_k}}{x_{k+2} - x_k},\dots$$

et la formule s'écrit :

$$y = y_0 + \underline{\Delta} y_0 (x - x_0) + \underline{\Delta}^2 y_0 (x - x_0)(x - x_1) + \underline{\Delta}^3 y_0 (x - x_0)(x - x_1)(x - x_2) + \dots$$

Tronqué au rang n, le second membre est encore un polynôme de degré n qui prend en $x_0, x_1, ..., x_n$ les mêmes valeurs que la fonction. Écrit sous cette forme, on l'appelle *polynôme d'interpolation de Newton*. D'ailleurs, ces polynômes peuvent se construire de proche en proche, le polynôme d'interpolation de degré n tronqué au rang $n - 1$ devenant le polynôme d'interpolation de degré $n - 1$.

Ces différences divisées peuvent elles-aussi s'obtenir dans un tableau et elles ne dépendent pas de l'ordre dans lequel les points $x_0, x_1, x_2, ..., x_n$ sont considérés. D'ailleurs :

$$\underline{\Delta}^n y_0 = \sum_{0 \le k \le n} \left[\frac{f(x_k)}{\Pi_{i \ne k}(x_k - x_i)} \right].$$

Une autre façon d'utiliser cette formule consiste à l'écrire sous la forme :

$$y = y_0 + (x - x_0)\left\{\underline{\Delta} y_0 + (x - x_1)\left[\underline{\Delta}^2 y_0 (x - x_2)\left[\underline{\Delta}^3 y_0 + \ldots\right]\right]\right\}.$$

Autrement dit, on commence par la différence divisée d'ordre n supposée constante :

$$v_n = \underline{\Delta}^n y_0,$$

puis on calcule de proche en proche :

$$v_{n-1} = \underline{\Delta}^{n-1} y_0 + (x - x_{n-1}) v_n,$$

....

$$v_k = \underline{\Delta}^k y_0 + (x - x_k) v_{k+1},$$

....

$$y = y_0 + (x - x_0) v_1.$$

Jusqu'à présent nous avons toujours considéré les points d'interpolation rangés dans un ordre croissant et les différences finies que l'on peut qualifier de *progressives* par opposition à ces autres différences finies dites *régressives* (pour simplifier, nous nous limiterons aux différences finies) :

$$\nabla y_k = y_k - y_{k-1}, \nabla^2 y_k = y_k - 2y_{k-1} + y_{k-2}, \ldots$$

La formule étudiée précédemment correspond à ce que l'on appelle l'*algorithme de Newton progressif* par opposition à l'*algorithme de Newton régressif* donné par la formule :

$$f(x_0) + t\,\nabla f(x_0) + \frac{t(t+1)}{2!}\nabla^2 f(x_0) + \frac{t(t+1)(t+2)}{3!}\nabla^3 f(x_0) + \ldots$$
$$= \sum_{k \ge 0} \nabla^k f(x_0) \binom{t + k - 1}{k}$$

L'algorithme progressif est à utiliser lorsque la valeur de f que l'on désire interpoler correspond à une valeur x de la variable qui se situe vers le début de l'intervalle d'interpolation, tandis que l'algorithme régressif correspond au cas où la valeur x se situe vers la fin de cet intervalle.

Lorsque la valeur x se situe vers le milieu de l'intervalle, on utilise alors plutôt l'*algorithme de Newton-Gauss* :

$$f(x_0 + ct) = f(x_0) + t\Delta f(x_0) + \frac{t(t-1)}{2!}\Delta^2 f(x_0 - c)$$
$$+ \frac{(t+1)t(t-1)}{3!}\Delta^3 f(x_0 - c) + \frac{(t+1)t(t-1)(t-2)}{4!}\Delta^4 f(x_0 - 2c)$$
$$+ \frac{(t+2)(t+1)t(t-1)(t-2)}{5!}\Delta^5 f(x_0 - 2c) + \dots$$

La formule pourrait être réécrite en termes de différences finies centrales, notion introduite par Sheppard en 1899 [27] :

$$\delta f(x_0) = f(x_0 + c/2) - f(x_0 - c/2)$$

où c correspond au pas supposé constant de la progression.

De même que pour la formule de Gregory-Newton, on distingue, pour l'algorithme de Newton-Gauss, un algorithme progressif et un algorithme régressif. Une combinaison des deux conduit à la *formule de Newton-Stirling* :

$$f(x_0 + ct) = f(x_0) + t\left[\frac{\Delta f(x_0) + \Delta f(x_0 - c)}{2}\right] + \frac{t^2}{2!}\Delta^2 f(x_0 - c)$$
$$+ \frac{t(t^2 - 1^2)}{3!}\left[\frac{\Delta^3 f(x_0 - c) + \Delta^3 f(x_0 - 2c)}{2}\right]$$
$$+ \frac{t^2(t^2 - 1^2)}{4!}\Delta^4 f(x_0 - 2c)$$
$$+ \frac{t(t^2 - 1^2)(t^2 - 2^2)}{5!}\left[\frac{\Delta^5 f(x_0 - 2c) + \Delta^5 f(x_0 - 3c)}{2}\right]$$
$$+ \dots$$

Cette formule que l'on trouve dans le *Methodus Differentialis* de Newton ([24], prop. iii, cas 1) est étudiée par Stirling en 1730 ([28], prop. xx). Elle est utile lorsque la valeur à interpoler correspond à un point $x = x_0 + ct$ très proche de x_0. Il existe d'ailleurs dans ce cas d'autres variantes encore des formules de Newton, telles les formules de Newton-Bessel (Newton [24], prop. iii, cas ii) et Laplace-Everett (Laplace [15], p. 15 ; Everett [7], p. 648).

5. LE POLYNÔME D'INTERPOLATION DE LAGRANGE

Dans l'une de ses leçons à l'École Normale de l'an III, Lagrange évoque la question traitée précédemment par Newton, à savoir l'interpolation d'une courbe par une « courbe parabolique », c'est-à-dire d'une fonction par une fonction polynomiale. Newton appliquait son énoncé à la trajectoire d'une comète, Lagrange motive son propos par un problème pratique :

« *D'un point dont la position est inconnue, on a observé trois objets dont les distances respectives sont connues, et l'on a déterminé les trois angles formés par les rayons visuels, menés de l'œil de l'observateur à ces trois objets. On demande la position du lieu de l'observateur par rapport aux mêmes objets.* »

Il en propose une résolution géométrique par essais et erreurs ; celle-ci conduit à une courbe des erreurs connue par un nombre fini de points, points correspondant aux essais effectués ; finalement, pour résoudre le problème, il s'agit d'approcher cette courbe à l'aide d'un polynôme. Ce dernier, le polynôme d'interpolation de Lagrange, n'est autre que le polynôme de Newton ; mais son expression est différente et cette différence est intéressante.

La leçon de Lagrange

Extrait des « Leçons élémentaires de mathématiques données à l'École Normale en 1795 », *Journal de l'École Polytechnique*, VIIe et VIIIe cahiers, t. II (1812). *Œuvres*, t. VII, Gauthier-Villars, Paris, 1877 (pp. 284-286).

Newton est le premier qui se soit proposé ce Problème ; voici la solution qu'il en donne :

Soient P, Q, R, S,... les valeurs des ordonnées y qui répondent aux valeurs $p, q, r, s,\ldots$ des abscisses x ; on aura les équations suivantes

$$\begin{aligned} P &= a + bp + cp^2 + dp^3 + \ldots, \\ Q &= a + bq + cq^2 + dq^3 + \ldots, \\ R &= a + br + cr^2 + dr^3 + \ldots, \\ &\ldots\ldots\ldots\ldots\ldots\ldots, \end{aligned}$$

le nombre de ces équations devant être égal à celui des coefficients indéterminés $a, b, c,\ldots$. Soustrayant ces équations l'une de l'autre, les restes seront divisibles par $q-p$, $r-q,\ldots$, et l'on aura, après la division,

$$\frac{Q-P}{q-p} = b + c(q+p) + d(q^2 + qp + p^2) + \ldots,$$

$$\frac{R-Q}{r-q}=b+c(r+q)+d(r^2+rq+q^2)+\ldots,$$

$$\ldots\ldots\ldots\ldots\ldots\ldots\ldots\ldots\ldots\ldots\ldots\ldots$$

Soit

$$\frac{Q-P}{q-p}=Q_1,\quad \frac{R-Q}{r-q}=R_1,\quad \frac{S-R}{s-r}=S_1,\quad \ldots;$$

on trouvera de la même manière, par la soustraction et la division,

$$\frac{R_1-Q_1}{r-p}=c+d(r+q+p)+\ldots,$$

$$\frac{S_1-R_1}{s-q}=c+d(s+r-q)+\ldots,$$

$$\ldots\ldots\ldots\ldots\ldots\ldots\ldots\ldots\ldots\ldots$$

Soit de même

$$\frac{R_1-Q_1}{r-p}=R_2,\quad \frac{S_1-R_1}{s-q}=S_2,\quad \ldots;$$

on trouvera

$$\frac{S_2-R_2}{s-r}=d+\ldots,$$

$$\ldots\ldots\ldots\ldots\ldots,$$

et ainsi de suite.

On trouve, de cette manière, les valeurs des coefficients a, b, c,..., à commencer par les dernières, et, les substituant dans l'équation générale

$$y=a+bx+cx^2+dx^3+\ldots,$$

il viendra, après les réductions, cette formule, qu'il est aisé de continuer aussi loin qu'on voudra,

$$y=P+Q_1(x-p)+R_2(x-p)(x-q)+S_3(x-p)(x-q)(x-r)+\ldots.$$

Mais on peut réduire cette solution à une plus grande simplicité par la considération suivante.

Puisque y doit devenir P, Q, R,..., lorsque x devient p, q, r,..., il est aisé de voir que l'expression de y sera de cette forme

$$y=AP+BQ+CR+DS+\ldots,$$

où les quantités A, B, C,... doivent être exprimées en x, de manière qu'en faisant $x = p$ on ait

$$A = 1, \quad B = 0, \quad C = 0, \quad \ldots;$$

que de même, en faisant $x = q$, on ait

$$A = 0, \quad B = 1, \quad C = 0, \quad D = 0, \quad \ldots;$$

qu'en faisant $x = r$, on ait pareillement

$$A = 0, \quad B = 0, \quad C = 1, \quad D = 0, \quad \ldots, \quad \text{etc.};$$

d'où il est facile de conclure que les valeurs de A, B, C,... doivent être de cette forme

$$A = \frac{(x - q)(x - r)(x - s)\ldots}{(p - q)(p - r)(p - s)\ldots},$$

$$B = \frac{(x - p)(x - r)(x - s)\ldots}{(q - p)(q - r)(q - s)\ldots},$$

$$C = \frac{(x - p)(x - q)(x - s)\ldots}{(r - p)(r - q)(r - s)\ldots},$$

$$\ldots\ldots\ldots\ldots\ldots\ldots\ldots\ldots,$$

en prenant autant de facteurs, dans les numérateurs et dans les dénominateurs, qu'il y aura de points donnés de la courbe, moins un.

Il s'agit bien du même polynôme puisque le *polynôme de Lagrange* et le polynôme de Newton coïncident pour un nombre de valeurs de la variable égal à leur degré augmenté de un. Le polynôme de Lagrange présente l'avantage d'une plus grande simplicité dans son expression car ses coefficients sont donnés par une formule globale et non itérative. Le polynôme de Newton s'avère par contre mieux adapté au cas, utile dans la pratique, où, après avoir interpolé la fonction à partir de n valeurs, on désire tenir compte d'une valeur supplémentaire : il suffit d'ajouter au polynôme initial de degré $n - 1$ le monôme $\Delta^{n+1} y_0 \left(x - x_0\right)\ldots\left(x - x_n\right)$, le coefficient $\Delta^{n+1} y_0$ s'obtenant en prolongeant le tableau des différences d'un cran vers la droite. Avec le polynôme de Lagrange, il faut par contre modifier tous les termes.

Cependant, si les points x_k sont équidistants, $x_k = x_0 + ck$ $(k = 0,...,n)$, alors le polynôme de Lagrange P_n de degré n de la fonction f est donné par la formule suivante où les $g_k(t)$ sont indépendants du point x_0 et du pas c et peuvent donc être tabulés :

$$P_n\left(x_0 + ct\right) = \sum_{0 \le k \le n} f\left(x_k\right) g_k(t) \text{ où } g_k(t) = \prod_{\substack{0 \le i \le n, \\ i \ne k}} \frac{(t-i)}{(k-i)}.$$

En 1821 Cauchy [4] propose d'utiliser des fractions rationnelles, plus générales que les polynômes. Notant qu'il n'existe qu'une fraction rationnelle u, dont le numérateur soit de degré p et le dénominateur de degré q, prenant des valeurs déterminées u_i pour $p + q + 1$ valeurs x_i de la variable, il donne une formule répondant à la question en général. Par exemple, pour $p = q = 1$, il obtient :

$$u = \frac{u_0 u_1 \dfrac{x - x_2}{(x_0 - x_2)(x_1 - x_2)} + u_0 u_2 \dfrac{x - x_1}{(x_0 - x_1)(x_2 - x_1)} + u_1 u_2 \dfrac{x - x_0}{(x_1 - x_0)(x_2 - x_0)}}{u_0 \dfrac{x_0 - x}{(x_0 - x_1)(x_0 - x_2)} + u_1 \dfrac{x_1 - x}{(x_1 - x_0)(x_1 - x_2)} + u_2 \dfrac{x_2 - x}{(x_2 - x_0)(x_2 - x_1)}}$$

Ajoutons enfin que dans le texte cité de Lagrange, celui-ci écrit : «... *il est clair que, quelle que puisse être la courbe proposée, la courbe parabolique ainsi tracée en différera toujours d'autant moins que le nombre de points donnés sera plus grand, et leur distance moindre.*» Si un tel énoncé s'accorde avec l'intuition, il faut peut-être regarder un peu plus précisément ce qu'il en est (*cf.* chap. 13, § 3 et le phénomène de Runge). Dans cet ordre d'idée, on peut aussi essayer de majorer l'erreur commise au cours du processus d'interpolation ; c'est ce que Cauchy étudie dans le texte ci-après.

À vrai dire, Lagrange est plus intéressé par le versant algébrique des calculs que par leur mise en oeuvre numérique. À l'opposé, l'un de ses collègues, Gaspard de Prony, professeur à l'École polytechnique dès 1794, tient avant tout à ce que les théories mathématiques puissent conduire à des calculs praticables. À cet effet, il organise la réalisation de tables extrêmement précises, en adoptant une division du travail «pour fabriquer des logarithmes comme on fabrique des épingles» : un premier groupe de mathématiciens choisit les formules (une adaptation du calcul des différences finies); un deuxième groupe de calculateurs prépare les instructions et les modèles de pages de tables (de façon à ce qu'il ne reste à effectuer que des additions et des soustractions) ; enfin, ces opérations sont effectuées par un troisième groupe d'au moins 60 à 80 personnes (dont beaucoup sont des coiffeurs réduits au chomage par la Révolution). Les calculs, achevés vers 1801, fournissent les logarithmes de 1 à 200 000 avec 14 décimales (ainsi que des tables de sinus). Mais, la taille des tables en rend le coût de publication trop élevé ; elles ne seront imprimées que partiellement et avec près d'un siècle de retard. Il est possible que l'aspect industriel du projet de de Prony ait eu une influence sur le projet de Babbage, même si celui-ci s'en défend, de faire effectuer ces calculs fastidieux et répétitifs par une machine (cf. Grattan-Guinness [10*] et aussi [3*]).

La machine à différences finies de Babbage

(d'après *Pour la Science*, n° 169, novembre 1991)

Excédé par le nombre d'erreurs qu'elles contenaient, Charles Babbage collectionnait les tables numériques et en relevait systématiquement les fautes. Certaines éditions très soignées de ce début du XIXe siècle pouvaient contenir jusqu'à 3 700 erreurs en 40 volumes, quant aux éditions bon marché, notamment les tables de multiplication, elles renfermaient 40 erreurs en moyenne par page. Babbage comprit que la réalisation de tables parfaitement fiables exigeait l'infaillibilité d'une machine et l'enchaînement automatique des deux opérations de calcul et d'impression. Dès 1820, il imagine un mécanisme à rouage disposés en colonnes verticales dont le principe repose sur le calcul des différences finies.

Le nombre et la variété des pièces nécessaires est considérable. Il sollicite et obtient du gouvernement en 1823 une somme importante pour la réalisation de sa machine. La fabrication des pièces commence, mais lentement en raison de la précision exigée. Les difficultés se succèdent pendant 20 ans, les dépenses engagées dépassent de dix fois la somme prévue et le projet est abandonné. D'ailleurs entre temps, Babbage avait imaginé une autre machine, la Machine analytique. Entre 1847 et 1849 toutefois, il dessine une nouvelle machine à différence, plus précise, donnant 30 chiffres significatifs. Cette fois, le gouvernement ne manifeste aucun intérêt.

Afin de vérifier si elle aurait pu fonctionner, le Musée des sciences de Londres a commencé en 1989 la construction de la seconde Machine à différence. Achevée en 1991, pour le bicentenaire de la naissance de Babbage, elle pèse 3 tonnes et mesure 3,3 mètres de long, 2 mètres de haut et 45 centimètres d'épaisseur. L'imprimante imaginée par Babbage n'a pas été réalisée.

La Machine à différences utilise le système décimal. Chaque chiffre d'un nombre est représenté par une position particulière d'une roue dentée sur laquelle sont gravés les chiffres de un à dix, et les nombres sont représentés par des empilements de telles roues. Un mécanisme empêche les roues de s'arrêter entre deux valeurs entières : Babbage prétendait que sa machine donnerait nécessairement le bon résultat ou se bloquerait, mais qu'elle ne donnerait jamais un résultat faux. On considère que les deux machines à différences de Babbage sont les premières machines à calculer automatiques, tandis que sa Machine analytique est l'ancêtre de nos ordinateurs.

6. MAJORATION DE L'ERREUR

Si l'on désire, comme cela est naturel, que la valeur interpolée constitue une bonne approximation de la valeur exacte, il faut disposer de formules majorant l'erreur susceptible d'être commise dans l'interpolation. C'est l'objet du texte de Cauchy ci-après.

Notons à ce propos que, sans changer les x_i et les valeurs $f(x_i)$ correspondantes, on peut faire varier les autres valeurs de f, si bien que le polynôme d'interpolation qui lui est inchangé risque de mal approcher ces autres valeurs, à moins que l'on sache a priori que la fonction f possède une certaine régularité, comme par exemple être n fois dérivable dans l'intervalle d'interpolation, ce qui est justement le cas dans le texte ci-dessous.

Une majoration de l'erreur étant mise en évidence, tout comme déjà signalé dans l'approximation de nombres (*cf.* chap. 7), la procédure ne devient en général finie qu'après avoir fixé une marge d'erreur ou un degré de précision demandé.

Suivant Ampère [1], Cauchy associe à toute fonction ses *fonctions interpolaires*. Si $a, b, c, \dots, h, k$ désignent des valeurs de la variable x, il pose :

$$f(a,b) = \frac{f(a) - f(b)}{a - b},\ f(a,b,c) = \frac{f(a,b) - f(a,c)}{b - c},\dots$$

Si, par ailleurs, on considère les différences finies divisées associées à la suite $a, b, c, \dots, h, k$, on a en reprenant les notations du § 4 :

$$f(a,b) = \underline{\Delta} f(a),\ f(a,b,c) = \underline{\Delta}^2 f(a),\ f(a,b,c,d) = \underline{\Delta}^3 f(a),\dots$$

Cette notation pour les fonctions interpolaires met mieux en évidence leur caractère symétrique en les variables $a, b, c, \dots$

Le polynôme d'interpolation de Newton s'écrit alors :

$$\begin{aligned}\mathrm{P}(x) &= f(a) + (x-a)f(a,b) + (x-a)(x-b)f(a,b,c) + \dots \\ &+ (x-a)(x-b)\dots(x-h)f(a,b,c,\dots,h,k).\end{aligned}$$

D'un autre côté, on peut aussi considérer les quantités $f(a,x), f(a,b,x), \dots$ fonctions de x définies par les mêmes formules que plus haut et, par définition même, on aura :

$$\begin{aligned}f(x) &= f(a) + (x-a)f(a,b) + (x-a)(x-b)f(a,b,c) + \dots \\ &+ (x-a)(x-b)\dots(x-h)f(a,b,c,\dots,h,x).\end{aligned}$$

De plus, tout comme pour une fonction dérivable, le théorème des accroissements finis énonce l'existence d'une valeur u comprise entre a et x telle que :

$$f(a,x) = f'(u).$$

Cauchy montre que, pour une fonction n fois dérivable, il existe une valeur u comprise dans tout intervalle contenant $a, b, c, ..., h$ et x telle que :

$$f\left(a,b,c,\ldots,h,x\right) = f^{(n)}\left(u\right)/n!$$

Le texte de Cauchy

Extrait de « Sur les fonctions interpolaires », *Comptes rendus de l'Académie des Sciences*, t. XI (16 novembre 1840) p. 775. *Œuvres*, série 1, t. V, Gauthier-Villars, Paris, 1885 (p. 421-423).

f(x) désignant une fonction donnée de la variable x, et les lettres

$$a, \quad b, \quad c, \quad \ldots, \quad h$$

représentant n valeurs particulières de cette variable, la $n^{\text{ième}}$ des formules (3) du § Ier donnera

$$(1) \quad \begin{cases} f(x) = f(a) + (x-a)\,f(a,b) + (x-a)(x-b)\,f(a,b,c) + \ldots \\ \qquad + (x-a)(x-b)(x-c)\ldots(x-h)\,f(a,b,c,\ldots,h,x). \end{cases}$$

Si f(x) est une fonction entière du degré n, alors la fonction interpolaire

$$f(a,b,c,\ldots,h,x),$$

étant par rapport à x du degré zéro, se réduira simplement à une constante; et, en nommant k une nouvelle valeur particulière de x, on aura

$$f(a,b,c,\ldots,h,x) = f(a,b,c,\ldots,h,k),$$

par conséquent

$$(2) \quad \begin{cases} f(x) = f(a) + (x-a)\,f(a,b) + (x-a)(x-b)\,f(a,b,c) + \ldots \\ \qquad + (x-a)(x-b)(x-c)\ldots(x-h)\,f(a,b,c,\ldots,k). \end{cases}$$

Alors l'équation (2) fournira le développement de f(x) en une série de termes qui seront proportionnels à des produits de fonctions linéaires, et dont les degrés, par rapport à x, seront respectivement égaux aux divers termes de la progression arithmétique

$$0, \quad 1, \quad 2, \quad 3, \quad \ldots, \quad n.$$

Pour retrouver une semblable série, dans le cas où la fonction f(x) cessera d'être entière, il faudra négliger le dernier des termes renfermés dans le second membre de l'équation (2). Or, pour savoir si ce

terme peut être négligé, il importe de connaître au moins des limites de l'erreur que son omission fera naître. On y parvient, dans un grand nombre de cas, à l'aide du théorème IX du § Ier. En effet, admettons que les quantités

$$a, \quad b, \quad c, \quad \ldots, \quad h$$

se trouvent renfermées entre les limites x_0, X, entre lesquelles la fonction $f(x)$ reste continue. Le théorème dont il s'agit donnera, pour une valeur de x comprise entre ces mêmes limites,

$$f(a, b, c, \ldots, h, x) = \frac{f^{(n)}(u)}{1.2\ldots n};$$

et par suite on tirera de l'équation (2)

$$(3) \quad \begin{cases} f(x) = f(a) + (x-a)f(a,b) + (x-a)(x-b)f(a,b,c) + \ldots \\ \qquad + (x-a)(x-b)(x-c)\ldots(x-h)\dfrac{f^{(n)}(u)}{1.2\ldots n}, \end{cases}$$

u désignant une quantité moyenne entre les valeurs attribuées à

$$a, \quad b, \quad c, \quad \ldots, \quad h, \quad x.$$

Si, la variable x et la fonction $f(x)$ étant réelles, on nomme A et B la plus petite et la plus grande des valeurs que puisse acquérir la fonction dérivée

$$f^{(n)}(x),$$

tandis que l'on fait varier x entre les limites x_0, X, le dernier terme du second membre de la formule (3) sera renfermé lui-même entre des limites équivalentes aux produits du rapport

$$\frac{(x-a)(x-b)(x-c)\ldots(x-h)}{1.2\ldots n}$$

par les coefficients A et B. Donc la plus grande des valeurs numériques de ces deux produits sera la limite de l'erreur que l'on pourra commettre en négligeant le terme dont il s'agit.

Ainsi, lorsque la fonction à interpoler f est de classe C^n dans l'intervalle d'interpolation I, le polynôme de Lagrange P_{n-1} de f de degré $n-1$ correspondant aux points $x_1, x_2, \ldots, x_n$ vérifie :

$$\left|f(x) - P_{n-1}(x)\right| \leq \left|(x-x_1)(x-x_2)\ldots(x-x_n)\right| \sup_{t \in I}\left|f^{(n)}(t)\right| / n!$$

Ceci peut se généraliser de la façon suivante. On peut imposer non seulement au polynôme interpolateur de prendre des valeurs données en des points donnés, mais aussi que ses dérivées jusqu'à un certain ordre prennent elles-aussi des valeurs données en ces points, autrement dit, en termes de courbes, on peut demander au graphe du polynôme non seulement de passer par des points donnés $(x_i, f(x_i))$ du graphe de la fonction à interpoler f, mais aussi d'avoir des contacts d'ordre α_i donnés en ces points avec le graphe de f. C'est ce que propose Hermite en 1878 [11].

La majoration de l'erreur commise avec un *polynôme de Hermite* – on dit aussi un *polynôme de Lagrange-Sylvester* – est du même type que pour un polynôme de Lagrange ordinaire. Si $x_1, x_2, ..., x_k$ désignent les points d'interpolation et $\alpha_1 - 1, \alpha_2 - 1, ..., \alpha_k - 1$ les ordres des contacts demandés, alors le polynôme d'interpolation de Hermite P_{n-1} de degré $n - 1$ correspondant, où $n = \Sigma\alpha_i$, vérifie :

$$\left|f(x) - P_{n-1}(x)\right| \leq \left|(x - x_1)^{\alpha_1}(x - x_2)^{\alpha_2} \ldots (x - x_k)^{\alpha_k}\right| \sup_{t \in I}\left|f^{(n)}(x)\right| / n!$$

7. L'ALGORITHME DE NEVILLE

Nous avons déjà dit que le polynôme d'interpolation de Lagrange se prêtait mal a priori à un calcul itératif pour passer de n à $n + 1$ points. Citons Cauchy dans un mémoire de 1837 sur l'interpolation :

« ... *et ce qu'il y a de plus fâcheux, c'est que les valeurs approchées des divers ordres correspondantes aux divers cas où l'on conserverait dans la série un seul terme, puis deux termes, puis trois termes... s'obtiennent par des calculs à peu près indépendants les uns des autres, en sorte que chaque nouvelle approximation, loin d'être rendue plus facile par celles qui la précèdent, demande au contraire plus de temps et de travail.* »

E. H. Neville propose ici une procédure qui remédie à cet inconvénient. Son principe est le suivant : étant donnés $n + 1$ points, on construit facilement le polynôme d'interpolation correspondant à partir de deux polynômes d'interpolation correspondant à deux sous-ensembles de n points ayant $n - 1$ points en commun.

Le texte de Neville

Extrait de « Iterative interpolation », *The Journal of the Indian Mathematical Society*, vol. 20 (1933), p. 87-120 ; § 6. Iterative Computation of Lagrangian Approximations. Trad. J.-L. Chabert (p. 93-94).

À partir de deux valeurs u_a et u_b de $u(x)$ on a une première approximation L_{ab} de $u(X)$ donnée par

$$L_{ab} = \frac{b-X}{b-a}u_a + \frac{X-a}{b-a}u_b.$$

C'est la valeur en X de la fonction linéaire $l_{ab}(x)$ qui coïncide avec $u(x)$ en a et b. Si nous voulons combiner avec L_{ab} une autre première approximation, celle-ci doit provenir d'une fonction linéaire qui coïncide avec $u(x)$ en l'un des deux points a, b. Si cette seconde fonction est $l_{bc}(x)$, la première approximation correspondante L_{bc} est donnée par

$$L_{bc} = \frac{c-X}{c-b}u_b + \frac{X-b}{c-b}u_c,$$

et à partir de L_{ab} et L_{bc} nous avons une approximation M_{abc} du second ordre ; les points en lesquels $l_{ab}(x)$ et $l_{bc}(x)$ diffèrent étant a et c, on doit interpoler entre L_{ab} et L_{bc} en considérant X comme appartenant à l'intervalle ac :

$$M_{abc} = \frac{c-X}{c-a}L_{ab} + \frac{X-a}{c-a}L_{bc}.$$

De façon analogue une quatrième valeur tabulée u_d donne une autre première approximation,

$$L_{cd} = \frac{d-X}{d-c}u_c + \frac{X-c}{d-c}u_d,$$

une autre seconde approximation,

$$M_{bcd} = \frac{d-X}{d-b}L_{bc} + \frac{X-b}{d-b}L_{cd}.$$

et une autre troisième approximation,

$$N_{abcd} = \frac{d-X}{d-a}M_{abc} + \frac{X-a}{d-a}M_{bcd}.$$

Il résulte de notre théorème fondamental que le nombre N_{abcd} est précisément la valeur en X de la fonction cubique qui coïncide avec $u(x)$ en a, b, c, d.

Plus généralement, la valeur en x du polynôme de degré n qui coïncide avec $u(x)$ en $n + 1$ points est obtenu par un ensemble de $n(n + 1)/2$ interpolations linéaires. Nous avons déjà remarqué que le calcul de l'expression explicite de ce polynôme, tel qu'il est donné par Lagrange, est laborieux lorsqu'il n'est pas impraticable. L'interpolation linéaire, en revanche, est l'une des opérations numériques les plus rapides. Ce qui est demandé pour le calcul, c'est une méthode ; qu'une formule générale corresponde ou non à cette méthode n'est pas la question.

Revenons sur ce dernier alinéa concluant qu'une interpolation de degré n s'obtient à l'aide de $n(n + 1)/2$ interpolations linéaires. La procédure peut s'exprimer dans un tableau de construction analogue à celle relative aux différences finies d'ordre n, intervenant dans le polynôme d'interpolation de Newton. Considérons en effet le tableau suivant où $x_0, x_1, ..., x_n$ désignent les points d'interpolation et où x désigne indifféremment une valeur de la variable ou la variable elle-même :

$$\begin{array}{llllll}
f(x_0) = P_{0,0} & P_{1,0} & P_{2,0} & P_{3,0} & P_{4,0} & P_{5,0} \\
f(x_1) = P_{0,1} & P_{1,1} & P_{2,1} & P_{3,1} & P_{4,1} & \\
f(x_2) = P_{0,2} & P_{1,2} & P_{2,2} & P_{3,2} & & \\
f(x_3) = P_{0,3} & P_{1,3} & P_{2,3} & & & \\
f(x_4) = P_{0,4} & P_{1,4} & & & & \\
f(x_5) = P_{0,5} & & & & &
\end{array}$$

On remplit successivement chaque colonne, le terme $P_{i+1,j}$ s'obtenant à l'aide de deux termes situés dans la colonne précédente, à savoir $P_{i,j}$ situé sur la même ligne et $P_{i,j+1}$ situé sur la ligne en dessous selon la formule :

$$P_{i+1,j} = \frac{(x_{j+i+1} - x)\,P_{i,j} - (x_i - x)\,P_{i,j+1}}{x_{j+i+1} - x_i}.$$

Compte tenu du texte précédent de Neville, $P_{i,j}$ désigne la valeur interpolée en x utilisant les valeurs en $x_j, x_{j+1}, \ldots, x_{j+i}\left(i \geq 0, j \geq 0,\ i + j \leq n\right)$ ou encore $P_{i,j}$ est le polynôme d'interpolation de degré i utilisant les $i + 1$ points à partir du rang j.

On peut définir d'autres façons le passage d'une colonne à la suivante. Ainsi, dans l'algorithme de Aitken l'élément $P_{i,j}$ du tableau $\left(i \geq 0, j \geq 0,\ i + j \leq n\right)$ représente le polynôme d'interpolation de Lagrange de degré i utilisant les points $x_0, x_1, ..., x_{i-1}, x_{i+j}$. Par suite, le passage d'une colonne à la suivante s'effectue selon la formule :

$$P_{i+1,j} = \frac{(x_{j+i+1} - x)\,P_{i,0} - (x_i - x)\,P_{i,j+1}}{x_{j+i+1} - x_i}$$

L'algorithme CORDIC

Jusqu'à une période récente, les valeurs des fonctions usuelles données par les calculatrices étaient obtenues à l'aide de programmes utilisant des fonctions approximantes, le plus souvent des polynômes ou des fractions rationnelles. Or, ce type de calculs nécessite un nombre souvent élevé de multiplications et de divisions portant sur des nombres ayant beaucoup de chiffres ; tout ceci est coûteux en temps et en place.

En 1959, J. Volder [29] propose une méthode de calcul des fonctions trigonométriques ne mettant en œuvre que des additions, des soustractions et des décalages (un décalage à gauche ou à droite correspond à une multiplication par une puissance positive ou négative de la base de la numération utilisée). Il s'agit de l'algorithme CORDIC (Coordinate Rotations on a Digital Computer) qui dans une certaine mesure révolutionne le calcul des valeurs des fonctions. Indiquons en très brièvement le fonctionnement dans le cas de la fonction tangente.

Soit à calculer la valeur de tan α. Tout d'abord, on mémorise, une fois pour toutes, les valeurs des angles dont les tangentes ont des valeurs simples fixées ; pour un calcul en base 10, on considèrera les angles α_i tels que $\tan \alpha_i = 10^{-i}$ pour $1 \leq i \leq k$ où l'entier k varie selon le degré de précision désirée.

Puis, on décompose l'angle α sous la forme d'une somme $\alpha = \sum_{1 \leq i \leq k} d_i \alpha_i$ où les d_i sont des entiers naturels.

Enfin, on calcule tan α par approches successives en remarquant que si $\tan\beta = \frac{y}{x}$ alors $\tan(\beta + \alpha_i) = \frac{y'}{x'}$, où $x' = x - y\tan\alpha_i$ et $y' = y + x \tan \alpha_i$.

Il est facile de formuler cet algorithme de façon à itérer simultanément les deux approches, celle de α et celle de tan α :

$x \leftarrow 1,\ \ y \leftarrow 0,\ \ t \leftarrow 10$ [Initialisation]

Pour $i = 0$ à k

$t \leftarrow t / 10$

tant que $\alpha > \alpha_i$, faire $\alpha \leftarrow \alpha - \alpha_i$

$x \leftarrow x - ty$

$y \leftarrow y + tx$

Afficher $\tan \alpha = y/x$

Ce qui est intéressant dans ce procédé c'est qu'en fait les multiplications par t ne sont que des décalages de i chiffres vers la droite et, à l'exception du quotient final y/x, les seules opérations à effectuer sont des additions et des soustractions. Ainsi, le stockage de quelques valeurs de la fonction suffit à assurer un calcul rapide des autres valeurs avec toute la précision souhaitée. En 1971, J. Walther [30] étend la méthode au calcul du logarithme, de l'exponentielle et de la racine carrée. En fait, tout ceci n'est pas sans rappeler le principe de certaines techniques de Briggs pour le calcul des logarithmes décimaux.

BIBLIOGRAPHIE

[1] A.-M. Ampère, *Annales de Gergonne*, t. 26 (1826), p. 329.

[2] H. Briggs, *Arithmetica Logarithmica sive Logarithmorum Chiliades Triginta*, Londres, 1624. Trad. Adrien Vlacq, *Arithmétique logarithmétique*, Goude, 1628.

[3] J. Bürgi, *Arithmetische und geometrische Progress Tabulen, sambt gründlichem unterricht wie solche nützlich in allerley Rechnungen zugerbrauchen und verstanden werden sol*, Prague, 1620.

[3*] M. Campbell-Kelly, M. Croarken, R. Flood et E. Robson, *The History of Mathematical Tables. From Sumer to Spreadsheets*, Oxford University Press, 2003.

[4] L.-A. Cauchy, Sur la formule de Lagrange relative à l'interpolation, *Cours d'Analyse de l'École Royale Polytechnique*, note V, 1821. *Œuvres*, série 2, tome III (p. 429-433), Gauthier-Villars, Paris, 1897.

[5] L.-A. Cauchy, Sur les fonctions interpolaires, *Comptes rendus de l'Académie des Sciences*, t. XI (16 novembre 1840), p. 775. *Œuvres*, série 1, t. V (p. 409-424), Gauthier-Villars, Paris, 1885.

[6] A. De morgan, *The Differential and Integral Calculus*, Londres, 1842.

[7] J. D. Everett, On a central-difference interpolation formula, *Brit. Assoc. Rep.*, 1900, pp. 648-650.

[8] D. C. Fraser, *Journal of the Institute of Actuaries*, t. 51 (1918-19), pp. 77 et 211.

[9] J. Gregory, *Exercitationes Geometricae*, Londres, 1668.

[10] H. H. Goldstine, *A history of numerical analysis, from the 16th through the 19th century*, Springer, New York, 1977.

[10*] I. Grattan-Guinness, Work for the Hairdressers : The Production of de Prony's Logarithmic and Trigonometric Tables, *Annals of the History of Computing*, t. 12 (1990), pp. 177-185.

[11] Ch. Hermite, Extrait d'une lettre de M. Ch. Hermite à M. Borchardt sur la formule d'interpolation de Lagrange, *Journal de Crelle*, t. 84, (1878), p. 70-79.

[12] J. Itard, Les fonctions logarithmique et exponentielle, *Bulletin de l'A. P.M.E.P.*, n° 139 (1951).

[13] D. E. Knuth, *The art of computer programming*, vol. 1, Fundamental algorithms, Addison-Wesley, 1968 ; 3e éd. 1997.

[14] J.-L. Lagrange, Leçons élémentaires de mathématiques données à l'École Normale en 1795, *Journal de l'École Polytechnique*, VIIe et VIIIe cahiers, t. II (1812). *Œuvres*, t. VII, Gauthier-Villars, Paris, 1877.

[15] P.-S. Laplace, *Théorie analytique des probabilités*, Courcier, Paris, 1812.

[16] G. W. Leibniz, Lettre à Oldenburg du 3 février 1672, in *Commercium Epistolicum D. Johannis Collins*, Londres, 1712.

[17] J. A. Lohne, Thomas Harriot als Mathematiker, *Centaurus*, t. 11 (1965), p. 19-45.

[18] N. Mercator, *Logarithmotechnia*, Londres, 1668.

[19] J. Napier, *Mirifici Logarithmorum Canonis descriptio*, Edimbourg, 1614.

[20] Ch. Naux, *Histoire des logarithmes de Neper à Euler*, Blanchard, Paris, 1966.

[21] E. H. Neville, Iterative interpolation, *The Journal of the Indian Mathematical Society*, vol. 20 (1933), p. 87-120.

[22] I. Newton, *The correspondence of Isaac Newton*, éd. H.W. Turnbull, Cambridge University Press, 1959.

[23] I. Newton, *The mathematical papers of Isaac Newton*, éd. D.T. Whiteside, vol. IV (1674-1684), Cambridge.

[24] I. Newton, *Methodus Differentialis*, 1711. *The Mathematical Works of Isaac Newton*, éd. D.T. Whiteside, vol. II (p. 165-173), New York et Londres, 1967.

[25] I. Newton, *Philosophiae naturalis principia mathematica*, Londres, 1687. Trad. Mme du Châtelet, Paris, 1759 ; réimpr. Blanchard, Paris, 1964.

[26] Ptolémée, *Composition Mathématique*, traduite pour la première fois du grec en français, sur des manuscrits originaux de la bibliothèque impériale de Paris, par M. Halma et suivie des notes de M. Delambre, Henri Grand, Paris, 1813 ; réimp. Blanchard, Paris, 1988 (2 vol.).

[27] W.F. Sheppard, *Proceedings of the London Mathematical Society*, t. 31 (1899), p. 459.

[28] J. Stirling, *Methodus Differentialis : sive Tractatus de Summatione et Interpolatione Serierum Infinitarum*, Londres, 1730.

[29] J. Volder, The CORDIC trigonometric computing technique, *IRE Transactions on Computers*, v. Ec-8 (sept. 1959), p. 330-334.

[30] J. Walther, A unified algorithm for elementary functions, *Spring Joint Computer Conference Proceedings*, v. 38 (1971), p. 379-385.

[31] E.T. Whittaker et G. Robinson, *The calculus of observations, A treatise on Numerical Mathematics*, 1924 ; 2ème éd. Blackie & Son, Londres et Glasgow, 1932.

[32] A. Youschkevitch, *Les mathématiques arabes (VIIIe-XVe siècles)*, traduction M. Cazenave et K. Jaouiche, Vrin, Paris, 1976.

Chapitre 11

Quadratures approchées

À l'origine, obtenir une quadrature ou quarrer une figure géométrique plane signifie : démontrer l'égalité de l'aire de la figure donnée avec celle d'un carré. La quadrature du cercle est un exemple bien connu. Rapidement, le terme de quadrature va recouvrir une extension de cette situation : il faut comparer, selon leurs aires, deux figures planes dont l'une pourra être considérée comme d'aire connue – une figure délimitée par des droites, par exemple. Il s'agit donc d'opérer une mise en rapport entre aires de deux figures planes, plutôt que de mesurer une aire à proprement parler.

Pour démontrer des quadratures, les géomètres grecs utilisent une méthode qui sera appelée plus tard « méthode d'exhaustion », et qui consiste en une double réduction à l'absurde. Ainsi Archimède démontre que l'aire d'un cercle est égale à l'aire d'un triangle rectangle [1], ou que l'aire d'un segment de parabole (c'est-à-dire l'aire délimitée par la parabole et un segment) est égale à l'aire d'un triangle. Les découpages des figures qu'il introduit à cet effet évoquent pour nous les méthodes qui serviront ultérieurement à obtenir des valeurs approchées d'aires. Mais là n'est pas le propos d'Archimède : il s'agit pour lui d'obtenir des égalités et non pas des approximations – et c'est la raison pour laquelle nous ne développerons pas cette méthode ici.

Il en est de même pour les mathématiciens des pays d'Islam comme Banū Mūsā, Thābit ibn Qurra, Ibrāhīm ibn Sinān au IXe siècle, ou comme Ibn al-Haytham et al-Mutaman au Xe siècle. À partir d'une connaissance partielle de l'œuvre d'Archimède et à l'aide de la méthode d'exhaustion, ils obtiennent des quadratures ou des cubatures pour un segment de parabole, une sphère, ou une section de paraboloïde. Par exemple, Thābit ibn-Qurra découpe la parabole en trapèzes dont les bases sont choisies de façon à obtenir des séries dont il sait calculer les sommes partielles.

Au XVIIe siècle, les géomètres recherchent à leur tour des quadratures et reprochent à la méthode d'exhaustion de ne pas fournir un moyen de découvrir ces quadratures. Pour suppléer à ce défaut, ils mettent au point la « méthode des indivisibles ». Ainsi, la méthode de Cavalieri consiste à comparer deux aires planes en comparant les indivisibles de ces deux figures, c'est-à-dire les segments découpés sur les deux figures par des droites parallèles à une droite donnée. Cavalieri met en œuvre, en 1639, une méthode qui correspond, sous forme géométrique, à la formule dite « de Simpson » [4].

L'invention du calcul infinitésimal par Newton et Leibniz, à la fin du XVIIe siècle, établit le lien entre la recherche de tangentes et celle de quadratures, et donne un algorithme de calcul exact de l'aire à condition que l'on connaisse ce que nous appelons une « primitive » de la fonction qui caractérise le domaine. Mais beaucoup de fonctions échappent à ce critère. D'ailleurs on ne connaît souvent que les valeurs de la fonction en quelques points. Il s'agit alors de trouver une formule donnant une valeur approchée de l'aire, à partir de ces seules valeurs connues. Les travaux sur l'interpolation permettent d'affiner les méthodes : l'approximation est en général meilleure si, au lieu d'approcher la courbe par une droite, on le fait par ce qui s'appelle alors une « parabole » – c'est à dire une courbe dont l'expression analytique est un polynôme – qui coïncide avec la courbe de départ en des points dont les abscisses sont équidistantes. C'est en utilisant ces « paraboles » que sont obtenues, au XVIIe siècle, les formules de Gregory, puis celles de Newton, Cotes et Stirling (*cf.* §§ 1 à 4), sans d'ailleurs que ceux-ci précisent leurs méthodes de calcul. Nous avons essayé de les reconstituer à partir des formules d'interpolation que ces mathématiciens ont respectivement établies. Ces formules sont présentées au chapitre 10, qu'il est donc préférable d'avoir lu avant de lire celui-ci ! Cependant, cette méthode montre ses limites avec l'accroissement du degré des polynômes d'interpolation.

De façon indépendante et dans des problématiques différentes, Euler – qui cherche des sommes de séries – et Maclaurin – qui cherche des quadratures – obtiennent une formule qui permet d'évaluer l'écart entre l'aire sous la courbe et la somme de la série des valeurs de la fonction en des points équidistants sur l'intervalle d'étude ; cette dernière peut s'interpréter comme l'aire obtenue par la méthode des rectangles ou des trapèzes (voir chap. 14).

Toujours au XVIIIe siècle, Gauss a l'idée de choisir les abscisses des points d'interpolation de sorte que, pour un nombre de points donné, l'on obtienne une formule de quadrature approchée qui soit exacte pour les polynômes de degré aussi élevé que possible. Son exposé est très calculatoire, aussi donnons-nous la présentation de sa méthode par Jacobi (*cf.* § 6). Tchebychev s'intéresse à un autre problème : les coefficients des formules de Newton-Cotes, ou de Gauss, sont parfois très élevés en valeur absolue, ce qui entraîne des erreurs importantes quand on ne dispose que des valeurs approchées de la fonction. Il détermine un choix de points qui donne une formule où tous les coefficients sont égaux (*cf.* § 7).

1. LA FORMULE DE GREGORY

Le 23 Novembre 1670, James Gregory, Professeur à St Andrews et membre de la Royal Society of London, écrit à James Collins, Secrétaire de ladite Society. Il mentionne ses travaux en cours, les compare à ceux de ses collègues Newton, Barrow, Briggs, Mercator, Kepler, Huygens, etc... Sa lettre est écrite en anglais, mais quelques résultats mathématiques sont rédigés en latin, sans les démonstrations, jugées « prolixes » ou « ennuyeuses ». Les préoccupations de Gregory gravitent autour des développements de fonctions en série, et de leurs applications géométriques, comme la rectification des courbes.

Dans l'extrait présenté ici, Gregory corrige une formule qui lui a permis de construire des tables de logarithmes de lignes trigonométriques et de calculer des aires, résultats qu'il a publiés dans ses *Exercices de Géométrie* [8]. Sa nouvelle formule s'écrirait avec les notations du § 3 du chapitre 10 :

$$\int_0^c f(x_0+u)du = \frac{c}{2}\Delta f_0 - \frac{c}{12}\Delta^2 f_0 + \frac{c}{24}\Delta^3 f_0 - \frac{19c}{720}\Delta^4 f_0 + \frac{3c}{160}\Delta^5 f_0 - \frac{863c}{60\ 480}\Delta^6 f_0 + \text{etc.}$$

La lettre de Gregory

Extrait de la lettre de Gregory à Collins, du 23 novembre 1670,
in *The correspondence of Isaac Newton*, vol I,
ed. H. W. Turnbull, Cambridge University press, 1959, pp. 45-49. Trad. A. Michel-Pajus.

À la fin de mes *Exercices de Géométrie* je me suis excessivement trompé... et donc à la place de tout ce que j'ai écrit là-bas, je pose AP = PO = c, PB = d, la première des différences premières = f, des différences secondes = h, des différences troisièmes = i, des différences quatrièmes = k, des différences cinquièmes = l et toutes les différences affectées du signe +; on aura :

(aire) ABP $= \frac{dc}{2} - \frac{fc}{12} + \frac{hc}{24} - \frac{19ic}{720} + \frac{3kc}{164} - \frac{863lc}{60\,480}$ + etc., indéfiniment.

Quelles que soient les valeurs des différences, je peux facilement quarrer la figure, et par ce moyen toutes les figures imaginables.

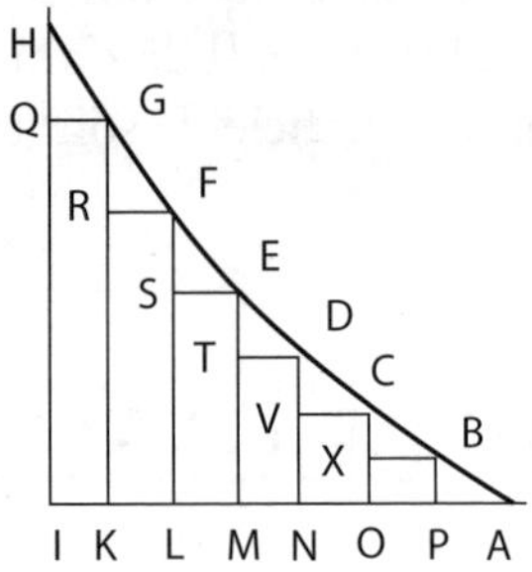

D'après la figure 8 des *Exercitationes Geometricae* de Gregory, Londres, 1668.

Ce passage précède immédiatement celui cité dans le § 3 du chapitre 10. En l'absence d'explications de Gregory, nous pouvons supposer, car il s'agit d'un procédé très utilisé par l'École Anglaise, qu'il a obtenu cette formule par intégration terme à terme de sa série d'interpolation, que nous avons traduite par :

$$f(x_0 + ct) - f(x_0) = t\Delta f_0 + \frac{t(t-1)}{2!}\Delta^2 f_0 + \frac{t(t-1)(t-2)}{3!}\Delta^3 f_0 + \text{etc.}$$

Nous obtenons ainsi :

$$\text{aire}\,(\text{ABP}) = \int_0^c f(x_0 + u)\,\mathrm{d}u = c\int_0^1 f(x_0 + ct)\,\mathrm{d}t$$

$$= c\left[\Delta f_0 \int_0^1 t\,\mathrm{d}t + \Delta^2 f_0 \int_0^1 \frac{t(t-1)}{2!}\mathrm{d}t + \Delta^3 f_0 \int_0^1 \frac{t(t-1)(t-2)}{3!}\mathrm{d}t + \Delta^4 f_0 \int_0^1 \frac{t(t-1)(t-2)(t-3)}{4!}\mathrm{d}t + \text{etc.}\right]$$

$$= \frac{c}{2}\Delta f_0 - \frac{c}{12}\Delta^2 f_0 + \frac{c}{24}\Delta^3 f_0 - \frac{19c}{720}\Delta^4 f_0 + \frac{3c}{160}\Delta^5 f_0 + \text{etc.}$$

Nous constatons ici une erreur dans le texte original : il faut prendre 160 au lieu de 164.

Nous pouvons interpréter géométriquement cette formule. Notons f la fonction qui définit la courbe AB. Gregory suppose que cette fonction s'évanouit en A. Autrement dit, si x_0 est l'abscisse de A, $x_0 + c$ celle de B, on a $f(x_0) = 0$ et $f(x_0 + c) = \Delta f_0$; l'aire du triangle ABP est alors $c\Delta f_0 / 2$ et les autres termes sont des termes correcteurs. Nous reviendrons sur cette formule, en relation avec la formule d'Euler-Maclaurin, au chapitre 14.

2. LA RÈGLE DES TROIS-HUITIÈMES DE NEWTON

Comme nous l'avons écrit au Chapitre 6, Newton expose de façon détaillée sa théorie des fluxions dans *De Analysi per Aequationes Numero Terminorum Infinitas*. Ce texte n'est publié qu'en 1711, mais il circule dès 1669 parmi ses amis. Il y montre que si l'aire sous une courbe donnée, et comprise entre deux parallèles à l'axe des ordonnées, est $z = ax^m$, le taux de variation de z – qu'il appellera « fluxion » un peu plus tard, la quantité variable z étant alors dénommée « fluente » – est $y = max^{m-1}$, ce qui représente aussi l'ordonnée de la courbe au point d'abscisse x. En inversant la formule, il peut calculer l'aire sous une courbe dont il connaît l'ordonnée quand celle-ci admet une expression polynomiale (il nomme ces courbes : paraboles).

En 1687, dans les *Philosophiae Naturalis Principia Mathematica* (*cf.* chap. 10, § 4), Newton montre dans le Lemme V : « *comment trouver la ligne parabolique qui passe par un nombre quelconque de points* » et en déduit le :

« *Corollaire. On peut trouver par là, à peu près, les aires de toutes les courbes ; car si on a quelques points d'une courbe quelconque qu'on se propose de quarrer, et qu'on imagine une parabole menée par ces mêmes points : l'aire de cette parabole sera à peu près la même que celle de la courbe qu'on doit quarrer ; or il y a des méthodes très connues par lesquelles on peut toujours quarrer géométriquement les paraboles.* »

Dans le *Methodus differentialis*, publié en 1711, Newton donne la formule correspondante obtenue quand il connaît les valeurs de la fonction, les « ordonnées », en quatre points équidistants, et que nous traduisons sous la forme :

$$\int_{x_0}^{x_3} f(t)\mathrm{d}t = \frac{3}{8}\left[f(x_0) + 3f(x_1) + 3f(x_2) + f(x_3)\right](x_3 - x_0).$$

Le texte de Newton

Extrait du : *Methodus Differentialis*, 1711, in *Analysis Per Quantitatum Series, Fluxiones, ac Differentias : cum Enumeratione Linearum Tertii Ordinis*, Londres, 1711, (p. 100). Trad. A. Michel-Pajus.

Proposition VI

Quarrer de très près une Figure curviligne quelconque, dont on peut trouver un certain nombre d'Ordonnées.

Par l'extrémité des Ordonnées est menée une ligne du genre Parabolique, suivant la méthode de la Proposition précédente. En effet cela délimitera une figure qui peut toujours être quarrée, et dont l'Aire sera de très près égale à l'Aire de la figure proposée.

Scholie

[...] Si il y a 4 Ordonnées à intervalles égaux, soit A la somme de la première et de la quatrième, B la somme de la seconde et de la troisième, et R l'intervalle entre la première et la quatrième, alors... l'Aire entre la première et la quatrième ordonnée sera

$$\frac{A+3B}{8}R$$

Newton ne justifie pas sa formule, sans doute estime-t-il le calcul trop élémentaire. Celui-ci n'exige en effet que la connaissance des primitives des puissances entières positives de x. Livrons-nous à une reconstitution vraisemblable, en notations actuelles.

La courbe est définie par $y=f(x)=f(x_0+t\Delta x)$, et les 4 ordonnées correspondant aux abscisses x_0, $x_1=x_0+\Delta x$, $x_2=x_0+2\Delta x$, et $x_3=x_0+3\Delta x$ sont désignées par y_0, y_1, y_2 et y_3. La « parabole » d'interpolation, ici de degré 3, est définie par le polynôme d'interpolation (*cf.* chap. 10, § 4) :

$$y_0+t\Delta y_0+\frac{1}{2}t(t-1)\Delta^2 y_0+\frac{1}{2}t(t-1)(t-2)\Delta^3 y_0.$$

La valeur de l'aire est donc approchée par :

$$\int_{x_0}^{x_3} f(x)\mathrm{d}x=\int_0^3 f(x_0+t\Delta x)\mathrm{d}t$$

$$\approx \Delta x\int_0^3\left[y_0+t\Delta y_0+\frac{1}{2}t(t-1)\Delta^2 y_0+\frac{1}{6}t(t-1)(t-2)\Delta^3 y_0\right]\mathrm{d}t$$

$$=\Delta x\left(3y_0+\frac{9}{2}\Delta y_0+\frac{9}{4}\Delta^2 y_0+\frac{3}{8}\Delta^3 y_0\right)$$

$$=\Delta x\left(3y_0+\frac{9}{2}(y_1-y_0)+\frac{9}{4}(y_2-2y_1+y_0)+\frac{3}{8}(y_3-3y_2+3y_1-y_0)\right)$$

$$=\frac{3\Delta x}{8}(y_0+3y_1+3y_2+y_3)=\frac{A+3B}{8}R$$

3. LES FORMULES DE NEWTON-COTES

Bien que le Traité de Roger Cotes sur la Méthode différentielle de Newton *(De Methodo Differentiali Newtoniana)*, ne soit publié que de façon posthume en 1722, il a été probablement écrit en 1709. L'auteur affirme dans un Post-scriptum avoir rédigé ses théorèmes en 1707, avant de lire le texte de Newton. Il explicite un tout petit peu plus la méthode, et donne, toujours sans détailler les calculs, les formules obtenues pour un nombre de points compris entre 3 et 11.

Le texte de Cotes

Extrait de : *De Methodo Differentiali Newtoniana*,
in *Harmonia Mensurarum sive Analysis & Synthesis Per Rationum & Angulorum Mensuras Promotae : accedunt alia Opuscula Mathematica*, Cambridge, 1722 (pp. 30-33).
Trad. A. Michel-Pajus.

Proposition VII.
Problème. Déterminer au plus près les aires de toutes les courbes.

On comprend que l'on peut faire passer par les points d'une courbe proposée, une courbe de type parabolique définie à l'aide du problème précédent [Trouver une ligne courbe du genre parabolique qui passe par des points quelconques donnés] ; l'aire de celle-ci (qui est toujours donnée par des méthodes bien connues) sera la plus proche de celle de la courbe proposée.
Soit donnée la courbe ABCD. Reportons sur la droite KR des ordonnées AK, BL, CN, DR, etc. à volonté et leurs abscisses mesurées à partir de K et déterminons l'équation de la courbe la plus proche $y = f + gx + hxx + kx^3$ + etc. Soit l'abscisse KP ou x, et l'ordonnée PM ou y, l'aire adjacente sera $fx + gxx/2 + hx^3/3 + kx^4/4$ + etc. [...]

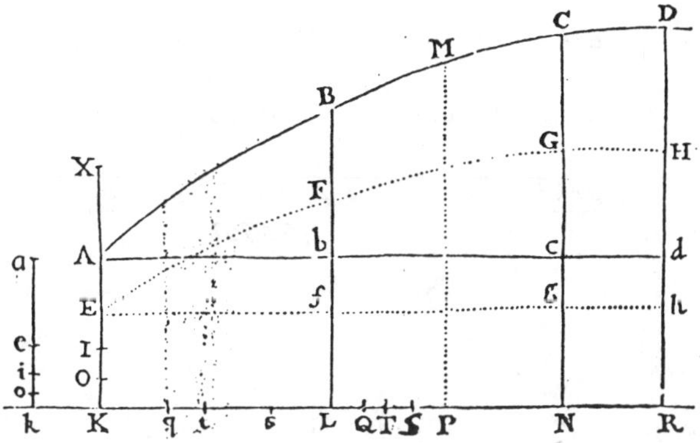

Post-scriptum

J'ai exposé à mes Auditeurs Académiciens en Lecture Publique, en 1709, les propositions précédentes rédigées en 1707. J'ignorais, en effet, qu'un Traité sur le même sujet avait été composé par Newton jusqu'à ce que je reçusse un Exemplaire imprimé en 1711 de la part du très savant Maitre Éditeur Jones, à qui, ému par son humanité, j'envoyai un récit de mes travaux. À la lecture des Propositions de cet homme illustre j'ai compris que sur la plupart des problèmes j'avais suivi une voie différente, ce qui se voit en comparant sa deuxième Proposition et ma quatrième. La règle qui permet de calculer à partir de quatre ordonnées équidistantes l'aire comprise entre la première et la dernière est vraiment très belle et très utile. J'ajoute ici la série des Règles produites en continuant de la même façon. La première montre l'aire située entre les extrêmes de trois ordonnées équidistantes, la seconde l'aire entre quatre, et Newton l'avait donnée, par la troisième on trouve l'aire entre cinq données de la même façon, etc. Dans ces formules, on pose A pour la somme des ordonnées extrêmes, ce qui veut dire la somme de la première et de la dernière; B pour la somme des restantes les plus proches, c'est-à-dire la deuxième et l'avant-dernière, C pour la somme des suivantes, la troisième et l'antépénultième et ainsi de suite dans l'ordre des lettres D, E, F, etc. jusqu'à ce que l'on arrive à l'ordonnée du milieu, si elles sont en nombre impair, ou à la somme des deux du milieu, si elles sont en nombre pair. On désigne enfin par R l'intervalle entre les ordonnées extrêmes, la base de l'aire cherchée.

Nombre d'ordonnées	Aire
III	$\frac{A+4B}{6}R$
IV	$\frac{A+3B}{8}R$
V	$\frac{7A+32B+12C}{90}R$
VI	$\frac{19A+75B+50C}{288}R$
VII	$\frac{41A+216B+27C+272D}{840}R$
VIII	$\frac{751A+3577B+1323C+2989D}{17280}R$
IX	$\frac{989A+5888B-928C+10496D-4540E}{28350}R$
X	$\frac{2857A+15741B+1080C+19344D+5778E}{89600}R$
XI	$\frac{16067A+106300B-48525C+272400D-260550E+427368F}{598752}R$

Bien qu'il annonce dans son introduction une preuve des résultats de Newton, Cotes ne donne pas plus d'explications sur ses formules. Il a sans doute lui aussi utilisé des polynômes d'interpolation, mais probablement pas sous la forme donnée dans la Proposition VII, car les calculs sont beaucoup plus pénibles.

4. LES FORMULES CORRECTIVES DE STIRLING

James Stirling publie en 1730 un *Traité sur la sommation et l'interpolation des séries infinies*. Comme application de l'interpolation, il donne les formules de Newton-Cotes, sans référence à Cotes, et, ce qui est nouveau, une Table des Corrections qui permet d'évaluer l'approximation. Nous n'y trouvons toujours pas de justification des résultats, mais seulement un mode d'emploi et des exemples.

Le texte de Stirling

Extrait de *Tractatus de Summatione et Interpolatione Serierum Infinitarum*, Londres, 1730 (pp. 146-147). Trad. A. Michel-Pajus.

Proposition XXXI

Trouver au plus près l'aire de n'importe quelle courbe à partir de la donnée d'un certain nombre de ses ordonnées équidistantes.
Fais passer par les extrémités des Ordonnées la figure parabolique, dont l'aire que l'on trouve par des méthodes bien connues égale au plus près celle de la Courbe proposée.

Table des Aires

3	$\frac{A+4B}{6}R$
5	$\frac{7A+32B+12C}{90}R$
7	$\frac{41A+216B+27C+272D}{840}R$
9	$\frac{989A+5888B-928C+10\,496D-4540E}{28\,350}R$

Table des Corrections

3	$\frac{P-4A+6B}{180}R$
5	$\frac{P-6A+15B-20C}{470}R$
7	$\frac{P-8A+28B-56C+70D}{930}R$
9	$\frac{P-10A+45B-120C+210D-252E}{1600}R$

Dans ces tables A est la somme de la première et de la dernière Ordonnée, B de la seconde et de l'avant-dernière, C de la troisième et de l'antépénultième, et ainsi de suite jusqu'à ce qu'on arrive à l'Ordonnée du milieu que l'on désigne par la dernière des lettres *A*, *B*, *C*, etc. *R* est la base sur laquelle repose l'Aire, c'est-à-dire la partie d'abscisse interceptée entre la première et la dernière Ordonnée. *P* est la somme des deux ordonnées dont l'une est avant la première et l'autre après la dernière, à des distances égales à l'intervalle commun aux autres ordonnées [...] Les nombres qui sont dans la Table des Corrections sont environ de la même grandeur que les différences entre les aires véritables et celles données par la Table : donc si le premier chiffre de la correction est trouvé, il est ensuite ajouté là où la correction est négative, retranché là où elle est positive ; on peut conclure en toute sécurité que l'aire ainsi corrigée est exacte jusqu'à la décimale dans laquelle entre le premier chiffre de la correction, et pas plus loin. Ainsi donc, grâce à la Table des Corrections, l'Aire trouvée est corrigée, et en même temps on connaît le nombre de chiffres exacts.

Exemple

Soit $1/(1+x)$ l'Ordonnée de l'Hyperbole équilatère, et l'on demande son Aire située au-dessus de l'Abscisse égale à l'unité. Pour *x*, écris successivement

$$\frac{0}{8}, \frac{1}{8}, \frac{2}{8}, \frac{3}{8}, \frac{4}{8}, \frac{5}{8}, \frac{6}{8}, \frac{7}{8}, \frac{8}{8},$$

et il vient les neuf Ordonnées

$$\frac{8}{8}, \frac{8}{9}, \frac{8}{10}, \frac{8}{11}, \frac{8}{12}, \frac{8}{13}, \frac{8}{14}, \frac{8}{15}, \frac{8}{16}.$$

On a donc

$$A = \frac{8}{8} + \frac{8}{16} = \frac{3}{2}, \quad B = \frac{8}{9} + \frac{8}{15} = \frac{64}{45}, \quad C = \frac{8}{10} + \frac{8}{14} = \frac{48}{35}, \quad D = \frac{8}{11} + \frac{8}{13} = \frac{192}{143},$$

$$E = \frac{8}{12} = \frac{2}{3} :$$

et, en substituant ces valeurs dans la dernière expression de l'Aire, et en prenant l'unité pour *R*, l'Aire s'élève à .69314721. Ensuite écris successivement – 1/8 et + 9/8 pour *x*, et il vient deux Ordonnées, 8/7 et 8/17, celle-là avant la première et celle-ci après la dernière ; on a donc

$$P = \frac{8}{7} + \frac{8}{17} = \frac{192}{119}$$

que tu mets à la place de *P*, et à celles de *A*, *B*, *C*, *D*, *E*, leurs valeurs, et la Correction pour neuf Ordonnées donnera +.00000003, laquelle, puisqu'elle est positive, sera soustraite à la valeur de l'Aire trouvée précédemment, et il restera : .69314718, exacte jusqu'au dernier chiffre.

Pourquoi ne donner que les formules qui correspondent à un nombre impair de points ? Stirling l'explique dans un article publié en 1719 ([14], p. 1063) : « *je n'ai pas donné la Table pour un nombre pair, puisque l'aire pour les nombres pairs restants est donnée plus exactement à partir d'un nombre impair d'entre eux.* » Cette remarque est très pertinente. En effet, si le nombre de points utilisé est n, en posant $h = R/n$, l'erreur est en h^{n+2} pour n impair, et en h^{n+1} pour n pair (*cf.* [2], p. 4). De même que pour les formules, nous ignorons comment l'auteur a trouvé ce résultat. En revanche, il conseille : « *Si onze Ordonnées ne donnent pas l'aire avec assez de précision, relèves-en davantage, et considère que l'aire est divisée en plusieurs parties, dont tu auras la valeur séparément avec l'exactitude demandée.*» [14]

Voici une interprétation possible pour les formules. Nous supposons que la fonction est interpolée à partir du point milieu x_0 avec des différences centrales. Stirling a démontré cette formule dans le même ouvrage (Proposition XX, Premier cas, p. 104-105). Elle se trouve aussi dans le *Methodus differentialis* de Newton ([11] Prop III, Premier cas).

Pour n points, l'aire est obtenue à l'aide de la courbe polynomiale de degré $n-1$ passant par ces n points. La correction donne ce qu'il faut ajouter quand on considère la courbe polynomiale de degré $n+1$ passant en plus par les deux points ajoutés aux extrémités. Prenons $n = 3$. Soient x_{-2}, x_{-1}, x_0, x_1, x_2 les abscisses des 5 points, et f_{-2}, f_{-1}, etc. les valeurs de la fonction en ces points. $A = f_{-1} + f_1$, $B = f_0$, $P = f_{-2} + f_2$, $R = 2$. Les différences centrales sont calculées à l'aide du tableau suivant

$$\begin{array}{ccccccccc}
f_{-2} & & f_{-1} & & f_0 & & f_1 & & f_2 \\
& \Delta f_{-\frac{3}{2}} & & \Delta f_{-\frac{1}{2}} & & \Delta f_{\frac{1}{2}} & & \Delta f_{\frac{3}{2}} & \\
& & \Delta^2 f_{-1} & & \Delta^2 f_0 & & \Delta^2 f_1 & & \\
& & & \Delta^3 f_{-\frac{1}{2}} & & \Delta^3 f_{\frac{1}{2}} & & & \\
& & & & \Delta^4 f_0 & & & &
\end{array}$$

et le polynôme d'interpolation s'écrit :

$$f_0 + \frac{x\left(\Delta f_{\frac{1}{2}} + \Delta f_{-\frac{1}{2}}\right) + x^2\Delta^2 f_0}{2!} + \frac{\left[2x\left(\Delta^3 f_{\frac{1}{2}} + \Delta^3 f_{-\frac{1}{2}}\right) + x^2\Delta^4 f_0\right]\left(x^2 - 1\right)}{4!}$$

Puisque l'on intègre entre -1 et 1, les monômes de degré impair ont une intégrale nulle et l'on obtient :

$$\begin{aligned}
\int_{-1}^{1} f(x)\mathrm{d}x &\approx 2f_0 + \frac{\Delta^2 f_0}{3} - \frac{2\Delta^4 f_0}{180} \\
&= 2\frac{\left(f_1 + 4f_0 + f_{-1}\right)}{6} - 2\frac{\left(f_2 - 4f_1 + 6f_0 - 4f_{-1} + f_{-2}\right)}{180} \\
&= \frac{(A + 4B)R}{6} - \frac{(P - 4A + 6B)R}{180}
\end{aligned}$$

5. LA MÉTHODE COMPOSITE DE SIMPSON

La formule que nous connaissons sous le nom de formule de Simpson n'est autre que la première formule de Newton-Cotes. L'apport de Simpson ne se borne pas à donner une démonstration (géométrique) de ce résultat :

il a l'idée de découper le segment d'étude en parties égales, suffisamment petites pour que la parabole d'interpolation soit une bonne approximation pour le degré de précision requis, à chacune desquelles il applique ensuite la première formule. C'est la méthode, dite « composite » ou « composée », que nous utilisons généralement aujourd'hui.

Le texte de Simpson

Extrait de : *De l'aire des courbes, etc. par approximation*
in *Mathematical dissertations on a variety of physical and analytical subjects.*
Londres, 1743, pp. 109-110. Trad. A. Michel-Pajus.
Service Historique de la Marine de Brest, M. Quéré.

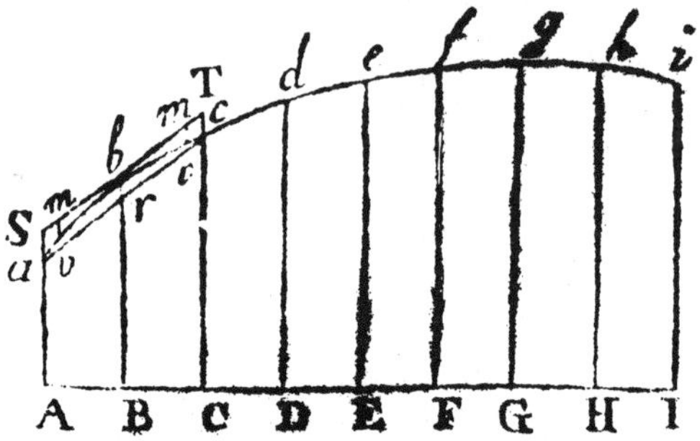

Proposition 1 :

Supposons que *abc* soit une petite Portion d'une Courbe quelconque *abfi*, et *Aa*, *Bb*, *Cc* trois Ordonnées équidistantes ; trouver une Expression à l'aide de ces Ordonnées, et de la Distance commune *AB* qui fournira à peu près l'Aire contenue dans *ACcbaA*. Soit une Parabole ordinaire, d'Axe parallèle aux Ordonnées données, tracée par les trois points *a*, *b*, *c*, de la Courbe proposée, ou plutôt, pour éviter d'embrouiller la figure, que la Courbe elle-même représente une Portion d'une telle parabole ; joindre *a* et *c* par un Segment, et lui mener la parallèle *SbT*, ce qui conduit *Aa* et *Cc* à rencontrer *SbT* en *S* et *T*, et tracer *vm* à partir de n'importe quel point *v* sur la Parabole, parallèle à *AS*.

Alors, d'après la Propriété de la Parabole, *vm* est à *Sa*, comme bm^2 à bS^2, ou bien dans le rapport deux fois répété de *bm* [à *bS*], l'espace *baSb*, délimité par la parabole et les droites *Sa* et *Sb*, sera le 1/3 du parallélogramme *braSb*, pour la même raison qu'une pyramide, dont les sections par un Plan parallèle à la Base sont dans un rapport deux fois répété de leurs distances au sommet, est connue pour être le 1/3 du Prisme circonscrit.

D'où, voyant que $Bb \times 2AB$ est égal à l'aire de *ACTbSA* et $(Aa + Cc) \times AB$ à celle de *ACcraA*, la première de ces quantités doit excéder l'aire Parabolique *ACcbaA* d'exactement la moitié de ce qui manque à la dernière ; et donc deux fois la première ajoutée à une fois la dernière, feront exactement trois fois cette Aire, et en conséquence l'Aire elle-même est égale à $(Aa + 4Bb + Cc) \times AB/3$; laquelle Quantité, puisqu'une Parabole admet une infinie Variation de Courbure, de sorte qu'elle coïncide avec n'importe quelle Courbe sur une petite Distance, doit être aussi égale de très près à l'Aire cherchée.

Corollaire

De là on peut trouver de façon approchée l'Aire de la Courbe toute entière ; car, soit l'Abscisse divisée en n'importe quel nombre pair de Parties égales, aux points *B*, *C*, *D*, etc. selon qu'un plus ou moins grand Degré de Précision est requis, et soit *Bb*, *Cc*, *Dd*, etc. les Ordonnées de la Courbe en ces points ;

alors, pour la même Raison que $\frac{Aa + 4Bb + Cc}{3} \times AB$ est l'Aire de ACcbaA, $\frac{Cc + 4Dd + Ee}{3} \times CD$ sera l'Aire de *CEedcC* et $\frac{Ee + 4Ff + Gg}{3} \times EF$ celle de *EGgfeE*, etc. Mais la Somme de toutes ces Aires prises ensemble, soit $\frac{AB}{3} \times (Aa + 4Bb + 2Cc + 4Dd + 2Ee + 4Ff + 2Gg +$ etc.$)$ est l'Aire de la Courbe toute entière.

Cette idée de diviser le segment en parties égales est utilisée à la même époque par Maclaurin (*cf.* chap. 14, § 2).

6. LES FORMULES DE QUADRATURE DE GAUSS

Dans un article de 1816 [6], présenté à la Société de Göttingen, Gauss commence par redémontrer les formules de Cotes, qui correspondent à l'utilisation de polynômes d'interpolation coïncidant avec la fonction à intégrer en des points d'abscisses équidistantes. Il donne une évaluation de l'erreur commise. Pour un découpage de l'intervalle en $n - 1$ morceaux, les formules sont exactes pour les polynômes de degré inférieur ou égal à $n - 1$, qui coïncident avec leur polynôme d'interpolation. Mais si l'on s'autorise à choisir les n points d'interpolation, on gagne ainsi n « degrés de liberté ». Il montre alors que, pour un nombre n donné de points d'interpolation, on peut trouver des valeurs $x_1, x_2, \ldots, x_n$, indépendantes de la fonction à intégrer, vérifiant n conditions bien choisies, de sorte que la formule obtenue s'avère exacte pour tous les polynômes de degré $\leq 2n - 1$. Ce qui, d'une certaine façon, optimise l'approximation.

Dans le cas où l'intervalle d'intégration est $[-1,1]$, ces valeurs $x_1, x_2, \ldots, x_n$ sont les racines du polynôme de Legendre de degré n. Dans le cas particulier où $n = 2$, on obtient la formule classique :

$$\int_{-1}^{1} f(x)\mathrm{d}x \approx f\left(\frac{1}{\sqrt{3}}\right) + f\left(\frac{-1}{\sqrt{3}}\right)$$

formule exacte lorsque f est un polynôme de degré ≤ 3. Il s'agit donc d'un cas très particulier du résultat de Gauss.

L'article de Gauss, qui utilise les fonctions hypergéométriques, est de lecture difficile. Jacobi a éprouvé la nécessité de fournir une approche plus simple dans un article de 1826 : nous donnons des extraits de cet article. Dans ce texte, l'intégration est effectuée sur l'intervalle [0,1], les points en lesquels on suppose connues les valeurs de la fonction sont notés α_1, $\alpha_2, ..., \alpha_n$; on pose $\varphi(x) = (x - \alpha_1)(x - \alpha_2)\ldots(x - \alpha_n)$, et, $f(x)$ désignant un polynôme, $f = V\varphi + U$, où U et V sont le reste et le quotient dans la division de f par φ; U n'est donc autre que le polynôme d'interpolation de Lagrange de f correspondant à $\alpha_1, \alpha_2, ..., \alpha_n$.

Le texte de Jacobi

Extraits de : « Ueber Gauss neue Methode die Werthe der Integrale näherungsweise zu finden », *Journal für die reine und angewandte Mathematik*, t. 1 (1826), pp. 301-308. Trad. Colette Bloch.

Sur une nouvelle méthode inventée par Gauss pour trouver par approximation la valeur d'une intégrale.

[...]

Gauss a montré, dans les Commentaires de Göttingen, qu'un choix judicieux des abscisses pour lesquelles on calcule les ordonnées permet de doubler le degré d'approximation ; et, comme cette détermination ne dépend pas de la nature de la courbe à intégrer, il est possible d'améliorer aussi les tables dressées à l'aide de cette méthode perfectionnée, et il en donne un exemple.

[...]

La méthode d'approximation de Newton consiste à substituer à $y = f(x)$ la fonction $U = G\varphi(x)$. L'erreur ou la différence entre les intégrales de ces deux fonctions est

$\Delta = \int y\mathrm{d}x - \int U\mathrm{d}x = \int \varphi(X).V\mathrm{d}x$

Le problème se pose maintenant de déterminer les abscisses $\alpha_1, \alpha_2, ..., \alpha_n$ de telle façon que l'erreur Δ soit aussi petite que possible [...] pour cela, φ(x) doit être déterminé de façon à ce que les intégrales

$$\int \varphi(x)\,\mathrm{d}x,\ \int x\varphi(x)\,\mathrm{d}x,\ \int x^2\varphi(x)\,\mathrm{d}x,\ \ldots,\ \int x^{n-1}\varphi(x)\,\mathrm{d}x,$$

prises entre les bornes $x = 0$ et $x = 1$, soient nulles. C'est ce que nous allons réaliser.

L'intégrale $\int x^m \varphi(x)\,\mathrm{d}x$ se réduit, par une formule connue, en intégrales d'ordre supérieur de φ(x). On a en effet très généralement :

$$\int uv\mathrm{d}x = u\int v\mathrm{d}x - \int \mathrm{d}u\int v\mathrm{d}x$$

$$\int \mathrm{d}u\int v\,\mathrm{d}x = \mathrm{d}u\iint v\mathrm{d}x - \int \mathrm{d}^2u\iint v\mathrm{d}x$$

$$\int \mathrm{d}^2u\iint v\mathrm{d}x = \mathrm{d}^2u\iiint v\mathrm{d}x - \int \mathrm{d}^3u\iiint v\mathrm{d}x$$

...

$$\int d^m u \int \ldots \int v dx = d^m u \iint \ldots \int v dx - \int d^{m+1} u \iint \ldots \int v dx$$

où chaque formule se déduit de la précédente en remplaçant u par du/dx et v par $\int v\,dx$. On en tire aussitôt :

[...]

$$\int x^{n-1}\varphi(x)dx = x^{n-1}\int \varphi(x)dx - (n-1)x^{n-2}\iint \varphi(x)dx^2$$
$$+ (n-1)(n-2)x^{n-3}\iiint \varphi(x)dx^3 + \ldots + (-1)^{n-1}(n-1)(n-2)\ldots 1\int \ldots \int \varphi(x)\,dx^n.$$

Ces formules sont connues. On y voit que si $\int \varphi(x)\,dx$, $\int x\varphi(x)\,dx$, $\int x^2\varphi(x)\,dx$, ..., $\int x^{n-1}\varphi(x)\,dx$ doivent être nulles pour des bornes données, alors, entre les mêmes bornes, $\int \varphi(x)\,dx$, $\iint \varphi(x)\,dx^2$, ..., $\int \ldots \int \varphi(x)\,dx^n$ doivent s'annuler aussi et réciproquement.

Notre tâche se ramène donc maintenant à déterminer la fonction φ(x) de telle façon que ses 1re, 2e,..., ne intégrales soient nulles prises entre 0 et 1 ; c'est-à-dire que, si on s'arrange pour que les intégrales successives soient nulles pour $x = 0$, elles doivent aussi être nulles pour $x = 1$.

Posons $\int \ldots \int \varphi(x)\,dx^n = \pi(x)$, supposons les intégrales successives toutes nulles pour $x = 0$, le problème peut maintenant être ainsi exprimé : trouver une fonction π(x), nulle pour $x = 0$ et $x = 1$ ainsi que ses 1re, 2ème, 3ème,..., $n - 1$ème différentielles. Cela exige que la fonction π(x) contienne les facteurs x^n et $(x - 1)^n$; réciproquement, toute fonction ayant $x^n(x - 1)^n$ en facteur remplit les conditions voulues. Il faut donc poser $\pi(x) = x^n(x-1)^n M$. Mais comme $\varphi(x) = (x-\alpha_1)(x-\alpha_2)\ldots(x-\alpha_n)$ est une fonction rationnelle entière de degré n, il en résulte que $\pi(x) = \int \ldots \int \varphi(x)\,dx^n$ est une fonction rationnelle entière de degré $2n$ et, par conséquent, dans notre cas, M est une constante. On obtient ainsi

$$\varphi(x) = \frac{Md^n\left[x^n(x-1)^n\right]}{dx^n} =$$

$$x^n - \frac{n^2}{2n}x^{n-1} + \frac{n^2(n-1)^2}{1.2.2n(2n-1)}x^{n-2} + \ldots + (-1)^n \frac{n(n-1)(n-2)\ldots 1}{2n(2n-1)(2n-2)\ldots(n+1)}$$

où on a posé $M = \dfrac{1}{2n(2n-1)(2n-2)\ldots(n+1)}$.

Les racines de l'équation φ(x) = 0, où φ(x) est l'expression ci-dessus, donnent alors les valeurs $\alpha_1, \alpha_2, \ldots, \alpha_n$ qui réalisent ainsi le degré d'approximation le plus grand possible. Comme on sait par la théorie des équations que, si les racines d'une équation π(x) = 0 sont toutes réelles, alors celles de $d^m\pi(x)/dx^m = 0$ sont réelles aussi et s'intercalent entre celles de la première équation, il en résulte que les quantités $\alpha_1, \alpha_2, \ldots, \alpha_n$ racines de φ(x) = 0, sont réelles et comprises entre 0 et 1 (puisque π(x) = 0 a n racines égales à 0 et n racines égales à 1). C'est ce qu'a trouvé Gauss dans les exemples qu'il a calculés. [...]

En résumé, la méthode de Gauss consiste à choisir pour abscisse des n points d'interpolation les racines $\alpha_1, \alpha_2, \ldots, \alpha_n$ du polynôme de degré n obtenu en dérivant n fois le polynôme $x^n(x-1)^n$ dans le cas de l'intervalle d'intégration $[0,1]$, sinon en dérivant $(x-a)^n(x-b)^n$ dans le cas de l'intervalle $[a,b]$. La formule de quadrature approchée de Gauss s'exprime sous la forme :

$$\int_a^b f(x)\mathrm{d}x \approx \sum_{i=1}^{n} c_i f(\alpha_i)$$

où les c_i sont des coefficients indépendants de f. En effet, utilisons l'expression de Lagrange pour le polynôme d'interpolation de f :

$$\sum_{i=1}^{n} L_i(x) f(\alpha_i) \text{ où } L_i = \prod_{j \neq i} \frac{(x - x_j)}{(x_i - x_j)}.$$

Alors,
$$\int_a^b f(x)\mathrm{d}x \approx \sum_{i=1}^{n} f(\alpha_i) \int_a^b L_i(x)\mathrm{d}x$$

et on pose :
$$c_i = \int_a^b L_i(x)\mathrm{d}x.$$

Par construction, c'est-à-dire choix des α_i et calcul des c_i, cette formule est exacte lorsque f est un polynôme de degré $\leq 2n-1$. En fait, on peut montrer que si f est une fonction de classe C^{2n}, l'erreur ne provient que des termes d'ordre $\geq 2n$.

À titre d'exemple, établissons la formule pour trois points d'interpolation sur l'intervalle $[-1,+1]$. En dérivant trois fois le polynôme $(x^2-1)^3$, on obtient le polynôme $120x^3 - 72x$ dont les racines sont $\alpha_1 = -\frac{\sqrt{3}}{5}$, $\alpha_2 = 0$ et $\alpha_3 = \frac{\sqrt{3}}{5}$. Ensuite, l'intégration sur $[-1, +1]$, par exemple, du polynôme $L_2(x) = -\frac{3}{5}\left(x^2 - \frac{3}{5}\right)$ fournit $c_2 = 8/9$... D'où :

$$\int_{-1}^{1} f(x)\mathrm{d}x \approx \frac{5}{9}\left[f\left(-\frac{\sqrt{3}}{5}\right) + f\left(\frac{\sqrt{3}}{5}\right)\right] + \frac{8}{9} f(0).$$

Notons que tout aspect géométrique a disparu des démonstrations, même si Jacobi fait appel au polynôme d'interpolation de Lagrange.

7. LE CHOIX DE TCHEBYCHEV

Dans un article publié en 1874 dans le Journal de Liouville, Tchebychev souhaite établir une formule de quadrature où la valeur approchée serait une combinaison linéaire des valeurs de la fonction prises en des points particuliers, mais affectées toutes du même poids. Plus précisément, il cherche une formule du type

$$\int_{-1}^{+1} F(x)\varphi(x)\mathrm{d}x \cong k\left[\varphi(x_1) + \varphi(x_2) + \ldots + \varphi(x_n)\right]$$

où $x_1, x_2,\ldots x_n$ ne dépendent évidemment pas de φ, mais de F.

Cette formule lui paraît plus intéressante que celle de Gauss, vue précédemment, dans le cas où les valeurs prises par la fonction ne sont connues que de façon approchée. En effet, la formule de Gauss risque d'attribuer un poids prépondérant à une valeur trop erronée.

En admettant qu'une telle formule existe, il détermine le coefficient k et les valeurs $x_1, x_2,\ldots x_n$. Dans le cas où $F = 1$, il montre que $k = 2/n$ et que $x_1, x_2,\ldots x_n$ sont solutions de l'équation

$$(5) \qquad \left[z^n e^{-\frac{n}{2.3z^2}-\frac{n}{4.5z^4}-\frac{n}{6.7z^6}-\ldots}\right] = 0$$

où [ ] désigne la partie entière.

La preuve mathématique nous a semblé sortir des limites de cet ouvrage. Nous nous bornons donc à citer l'introduction, puis les valeurs de $x_1, x_2,\ldots,x_n$ calculées par l'auteur pour les premières valeurs de n.

Le texte de Tchebychev

Extrait de « Sur les quadratures »,
Journal de mathématiques pures et appliquées, Série 2, Vol XIX (1874), p. 19-22.

1. Dans l'Ouvrage très important que M. Hermite vient de publier sur l'Analyse mathématique, l'illustre géomètre donne une nouvelle formule pour évaluer approximativement la valeur de l'intégrale

$$\int_{-1}^{+1} \frac{\varphi(x)}{\sqrt{1-x^2}}\,\mathrm{d}x.$$

Dans cette formule toutes les valeurs de la fonction $\varphi(x)$ entrent avec un même coefficient; c'est ce qui apporte une différence essentielle entre la formule de M. Hermite et celle de Gauss, et ce qui en rend très commode l'application numérique. L'utilité des formules approximatives de ce genre m'engage à présenter quelques réflexions sur la recherche de ces formules.

Nous supposerons que, la fonction $F(x)$ étant donnée, on cherche à exprimer le plus près possible les intégrales de la forme $\int_{-1}^{+1} F(x)\varphi(x)dx$ quelle que soit la fonction $\varphi(x)$, par la formule $k[\varphi(x_1)+\varphi(x_2)+\ldots+\varphi(x_n)]$, où $k, x_1, x_2, \ldots x_n$ sont des valeurs qui ne dépendent pas de la fonction $\varphi(x)$.

[...]

6. En donnant à n les valeurs les plus simples, telles que $n = 2, 3, 4, 5, 6, 7$, on trouve que, pour ces valeurs de n, l'équation (5) devient respectivement

$$z^2 - \frac{1}{3} = 0$$

$$z^3 - \frac{1}{2}z = 0$$

$$z^4 - \frac{2}{3}z^2 + \frac{1}{45} = 0$$

$$z^5 - \frac{5}{6}z^3 + \frac{7}{72}z = 0$$

$$z^6 - z^4 + \frac{1}{5}z^2 - \frac{1}{105} = 0$$

$$z^7 - \frac{7}{6}z^5 + \frac{119}{360}z^3 - \frac{149}{6480}z = 0$$

et, en résolvant ces équations, on obtient les systèmes suivants des valeurs de $x_1, x_2, \ldots, x_n$:

$n = 2$	$n = 3$	$n = 4$
$x_1 = -0{,}577350$	$x_1 = -0{,}707107$	$x_1 = -0{,}794654$
$x_2 = +0{,}577350$	$x_2 = 0$	$x_2 = -0{,}187592$
	$x_3 = +0{,}707107$	$x_3 = +0{,}187592$
		$x_4 = +0{,}794654$

$n = 5$	$n = 6$	$n = 7$
$x_1 = -0{,}832497$	$x_1 = -0{,}866247$	$x_1 = -0{,}883862$
$x_2 = -0{,}374541$	$x_2 = -0{,}422519$	$x_2 = -0{,}529657$
$x_3 = 0$	$x_3 = -0{,}266635$	$x_3 = -0{,}323912$
$x_4 = +0{,}374541$	$x_4 = +0{,}266635$	$x_4 = 0$
$x_5 = +0{,}832497$	$x_5 = +0{,}422519$	$x_5 = +0{,}323912$
	$x_6 = +0{,}866247$	$x_6 = +0{,}529657$
		$x_7 = +0{,}883862$

Avec ces valeurs de $x_1, x_2, \ldots, x_n$, la formule

$$\frac{2}{n}[\varphi(x_1)+\varphi(x_2)+\ldots+\varphi(x_n)]$$

donne l'expression approximative de l'intégrale $\int_{-1}^{+1}\varphi(x)dx$ qui, dans certains cas, est plus commode pour les applications que ne l'est celle de Gauss ; car, dans cette dernière formule, les valeurs $\varphi(x_1), \varphi(x_2), \ldots, \varphi(x_n)$ entrent munies de divers coefficients. Comme notre expression de l'intégrale n'est exacte que jusqu'aux termes en $\varphi^{(n+1)}(0)$, $\varphi^{(n+2)}(0)$, ..., on devra y prendre, en général, plus de termes que dans la formule de Gauss. Néanmoins, dans le cas où les valeurs de $\varphi(x_1)$, $\varphi(x_2)$, ..., $\varphi(x_n)$ d'après lesquelles on détermine l'intégrale $\int_{-1}^{+1}\varphi(x)\mathrm{d}x$, sont affectées d'erreurs inconnues, notablement plus grandes que celle qui résulte des termes rejetés, la formule approchée que nous venons de trouver doit être préférée à celle de Gauss même par rapport au degré de précision, vu que, dans cette formule approchée, la somme des carrés des coefficients, à cause de leur égalité, a la plus petite valeur possible.

Notons que pour $n = 2$, on retrouve la règle de Gauss. Il n'en est plus de même ensuite. Les valeurs de $x_1, x_2, \ldots, x_n$, sont toujours les racines d'un polynôme, mais il ne s'agit pas de la même famille que celle à laquelle appartiennent les polynômes utilisés par Gauss, aujourd'hui appelés polynômes de Legendre, et orthogonaux pour le produit scalaire

$$\langle P,Q\rangle = \int_{-1}^{1} P(x)Q(x)\mathrm{d}x$$

(*cf.* chap. 13, p. 468). D'ailleurs les racines des polynômes utilisés ici par Tchebychev ne sont réelles que pour n compris entre 1 et 7, ou $n = 9$ (*cf.* [12]).

L'exemple que nous avons choisi correspond à la fonction $F = 1$, mais la méthode indiquée est ensuite appliquée par Tchebychev à de nombreuses intégrales de la forme

$$\int_{-1}^{1} F(x)\varphi(x)\mathrm{d}x.$$

Il retrouve en particulier les valeurs déjà données par Hermite dans l'article auquel il se réfère, valeurs qui permettent de calculer de façon approchée

$$\int_{-1}^{1} \frac{\varphi(x)}{\sqrt{1-x^2}}\,\mathrm{d}x.$$

Les polynômes utilisés dans ce cas sont maintenant appelés polynômes de Tchebychev et forment une famille orthogonale pour le produit scalaire :

$$\langle P,Q\rangle = \int_{-1}^{1} \frac{1}{\sqrt{1-x^2}} P(x)Q(x)\mathrm{d}x.$$

ÉPILOGUE

La recherche des formules de quadrature approchée a suscité un intérêt constant chez les mathématiciens, et nous avons dû en omettre beaucoup. Nous n'avons pas non plus mentionné les travaux destinés à évaluer l'approximation.

R. Radau a publié dans le *Journal de Liouville*, en 1880, une très intéressante synthèse de ces formules. Il y définit en particulier le *degré de précision* : « *Nous dirons qu'une formule de quadrature possède le* degré de précision $p-1$, *pour exprimer qu'elle est rigoureusement exacte toutes les fois que* $f(x)$ *est une fonction entière d'un degré inférieur à* p.». Une fonction entière est ici un polynôme. Quand la fonction est développable en série entière, du type $f(x) = a_0 + a_1x + \ldots + a_{p-1}x^{p-1} + a_px^p + a_{p+1}x^{p+1} + \ldots$, il ajoute les termes correctifs $a_p\varepsilon_p + a_{p+1}\varepsilon_{p+1} + \ldots$ où les ε_k ont été calculés une fois pour toutes. L'ordre de grandeur de l'erreur commise n'est toutefois examiné que sur des fonctions particulières.

Nous reproduisons ci-dessous un extrait du tableau où Radau compare l'efficacité des formules sur l'exemple numérique suivant :

$$\int_0^1 \frac{dx}{1+x} = \ln 2 = 0,69314718056\ldots$$

(La méthode de Villarceau est la méthode composite obtenue à partir de la formule de Cotes à 5 ordonnées.)

Un tableau de Radau

Ordonnées			Erreur de la 8e décimale	Degré de précision
Cotes	8	0,69314773.3	+ 55.3	7
"	10	0,69314720.28	+ 2.22	9
"	11	0,69314718.20	+ 0.14	11
Simpson	9	0,69315453	+ 735	3 avec 4 divisions
Villarceau	9	0,69314790	+ 72	5 avec 2 divisions
Gauss	3	0,69312169.3	- 2548.7	5
"	5	0,69314715.78	- 2.27	9
Tchebychef	4	0,69312796.2	- 1921.8	5
"	8	0,69314667.0	- 51.0	5 avec 2 divisions

Extrait de : « Valeur numérique d'une intégrale définie », *Journal de Mathématiques Pures et Appliquées*, Série 3, Vol. VI (1880), p. 334-335.

BIBLIOGRAPHIE

[1] ARCHIMÈDE, De la mesure du cercle, in *Les Œuvres complètes d'Archimède*, t. I, trad. P. Ver Eecke, 1921. Rééd. Blanchard, Paris, 1961.

[2] J. BARANGER, *Analyse numérique*, Hermann, Paris, 1991.

[4] B. CAVALIERI, *Centuria di varii problemi*, Bologna, 1639.

[5] R. COTES, De Methodo Differentiali Newtoniana, in *Harmonia Mensurarum sive Analysis & Synthesis Per Rationum & Angulorum Mensuras Promotae : accedunt alia Opuscula Mathematica*, Cambridge, 1722.

[6] C.-F. GAUSS, Methodus nova integralium valores per approximationem inveniendi, in *Commentaires de la Société Scientifique de Göttingen*, vol. III (1816), pp. 39-76. *Werke*, vol III, 1876, pp. 165-196.

[7] J. GREGORY, Lettre du 23 Novembre 1670 à Collins in *The correspondence of Isaac Newton*, vol. I, éd. H.W. Turnbull, Cambridge University Press, 1959.

[8] J. GREGORY, *Exercitationes geometricae*, Londres, 1668.

[9] C. HERMITE, *Cours d'Analyse de l'École Polytechnique*, Paris, 1873.

[10] C. G. JACOBI, Über Gauss neue Methode die Werthe der Integrale näherungsweise zu finden, *Journal für die reine und angewandte Mathematik*, t. I (1826), pp. 301-308. *Werke*, vol. VI, 1891, p. 1-11.

[11] I. NEWTON, Methodus Differentialis, in *Analysis per Quantitatum, Series, Fluxiones ac Differentias : cum enumeratione Linearum Tertii Ordinis*, Londres, 1711.

[12] R. RADAU, Valeur numérique d'une intégrale définie, *Journal de Mathématiques Pures et Appliquées*, Série 3, vol. VI (1880), p. 334-335.

[13] T. SIMPSON, « Of the Area of Curves, &c. by approximation », in *Mathematical Dissertation on a Variety of Physical and analytical Subjects*, Londres, 1743.

[14] J. STIRLING, Methodus Differentialis Newtoniana Illustrata, *Philosophical Transactions*, vol. 30 (1719), p. 1050-1070.

[15] J. STIRLING, *Methodus Differentialis sive Tractatus de Summatione et Interpolatione Serierum Infinitarum*, Londres, 1730.

[16] P. L. TCHEBYCHEV, Sur les quadratures, *Journal de Mathématiques Pures et Appliquées*, Série 2, vol. XIX (1874), p. 19-34. *Collected Works*, vol. III, 1959, p. 289-323.

Chapitre 12

Résolutions approchées d'équations différentielles

« Le problème des trois corps a une telle importance pour l'Astronomie, et il est en même temps si difficile, que tous les efforts des géomètres ont été depuis longtemps dirigés de ce côté. Une intégration complète et rigoureuse étant manifestement impossible, c'est aux procédés d'approximation que l'on a dû faire appel. »

Henri POINCARÉ, *Les méthodes nouvelles de la Mécanique céleste*, Tome I, p. 1, 1892.

Dès la naissance du calcul infinitésimal au XVIIe siècle, certains problèmes de géométrie et de mécanique conduisent à des équations différentielles du premier ordre. Cependant c'est avec les lois de la mécanique de Newton que la détermination des trajectoires des corps célestes conduit au XVIIIe et surtout au XIXe siècle à une étude systématique des équations différentielles, puisque l'étude d'un système mécanique de n « points matériels » n'est autre que celle d'un système de $3n$ équations différentielles du second ordre.

Le plus simple et le plus agréable serait bien sûr de trouver des solutions s'exprimant à l'aide de fonctions élémentaires ou de primitives de telles fonctions. Or, ce type d'*intégration par quadrature* n'est effectivement possible que pour un très petit nombre d'équations différentielles, même lorsque celles-ci sont du premier ordre et résolues sous la forme :

$$\frac{\mathrm{d}y}{\mathrm{d}x} = f(x, y).$$

Une autre méthode de résolution consiste, selon la technique newtonienne, à chercher a priori des solutions sous la forme de sommes de séries entières dont les coefficients s'obtiennent alors par une récurrence induite par les équations différentielles. On trouve les prémisses de cette technique, en particulier chez Leibniz [11], pour résoudre le problème inverse des tangentes. « *Mais*, explique Lagrange [10], *cette méthode a l'inconvénient de donner des suites infinies lors même que ces suites peuvent être représentées par des expressions rationnelles finies.* »

Aussi, Lagrange propose-t-il un procédé fondé sur les fractions continues qui lui sont si chères. La détermination des termes apparaissant successivement dans la fraction continue solution s'effectue selon une technique qui s'apparente à celle du polygone de Newton (*cf.* chap. 6, § 6). Bien que, contrairement à la technique des séries, « *par cette méthode, on soit assuré de trouver directement la valeur rationnelle et finie de la quantité cherchée lorsqu'elle en a une* », la méthode de Lagrange n'a pas connu ensuite les développements que son auteur en escomptait.

Ceci explique l'intérêt des méthodes de résolutions approchées que nous allons évoquer maintenant. Initialement mises en œuvre par Euler au XVIIIe siècle d'une façon relativement élémentaire, par une approche polygonale de la courbe solution (*cf.* § 1), elles sont perfectionnées vers la fin du XIXe siècle. Ces perfectionnements s'inspirent de ceux considérés au chapitre précédent à propos des quadratures approchées, puisque, trouver une solution φ de l'équation différentielle

$$\frac{\mathrm{d}y}{\mathrm{d}x} = f\left(x, y\right)$$

qui vérifie $\varphi\left(x_0\right) = y_0$, c'est essayer de calculer pour chaque valeur de x la quantité

$$y = y_0 + \int_{x_0}^{x} f\left(t, \varphi(t)\right) \mathrm{d}t.$$

La méthode des différences finies conduisant à la formule de Gregory (*cf.* chap. 11, § 1) possède son analogue dans les travaux d'Adams (*cf.* § 6). Les méthodes des trapèzes de Simpson (chap. 11, § 5) et celle de Gauss (chap. 11, § 6) inspirent des perfectionnements successifs à Runge, Heun, puis Kutta (*cf.* §§ 3 à 5). Ces dernières méthodes sont ce que l'on appelle maintenant des méthodes à un pas, alors que la méthode d'Adams est une méthode multi-pas.

L'utilisation de ces méthodes ou de méthodes dérivées connaît actuellement un grand développement, d'une part parce que de plus en plus de disciplines utilisent des modèles mathématiques nécessitant des équations différentielles, d'autre part parce que ces techniques numériques fondées sur une discrétisation des équations différentielles sont particulièrement adaptées au traitement par ordinateur. De sorte que ces méthodes, qui datent pour la plupart d'un siècle environ, sont véritablement développées à partir des années 1950 seulement. En particulier, cette intégration numérique approchée des systèmes différentiels à l'aide d'ordinateurs permet d'étudier la stabilité du système solaire sur de longues périodes.

Dans l'intervalle, des études plus théoriques, celles de Cauchy en particulier, ont permis de prouver, dans un cadre général, l'existence de solutions. La première démonstration de Cauchy, obtenue vers 1820, est fondée sur l'approximation polynomiale d'Euler, indéfiniment raffinée ; elle est retrouvée par Lipschitz en 1868 sous des hypothèses un peu plus générales. C'est cependant la preuve éclairante de Picard, preuve par approximations successives que nous allons présenter ici (*cf.* § 2).

1. LA MÉTHODE D'EULER

Dans le chapitre intitulé « De l'intégration des équations différentielles par approximation » de son ouvrage *Institutionum Calculi Integralis* de 1768, Euler note le caractère insuffisant de l'emploi des séries et il y expose la méthode suivante, appelée maintenant *méthode d'Euler*. Considérant une équation différentielle du premier ordre de la forme :

$$\frac{\mathrm{d}y}{\mathrm{d}x} = V(x, y)$$

et des « conditions initiales » :

$$x = a, y = b,$$

Euler détermine les valeurs de la solution correspondante en les calculant de proche en proche. Afin d'obtenir une valeur approchée y de la solution pour la valeur x de la variable, il progresse de a vers x à l'aide de points intermédiaires a', a'',... « assez rapprochés » pour pouvoir considérer la fonction V comme une fonction constante dans les sous-intervalles qu'ils définissent et donc pouvoir poser, en notant b', b'',... les valeurs correspondantes de la solution :

$$\begin{aligned} b' - b &= (a' - a) \quad V(a,b) \\ b'' - b' &= (a'' - a') \, V(a',b') \\ &\ldots\ldots\ldots\ldots\ldots\ldots\ldots\ldots\ldots\ldots , \end{aligned}$$

autrement dit, cela revient à assimiler la courbe solution à une ligne polygonale, la courbe solution étant confondue avec sa tangente au voisinage de chaque point intermédiaire.

Le texte d'Euler

Extrait de *Institutionum Calculi integralis*, St Petersbourg, 1768, vol. I, chap. 7, (§§ 650-653). *Opera omnia*, 1ère série, vol. 11, Teubner, 1913 (pp. 424-425). Trad. A. Michel-Pajus.

Chapitre VII

DE L'INTÉGRATION DES ÉQUATIONS DIFFÉRENTIELLES PAR APPROXIMATION

Problème 85

Étant donnée une équation différentielle, en trouver une intégrale complète très proche.

Solution

Soient x et y un couple de variables liées entre elles par une équation différentielle, cette équation étant de la forme $\frac{dy}{dx} = V$, où V désigne n'importe quelle fonction des variables x et y. Et maintenant, on cherche une intégrale complète, ce qui doit être interprété ainsi : lorsqu'une valeur déterminée est assignée à x, soit $x = a$, la seconde variable y doit prendre une valeur donnée, soit $y = b$. Conduisons donc d'abord notre étude de façon à examiner la valeur de y, quand une valeur peu différente de a est attribuée à x, posons $x = a + \omega$, il est permis de considérer la quantité V comme constante dans cet intervalle. De ce fait, si l'on pose $x = a$ et $y = b$, alors $V = A$ et en raison de cette minuscule variation nous aurons $\frac{dy}{dx} = A$ et de là en intégrant $y = b + A(x - a)$, une constante ayant été évidemment ajoutée de façon que, pour $x = a$, $y = b$. Donc, pour $x = a + \omega, y = b + A\omega$.
Donc, de même qu'à partir des valeurs données au début $x = a$ et $y = b$ nous trouvons les plus proches suivantes $x = a + \omega$ et $y = b + A\omega$, , il est ainsi possible de progresser par intervalles très petits jusqu'à ce qu'enfin l'on parvienne à des valeurs aussi éloignées que l'on veut des valeurs initiales. Pour que ces opérations soient plus clairement offertes aux regards, établissons pas à pas ce qui suit.

Variable	Valeurs successives						
x	$a,$	$a',$	$a'',$	$a''',$	$a^{IV},$	...	$'x,$	x
y	$b,$	$b',$	$b'',$	$b''',$	$b^{IV},$	...	$'y,$	y
V	$A,$	$A',$	$A'',$	$A''',$	$A^{IV},$	...	$'V,$	V

Il est évident qu'à partir des valeurs initiales données $x = a$ et $y = b$ nous aurons $V = A$, puis pour les secondes nous aurons bien $b' = b + A(a' - a)$, la différence $a' - a$ étant supposée aussi petite que souhaitée. À partir d'ici, en posant $x = a'$ et $y = b'$, on obtient $V = A'$ et, à partir de là, pour les troisièmes $b'' = b' + A'(a'' - a')$, et, à cet endroit là, si on pose $x = a''$ et $y = b''$, on trouve $V = A'''$. Maintenant, pour les quatrièmes, nous aurons $b''' = b'' + A''(a''' - a'')$ et, à partir d'ici, en posant $x = a'''$ et $y = b'''$, nous trouverons $V = A'''$, et ainsi l'on pourra avancer jusqu'à des valeurs aussi éloignées que l'on veut des valeurs initiales. Mais la première suite donnant les valeurs successives de la variable x peut être prise comme l'on veut, pourvu qu'elle monte, ou aussi bien descende, par intervalles très petits.

Corollaire 1

Donc pour des intervalles très petits pris un par un le calcul peut être conduit de la même façon, et l'on obtient ainsi des valeurs dont dépendent les suivantes. De cette manière, pour des valeurs de la variable x choisies une par une, on peut donc indiquer les valeurs correspondantes de la variable y.

Corollaire 2

Plus les intervalles dont les valeurs de x sont supposées progresser sont petits, plus les valeurs prises une à une seront obtenues avec précision. Ce faisant, cependant, les erreurs commises sur chaque valeur, même si elles sont beaucoup plus petites, vont s'accumuler du fait de leur multitude.

Corollaire 3

D'autre part, dans ce calcul les erreurs surgissent de ce que dans les intervalles pris un par un, nous considérons les deux quantités x et y et, par suite, la fonction V comme constantes. Donc, plus la valeur de la variable V change d'un intervalle au suivant, plus il est à craindre de grandes erreurs.

Considérons l'équation différentielle $y' = f(x, y)$ avec les conditions initiales $(x_0, y_0) = (a, b)$. Notons φ la solution – dont l'existence et l'unicité seront étudiées ultérieurement. Dans la méthode d'Euler, la courbe solution est approchée par une ligne polygonale comme le montre la figure ci-dessous.

Pour simplifier nos notations et la procédure, supposons que l'on progresse de a à x selon un pas constant h. Notons $x_i = a + ih$ les points de la subdivision avec $x_0 = a$, $x_n = x$ et $h = (x - a)/n$. Ainsi, dans chaque intervalle $[x_i, x_{i+1}]$, la courbe solution est assimilée à sa tangente au point d'abscisse x_i. Au départ, au point $(x_0, y_0) = (a,b)$, la tangente a pour équation $(y - y_0)/(x - x_0) = f(x_0, y_0)$, d'où pour $\varphi(x_1)$ la valeur approchée :

$$y_1 = y_0 + hf(x_0, y_0).$$

En fait, dès le pas suivant, le point (x_1, y_1) n'est plus exactement sur le graphe de φ et $f(x_1, y_1)$ n'est plus la pente de la tangente au graphe de φ en $(x_1, \varphi(x_1))$. On approche cependant encore $\varphi(x_2)$ par :

$$y_2 = y_1 + hf(x_1, y_1)$$

et ainsi de suite...

L'algorithme peut être résumé ainsi :
pour $i = 0$ à $n - 1$:

$$x_{i+1} = x_i + h$$

$$y_{i+1} = y_i + hf(x_i, y_i)$$

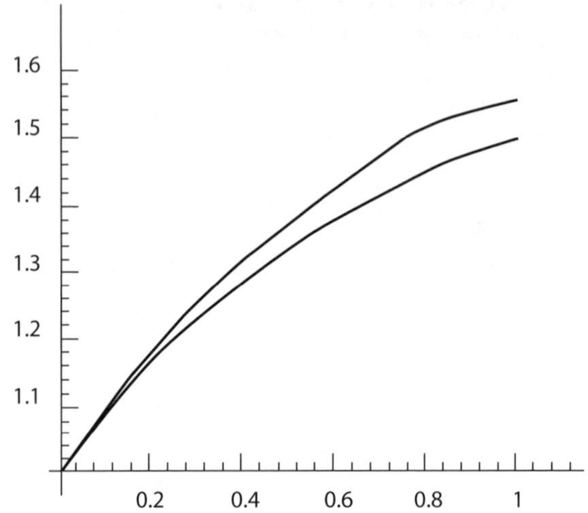

Exemple de résolution par la méthode d'Euler, de l'équation différentielle $\frac{dy}{dx} = \frac{y - x}{y + x}$, pour les conditions initiales $x = 0$, $y = 1$, dans l'intervalle [0,1] avec le pas $h = 0,1$.
Pour $x = 1$, la valeur exacte de y est 1,498278 (*cf.* textes de Runge et de Kutta ci-après).

Comme le note Euler, l'erreur à chaque étape peut être rendue très petite en choisissant un pas assez petit; en revanche, il y a accumulation des erreurs de a jusqu'à x. La méthode est cependant raisonnable.

Cauchy en a fourni une preuve rigoureuse vers 1820 dans ses *Leçons données à l'École Royale Polytechnique* [2]. En effet, dans la neuvième leçon intitulé « Limite des Erreurs que l'on peut commettre en se servant de la Méthode exposée dans la septième leçon... », supposant f, f'_x et f'_y continues, Cauchy montre que, la valeur Y, obtenue par la méthode que nous appelons d'Euler, comme approximation de la valeur en X de la solution φ de l'équation différentielle $\frac{dy}{dx} = f(x, y)$ qui vérifie $\varphi(x_0) = y_0$ est entachée d'une erreur $|Y - \varphi(X)|$ au plus égale à :

$$(B + AC)|X - x_0|e^{C|X - x_0|}h$$

où A, B et C désignent des majorants respectifs de $|f|, |f'_x|$ et $|f'_y|$, et h est le pas de la subdivision utilisée pour aller de x_0 à X. On peut écrire en particulier :

$$|Y - \varphi(X)| \leq Kh$$

où K est une constante ne dépendant que de X (et bien sûr des données f, x_0, y_0).

Ainsi, l'inégalité précédente justifie la méthode d'Euler en montrant que, la valeur de X étant fixée, il est théoriquement possible, d'approcher $\varphi(X)$ d'aussi près que l'on veut à condition de choisir le pas h suffisamment petit. Mais cette inégalité seule ne prouve pas l'existence d'une solution. Cependant, Cauchy va également en tirer profit sur un plan théorique.

2. L'EXISTENCE D'UNE SOLUTION

« *C'est A.-L. Cauchy qui a assis sur des bases indestructibles la théorie générale des équations différentielles* » affirme Paul Painlevé dans un article de l'*Encyclopédie des Sciences mathématiques* [15]. En effet, même si on peut évoquer les travaux antérieurs de Lagrange, Laplace et Poisson dans le domaine des équations différentielles, c'est véritablement Cauchy qui, le premier, a posé et résolu le problème de l'existence d'une solution φ d'une équation différentielle générale du premier ordre $\frac{\mathrm{d}y}{\mathrm{d}x} = f(x, y)$ vérifiant une condition initiale $\varphi(x_0) = y_0$ donnée. Il a d'ailleurs proposé pour cela deux démonstrations.

La première a vraisemblablement été enseignée aux élèves de l'École Polytechnique au cours de l'année scolaire 1819/1820 (*cf.* [2], p. xxv). Elle est exposée dans un texte imprimé vers 1824, mais resté inédit jusqu'à sa redécouverte récente, à la bibliothèque de l'Institut, par Christian Gilain. Cauchy part de l'approximation Y fournie par la méthode d'Euler appliquée à l'intervalle $[x_0, X]$ pour une subdivision donnée. En utilisant la majoration de l'erreur, il montre ([2], 8ème leçon) que, avec des hypothèses assez générales – f et f_y' continues au voisinage de (x_0, y_0) – et en faisant tendre vers zéro ce que nous appelons le pas de la subdivision, la valeur approchée Y tend vers une limite qui ne dépend que de X. Il ne lui reste plus alors qu'à prouver que la fonction définie ainsi, en faisant varier X au voisinage de x_0, est bien solution de l'équation différentielle proposée. Cauchy démontre donc l'existence d'une solution au voisinage des conditions initiales par une sorte de passage à la limite dans la méthode d'Euler.

Cette démonstration non publiée est évoquée par Cauchy en 1835 [3] dans un mémoire où il expose la « méthode des majorantes », une seconde démonstration valable seulement pour les équations analytiques, conduisant donc à un énoncé moins général. La première démonstration est redonnée par Coriolis en 1837 [4] et reprise par l'abbé Moigno dans un traité en 1844 (*cf.* [13], t. 2, 1ère partie, leçons 26 et 27). Malgré cela, ce premier théorème d'existence de Cauchy a été peu connu, sans doute à cause de l'importance accordée alors aux fonctions de variables complexes.

Ainsi, Lipschitz semble l'ignorer lorsque, revenant au cas des fonctions de variables réelles, dans un article de 1868 [12], il améliore le théorème d'existence de Cauchy. En effet, il suppose encore la fonction f continue, mais remplace la continuité de f_y' par une « condition de Lipschitz » de f par rapport à la variable y dans un voisinage de (x_0, y_0), c'est-à-dire qu'il suppose l'existence d'une constante k indépendante de x telle que :

$$\left|f(x, y_1) - f(x, y_2)\right| \leq k\left|y_1 - y_2\right|.$$

Ce sont cependant les travaux de Picard qui constituent le véritable achèvement de la théorie de l'existence locale des solutions. Dans un mémoire de 1890, Picard expose une troisième démonstration d'existence : il y construit la fonction, solution locale, par une méthode d'approximations successives globales. Dans le tome 2 de son *Traité d'Analyse*, Picard exposera ces trois types de démonstration : « Cauchy-Lipschitz », « méthode des majorantes » et « approximations successives ».

Le mémoire de Picard

Extrait du « Mémoire sur la théorie des équations aux dérivées partielles et la méthode des approximations successives », *Journal de Mathématiques pures et appliquées*, 4ème série, t. 6 (1890), pp. 145-210 et 231 (pp. 197-200).

CHAPITRE V.

QUELQUES REMARQUES SUR LES ÉQUATIONS DIFFÉRENTIELLES ORDINAIRES.

1. Les méthodes d'approximation dont nous venons de faire usage peuvent évidemment être employées dans le cas des équations différentielles ordinaires; c'est un point sur lequel il ne me paraît pas inutile de s'arrêter, quoique nous n'ayons qu'à appliquer des méthodes étudiées plus haut.

Prenons tout d'abord une seule équation du premier ordre

$$\frac{dy}{dx} = f(y, x);$$

on peut établir ainsi le théorème fondamental relatif à l'existence de l'intégrale de cette équation, prenant pour $x = x_0$ la valeur $y = y_0$. On considérera, à cet effet, les équations

$$\frac{dy_1}{dx} = f(y_0, x),$$

$$\frac{dy_2}{dx} = f(y_1, x),$$

$$\dots\dots\dots\dots\dots,$$

$$\frac{dy_n}{dx} = f(y_{n-1}, x),$$

en effectuant chacune des quadratures, de façon que pour $x = x_0$ on ait $y_n = y_0$. Il s'agit d'établir que y_n tend, pour n infini, vers une limite y qui représentera l'intégrale cherchée, pourvu d'ailleurs que x reste dans le voisinage de x_0. Nous faisons sur la fonction $f(y, x)$, l'hypothèse qu'elle est continue et définie pour les valeurs de x et de y comprises respectivement entre $x_0 - a$ et $x_0 + a$ d'une part, puis $y_0 - b$ et $y_0 + b$ d'autre part; de plus, on peut déterminer une constante positive k, telle que

$$|f(y_2, x) - f(y_1, x)| < k|y_2 - y_1|$$

et nous supposons la fonction et les variables réelles.

Soit M le module maximum de $f(y, x)$ quand x et y restent entre les limites indiquées. On aura

$$y_1 = \int_{x_0}^{x} f(y_0, x)\, dx + y_0.$$

Soit ρ une quantité au plus égale à a; y_1 restera dans les limites voulues si

$$M\rho < b,$$

et il est évident qu'alors il en sera de même de $y_2, \ldots, y_n$. Désignant par δ une quantité au plus égale à ρ, nous allons supposer que x reste compris entre $x_0 - \delta$ et $x_0 + \delta$.

Nous avons alors, en posant $y_n - y_{n-1} = z_n$,

$$\frac{dz_1}{dx} = f(y_0, x),$$

$$\frac{dz_2}{dx} = f(y_1, x) - f(y_0, x),$$

$$\ldots\ldots\ldots\ldots\ldots\ldots\ldots\ldots,$$

$$\frac{dz_n}{dx} = f(y_{n-1}, x) - f(y_{n-2}, x);$$

et tous les z s'annulent pour $x = x_0$. On a

$$|z_1| < M\delta,$$

$$|z_2| < kM\delta^2,$$

puis

$$|z_3| < k^2 M\delta^3$$

et, d'une manière générale,

$$|z_n| < M\delta(k\delta)^{n-1}.$$

On voit donc, en écrivant

$$y_n = y_0 + z_1 + z_2 + \ldots + z_n,$$

que y_n tendra vers une limite si $k\delta < 1$. La série

$$y = y_0 + z_1 + \ldots + z_n + \ldots$$

sera convergente, comme une progression géométrique décroissante. Ainsi y_n converge vers une limite y, quand x reste compris entre $x_0 - \delta$ et $x_0 + \delta$, *δ étant la plus petite des quantités*

$$a, \quad \frac{b}{M}, \quad \frac{1}{k}.$$

Dans cet intervalle, y représentera manifestement une fonction continue de x. On a, d'ailleurs,

$$y_n = \int_{x_0}^{x} f(y_{n-1}, x)\,dx + y_0,$$

et, comme y_n et y_{n-1} tendent vers y, il en résulte que

$$y = \int_{x_0}^{x} f(y, x)\,dx + y_0$$

et, par suite,

$$\frac{dy}{dx} = f(y, x),$$

c'est-à-dire que la limite y satisfait à l'équation différentielle. L'existence de l'intégrale est donc ainsi établie. On peut évidemment employer le même mode de démonstration si f est une fonction analytique des variables complexes x et y.

De par la façon même dont s'introduisent, dans les formules, les approximations $y_0, y_1, \ldots, y_n$, la méthode de Picard fait penser à la méthode primitive d'Euler. Mais si, chez Euler, $y_0, y_1, \ldots, y_n$ sont des nombres, ici $y_1, y_2, \ldots, y_n$ sont des fonctions. Ainsi, la formule du premier :

$$y_{i+1} = y_i + \left(x_{i+1} - x_i\right) f\left(x_i, y_i\right)$$

est remplacée chez le second par :

$$y_{i+1}(x) = y_i(x) + \int_{x_0}^{x} f\big(x, y_i(x)\big)\,\mathrm{d}x$$

On voit bien là la divergence des deux problématiques et de leur résolution. Chez Euler, on cherche par approximations successives à calculer la valeur d'une fonction en un point x; chez Picard, on cherche par approximations successives à prouver l'existence d'une fonction dans tout un intervalle $[x_0, x]$. Autrement dit, la variable objet des approximations successives est un nombre dans la première méthode et une fonction dans la seconde.

Même si le but de cette dernière méthode est de fournir une preuve d'existence de la solution, on pourrait aussi l'interpréter comme un algorithme de calcul de cette solution, pour peu que l'on sache effectuer les quadratures qui se présentent successivement, c'est-à-dire que l'on sache calculer les intégrales

$$\int_{x_0}^{x} f\big(x, y_i(x)\big)\,\mathrm{d}x.$$

D'où un algorithme de résolution des équations différentielles par quadratures successives, qui permet d'approcher la solution exacte dans tout l'intervalle d'existence locale.

3. LES MÉTHODES DE RUNGE

Le développement de la mécanique céleste avec Lagrange, Laplace, Gauss et Le Verrier en particulier, demande des schémas plus performants pour la résolution numérique des équations différentielles. La théorie de la balistique conduit à des nécessités analogues.

Or, on a vu, à propos de la justification de la méthode d'Euler, que l'erreur commise dans l'approximation est majorée par Kh où K est une constante et h le pas de la subdivision; on dit que la méthode est d'ordre 1 (l'exposant de h dans la majoration de l'erreur). Ainsi, pour obtenir une précision aussi grande que désirée, il suffit en principe de choisir h assez petit, mais diminuer h c'est aussi augmenter le nombre des opérations et, par suite, accroître les erreurs d'arrondis. À partir d'un certain stade la précision n'augmente plus et finit par décroître; il faut donc améliorer la méthode et, en particulier, augmenter son ordre.

Au lieu d'assimiler la courbe solution à sa tangente aux points considérés, on pourrait augmenter la précision en utilisant le développement de Taylor (*cf.* chap. 13, § 1) de la solution φ à un ordre plus grand que 1 :

$$\varphi(x) = \varphi(x_0) + (x - x_0)\varphi'(x_0) + (x - x_0)^2 \varphi''(x_0)/2! + \ldots$$
$$+ (x - x_0)^n \varphi^{(n)}(x_0)/n! + \ldots.$$

En effet, on pourrait utiliser comme approximation de $\varphi(x_1)$ la quantité :

$$y_1 = \varphi(x_0) + (x_1 - x_0)\varphi'(x_0) + (x_1 - x_0)^2 \varphi''(x_0)/2! + \ldots$$
$$+ (x_1 - x_0)^n \varphi^{(n)}(x_0)/n!$$

puisque les quantités $\varphi^{(j)}(x_0)$ peuvent être calculées par dérivations successives de l'identité :

$$\varphi'(x) = f(x, \varphi(x)).$$

Ainsi,

$$\varphi''(x) = f_x'(x, \varphi(x)) + f_y'(x, \varphi(x))\varphi'(x) = f_x'(x, \varphi(x)) + f(x, \varphi(x))f_y'(x, \varphi(x)).$$

Or, ces calculs de dérivations, justement, deviennent très vite fastidieux et Runge propose d'autres procédures inspirées du calcul des intégrales. En effet, calculer une intégrale et intégrer une équation différentielle du premier ordre sont deux opérations intimement liées puisque si φ est solution de l'équation différentielle $y' = f(x,y)$, alors :

$$\varphi(x_{i+1}) - \varphi(x_i) = \int_{x_i}^{x_{i+1}} \varphi'(x)\mathrm{d}x = \int_{x_i}^{x_{i+1}} f(x, \varphi(x))\mathrm{d}x.$$

Dans la méthode d'Euler, cette dernière intégrale est calculée en supposant f constante dans l'intervalle $[x_i, x_{i+1}]$. Il s'agit là de la méthode des rectangles pour le calcul d'une intégrale. On sait que cette méthode peut être perfectionnée, f pouvant être approchée par une fonction linéaire, selon les méthodes des trapèzes, trapèzes tangents ou trapèzes cordes (*cf.* figures ci-dessous), ou par un polynôme de degré 2, selon la méthode dite de Simpson (*cf.* chapitre 11). Ces améliorations ont effectivement suggéré à Runge d'autres méthodes de résolutions approchées des équations différentielles, plus performantes puisque d'ordre 2 ou 3, ce qu'il explicite dans un article de 1895.

Approximation de l'aire par la méthode (a) des rectangles (b) des trapèzes tangents (c) des trapèzes cordes (d) de Simpson.

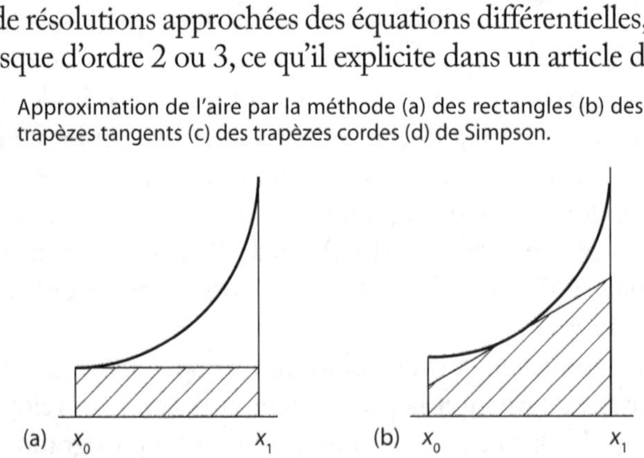

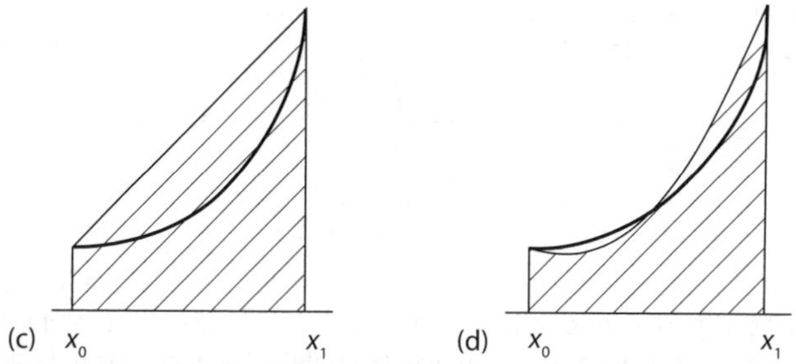

À vrai dire, la méthode inspirée des trapèzes cordes, exposée ci-après par Runge, est déjà partiellement formulée par Coriolis en 1837 [4].

L'article de Runge

Extrait de « Ueber die numerische Auflösung von Differentialgleichungen », *Mathematische Annalen*, t. 46 (1895), p. 167-178. Trad. Colette Bloch (p. 167-171).

Sur la résolution numérique des équations différentielles

Le calcul numérique d'une solution – quelle qu'elle soit – d'une équation différentielle donnée dont on ne connaît pas la solution analytique, a jusqu'à présent peu intéressé, semble-t-il, les mathématiciens, si l'on excepte le cas des singularités, où des circonstances particulières permettent de ramener le calcul à des quadratures. On paraît ignorer que les méthodes de calcul numérique des intégrales se généralisent, pour s'appliquer, avec le même succès, à n'importe quelle équation différentielle. Je vais exposer une généralisation de la règle bien connue de Simpson, dont l'application me paraît particulièrement recommandable, ce qui ne veut pas dire que les autres méthodes d'intégration mécanique ne puissent pas donner lieu elles aussi à des généralisations utilisables.

Euler remarque dans son Introduction qu'on peut calculer une solution de l'équation différentielle $dy/dx = f(x, y)$ par approximations en partant d'un couple de valeurs (x_0, y_0) et en faisant correspondre au petit accroissement Δx, l'accroissement $\Delta y = f(x_0, y_0)\Delta x$ pour y. À partir du point trouvé $x_1 = x_0 + \Delta x, y_1 = y_0 + \Delta y$ on donne un nouvel accroissement Δx et on pose à nouveau $\Delta y = f(x_1, y_1)\Delta x$. En continuant ainsi on obtient une ligne polygonale qui s'approche aussi près qu'on veut d'une solution de l'équation différentielle pourvu que chaque Δx et Δy soit assez petit. Plus tard Cauchy en a fourni la preuve rigoureuse, moyennant certaines hypothèses que je n'évoquerai pas ici. La méthode d'Euler n'est pas très précise comme on peut le voir immédiatement en l'appliquant au calcul d'une intégrale de la forme $\int_{x_0}^{x} f(t)dt$ qu'on peut considérer comme la solution de l'équation différentielle $\frac{dy}{dx} = f(x)$.

En effet son procédé donnerait la valeur approchée

$$f(x_0)(x_1 - x_0) + f(x_1)(x_2 - x_1)\ldots$$

dont l'écart à la vraie valeur, comme on le voit géométriquement, est en général du même ordre que les intervalles $x_1 - x_0, x_2 - x_1, \ldots$ Il est bien connu que les valeurs

$$f\left(\frac{x_0 + x_1}{2}\right)(x_1 - x_0) + f\left(\frac{x_1 + x_2}{2}\right)(x_2 - x_1) + \ldots..$$

ou

$$\frac{f(x_0) + f(x_1)}{2}(x_1 - x_0) + \frac{f(x_1) + f(x_2)}{2}(x_2 - x_1) + \ldots..$$

donnent un écart du second ordre par rapport aux intervalles. La première N_1 représente la somme des trapèzes « tangents » (au milieu des intervalles) ; la seconde N_2 est la somme des trapèzes bornés par les cordes.

On obtient une approximation encore meilleure en prenant $N_1 + \frac{1}{3}(N_2 - N_1)$ qui est la somme des bandes « paraboliques » bornées par des arcs de parabole qui passent chacun par 3 points de la courbe, ceux qui ont pour abscisses les 2 extrémités et le milieu de chaque intervalle. C'est cette approximation qui est donnée par la « règle de Simpson » et son écart à la vraie valeur est du quatrième ordre par rapport aux intervalles.

Une considération analogue conduit aussi à une amélioration substantielle du procédé d'Euler, pour les équations différentielles. Je me limiterai d'abord aux équations du premier ordre.

Au lieu de poser, (1) $\Delta y = f(x_0, y_0)\Delta x$, etc…

il est déjà préférable de poser

$$(2)\Delta y = f\left(x_0 + \frac{1}{2}\Delta x, y_0 + \frac{1}{2}f(x_0, y_0)\Delta x\right).\Delta x, \text{ etc}\ldots$$

Ce calcul correspond à celui des trapèzes tangents pour l'intégrale et coïncide exactement avec lui quand $f(x, y)$ est supposé indépendant de y.

Ou bien on peut poser, comme pour les trapèzes « cordes »,

$$(3)\Delta y = \frac{f(x_0, y_0) + f(x_0 + \Delta x, y_0 + f(x_0, y_0)\Delta x)}{2}\Delta x \text{ etc}\ldots$$

Si on compare la vraie valeur de Δy (qu'on peut imaginer développée en série suivant les puissances croissantes de Δx) avec les valeurs fournies par les procédés d'approximation, en développant également suivant les puissances de Δx, on s'aperçoit que le procédé d'Euler donne un écart du second ordre et les deux autres un écart du troisième ordre.

En effet la vraie expression de Δy est

$$\Delta y = f\Delta x + (f_1 + f_2 f)\frac{\Delta x^2}{2!} + \left(f_{11} + 2f_{12}f + f_{22}f^2 + f_2(f_1 + f_2 f)\right)\frac{\Delta x^3}{3!} + \ldots$$

où f_1 et f_2 sont les dérivées partielles du 1er ordre de $f(x, y)$ et f_{11}, f_{12}, f_{22} celles du second ordre, avec la notation habituelle.

Par contre, les 3 approximations sont respectivement

(1) $f\,\Delta x$

(2) $f\,\Delta x + (f_1 + f_2 f)\frac{\Delta x^2}{2} + (f_{11} + 2f_{12}f + f_{22}f^2)\frac{\Delta x^3}{8} + \ldots.$

(3) $f\,\Delta x + (f_1 + f_2 f)\frac{\Delta x^2}{2} + (f_{11} + 2f_{12} + f_{22}f^2)\frac{\Delta x^3}{4} + \ldots.$

Si, par analogie avec la règle de Simpson, on ajoute à (2) le tiers de la différence entre (2) et (3), on obtient pour nouvelle valeur approchée

$$f\,\Delta x + \left(f_1 + f_2 f\right)\frac{\Delta x^2}{2} + \left(f_{11} + 2f_{12} + f_{22}f^2\right)\frac{\Delta x^3}{6} + \ldots.$$

ce qui coïncide avec la vraie valeur jusqu'au 3e ordre, dans le cas où $f(x,y)$ ne dépend pas de y, donc $f_2 = 0$, mais pas dans le cas général.
L'analogie avec la règle de Simpson ne peut donc être maintenue sous cette forme. Mais on peut lui donner une autre forme. L'expression (3) doit être remplacée par une autre qui correspond aussi aux trapèzes-cordes quand $f(x,y)$ ne dépend pas de y.
En effet, prenons pour Δy

$$\frac{1}{2}\left(\Delta' y + \Delta''' y\right),$$

où $\Delta' y = f\left(x_0, y_0\right)\Delta x$ et $\Delta''' y$ est lié à $\Delta' y$ par les formules

$$\Delta'' y = f\left(x_0 + \Delta x, y_0 + \Delta' y\right)\Delta x$$
$$\Delta''' y = f\left(x_0 + \Delta x, y_0 + \Delta'' y\right)\Delta x.$$

Cette approximation, développée en série de puissances de Δx, donne

$$(3a)\quad f\,\Delta x + \left(f_1 + f_2 f\right)\frac{\Delta x^2}{2} + \left(f_{11} + 2f_{12} + f_{22}f^2 + 2f_2\left(f_1 + f_2 f\right)\right)\frac{\Delta x^3}{4} + \ldots$$

La différence entre (3a) et (2) est alors :

$$\left[\frac{1}{8}\left(f_{11} + 2f_{12}f + f_{22}f^2\right) + \frac{1}{2}f_2\left(f_1 + f_2 f\right)\right]\Delta x^3 + \ldots$$

Et quand on ajoute le tiers de cette différence à (2), on obtient une expression qui coïncide avec la vraie valeur jusqu'à l'ordre 3.
Un exemple montrera mieux ce qu'il est encore intéressant de noter pour les applications pratiques.
Soit l'équation différentielle

$$\frac{dy}{dx} = \frac{y - x}{y + x}.$$

On cherche la solution qui donne $y = 1$ pour $x = 0$.
On peut l'exprimer analytiquement. En effet, si on passe en coordonnées polaires, l'équation prend la forme

$$d\varphi = -\frac{dr}{r}$$

d'où il vient, quand φ doit être égal à $\frac{\pi}{2}$ pour $r = 1$,

$$r = e^{\frac{\pi}{2} - \varphi}.$$

Cette formule nous permet de contrôler notre procédé.

$$f\left(x, y\right) = \frac{y - x}{y + x}$$

Trapèzes tangents		Trapèzes cordes	
x	y	x	y
0	1	0	1
$\Delta x = \frac{0{,}1}{0{,}1}$	$f(0;1)\,\Delta x = \frac{0{,}1}{1{,}1}$	$\Delta x = \frac{0{,}2}{0{,}2}$	$f(0;1)\,\Delta x = \frac{0{,}2}{1{,}2}$
$\Delta x = \frac{0{,}2}{0{,}3}$	$f(0{,}1\,;1{,}1)\,\Delta x = \frac{0{,}167}{1{,}167}$		$f(0{,}2\,;1{,}2)\,\Delta x = \frac{0{,}143}{1{,}143}$
			$f(0{,}2\,;1{,}143)\,\Delta x = 0{,}140$

$$\frac{f(0;1) + f(0{,}2\,;1{,}113)}{2}\,\Delta x = \frac{0{,}2 + 0{,}140}{2} = 0{,}170$$

Nous obtenons donc, par les trapèzes tangents $y = 1{,}167$, et par les trapèzes à cordes $y = 1{,}170$. Il faut ajouter un tiers de la différence à la première valeur et nous posons alors $y = 1{,}168$. Quand on a bien observé la succession des opérations, il n'est pas nécessaire d'écrire tout en aussi grand détail que nous l'avons fait ici. Je vais encore expliciter la seconde étape.

x	y		x	y
0,2	1,168		0,2	1,168
0,15	0,106		0,3	0,212
0,35	1,274		0,5	1,380
0,3	0,170			0,140
0,5	1,338	Trapèzes tangents		1,308
	1,341			0,134
	0,003	Trapèzes cordes		0,346
				0,173
				1,341
0,5	1,399		0,5	2,339
0,25	0,114		0,5	0,228
0,75	1,453		1	1,567
0,5	0,160			0,110
1	1,499	Trapèzes tangents		1,449
	1,499	Trapèzes cordes		0,092
				0,320
				0,160
				1,499

Les deux derniers pas ont été pris plus grands que le premier. La proximité des deux valeurs correspondant respectivement aux trapèzes tangents et aux trapèzes-cordes garantit que l'écart ne sera pas significativement plus grand qu'une unité du 3e ordre après la virgule.

En fait, $r = e^{\pi/2 - \varphi}$ donne (pour $x = 1$) $1{,}498 < y < 1{,}499$.

Les trois méthodes proposées par Runge peuvent être résumées de la façon suivante. Le calcul de la valeur $y = \varphi(x)$ où φ vérifie l'équation différentielle $\frac{dy}{dx} = f(x, y)$, et les conditions initiales (x_0,y_0), s'effectue de la façon suivante, avec un pas constant $h = \left(x - x_0\right)/n$:

pour $i = 0$ à $n - 1$:

$$x_{i+1} = x_i + h$$

méthode inspirée des « trapèzes tangents » :

$$y_{i+1} = y_i + hf\left(x_1 + \frac{h}{2}, y_i + \frac{h}{2}f\left(x_i, y_i\right)\right)$$

méthode inspirée des « trapèzes cordes » :

$$y_{i+1} = y_i + \frac{h}{2}\left[f\left(x_i, y_i\right) + f\left(x_i + h, y_i + hf\left(x_i, y_i\right)\right)\right]$$

méthode inspirée de la formule de Simpson :

$$y'_{i+1} = y_i + hf\left(x_i, y_i\right) \qquad \text{(Euler)}$$

$$y''_{i+1} = y_i + hf\left(x_i + \frac{h}{2}, y_i + \frac{h}{2}f\left(x_i, y_i\right)\right) \qquad \text{(trapèzes tangents)}$$

$$\overline{y}'''_{i+1} = y_i + hf\left(x_i + h, y_i + hf\left(x_i, y_i\right)\right) = y_i + hf\left(x_{i+1}, y'_{i+1}\right)$$

$$y'''_{i+1} = y_i + hf\left(x_{i+1}, \overline{y}'''_{i+1}\right)$$

$$\frac{y'_{i+1} + \overline{y}'''_{i+1}}{2} \text{ (trapèzes cordes), } \frac{y'_{i+1} + y'''_{i+1}}{2} \text{ (trapèzes cordes modifiée)}$$

$$y_{i+1} = \frac{2}{3}y''_{i+1} + \frac{1}{3}\left[\frac{1}{2}\left(y'_{i+1} + y'''_{i+1}\right)\right] = \frac{1}{6}\left[y'_{i+1} + 4y''_{i+1} + y'''_{i+1}\right].$$

On remarquera que les deux premiers algorithmes ne peuvent traduire *stricto sensu* l'une ou l'autre des méthodes des trapèzes puisque l'application de celles-ci conduirait aux équations respectives :

$$y_{i+1} = y_i + hf\left(x_i + \frac{h}{2}, \varphi\left(x_i + \frac{h}{2}\right)\right)$$

et

$$y_{i+1} = y_i + \frac{h}{2}\left[f\left(x_i, y_i\right) + f\left(x_{i+1}, y_{i+1}\right)\right].$$

Or, la première égalité nécessite la connaissance de $\varphi\left(x_i + \frac{h}{2}\right)$ et la seconde est une équation en y_{i+1} *a priori* difficile à résoudre. C'est pourquoi Runge approche ces valeurs inconnues par les valeurs produites par la méthode d'Euler elle-même. C'est aussi pour effectuer ce type d'approximation dans l'application modifiée de la méthode de Simpson que Runge calcule y'''_{i+1} à l'aide d'étapes intermédiaires.

Cauchy, dans sa 12ème leçon à l'École Polytechnique [2], reprise par Moigno dans sa 28ème leçon [13], propose un calcul qui évoque cette méthode des trapèzes cordes, mais où il suggère de résoudre effectivement, par exemple par approximations successives, l'équation :

$$y'''_{i+1} = y_i + hf\left(x_{i+1}, y'''_{i+1}\right),$$

avant d'effectuer la moyenne :

$$y_{i+1} = \frac{y'_{i+1} + y'''_{i+1}}{2}, \text{ où } y'_{i+1} = y_i + hf\left(x_i, y_i\right).$$

Si la fonction *f* est « assez régulière », alors les deux premiers algorithmes correspondent à des méthodes d'ordre 2 et le dernier à une méthode d'ordre 3, c'est-à-dire en gros que lorsque le pas *h* est divisé par 2 l'erreur est divisée respectivement par $4 = 2^2$ et $8 = 2^3$.

Nous noterons, à ce propos, que l'ordre d'approximation d'une méthode est différent selon qu'il s'agit de quadrature ou de résolution d'une équation différentielle. Ainsi, la méthode de Simpson qui est du quatrième ordre pour les quadratures n'est plus que d'ordre 3 pour les équations différentielles.

Dans son article, Runge envisage ensuite le cas d'une équation différentielle du second ordre, ce qui, on le sait, revient à un système de deux équations du premier ordre. Il traite ainsi en exemple l'équation différentielle qui décrit la forme d'une goutte, que l'on ne sait pas résoudre analytiquement, à l'instar d'Adams qui avait exposé sa méthode à propos de cette même équation (*cf.* § 6 ci-après).

4. LES MÉTHODES DE HEUN

Nous avons vu, dans l'article de Runge, que, pour augmenter l'ordre d'approximation des méthodes de résolution approchée, on pouvait considérer une combinaison d'approximations. Ainsi, dans la méthode d'ordre 3, inspirée de la méthode de Simpson, on considère

$$\Delta y = \frac{\Delta' y + \Delta''' y}{2}$$

où $\Delta''' y$ s'obtient à l'aide de $\Delta' y$, puis $\Delta'' y$. En 1900, Karl Heun systématise cette possibilité.

Mais outre cela, il s'inspire tout d'abord et surtout des méthodes de quadrature de Gauss (*cf.* chap. 11, § 6).

En effet, calculer $\Delta y = \int_x^{x+\Delta x} f\left(x\right)\mathrm{d}x$, c'est calculer la valeur $y + \Delta y$ en $x + \Delta x$ de la fonction φ qui vérifie l'équation différentielle particulière :

$$\frac{\mathrm{d}y}{\mathrm{d}x} = f\left(x\right)$$

où la fonction *f* ne dépend pas de *y*.

Ainsi, il propose d'obtenir Δy sous la forme d'une combinaison linéaire à coefficients α_v de divers accroissements $\Delta_v y$ de y obtenus en considérant les valeurs de $f(x,y)$ calculées à la fois pour différentes valeurs $x + \varepsilon_v \Delta x$ de la variable x dans l'intervalle $\left[x, x + \Delta x\right]$ (méthode de Gauss) et pour les valeurs correspondantes de y calculées par approches successives (combinaison des approximations).

Puis, comme chez Gauss, les coefficients sont astreints à vérifier les conditions exprimant que, le développement de Δy selon la formule de Taylor d'une part, et celui de $\int_x^{x+\Delta x} f(x)\mathrm{d}x$ selon les formules proposées par Heun d'autre part, coïncident jusqu'à l'ordre le plus élevé possible.

L'extrait ci-après indique, dans le cas d'une seule approche de y, les différentes formules permettant d'obtenir des approximations d'ordre 2, et l'on retrouve bien sûr comme premiers cas particuliers les formules de Runge inspirées des méthodes des trapèzes. Mais on y voit aussi comment en augmentant le nombre de paramètres bien choisis on pourra augmenter l'ordre de l'approximation.

On prendra garde en lisant le texte de Heun que les approches successives de y s'effectuent à partir de l'accroissement $\Delta^{(m)}y$, défini par la dernière relation, qui lui-même détermine $\Delta^{(m-1)}y$, et ainsi de suite jusqu'à $\Delta''y$, puis $\Delta'y$. Précisons aussi que les symboles $\mathrm{D}f$ et $\mathrm{D}^2 f$ représentent :

$$\mathrm{D}f = f'_x + ff'_y \quad \text{et} \quad \mathrm{D}^2 f = f''_{x^2} + 2ff''_{xy} + f^2 f''_{y^2}$$

De sorte que, si φ est une solution de l'équation différentielle, ses premières dérivées s'expriment sous la forme suivante :

$$\varphi'(x) = \mathrm{D}f \text{ et } \varphi''(x) = \mathrm{D}^2 f + f'_y\, \mathrm{D}f.$$

Le texte de Heun

Extrait de « Neue Methode zur approximativen Integration der Differentialgleichungen einer unabhängigen Veränderlichen, *Zeitschrift für Mathematik und Physik*, t. 45 (1900), pp. 23-38. Trad. J.-L. Chabert (pp. 26-29).

[Nous avons rectifié les « coquilles » évidentes de certaines formules]

Nouvelle méthode pour l'intégration approchée des équations différentielles d'une variable indépendante

[...]

2. La position du problème. On peut donner l'interprétation suivante de la méthode de quadrature de Gauss. Si la fonction y est caractérisée par l'équation

$$\frac{\mathrm{d}y}{\mathrm{d}x} = f(x),$$

alors les nombres α et ε doivent être déterminés de façon à ce que

$$\Delta y = \sum_{v=1}^{v=n} \alpha_v f(x + \varepsilon_v \Delta x).\Delta x$$

fournisse une représentation de y la plus exacte possible à l'intérieur de l'intervalle Δx. À cette exigence correspond un certain nombre d'équations pour déterminer les grandeurs cherchées α et ε. La méthode d'intégration que nous allons développer ici pour les équations différentielles, considérées tout d'abord sous leur forme la plus simple, repose sur l'extension suivante de l'idée fondamentale de Gauss.

Nous allons chercher à déterminer un système de grandeurs

$$\alpha_1, \alpha_2, \ldots, \alpha_n; \varepsilon_1, \varepsilon_2, \ldots, \varepsilon_n; \varepsilon_1', \varepsilon_2', \ldots, \varepsilon_n'; \varepsilon_1'', \varepsilon_2'', \ldots, \varepsilon_n'' \text{ etc.}$$

de façon à ce que l'expression

$$\Delta y = \sum_{v=1}^{v=n} \left\{ \alpha_v f\left(x + \varepsilon_v \Delta x, y + \Delta_v' y\right) \right\}.\Delta x$$

où

$$\Delta_v' y = \left\{ \varepsilon_v f\left(x + \varepsilon_v' \Delta x, y + \Delta_v'' y\right) \right\}.\Delta x$$

$$\Delta_v'' y = \left\{ \varepsilon_v' f\left(x + \varepsilon_v'' \Delta x, y + \Delta_v''' y\right) \right\}.\Delta x$$

....

$$\Delta_v^{(m)} = \varepsilon_v^{(m-1)} f(x, y).\Delta x,$$

représente le prolongement, dans l'intervalle Δx, de la fonction $y = F(x)$ caractérisée par l'équation différentielle

$$\frac{dy}{dx} = f(x, y),$$

avec la meilleure approximation qu'on puisse atteindre par cette voie. À cet effet, on doit préalablement poser l'hypothèse restrictive que, selon le théorème de Taylor, $F(x)$ est représentable dans l'intervalle choisi par une série convergente des puissances de l'argument. Dans l'établissement des formules finales nous n'allons que jusqu'au quatrième ordre d'approximation car cela suffit parfaitement pour les applications pratiques.

3. Approximations du second ordre. Pour $m = 1$, nous avons la représentation

$$\Delta y = \sum_{v=1}^{v=n} \left\{ \alpha_v f\left(x + \varepsilon_v \Delta x, y + \Delta_v' y\right) \right\}.\Delta x$$

où

$$\Delta_v' y = \varepsilon_v f(x, y) \Delta x$$

ou, en omettant l'indice v et substituant $\Delta' y$,

$$\Delta y = \sum \left\{ \alpha f(x + \varepsilon \Delta x, y + \varepsilon f \Delta x) \right\}.\Delta x$$

Le développement de Δy d'après le théorème de Taylor donne

$$\Delta y = \Sigma\, \alpha\, f.\Delta x + \Sigma\, \alpha\, \varepsilon D f.\Delta x^2 + \frac{1}{2!} \Sigma\, \alpha \varepsilon^2\, D^2 f.\Delta x^3 + \ldots$$

Mais d'un autre côté

$$\Delta y = y' \Delta x + \frac{1}{2!} y'' \Delta x^2 + \frac{1}{3!} y''' \Delta x^3 + \ldots$$

Si les deux valeurs de y doivent concorder jusqu'au second ordre (inclus), alors les α et ε doivent satisfaire aux égalités

$$\Sigma\,\alpha = 1,\ \Sigma\,\alpha\,\varepsilon = \frac{1}{2}\ldots \qquad \text{(a)}$$

Une concordance complète jusqu'au troisième ordre n'est pas accessible par cette voie. Les égalités (a) contiennent $2n$ inconnues. Par conséquent $n \leq 1$. Pour $n > 1$, on doit ajouter des conditions arbitraires. Dans le cas le plus facile, $n = 1$, nous obtenons $\alpha = 1$, $\varepsilon = \frac{1}{2}$ et la formule d'approximation correspondante

$$\text{(I)} \qquad \Delta y = f\left(x + \frac{1}{2}\Delta x, y + \frac{1}{2}f\Delta x\right).\Delta x$$

Si l'on pose $n = 2$, alors les égalités

$$\alpha_1 + \alpha_2 = 1,\ \alpha_1\varepsilon_1 + \alpha_2\varepsilon_2 = \frac{1}{2}$$

doivent être satisfaites.

L'hypothèse arbitraire $\alpha_1 = \alpha_2$ conduit à la formule :

$$\text{(II)} \qquad \Delta y = \frac{1}{2}\left\{f(x,y) + f(x + \Delta x, y + f\Delta x)\right\}.\Delta x$$

Pour $\varepsilon_1 = \frac{1}{3}, \varepsilon_2 = \frac{2}{3}$, donc pour un partage égal de l'intervalle de l'argument, il en résulte :

$$\text{(III)} \qquad \Delta y = \frac{1}{2}\left\{f\left(x + \frac{1}{3}\Delta x, y + \frac{1}{3}f\Delta x\right) + f\left(x + \frac{2}{3}\Delta x, y + \frac{2}{3}f\Delta x\right)\right\}.\Delta x.$$

Dans l'utilisation d'une valeur de la fonction située en arrière, il convient de poser $\varepsilon_1 = -1$, $\varepsilon_2 = +1$. On obtient alors

$$\text{(IV)} \qquad \Delta y = \frac{1}{4}\left\{f(x - \Delta x, y - f\Delta x) + 3f(x + \Delta x, y + f\Delta x)\right\}.\Delta x.$$

La valeur située en avant a donc ici un poids triple de celui de celle située en arrière. Si l'on veut atteindre, pour $n = 2$, l'accord le plus étroit avec la formule de quadrature analogue de Gauss, alors on ajoute aux égalités (a) les suivantes

$$\Sigma\alpha\varepsilon^2 = \frac{1}{3},\ \Sigma\alpha\varepsilon^3 = \frac{1}{4}.$$

$$\alpha_1 = \alpha_2 = \frac{1}{2};$$

Il vient alors $\qquad \varepsilon_1 = \frac{1}{2}\left(1 - \frac{1}{3}\sqrt{3}\right),\ \varepsilon_2 = \frac{1}{2}\left(1 + \frac{1}{3}\sqrt{3}\right)$

et on obtient la formule symétrique

$$\text{(V)} \qquad \Delta y = \frac{1}{2}\left\{f(x + \varepsilon_1\Delta x, y + \varepsilon_1 f\Delta x) + f(x + \varepsilon_2\Delta x, y + \varepsilon_2 f\Delta x)\right\}.\Delta x,$$

où on doit prendre $\varepsilon_1 = 0.2113\ldots$, $\varepsilon_2 = 0.7887\ldots$

Les valeurs des nombres ε sont les mêmes que celles que Gauss (Werke 3, 193) a données dans la formule de quadrature correspondante. L'erreur au troisième ordre (correctio proxima) est déterminée par l'expression

$$C_3 = \frac{1}{3}f_y{}'\ Df.\Delta x^3.$$

Si *f(x,y)* ne dépend pas de *y*, alors on a $f'_y = f''_{y^2} = 0$ et l'égalité (V) se transforme directement en la formule de Gauss, mais en abandonnant du coup le domaine des équations différentielles.
Pour l'application on se servira le plus commodément de l'égalité (I), si on ne tient pas à utiliser une représentation plus étroitement convergente, ou bien, pour ce faible degré de précision, on aura recours à une intégration graphique qui est presque équivalente.

Heun étudie ensuite le cas où $m = 2$, où il faut donc effectuer deux approches successives de Δy. Il procède par la même méthode d'identification des développements, remarque que l'on ne peut faire disparaître les termes en Δx^4 et montre que l'approximation à l'ordre 3 conduit aux quatre conditions :

$$\Sigma\alpha = 1,\ \Sigma\alpha\varepsilon = \frac{1}{2},\ \Sigma\alpha\varepsilon^2 = \frac{1}{3},\ \Sigma\alpha\varepsilon\varepsilon' = \frac{1}{6}.$$

Ainsi, pour $n = 2$ et en posant par exemple $\varepsilon_1 = 0$, on obtient les formules :

$$\Delta y = \frac{1}{4}\left\{f\left(x,y\right) + 3f\left(x + \frac{2}{3}\Delta x, y + \Delta' y\right)\right\}.\Delta x.$$

$$\Delta' y = \frac{2}{3}f\left(x + \frac{1}{3}\Delta x, y + \frac{1}{3}f\Delta x\right).\Delta x.$$

Dans le cas des approximations à l'ordre 4, les formules deviennent vite laborieuses, mais le raffinement proposé plus tard par Kutta peut permettre de simplifier les calculs.

Heun envisage ensuite le cas de systèmes d'équations. C'est d'ailleurs la méthode de Heun qui aurait été utilisée lors de la première intégration d'un système d'équations différentielles par le calculateur analogique ENIAC ([7], p. 287).

5. LES MÉTHODES DE KUTTA

À la suite des articles de Runge et Heun, Kutta propose, en 1901, un perfectionnement aux formules de Heun, une complication qui finalement peut simplifier les calculs et permettre d'obtenir une meilleure approximation. L'extrait, ci-après, de l'article de Kutta commence juste après le rappel de la technique de Heun, où il a remarqué que dans les différentes approches de Δy le calcul de la pente $\Delta^{(k+1)}y / \Delta x$ s'effectue à partir d'un point situé sur la droite passant par le point (x,y) et de pente $\Delta^{(k)}y / \Delta x$ puisque

$$\Delta^{(k+1)}y = f\left(x + \varepsilon_k \Delta x, y + \varepsilon_k \Delta^{(k)} y\right). \Delta x$$

(à quelques changements de notations près).

L'article de Kutta

Extrait de « Beitrag zur näherungweisen Integration totaler Differentialgleichungen », *Zeitschrift für Mathematik und Physik*, t. 46 (1901), pp. 435-453.
Trad. Colette Bloch (pp. 437-440).

Contribution à l'intégration approchée des équations différentielles ordinaires.

La différence entre la méthode présentée ici et celle que je viens de décrire est telle que, après qu'on ait calculé un certain nombre de directions, le point où la prochaine direction sera calculée, n'est plus supposé situé sur une des anciennes directions, issues du point de départ, mais sera atteint lui-même par une ligne polygonale dont les directions sont déjà calculées. L'expression analytique est la suivante : soient $\Delta', \Delta'', \ldots, \Delta^{(\nu-1)}$ déjà calculés, maintenant on calcule comme valeur prochaine :

$$\Delta^{(\nu)} = \mathrm{f}\left(x + \kappa \Delta x, y + \kappa_1 \Delta' + \kappa_2 \Delta'' + \ldots + \kappa_{\nu-1} \Delta^{(\nu-1)}\right)\Delta x,$$

où les κ sont des coefficients numériques arbitraires qui ne sont liés que par l'exigence que notre point soit situé jusqu'au deuxième ordre sur la tangente de la courbe intégrale au point de départ, c'est-à-dire par :

$$\kappa = \kappa_1 + \kappa_2 + \ldots + \kappa_{\nu-1}.$$

En ce qui concerne des valeurs numériques simples, comme nous les trouverons plus tard, la complication du calcul due à la sommation nécessaire des $\Delta' \ldots \Delta^{(\nu-1)}$ est peu considérable. En revanche on obtient un plus grand choix des coefficients numériques qui permettent d'établir des approximations d'ordre donné, en calculant le moins possible de valeurs de la fonction, et de prendre des coefficients rationnels. Par suite, la disposition de l'opération est la suivante. On écrit :

$$\begin{aligned}
\Delta' &= f(x,y)\Delta x, \\
\Delta'' &= f(x + \kappa\,\Delta x, y + \kappa\,\Delta')\Delta x, \\
\Delta''' &= f\left(x + \lambda\,\Delta x, y + \rho\,\Delta'' + (\lambda - \rho)\Delta'\right)\Delta x, \\
\Delta'''' &= f\left(x + \mu\,\Delta x, y + \sigma\,\Delta''' + \tau\,\Delta'' + (\mu - \sigma - \tau)\Delta'\right)\Delta x, \\
\Delta^{\mathrm{v}} &= f\left(x + \nu\,\Delta x, y + \varphi\,\Delta'''' + \chi\,\Delta''' + \psi\,\Delta'' + (\nu - \varphi - \chi - \psi)\Delta'\right)\Delta x,
\end{aligned}$$

et on pose pour l'approximation désirée :

$$\Delta y = a\Delta' + b\Delta'' + c\Delta''' + d\Delta'''' + e\Delta^{\mathrm{V}} + \ldots$$

Ici, les quantités $\kappa, \lambda, \mu, \nu \ldots ; \rho, \sigma, \tau, \varphi, \chi, \psi \ldots$; *a*, *b*, *c*, *d*, *e*... sont des coefficients numériques dont on dispose arbitrairement. Ceux-ci sont à déterminer de telle manière que, en développant Δy selon la formule de Taylor, on obtienne une

concordance avec le vrai développement, qui résulte de l'équation intégrale, jusqu'à l'ordre désiré.
Pour l'approximation du premier ordre il suffit de calculer une valeur de la fonction f, et on obtient par $a = 1$ l'approximation triviale

$$\Delta y = f(x, y)\Delta x.$$

Pour le deuxième ordre il faut calculer deux valeurs de la fonction, et on obtient les équations de condition déjà connues (*cf.* p. 28 de M. Heun)

$$a + b = 1,\ b\,\kappa = \frac{1}{2},$$

qu'il n'est plus nécessaire de discuter.
Pour le troisième ordre il faut calculer trois valeurs de la fonction et la formule de Taylor fournit, pour l'approximation désirée

$$\begin{aligned}
\Delta y\ &= a\Delta' + b\Delta'' + c\Delta''', \text{ où}\\
\Delta'\ &= f(x, y)\Delta x,\\
\Delta''\ &= f(x + \kappa\Delta x, y + \kappa\Delta')\Delta x,\\
\Delta''' &= f(x + \lambda\Delta x, y + \rho\Delta'' + (\lambda - \rho)\Delta')\Delta x,
\end{aligned}$$

les quatre conditions suivantes :

$$a + b + c = 1,\ b\kappa + c\lambda = 1/2,\ b\kappa^2 + c\lambda^2 = 1/3,\ c\rho\kappa = 1/6,$$

d'où résulte le système de solutions :

$$\begin{aligned}
&\rho = \lambda(\lambda - \kappa)/\kappa(2 - 3\kappa)\,;\ a = \left(6\kappa\lambda - 3(\kappa + \lambda) + 2\right)/6\kappa\lambda\,;\\
&b = (2 - 3\lambda)/6\kappa(\kappa - \lambda)\,;\ c = (2 - 3\kappa)/6\lambda(\lambda - \kappa)
\end{aligned}$$

Ce système donne une double infinité de solutions, dont une infinité de solutions pour $\rho = \lambda$.

(I) $\lambda = 3\kappa(1 - \kappa)\,;\quad a = \left(2 - 12\kappa + 27\kappa^2 - 18\kappa^3\right)/18\kappa^2(1 - \kappa)$

$b = (3\kappa - 1)/6\kappa^2\,;\ c = 1/18\kappa^2(1 - \kappa),$

à partir desquelles on peut retrouver les relations données par M. Heun.
Comme cas particuliers qui peuvent être obtenus soit par passage à la limite dans les formules générales ci-dessus, soit directement à partir du système des équations, mentionnons :

(II) $\kappa = 2/3\,;\ \lambda = 0\,;\quad b = 3/4\,;\ c = 1/4\rho\,;\ a = 1/4 - 1/4\rho.$

(III) $\kappa = 2/3\,;\ \lambda = 2/3\,;\ a = 1/4\,;\ c = 1/4\rho\,;\ a = 3/4 - 1/4\rho.$

Ensuite les cas :

(IV) $\lambda = 2/3\,;\ a = 1/4\,;\ b = 0\,;\ c = 3/4\,;\ \rho = 2/9\kappa.$

(V) $\lambda = (3\kappa - 2)/3(2\kappa - 1)\,;\ a = 0.$

Les deux derniers cas ne font intervenir que deux valeurs de la fonction dans le résultat final, ce qui réduit d'un ordre comme mentionné plus haut, la précision avec laquelle il faut calculer la troisième. Visiblement la quantité c ne peut pas s'annuler, non plus que a et b simultanément. Même en calculant plus de trois valeurs de la fonction, le nombre des paramètres qui entrent dans la formule finale ne peut pas être rendu inférieur à deux.
Chacun des cas (I) à (V) donne encore une infinité simple de solutions.
Comme exemple choisissons :

$$\kappa = 2/3;\ \lambda = 2/3;\ \rho = 2/3,$$

ce qui convient également aux cas (I) et (III), on trouve alors :

$$a = 1/4 ; b = 3/8 ; c = 3/8$$

et l'approximation correspondante :

$$\begin{aligned}
\Delta y &= (2\Delta' + 3\Delta'' + 3\Delta''')/8,\\
\Delta' &= f(x,y)\Delta x,\\
\Delta'' &= f(x + 2/3\Delta x, y + 2/3\Delta')\Delta x,\\
\Delta''' &= f(x + 2/3\Delta x, y + 2/3\Delta'')\Delta x.
\end{aligned}$$

Avec le système $\kappa = \frac{2}{3}$; $\lambda = \frac{2}{3}$; $\rho = \frac{2}{3}$, on obtient par (I) ou par (IV) la formule, déjà établie par M. Heun :

$$\begin{aligned}
\Delta y &= (\Delta' + 3\Delta''')/4,\\
\Delta' &= f(x,y)\Delta x,\\
\Delta'' &= f(x + 1/3\Delta x, y + 1/3\Delta')\Delta x,\\
\Delta''' &= f(x + 2/3\Delta x, y + 2/3\Delta'')\Delta x.
\end{aligned}$$

Le système $\kappa = 2/3$; $\lambda = 2/3$; $\rho = 1/3$, donne :

$$\begin{aligned}
\Delta y &= (\Delta' + 3\Delta''')/4,\\
\Delta' &= f(x,y)\Delta x,\\
\Delta'' &= f(x + 2/3\Delta x, y + 2/3\Delta')\Delta x,\\
\Delta''' &= f(x + 2/3\Delta x, y + (\Delta' + \Delta'')/3)\Delta x.
\end{aligned}$$

Le système $\kappa = 1/2$, $\lambda = 1$:

$$\begin{aligned}
\Delta y &= (\Delta' + 4\Delta'' + \Delta''')/6,\\
\Delta' &= f(x,y)\Delta x,\\
\Delta'' &= f(x + 1/2\Delta x, y + 1/2\Delta')\Delta x,\\
\Delta''' &= f(x + \Delta x, y - \Delta' + 2\Delta'')\Delta x.
\end{aligned}$$

La dernière formule finale a une certaine analogie avec la règle de Simpson, mais elle est moins précise d'un ordre.

Kutta considère ensuite les approximations à l'ordre 4 et à l'ordre 5 en Δx. Il obtient en particulier pour l'ordre 4 les formules désormais classiques :

$$\begin{aligned}
\Delta y &= \frac{\Delta' + 3\Delta'' + 3\Delta''' + \Delta''''}{8},\\
\Delta' &= f(x,y)\Delta x,\\
\Delta'' &= f\left(x + \frac{1}{3}\Delta x, y + \frac{1}{3}\Delta'\right)\Delta x,\\
\Delta''' &= f\left(x + \frac{2}{3}\Delta x, y + \frac{1}{3}(3\Delta'' - \Delta')\right)\Delta x,\\
\Delta'''' &= f(x + \Delta x, y + \Delta''' - \Delta'' + \Delta')\Delta x.
\end{aligned}$$

Cette formule n'est pas bien sûr sans nous rappeler la règle des trois-huitièmes de Newton pour les quadratures approchées (*cf.* chap. 11, § 2).

À la fin de son article, Kutta compare les différentes méthodes appliquées à un exemple, celui de Runge justement, à savoir l'équation différentielle :

$$\frac{dy}{dx} = \frac{y - x}{y + x},$$

avec les conditions initiales $x = 0$, $y = 1$, dont on sait que la solution est donnée par : $\text{Log}\left(x^2 + y^2\right) = 2 \text{ arc tan}\frac{x}{y}$.

Il les confronte à la solution exacte et, afin de comparer des choses comparables, il prend en compte, pour chaque intervalle Δx et pour chaque méthode, 4 valeurs de la fonction. Il met ainsi en œuvre successivement :

– la formule de Taylor à l'ordre 4,

– la méthode d'Euler en divisant l'intervalle Δx en 4, c'est-à-dire en utilisant une ligne polygonale formée de 4 segments,

– la méthode de Runge dans la version d'ordre 3, autrement dit dans la version de Simpson modifiée,

– la méthode de Heun dans la version d'ordre 3, que nous avons rappelée dans les commentaires du texte de Heun; elle ne nécessite que 3 valeurs de la fonction,

– la méthode de Kutta dans la version d'ordre 4, que nous venons de rappeler et qui utilise 4 valeurs de la fonction.

Cette dernière s'avère bien sûr la plus performante comme le montre les tableaux ci-dessous extraits de l'article de Kutta.

Le premier tableau donne les valeurs de Δy fournies par les différentes méthodes pour $x = 0{,}2$ (I); puis $x = 0{,}5$ (II) et enfin $x = 1$ (III), calculées à partir des valeurs initiales respectives 0; 0,2 et 0,5 pour x et des valeurs précédemment calculées pour y. Le second tableau indique les écarts par rapport aux valeurs exactes.

Δy	**I**	**II**	**III**
Taylor	0,1666667	0,3368533	0,4936913
Euler	0,1754353	0,3573505	0,5367900
Runge	0,1678487	0,3393690	0,4991167
Heun	0,1680250	0,3395806	0,4990390
Kutta	0,1678449	0,3392158	0,4982940
vraie valeur	0,1678417	0,3392094	0,4982784

erreurs	**I**	**II**	**III**
Taylor	– 11750	– 23561	– 45871
Euler	+ 75936	+ 181411	+ 385116
Runge	+ 70	+ 1596	+ 8383
Heun	+ 1833	+ 3712	+ 7606
Kutta	+ 32	+ 64	+ 156

Notons que dans l'ouvrage de Runge et König de 1924, la méthode à laquelle Kutta a abouti est appelée méthode de Runge-Kutta ([19], p. 286). Il semble cependant difficile d'établir une distinction entre les méthodes de Heun d'une part, et les méthodes de Runge et Kutta d'autre part, comme on en a parfois pris l'habitude dans certains ouvrages d'analyse numérique. Il s'agit plutôt d'une progression dans le temps, d'un raffinement des méthodes successivement élaborées, chaque auteur faisant référence à ses prédécesseurs. Perfectionnant la méthode de base d'Euler, Runge propose de nouvelles formules par analogie avec les méthodes des trapèzes et celle de Simpson; Heun s'inspire de l'idée de Gauss pour améliorer la précision des quadratures sans augmenter le nombre de points considérés; Kutta enfin introduit des paramètres supplémentaires qui par un choix judicieux augmentent la précision sans trop accroître les complications. Chaque nouvelle extension proposée est à chaque fois confrontée au développement en série de Taylor. Il n'y a pas cependant de véritable majoration du reste, l'adéquation avec le développement de Taylor jusqu'à l'ordre k étant considérée comme une présomption suffisante à propos de la taille de l'erreur. C'est d'ailleurs exact si la fonction f est « assez régulière ».

Le raisonnement par analogie avec les quadratures approchées aurait pu faire penser aussi à l'utilisation des polynômes d'interpolation de Newton, et donc aux différences finies mises en œuvre par James Gregory (*cf.* chap. 11, § 1). Et, en effet, avant même que soient mises au point ces méthodes de Runge, Heun et Kutta, dès 1883, Adams propose d'utiliser les différences finies, comme nous allons le voir.

6. LES MÉTHODES D'ADAMS

Les formules de quadrature approchée que Runge a transposées pour calculer des solutions d'équations différentielles correspondaient à des approximations des fonctions à intégrer par des polynômes de degré 1 ou 2. On pourrait continuer dans cette voie et considérer des approximations par les polynômes d'interpolation de Newton de degré n et les formules d'interpolation correspondantes; on en déduirait des formules d'intégration numérique d'équation différentielles où les différences $y_{i+1} - y_i$ seraient exprimées sous forme de combinaisons linéaires des différences finies déduites des valeurs successives $f(x_i ; y_i)$, tout comme James Gregory a obtenu des formules d'intégration à l'aide des différences finies (chap. 11, § 1).

$$\int_0^c f(x_0+u)\mathrm{d}u = \frac{c}{2}\Delta f_0 - \frac{c}{12}\Delta^2 f_0 + \frac{c}{24}\Delta^3 f_0 - \frac{19c}{720}\Delta^4 f_0 + \frac{3c}{160}\Delta^5 f_0 - \frac{863c}{60480}\Delta^6 f_0 + \dots$$

John Adams, qui, par ailleurs, a découvert Neptune avec Le Verrier par le calcul en 1846, développe cette méthode d'intégration vraisemblablement avant 1855, mais elle n'est publiée qu'en 1883. Il l'expose à propos de la forme d'une goutte dans une étude sur la capillarité. La méridienne de la goutte vérifie une équation différentielle qu'il ne sait pas résoudre, il en calcule la forme par approximation à l'aide des différences finies. Sa méthode s'applique en deux temps : il faut tout d'abord déterminer par une méthode quelconque les valeurs approchées de la solution en quelques points consécutifs, puis on applique la méthode proprement dite à l'aide de ces valeurs calculées.

On prendra garde que, dans l'extrait ci-après, ce qu'Adams note Δq_0 ne correspond pas à la différence progressive $q_1 - q_0$, mais à la différence régressive $q_0 - q_{-1}$, notée habituellement ∇q_0 (*cf.* chap. 10, § 4).

Le texte d'Adams

Extrait de « An explanation of the method of integration employed » in *An attempt to test the theories of capillary action* de Francis Bashforth, Cambridge University Press, 1883. Trad. J.-L Chabert (pp. 17-21).

[...]

Après avoir déterminé quelques points de la courbe, au voisinage du point de départ, par la méthode précédente ou une méthode équivalente, on trouvera en général plus commode de déterminer à la suite les autres points de la courbe en utilisant une série de valeurs successives des coefficients différentiels, qui est directement donnée par l'équation différentielle, plutôt que les valeurs des coefficients différentiels successifs d'ordres plus élevés, qui sont obtenus par l'intermédiaire des équations dérivées plusieurs fois.

Pour fixer les idées, nous supposerons, avec une référence particulière à notre présent problème, que l'équation différentielle donnée est du premier ordre, disons

$$\frac{\mathrm{d}y}{\mathrm{d}t} = q = f(y,t).$$

Soit... $t_{-4}, t_{-3}, t_{-2}, t_{-1}, t_0, t_1$, etc. une suite de valeurs de la variable indépendante t, formant une progression arithmétique de raison ω.

Soit $\quad ...y_{-4}, y_{-3}, y_{-2}, y_{-1}, y_0, y_1$, etc.

les valeurs correspondantes de y, et soit

$$\dots q_{-4}, q_{-3}, q_{-2}, q_{-1}, q_0, q_1, \text{ etc.}$$

les valeurs correspondantes de q, ou de $\frac{\mathrm{d}y}{\mathrm{d}t}$,

et supposons que ω soit assez petit pour que les différences successives de ces valeurs de q deviennent suffisamment petites pour être négligées.
Posons $t = t_0 + n\omega$,
et supposons que nous ayons déjà obtenu les valeurs de

$$...y_{-4}, y_{-3}, y_{-2}, y_{-1} \text{ jusqu'à } y_0$$

et donc aussi celles de $...q_{-4}, q_{-3}, q_{-2}, q_{-1}$ jusqu'à q_0,
et que les différences successives de ces quantités soient prises selon le schéma suivant :

n	q					
…	…		…			
		…		…		
-4	q_{-4}		…		…	
		Δq_{-3}		…		
-3	q_{-3}		$\Delta^2 q_{-2}$		…	etc.
		Δq_{-2}		$\Delta^3 q_{-1}$		
-2	q_{-2}		$\Delta^2 q_{-1}$		$\Delta^4 q_0$	etc.
		Δq_{-1}		$\Delta^3 q_0$		
-1	q_{-1}		$\Delta^2 q_0$			
		Δq_0				
0	q_0					

Alors la valeur générale de q, obtenue par la formule d'interpolation ordinaire pour n'importe quelle valeur de n, sera

$$q = q_0 + \Delta q_0 \frac{n}{1} + \Delta^2 q_0 \frac{n(n+1)}{1.2} + \Delta^3 q_0 \frac{n(n+1)(n+2)}{1.2.3} + \Delta^4 q_0 \frac{n(n+1)(n+2)(n+3)}{1.2.3.4} + \text{etc.}$$

à condition que n soit pris entre les limites pour lesquelles cette série reste convergente.
Donc la valeur générale de y sera

$$y = \int q \, dt = \omega \int q \, dn,$$

ou, en substituant la valeur ci-dessus de q et en ajoutant une constante à l'intégrale de façon à ce que $y = y_0$ pour $n = 0$,

$$y = y_0 + \omega \left\{ q_0 n + \Delta q_0 \frac{n^2}{2} + \Delta^2 q_0 \int \frac{n(n+1)}{1.2} dn + \Delta^3 q_0 \int \frac{n(n+1)(n+2)}{1.2.3} dn + \text{etc,} \right\}$$

où toutes les intégrales sont supposées s'annuler pour $n = 0$.
Si, en particulier, on pose $n = -1$, et on substitue les valeurs des intégrales définies

$$\int_0^{-1} \frac{n(n+1)}{1.2} dn, \int_0^{-1} \frac{n(n+1)(n+2)}{1.2.3} dn, \text{ etc.}$$

on aura, en changeant tous les signes,

$$y_0 - y_{-1} = \omega \left\{ q_0 - \frac{1}{2}\Delta q_0 - \frac{1}{12}\Delta^2 q_0 - \frac{1}{24}\Delta^3 q_0 - \frac{19}{160}\Delta^4 q_0 - \frac{3}{160}\Delta^5 q_0 - \frac{863}{60480}\Delta^6 q_0 - \frac{275}{24192}\Delta^7 q_0 - \frac{33953}{3628800}\Delta^8 q_0 - \frac{8183}{1036800}\Delta^9 q_0 - \text{etc.} \right\}.$$

De façon analogue, en posant $n = 1$ et en substituant les valeurs des intégrales définies

$$\int_0^1 \frac{n(n+1)}{1.2} dn, \int_0^1 \frac{n(n+1)(n+2)}{1.2.3} dn, \text{ etc.}$$

on aura

$$y_1 - y_0 = \omega \left\{ q_0 + \frac{1}{2}\Delta q_0 + \frac{5}{12}\Delta^2 q_0 + \frac{3}{8}\Delta^3 q_0 + \frac{251}{720}\Delta^4 q_0 + \frac{95}{288}\Delta^5 q_0 + \frac{19087}{60480}\Delta^6 q_0 \right.$$
$$\left. + \frac{5257}{17280}\Delta^7 q_0 + \frac{1070017}{3628800}\Delta^8 q_0 + \frac{2082753}{7257600}\Delta^9 q_0 - \text{etc.} \right\}.$$

En général, il sera commode de choisir ω assez petit pour qu'il soit inutile de poursuivre au-delà des différences du quatrième ordre.

La seconde série obtenue fournit la valeur de y_1 en fonction de quantités qui sont toutes supposées déjà connues, c'est-à-dire que la valeur de la variable y, qui était précédemment connue pour des valeurs de la variable indépendante allant jusqu'à $t = t_0$, devient maintenant connue pour la valeur $t = t_0 + \omega$, soit à l'extrémité d'un intervalle supplémentaire ω.

On remarquera cependant que les coefficients de la première série, trouvée pour $y_0 - y_{-1}$, après les deux premiers termes sont beaucoup plus petits et diminuent beaucoup plus rapidement que les coefficients correspondants de la série relative à $y_1 - y_0$. Ainsi, en tenant compte du même nombre de termes dans chacune des deux séries, la valeur de $y_0 - y_{-1}$ sera déterminée avec une précision bien plus grande que celle de $y_1 - y_0$.

Dans ce qui précède, les valeurs successives de y jusqu'à y_0 sont supposées déjà connues, et donc l'équation qui donne la valeur de $y_0 - y_{-1}$ peut être considérée comme fournissant simplement une vérification du travail précédent. Si cependant, on suppose que la valeur de y_0 n'est connue qu'approximativement, alors que les valeurs successives jusqu'à y_{-1} ont été obtenues avec le degré de précision souhaitée, on peut utiliser l'équation relative à $y_0 - y_{-1}$ pour obtenir la valeur correcte de y_0 de la façon suivante.

Supposons que (y_0) soit une valeur approchée de q_0 obtenue à partir de l'équation $q = f(y,t)$ en posant $y = (y_0)$ et $t = t_0$. On peut alors poser $q_0 = (q_0) + k\eta$, où k désigne la valeur de la dérivée partielle $\frac{dq}{dy}$ ou $\frac{df(y,t)}{dy}$ obtenue en substituant (y_0) à la place de y et t_0 à la place de t après la différenciation.

Notons $\Delta(q_0), \Delta^2(q_0), \Delta^3(q_0), \Delta^4(q_0)$, etc. les valeurs des différences successives formées avec la valeur approchée (q_0) et les valeurs connues q_{-1}, q_{-2}, etc. qui la précède immédiatement, alors nous avons

$$\Delta q_0 = \Delta(q_0) + k\eta,\ \Delta^2 q_0 = \Delta^2(q_0) + k\eta,\ \Delta^3 q_0 = \Delta^3(q_0) + k\eta, \text{ etc.}$$

Mais, d'après l'équation obtenue précédemment,

$$y_0 - y_{-1} = \omega \left\{ q_0 - \frac{1}{2}\Delta q_0 - \frac{1}{12}\Delta^2 q_0 - \frac{1}{24}\Delta^3 q_0 - \frac{19}{720}\Delta^4 q_0 - \frac{3}{160}\Delta^5 q_0 - \frac{863}{60480}\Delta^6 q_0 \right.$$
$$\left. - \frac{275}{24192}\Delta^7 q_0 - \frac{33953}{3628800}\Delta^8 q_0 - \frac{8183}{1036800}\Delta^9 q_0 - \text{etc.} \right\}.$$

Soit, en substituant à la place de $y_0, q_0, \Delta q_0, \Delta^2 q_0$, etc. leurs valeurs à l'aide de η et des quantités connues,

$$(y_0) - y_{-1} + \eta = \omega\left\{(q_0) - \frac{1}{2}\Delta(q_0) - \frac{1}{12}\Delta^2(q_0) - \frac{1}{24}\Delta^3(q_0) - \frac{19}{720}\Delta^4(q_0) - \text{etc.}\right\}$$

$$+ \omega k\eta\left\{1 - \frac{1}{2} - \frac{1}{12} - \frac{1}{24} - \frac{19}{720} - \text{etc.}\right\}.$$

Donc si ε désigne l'excès de la quantité

$$\omega\left\{(q_0) - \frac{1}{2}\Delta(q_0) - \frac{1}{12}\Delta^2(q_0) - \frac{1}{24}\Delta^3(q_0) - \frac{19}{720}\Delta^4(q_0) - \text{etc.}\right\}$$

sur la quantité $(y_0) - y_{-1}$, on aura

$$\eta = \varepsilon + \omega k\eta\left\{1 - \frac{1}{2} - \frac{1}{12} - \frac{1}{24} - \frac{19}{720} - \text{etc.}\right\}.$$

où $$\eta = \frac{\varepsilon}{1 - \omega k\left\{1 - \frac{1}{2} - \frac{1}{12} - \frac{1}{24} - \frac{19}{720} - \text{etc.}\right\}}$$

ce qui détermine η et, par suite, $y_0 = (y_0) + \eta$, et $q_0 = (q_0) + k\eta$ deviennent tous deux connus.

Si pour obtenir ε nous nous arrêtons au terme correspondant à $\Delta^4(q_0)$, nous aurons

$$\eta = \frac{\varepsilon}{1 - \frac{251}{720}\omega k}$$

[...]

Les opérations numériques seront grandement facilitées par l'utilisation de tables fournissant les valeurs de

$$\frac{19}{720}\Delta^4 q,\ \frac{3}{160}\Delta^5 q,\ \frac{863}{60480}\Delta^6 q,\ \text{etc.}$$

pour des valeurs données de $\Delta^4 q, \Delta^5 q, \Delta^6 q$, etc.

De telles tables ont été établies à cet usage par Mr. Bashforth, elles sont données à la fin de ce chapitre.

Après ces considérations préliminaires sur la méthode générale pour trouver de petites portions successives d'une courbe à l'aide de son équation différentielle, nous allons appliquer maintenant la méthode au problème étudié, c'est-à-dire à la courbe formée par une méridienne d'une goutte d'un fluide...

John Adams propose donc deux formules. La dernière permet de calculer la valeur de la solution en un point t_1 à partir des valeurs calculées en t_{-r}, t_{-r+1}, ..., t_{-1}, t_0, on dit parfois qu'il s'agit d'une formule prédictive ou d'extrapolation. La première lie la valeur de la solution prise en t_0 à celles prises en t_{-r}, t_{-r+1}, ..., t_{-1}, t_0, on peut donc la considérer comme une formule implicite, à résoudre éventuellement par approximations successives, ou encore, à l'instar d'Adams, comme une formule corrective, permettant d'améliorer la valeur approchée utilisée en t_0. Ces deux formules peuvent d'ailleurs être employées successivement pour obtenir des valeurs suffisamment précises.

Aujourd'hui, la seconde formule, formule explicite, correspondant à ce que l'on appelle souvent dans les cours d'analyse numérique la méthode d'Adams-Bashforth. En effet, le texte ci-dessus est publié dans un ouvrage de Bashforth [1] ; il semble cependant que la méthode soit due à Adams uniquement. La première formule, formule implicite, correspond à ce que l'on appelle la méthode d'Adams-Moulton, du nom de l'auteur de plusieurs ouvrages utilisant cette formule et diverses variantes ([14], chapitre 12).

Alors que les méthodes de Runge, Heun, et Kutta, s'inspirant des travaux d'Euler et de Gauss, se situent dans une tradition germanique, les méthodes multipas explicitées par Adams, issues des formules d'interpolation de Gregory-Newton, se développent uniquement, semble-t-il, dans une sphère d'influence anglaise. Ainsi, on peut repérer, à la fin du XIXe siècle, l'utilisation de telles méthodes par Sheppard en vue de l'amélioration de tables numériques et par l'astronome Darwin pour le calcul d'orbites [20].

On le sait, les différences finies sont susceptibles de multiples variations et, par suite, les méthodes de résolution approchées des équations différentielles ont fait l'objet de diverses propositions. On peut citer à ce propos les noms – et les formules – de Nyström et de Milne. Ces méthodes fondées sur les différences finies sont particulièrement performantes dans le cas de fonctions régulières.

Enfin, jusqu'à l'apparition des calculateurs electroniques, à côté des algorithmes numériques de résolution des équations différentielles, on trouve d'ingénieuses techniques d'intégration graphique dont les plus anciennes remontent aux débuts du calcul infinitésimal (voir Tournès [21]).

ÉPILOGUE

Il n'est pas possible de terminer ce chapitre sur la résolution approchée des équations différentielles sans évoquer, même brièvement, la délicate question de la stabilité du système solaire. En effet, le système différentiel régissant l'évolution du système solaire ne saurait être résolu, puisque Poincaré a montré que le même problème limité à trois corps ne pouvait l'être. Tous les calculs effectués par les astronomes ne sont donc et ne seront jamais que des calculs approchés. Or, Poincaré nous explique :

« *Il ne faudrait pas croire que, pour obtenir les éphémérides avec une grande précision pendant un grand nombre d'années, il suffira de calculer un plus grand nombre de termes dans les développements [...]*

[...] La plupart de ces développements ne sont pas convergents au sens que les géomètres donnent à ce mot. Sans doute, cela importe peu pour le moment,

puisque l'on est assuré que le calcul des premiers termes donne une approximation très satisfaisante; mais il n'en est pas moins vrai que ces séries ne sont pas susceptibles de donner une approximation indéfinie. Il viendra donc aussi un moment où elles deviendront insuffisantes. D'ailleurs, certaines conséquences théoriques que l'on pourrait être tenté de tirer de la forme de ces séries ne sont pas légitimes à cause de leur divergence. C'est ainsi qu'elles ne peuvent servir à résoudre la question de la stabilité du système solaire.» ([17], pp. 2-3)

Or, à la suite de la mise en évidence de l'attracteur de Lorenz en 1963, les physiciens ont pris conscience de ce qu'il pouvait exister des systèmes différentiels très simples – trois équations du premier ordre – qui conduisent à un comportement chaotique, à savoir qu'une variation infime des positions initiales peut entraîner une divergence extrêmement rapide des trajectoires correspondantes.

D'ailleurs, d'après l'astronome Jacques Laskar, «*en 1988, les Américains du MIT, G. Sussman et J. Wisdom, ont montré que le mouvement de Pluton est chaotique, grâce à une intégration numérique sur ordinateur des équations du mouvement des planètes extérieures (Jupiter, Saturne, Uranus, Neptune et Pluton) sur une durée de 875 millions d'années.*» *Il poursuit :* «*Peu de temps après, en utilisant une méthode très différente, j'obtenais des résultats similaires pour les planètes inférieures (Mercure, Vénus, Terre et Mars) qui n'étaient pas alors prises en compte dans les longues intégrations numériques du système solaire.*» ([5], p. 201)

BIBLIOGRAPHIE

[1] J. C. Adams, An explanation of the method of integration employed, in *An attempt to test the theories of capillary action* by Francis Bashforth, Cambridge University Press, 1883.

[2] A.-L. Cauchy, Résumé des Leçons données à l'École Royale Polytechnique, Suite du Calcul Infinitésimal, in *Équations différentielles ordinaires*, introduction de Christian Gilain, Études vivantes, Paris, 1981.

[3] A.-L. Cauchy, Mémoire sur l'intégration des équations différentielles, lithographié à Prague en 1835, in *Exercices d'Analyse et de Physique mathématique*, t. I, Paris, 1840. *Œuvres complètes*, 2ème série, t. XI, p. 399 sq., Gauthier-Villars, Paris.

[4] G. Coriolis, Mémoire sur le degré d'approximation qu'on obtient pour les valeurs numériques d'une variable qui satisfait à une équation différentielle, en employant pour calculer ces valeurs diverses équations aux différences plus ou moins approchées, *Journal de Mathématiques pures et appliquées*, t. 2, 1837, pp. 229-244.

[5] A. Dahan Dalmedico et al., *Chaos et déterminisme*, Points Sciences, Seuil, Paris, 1992.

[6] L. Euler, *Institutionum Calculi integralis*, vol. I, St Petersbourg, 1768. Opera omnia, 1ère série, vol. 11, Teubner, 1913.

[7] H. H. Goldstine, *A history of numerical analysis from the 16th through the 19th century*, Springer Verlag, New York, 1977.

[8] K. Heun, Neue Methode zur approximativen Integration der Differentialgleichungen einer unabhängigen Veränderlichen, *Zeitschrift für Mathematik und Physik*, t. 45, (1900), pp. 23-38.

[9] W. Kutta, Beitrag zur näherungweisen Integration totaler Differentialgleichungen, *Zeitschrift für Mathematik und Physik*, t. 46, (1901), pp. 435-453.

[10] J.-L. Lagrange, Sur l'usage des fractions continues dans le calcul intégral, *Nouveaux Mémoires de l'Académie royale des Sciences et Belles-Lettres de Berlin*, 1776. *Œuvres*, t. IV, pp. 301-332, Gauthier-Villars, Paris, 1869.

[11] G. W. Leibniz, Supplementum geometriæ practicæ sese ad problemata transcendentia extendens, ope novae methodi generalissimae per series infinitas, *Acta Eruditorum*, avril 1693. *Mathematische Schriften*, t. V, 285-288. Trad. Marc Parmentier, Extension de la géométrie pratique aux problèmes transcendants grâce à une méthode nouvelle absolument générale par des séries infinies in *Leibniz, Naissance du Calcul différentiel*, Vrin, Paris, 1989, pp. 240-246.

[12] R. Lipschitz, Disamina della possibilità d'integrare completamente un dato sistema di equazioni differenziali ordinarie, *Annali di Matematica pura ed applicata*, 2ème série, t. 2, (1868-1869), pp. 288-302. Trad. : Sur la possibilité d'intégrer complètement un système donné d'équations différentielles, *Bulletin des Sciences Mathématiques et Astronomiques*, t. X, (1876), pp. 149-159.

[13] Moigno (l'Abbé), *Leçons de calcul différentiel et de calcul intégral rédigées principalement d'après les méthodes de M. A.-L. Cauchy et étendues aux travaux les plus récents des géomètres*, t. 2, Calcul intégral, 1ère partie, Bachelier, Paris, 1844.

[14] F. R. Moulton, *Differential Equations*, New York, 1930. Rééd. Dover, New York, 1958.

[15] P. Painlevé, Existence de l'intégrale générale, in *Encyclopédie des Sciences mathématiques*, t. II, vol 3, fasc. 1, p. 1-57, Paris, 1910.

[16] É. Picard, Mémoire sur la théorie des équations aux dérivées partielles et la méthode des approximations successives, *Journal de Mathématiques pures et appliquées*, 4ème série, t. 6, (1890), pp. 145-210 et 231.

[17] H. Poincaré, *Les Méthodes nouvelles de la Mécanique céleste*, t. 1, Gauthier-Villars, Paris, 1892.

[18] C. Runge, Ueber die numerische Auflösung von Differentialgleichungen, *Mathematische Annalen*, t. 46, (1895), p. 167-178.

[19] C. Runge et H. König, *Vorlesungen über numerisches Rechnen*, Springer, Berlin, 1924.

[20] D. Tournès, L'origine des méthodes multipas pour l'intégration numérique des équations différentielles ordinaires, *Revue d'histoire des mathématiques*, t. 4 (1998), pp. 5-72.

[21] D. Tournès, L'intégration graphique des équations différentielles ordinaires, *Historia mathematica*, t. 30 (2003), pp. 457-493.

Chapitre 13

Approximation de fonctions

«... il n'est pas besoin, pour mettre en défaut des résultats qu'ils [les physiciens] admettent sans discussion, d'aller chercher des fonctions aussi "monstrueuses" que des fonctions continues sans dérivées; le "phénomène de Runge" montre que le procédé classique d'interpolation polynomiale peut fort bien diverger pour des fonctions analytiques aussi "excellentes" qu'on peut le désirer.»

Jean DIEUDONNÉ,
Calcul infinitésimal, 1968

La notion d'approximation d'une fonction a déjà été évoquée à propos de l'interpolation. Nous avions alors noté la difficulté qu'il pouvait y avoir dans certains cas à clairement différencier les deux points de vue. En principe, dans l'interpolation, on construit une fonction qui doit prendre des valeurs imposées pour un nombre fini de valeurs de la variable, alors que, dans l'approximation, on cherche une fonction qui approche «au mieux» les valeurs d'une autre fonction, et ceci pour toute valeur de la variable dans un certain intervalle. Disons que l'approximation est de nature plus globale, puisque la fonction approximante est en relation avec toutes les valeurs de la fonction approchée, contrairement au cas de la fonction interpolatoire, astreinte à une adéquation avec seulement un nombre fini de valeurs de la fonction interpolée (ce qui est nécessairement le cas lorsque les valeurs de la fonction sont obtenues de manière expérimentale).

En règle générale, dans les deux cas, on impose à la fonction approximante ou à la fonction interpolatoire d'appartenir à une certaine classe prédéterminée de fonctions simples ou assez régulières. C'est d'ailleurs ce qui justifie l'intérêt d'approcher une fonction, pouvant par ailleurs être parfaitement déterminée, car la fonction approximante est choisie de façon à être plus aisément manipulable. Les fonctions polynomiales constituent ici, comme pour l'interpolation, une classe privilégiée puisque l'intégration et la dérivation y sont facilement praticables. D'autres classes peuvent être considérées, celle des fonctions rationnelles, par exemple, ou encore celle des fonctions trigonométriques, dans le cas de fonctions périodiques.

Toutefois, en ce qui concerne l'approximation, un choix spécifique s'avère nécessaire, celui de la mesure de l'écart entre la fonction approchée f et la fonction approximante φ, écart qu'il s'agit de minimiser relativement à un certain nombre de contraintes. Selon le choix de cette mesure (norme sur un espace de fonctions), l'approximation optimale sera différente. Dans le cas d'un nombre fini de valeurs, nous avons déjà évoqué l'importance de ce choix, à propos de la méthode des moindres carrés (*cf.* chap. 9, § 2).

Le choix a priori le plus simple consiste à mesurer la distance de f à φ sur l'intervalle $[a,b]$ par :

$$\|f-\varphi\| = \sup_{a\leq x\leq b}\left|f(x)-\varphi(x)\right|,$$

cette mesure de l'écart correspond à une « approximation uniforme » sur l'intervalle $[a,b]$. Dans le cas de l'interpolation, la quantité $\left|f(x)-\varphi(x)\right|$ est nulle en un nombre fini de points, mais peut être très grande ailleurs. Dans le contexte d'approximation uniforme, la formule de Taylor (*cf.* § 1) exprime l'approximation d'une fonction $n+1$ fois dérivable par un polynôme de degré n, où le degré de l'approximation uniforme est mesuré par le « reste de Lagrange » (*cf.* § 2). Le polynôme d'interpolation de Newton avec la majoration de l'erreur par Cauchy peut aussi être considéré comme une approximation, et celle-ci devient optimale avec le travail de Tchebychev : on s'y autorise à changer les points d'interpolation pour les choisir de façon optimale relativement au reste (*cf.* § 3). En revanche, si l'on désire que les points d'interpolation restent régulièrement espacés et cependant être assuré que les polynômes d'interpolation de degrés croissants se rapprochent uniformément de la fonction étudiée, on peut utiliser les fonctions splines introduites par Schoenberg (*cf.* § 4).

L'approximation uniforme présente la particularité – ce qui peut parfois constituer un désavantage – de donner beaucoup d'importance aux « accidents locaux ». Ce n'est pas le cas de « l'approximation en moyenne » associée à la distance suivante :

$$\|f-\varphi\| = \int_a^b \left|f(x)-\varphi(x)\right| \,\mathrm{d}x$$

qui justement gomme peut-être trop les écarts isolés. Si bien que « l'approximation en moyenne quadratique » associée à la distance :

$$\|f-\varphi\| = \sqrt{\int_a^b \left|f(x)-\varphi(x)\right|^2 \,\mathrm{d}x}$$

peut apparaître comme un juste milieu. Elle offre de plus l'avantage de conduire en général à des calculs relativement plus simples [c'est la transposition de la norme euclidienne usuelle]. Cette approximation est l'analogue, dans le cadre continu, de la méthode des moindres carrés, puisque celle-ci correspond dans le cadre discret à la minimisation de la quantité $\sum_{i=1}^{n}\left[f(x_i)-\varphi(x_i)\right]^2$, (*cf.* Chap. 9 sur les systèmes linéaires). Ainsi, De la Vallée-Poussin montre que les polynômes trigonométriques qui approchent au mieux au sens des moindres carrés une fonction périodique correspondent aux termes de sa série de Fourier (*cf.* § 5). Nous verrons enfin comment l'algorithme de la transformée de Fourier discrète a été considérablement amélioré grâce à la transformée de Fourier rapide (*cf.* § 6).

APPROXIMATION UNIFORME

Bien sûr, l'évolution de l'idée d'approximation des fonctions n'est pas sans lien avec l'élaboration progressive du concept de fonction tel que nous le connaissons aujourd'hui. L'éventail des possibilités est large entre la régularité des fonctions analytiques d'Euler ou de Lagrange et les pathologies que peuvent présenter les fonctions continues mises en évidence à la fin du XIXe siècle.

Dans un mémoire de 1885, Weierstrass énonce cependant le théorème d'approximation uniforme suivant : toute fonction continue sur un intervalle $[a,b]$ peut être approchée uniformément par des polynômes [24].

Si puissant soit-il, un tel résultat reste toutefois théorique et ne dit rien sur la façon de construire effectivement un polynôme approchant une fonction donnée avec un degré d'approximation uniforme donnée.

Dans ce même mémoire, Weierstrass montre aussi que toute fonction continue périodique – de période 2π – peut être approchée uniformément par des expressions trigonométriques finies, des combinaisons linéaires de $\cos kx$ et $\sin kx$ où k est un entier quelconque. En fait, ces deux énoncés se ramènent l'un à l'autre car l'approximation d'une fonction $f(x)$ par des polynômes en x est équivalente à l'approximation de $f(\cos\varphi)$ par des expressions trigonométriques en $\cos\varphi$.

Les textes ci-après (dont les deux premiers sont antérieurs à l'énoncé théorique de Weierstrass) concernent tous des polynômes qui constituent des approximations, dans un certain intervalle, de fonctions continues ou, le plus souvent, suffisamment dérivables, avec l'indication d'une majoration de l'écart entre la fonction approchée et le polynôme approximant.

1. LA FORMULE DE TAYLOR

Les diverses variantes de la « formule de Taylor » conduisent à l'approximation de fonctions suffisamment dérivables par des polynômes. Une telle formule était vraisemblablement connue de James Gregory : dans sa lettre à Collins du 15 février 1671 [22], par exemple, il donne le développement en série de la fonction tan x, à propos de laquelle on peut penser qu'il a vu le lien avec les valeurs des dérivées successives de la fonction (*cf.* chap. 5, § 4). Cette formule est cependant publiée pour la première fois par Brook Taylor en 1715 dans son *Methodus incrementorum directa et inversa* [17]. Taylor développe dans son ouvrage un calcul des différences finies (*cf.* chap. 10, § 3), et c'est justement à partir de la « formule de Gregory-Newton » (proposition VII ci-après) qu'il établit « la formule de Taylor » (corollaire II ci-après).

Taylor note $\underset{\cdot}{z}$ ce qui correspond à la différence finie Δz, si bien que $\underset{\cdot\cdot}{z}$ correspondrait à $\Delta^2 z$. Lorsque z croît uniformément, Δz est constant et $\Delta^2 z$ est nul. Dans le corollaire, $\dot{x}$, $\ddot{x}$ et $\dddot{x}$ correspondent aux dérivées successives de x.

Le texte de Taylor

Extrait du *Methodus incrementorum directa et inversa*, London, 1715, p. 21-23. Trad. J.-L. Chabert

Proposition VII. Théorème III.

Soient z et x deux quantités variables où z croît uniformément avec des accroissements donnés $\underset{\cdot}{z}$ et soient $n\underset{\cdot}{z} = v$, $v - \underset{\cdot}{z} = \overset{\prime}{v}$, $\overset{\prime}{v} - \underset{\cdot}{z} = \overset{\prime\prime}{v}$, etc. Je dis alors que, quand z augmente en $z + v$, x augmente en

$$x + \underset{\cdot}{x}\frac{v}{1.\underset{\cdot}{z}} + \underset{\cdot\cdot}{x}\frac{v\overset{\prime}{v}}{1.2.(\underset{\cdot}{z})^2} + \underset{\therefore}{x}\frac{v\overset{\prime}{v}\overset{\prime\prime}{v}}{1.2.3.(\underset{\cdot}{z})^3} + \text{etc.}$$

[...]

Corollaire II.

Si à la place d'accroissements évanouissants nous écrivons des fluxions qui leur sont proportionnelles, alors tous les v'', v', v, $v_{,}$, $v_{,,}$ etc. deviennent égaux et quand z croît uniformément en $z + v$, x devient

$$x + \dot{x}\frac{v}{1.\dot{z}} + \ddot{x}\frac{v^2}{1.2.(\dot{z})^2} + \dddot{x}\frac{v^3}{1.2.3.(\dot{z})^3} + \text{etc.}$$

ou en changeant le signe de v, quand z décroit en $z - v$, x décroit en

$$x - \dot{x}\frac{v}{1.\dot{z}} + \ddot{x}\frac{v^2}{1.2.(\dot{z})^2} - \dddot{x}\frac{v^3}{1.2.3.(\dot{z})^3} + \text{etc.}$$

On reconnaît bien la formule de Gregory-Newton dans la proposition VII : z correspond à l'accroissement de la variable $\underset{\cdot}{x}$ correspond à Δx, $\underset{\cdot\cdot}{x}$ à $\Delta^2 x$, $\underset{\therefore}{x}$ à $\Delta^3 x$, $v / z = n$, $v' / z = n - 1$, $v'' / z = n - 2$, d'où :

$$x + \frac{n}{1}\Delta x + \frac{n(n-1)}{1.2}\Delta^2 x + \frac{n(n-1)(n-2)}{1.2.3}\Delta^3 x + \ldots$$

Et on reconnaît aussi la formule de Taylor dans le corollaire II en remplaçant $\dot{x} / \dot{z}$ par dx/dz, $\ddot{x} / (\dot{z})^2$ par d^2x/dz^2, etc..., d'où :

$$x + v\frac{dx}{dz} + \frac{v^2}{1.2}\frac{d^2x}{dz^2} + \frac{v^3}{1.2.3}\frac{d^3x}{dz^3} + \text{etc.}$$

Les différences finies constituent, à cette période, un outil à partir duquel on peut travailler sur des bases plus assurées. Le passage d'une formule à l'autre correspond à un passage à la limite où $\Delta z = 0$ et $n = \infty$ de sorte que $v = n\,\Delta z$ soit égal aussi bien à $v' = v'' - \Delta z = (n-1)\,\Delta z$ ou $v'' = v' - \Delta z(n-2)\,\Delta z, \ldots$

Il n'y a pas davantage de justifications ni d'indications sur le nombre de termes à prendre en compte – on sait que pour un polynôme de degré n la formule s'arrête au terme de rang n – ou sur une majoration du terme « etc. » Ce sera le travail de Lagrange.

2. LE RESTE DE LAGRANGE

Joseph-Louis Lagrange publie en 1797 un grand ouvrage didactique, *La Théorie des Fonctions analytiques* [10], où il se propose de fonder le calcul différentiel en dehors de « toute considération d'infiniment petits ou d'évanouissants » et d'utiliser au contraire « l'analyse algébrique des quantités finies». À cet effet, il y «démontre» le développement de Taylor : toute fonction f, c'est-à-dire toute expression analytique obtenue par combinaison de fonctions élémentaires, admet un développement en série entière de la forme

$$f(x+i) = f(x) + ip + i^2 q + i^3 r + \dots$$

Lagrange propose de définir, à partir de cette formule, les dérivées successives de f en posant :

$$f'(x) = p, f''(x) = 2q, f'''(x) = 6r, \dots$$

et de démontrer ainsi les algorithmes usuels relatifs au calcul des dérivées des fonctions.

Passant ensuite de ce point de vue formel à l'aspect numérique, Lagrange envisage un encadrement du «reste» dans la formule de Taylor. Il écrit : «*La perfection des méthodes d'approximation dans lesquelles on emploie les séries dépend non seulement de la convergence des séries, mais encore de ce qu'on puisse estimer l'erreur qui résulte des termes qu'on néglige, et à cet égard on peut dire que presque toutes les méthodes d'approximation dont on fait usage dans la solution des problèmes géométriques et mécaniques sont encore très imparfaites.*»

Tout ceci est repris dans ses *Leçons sur le Calcul des Fonctions* [11] et c'est de la Neuvième Leçon que nous extrayons la majoration du reste. Lagrange donne l'encadrement suivant :

$$\frac{i^n}{n!} f^{(n)}(p) \leq f(x+i) - \sum_{k=0}^{n-1} \frac{i^k}{n!} f^{(k)}(x) \leq \frac{i^n}{n!} f^{(n)}(q)$$

où p et q appartiennent à l'intervalle $[x, x+i]$. Il l'obtient en raisonnant par une sorte de récurrence à partir de l'encadrement correspondant à $n = 1$, variante de notre Théorème des accroissements finis

Le texte de Lagrange

Extrait des *Leçons sur le calcul des fonctions*, professées à l'École Polytechnique en l'an VII (1799) ; parues dans les *Séances des Écoles Normales*, tome X, an IX (1801) ; publiées en un volume chez Courcier, Paris, 1806.

LEÇON NEUVIÈME.

Toute fonction $f(x+i)$ se développe, ainsi qu'on l'a vu, dans la série

$$f(x) + if'(x) + \frac{i^2}{2} f''(x) + \frac{i^3}{2.3} f'''(x) + \dots,$$

laquelle va naturellement à l'infini, à moins que les fonctions dérivées de $f(x)$ ne deviennent nulles, ce qui a lieu lorsque $f(x)$ est une fonction rationnelle et entière de x.

Tant que ce développement ne sert qu'à la génération des fonctions dérivées, il est indifférent que la série aille à l'infini ou non; il l'est aussi lorsqu'on ne considère le développement que comme une simple transformation analytique de la fonction; mais, si on veut l'employer pour avoir la valeur de la fonction dans les cas particuliers, comme offrant une expression d'une forme plus simple à raison de la quantité i qui se trouve dégagée de dessous la fonction, alors, ne pouvant tenir compte que d'un certain nombre plus ou moins grand de termes, il est important d'avoir un moyen d'évaluer le reste de la série qu'on néglige, ou du moins de trouver des limites de l'erreur qu'on commet en négligeant ce reste.

[...]

Soient d'abord p et q les valeurs de $x+i$ qui rendent la fonction dérivée $f'(x+i)$ la plus petite et la plus grande, en regardant x comme donné, et faisant varier i depuis zéro jusqu'à une valeur quelconque donnée de i. Donc $f'(p)$ sera la plus petite valeur de $f'(x+i)$, et $f'(q)$ en sera la plus grande; par conséquent, $f'(x+i)-f'(p)$ et $f'(q)-f'(x+i)$ seront toujours des quantités positives.

Regardant ces deux quantités comme des fonctions dérivées, relatives à la variable i, leurs fonctions primitives, prises de manière qu'elles soient nulles lorsque $i=0$, seront, à cause de x, p et q supposées constantes,

$$f(x+i)-f(x)-if'(p) \quad \text{et} \quad if'(q)-f(x+i)+f(x).$$

Ainsi, pourvu que $f'(x+i)$ ne soit jamais infinie depuis $i=0$ jusqu'à la valeur donnée de i, ce qui aura lieu si $f'(p)$ et $f'(q)$ ne sont point des quantités infinies, on aura par le principe précédent, si i est positif,

$$f(x+i)-f(x)-if'(p)>0 \quad \text{et} \quad f(x)-f(x+i)+if'(q)>0,$$

d'où l'on tire

$$f(x+i)>f(x)+if'(p) \quad \text{et} \quad f(x+i)<f(x)+if'(q).$$

Supposons ensuite que p et q soient les valeurs de $x+i$ qui rendent la fonction dérivée du second ordre $f''(x+i)$ la plus petite et la plus grande, en faisant varier i depuis zéro jusqu'à une valeur donnée; on aura $f''(p)$ et $f''(q)$ pour la plus petite et la plus grande valeur de $f''(x+i)$; par conséquent, $f''(x+i)-f''(p)$ et $f''(q)-f''(x+i)$ seront toujours des quantités positives.

Regardant ces quantités comme des fonctions dérivées relatives à la variable i, leurs fonctions primitives, prises de manière qu'elles soient nulles, lorsque $i=0$, seront

$$f'(x+i)-f'(x)-if''(p),$$
$$if''(q)-f'(x+i)+f'(x).$$

Donc, pourvu que $f''(x+i)$ ne soit jamais infinie dans toute l'étendue de i, ce qui revient à ce que $f''(p)$ et $f''(q)$ ne soient point infinies, ces deux quantités seront, par le même principe, toujours positives et finies, i étant supposé positif; et en les regardant comme des fonctions dérivées relatives à i, leurs fonctions primitives, prises de manière qu'elles soient nulles lorsque $i=0$, seront, à cause de x, p et q supposées constantes,

$$f(x+i)-f(x)-if'(x)-\frac{i^2}{2}f''(p),$$
$$\frac{i^2}{2}f''(q)-f(x+i)+f(x)+if'(x).$$

Ces nouvelles quantités seront donc aussi, par le même principe, toujours positives; on aura ainsi

$$f(x+i)-f(x)-if'(x)-\frac{i^2}{2}f''(p)>0,$$
$$f(x)-f(x+i)+if'(x)+\frac{i^2}{2}f''(q)>0,$$

d'où l'on tire

$$f(x+i)>f(x)+if'(x)+\frac{i^2}{2}f''(p),$$
$$f(x+i)<f(x)+if'(x)+\frac{i^2}{2}f''(q).$$

[...]

Donc, en général, la quantité $f(x+i)$, soit que i soit positif ou négatif, sera toujours renfermée entre ces deux-ci :

$$f(x)+if'(x)+\frac{i^2}{2}f''(x)+\frac{i^3}{2.3}f'''(x)+\ldots+\frac{i^\mu}{2.3\ldots\mu}f^\mu(p),$$

$$f(x)+if'(x)+\frac{i^2}{2}f''(x)+\frac{i^3}{2.3}f'''(x)+\ldots+\frac{i^\mu}{2.3\ldots\mu}f^\mu(q),$$

en prenant pour p et q les valeurs de $x+i$, qui répondent à la plus petite et à la plus grande des valeurs de $f^\mu(x+i)$, dans toute l'étendue de i, depuis $i=0$, pourvu que les deux quantités $f^\mu(p)$ et $f^\mu(q)$ ne soient pas infinies.

Dans sa *Théorie des Fonctions analytiques*, Lagrange obtenait le reste sous forme intégrale. Il écrivait :

$$\text{«}\ldots f(x)=f(x-xz)+xzf'(x-xz)+\frac{x^2z^2}{2}f''(x-xz)+x^3R,$$

R étant une fonction de z, qui s'évanouit lorsque z = 0. On trouvera, en prenant les fonctions primes par rapport à z, et en effaçant les termes qui se détruisent mutuellement,

$$R'=\frac{z^2}{2}f'''(x-xz),$$

la fonction représentée par f''' étant la fonction tierce de $f(x)$ relativement à x, transformée par la substitution de x – xz à la place de x.» ([10], art. 17)

C'est alors presque un jeu d'enfant que de retrouver la formule classique, en posant $x-xz=x_0$:

$$f(x)=f(x_0)+(x-x_0)f'(x_0)+\frac{(x-x_0)^2}{2}f''(x_0)+\int_{x_0}^{x}\frac{(x-t)^2}{2}f'''(t)\mathrm{d}t.$$

Dans sa 35e leçon donnée à l'École Polytechnique en 1823 [3], Cauchy énonce et démontre la formule de Taylor-Lagrange avec reste intégral sous la forme que nous utilisons aujourd'hui. Dans ce même cours, il met en garde contre le fait que la série de Taylor d'une fonction peut ne pas converger et aussi que, même convergeant, la somme de la série peut différer de la fonction. C'est dans la 38e leçon qu'il donne l'exemple désormais classique de la fonction $f(x)=e^{-1/x^2}$.

Dans les bons cas cependant, la formule de Taylor avec le reste de Lagrange permet de définir un polynôme d'approximation d'une fonction f de classe C^{n+1}, sur un intervalle I, par un polynôme de degré n :

$$\left| f(x) - \sum_{k=0}^{n} \frac{(x-a)^k}{k!} f^{(k)}(a) \right| \leq \frac{|x-a|^{n+1}}{(n+1)!} M_{n+1}$$

où $$M_{n+1} = sup_{t \in \mathrm{I}} \left| f^{(n+1)}(t) \right|$$

Un peu plus tard, en 1874, Tchebychev écrira : «*Ainsi l'on trouve la représentation approximative de f(x), dans le voisinage de x = a, sous la forme d'un polynôme de degré n, en s'arrêtant dans son développement d'après la série de Taylor*

$$f(x) = f(a) + \frac{x-a}{1} f'(a) + \frac{(x-a)^2}{1.2} f''(a) + \ldots$$

au terme $\frac{(x-a)^n}{1.2\ldots n} f^{(n)}(a)$. *[...] S'il ne s'agit que des valeurs de x qui avoisinent a, ces expressions de f (x) la représentent avec la plus grande précision dont elles soient susceptibles d'après leur forme. Mais, cela n'a plus lieu, si la variable x n'est assujettie qu'à rester dans des limites plus ou moins étendues. Dans ce cas les recherches des valeurs approximatives de f (x) demandent des méthodes essentiellement différentes de celles dont nous venons de parler...*» ([20], § 1).

3. LE POLYNÔME DE MEILLEURE APPROXIMATION SELON TCHEBYCHEV

Lorsqu'on interpole une fonction f par le polynôme de Lagrange L_f de degré $n - 1$ à l'aide de n valeurs correspondant à n points $a_1, a_2, \ldots, a_n$, l'erreur commise, ou plutôt l'écart $f(x) - L_f(x)$, est majoré, selon Cauchy (*cf.* chap. 10, § 6), sur l'intervalle d'interpolation I par :

$$\left| (x-a_1)(x-a_2)\ldots(x-a_n) \right| \frac{sup_{t \in \mathrm{I}} \left| f^{(n)}(t) \right|}{n!}.$$

Cette fonction interpolatoire L_f est susceptible d'être interprétée comme une approximation de f sur I. Toutefois, la qualité de la majoration précédente dépend non seulement du nombre n de points considérés, mais aussi de la fonction approchée f par l'intermédiaire d'un majorant de la dérivée $n^{\text{ème}}$. En fait, si on peut être tenté de penser, comme Lagrange (*cf.* chap. 10, § 5), que plus l'écart des points d'interpolation diminue, meilleure est l'approximation, on doit bien s'en garder.

Méray soulève ce problème en 1884 [12] en faisant ressortir la difficulté posée par l'existence de pôles complexes à proximité de l'ensemble d'interpolation ; il y revient en 1896 [13]. Mais c'est Runge qui, dans un article de 1901 intitulé « Sur les fonctions empiriques et l'interpolation entre ordonnées équidistantes » [14], met véritablement en évidence le phénomène suivant : il existe des fonctions indéfiniment dérivables pour lesquelles la suite des polynômes d'interpolation correspondant à des points équidistants en nombre croissant ne tend pas vers la fonction. Dans l'*Encyclopédie des Sciences Mathématiques* ([6], t. II, p. 215), Maurice Fréchet résume bien le caractère étonnant de l'exemple développé par Runge :

« *C. Runge a montré que si l'on calcule un polynôme $P_n(x)$ de degré n, coïncidant avec la fonction continue* $\frac{1}{1+x^2}$ *aux extrémités successives de n divisions égales de l'intervalle* $[-5, +5]$, *non seulement quand n croît indéfiniment ce polynôme ne tend pas nécessairement vers* $\frac{1}{1+x^2}$ *dans tout cet intervalle* $[-5, +5]$, *mais encore il diverge en dehors de l'intervalle* $[-3{,}63...; +3{,}63...]$. »

Ainsi, non seulement il n'y a pas nécessairement convergence, mais il peut au contraire y avoir divergence : en chaque point, l'écart entre la valeur de la fonction « approchée » et celles des polynômes interpolateurs tend alors vers l'infini au fur et à mesure que le nombre de points d'interpolation augmente (*cf.* figure ci-dessous).

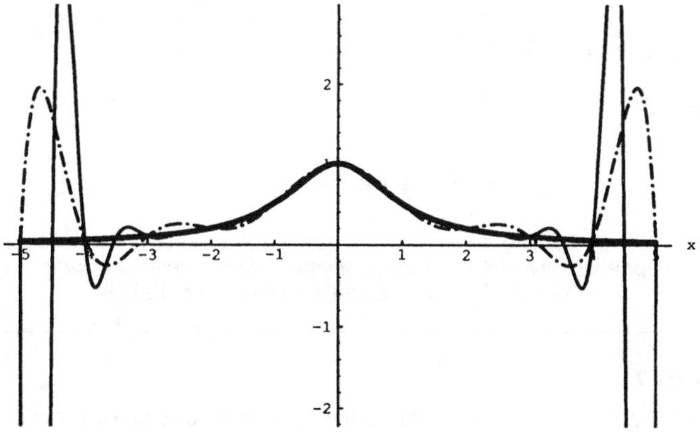

Phénomène de Runge :

interpolation de la fonction $\frac{1}{1+x^2}$ (en gras) sur [– 5, + 5] avec 11 points (en pointillé) et 21 points (en continu) d'interpolation ; on observe la divergence aux extrémités de l'intervalle.

Cependant, si l'on note que la majoration de l'écart obtenue par Cauchy dépend aussi du choix des points $a_1, a_2, ..., a_n$, et, si on affaiblit le point de vue de l'interpolation au profit de celui de l'approximation en s'autorisant à choisir les points $a_1, a_2,..., a_n$ de façon à minimiser l'écart, on voit avec Tchebychev que, d'une façon indépendante de la fonction à approcher f, il existe un choix optimal des points $a_1, a_2,..., a_n$, optimal en ce sens qu'il minimise la quantité :

$$\sup_{x \in I}\left|(x-a_1)(x-a_2)\ldots(x-a_n)\right|.$$

Finalement, il s'agit de minimiser l'écart à 0 d'un polynôme unitaire de degré n. Cette question, déjà abordée par Tchebychev en 1854 [18], est reprise de façon plus générale en 1859 [20]. De ce dernier texte, nous citerons de brefs extraits. Tchebychev y pose le problème suivant : « *étant donné la valeur approchée de f(x), déduite des méthodes ordinaires, soit sous la forme d'un polynôme, soit sous la forme d'une fraction, trouver les changements qu'il faut faire subir aux coefficients, quand on cherche à rendre minimum la limite de ses erreurs entre x = a – h et x = a + h, h étant une valeur assez petite* », et il y répond d'une façon assez générale à l'aide du théorème 2 ci-après.

Ce théorème signifie, essentiellement, que si un polynôme de degré $n-1$ constitue une meilleure approximation uniforme d'une fonction Y dans l'intervalle $[a-h, a+h]$, alors nécessairement l'écart maximal L entre le polynôme et la fonction est atteint $n+1$ fois. Appliqué ensuite au cas particulier d'un polynôme unitaire de degré n s'écartant le moins possible de 0, ce théorème conduit aux polynômes appelés maintenant *polynômes de Tchebychev*. Pour cela, Tchebychev est amené à étudier le développement en fraction continue de la fonction $\sqrt{x^2-h^2}$, le polynôme approximant cherché étant alors l'un des numérateurs des fractions obtenues ; mais nous ne donnerons pas le détail de ce développement.

Le texte de Tchebychev

Extrait de « Sur les questions de minima qui se rattachent à la représentation approximative des fonctions », *Mémoires de l'Académie Impériale des sciences de St-Petersbourg*, t. VII (1859), pp. 199-291.

[...]

Théorème 2

Les quantités $p_1, p_2, ..., p_{n-1}, p_n$ étant choisies de manière à ce que la fonction

$$F(x) = p_1x^{n-1} + p_2x^{n-2} + \ldots + p_{n-1}x + p_n - Y$$

s'écarte le moins possible de zéro depuis $x = -h$ jusqu'à $x = +h$, les équations

$$F^2(x) - L^2 = 0, \left(x^2 - h^2\right)F'(x) = 0$$

ont au moins $n+1$ solutions communes, différentes entre elles et comprises entre $x = -h$ et $x = +h$. La quantité L désigne la limite des écarts de $F(x)$ de zéro entre $x = -h$ et $x = +h$.

[...]

Sur la fonction qui, parmi celles de la forme $x^n + p_1 x^{n-1} + p_2 x^{n-2} + \ldots + p_{n-1}x + p_n$, s'écarte le moins possible de zéro entre les limites $x = -h$ et $x = +h$.
Comme la fonction

$$x^n + p_1 x^{n-1} + p_2 x^{n-2} + \ldots + p_{n-1}x + p_n$$

n'est que la valeur de

$$p_1 x^{n-1} + p_2 x^{n-2} + \ldots + p_{n-1}x + p_n - Y$$

pour le cas, où $Y = -x^n$, nous concluons, en vertu du théorème 2, que, les coefficients $p_1, p_2, \ldots, p_{n-1}, p_n$ étant choisis de manière à ce que l'expression

$$F(x) = x^n + p_1 x^{n-1} + p_2 x^{n-2} + \ldots + p_{n-1}x + p_n$$

s'écarte le moins possible de zéro entre $x = -h$ jusqu'à $x = +h$, les équations

$$(*) \qquad F^2(x) - L^2 = 0,\ (x^2 - h^2)F'(x) = 0$$

ont au moins $n + 1$ solutions communes, différentes entre elles.
Supposons donc que $x = x_0$ soit l'une de ces solutions. Il n'est pas difficile de s'assurer qu'alors l'expression $(x^2 - h^2)(F^2(x) - L^2)$ sera divisible par $(x - x_0)^2$. En effet, d'après la première des équations précédentes, l'expression

$$(x^2 - h^2)(F^2(x) - L^2)$$

s'annule pour $x = x_0$. De plus, comme sa première dérivée est

$$2(x^2 - h^2)F(x)F'(x) + 2x(F^2(x) - L^2),$$

elle se réduira aussi à zéro pour $x = x_0$ en vertu des mêmes équations, ce qui nous prouve que l'expression $(x^2 - h^2)(F^2(x) - L^2)$ est divisible par $(x - x_0)^2$.

La même chose a lieu par rapport aux autres solutions, communes aux équations (*), et comme le nombre de ces solutions, différentes entre elles, n'est pas au-dessous de $n + 1$, il en résulte que l'expression $(x^2 - h^2)(F^2(x) - L^2)$ est divisible par $n + 1$ facteurs différents entre eux $(x - x_0)^2, (x - x_1)^2, (x - x_2)^2, \ldots, (x - x_n)^2$, et, par conséquent, par leur produit $(x - x_0)^2(x - x_1)^2(x - x_2)^2 \ldots (x - x_n)^2$. Mais l'expression $(x^2 - h^2)(F^2(x) - L^2)$ où

$$F(x) = x^n + p_1 x^{n-1} + p_2 x^{n-2} + \ldots + p_{n-1}x + p_n,$$

n'étant que de degré $2n + 2$, le quotient de la division de cette expression par le produit $(x - x_0)^2(x - x_1)^2(x - x_2)^2 \ldots (x - x_n)^2$ ne peut être qu'une constante. Donc

$$(x^2 - h^2)(F^2(x) - L^2) = C(x - x_0)^2(x - x_1)^2(x - x_2)^2 \ldots (x - x_n)^2.$$

Cette équation n'aura lieu, évidemment, que si $x + h$ et $x - h$ sont au nombre des facteurs $x - x_0$, $x - x_1$, $x - x_2, \ldots$ $x - x_n$. Or, si l'on suppose $x - x_0 = x + h$, $x - x_1 = x - h$, cette équation, divisée par $(x^2 - h^2)(F^2(x) - L^2)$, devient

$$F^2(x) - L^2 = C(x^2 - h^2)(x - x_2)^2 \ldots (x - x_n)^2,$$

ou

$$(**) \qquad F^2(x) - L^2 = (x^2 - h^2)\Phi^2(x)$$

[...]

D'où nous tirons

$$\frac{F(x)}{\Phi(x)} = \sqrt{x^2 - h^2} + \frac{L^2}{\Phi(x)\left[F(x) + \Phi(x)\sqrt{x^2 - h^2}\right]}.$$

ce qui prouve que la fraction $\frac{F(x)}{\Phi(x)}$ est la valeur de $\sqrt{x^2 - h^2}$ exacte jusqu'aux termes de l'ordre $\frac{1}{\Phi^2(x)}$ inclusivement. Mais ceci ne peut avoir lieu que si $\frac{F(x)}{\Phi(x)}$ est l'une des fractions convergentes de $\sqrt{x^2 - h^2}$ que l'on trouve par son développement en fraction continue.

[...]

... nous trouvons définitivement

$$F(x) = \frac{\left(x + \sqrt{x^2 - h^2}\right)^n + \left(x - \sqrt{x^2 - h^2}\right)^n}{2^n}.$$

La fonction $F(x)$ ainsi trouvée est bien polynomiale de degré n dans l'intervalle $[-h, +h]$. En effet, si l'on développe l'expression donnée pour $F(x)$, on voit aisément que les radicaux disparaissent. Une autre façon de décrire ce polynôme consiste à poser $x = h \cos \varphi$; on a alors :

$$F(x) = \frac{h^n}{2^n}\left[(\cos \varphi + \mathrm{i}\sin \varphi)^n + (\cos \varphi - \mathrm{i} \sin \varphi)^n\right] = \frac{h^n}{2^n}\left(e^{\mathrm{i}n\varphi} + e^{-\mathrm{i}n\varphi}\right)$$

$$F(x) = \frac{h^n}{2^{n-1}} \cos n\varphi = \frac{h^n}{2^{n-1}} \cos\left(n \operatorname{arc} \cos \frac{x}{h}\right).$$

Nous retrouvons ce que nous appelons le *polynôme de Tchebychev* T_n de degré n en posant $F(x) = T_n\left(\frac{x}{h}\right)$. C'est le polynôme de coefficient directeur 1 et de degré n qui s'écarte le moins de 0 sur l'intervalle $[-1, +1]$. Comme,

$$\cos nu = 2\cos u \cos(n-1)u - \cos(n-2)u,$$

le polynôme $$T_n(x) = \frac{1}{2^{n-1}} \cos(n \operatorname{arccos} x)$$

vérifie la relation de récurrence :

$$T_n(x) = xT_{n-1}(x) - \frac{1}{4} T_{n-2}(x)$$

avec $T_0(x) = 2$ et $T_1(x) = x$ (voir *polynômes orthogonaux* ci-dessous).

Si nous revenons à la question initiale de l'interpolation d'une fonction par un polynôme de Lagrange de degré $n - 1$, le texte précédent montre qu'il existe un choix optimal des points d'interpolation. Si $[a - h, a + h]$ est l'intervalle considéré, ce choix consiste à prendre pour abscisse des points d'interpolation les racines du polynôme $F(x)$ augmentées de la quantité a. Or, les racines de $F(x)$ sont :

$$h \cos \frac{2k+1}{2n} \pi \text{ où } 0 \leq k < n.$$

Voici d'ailleurs comment, à la fin de son mémoire de 1854 [18], Tchebychev propose d'obtenir ces valeurs :

« *Du milieu de l'intervalle* $x = a - h$, $x = a + h$, *pris sur l'axe des abscisses, avec un rayon égal à la moitié de cet intervalle, on tracera un cercle; on inscrira dans ce cercle un polygone régulier de 2n côtés, en le disposant de manière à ce que deux de ses côtés soient perpendiculaires à l'axe des x; les sommets de ce polygone, aux quantités de l'ordre h inclusivement près, détermineront les abscisses des points...* »

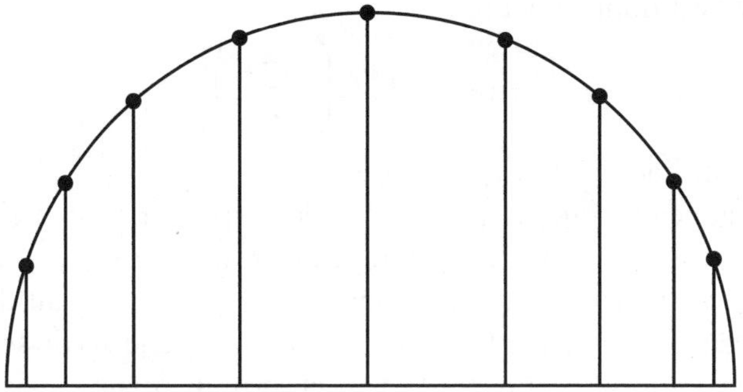

Distribution optimale dans le cas de 11 points d'interpolation. La répartition des abscisses $x_k = a + h\cos\frac{2k+1}{2n}\pi$ n'est pas régulière : il y a accumulation aux extrémités de l'intervalle.

Le polynôme de coefficient directeur 1 et de degré n qui approche le plus 0 – ou plutôt qui s'en éloigne le moins – sur l'intervalle $[a - h, a + h]$ a pour valeur maximale $\frac{h^n}{2^{n-1}}$ – et celle-ci est atteinte $n + 1$ fois. Ainsi, avec le choix des points d'interpolation correspondant aux racines de ce polynôme, la majoration, par Cauchy, de l'erreur dans l'interpolation de Lagrange devient :

$$\left|f(x) - L_{n-1}(x)\right| \leq \frac{h^n}{2^{n-1}} \frac{sup_t\left|f^{(n)}(t)\right|}{n!}$$

alors que la formule de Taylor-Lagrange conduit à la seule majoration :

$$\left|f(x) - \sum_{k=0}^{n-1} \frac{(x-a)^k}{k!} f^{(k)}(a)\right| \leq h^n \frac{sup_t\left|f^{(n)}(t)\right|}{n!}.$$

Si nous adoptons le choix de Tchebychev, l'optimalité correspondante nous assure que lors du passage de l'interpolation avec n points à l'interpolation avec $n + 1$ points, l'écart avec la fonction à approcher ne va pas augmenter et la divergence mise en évidence par Runge ne peut se produire. Toutefois, nous ne pouvons être assurés de la convergence. En effet, en 1914, Faber montre qu'il existe des fonctions continues pour lesquelles l'interpolation selon Tchebychev ne converge pas vers la fonction.

Dans ce qui précède, il s'agissait d'optimiser l'approximation de toute fonction de classe C^n par un polynôme de degré $n-1$ et ceci d'une façon indépendante de la fonction. Beaucoup plus délicat est le problème de la détermination, pour une fonction donnée, du polynôme de degré $n-1$ qui constitue la meilleure approximation polynomiale uniforme. Dans le cas particulier où f est un polynôme de degré n, on peut toutefois vérifier que la meilleure approximation uniforme par un polynôme de degré $n-1$ sur $[a-h, a+h]$ est donnée par :

$$f(x) - ch^n T_n\left(\frac{x-a}{h}\right)$$

où c désigne le coefficient directeur de f.

Enfin, rappelons que les polynômes de Tchebychev apparaissent aussi selon une autre voie, celle des quadratures. Nous avons vu, au chapitre 11 relatif aux quadratures approchées, que Tchebychev proposait d'utiliser les valeurs de la fonction φ à intégrer en des points x_k choisis de sorte que ces valeurs aient toutes le même poids dans la formule finale :

$$\int_{-1}^{+1} \varphi(x)\,\mathrm{d}x = C\sum_{k=1}^{n} \varphi(x_k).$$

Si, à l'instar d'Hermite, nous nous intéressons à $\int_{-1}^{+1} \frac{\varphi(x)}{\sqrt{1-x^2}}\mathrm{d}x$, alors les x_k ne sont autres que les valeurs des racines des polynômes $T_n(x)$ (*cf.* [21], § 4).

4. APPROXIMATION PAR DES FONCTIONS SPLINES CUBIQUES

Les études relatives à la meilleure approximation uniforme d'une fonction, initialisées par Tchebychev, ont été poursuivies au début du XXe siècle, en particulier par Charles de la Vallée-Poussin [23] et Serge Bernstein [1]. Bernstein montre que l'interpolation selon Tchebychev converge toujours vers la fonction interpolée lorsqu'on augmente le nombre de points, à condition que f soit assez régulière, lipschitzienne par exemple. De façon plus générale et plus simple, Bernstein associe à toute fonction f continue sur l'intervalle [0,1] la suite de polynômes

$$Q_n(x) = \sum_{p=0}^{n} f\left(\frac{p}{n}\right) C_n^p x^p (1-x)^{n-p},$$

appelés maintenant *polynômes de Bernstein* de f, et cette suite converge uniformément vers f sur $[0,1]$. La preuve de cette dernière assertion utilise de façon essentielle le théorème d'approximation polynomiale de Weierstrass.

Dans l'approximation de fonctions par des polynômes d'interpolation, Tchebychev jouait sur le choix des points d'interpolation. Il est possible aussi de jouer sur la longueur de l'intervalle d'interpolation. Plus précisément, en interpolant la fonction sur des intervalles de plus en plus petits, on peut limiter le degré des polynômes considérés, et ainsi diminuer considérablement les calculs : c'est ce qui se produit avec les *fonctions splines*.

Les fonctions splines sont des généralisations naturelles des polynômes : ce sont des fonctions polynomiales par morceaux satisfaisant certaines propriétés de continuité ou de dérivabilité. Bien que déjà utilisées dans certains cas isolés, ces fonctions ont été désignées et étudiées pour elles-mêmes pour la première fois par Schoenberg au milieu des années 1940. Si à la suite de son article fondateur de 1946 [15], Schoenberg est considéré comme le père des fonctions splines, il y a aussi des grand-pères et des arrière-grand-pères [2]. Ainsi, Schoenberg lui-même cite Hermite, Peano et Euler [16] ; on peut évoquer aussi les travaux de L. Maurer en 1896, A. Sommerfeld en 1904, M. Lerch en 1908, G. Pólya en 1913, V. Brun en 1932, et K. Fränz en 1941 [2].

Nonobstant ces multiples références historiques, le sujet reste relativement récent et nous ne citerons de Schoenberg qu'un bref passage introductif.

Le texte de Schoenberg

Extrait de « Contributions to the problem of approximation of equidistant data by analytic functions », *Quarterly of applied Mathematics*, t. IV (1946), p. 67. Trad. J.-L. Chabert.

Un spline est un appareil mécanique simple pour tracer des courbes lisses. C'est une mince barre souple en bois ou en tout autre matériau flexible. Le spline est placé sur la feuille de papier quadrillé et maintenu en place en divers endroits au moyen d'objets lourds (appelés « chiens » ou « rats ») de manière à prendre la forme de la courbe que l'on désire tracer. Supposons que le spline soit placé et tenu de façon à prendre la forme d'une courbe qui soit à peu près parallèle à l'axe des x. Si nous notons $y = y(x)$ l'équation de cette courbe, alors nous pouvons négliger la faible pente y', de sorte que sa courbure devient

$$\frac{1}{R} = \frac{y''}{\left(1+y'^2\right)^{3/2}} \approx y''$$

La théorie élémentaire de la poutre montre alors que la courbe $y = y(x)$ est une ligne polygonale formée d'arcs cubiques qui se raccordent de façon continue avec des

dérivées première et seconde continues. Ces points de raccordement sont précisément les points où sont placés les lourds objets de maintien.
Description des courbes splines d'ordre k. Notre dernière remarque suggère la définition suivante.

DÉFINITION.

Une fonction réelle *F(x)* définie pour tout réel *x* est appelée courbe spline d'ordre *k* et notée $\Pi_k(x)$ si elle satisfait aux propriétés suivantes :
1) *Elle est composée d'arcs polynomiaux de degré au plus k – 1.*
2) *Elle est de classe* C^{k-2}, *c.-à-d. F(x) a k – 2 dérivées continues.*
3) *Les seuls points de jonction possibles des différents arcs polynomiaux sont les points entiers x = n si k est pair, ou bien les points x = n + 1/2 si k est impair.*
Ainsi, une $\Pi_1(x)$ est une fonction en escalier avec des discontinuités possibles aux points $x = n + 1/2$. Une $\Pi_2(x)$ est un graphe polygonal ordinaire avec des sommets aux points entiers $x = n$ seulement. Une $\Pi_4(x)$ correspond à la description mathématique élémentaire d'un spline ordinaire (infini) où les « chiens » sont placés en tous les points, ou seulement certains points, $x = n$.
On doit noter que si une $\Pi_k(x)$ est de classe C^{k-1}, alors $\Pi^{(k-1)}(x)$ doit nécessairement être constant pour tout *x*. Donc une telle $\Pi_k(x)$ se réduit à un polynôme de degré $k - 1$. C'est seulement cet assouplissement de l'exigence de continuité de la dérivée d'ordre $k - 1$ de $\Pi_k(x)$ qui fait de la courbe spline un outil d'approximation souple et universel. De même, ce sont seulement les « chiens » (ou « rats ») qui permettent au spline ordinaire d'esquisser des courbes différentes du graphe d'un polynôme cubique.
L'importance particulière des courbes splines est due au fait que par addition de plusieurs courbes splines d'ordres successifs on peut obtenir n'importe quelle ligne polygonale désirée de degré *m* et de classe C^{μ}.

Une *fonction spline cubique* sur un intervalle $[a,b]$ correspond à une fonction $\Pi_4(x)$ selon les notations de l'extrait précédent. C'est une fonction deux fois continuement dérivable sur $[a, b]$ pour laquelle il existe une subdivision $a = x_0 < x_1 < ... < x_n = b$ telle que, sur chaque sous-intervalle $[x_k, x_{k+1}]$, la fonction soit polynomiale de degré au plus 3.

Si *f* désigne une fonction continue sur $[a,b]$, on peut l'interpoler par une fonction spline cubique *s* telle que :

$$\text{pour } k = 0, ..., n, \ s(x_k) = f(x_k).$$

Cependant, la fonction *s* n'est pas unique, elle possède encore deux degrés d'indétermination. Si *f* est de classe C^1, alors *s* est entièrement déterminée par les conditions supplémentaires :

$$s'(a) = f'(a) \text{ et } s'(b) = f'(b).$$

On montre que contrairement à l'interpolation polynomiale selon Lagrange, avec des points d'interpolation de plus en plus nombreux, équidistants par exemple, l'approximation d'une fonction f supposée de classe C^4 par des fonctions splines cubiques converge toujours uniformément vers f. Cette convergence est même en δ^4 si δ désigne le pas de la subdivision.

On pourrait aussi considérer des fonctions splines bidimensionnelles correspondant à des plaques minces et souples...

APPROXIMATION EN MOYENNE QUADRATIQUE

Lorsque l'espace des fonctions que l'on considère est muni d'une norme définie par une forme quadratique, on peut chercher des approximations en moyenne quadratique.

Dans le cas discret, cela revient à la méthode des moindres carrés (*cf.* chapitre 10). En effet, si l'on désire représenter une fonction f par un polynôme φ de degré m à partir de la connaissance des valeurs de f en $n + 1$ points $x_0, x_1, ..., x_n$ avec $n > m$, ce point de vue revient à minimiser $\sum_{k=0}^{n}\left(f(x_k) - \varphi(x_k)\right)^2$. Tchebychev en 1855 [19], puis Hermite en 1859 [9] se sont attachés à cette question.

Par ailleurs, c'est dans le cadre des approximations en moyenne quadratique que se présentent de façon naturelle les familles de polynômes orthogonaux, comme les polynômes de Legendre et les polynômes de Tchebychev, que nous avons été conduits à considérer. Le polynôme de meilleure approximation pour la norme en question s'exprime alors simplement à l'aide de la famille des polynômes orthogonaux correspondants (*cf.* page suivante).

Pour notre part, alors que dans la première partie de ce chapitre nous nous sommes centrés sur l'approximation polynomiale, nous allons dans cette seconde partie nous intéresser plus spécifiquement aux fonctions périodiques et à leur approximation par des fonctions trigonométriques.

En fait, l'interpolation d'une fonction f dans l'intervalle $[0, 2\pi]$ par des sommes trigonométriques :

$$\sum_{0 \le k \le N-1} \left(a_k \cos kx + b_k \sin kx\right)$$

peut aussi être présenté comme l'interpolation par des expressions :

$$\sum_{0 \le k \le N-1} c_k e^{ikx}.$$

Or, si l'on pose $\omega = e^{ix}$, on est ramené à interpoler la fonction f par un polynôme en ω, à savoir :

$$P(\omega) = c_0 + c_1 \omega + c_2 \omega^2 + \ldots + c_{N-1} \omega^{N-1},$$

les points où s'effectue l'interpolation, à l'origine les valeurs x_k de la variable x, devenant les points $\omega_k = e^{ix_k}$.

Polynômes orthogonaux

Lorsque le produit scalaire de deux fonctions continues f et g est défini par l'intégrale :

$$\int_a^b w(x) f(x) g(x) \mathrm{d}x$$

où $w(x)$ désigne une certaine fonction poids ≥ 0, il lui correspond une unique famille de *polynômes orthogonaux* P_n satisfaisant aux conditions suivantes : P_n est de degré n, a pour coefficient directeur 1 par exemple et, pour tout polynôme Q de degré $\leq n-1$, vérifie la formule

$$\int_a^b w(x) P_n(x) Q(x) \mathrm{d}x = 0.$$

Ainsi, les différents produits scalaires

$$\int_{-1}^{+1} f(x) g(x) \mathrm{d}x, \int_{-1}^{+1} \frac{1}{\sqrt{1-x^2}} f(x) g(x) \mathrm{d}x,$$

$$\int_0^{+\infty} e^{-x} f(x) g(x) \mathrm{d}x, \int_{-\infty}^{+\infty} e^{-x^2} f(x) g(x) \mathrm{d}x$$

conduisent respectivement aux polynômes classiques de Legendre (*cf.* chap. 11, § 6), de Tchebychev (*cf.* chap. 11, § 7 et chap. 13, § 3), de Laguerre et d'Hermite.

Le polynôme φ de meilleure approximation de degré n d'une fonction f pour l'une de ces normes s'écrit alors simplement, relativement à la famille de polynômes orthogonaux P_n correspondants :

$$\varphi = \sum_{0 \le k \le n} \lambda_k P_k$$

où les coefficients λ_k sont donnés par les formules :

$$\lambda_k = \frac{\int_a^b w(x)\, P_k(x) f(x) \mathrm{d}x}{\int_a^b w(x)\, P_k^2(x) \mathrm{d}x}.$$

Dans le cas de fonctions périodiques et du produit scalaire hermitien $\int_{-\pi}^{+\pi} f(x)\overline{g(x)}\,\mathrm{d}x$, la famille de fonctions trigonométriques e^{inx} joue un rôle analogue (*cf.* ci-dessous).

5. LA SÉRIE DE FOURIER

Euler considère des séries trigonométriques, dès les années 1730, et il effectue des développements en séries trigonométriques de fonctions périodiques dans son Mémoire de 1749 sur les inégalités de Saturne et de Jupiter. Peu après, Clairaut donne l'expression des « coefficients de Fourier » d'une fonction.

À la même époque, d'Alembert s'intéresse au problème des cordes vibrantes : une corde fixée à ses extrémités vibre selon l'équation

$$\frac{\partial^2 u}{\partial t^2} = c^2 \frac{\partial^2 u}{\partial x^2}$$

où $u(x,t)$ correspond au déplacement transversal, à l'instant t, du point d'abscisse x par rapport à sa position d'équilibre. Il s'agit de résoudre cette équation aux dérivées partielles et d'Alembert en donne des solutions particulières : il pensait que la forme de la corde ne pouvait être donnée que par une expression analytique simple. C'est en cherchant à obtenir toutes les solutions qu'Euler est amené à élargir le concept de fonction. En 1753, Daniel Bernoulli cherche et trouve les solutions sous forme de séries trigonométriques ; il estime résoudre ainsi le problème dans toute sa généralité, ce qui suppose que toute fonction puisse s'écrire comme somme d'une série trigonométrique.

Il faut attendre Fourier pour établir la théorie sur des bases sûres. L'essentiel de ses idées est contenu dans un mémoire présenté à l'Académie des Sciences de Paris en 1807, intitulé «Théorie de la propagation de la chaleur dans les solides», et Fourier le reprend dans son célèbre ouvrage de 1822, *Théorie analytique de la Chaleur* [5]. Là encore, il s'agit de résoudre une équation aux dérivées partielles et Fourier obtient l'expression des coefficients, tels que nous les connaissons aujourd'hui, dans la section VI du chapitre III : « développement d'une fonction arbitraire en séries trigonométriques ». Les séries de Fourier permettent de clore le débat entre Euler, d'Alembert et Bernoulli à propos de la généralité de la solution de Bernoulli au problème de d'Alembert ; ces séries sont d'ailleurs devenues un instrument indispensable dans la théorie des équations aux dérivées partielles avec conditions aux limites.

Intéressés, comme Fourier, à l'application des mathématiques à la physique, Poisson et Cauchy contribuent eux aussi à l'étude des séries de Fourier ; Lejeune-Dirichlet entame vers 1822-26 une étude rigoureuse de leur convergence vers la fonction.

Mais notons ici que ces coefficients peuvent être interprétés en termes de meilleure approximation en moyenne quadratique. Ainsi, pour des fonctions admettant la période 2π, c'est la forme quadratique suivante que l'on considérera :

$$f \to \int_0^{2\pi} f^2(x)dx.$$

Citons à ce propos un passage de la première leçon *Sur l'approximation des fonctions d'une variable réelle* de Charles de la Vallée-Poussin [17]. Cet extrait particulièrement clair se passe de commentaires.

Le texte de De la Vallée-Poussin

Extrait de *Leçons sur l'approximation des fonctions d'une variable réelle*, Gauthier-Villars, Paris, 1919, (pp. 10-11).

CHAPITRE I.

APPROXIMATION PAR LES SÉRIES DE FOURIER.

---

8. **Séries et constantes de Fourier. Propriété de minimum qui les définit.** — Soit $f(x)$ une fonction bornée et intégrable de période 2π. Considérons la suite trigonométrique finie d'ordre n

$$S_n = \frac{1}{2}a_0 + \sum_{k=1}^{n}(a_k \cos kx + b_k \sin kx).$$

Cette suite s'appelle la *somme de Fourier d'ordre n* relative à $f(x)$, si les coefficients a_k et b_k sont déterminés par la condition de minimer l'intégrale

$$\int_0^{2\pi} [f(x) - S_n]^2 \, dx.$$

Cette intégrale est une expression quadratique positive en a, b, admettant nécessairement un minimum. Pour le réaliser, il faut annuler les dérivées partielles en a et en b, c'est-à-dire poser

$$\int_0^{2\pi} [f(x) - S_n] \cos kx \, dx = 0, \qquad \int_0^{2\pi} [f(x) - S_n] \sin kx \, dx = 0$$

$$(k = 0, 1, 2, \ldots, n),$$

d'où, sans difficulté,

$$(1) \quad \begin{cases} a_k = \dfrac{1}{\pi} \displaystyle\int_0^{2\pi} f(x) \cos kx \, dx, \qquad b_k = \dfrac{1}{\pi} \displaystyle\int_0^{2\pi} f(x) \sin kx \, dx \\ (k = 0, 1, 2, \ldots, n). \end{cases}$$

Il est important de remarquer que, par suite de la périodicité, l'intervalle d'intégration peut être remplacé par tout autre de même amplitude 2π, sans changer la valeur de ces intégrales.

Les constantes a_k et b_k déterminées par les formules (1) sont les *constantes de Fourier* de $f(x)$. La série illimitée

$$\frac{1}{2} a_0 + \sum_1^{\infty} a_k \cos kx + b_k \sin kx,$$

considérée au point de vue purement formel, qu'elle soit convergente ou non, est la *série de Fourier de* $f(x)$. La somme S_n est celle des $n + 1$ premiers termes de cette série.

Notons simplement, à titre de transition, que l'interpolation d'une fonction $g(x)$ par un polynôme, lorsqu'on prend pour points d'interpolation les racines

$$x_j = \cos \frac{2j - 1}{2N} \pi$$

du polynôme de Tchebychev T_N, correspond à l'interpolation de la fonction périodique $f(t) = g(\cos t)$ par le polynôme trigonométrique

$$\sum_{0 \le k \le n-1} a_j \cos jt$$

avec des points équirépartis

$$t_j = \frac{2j-1}{2N}\pi.$$

6. LA TRANSFORMÉE DE FOURIER RAPIDE

La transformée de Fourier discrète joue un rôle important dans le traitement du signal. Or, l'évaluation numérique des N coefficients correspondants nécessite a priori N multiplications pour chacun d'eux, d'où N^2 multiplications au total, nombre qui croît rapidement avec l'entier N. Cooley et Tukey ont cependant décrit en 1965 [4] une méthode d'évaluation rapide nécessitant un nombre de multiplications de l'ordre de $N \log N$ seulement, à condition de choisir des valeurs particulières de N. Cette méthode et ses variantes sont appelées *transformées de Fourier rapide* ou algorithme FFT (*Fast Fourier Transform*).

Nous savons que Gauss s'est beaucoup occupé d'interpolation et d'approximation et qu'il s'est en particulier intéressé à l'interpolation trigonométrique [7]. Selon Goldstine [8], on trouverait même, dans ses manuscrits, non seulement une étude sur les séries de Fourier finies, mais aussi des traces de ce que nous appelons l'algorithme FFT ([7], p. 303).

Considérons donc l'interpolation d'une fonction f admettant la période 2π par des expressions trigonométriques, c'est-à-dire en fait par des expressions :

$$p(x) = \sum_{0 \le k \le N-1} A(k) e^{ikx}.$$

Supposons les n points d'interpolation x_k uniformément répartis dans l'intervalle $[0,2\pi]$, c'est-à-dire :

$$x_k = 2k\pi / N \text{ pour } k = 0,1,2,\ldots,N-1$$

et posons :

$$f(x_k) = f_k.$$

Les coïncidences :

$$p(x_k) = f_k \text{ pour } k = 0,1,\ldots,N-1$$

reviennent alors aux formules :

$$A(k) = \frac{1}{N} \sum_{j=0}^{N-1} f_j e^{-2i\pi jk/N} \text{pour } k = 0,1,\ldots,N-1.$$

Ces expressions de $A(k)$ peuvent être lues comme des approximations discrètes de la transformée de Fourier de f :

$$F(t) = \int_{-\infty}^{+\infty} f(x) e^{-2i\pi tx} \mathrm{d}x.$$

Posons pour simplifier : $\omega = e^{2i\pi/N}$,

on a alors : $e^{ix_k} = e^{2ik\pi/N} = \omega^k$

et
$$A(k) = \frac{1}{N} \sum_{j=0}^{N-1} f_j \omega^{-jk} \quad \text{pour } k = 0,1,\ldots,N-1.$$

Ce sont de telles formules qui apparaissent en théorie du signal et le principe de la méthode de Cooley et Tukey, et de ses variantes, repose sur la remarque suivante :

Les N^2 éléments du tableau des ω^{jk} pour $0 \leq j \leq N-1$ et $0 \leq k \leq N-1$ ne prennent que N valeurs distinctes, à savoir les N racines $N^{\text{ièmes}}$ de l'unité. Un regroupement adéquat de ces valeurs permet d'économiser un grand nombre d'opérations.

Dans l'extrait ci-après de l'article fondateur de Cooley et Tukey, il s'agit de la transformation inverse, c'est-à-dire du calcul des valeurs

$$p(x_j) = \sum_{0 \leq k \leq N-1} A(k)\, \omega^{jk}$$

à partir des valeurs des coefficients $A(k)$; mais bien sûr les calculs sont tout à fait analogues.

Le texte de Cooley et Tukey

Extrait de « An algorithm for the Machine Calculation of Complex Fourier Series », *Mathematics of computation*, t. XIX (1965), 297-301. Trad. J.-L. Chabert (pp. 297-298).

Considérons le problème du calcul des séries de Fourier complexes

(1) $$X(j) = \sum_{k=0}^{N-1} A(k).\omega^{jk}, \qquad j = 0,1,\ldots,N-1,$$

où les coefficients de Fourier donnés $A(k)$ sont complexes et ω est la racine principale $N^{\text{ième}}$ de l'unité,

(2) $$\omega = e^{2\pi i/N}.$$

Un calcul direct utilisant (1) nécessiterait N^2 opérations, où, tout au long de cette note, « opération » signifie une multiplication complexe suivie d'une addition complexe.

L'algorithme décrit ici est une itération sur le tableau des amplitudes de Fourier complexes données et fournit le résultat en moins de $2N \log_2 N$ opérations sans demander plus de mise en mémoire que ce qui est nécessaire pour le tableau donné A. Pour obtenir l'algorithme supposons que N soit composé, c.-à-d. $N = r_1 r_2$. Écrivons alors les indices de (1) sous la forme :

(3) $$j = j_1 r_1 + j_0,\ j_0 = 0,1,\ldots,r_1 - 1,\ j_1 = 0,1,\ldots,r_2 - 1,$$
$$k = k_1 r_1 + k_0,\ k_0 = 0,1,\ldots,r_2 - 1,\ k_1 = 0,1,\ldots,r_1 - 1.$$

Alors, on peut écrire

(4) $$X(j_1, j_0) = \sum_{k_0} \sum_{k_1} A(k_1, k_0).\omega^{jk_1k_2}\omega^{jk_0}$$

Comme

(5) $$\omega^{jk_1r_2} = \omega^{j_0k_1r_2}$$

la somme intérieure, sur k_1, ne dépend que de j_0 et k_0 et peut être définie comme un nouveau tableau,

(6) $$A_1(j_0, k_0) = \sum_{k_1} A(k_1, k_0).\omega^{j_0k_1r_2}.$$

Le résultat peut alors s'écrire :

(7) $$X(j_1, j_0) = \sum_{k_0} A_1(j_0, k_0).\omega^{(j_1r_1 + j_0)k_0}.$$

Il y a N éléments dans le tableau A_1, chacun demandant r_1 opérations, conduisant à un total de Nr_1 opérations pour obtenir A_1. De façon analogue, il faut Nr_2 opérations pour calculer X à partir de A_1. Par conséquent, cet algorithme en deux étapes, données par (6) et (7), nécessite un total de

(8) $$T = N(r_1 + r_2)$$

opérations.

Il est facile de voir comment des applications successives de la procédure ci-dessus, commençant avec l'utilisation de (6), donnent un algorithme en m étapes, nécessitant

(9) $$T = N(r_1 + r_2 + \ldots + r_m)$$

opérations, où

(10) $$N = r_1.r_2 \ldots r_m.$$

Si $r_j = s_j t_j$ où $s_j, t_j > 1$, alors $s_j + t_j < r_j$, à moins que $s_j = t_j = 2$, auquel cas $s_j + t_j = r_j$. Donc, en général l'utilisation d'autant de facteurs que possible conduit à un minimum de (9), mais les facteurs 2 peuvent être regroupés par 2 sans rien perdre. Si nous sommes capables de choisir N de façon hautement composée, nous pouvons obtenir de vrais gains. Si tous les r_j sont égaux à r, alors, de (10) on déduit :

(11) $$m = \log_r N$$

et le nombre total d'opérations est

(12) $$T(r) = rN \log_r N.$$

Comme le montrent Cooley et Tukey dans la suite de leur article, la considération d'entiers N de la forme 2^m offre de grands avantages avec l'utilisation des ordinateurs à l'arithmétique binaire. Enfin, un autre avantage de cet algorithme FFT est qu'il diminue la taille des erreurs par accumulation.

BIBLIOGRAPHIE

[1] S. Bernstein, Sur l'ordre de la meilleure approximation des fonctions continues par des polynômes de degré donné, *Mémoires de l'Académie Royale de Belgique*, 2ème série, t. IV (1912).

[2] P. L. Butzer, M. Schmidt et E. L. Stark, Observations on the History of Central B-Splines, *Archives for History of exact Sciences*, vol 39 (1988), pp. 137-156.

[3] L.-A. Cauchy, *Résumé des Leçons données à l'École Polytechnique sur le Calcul infinitésimal*, 1823. *Œuvres*, série 2, t. IV.

[4] J. W. Cooley et J. W. Tukey, An algorithm for the Machine Calculation of Complex Fourier Series, *Mathematics of computation*, t. XIX (1965), pp. 297-301.

[5] J.-B. Fourier, *Théorie analytique de la Chaleur*, Paris, 1822. *Œuvres*, t. I, Gauthier-Villars. Rééd. Gabay, Paris, 1888.

[6] M. Frechet, *Encyclopédie des Sciences Mathématiques*, tome II.

[7] C.-F. Gauss, Theoria interpolationis methodo novo tractata, *Nachlass, Werke*, t. III, pp. 265-327, Göttingen, 1866.

[8] H. H. Goldstine, *A history of numerical analysis from the 16th through the 19th century*, Springer, New York, 1977.

[9] Ch. Hermite, Sur l'interpolation, *Comptes Rendus de l'Académie des Sciences*, t. 48 (1859), p. 62. *Œuvres*, t. II, pp. 87-92, Gauthier-Villars, Paris, 1908.

[10] J.-L. Lagrange, *Théorie des fonctions analytiques*, 1797 ; 2ème éd. 1813. *Œuvres*, t. IX, Gauthier-Villars, Paris, 1881.

[11] J.-L. Lagrange, *Leçons sur le calcul des fonctions*, professées à l'École Polytechnique en l'an VII (1799) ; parues dans les *Séances des Écoles Normales*, tome X, an IX (1801) ; publiées en un volume chez Courcier, Paris, 1806. *Œuvres*, t. X, Gauthier-Villars, Paris, 1884.

[12] Ch. Meray, Observations sur la légitimité de l'interpolation, *Annales Scientifiques de l'École Normale Supérieure*, 3e série, t. 1 (1884), pp. 165-176.

[13] Ch. Meray, Nouveaux exemples d'interpolations illusoires, *Bulletin des Sciences mathématiques*, 2e série, t. 20 (1896), pp. 266-270.

[14] C. Runge, Über empirische Funktionen und die Interpolation zwischen äquidistanten Ordinaten, *Zeitschrift für Mathematik und Physik*, t. 46 (1901), pp. 224-243.

[15] I. J. Schoenberg, Contributions to the problem of approximation of equidistant data by analytic functions, *Quarterly of applied Mathematics*, t. IV (1946), pp. 45-99 et 112-141.

[16] I. J. Schoenberg, Cardinal Spline Interpolation, CBMS 12, SIAM, Philadelphie, 1973.

[17] B. Taylor, *Methodus incrementorum directa et inversa*, London, 1715.

[18] P. L. Tchebychev, Théorie des mécanismes connus sous le nom de parallélogrammes, *Mémoires présentés à l'Académie Impériale des sciences de St-Petersbourg par divers savants*, t. VII (1854), pp. 539-568. *Œuvres*, t. I, pp. 109-143, Chelsea Publishing Company, New York.

[19] P. L. Tchebychev, Sur les fractions continues, *Journal de Mathématiques pures et appliquées*, 2ème série, t. III (1858), pp. 289-323. *Œuvres*, t. I, pp. 201-230, Chelsea Publishing Company, New York.

[20] P.L. Tchebychev, Sur les questions de minima qui se rattachent à la représentation approximative des fonctions, *Mémoires de l'Académie Impériale des sciences de St-Petersbourg*, 6ème série, Sciences mathématiques et physiques, t. VII (1859), pp. 199-291. *Œuvres*, t. I, pp. 271-378, Chelsea Publishing Company, New York.

[21] P. L. Tchebychev, Sur les quadratures, *Journal de mathématiques pures et appliquées*, 2ème série, t. XIX (1874), p. 19-34. *Œuvres*, t. II, pp. 165-180, Chelsea Publishing Company, New York.

[22] H. W. Turnbull, *The Correspondence of Isaac Newton*, Cambridge University Press, 1959.

[23] Ch. de la Vallée-Poussin, *Leçons sur l'approximation des fonctions d'une variable réelle*, Gauthier-Villars, Paris, 1919.

[24] K. Weierstrass, Über die analytische Darstellbarkeit sogenannter willkürlicher Functionen reeller Argumente, *Sitzungsberichte der Königl. Preuss. Akad. Wissenschaften Berlin* (1885), pp. 633-639. *Mathematische Werke*, t. III, Mayer & Müller, Berlin, 1903, pp. 1-37.

Chapitre 14

Accélération de convergence

Si la première utilisation du terme de convergence est attribuée à Gregory, en 1668, le concept tel qu'il est défini dans nos manuels d'aujourd'hui n'a été précisé qu'au cours du XIXe siècle. Dès la naissance du calcul infinitésimal, l'usage des séries divergentes fut l'objet de nombreuses controverses. Bannies au début du XIXe siècle, elles furent réhabilitées à la fin du même siècle, grâce au concept de sommabilité. Poincaré a joué un rôle fondamental dans cette théorisation. Il explique, dans *Les méthodes nouvelles de la Mécanique céleste*, les divers sens du mot convergence : « *Il y a entre les géomètres et les astronomes une sorte de malentendu au sujet de la signification du mot convergence. Les géomètres, préoccupés de la parfaite rigueur et souvent trop indifférents à la longueur de calculs inextricables dont ils conçoivent la possibilité, sans songer à les entreprendre effectivement, disent qu'une série est convergente quand la somme des termes tend vers une limite déterminée, quand même les premiers termes diminueraient très lentement. Les astronomes, au contraire, ont coutume de dire qu'une série converge quand les vingt premiers termes, par exemple, diminuent très rapidement, quand même les termes suivants devraient croître indéfiniment.* »

L'histoire de ces notions sort du cadre de notre ouvrage ; on peut, par exemple, se référer à Kline ([10], ch. 47). Nous voulons seulement souligner ici qu'il est important pour les mathématiciens et utilisateurs de mathématiques de considérer précisément le comportement des termes d'une série. Le fait qu'une sommation soit convergente n'est ni une condition nécessaire ni une condition suffisante pour qu'elle présente de l'intérêt, il vaut mieux que le procédé soit rapide et facile à mettre en œuvre.

D'un point de vue théorique, toutes les méthodes que nous présentons utilisent, avec les outils propres à leur époque, ce que nous appelons un développement asymptotique, que ce soit un développement du terme général, du reste d'ordre n de la série, ou de l'écart avec une quantité connue. Ceci permet d'évaluer les quantités négligées lorsque l'on garde seulement un nombre fini de termes, ou, par des manipulations astucieuses, de diminuer l'ordre de grandeur de ces quantités.

Stirling (*cf.* § 1) et Kummer évaluent ainsi les restes d'ordre n des séries étudiées. Euler et Maclaurin établissent en même temps et de façon indépendante une formule qui exprime, sous forme de série infinie, l'écart entre une intégrale et une somme finie de termes. Euler en déduit la valeur approchée de nombreuses sommes de séries numériques, et de limites de suites, comme la célèbre constante d'Euler (*cf.* § 3), alors que Maclaurin emploie sa formule pour des quadratures approchées (*cf.* § 2). De plus, en se débarrassant par combinaison linéaire de la partie principale de l'écart, il invente un procédé qui sera théorisé au XXe siècle par Richardson (*cf.* § 5), puis Romberg (*cf.* § 6). Nous présentons aussi la méthode d'Aitken, inspirée des suites équivalentes aux suites géométriques (*cf.* § 4).

1. LA MÉTHODE DE STIRLING POUR LES SÉRIES

Nous avons déjà traduit dans le Chapitre 11, relatif aux quadratures, un extrait du *Traité sur la Sommation et l'Interpolation des Séries Infinies*. Stirling annonce clairement ses objectifs dans la Préface : « *Comme il arrive très souvent que les séries convergent si lentement vers la vérité, qu'elles ne conduisent pas plus au but proposé que si elles étaient en réalité divergentes, j'ai montré quelques théorèmes dans la première partie de ce traité, par lesquels on accède rapidement aux valeurs de ces séries qui, de toutes, s'approchent le plus lentement* [de leur valeur] ». L'auteur précise encore dans l'introduction de la première partie de l'ouvrage, *De la Sommation des Séries* : « *Dans cette première partie j'ai entrepris d'abréger les calculs dans la Quadrature des Courbes, et aussi dans les problèmes les plus difficiles, et j'arrive ainsi aux valeurs des Séries Infinies plus vite que par la simple addition des termes, comme on fait généralement.* »

Le principe de la méthode est la décomposition du terme général de la série étudiée en une somme de termes de séries dont la sommation est facile, c'est-à-dire dont le terme de rang z est de la forme $z(z-1)(z-2)...(z-p)$, ou bien

$$\frac{p}{z(z+1)(z+2)(z+3)(z+4)\ldots(z+k)}.$$

Dans la proposition I ci-après sont étudiées les sommes partielles des séries du premier type, et dans la proposition II, la somme des séries du deuxième type. Dans les deux cas, le etc. correspond à un nombre fini, non précisé, de termes. Nous verrons sur un exemple que lorsque la série à étudier ne peut pas s'écrire de cette façon, c'est-à-dire comme somme finie de séries, Stirling néglige les éléments de la décomposition à partir d'un certain stade, suivant la précision qu'il désire obtenir. C'est ici que nous observons la mise en œuvre du processus d'accélération de convergence.

Dans le texte ci-après, z désigne un entier naturel, et T le terme général de rang z de la série. Quant à la lettre S, elle représente dans la Proposition I la somme des z premiers termes (la *somme partielle* de rang z), alors que, dans la Proposition II, il s'agit de la somme des termes du rang z à l'infini (*reste de rang* $z-1$).

Le texte de Stirling

Extrait du *Methodus Differentialis sive Tractatus de Summatione et Interpolatione Serierum Infinitarum*,
Londres, 1730, pp. 20-21, 23-24, 28-29. Trad. A. Michel-Pajus.

PROPOSITION I

Si les termes d'une série quelconque sont formés en écrivant les nombres 1, 2, 3, 4, 5, etc. à la place de z, dans la quantité $A+Bz+Cz(z-1)+Dz(z-1)(z-2)+Ez(z-1)(z-2)(z-3)+$ etc. alors la Somme des Termes depuis le premier jusqu'à celui dont le nombre est z sera

$$Az+(z+1)\left(\frac{1}{2}Bz+\frac{1}{3}Cz(z-1)+\frac{1}{4}Dz(z-1)(z-2)+\text{etc.}\right)$$

La proposition se démontre ainsi. Forme la somme $S=Az+(z+1)$ par $\left(\frac{1}{2}Bz+\frac{1}{3}Cz(z-1)+\frac{1}{4}Dz(z-1)(z-2)+\text{etc.}\right)$, soit

$$S=Az+\frac{1}{2}B(z+1)z+\frac{1}{3}C(z+1)z(z-1)+\frac{1}{4}D(z+1)z(z-1)(z-2)+\text{etc.}$$

Ensuite écris les valeurs suivantes des variables à la place des présentes ; c'est-à-dire $S-T$ à la place de S, et $z-1$ à la place de z ; et tu obtiendras

$$S-T=A(z-1)+\frac{1}{2}Bz(z-1)+\frac{1}{3}Cz(z-1)(z-2)$$
$$+\frac{1}{4}Dz(z-1)(z-2)(z-3)+\text{etc.}$$

Retranche alors cette équation de la précédente, et il restera

$$T = A + Bz + Cz(z-1) + Dz(z-1)(z-2) + \text{etc.}$$

D'où, si à l'inverse on donne cette valeur aux termes comme c'est le cas dans la Proposition, la somme sera ce qui a été donné. De plus cette somme est nulle quand z est nul : ainsi est établi le théorème qu'il fallait démontrer.

[...]

EXEMPLE V

Si l'on donne les cubes 1, 8, 27, 64, 125, 216, etc., que désigne z^3, et si l'on réduit z^3 à la forme voulue $z + 3z(z-1) + z(z-1)(z-2)$; on aura $A = 0$, $B = 1$, $C = 3$, $D = 1$, et les autres sont nuls; et à cause de cela, la somme est $(z+1)$ par $\frac{1}{2}z + z(z-1) + \frac{1}{4}z(z-1)(z-2)$ qui, condensée, donne $\frac{z^2}{4}(z+1)^2$

[...]

PROPOSITION II

Si les termes d'une série quelconque sont formés en écrivant des nombres quelconques différant de l'unité en quantité

$$\frac{A}{z(z+1)} + \frac{B}{z(z+1)(z+2)} + \frac{C}{z(z+1)(z+2)(z+3)} + \frac{D}{z(z+1)(z+2)(z+3)(z+4)} + \text{etc.}$$

la Somme de tous les termes jusqu'à l'infini, commençant à n'importe quel terme donné (de rang z) sera

$$\frac{A}{z} + \frac{B}{2z(z+1)} + \frac{C}{3z(z+1)(z+2)} + \frac{D}{4z(z+1)(z+2)(z+3)} + \text{etc.}$$

Pose la Somme

$$S = \frac{A}{z} + \frac{B}{2z(z+1)} + \frac{C}{3z(z+1)(z+2)} + \frac{D}{4z(z+1)(z+2)(z+3)} + \text{etc.}$$

Écris alors les valeurs prises par S et z, les suivantes à la place des précédentes, c'est-à-dire $S - T$ à la place de S et $z + 1$ à la place de z, puisqu'il s'agit maintenant d'un nombre de termes infini : et il vient

$$S - T = \frac{A}{z+1} + \frac{B}{2(z+1)(z+2)} + \frac{C}{3(z+1)(z+2)(z+3)} + \frac{D}{4(z+1)(z+2)(z+3)(z+4)} + \text{etc.}$$

Après soustraction de cette équation de celle au-dessus, il reste

$$T = \frac{A}{z(z+1)} + \frac{B}{z(z+1)(z+2)} + \frac{C}{z(z+1)(z+2)(z+3)} + \frac{D}{z(z+1)(z+2)(z+3)(z+4)} + \text{etc.}$$

D'où inversement si ceci est le Terme général, la Somme sera ce qui est énoncé dans la Proposition.

COROLLAIRE

Si le Terme est $\frac{p}{z(z+1)(z+2)(z+3)(z+4)\text{etc.}}$, rejette le dernier facteur, puis divise le reste par le nombre de facteurs qui restent, et tu auras la Somme des Termes. (...) Si le Terme est A/z, rejette le facteur z, et puisqu'il ne reste rien, divise A par zéro, et tu auras pour somme une Quantité infiniment grande, ce qui est connu. Et de cela le premier, que je sache, à l'avoir étudié est le Dr Taylor.

[...]

EXEMPLE VI

Soit à sommer la Série $1+\frac{1}{4}+\frac{1}{9}+\frac{1}{16}+\frac{1}{25}+\frac{1}{36}+\text{etc.}$ où les Dénominateurs sont les Carrés des nombres 1, 2, 3, 4, etc. et le Terme général est $1/zz$: celui-ci, réduit à la forme sommable, devient :

$$\frac{1}{z(z+1)}+\frac{1}{z(z+1)(z+2)}+\frac{1.2}{z(z+1)(z+2)(z+3)}$$
$$+\frac{1.2.3}{z(z+1)(z+2)(z+3)(z+4)}+\text{etc.}$$

d'où la Somme

$$\frac{1}{z}+\frac{1}{2z(z+1)}+\frac{1.2}{3z(z+1)(z+2)}+\frac{1.2.3}{4z(z+1)(z+2)(z+3)}+\text{etc.}$$

En posant

$$A=\frac{1}{z}, B=\frac{A}{z+1}, C=\frac{2B}{z+2}, D=\frac{3C}{z+3}, E=\frac{4D}{z+4}, \text{etc.}$$

il vient

$$A+\frac{1}{2}B+\frac{1}{3}C+\frac{1}{4}D+\text{etc.}$$

Maintenant, si à z on substitue sa valeur 13, on aura la Somme de tous les Termes qui doivent être sommés après le douzième; et dans ce cas on aura $A=\frac{1}{13}, B=\frac{1}{14}, C=\frac{2}{15}, D=\frac{3}{16}, E=\frac{4}{17}$, etc. (...) Et on aura le calcul ainsi

$A=$	.076923077	.076923077
$B=$	5494505	2747252
$C=$	732601	244200
$D=$	137363	34341
$E=$	32321	6464
$F=$	8978	1496
$G=$	2835	405
$H=$	992	124
$I=$	378	42
$K=$	155	16
$L=$	67	6
$M=$	31	3
$N=$	15	1
		.079957427

D'où il vient .079957427 pour la somme des termes 1/169 + 1/196 + 1/225 + etc., qui, ajoutée aux douze premiers, soit 1.564976638, fait 1.644934065 pour la valeur de toute la série.

Dans la Proposition I, notons $S(z) = \sum_{k=1}^{z} T(k)$. On a alors évidemment $S(z) - S(z-1) = T(z)$ pour tout z entier naturel ≥ 1 et $S(0) = T(0)$. Réciproquement, ces égalités caractérisent bien la somme de rang z de la série.

Stirling se contente donc de vérifier ces égalités, en utilisant l'égalité

$$[(z+1)z(z-1)\ldots(z-k+2)] - [z(z-1)\ldots(z-k+1)]$$
$$= kz(z-1)\ldots(z-k+2).$$

Il en déduit aisément la somme des puissances des entiers.

Dans la Proposition II, notons $S(z) = \sum_{k=z}^{\infty} T(k)$.

On obtient alors $S(z) - S(z+1) = T(z)$. Ici encore, Stirling se contente de vérifier cette relation. Elle caractérise effectivement S si l'on admet que la série est convergente, et donc que $S(z)$ tend vers 0 quand z tend vers l'infini. L'égalité utilisée ici est :

$$\frac{1}{z(z+1)\ldots(z+k-1)} - \frac{1}{(z+1)\ldots(z+k)} = \frac{k}{z(z+1)\ldots(z+k)}.$$

Le principe de la démonstration, où le terme général de la série apparaît comme la première différence finie de la fonction somme, est à relier aux travaux de Newton et de l'École Anglaise, auxquels Stirling se réfère toujours dans ses préfaces (*cf.* chap. 10). Signalons qu'il a publié un autre procédé de sommation accélérée des séries en 1719 [20].

Dans le deuxième exemple, l'exemple VI de Stirling, les coefficients du développement de $\frac{1}{z^2}$ s'obtiennent par récurrence en utilisant les relations :

$$\frac{1}{z.z} = \frac{1}{z(z+1)} + \frac{1}{z(z+1)z},$$

$$\ldots,$$

$$\frac{1}{z(z+1)\ldots(z+k)z} = \frac{1}{z(z+1)\ldots(z+k+1)} + \frac{k+1}{z(z+1)\ldots(z+k+1)z}.$$

Rappelons que la somme de la série est égale à $\pi^2/6 \approx 1.644934067$ et que le reste d'ordre n est en $1/n$. Le calcul par sommation des termes successifs demanderait l'utilisation d'un demi-milliard de termes au moins.

2. LA FORMULE D'EULER-MACLAURIN POUR LES INTÉGRALES

En 1734, l'évêque George Berkeley publie un ouvrage dans lequel il critique l'absence, selon lui, de fondements rigoureux aux travaux de Newton. Cet ouvrage s'intitule : *L'Analyste, Ou Un Discours à l'adresse d'un Mathématicien Infidèle. Dans lequel il est examiné si les Objets, Principes et Inférences de l'Analyse moderne se conçoivent plus distinctement, ou se déduisent plus visiblement, que les Mystères et les Points de Foi Religieux. « Ôte d'abord la poutre de ton Œil; tu verras alors mieux comment ôter la paille de l'Œil de ton frère. »*

C'est en réponse à ces attaques que Colin Maclaurin écrit en 1737 un *Traité des fluxions*, publié en 1742.

Les théorèmes qui nous intéressent ici sont énoncés dans le Livre I (art. 352 et 353) et démontrés dans le Livre II. Les preuves reflètent les méthodes et le vocabulaire de l'époque. Comme Newton, Maclaurin s'impose un cadre géométrique et cherche l'aire comprise entre la courbe, l'axe des abscisses et deux parallèles à l'axe des ordonnées. Rappelons que la « fluxion » correspond à la dérivée de la fonction de départ, appelée alors la « fluente ».

La tradition de l'école anglaise, depuis Wallis, utilise très souvent les séries infinies. Ainsi, dans l'article 745, Maclaurin conseille : « *Quand une fluente ne saurait être représentée exactement en termes algébriques, on doit alors l'exprimer par une série convergente* ». Suit alors un exemple d'intégration terme à terme de la fluxion.

Mais, à l'article 827, il ajoute : « *Quand une aire ou une fluente se trouve réduite à une série, selon les méthodes décrites art. 745, ces séries, dans quelques cas, convergent suivant un taux trop lent pour être de quelque usage dans la recherche de l'aire.* » Maclaurin donne alors l'exemple de l'hyperbole équilatère où $y = 1/(1 + x)$ et ajoute : « *mais cette série converge si lentement que la somme des 1 000 premiers termes n'approche la vraie valeur de l'aire que jusqu'à la cinquième décimale. L'on pourrait rapporter d'autres exemples et faire voir qu'on pourrait calculer l'aire plus aisément par des polygones inscrits que par les séries. Il était donc nécessaire d'avoir recours à quelqu'autres artifices (...). Les théorèmes suivants, qui se tirent de la méthode des fluxions, pourront servir à cet usage, et l'on pourra les employer aussi à résoudre plusieurs problèmes qu'il est d'usage de rapporter à ce que l'on appelle communément la Méthode différentielle de M. Newton.* »

En termes actuels, ces théorèmes permettent de comparer l'aire sous la courbe, mesurée par l'intégrale définie $\int_a^b y(t)\mathrm{d}t$, et l'aire obtenue par la méthode « des trapèzes », mesurée par la somme finie

$$h\left(\frac{y(a)+y(b)}{2}+\sum_{k=1}^{n-1} y(a+kh)\right)$$

Ce que nous écrivons :

$$\int_a^b y(t)\mathrm{d}t = h\left(\frac{y(a)+y(b)}{2}+\sum_{k=1}^{n-1} y(a+kh)\right)$$
$$-\sum_{j=1}^{\text{etc}} h^{2j}\frac{B_{2j}}{2j!}\left[y^{(2j-1)}(b)-y^{(2j-1)}(a)\right]$$

La différence est la somme d'une série, pas forcément convergente d'ailleurs, dans laquelle les B_{2j} sont les nombres de Bernoulli (identifiés comme tels plus tard par Euler). Remarquons que l'indexation et le signe des nombres de Bernoulli varient selon les auteurs.

Après de nombreux exemples d'applications à des sommations diverses, Maclaurin utilise ses théorèmes pour retrouver les formules de quadrature de Newton-Cotes, par un procédé que nous retrouverons sous le nom de « méthode de Romberg » (*cf.* § 6). De plus, il obtient ainsi une évaluation de l'approximation pour les formules de Newton-Cotes.

Un peu plus tôt, en 1732, sur le continent, et de façon totalement indépendante, Euler obtenait les mêmes formules (publiées en 1738). Nous y reviendrons à propos de la « constante d'Euler » (*cf.* § 3).

Le texte de Maclaurin

Extrait de *A Treatise of fluxions*, Edinburgh, 1742. Traduction R. P. Pezenas, *Traité des Fluxions*, Paris, 1749, tome 2, pp. 244-246, 258-260.

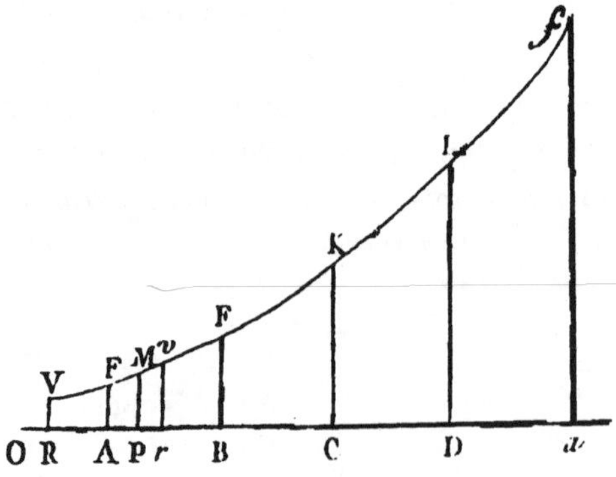

828. Soit la base AP = z, l'ordonnée PM = y, et la base étant supposée fluer uniformément, soit $\dot{z} = 1$. Que la première ordonnée AF soit représentée par a, AB = 1, et l'aire ABEF = A. Comme A est l'aire produite par l'ordonnée y, soient aussi B, C, D, E, *etc* les aires sur la même base AB, produites par les ordonnées respectives $\dot{y}, \ddot{y}, \dddot{y}$. On aura $AF = a = A - \frac{B}{2} + \frac{C}{12} - \frac{E}{720} + \frac{G}{30240}$ – etc. Car, par l'article 752, $A = a + \frac{\dot{a}}{2} + \frac{\ddot{a}}{6} + \frac{\dddot{a}}{24} + \frac{\ddddot{a}}{120}$ + etc. d'où suit l'équation (Q) :

$$a = A - \frac{\dot{a}}{2} - \frac{\ddot{a}}{6} - \frac{\dddot{a}}{24} - \frac{\ddddot{a}}{120} - \text{etc. De même,}$$

$$\dot{a} = B - \frac{\ddot{a}}{2} - \frac{\dddot{a}}{6} - \frac{\ddddot{a}}{2} - \text{etc.}\quad \ddot{a} = C - \frac{\dddot{a}}{2} - \frac{\ddddot{a}}{6} - \text{etc.}\quad \dddot{a} = D - \frac{\ddddot{a}}{2} - \text{etc.}\quad \ddddot{a} = E - \text{etc.}$$

Si, par le moyen de ces dernières équations, on chasse $\dot{a}, \ddot{a}, \dddot{a}, \ddddot{a}$, etc., de la valeur de a dans l'équation (Q), on trouvera $a = A - \frac{B}{2} + \frac{C}{12} - \frac{E}{720}$ etc. On continuera les coefficients de la manière suivante : que k, l, m, n, etc. marquent les coefficients respectifs de $\dot{a}, \ddot{a}, \dddot{a}$, etc. dans l'équation (Q) ; c'est-à-dire, soit $k = 1/2$, $l = 1/6$, $m = 1/24$, $n = 1/120$, etc. Supposons $K = k = 1/2$, $L = kK - l = 1/12$, $M = kL - lK + m = 0$, $N = kM - lL + mK - n = -1/720$, et ainsi de suite ; on aura $a = A - KB + LC - MD + NE$ – etc. où les coefficients des aires alternatives D, F, H, etc. disparaissent.

829. Comme A est la fluente de $y\dot{z}$, ainsi B est celle de $\dot{y}\dot{z}$, C de $\ddot{y}\dot{z}$, E de $\ddddot{y}\dot{z}$, etc. ; donc puisque $\dot{z} = 1$ et que ces aires sont produites pendant que l'ordonnée PM se meut de AF à BE, l'aire B s'exprimera par l'excès de la dernière ordonnée BE sur la première AF ; C, par la différence des fluxions des ordonnées, (ayant égard aux signes de ces Fluxions), E par la différence de leurs troisièmes fluxions, et les autres aires G, I, etc. par les différences respectives des fluxions d'ordres correspondants plus élevés. Donc, si α représente BE – AF différence des ordonnées, et β, δ, ζ, etc., les différences de leurs Fluxions des ordres premier, troisième, cinquième, etc., alors

$$a = A - \frac{\alpha}{2} + \frac{\beta}{12} - \frac{\delta}{720} + \frac{\zeta}{30240} + \text{etc.}$$

830. Supposant maintenant la base Aa divisée, en parties successives égales AB, BC, CK, etc et chaque partie égale à l'unité, soit la somme des ordonnées équidistantes AF, BE, CK, etc. excepté la dernière af, représentée par S, l'aire totale AFfa sur la base Aa, par A, l'excès de af sur AF, par α, les excès respectifs de leur première, troisième, cinquième, Fluxions, etc. par β, δ, ζ, etc, la Fluxion de la base étant supposée = 1, il suit du dernier article, que

$$S = A - \frac{\alpha}{2} + \frac{\beta}{12} - \frac{\delta}{720} + \frac{\zeta}{30240} + \text{etc. et } A = S + \frac{\alpha}{2} - \frac{\beta}{12} + \frac{\delta}{720} - \frac{\zeta}{30240} + \text{etc. ce}$$

qui donne deux des Théorèmes dont on a parlé dans les articles 352 et 353. où nous avions principalement en vue les figures hyperboliques. Cette proposition exprimée plus généralement, sans supposer z ou $\dot{z} = 1$, est que

$$S = \frac{A}{z} - \frac{\alpha}{2} + \frac{\beta z}{12\dot{z}} - \frac{\delta z^3}{720\dot{z}^3} + \frac{\zeta z^5}{30240\dot{z}^5} - \frac{\theta z^7}{1209600\dot{z}^7} + \text{etc.}$$

(...)

848. La base A*a* étant divisée en un nombre de parties égales, représenté par *n*, soit l'aire AF*fa* = *Q*, la somme des ordonnées extrêmes AF + *af* = *A*, la somme de toutes les ordonnées moyennes BE + CK + etc = *B*, la base A*a* = *R*, et que β, δ, ζ, etc. représentent les mêmes quantités que ci-devant; l'aire

$$\mathrm{AF}fa = Q = \left(\frac{A}{2n+2} + \frac{nB}{n^2-1}\right)\times R - \frac{\delta R^4}{720n^2} + \frac{\zeta R^6}{30240}\times\frac{n^2+1}{n^4} - \text{etc.}$$

Car supposant, dans l'art. 830.

$z = R/n$, $S + \frac{af - \mathrm{AF}}{2} = B + \frac{A}{2} = \frac{nQ}{R} + \frac{R\beta}{12n} - \frac{\delta R^3}{720n^3} + \frac{\zeta R^5}{30240n^5}$ – etc. et supposant $z = R$, dans le même théorème, $\frac{af + \mathrm{AF}}{2} = \frac{A}{2} = \frac{Q}{R} + \frac{R\beta}{12} - \frac{\delta R^3}{720} + \frac{\zeta R^5}{30240}$ – etc. si nous chassons β, par ces deux équations, la proposition sera évidente. Si l'on néglige δ, ζ, θ, etc. $\mathrm{AF}fa = \frac{AR}{2n+2} + \frac{nBR}{nn-1}$. Supposant $n = 2$, ou qu'il y a seulement trois ordonnées (auquel cas, *B* marque celle du milieu) l'aire

$\mathrm{AF}fa = \frac{A+4B}{6}R - \frac{\delta R^4}{4.720} + \frac{5\zeta R^6}{16.30240}$ – etc. Si l'on suppose $n = 3$, ou qu'il n'y a que quatre ordonnées, *B* représentera la somme de la seconde et de la troisième, et l'aire $\mathrm{AF}fa = \frac{A+3B}{8}R - \frac{\delta R^4}{9.720} + \frac{\zeta R^6}{81.3024}$ – etc. En négligeant δ, ζ, θ, etc on aura deux des Théorèmes donnés par Newton, et par d'autres, pour calculer l'aire, par les ordonnées équidistantes, dont le dernier est fort recommandé par M. Cotes.

849. En chassant δ, ζ, θ, etc. successivement, on trouvera d'autres Théorèmes, par lesquels on déterminera toujours plus exactement l'aire, par les ordonnées. Qu'il y ait cinq ordonnées, *A* la somme de la première, et de la dernière, *B* celle de la seconde et de la quatrième, et *C* l'ordonnée du milieu;

l'aire $\mathrm{AF}fa = \frac{7A + 32B + 12C}{90}R - \frac{31\zeta R^6}{6.16.16.30240}$ + etc. Car, par la règle pour les trois ordonnées, $\frac{Q}{R} = \frac{A+4C}{6} - \frac{\delta R^3}{4.720} + \frac{5\zeta R^5}{16.30240}$. En divisant la base en deux parties égales, et calculant, par la même règle l'aire qui se trouve de chaque côté, et ajoutant ensemble ces aires,

$\frac{2Q}{R} = \frac{A + 4B + 2C}{6} - \frac{\delta R^3}{32.720} + \frac{5\zeta R^5}{2.16.16.30240}$ – etc. et, en chassant δ, par ces deux équations, on aura la proposition. On peut continuer ces Théorèmes, de la même manière, et juger de l'exactitude des différentes règles, en comparant les quantités qu'on y a négligées.

Le début de la démonstration est fondé sur ce que nous appelons précisément la formule de Maclaurin, cas particulier de la formule de Taylor (*cf.* chap. 13, § 1), démontrée à l'article 752.

Si nous supposons que pour $t = 0$, le point courant est en F, soit $z(0) = 0$, la condition $\dot{z} = 1$ donne $z = t$, et l'abscisse de B et E : $z(1) = 1$.

Les premières équations s'obtiennent en appliquant la formule de Maclaurin successivement aux fonctions

$$x \mapsto \int_0^x y(t)\mathrm{d}t,\ x \mapsto \int_0^x y'(t)\mathrm{d}t,\ x \mapsto \int_0^x y''(t)\mathrm{d}t, \text{etc.},$$

entre 0 et 1, et en notant $a = y(0)$, $\dot{a} = y'(0)$, $\ddot{a} = y''(0)$, etc.

$$A = \int_0^1 y(t)\mathrm{d}t,\ B = \int_0^1 y'(t)\mathrm{d}t,\ C = \int_0^1 y''(t)\mathrm{d}t, \text{ etc.}$$

La deuxième étape consiste à «chasser» $a, \dot{a}, \ddot{a}, \dddot{a}$, etc. pour obtenir des relations de récurrence entre K, L, M, N, etc. (inconnus), et k, l, m, n, etc. (connus), puisque Maclaurin cherche a sous la forme $a = A - KB + LC - MD + NE$. Il s'agit d'une identification purement formelle, sur un tableau infini :

$$\begin{array}{llll}
a = A - k\dot{a} - l\ddot{a} - m\dddot{a} - n\ddddot{a} - \text{etc.} & \text{à multiplier par } 1 & & \\
\dot{a} = B - k\ddot{a} - l\dddot{a} - m\ddddot{a} - \text{etc.} & & \times & (-K) \\
\ddot{a} = C - k\dddot{a} - l\ddddot{a} - \text{etc.} & & \times & (\ L) \\
\dddot{a} = D - k\ddddot{a} - \text{etc.} & & \times & (-M) \\
\ddddot{a} = E - \text{etc.} & & \times & (\ N)
\end{array}$$

Par exemple pour «chasser» $\dddot{a}$, on écrit que le coefficient de $\dddot{a}$, qui est donc celui de D, ici $-M$, dans la quatrième équation, est égal à la somme des coefficients de $\dddot{a}$, compte tenu des multiplicateurs, dans les trois premières équations. Soit, en remontant : $-kL + lK - m$.

Ces relations de récurrence permettent d'obtenir K, L, M, etc. de proche en proche.

Le paragraphe 829 se traduit simplement par

$$A = \int_0^1 y(t)\mathrm{d}t,\ B = \int_0^1 y'(t)\mathrm{d}t = y(1) - y(0) = \alpha, \text{ etc.}$$

Dans le paragraphe 830, il suffit de sommer les égalités précédentes pour chacun des intervalles obtenus par subdivision ; les valeurs prises par y, y', y'' aux points intermédiaires s'éliminent deux par deux pour ne laisser subsister que les valeurs des extrémités.

Si S est interprétée comme l'aire obtenue par la méthode des rectangles, $z(S + \alpha / 2)$ correspond alors à l'aire obtenue par la méthode des trapèzes.

Avec les notations actuelles, nous obtenons la formule :

$$\int_a^b y(t)\mathrm{d}t = h\left(\frac{y(a)+y(b)}{2} + \sum_1^{n-1} y(a+kh)\right)$$

$$- \sum_{j=1}^{etc} h^{2j}\frac{B_{2j}}{2j!}\left[y^{(2j-1)}(b) - y^{(2j-1)}(a)\right]$$

Le paragraphe 848 déduit de cette formule des formules d'intégration numérique plus performantes. En utilisant la même formule d'intégration approchée appliquée à deux découpages différents du segment, on peut éliminer le premier terme correctif (que l'on pense être d'un ordre de grandeur supérieur au suivant) par combinaison linéaire des deux résultats. Quand on découpe le segment en deux, cela s'appelle le procédé de Romberg (*cf.* § 6). On voit ici comment passer de la méthode des trapèzes à celle de Simpson, et retrouver les trois premières formules de Cotes (*cf.* chap. 10, § 3).

3. LE CALCUL DE LA CONSTANTE D'EULER

Le texte que nous proposons est publié dans les *Commentaires de l'Académie des Sciences de St Petersbourg* de l'année 1736. Leonhard Euler est à St Petersbourg depuis 1727, où il a rejoint Daniel Bernoulli. Malgré de graves problèmes de santé (il perd l'usage de l'œil droit en 1735), il déploie une activité mathématique impressionnante, accumulant des résultats dont il fera la synthèse dans *Introductio in Analysin Infinitorum* et *Institutiones Calculis Differentialis*.

L'article est consacré à la démonstration et aux applications de la « formule d'Euler-Maclaurin ». Alors que Maclaurin utilise les séries pour effectuer des quadratures, Euler utilise des quadratures pour évaluer les sommes de séries (éventuellement divergentes). Euler avait déjà publié cette formule, sans démonstration, en 1732 [2], et il proposera plus tard d'autres justifications et applications ([4], chapitre X et [5], chapitre VII).

L'auteur note respectivement X et S le terme général et la somme partielle de rang x de la série étudiée. Ainsi, X est une fonction de x, qui est tantôt un indice entier (dans la série), tantôt une variable (dans la fonction X). Il établit dans les paragraphes 1 à 20 la formule

$$S = \int X\mathrm{d}x + \frac{X}{1.2} + \frac{\mathrm{d}X}{1.2.3.2\mathrm{d}x} - \frac{\mathrm{d}^3X}{1.2.3.4.5.6\mathrm{d}x^3} + \frac{\mathrm{d}^5X}{1\ldots7.6\mathrm{d}x^5} - \frac{3\mathrm{d}^7X}{1\ldots9.10\mathrm{d}x^7}$$

$$+ \frac{5\mathrm{d}^9X}{1\ldots11.6\mathrm{d}x^9} - \frac{69\mathrm{d}^{11}X}{1\ldots13.210\mathrm{d}x^{11}} + \frac{35\mathrm{d}^{13}X}{1\ldots15.2\mathrm{d}x^{13}} - \frac{3617\mathrm{d}^{15}X}{1\ldots17.30\mathrm{d}x^{15}} + \text{etc.}$$

en précisant que « dans $\int X\mathrm{d}x$ on doit ajouter une constante telle que lorsqu'on prend $x = 0$, $S = 0$. »

L'extrait choisi montre une application de la formule au calcul de la « constante d'Euler », c'est-à-dire au calcul de la limite quand p tend vers l'infini de la quantité

$$\sum_{n=1}^{p} \frac{1}{n} - \ln p.$$

Le calcul fournit 16 décimales, dont 15 sont exactes.
(Remarque : Euler note le logarithme simplement par un ℓ)

Le texte d'Euler

Extrait de *Inventio summae cuiusque seriei ex dato termino generali*, (1736), 1741, Commentaire 47 de l'Académie des Sciences de Saint-Petersbourg ; *Leonhardi Euleri Opera omnia*, Vol. XIV, pp. 117-119. Trad. A. Michel-Pajus.

24. [...] Pour le moment cependant, j'ai observé que grâce à cette méthode les séries de cette nature peuvent facilement être sommées de façon très approchée, ce qui est d'une utilité remarquable pour les séries qui convergent peu et sont par ailleurs difficiles à sommer autrement. Comment cela se doit faire, je l'enseignerai sur des exemples.

25. Je vais donc considérer d'abord les séries harmoniques et avant toutes les autres celle-ci

$$1 + \frac{1}{2} + \frac{1}{3} + \frac{1}{4} + \text{etc.}$$

dont le terme général est $1/x$; on cherche le terme sommatoire S.

On a donc $X = 1/x$ et $\int X\mathrm{d}x = \mathrm{Const} + \ell x$, et, ensuite :

$$\frac{\mathrm{d}X}{\mathrm{d}x} = \frac{-1}{x^2}; \frac{\mathrm{d}^3X}{\mathrm{d}x^3} = \frac{-1.2.3}{x^4}; \frac{\mathrm{d}^5X}{\mathrm{d}x^5} = \frac{-1.2.3.4.5}{x^6} \text{ etc.}$$

en substituant, il vient :

$$S = \mathrm{Const} + \ell x +$$

$$\frac{1}{2x} - \frac{1}{12x^2} + \frac{1}{120x^4} - \frac{1}{252x^6} + \frac{1}{240x^8} - \frac{1}{132x^{10}} + \frac{691}{32760x^{12}} - \frac{1}{12x^{14}} + \text{etc.}$$

où la constante à ajouter doit être choisie pour que, en posant $x = 0$, l'on ait $S = 0$. Mais, à partir de cela, à cause de tous les termes infiniment grands, on ne peut déterminer la constante.

26. En fait pour déterminer la constante, il faut prendre un autre cas, pour lequel on connaît la somme de la série ; cas que l'on obtiendra si l'on réunit un nombre fixé de termes en une seule somme. Ajoutons donc les 10 premiers termes $1 + \frac{1}{2} + \frac{1}{3} + \frac{1}{4} + \ldots + \frac{1}{10}$ et nous trouverons la somme = 2,92896825396 82539 ; à laquelle doit être égale la somme des mêmes termes selon la formule, à savoir :

$$\text{const} + \ell\, 10 + \frac{1}{20} - \frac{1}{1\,200} + \frac{1}{1\,200\,000} - \frac{1}{252\,000\,000} + \frac{1}{24\,000\,000\,000} - \frac{1}{1\,320\,000\,000\,000} + \text{etc.}$$

Cela étant fait, on trouve, à cause de $\ell 10 = 2{,}302585092994045684$ que la constante ajoutée est $= 0{,}5772156649015329$. Celle-ci étant déterminée, on trouvera la somme des termes de la série, quel qu'en soit le nombre.

La méthode qui obtiendrait la même précision en effectuant simplement la somme des premiers termes de $\sum_{n=1}^{p} \frac{1}{n} - \ln p$ demanderait le calcul de 5.10^{14} termes.

L'expression de la formule chez Euler est à première vue assez différente de celle de Maclaurin. En fait, on la retrouve en prenant dans cette dernière $b = x, f = X$, les termes contenant les valeurs prises en a par f et ses dérivées successives se retrouvant alors dans la constante qu'Euler détermine a posteriori.

L'étude du reste de la formule, constitué par une série qui n'est pas toujours convergente, a suscité de nombreux travaux ultérieurs, comme ceux de Poisson [14], Jacobi [9], Hermite [7]. Le mémoire de Poisson, lu à l'Académie des Sciences en 1826, montre aussi comment l'on peut en déduire la formule de Gregory ([6], p. 586-587, *cf.* chap. 11, § 1). Partant de

$$\int_0^c f(x)\mathrm{d}x = \omega P_n - \frac{\omega^2}{12}\left[f'(0) - f'(c)\right] + \frac{\omega^4}{720}\left[f'''(0) - f'''(c)\right] - \frac{\omega^6}{30240}\left[f^{(5)}(0) - f^{(5)}(c)\right] + \ldots$$

et $P_n = \frac{1}{2}f(0) + f(\omega) + f(2\omega) + \ldots + f(n\omega - \omega)$ où $\omega = \frac{c}{n}$, il définit $F(z) = f(z) - f(c - z)$, qui a pour formule d'interpolation :

$$F(z) = F(0) + \frac{z}{\omega}\Delta_1 + \frac{z(z-\omega)}{2\omega^2}\Delta_2 + \frac{z(z-\omega)(z-2\omega)}{2.3.\omega^2}\Delta_3 + \ldots$$

on a aussi $f^{(2m-1)}(0) - f^{(2m-1)}(c) = F^{(2m-1)}(0)$; il en résulte

$$\omega\left[f'(0) - f'(c)\right] = \Delta_1 - \frac{1}{2}\Delta_2 + \frac{1}{3}\Delta_3 - \frac{1}{4}\Delta_4 + \text{etc.}$$

$$\omega^3\left[f'''(0) - f'''(c)\right] = \Delta_3 - \frac{3}{2}\Delta_4 + \text{etc.}$$

etc.

et en substituant ces valeurs dans la formule de départ, il vient

$$\int_0^c f(x)\mathrm{d}x = \omega P_n + \frac{\omega}{12}\Delta_1 - \frac{\omega}{24}\Delta_2 + \frac{19\omega}{720}\Delta_3 - \frac{3\omega}{160}\Delta_4 + \text{etc.}$$

Il reste à prendre $\omega = c$ pour retrouver la formule de Gregory.

Bien que ce ne soit pas exactement l'objectif de ses inventeurs, la formule d'Euler-Maclaurin fournit un développement asymptotique du reste de certaines séries. Prenons par exemple la série de terme général $a_k = \dfrac{1}{k^m}\ (m>1)$.

Si nous utilisons la formule d'Euler-Maclaurin sous la forme :

$$\int_0^1 f(x)\mathrm{d}x = \frac{f(1)+f(0)}{2} - \sum_{j=1}^{p}\frac{B_{2j}}{(2j)!}\left[f^{(2j-1)}(1) - f^{(2j-1)}(0)\right] + R_{2p+1}$$

avec la fonction $f_k : x \mapsto \dfrac{1}{(k+x)^m}$ et $m > 1$, nous obtenons :

$$f_k^{(p)}(x) = (-1)^p\frac{(m+p-1)!}{(m-1)!}\frac{1}{(k+x)^{m+p}}$$

$$\int_0^1 f_k(x)\,\mathrm{d}x = \left[\frac{-1}{(m-1)(k+x)^{m-1}}\right]_{x=0}^{x=1} = -\frac{1}{(m-1)}\left[\frac{1}{(k+1)^{m-1}} - \frac{1}{k^{m-1}}\right]$$

La formule d'Euler-Maclaurin se traduit donc, pour tout k entier naturel, par :

$$\frac{1}{(m-1)}\left[\frac{1}{k^{m-1}} - \frac{1}{(k+1)^{m-1}}\right] = \frac{1}{2}\left[\frac{1}{(k+1)^m} + \frac{1}{k^m}\right]$$
$$+ \sum_{j=1}^{p}\frac{B_{2j}}{(2j)!}\frac{(m+2j-2)!}{(m-1)!}\left[\frac{1}{(k+1)^{m+2j-1}} - \frac{1}{k^{m+2j-1}}\right] + R_{2p+1}.$$

En sommant cette égalité pour $k = K$ jusqu'à ∞, nous trouvons :

$$\frac{1}{(m-1)}\frac{1}{K^{m-1}} = \frac{1}{2K^m} + \sum_{k=K}^{\infty}\frac{1}{(k+1)^m}$$
$$-\sum_{j=1}^{p}\frac{B_{2j}}{(2j)!}\frac{(m+2j-2)!}{(m-1)!}\frac{1}{K^{m+2j-1}} + \sum_{k=K}^{\infty} R_{2p+1}$$

ce qui donne :

$$a_{K+1} + a_{K+2} + a_{K+3} + \ldots =$$

$$\frac{1}{(m-1)}\frac{1}{K^{m-1}} - \frac{1}{2K^m} + \sum_{j=1}^{p}\frac{B_{2j}}{(2j)!}\frac{(m+2j-2)!}{(m-1)!}\frac{1}{K^{m+2j-1}} + \ldots$$

Dans un mémoire de 1835, Kummer [11] propose une méthode valable plus généralement dans le cas où le rapport $\dfrac{a_k}{a_{k+1}}$ peut être développé sous la forme

$$\frac{a_k}{a_{k+1}} = 1 + \frac{v_1}{k} + \frac{v_2}{k^2} + \frac{v_3}{k^3} + \ldots$$

Il obtient en particulier la formule

$$a_{k+1} + a_{k+2} + a_{k+3} + \ldots = a_k\left(ck + c_1 + \frac{c_2}{k} + \frac{c_3}{k^2} + \ldots\right)$$

où les c_k sont définis à partir des v_k par des relations de récurrence simples et, plus précisément, un encadrement du reste d'ordre k, donc de la somme de la série. Il conclut :

« *C'est une formule sommatoire nouvelle, assez générale, et sans doute, parmi toutes les autres, celle qui relève des méthodes les plus élémentaires. Elle a encore d'autres avantages sur la formule habituelle, ce qui, pour l'objectif actuellement visé, peut être présenté ainsi :*

$$a_{k+1} + a_{k+2} + a_{k+3} + \ldots = \int_k^\infty a_k \mathrm{d}k - \frac{a_k}{2} - \frac{B_1 \mathrm{d}a_k}{1.2\mathrm{d}k} + \frac{B_2 \mathrm{d}^2 a_k}{1.2.3.4\mathrm{d}k^2} + \ldots$$

où $B_1 = 1/6$, $B_2 = 1/30$, *etc. sont les nombres de Bernoulli. On peut souvent appliquer cette formule, justement pour calculer numériquement les sommes de séries très lentement convergentes. Mais quand* a_k *n'est pas une fonction développable, [...] son intégrale et ses dérivées n'ont aucun sens. C'est seulement quand* $a_k = 1/k^m$ *que les deux formules sommatoires sont identiques.*»

4. LA MÉTHODE D'AITKEN POUR LES SUITES

Dans un article publié en 1926, Aitken propose une extension de la méthode des séries récurrentes de Bernoulli (*cf.* chap. 7, § 7). Celle-ci lui donne non seulement une approximation de toutes les racines de l'équation donnée, mais aussi «un moyen de dériver, d'une suite d'approximations vers une racine, des suites successives de rapidité de convergence toujours croissante». Bien que ce moyen se généralise à toutes les suites convergentes, l'idée semble bien être suscitée par la nature particulière des suites de ce problème. Rappelons brièvement les faits sur un exemple proposé par l'auteur (référencé § 3 dans le texte).

Pour résoudre une équation algébrique, par exemple :

$$z^4 - 10z^3 - 92z^2 + 234z + 315 = 0,$$

on introduit une suite de terme général $f(t)$ (où t désigne un entier), définie par la relation de récurrence linéaire associée à l'équation :

$$f(t+4) - 10f(t+3) - 92f(t+2) + 234f(t+1) + 315f(t) = 0,$$

et par les premiers termes choisis arbitrairement, par exemple :

$$f(0) = f(1) = f(2) = 0 \text{ et } f(3) = 1.$$

Lorsque l'on se trouve, comme ici, dans le cas facile où les racines ont des modules distincts deux à deux, et peuvent donc être rangées par ordre de module décroissant :

$$|z_1| > |z_2| > |z_3| > |z_4|$$

le rapport $Z(t) = \dfrac{f(t+1)}{f(t)}$ tend vers z_1 quand t tend vers l'infini. Ainsi dans cet exemple, où $z_1 = 15$:
$Z(4) = 19{,}2$; $Z(5) = 13{,}57$; $Z(6) = 15{,}76$; $Z(7) = 14{,}67$;
$Z(8) = 15{,}16$; $Z(9) = 14{,}93$; $Z(10) = 15{,}03$; $Z(11) = 14{,}98$; ...

L'extension d'Aitken consiste à prouver que :

$$(*) \qquad \frac{\begin{vmatrix} f(t+1) & f(t+2) & \dots & f(t+m) \\ f(t) & f(t+1) & \dots & f(t+m-1) \\ \dots\dots & \dots\dots & \dots & \dots\dots \\ f(t-m+2) & f(t-m+3) & \dots & f(t+1) \end{vmatrix}}{\begin{vmatrix} f(t) & f(t+1) & \dots & f(t+m-1) \\ f(t-1) & f(t) & \dots & f(t+m-2) \\ \dots\dots & \dots\dots & \dots & \dots\dots \\ f(t-m+1) & f(t-m+2) & \dots & f(t) \end{vmatrix}} \underset{t\to\infty}{\longrightarrow} Z_1 Z_2 Z_3 \dots Z_m$$

On retrouve la suite précédente, qui est celle de Bernoulli, pour $m = 1$. Dans l'extrait proposé, Aitken utilise (*) dans le cas $m = 2$ pour dériver de ce cas simple des suites qui convergent vers la racine de plus en plus vite.

Le texte d'Aitken

Extrait de « On Bernoulli's Numerical Solution of Algebraic Equations », *Proceedings of the Royal Society of Edinburgh*, t. 46 (1926), 289-305. Trad. J.-L. Chabert (pp. 300-302).

§ 8. Suites dérivées de convergence plus rapide

Jusqu'à présent nous n'avons pas obtenu un très grand degré de précision dans les exemples numériques. Nous allons maintenant déduire des suites primitives des suites successives dont la puissance d'approximation est de plus en plus grande. Considérons tout d'abord la suite des approximations de z_1, à savoir

$$Z_1(t) = \frac{f(t+1)}{f(t)}$$

et construisons leurs différences finies du premier et second ordre. Il résulte immédiatement de (*) que $\Delta Z_1(t)$ a tendance à former une suite géométrique (pourvu que z_2 ne soit pas un élément d'une paire de racines complexes conjuguées, ou d'une paire de même valeur absolue mais de signes opposés) de raison z_2/z_1. Donc les *écarts* de $Z_1(t)$ par rapport à z_1 auront aussi tendance à former une suite géométrique de même raison. Aussi, ceci suggère une autre relation approchée, à savoir

$$\frac{z_1 - Z_1(t+2)}{z_1 - Z_1(t+1)} = \frac{\Delta Z_1(t+1)}{\Delta Z_1(t)}$$

et, en la résolvant en z_1, nous sommes conduits à considérer la suite *dérivée*

$$Z_1^{(1)}(t) = \frac{\begin{vmatrix} Z_1(t+1) & Z_1(t+2) \\ Z_1(t) & Z_1(t+1) \end{vmatrix}}{\Delta^2 Z_1(t)}$$

En conservant des termes d'ordre plus élevé, on voit que $Z_1^{(1)}(t)$ tend vers z_1, mais que ses premières différences $\Delta Z_1^{(1)}(t)$ et les écarts $z_1 - Z_1^{(1)}(t)$ ont tendance à former des suites géométriques ayant chacune pour raison finale $(z_2/z_1)^2$ ou z_3/z_1, selon ce qui est le plus grand. Donc la convergence de la suite dérivée $Z_1^{(1)}$ est plus rapide que celle de la suite primitive $Z_1(t)$, et elle commence aussi à une étape plus avancée de l'approximation. De la même façon, on peut former la seconde suite dérivée :

$$Z_1^{(2)}(t) = \frac{\begin{vmatrix} Z_1^{(1)}(t+1) & Z_1^{(1)}(t+2) \\ Z_1^{(1)}(t) & Z_1^{(1)}(t+1) \end{vmatrix}}{\Delta^2 Z_1^{(1)}(t)}$$

En conservant des termes d'ordre encore plus élevé, on voit que les écarts et les différences de la seconde suite dérivée possèdent des propriétés analogues à celles des suites précédentes, et, en fait, on peut montrer de façon générale que, quand l'équation ne possède que des racines réelles, on peut continuer ainsi indéfiniment en formant les suites dérivées, chacune convergeant vers z_1 avec une rapidité plus grande que la précédente.

[...]

Exemple. Soit à obtenir une valeur plus précise de la plus grande racine z_1 de l'exemple du § 3.
Le tableau ci-dessous montre les suites primitive et dérivée obtenues à partir des cinq dernières valeurs de Z_1 avec 11 chiffres significatifs. Nous rappelant que z_1 était égal à 15, nous pouvons comparer les suites et observer l'amélioration notable de l'approximation.

Z	$Z^{(1)}$	$Z^{(2)}$
14.667121186 15.159777145 14.926402783 15.034550817 14.983920543	15.001418373 15.000304169 15.000065221	14.999999987

On peut procéder à une amélioration analogue avec les suites relatives aux racines restantes.

L'idée de départ de l'auteur semble bien suscitée par ses suites particulières. En effet la formule (*) pour $m = 2$ donne :

$$Z_2(t) = \frac{\begin{vmatrix} f(t+1) & f(t+2) \\ f(t) & f(t+1) \end{vmatrix}}{\begin{vmatrix} f(t) & f(t+1) \\ f(t-1) & f(t) \end{vmatrix}} \xrightarrow[t\to\infty]{} z_1 z_2$$

et donc :

$$\frac{\Delta Z(t+1)}{\Delta Z(t)} = \frac{\dfrac{f(t+3)}{f(t+2)} - \dfrac{f(t+2)}{f(t+1)}}{\dfrac{f(t+2)}{f(t+1)} - \dfrac{f(t+1)}{f(t)}} = \frac{Z_2(t+1)}{Z(t)Z(t+1)} \xrightarrow[t\to\infty]{} \frac{z_1 z_2}{(z_1)^2} = \frac{z_2}{z_1}.$$

En fait, la technique exposée ici, appelée aujourd'hui *méthode du* Δ^2 *d'Aitken*, s'applique à des situations plus générales. Considérons une suite de terme général u_n qui tend vers une limite u de façon que

$$\frac{u_{n+1} - u}{u_n - u} \xrightarrow[n\to\infty]{} |a| < 1.$$

Selon un raisonnement analogue à celui d'Aitken, « l'autre relation approchée » s'écrit alors :

$$\frac{u - u_{n+2}}{u - u_{n+1}} \approx \frac{\Delta u_{n+1}}{\Delta u_n}$$

puis, en résolvant par rapport à u, on obtient :

$$u \approx \frac{\begin{vmatrix} u_n & u_{n+1} \\ u_{n+1} & u_{n+2} \end{vmatrix}}{\Delta u_{n+1} - \Delta u_n} = \frac{u_n u_{n+2} - u_{n+1}^2}{\Delta^2 u_n} = v_n.$$

On notera un changement de signe par rapport à Aitken. On peut vérifier que :

$$\frac{v_n - u}{u_n - u} \xrightarrow[n \to \infty]{} 0.$$

La suite v_n ainsi définie converge donc vers u plus rapidement que la suite u_n.

Pour éviter la propagation des erreurs d'arrondi, on utilise plutôt la suite v_n sous la forme :

$$v_n = u_n - \frac{\left(u_{n+1} - u_n\right)^2}{u_{n+2} - 2u_{n+1} + u_n} = u_n - \frac{\Delta u_n^2}{\Delta^2 u_n}.$$

Il est ensuite possible d'itérer le processus en remplaçant la suite v_n elle-même par la suite w_n définie par :

$$w_n = v_n - \frac{\Delta v_n^2}{\Delta^2 v_n} \ldots$$

La méthode de Steffensen est une amélioration du procédé lorsque la suite primitive u_n est obtenue par la méthode des approximations successives, c'est-à-dire, lorsque, pour résoudre $F(x) = x$, on pose :

$$u_{n+1} = F\left(u_n\right).$$

Steffensen suggère tout d'abord de calculer v_0 par la méthode d'Aitken à partir des trois approximations u_0, $u_1 = F(u_0)$, $u_2 = F(u_1)$, c'est-à-dire :

$$v_0 = u_0 - \frac{\left(u_1 - u_0\right)^2}{u_2 - 2u_1 + u_0};$$

puis de repartir de cette valeur v_0 pour obtenir par itération $v_1 = F(v_0)$, $v_2 = F(v_1)$ et d'en déduire :

$$w_0 = v_0 - \frac{\left(v_1 - v_0\right)^2}{v_2 - 2v_1 + v_0}$$

et ainsi de suite.

La combinaison de la méthode des itérations successives et du Δ^2 d'Aitken conduit à la suite $x_0 = u_0$, $x_1 = v_0$, $x_2 = w_0$,... Cette suite x_n peut d'ailleurs être définie directement par la récurrence :

$$x_{n+1} = x_n - \frac{\left(F\left(x_n\right) - x_n\right)^2}{F\left(F\left(x_n\right)\right) - 2F\left(x_n\right) + x_n}.$$

On peut l'interpréter encore comme une méthode par approximations successives associée à la fonction :

$$G(x) = x - \frac{\left(F(x) - x\right)^2}{F\left(F(x)\right) - 2F(x) + x}.$$

Enfin, on remarquera qu'à son tour cette expression de G pourrait être considérée comme résultant de l'application de la méthode de Newton à la résolution de l'équation $f(x) = 0$ où $f(x) = x - F(x)$. En effet, il s'agit de considérer la suite définie par la récurrence :

$$x_{n+1} = x_n - \frac{f(x_n)}{f'(x_n)},$$

mais comme on ne connaît pas $f'(x_n)$, on l'approche par :

$$\frac{f(x_n) - f(x_{n-1})}{x_n - x_{n-1}}.$$

La convergence de la méthode de Steffensen est quadratique comme la méthode de Newton, elle présente l'avantage de ne pas nécessiter de calculs de dérivées.

5. LA MÉTHODE D'EXTRAPOLATION DE RICHARDSON

Le principe de la méthode est simple. Nous retrouvons en fait l'idée, déjà rencontrée chez Maclaurin, d'utiliser une combinaison linéaire des formules correspondant à deux pas différents pour affiner l'approximation.

Plus précisément, supposons que la quantité cherchée, a, puisse être approchée par une fonction qui admet un développement asymptotique de la forme :

$$T(h) = a + b\,h^i + c\,h^j + \ldots + e\,h^m + o\left(h^m\right) \text{ où } i < j < \ldots < m.$$

Puisque $T(h)$ tend vers a quand h tend vers 0, il est clair que si $h_2 < h_1$, $T(h_2)$ est une meilleure approximation que $T(h_1)$. Mais on peut obtenir une approximation encore meilleure en éliminant le terme en h^i au moyen d'une combinaison linéaire de $T(h_1)$ et $T(h_2)$:

$$T(h_1, h_2) = \frac{h_2^i T(h_1) - h_1^i T(h_2)}{h_2^i - h_1^i}.$$

La tradition attribue à Huygens l'idée de cette amélioration, appliquée à la méthode d'Archimède (*cf.* chap. 5, § 1). Dans un texte publié en 1654 [8], il énonce : « *toute circonférence de cercle est plus grande que le périmètre du polygone à côtés égaux qui lui est inscrit, plus le tiers de la quantité dont ce même périmètre surpasse le périmètre d'un autre polygone inscrit duquel le nombre des côtés est la moitié* ». Huygens donne aussi un majorant similaire, mais qui fait intervenir les sinus. En reprenant les notations du chap. 5, § 1, où p_n désigne le périmètre du polygone inscrit à 3.2^{n-1} côtés, et en utilisant le fait qu'ici, $i = 2$, on peut en déduire que

$$p'_n = p_{n+1} + \left(p_{n+1} - p_n\right)/3 = \left(4p_{n+1} - p_n\right)/3$$

donne une approximation plus fine que p_n. Or, en prenant deux pas, h_1 pour p_n et h_2 pour p_{n+1}, tels que $h_2 = 2h_1$, c'est le résultat donné par la formule ci-dessus.

Cette méthode se retrouve d'ailleurs, généralisée, dans un manuel d'Arithmétique de 1859 [18], sous la plume de Saigey : « *D'après un théorème qui nous est propre, si l'on considère les polygones du numéro précédent comme les* premières approximations *de la circonférence, on obtiendra les* deuxièmes approximations *en ajoutant à chacune des premières le tiers de son excès sur la précédente ; les* troisièmes approximations, *en ajoutant à chacune des deuxièmes le 15*^e^ *de son excès sur la précédente ; les* quatrièmes approximations, *en ajoutant à chacune des troisièmes le 63*^e^ *de son excès sur la précédente ; et ainsi de suite indéfiniment, les fractions 1/3, 1/15, 1/63, ... ayant pour dénominateurs respectifs* $(4 - 1)$, $(4^2 - 1)$, $(4^3 - 1)$...». Le procédé est ici itéré, comme chez Maclaurin.

Mais c'est au XXe siècle que Richardson va formaliser la méthode. Dans un article de 1911 [16], il se propose de développer des méthodes approchées de résolution d'équations différentielles. « *Que ce soit pour la science de l'ingénieur,* explique-t-il, *ou pour beaucoup d'autres sciences moins exactes, comme la biologie, il y a une demande de méthodes rapides, faciles à comprendre et applicables aux équations inhabituelles et aux corps irréguliers. Si elles sont exactes, tant mieux ; mais un pour cent suffirait dans beaucoup de cas.* » L'étude théorique esquissée dans cet article sera reprise et publiée en 1927, avec un grand souci pédagogique, puisque Richardson utilise même « l'histoire-fiction » pour illustrer son propos.

L'article de Richardson

Extrait de The Deferred Approach to the Limit, in *Philosophical Transactions of the Royal Society of London*, Série A, vol 226, juillet 1927. Trad. A. Michel-Pajus.

Divers problèmes concernant un nombre infini de parties infiniment petites ont été résolus avant que le calcul infinitésimal ne soit inventé ; par exemple, Archimède au sujet de la circonférence du cercle. L'essentiel de l'invention du calcul infinitésimal semble être que le passage à la limite y était effectué au stade le plus précoce, là où divers problèmes avaient des opérateurs comme d/dx en commun. Bien que le calcul infinitésimal ait été un magnifique succès, il reste des problèmes où il est lourd ou impraticable. Quand l'on rencontre ce type de difficultés, il peut être bon de retourner à la manière pratiquée avant l'invention du calcul infinitésimal, en repoussant le passage à la limite après la résolution du problème pour un nombre modéré de parties modérément petites.

Pour obtenir la solution du problème aux différences [finies], l'on dispose de diverses procédures arithmétiques. Ce mémoire traite des différences centrales arrangées de la façon la plus simple possible. [...]

En réservant notre attention aux problèmes comprenant une seule variable indépendante x, soit h le « pas », c'est-à-dire la différence de x que l'on utilise en arithmétique, et soit $\phi(x,h)$ la solution du problème aux différences. Soit $f(x)$ la solution du problème analogue dans le calcul infinitésimal. Une théorie, publiée en 1910, mais trop brève et vague, a suggéré que, si les différences sont « centrées », alors

$$\phi(x,h) = f(x) + h^2 f_2(x) + h^4 f_4(x) + h^6 f_6(x) + \ldots \text{ à l'infini} \quad (1)$$

les puissances impaires de h étant absentes. Les fonctions $f_2(x)$, $f_4(x)$, $f_6(x)$ sont généralement inconnues. De nombreux exemples arithmétiques ont confirmé l'absence des puissances impaires et montré qu'il est souvent facile d'appliquer la méthode arithmétique avec plusieurs valeurs de h suffisamment petites pour que $f(x) + h^2 f_2(x)$ soit une bonne approximation de la somme jusqu'à l'infini de la série de (1). Si cela était vrai en général, ce serait très utile, car cela voudrait dire que, si nous avons trouvé deux solutions pour des pas inégaux h_1, h_2, alors en éliminant $f_2(x)$ nous obtiendrions $f(x)$ cherché sous la forme

$$f(x) = \frac{h_2^2 \phi(x,h_1) - h_1^2 \phi(x,h_2)}{h_2^2 - h_1^2} \quad (2)$$

La procédure représentée par la formule (2) sera appelée « h^2-extrapolation ».

[...]

Un ancien problème retouché. Trouver la circonférence d'un cercle de rayon unité. Imaginons que nous sommes retournés à l'époque d'Archimède. Comme première, et bien sûr très grossière approximation, prenons le périmètre d'un carré inscrit $4\sqrt{2} = 5.6568$. En deuxième approximation, prenons le périmètre d'un hexagone inscrit = 6 exactement. Les erreurs pour ces deux estimations seraient dans le rapport $1/4^2 : 1/6^2$, c'est-à-dire 9 : 4, si l'erreur est proportionnelle au carré du pas. La valeur extrapolée est donc 6 + 4/5 (6 – 5.6568) = 6.2746. L'erreur pour la valeur extrapolée est donc seulement 1/33 de l'erreur pour la meilleure des deux valeurs dont elle est déduite ; ainsi donc l'extrapolation semble une procédure utile. Pour avoir un aussi bon résultat à partir d'un polygone régulier inscrit, il faudrait 35 côtés, et en l'absence de tables de sinus, le calcul prendrait plus de temps.

La Base Exponentielle de Napier

Supposons ensuite que nous vivions avant que les logarithmes, ou base de Napier, aient été calculés, et que l'on demande de trouver

$$\lim_{n\to\infty}\left(\frac{2n+1}{2n-1}\right)^n = \lim_{n\to\infty}\phi_n$$

Si nous remplaçons n par $-n$ la fonction ϕ_n est inchangée, et donc, si un développement du type suivant existe, valide pour les deux signes de n

$$\left(\frac{2n+1}{2n-1}\right)^n - \lim_{n\to\infty}\left(\frac{2n+1}{2n-1}\right)^n = A_0 + \frac{A_1}{n} + \frac{A_2}{n^2} + \ldots + \frac{A_r}{n^r} + \ldots$$

alors les coefficients impairs A_1, A_3.. sont nécessairement zéro. De même si la limite existe A_0 doit disparaître. Et en rendant n suffisamment grand le terme A_2/n^2 sera prédominant.

$$\phi_n - \lim_{n\to\infty}\phi_n = \frac{A_2}{n^2} + \ldots$$

En effectuant les multiplications on trouve aisément que la fonction prend les valeurs suivantes :

$n =$	1	2	3	4	5
$\left(\frac{2n+1}{2n-1}\right)^n$	3.0000	2.77777	2.74400	2.73261	2.72741

Maintenant si les erreurs sont proportionnelles à n^{-2}, l'erreur de ϕ_4 est à l'erreur de ϕ_5 comme 25 est à 16. Donc la valeur extrapolée est $\phi_5 + 16/9(\phi_5 - \phi_4)$. Ce qui donne 2.71817.

Napier a montré que le résultat correct est 2.71828, de sorte que l'erreur de notre extrapolation est -0.00011, tandis que l'erreur de ϕ_5 était $+0.00913$, qui est 82 fois plus grande. Pour avoir un résultat aussi précis sans extrapolation, nous aurions dû calculer $\phi_{5\sqrt{82}}$ qui est ϕ_{45}, une procédure bien ennuyeuse étant donné que les logarithmes n'avaient pas encore été tabulés. Ainsi donc l'extrapolation économise beaucoup de labeur.

La table suivante vise à montrer comment $n^2(\phi_n - \lim\phi_n)$ approche sa limite que nous avons nommée A_2.

n	1	2	3	4	5	∞
$n^2(\phi_n - \lim\phi_n)$	0.2817	0.2380	0.2315	0.2295	0.2283	0.2265

Pour trouver la limite A_2 nous avons

$$\frac{1}{n}\log\phi_n = \log\left(1+\frac{1}{2n}\right) + \log\left(1-\frac{1}{2n}\right).$$

En développant les logarithmes, réarrangeant les termes et prenant les antilogs, on trouve que $\phi_n - e = e/12n^2 +$ des termes en n^{-4} et puissances paires plus élevées. Ainsi donc $A_2 = e/12 = 0.2265$, qui est entré dans la table en dessous de ∞.

La suite de l'article est principalement consacrée aux conditions de validité et d'intérêt effectif du procédé appliqué à la résolution des équations différentielles, mais le principe est évidemment adaptable aux cas où le développement asymptotique de $\phi(x,h)$ n'a pas que des puissances paires.

6. LA MÉTHODE DE ROMBERG POUR L'INTÉGRATION

La méthode de Romberg, si répandue dans les ouvrages modernes d'analyse numérique, n'est que l'application réitérée de la formule de Richardson à la fonction $T(h)$ qui approche une intégrale par la formule des trapèzes. Nous avons en effet, en utilisant la formule d'Euler-Maclaurin :

$$T(h) = \int_{\alpha}^{\beta} f(x)\mathrm{d}x + \sum_{j=1}^{n} a_j h^{2j} + o\left(h^{2n}\right) \text{ avec } h = \frac{\beta - \alpha}{k}$$

Le texte de Romberg

Extrait de Vereinfachte numerische Integration,
Norske Videnskabers Selskabs Forhandlinger, t. 28 (1955).
Trad. Colette Bloch.

Intégration numérique simplifiée

Soit à calculer la valeur approchée d'une intégrale

$$I = \int_a^b F(x)\mathrm{d}x$$

à partir des valeurs prises par la fonction en des points équidistants de partage de l'intervalle. Le plus souvent on utilise la méthode des trapèzes et la formule de Simpson. Gauss a également fait passer des fonctions polynomiales de degré assez élevé par les points F_k et calculé les suites correspondantes de coefficients. Nous ne rappelons ici que celles qui concernent 4 et 8 intervalles :

Trapèzes T :	1, 1
Simpson S :	1, 4, 1
Gauss G^I :	7, 32, 12, 32, 7
Gauss G^{II} :	989, 5888, – 929, 10496, – 4540, 10496, – 929, 5888, 989

Les formules de Gauss sont rarement utilisées à cause de leurs pondérations incommodes. Mais, par un procédé de calcul quelque peu modifié, nous pouvons calculer aussi une valeur approchée de I, encore meilleure que par S et G^I, sans utiliser les différents coefficients donnés ci-dessus.

Pour cela nous partageons l'intervalle $a \leq x \leq b$ en $8N$ parties, $b - a = 8Nh$; nous désignons $F(a + kh)$ par F_k pour $k = 1, 2, ..., 8N - 1$, mais par F_0 la moyenne entre $F(a)$ et $F(b)$, et nous calculons d'abord l'approximation la plus grossière donnée par la formule des trapèzes

$$T_1 = 8h\sum_{n=0}^{N-1} F_{8n} = (b-a)\overline{\sum_{n=0}^{N-1} F_{8n}}$$

(le surlignage indique que l'on prend la moyenne arithmétique ; la longueur des intervalles est $8h$.)

Puis nous partageons chaque intervalle en deux et écrivons la moyenne des F de tous les nouveaux points de division, soit

$$U_1 = 8h\sum_{n=0}^{N-1} F_{8n+4} = (b-a)\overline{\sum_{n=0}^{N-1} F_{8n+4}}$$

On partage une nouvelle fois en deux :

$$U_2 = (b-a)\overline{\sum F_{8n+2} + F_{8n+6}}$$

et finalement :

$$U_4 = (b-a)\overline{\sum F_{8n+1} + F_{8n+3} + F_{8n+5} + F_{8n+7}}$$

Les approximations de plus en plus fines pour les trapèzes sont alors

$$T_2 = \overline{T_1 + U_1},\ T_4 = \overline{T_2 + U_2},\ T_8 = \overline{T_4 + U_4}$$

pour des sous-intervalles de longueurs respectives $4h$, $2h$ et h.

Les U et les T sont des approximations grossières de I car le reste est proportionnel à h^2. Or on sait* qu'on peut alors, à partir de deux dichotomies successives, obtenir une valeur plus précise, soit :

$$S_2 = T_2 + \frac{T_2 - T_1}{2^2 - 1};\ S_4 = T_4 + \frac{T_4 - T_2}{2^2 - 1};\ S_8 = T_8 + \frac{T_8 - T_4}{2^2 - 1};\ \text{et}$$

$$V_2 = U_2 + \frac{U_2 - U_1}{2^2 - 1};\ V_4 = U_4 + \frac{U_4 - U_2}{2^2 - 1}.$$

Il semble qu'on n'ait pas remarqué que les S sont justement ceux que l'on trouve par la formule de Simpson.

Comme les S et les V ont un reste en h^4, on obtient, en suivant (*),

$$R_4 = S_4 + \frac{S_4 - S_2}{2^4 - 1};\ R_8 = S_8 + \frac{S_8 - S_4}{2^4 - 1}\ \text{et}\ W_4 = V_4 + \frac{V_4 - V_2}{2^4 - 1}.$$

R_4 et R_8 sont précisément les approximations qu'on aurait obtenues en appliquant les facteurs de pondération G^I. R et W ont un reste de l'ordre de h^6 ; à partir de là on continue à former

$$Q_8 = R_8 + \frac{R_8 - R_4}{2^6 - 1}\ \text{avec un reste en}\ h^8,\ \text{etc.}$$

L'avantage de cette méthode consiste en ce que chaque nouvelle dichotomie ne nécessite que la moyenne des nouvelles valeurs de la fonction, multipliée par $(b - a)$; ce nouvel U permet d'allonger d'un terme les suites des T, S, R, Q et U, V, W. Les restes étant proportionnels à h^2, h^4, h^6, h^8 on obtient ainsi de façon simple des approximations d'ordre de plus en plus élevé.

On ne retrouve pas G^{II} dans nos approximations Q, du fait que, dans U_4, nous donnons des poids égaux aux F.

[...]

À titre d'exemple calculons une valeur approchée de

$$I = \int_0^1 \frac{\pi}{2}\cos\frac{\pi}{2}z\ dz = 1$$

* Par exemple, L. COLLATZ, *Traitement numérique des équations différentielles*, p. 6, équation. (1.7), Springer 1951.

en partageant l'intervalle en 8 parties égales, $N = 1$, $8h = 1$.
$F(a) = 1{,}57079\,6327$, $F(b) = 0$.

$F_1 = 1{,}54061\,3916$	D'où	$U_1 = F_4$, $T_1 = F_0$,
$F_2 = 1{,}45122\,6576$		$U_2 = 1{,}02617\,2153$
$F_3 = 1{,}30606\,9413$		$U_4 = 1{,}00645\,4543$
$F_4 = 1{,}11072\,0735$		
$F_5 = 0{,}87268\,7681$		
$F_6 = 0{,}60111\,7730$		
$F_7 = 0{,}30644\,7161$		
$F_0 = 0{,}78539\,8163$		

[...]

Tableau des valeurs approchées par ordre croissant

Longueur d'intervalle	Reste prop à : h^2	h^4	h^6	h^8
$8\,h$	$T_1 = 0{,}78539\;8163$ $U_1 = 1{,}11072\;0735$			
$4\,h$	$T_2 = 0{,}94805\;9449$ $U_2 = 1{,}02617\;2153$	$S_2 = 1{,}00227\,9878$ $V_2 = 0{,}99798\,9293$		
$2\,h$	$T_4 = 0{,}98711\;5801$ $U_4 = 1{,}00645\;4543$	$S_4 = 1{,}00013\,4584$ $V_4 = 0{,}99988\,2006$	$R_4 = 0{,}99999\,1566$ $W_4 = 1{,}00000\,8187$	
h	$T_8 = 0{,}99678\;5172$	$S_8 = 1{,}00000\,8296$	$R_8 = 0{,}99999\,9876$	$Q_8 = 1{,}00000\,0008$

BIBLIOGRAPHIE

[1] A. C. Aitken, On Bernoulli's numerical solution of algebraic equations, *Proceedings of the Royal Society of Edinburgh*, vol. 46 (1926), pp. 289-305.

[2] L. Euler, Methodus generalis summandi progressiones, *Commentaire 25 de l'Académie des Sciences de Saint-Petersbourg*, 1732-3 (1738), pp. 68-97.

[3] L. Euler, Inventio summae cuiusque seriei ex dato termino generali, *Commentaire 47 de l'Académie des Sciences de Saint-Petersbourg*, 1736 (1741). *Leonhardi Euleri Opera omnia*, Vol. XIV, pp. 117-119.

[4] L. Euler, *Institutiones calculi differentialis cum ejus usu in analysi finitorum ac doctrina serierum*, St Petersbourg, 1755. *Leonhardi Euleri Opera omnia*, Vol. X, 1913.

[5] L. Euler, *Institutiones calculi integralis*, St Petersbourg, 1768-1769.

[6] J. Gregory, Lettre du 23 novembre 1670 à Collins, in the *Correspondence of Isaac Newton*, Vol. 1, éd. Turnbull, Cambridge University Press, 1959.

[7] Ch. Hermite, Sur la formule de MacLaurin, extrait d'une lettre à Borchardt, 1877, *Journal für die reine und angewandte Mathematik*, t. 84 (1878), pp. 425-431.

[8] C. Huygens, De circuli magnitudine inventa, *Œuvres*, t. XII, 1654.

[9] C. G. Jacobi, De usu legitimo formulae summatoriae Maclaurinianae, *Journal für die reine und angewandte Mathematik*, t. XII (1834), pp. 263-272.

[10] M. Kline, *Mathematical thought from Ancient to Modern Times*, Oxford University Press, 1972.

[11] E. Kummer, Eine neue Methode, die numerischen Summen langsam convergirender Reihen zu berechnen, *Journal für die reine und angewandte Mathematik*, t. XVI, fasc. 3 (1835), pp. 206-214.

[12] C. Maclaurin, *A Treatise of fluxions*, 1742, Edinburgh. Traduction R.-P. Pezenas, *Traité des Fluxions*, Paris, 1749.

[13] H. Poincaré, *Les méthodes nouvelles de la mécanique céleste*, Paris 1893.

[14] S.-D. Poisson, Mémoire sur le calcul numérique des Intégrales définies, 1826, *Mémoires de l'Académie Royale des Sciences de l'Institut de France*, t. VI (1827).

[15] L. F. Richardson, The deferred approach to the limit, *Philosophical Transactions of the Royal Society*, vol. 226 (1927), pp. 299-361.

[16] L. F. Richardson, The approximate Arithmetical Solution by Finite Differences of Physical Problems involving Differential Equations, with an Application to the Stresses in a Masonry Dam, *Philosophical Transactions of the Royal Society*, vol. 210 (1911), pp. 307-357.

[17] W. Romberg, Vereinfachte numerische Integration, *Det Kong. Norske Videnskabernes Selskabs Forhandlinger*, Trondheim, vol. 28, n° 7 (1955), pp. 30-36.

[18] M. Saigey, *Problèmes d'arithmétique et exercices de calcul du second degré avec les solutions raisonnées*, Hachette, Paris, 1859.

[19] J. F. Steffensen, *Interpolation*, New York, 1927; 2e éd. Chelsea, New York, 1950.

[20] J. Stirling, Methodus Differentialis Newtoniana Illustrata, *Philosophical Transactions*, vol. 30 (1719), pp. 1050-1070.

[21] J. Stirling, *Methodus Differentialis sive Tractatus de Summatione et Interpolatione Serierum Infinitarum*, Londres, 1730.

Chapitre 15

Vers un concept d'algorithme

Nous avons présenté dans les chapitres précédents de nombreux algorithmes mis en œuvre avant même que la notion d'algorithme soit clairement précisée. Aujourd'hui, un algorithme est défini comme un ensemble fini et organisé d'instructions qui doit répondre à un problème et qui doit vérifier les conditions suivantes [10] :

1. L'algorithme doit pouvoir être écrit dans un certain langage : un langage est un ensemble de mots écrits à partir d'un alphabet défini.
2. La question posée est déterminée par une donnée, appelée *entrée*, pour laquelle l'algorithme sera exécuté.
3. L'algorithme est un processus qui s'exécute étape par étape.
4. L'action à chaque étape est strictement déterminée par l'algorithme, l'entrée et les résultats obtenus dans les étapes précédentes.
5. La réponse, appelée *sortie*, est clairement spécifiée.
6. Quelle que soit l'entrée, l'exécution se termine en un nombre fini d'étapes.

Cette notion est largement suffisante pour pouvoir s'accorder sur le fait que telle ou telle procédure constitue bien un algorithme. Cependant, dans les années 1930, des problèmes concernant les fondements logiques des mathématiques vont amener les mathématiciens à approfondir la notion d'algorithme et à proposer la définition d'un concept. Comment caractériser ce passage de la notion au concept ? La notion décrite plus haut prend signification par référence à la résolution de certains types de problèmes, alors que la signification d'un concept réside dans la mise en relation avec d'autres concepts d'une théorie, ici mathématique. Pourquoi la définition formelle du concept d'algorithme s'impose-t-elle ? Pour démontrer justement qu'il existe certains problèmes auxquels aucun algorithme ne peut répondre.

La liaison entre l'idée d'algorithme et l'approche logicienne des mathématiques est ancienne. Ainsi, au XVIIe siècle, Leibniz envisage « une langue caractéristique universelle » qui permettrait de ramener les raisonnements mathématiques à de simples calculs. Il s'essaie à un calcul de propositions et fait allusion à des « machines qui imitent la raison ». Il avait établi, plus jeune, les plans d'une machine à résoudre des équations. En 1821, dans son traité *Sur l'influence des signes dans le raisonnement mathématique*, Charles Babbage explique comment le raisonnement mathématique peut utiliser mécaniquement les signes algébriques. Il présente, trois ans plus tard, à la Société philosophique de Cambridge une petite machine construite pour calculer, par des moyens mécaniques, une table ayant des différences secondes constantes (*cf.* chapitre 10, p. 383).

Dans son traité intitulé *An investigation on the Laws of Thought* de 1854, Boole va plus loin en proposant une « algébrisation de la logique ». Il introduit un formalisme qui permet de décider, par traduction et par calcul, si certaines propositions sont vraies. Ces travaux seront poursuivis par S. Jevons et C.S. Peirce. Les algorithmes de Boole permettent à Jevons de décrire un procédé automatique de formation des fonctions logiques, qu'il utilise dans une machine mécanique présentée en 1870 à la Royal Society sous le nom de « piano logique ». Peirce étend l'algèbre logique à la théorie des relations de De Morgan, et introduit les tables de vérité en 1885, comme procédé de décision automatique [5].

Une première logique formalisée est donnée par Frege dans sa *Begriffschrift* de 1879 : son système est construit à partir de symboles primitifs, la négation, l'implication, le quantificateur universel et l'identité, et d'inférences faites de manière purement formelles [6]. Ainsi, des comparaisons d'écritures peuvent permettre de vérifier qu'une formule est correctement inférée, c'est-à-dire déduite des autres. Peano introduit un langage formalisé pour l'arithmétique dans ses *Arithmeticae principia* de 1889, ceci afin que toute proposition puisse s'écrire à l'aide de signes, et se déduise par des procédures similaires aux résolutions d'équations algébriques. Les travaux de Frege et de Peano inspirent ceux de Russell, pour qui toute mathématique est logique symbolique [13].

L'origine directe des travaux qui vont conduire à la définition du concept d'algorithme se trouve dans le programme du mathématicien David Hilbert. Dans les années 1890, Hilbert développe ce que l'on appelle une conception formaliste des mathématiques. Pour lui, le mathématicien travaille sur des objets dont la nature n'a pas à être spécifiée. Les démonstrations d'une théorie sont de pures déductions partant d'axiomes, eux-mêmes conçus comme de simples règles de jeu. Un énoncé sera dit vrai s'il est non contradictoire avec le système d'axiomes.

En 1899, dans une conférence sur le concept de nombre, Hilbert propose une méthode axiomatique pour introduire les nombres : les nombres sont conçus comme de simples objets entre lesquels existent des relations décrites par un système d'axiomes. Cela suppose, bien sûr, de pouvoir assurer la non-contradiction de ce système. Lors du 3ème Congrès International des mathématiciens d'Heidelberg de 1904, Hilbert explique qu'il compte pour cela réduire l'arithmétique à la logique. Ainsi, axiomes et théorèmes seraient représentés par des suites finies de signes, et chaque démonstration s'effectuerait selon des « règles mécaniques » bien définies. Il précise ceci en 1922 en posant le *Entscheidungsproblem*, c'est-à-dire le problème de décision, qui consiste à trouver une procédure permettant, en un nombre fini d'étapes, de tester si une expression formelle se déduit d'un système d'axiomes donnés. Ces conceptions conduisent Hilbert et ses disciples à l'étude des systèmes formels, présentés dans un ouvrage de Hilbert et Ackermann de 1928 [7]. Ces systèmes sont inspirés des systèmes de l'arithmétique de Peano et des axiomes logiques des *Principia Mathematica* de Russell et Whitehead.

Lors du Congrès International de 1928, Hilbert propose un programme de recherche sous forme de problèmes. Ce programme pose, en particulier, trois questions fondamentales sur les mathématiques :

– Les mathématiques sont-elles *complètes*, c'est-à-dire, est-ce que tout énoncé mathématique peut-être confirmé ou infirmé ?

– Les mathématiques sont-elles *consistantes*, c'est-à-dire, est-il impossible de démontrer un énoncé mathématique et son contraire ?

– Les mathématiques sont-elles *décidables*, c'est-à-dire, *existe-t-il une procédure* permettant de décider, sans nécessairement en faire la démonstration, qu'un énoncé mathématique est vrai (non-contradictoire) ?

La pensée formaliste induit l'idée que les réponses à toutes ces questions doivent être positives puisqu'il s'agit de ramener l'activité mathématique à une simple manipulation de signes, de réduire la vérité mathématique à une simple non-contradiction dans un système de propositions. L'enjeu de la dernière question, le *Entscheidungsproblem*, est de pouvoir en principe ramener toutes les questions mathématiques à une forme mécanique. Cependant, moins de dix ans plus tard, une réponse négative est apportée aux questions d'Hilbert. Pour cela il aura fallu préciser ce qu'on entend par fonction calculable, par nombre calculable, par procédure de décision, c'est-à-dire essentiellement, définir le concept d'algorithme.

Dès 1931, un jeune mathématicien autrichien, Kurt Gödel, démontre l'incomplétude de l'arithmétique, c'est-à-dire qu'il existe des propositions qui ne peuvent y être ni démontrées, ni infirmées. Le théorème de Gödel marque, d'une certaine façon, les limites de la pensée formaliste. Il est considéré, par bon nombre de mathématiciens, comme un des résultats les plus profonds de ce siècle. Pour le démontrer, Gödel introduit la notion de fonction récursive qui a la propriété d'être calculable. En 1934, Gödel donne un cours à Princeton : il reprend son article de 1931 et définit le concept de fonction récursive générale. Dans un article de 1936, le logicien Kleene précisera les définitions de Gödel en introduisant les termes de fonction primitive récursive et de fonction récursive qui sont aujourd'hui en vigueur.

Les travaux de Gödel vont inspirer les recherches d'Alonzo Church, de Stephen Kleene, d'Alan Turing et d'Emil Post. Ces mathématiciens s'attaquent à l'*Entscheidungsproblem* d'Hilbert et démontrent qu'il existe des problèmes non décidables, c'est-à-dire, des énoncés pour lesquels *il n'existe pas de procédure* permettant de décider s'ils sont vrais ou non. Pour cela, chacun d'eux définit un concept de calculabilité, c'est-à-dire, d'algorithme.

Il est à remarquer qu'alors que le concept de fonction récursive apparaît comme une incidente dans l'article de 1931 de Gödel, ce concept est central dans l'argumentation de Church. Bien plus, les concepts de machine et de processus interviennent comme premiers dans les articles de Turing et Church. Quant à l'article de Kleene de 1936, intitulé « Fonctions récursives générales d'entiers naturels », il est consacré principalement, comme l'indique son titre, à l'étude du concept de fonction récursive et à celle de l'équivalence entre différentes définitions.

La question de l'équivalence entre tous les concepts de calculabilité énoncés entre 1931 et 1936 est essentielle. D'une part, elle assure la cohérence mathématique des différents résultats obtenus. D'autre part, elle intervient dans la question métamathématique suivante : est ce que le concept d'algorithme correspond à la notion d'algorithme et à l'idée intuitive même d'algorithme ?

Il semble que cette dernière question ait été soulevée par Gödel dans une conversation avec Church, alors que ce dernier travaillait à un concept différent de celui de Gödel. Dans son article de 1935/6, Church répond positivement. Cette réponse, appelée aujourd'hui « Thèse de Church », ne peut être que d'ordre métamathématique. On pourrait aussi bien l'appeler « Thèse de Turing » ou « Thèse de Post », tant la question de la correspondance entre concept et notion intuitive joue un rôle essentiel dans les travaux de ces deux mathématiciens. Au point que, tous deux partent de la pratique d'une personne qui calcule et veulent que leurs conceptions fassent preuve de « fidélité psychologique ». Fait rarissime dans un article mathématique ! Comme l'indique Gödel, la notion intuitive d'algorithme a joué un rôle heuristique important dans tous ces travaux qui furent, décidément, une sérieuse revanche sur la pensée formaliste hilbertienne.

FONCTIONS RÉCURSIVES ET FONCTIONS CALCULABLES

1. LA DÉFINITION DE 1931

Dans son article fameux de 1931, intitulé « Sur les propositions indécidables des *Principia Mathematica* », Gödel introduit un système formel P construit à partir du système logique des *Principia Mathematica* de Russell et des axiomes des nombres entiers de Peano. Il démontre qu'il existe, dans ce système, des problèmes indécidables, c'est-à-dire des formules qui ne peuvent être ni confirmées, ni infirmées. Plus précisément, Gödel montre que l'arithmétique formalisée ne peut être qu'incomplète ou inconsistante, et que la consistance de l'arithmétique ne peut être prouvée à l'intérieur de son système axiomatique.

L'idée clé de Gödel consiste à coder toutes les formules du système P, ainsi que leurs démonstrations, par des nombres entiers : « *une formule est une suite de nombres naturels et une démonstration est une suite finie de suites finies de nombres naturels* ». Il est piquant de remarquer que le programme de Hilbert avait pour origine la volonté de traduire l'arithmétique par la logique, c'est-à-dire de transformer les nombres en formules, et que Gödel met à mal ce programme en codant les formules par des nombres entiers !

La démarche de Gödel est la suivante. Il montre que l'on peut ordonner les formules à une variable libre du système : la $n^{\text{ième}}$ formule est notée $R(n)$. Si a est une formule à une variable libre, il note $[a; n]$ la formule obtenue en substituant l'entier n à la variable libre. Puis il considère la classe K des nombres entiers telle que :

$n \in$ K si et seulement $[R(n); n]$ n'est pas démontrable. (1)

Il existe une formule S telle que la formule $[S; n]$ signifie intuitivement que $n \in$ K. Soit q tel que $S = R(q)$, alors $[R(q); q]$ est une formule indécidable. En effet,

– si $[R(q); q]$ est démontrable alors $q \in$ K par définition de $S = R(q)$, donc $[R(q); q]$ n'est pas démontrable d'après (1), ce qui est contradictoire,

– si $[R(q); q]$ n'est pas démontrable alors *non* $q \in$ K par définition de $S = R(q)$, donc $[R(q); q]$ est démontrable d'après (1), ce qui est contradictoire.

Comme l'écrit Gödel, « l'analogie de ce résultat avec l'antinomie de Richard est évidente immédiatement ; il y a aussi une relation étroite avec le *Paradoxe du Menteur* ». Rappelons que le paradoxe de Russell, divulgué en 1903 par Frege et Russell, déclencha une crise parmi les mathématiciens, mais aussi une véritable fascination qui suscita toute une floraison de nouveaux paradoxes [5].

Pour démontrer son théorème, Gödel définit les concepts de fonction et de relation récursives et démontre que « toute relation récursive est arithmétique ». L'idée de définir une fonction par récurrence n'est pas nouvelle : on la trouve dans le *Manuel d'Arithmétique à l'usage des établissements supérieurs* de 1861, où Grassmann définit par récurrence, à partir du seul passage au successeur, l'addition et la multiplication des entiers, et dans le livre important de Dedekind de 1888 intitulé *Que sont et que doivent être les nombres ?* [5]. Pour une formulation moderne du théorème de Gödel, on pourra se rapporter à [1].

Le texte de Gödel (1931)

Extrait de « Über formal unentscheidbare Sätze der Principia Mathematica und verwandter System I », *Monatschefte für Mathematik und Physik*, t. 38 (1931), pp. 173-198. Trad. E. Barbin (pp. 179-180).

Nous introduisons maintenant une digression qui, pour le moment, n'a rien à faire avec le système formel P, et donnons tout d'abord la définition suivante : une fonction arithmétique* $\varphi(x_1, x_2, \ldots, x_n)$ est dite *définie récursivement* à partir des fonctions arithmétiques $\psi(x_1, x_2, \ldots, x_{n-1})$ et $\mu(x_1, x_2, \ldots, x_{n+1})$ si, pour tous $x_2, \ldots, x_n$, k**, on a :

$$\varphi(0, x_2, \ldots, x_n) = \psi(x_2, \ldots, x_n)$$
$$\varphi(k+1, x_2, \ldots, x_n) = \mu(k, \varphi(k, x_2, \ldots, x_n), x_2, \ldots, x_n).$$

Une fonction arithmétique φ est dite *récursive* s'il existe une suite finie de fonctions arithmétiques $\varphi_1, \varphi_2, \ldots, \varphi_m$ qui se termine par φ et a la propriété que chacune des fonctions φ_k de la suite soit est définie récursivement à partir de deux des précédentes fonctions, soit provient par substitution*** de n'importe lesquelles des précédentes, soit, enfin, est une constante ou la fonction successeur $x + 1$. La longueur de la suite de φ_i la plus courte nécessaire pour une fonction récursive est appelée son rang.

* C'est-à-dire que son domaine de définition est l'ensemble des nombres entiers non négatifs (ou encore des *n*-uplets de tels nombres) et que ses valeurs sont des nombres entiers non négatifs.

** Les petites lettres latines (éventuellement indicées) sont, dans ce qui suit, toujours des variables pour des nombres entiers non négatifs (dans le cas où rien de contraire n'est expressément dit).

*** Plus précisément : par substitution de certaines des fonctions précédentes aux places libres de l'une des précédentes, par exemple $\varphi_k(x_1, x_2) = \varphi_p[\varphi_q(x_1, x_2), \varphi_r(x_2)](p, q, r < k)$. Toutes les variables du côté gauche ne doivent pas nécessairement apparaître à droite (de même dans le schéma de récursion).

Les fonctions étudiées sont des fonctions définies sur des n-uplets d'entiers naturels et qui prennent leurs valeurs dans l'ensemble des entiers naturels.

Montrons que l'addition et la multiplication sont des fonctions récursives.

En utilisant la notation dite « polonaise », introduite par Lukasiewicz en 1920 [5], nous posons :

$$+(x, y) = x + y.$$

Nous avons alors : $+(0, y) = y$

et $$+(x + 1, y) = +(x, y) + 1.$$

Si nous notons S la fonction successeur, nous avons :

$$+(x + 1, y) = S(+(x, y)).$$

Ainsi, l'addition est récursivement définie, au sens de Gödel, à partir de la fonction successeur.

De même, pour la multiplication, posons $^*(x, y) = x * y$. Nous avons alors :

$$^*(0, y) = 0$$

et $$^*(x + 1, y) = +(^*(x, y), y).$$

Si nous notons C la fonction constante nulle, nous avons :

$$^*(0, y) = C(y)$$

et $$^*(x + 1, y) = +(^*(x, y), y).$$

Ainsi, la multiplication est récursivement définie, au sens de Gödel, à partir de la fonction constante C et de l'addition, fonction elle-même récursive. Par conséquent, la multiplication est récursive de rang 2.

2. FONCTIONS RÉCURSIVES GÉNÉRALES AU SENS DE GÖDEL

Durant le printemps de 1934, Gödel donne un cours à Princeton où il reprend ses idées de 1931. Ce cours est rédigé par Kleene et Rosser et il paraît sous le titre de « Sur les propositions indécidables des systèmes mathématiques formels ». Gödel y précise le concept de fonction récursive, et surtout étend le concept à celui de fonction récursive générale. Il indique, dans une note, que ce dernier concept lui fut suggéré par le mathématicien Jacques Herbrand.

Le concept de fonction récursive générale repose sur une double récursion. L'introduction d'une fonction définie par double récursion apparaît dans les travaux d'Ackermann vers 1920. Cette fonction fut présentée en 1925 par Hilbert, lors d'une conférence sur l'infini, dans le but de démontrer l'hypothèse du continu [5]. Ackermann en donne une étude dans un article publié en 1928 [6].

Le texte de Gödel (1934)

Extrait de « On undecidable propositions of formal mathematical systems », Polycopié d'un cours de 1934 à l'Institut des Études Avancées de Princeton, in *The Undecidable*, ed. Martin Davis, Raven Press, 1965, pp. 39-71. Trad. E. Barbin (pp. 43 et 69-70).

2. Fonctions et relations récursives

[...]

La fonction $\phi(x_1,\ldots,x_n)$ sera *composée* à partir des fonctions $\psi(x_1,\ldots,x_n)$ et $\chi_i(x_1,\ldots,x_n)$ ($i = 1, \ldots, m$) si, pour tous les entiers naturels $x_1, \ldots, x_n$,

(1) $$\phi(x_1,\ldots,x_n) = \psi(\chi_1(x_1,\ldots,x_n),\ldots, \chi_m(x_1,\ldots,x_n)).$$

$\phi(x_1,x_2,\ldots,x_n)$ sera dite *récursive* relativement à $\psi(x_1,\ldots,x_{n-1})$ et $\phi(x_1,\ldots,x_{n+1})$ si, pour tous les entiers naturels $k, x_2, \ldots, x_n$,

(2) $$\phi(0,x_2,\ldots,x_n) = \psi(x_2,\ldots,x_n)$$
$$\phi(k+1,x_2,\ldots,x_n) = \chi(k,\phi(k,x_2,\ldots,x_n),x_2,\ldots,x_n).$$

Dans les formules (1) et (2), il est possible d'omettre chacune des variables pour l'une quelconque de ses occurrences (ou toutes) dans le membre de droite (par exemple (1) autorise $\phi(x,y) = \psi(\chi_1(x),\chi_2(x,y))$*. Nous définissons la classe des fonctions *récursives* comme la totalité des fonctions qui peuvent être engendrées par substitution, selon le schéma (1), et par récursion, selon le schéma (2), à partir de la fonction successeur $x + 1$, des fonctions constantes $f(x_1, \ldots, x_n) = c$, et des « fonctions identités » [projections] $U_j^n(x_1,\ldots,x_n) = x_j$ $(1 \le j \le n)$. En d'autres mots, une fonction ϕ sera récursive s'il existe une suite finie de fonctions $\phi_1,\phi_2,\ldots,\phi_n$ qui se termine par ϕ telle que toute fonction de la suite est soit la fonction successeur $x + 1$, soit une fonction constante $f(x_1, \ldots, x_n) = c$, soit une « fonction identité » $U_j^n(x_1,\ldots,x_n) = x_j$, soit composée à partir des fonctions précédentes, soit récursive relativement aux fonctions précédentes. Une relation R sera *récursive* si la fonction qui la représente est récursive.

Les fonctions récursives possèdent l'importance propriété que, pour tout ensemble donné de valeurs de leurs arguments, la valeur de la fonction peut être calculée par une procédure finie**.

---

* Cette phrase aurait pu être omise, puisque la suppression de toute occurrence des variables à droite peut être effectuée au moyen des fonctions U_j^n.

** L'inverse semble vrai, si, en plus des récursions selon le schéma (2), on admet des récursions d'autres formes (par exemple relatives à deux variables simultanément). Ceci ne peut être prouvé, puisque la notion de calcul fini n'est pas définie, mais cela sert de principe heuristique.

[...]

9. Fonctions récursives générales

Si $\psi(y)$ et $\chi(x)$ sont deux fonctions récursives données, alors la fonction $\phi(x, y)$, définie inductivement par les relations

$$\phi(0,y)=\psi(y),\ \phi(x+1,0)=\chi(x),\ \phi(x+1,y+1)=\phi(x,\phi(x+1,y)),$$

n'est pas récursive en général au sens limité du § 2. C'est un exemple de définition, par induction, pour deux variables simultanément.

[...]

La considération de différentes sortes de fonctions définies par induction conduit à la question de ce qu'on pourrait entendre par « toute fonction récursive ».

On peut essayer de définir cette notion ainsi : si ϕ désigne une fonction inconnue et $\psi_1, \ldots, \psi_k$ des fonctions connues, et si l'on substitue les fonctions ψ et ϕ les unes dans les autres de la façon la plus générale et que l'on égale certaines paires d'expressions obtenues, alors si l'ensemble d'équations fonctionnelles obtenu a une et une seule solution pour ϕ, ϕ est une fonction récursive*.

Ainsi, nous pouvons avoir

$$\begin{aligned}
\phi(x,0) &= \psi_1(x),\\
\phi(0,y+1) &= \psi_2(y),\\
\phi(1,y+1) &= \psi_3(y),\\
\phi(x+2,y+1) &= \psi_4(\phi(x,y+2),\phi(x,\phi(x,y+2))).
\end{aligned}$$

* Ceci a été suggéré par Herbrand dans une communication privée.

Gödel précise les trois types de fonctions de base qui permettent de définir le concept de fonction récursive : la fonction successeur S, la fonction constante nulle C et les fonctions identités U_j^n. Elles sont définies par :

$$\begin{aligned}
&S(x) = x + 1\\
&C(x) = 0\\
&U_j^n(x_1, x_2, \ldots, x_n) = x_j.
\end{aligned}$$

Avec ces notations nous avons pour l'addition :

$$\begin{aligned}
+(0,y) &= U_1^1(y)\\
+(x+1,y) &= S(U_2^3(x, +(x,y), y))
\end{aligned}$$

et pour la multiplication :

$$\begin{aligned}
*(0,y) &= C(y)\\
*(x+1,y) &= +(U_2^3(x, *(x,y), y), U_3^3(x, *(x,y), y))
\end{aligned}$$

Une fonction récursive est une fonction qui peut être définie à partir des fonctions de base par un nombre fini d'opérations de composition et de récursion.

Gödel indique que le concept de fonction récursive générale, qu'il définit précisément plus loin dans son cours, est effectivement plus large que le précédent. La fonction d'Ackermann donne un exemple intéressant d'une fonction récursive générale. Nous pouvons la définir par les équations suivantes :

$$A(0,y) = 1 \qquad (1)$$

$$A(1,0) = 2 \qquad (2)$$

$$A(x+2,0) = S(S(x)) \qquad (3)$$

$$A(x+1,y+1) = A(A(x,y+1),y) \qquad (4).$$

La quatrième équation définit une double récursion, car la récursion porte sur les deux variables. Cette fonction est récursive générale sans être récursive. En effet, on montre que la fonction $h(x) = A(x, x)$ grossit plus vite que n'importe quelle fonction récursive primitive à un argument [4].

3. LA CALCULABILITÉ EFFECTIVE DE CHURCH

Les deux articles de Gödel, ainsi que les recherches menées par Kleene, sont cités par Church dans son article intitulé « Un problème non résoluble de la théorie élémentaire des nombres » et présenté en avril 1935 à l'*American Mathematical Society*. Dans cet article, Church définit un autre concept de fonction récursive, dont l'équivalence avec le concept de fonction récursive générale de Gödel n'est pas immédiat mais résulte des travaux de Kleene.

Le texte de Church

Extrait de « An unsolvable problem of elementary number theory »,
The American Journal of Mathematics, t. 58 (1936), pp. 345-363.
Trad. E. Barbin (pp. 345-346, 350-351 et 356).

1. Introduction. Il y a une classe de problèmes de la théorie élémentaire des nombres qui peut être énoncée sous la forme suivante : trouver une fonction effectivement calculable *f* de *n* entiers positifs, telle que $f(x_1, x_2, ..., x_n) = 2$* est une condition nécessaire et suffisante pour la vérité d'une certaine proposition de la théorie élémentaire des nombres comprenant $x_1, x_2, ..., x_n$ comme variables libres.

[...]

* Le choix du nombre entier particulier 2 au lieu d'un autre est bien sûr fortuit et sans importance.

L'objectif du présent article est de proposer une définition de la calculabilité effective dont on pense qu'elle correspond de manière satisfaisante à la notion vague et intuitive au moyen de laquelle les problèmes de cette classe sont souvent énoncés, et de montrer, à l'aide d'un exemple, que les problèmes de cette sorte ne sont pas tous résolubles.

[...]

4. Fonctions récursives. Nous définissons une classe d'expressions, que nous appellerons *expressions élémentaires*, et qui comportent, outre des parenthèses et des virgules, les symboles 1, S, un ensemble infini de variables numériques x, y, z, ..., et, pour chaque entier positif n, un ensemble infini f_n, g_n, h_n, ... de variables fonctionnelles indexées par n. Cette définition se fait par induction de la façon suivante.

Le symbole 1 ou toute variable numérique, toute seule, est une expression élémentaire. Si A est une expression élémentaire, alors $S(A)$ est une expression élémentaire. Si A_1, A_2,..., A_n sont des expressions élémentaires et f_n est n'importe quelle variable fonctionnelle indexée par n, alors $f_n(A_1, A_2,..., A_n)$ est une expression élémentaire.

Les expressions élémentaires particulières 1, $S(1)$, $S(S(1))$, ... sont appelées « *numerals* ». Et les entiers positifs 1, 2, 3, ... sont dits correspondre aux « numerals » 1, $S(1)$, $S(S(1))$, ...

Une expression de la forme $A = B$, où A et B sont des expressions élémentaires, est appelée une *équation élémentaire*.

Les *équations dérivées* d'un ensemble E d'équations élémentaires sont définies par induction de la manière suivante. Les équations de E elles-mêmes sont des équations dérivées. Si $A = B$ est une équation dérivée contenant une variable numérique x, alors le résultat de la substitution d'un « numeral » particulier pour toutes les occurrences de x dans $A = B$ est une équation dérivée. Si $A = B$ est une équation dérivée contenant une expression élémentaire C (partie de A ou B), et si $C = D$ ou $D = C$ est une équation dérivée, alors le résultat de la substitution de D pour une occurrence particulière de C dans $A = B$ est une équation dérivée.

Supposons qu'aucune équation dérivée d'un certain ensemble fini E d'équations élémentaires n'a la forme $k = l$ où k et l sont des « numerals » différents, que les variables fonctionnelles qui apparaissent dans E sont $f_{n_1}^{\ 1}, f_{n_2}^{\ 2} \ldots,\ f_{n_r}^{\ r}$ d'indices n_1, n_2, ..., n_r respectivement, et que, pour toute valeur de i de 1 à r inclus, et pour tout ensemble de « numerals » $k_1^{\ i}, k_2^{\ i} \ldots,\ k_{n_i}^{\ i}$, il existe un unique « numeral » k^i tel que $f_{n_i}^{\ i}\left(k_1^{\ i}, k_2^{\ i}, \ldots, k_{n_i}^{\ i}\right) = k^i$ soit une équation dérivée de E. Et soient F^1, F^2, ..., F^r les fonctions d'entiers positifs définies par la condition que, dans tous les cas, $F^i\left(m_1^{\ i}, m_2^{\ i}, \ldots,\ m_{n_i}^{\ i}\right)$ soit égal à m^i, où $m_1^{\ i}, m_2^{\ i}, \ldots, m_{n_i}^{\ i}$ et m^i sont les entiers positifs qui correspondent aux « numerals » $k_1^{\ i}, k_2^{\ i} \ldots, k_{n_i}^{\ i}$, et k^i respectivement. On dit alors que l'ensemble d'équations E *définit*, ou bien est un ensemble d'équations de récursion pour, n'importe laquelle des fonctions F^i, et que la variable fonctionnelle $f_{n_i}^{\ i}$ *désigne* la fonction F^i.

Une fonction d'entiers positifs pour laquelle on peut donner un ensemble d'équations de récursion est dite *récursive***.

Il est clair que pour toute fonction récursive d'entiers positifs il existe un algorithme grâce auquel toute valeur particulière demandée de la fonction peut être calculée

** Cette définition est très proche de, et a été suggérée par, une définition des fonctions récursives qui a été proposée par Kurt Gödel, dans un cours à Princeton, N.J., 1934, et attribuée par lui en partie à une suggestion non publiée de Jacques Herbrand. Les principales caractéristiques selon lesquelles la présente définition de la récursivité diffère de celle de Gödel est due à S.C. Kleene.

effectivement. Car les équations dérivées de l'ensemble des équations de récursion E sont effectivement énumérables, et l'algorithme pour le calcul des valeurs particulières d'une fonction F^i, désignée par une variable fonctionnelle $f_{n_i}^{\;i}$, consiste à exécuter l'énumération des équations dérivées de E jusqu'à ce que l'on trouve l'équation particulière demandée de la forme $f_{n_i}^{\;i}\left(k_1^i, k_2^i, \ldots, k_{n_i}^{\;i}\right) = k^i$***.

[...]

7. La notion de calculabilité effective. Nous définissons maintenant la notion, déjà discutée, de fonction d'entiers positifs *effectivement calculable* en l'identifiant avec la notion de fonction d'entiers positifs récursive**** [...]. Nous pensons cette définition justifiée par les considérations suivantes, pour autant que l'on puisse jamais obtenir une justification irréfutable du choix d'une définition formelle par le fait qu'elle corresponde à une notion intuitive.

Il a déjà été signalé que, pour toute fonction d'entiers positifs qui est effectivement calculable dans le sens qui vient d'être défini, il existe un algorithme pour le calcul de ses valeurs.

Inversement il est vrai, avec la même définition de la calculabilité effective, que toute fonction, pour laquelle existe un algorithme de calcul de ses valeurs, est effectivement calculable. Par exemple, dans le cas d'une fonction F d'un entier positif, un algorithme consiste en une méthode par laquelle, étant donné un entier positif n, une suite d'expressions (dans une certaine notation) $E_{n1}, E_{n2}, \ldots, E_{n\,r_n}$, peut être obtenue ; où E_{n1} est effectivement calculable quand n est donné ; où E_{ni} est effectivement calculable quand n et les expressions E_{nj}, $j < i$, sont donnés ; et où, quand n et toutes les expressions E_{ni} jusqu'à $E_{n\,r_n}$ inclus sont donnés, le fait que l'algorithme est terminé devient effectivement connu et la valeur de $F(n)$ est effectivement calculable. [...]

*** Le lecteur peut objecter que l'on ne peut pas considérer que cet algorithme fournit un calcul effectif de la valeur particulière requise de F^i à moins que la preuve que l'équation requise $f_{n_i}^{\;i}\left(k_1^i, k_2^i, k_{n_i}^{\;i}\right) = k^i$ sera finalement trouvée ne soit constructive. Mais ceci signifie simplement qu'il doit prendre le quantificateur existentiel, qui apparaît dans notre définition d'un ensemble d'équations de récursion, dans un sens constructif. La question de savoir ce que doit être le critère de constructivité est laissé au lecteur. [...]

**** La question de la relation entre calculabilité effective et récursivité (à laquelle il est proposé ici de répondre par l'identification des deux notions) fut soulevée par Gödel dans une conversation avec l'auteur. [...]

Le concept de fonction récursive défini par Church correspond à l'idée intuitive qu'un algorithme permettant de calculer une fonction peut être donné par un ensemble d'équations d'un certain type. Considérons, par exemple, la fonction de Fibonacci. Rappelons que la suite des nombres de Fibonacci 1, 2, 3, 5, 8, 13, 21, ... est telle que chaque terme est la somme des deux précédents. La fonction de Fibonacci qui donne le xe terme de cette suite est définie par l'ensemble d'équations élémentaires suivant :

$$\mathrm{FIB}(0) = 1$$

$$\mathrm{FIB}(1) = 2$$

$$\mathrm{FIB}\big(S(S(x))\big) = +\big(\mathrm{FIB}(x), \mathrm{FIB}(S(x))\big).$$

Cette fonction peut aussi être définie comme une fonction récursive au sens de Gödel, mais cela nécessite des techniques avancées [10].

Church indique comment calculer effectivement les valeurs d'une fonction donnée par un ensemble d'équations élémentaires. Il suffit de calculer les équations dérivées obtenues en substituant une valeur particulière à une variable (opération de substitution) ou en substituant un membre d'une équation à l'autre (opération de remplacement). Ainsi, son concept correspond bien à l'idée d'une fonction dont les valeurs peuvent être calculées par une procédure effective, c'est-à-dire par un algorithme.

Ainsi, considérons l'ensemble des équations qui définit la fonction d'Ackermann :

$$A(0,y) = 1 \qquad (1)$$
$$A(1,0) = 2 \qquad (2)$$
$$A(x+2,0) = S(S(x)) \qquad (3)$$
$$A(x+1,y+1) = A(A(x,y+1),y) \qquad (4).$$

La recherche des équations dérivées permet de calculer effectivement les valeurs de la fonction A. Nous avons :

$A(2,0) = 4$, etc., $A(x,0) = 2x$ d'après (3) par substitution
$A(0,1) = 1$ d'après (1) par substitution
$A(1,1) = A(A(0,1),0) = A(1,0) = 2$ d'après (4) par remplacement
$A(2,1) = A(A(1,1),0) = A(2,0) = 4 = 2^2$ d'après (4) par remplacement
$A(3,1) = A(A(2,1),0) = A(4,0) = 8 = 2^3$ d'après (4) par remplacement
$A(x,1) = A(A(x-1,1),0) = A(2^{x-1},0) = 2 \times 2^{2x-1} = 2^{2x}$ d'après (4)
$A(0,2) = 1$ d'après (1) par substitution
$A(1,2) = A(A(0,2),1) = A(1,1) = 2$ d'après (4) par remplacement
$A(2,2) = A(A(1,2),1) = A(2,1) = 2^2$ d'après (4) par remplacement
$A(3,2) = A(A(2,2),1) = A(2^2,1) = 2^{2^2}$ d'après (4) par remplacement
$A(x,2) = A(A(x-1,2),1) = 2^{2^{\cdot^{\cdot^{\cdot^{2}}}}}$ d'après (4) par remplacement

Dans son article, Church pose explicitement la question de savoir si le concept de récursivité correspond à la notion de calculabilité effective. Il indique, dans une note, que cette question a été soulevée dans une conversation qu'il a eue avec Gödel. Ce dernier a déjà indiqué, dans son article de 1934, que toute fonction récursive en son sens, est calculable par une procédure finie. Nous trouvons aussi, dans une note de cet article, sans doute postérieure, que « l'inverse semble vrai », à condition d'étendre la question au concept de fonction récursive générale donnée dans cet article.

4. FONCTIONS RÉCURSIVES AU SENS DE KLEENE

Dans son article « Fonctions récursives générales d'entiers naturels », présenté à l'*American Mathematical Society* en septembre 1935, Stephen Kleene reprend les conceptions du cours de Gödel de 1934, dont il fut l'un des rédacteurs. Il commence par définir le concept de fonction récursive primitive, appellé fonction récursive par Gödel dans son article de 1931 et dans son cours de 1934. Puis il donne plusieurs définitions équivalentes pour le concept de fonction récursive, qui correspond à celui de fonction récursive générale dans le cours de Gödel de 1934.

La correspondance entre les différents concepts est donnée dans le tableau suivant :

Gödel	fonction récursive	fonction récursive générale
Church		fonction récursive
Kleene	fonction récursive primitive	fonction récursive

Dans sa nouvelle preuve de l'existence de problèmes irrésolubles, Kleene exhibe l'exemple d'une fonction récursive mais non récursive primitive.

Ainsi, en quelque quatre ans, nous sommes passés d'une définition relativement imprécise d'une fonction récursive, donnée à l'occasion de la preuve d'un théorème, à une étude systématique du concept de fonction récursive. Ceci montre l'importance que les mathématiciens ont rapidement accordée au concept.

Aujourd'hui, l'étude des fonctions récursives intervient de manière fondamentale dans toutes les branches de la logique, ainsi que dans l'arithmétique. Ainsi, en 1970, le mathématicien Matijasevič l'utilise pour démontrer que le 10e problème de Hilbert est irrésoluble. Ce problème est celui de trouver une procédure de décision permettant d'affirmer qu'une équation diophantienne possède une solution. Une équation diophantienne est une équation polynomiale à coefficients entiers dont on cherche des solutions entières. Pour cela, il montre que les ensembles de solutions d'une équation diophantienne coïncident avec les ensembles récursivement énumérables, c'est-à-dire l'ensemble vide et les ensembles de valeurs des fonctions récursives [5].

Le texte de Kleene

Extrait de « General recursive functions of natural numbers », *Mathematische Annalen*, t. 112 (1936), pp. 727-742. Trad. E. Barbin (pp. 727-729).

La substitution

$$(1) \qquad \varphi(x_1,\ldots,x_n)=\theta(\chi_1(x_1,\ldots,x_n),\ldots,\ \chi_m(x_1,\ldots,x_n)),$$

et la récursion ordinaire relative à une variable

$$(2) \qquad \varphi(0,x_2,\ldots,x_n)=\psi(x_2,\ldots,x_n)$$
$$\varphi(y+1,x_2,\ldots,x_n)=\chi(y,\varphi(y,x_2,\ldots,x_n),x_2,\ldots,x_n),$$

où $\theta, \chi_1, \ldots, \chi_m, \psi, \chi$ désignent des fonctions de nombres naturels données, sont des exemples de la définition d'une fonction φ par des équations qui fournissent un procédé pas à pas pour calculer la valeur $\varphi(k_1, ..., k_n)$ pour tout ensemble donné de nombre naturels $k_1, ..., k_n$. Il est connu qu'il existe d'autres définitions de cette sorte, par exemple certaines récursions relatives simultanément à deux variables ou plus, qui ne peuvent pas être réduites à une succession de substitutions et de récursions ordinaires*. C'est pourquoi une caractérisation de la notion de définition récursive en général, qui devrait comprendre tous ces cas est souhaitable. Une définition d'une fonction récursive générale de nombres naturels a été suggérée par Herbrand à Gödel, et a été utilisée par Gödel avec une importante modification dans un cours à Princeton en 1934. Dans cet article nous formulons plusieurs observations sur les fonctions récursives générales, en utilisant essentiellement la forme de la définition de Gödel.

La définition sera donnée [ci-dessous]. Elle consiste à spécifier la forme des équations et la nature des étapes admissibles dans le calcul des valeurs, et à exiger que pour chaque ensemble donné d'arguments le calcul produise comme valeur un nombre unique. Les opérations sur les symboles qui interviennent dans le calcul ont une similitude avec les opérations récursives ordinaires sur les nombres. Cette similitude sera utilisée, au moyen de la méthode de Gödel de représentation des formules par des nombres, pour démontrer que toute fonction récursive (générale) est exprimable sous la forme $\psi(\varepsilon y[\rho(x_1,\ldots,x_n,y)=0])$ où ψ et ρ sont des fonctions récursives ordinaires ou «primitives» et $(x_1,\ldots,x_n)(Ey)[\rho(x_1,\ldots,x_n,y)=0]$**. Ainsi, on voit immédiatement que, pour toute fonction récursive $\rho(x_1,\ldots,x_n,y)$, $\varepsilon y[\rho(x_1,\ldots,x_n,y)=0]$ est une fonction récursive, pourvu que $(x_1,\ldots,x_n)(Ey)[\rho(x_1,\ldots,x_n,y)=0]$.

[...]

Une fonction (relation) récursive dans le sens de Gödel sera désormais appelée fonction (relation) *primitive récursive*. En utilisant

(3)	$S(x)=x+1$	(la fonction successeur)
	$C(x)=0$	(la fonction constante 0)
	$U_i^n(x_1,\ldots,x_n)=x_i$	(la fonction identité)

comme fonctions initiales, la définition d'une fonction primitive récursive peut être ainsi énoncée :

* W. Ackermann, Zum Hilbertschen Aufbau der reellen Zahlen, *Math. Annalen* 99 (1928), p. 118-133 ; Rósza Péter, Konstruktion nichtrekursiver Funktionen, *Math. Annalen* 111 (1935), p. 42-60.

** Dans les «fonctions» que nous considérons, les arguments sont supposés parcourir les nombres naturels (c'est-à-dire les entiers non négatifs) et les valeurs être des nombres naturels. Aussi, pour abréger, nous utilisons les fonctions propositionnelles de nombres naturels, les appelant «relations» (ou bien «classes», quand il y a seulement une variable) et employant les notations suivantes : $(x)\ A(x)$ [pour tout nombre naturel, $A(x)$], $(Ex)\ A(x)$ [il existe un nombre naturel x tel que $A(x)$], $\varepsilon x\ [A(x)]$ [le plus petit nombre naturel x tel que $A(x)$, ou 0 s'il n'existe pas de tel nombre], – [non], V [ou], & [et], – [implique], = [est équivalent à].

Définition 1. Une fonction est *primitive récursive* si elle peut être définie à partir des fonctions (3) par applications successives (zéro ou plusieurs fois) des schémas (1) et (2) ($m, n = 1, 2, ...; i = 1, ..., n$)*.

* Cette forme de définition a été introduite par Gödel pour éviter la nécessité de stipuler les omissions d'arguments à droite dans les schémas (1) et (2). Les opérations dans la construction des fonctions récursives primitives peuvent être plus restreintes. Voir Rózsa Péter, Über den Zusammenhang der verschiedenen Begriffe der rekursiven Funktionen, *Math. Annalen* 110 (1934), pp. 612-632.

Les fonctions étudiées sont toujours des fonctions définies sur des n-uplets d'entiers naturels et qui prennent leurs valeurs dans l'ensemble des entiers naturels. Pour définir le concept de fonction récursive primitive, Kleene considère sur l'ensemble de ces fonctions deux opérations : la substitution et la récursion ordinaire. Puis il définit, comme Gödel, trois types de fonctions de base : la fonction successeur S, la fonction constante nulle C et les fonctions identités U_j^n.

Une fonction récursive primitive est une fonction qui peut être définie à partir des fonctions de base par un nombre fini d'opérations de substitution et de récursion ordinaire.

Kleene donne ensuite deux définitions équivalentes pour le concept de fonction récursive. Puis il démontre un théorème qui permet l'énoncé le plus simple pour définir une fonction récursive. Il suffit de dire que l'on ajoute une troisième opération : la minimisation. Une fonction f est définie par minimisation à partir de g si pour tout $x_1, x_2, ..., x_n$ on a

$$f(x_1, x_2, \ldots, x_n) = min\left\{y \text{ entier naturel} / g(x_1, x_2, \ldots, x_{n-1}, y) = x_n\right\}.$$

Une fonction récursive est une fonction qui peut être définie à partir des fonctions de base par un nombre fini d'opérations substitution, récursion ordinaire et minimisation.

Ainsi, la soustraction peut être définie à partir de l'addition par minimisation. Posons $d(x, y) = x - y$ avec $x \geq y$, nous avons :

(3) $$d(x, y) = min\left\{z / +(y, z) = x\right\}$$

Les trois formulations de Kleene permettent de recouvrir les différentes conceptions données par d'autres mathématiciens. En particulier, elles recouvrent celle de Church, comme l'indique une note de l'article de ce dernier.

MACHINES

5. LA MACHINE DE TURING

Au printemps de 1935, le jeune mathématicien britannique Alan Turing suit, à Cambridge, un cours sur les fondements des mathématiques donné par M. H. Newman. Newman était présent au Congrès International de 1928 où Hilbert a énoncé son programme, et son cours se termine par la preuve du théorème de Gödel. La troisième question de Hilbert restait posée : celle de la décidabilité des mathématiques, le *Entscheidungsproblem*. Existait-il un « procédé mécanique » qui permette de décider si une proposition est démontrable ou non ? Tout enfant, Turing rêvait d'inventer une machine à écrire et c'est ce point de vue mécanique qui est à la base de sa machine [8].

Dans son célèbre article de 1936, « Sur les nombres calculables, avec une application à l'*Entscheidungsproblem* », Turing démontre que le *Entscheidungsproblem* de Hilbert ne peut pas avoir de solution. Pour cela, il se doit de préciser l'expression « il existe un processus général pour déterminer ». Il remarque que tout problème de « processus général » peut être exprimé comme un problème concernant un processus général pour déterminer si un nombre donné n a une propriété $G(n)$ (n est la représentation de Gödel d'une formule démontrable), c'est-à-dire pour calculer un nombre dont le $n^{\text{ième}}$ chiffre est 1 si $G(n)$ est vrai et 0 sinon. La question se ramène donc à savoir : « Quels sont les processus possibles qui peuvent être effectués pour calculer un nombre ? ». Il s'agit donc de préciser ce qu'on entend par une procédure effective de calcul, ou encore par un algorithme de calcul. Cette question conduit Turing à définir ce que nous appelons aujourd'hui une machine de Turing.

Nous avons vu que, quelques mois auparavant, Alonzo Church, s'attaquant également au problème de Hilbert, a exhibé un problème non décidable de la théorie élémentaire des nombres. Pour cela, il a défini la notion de « calculabilité effective ». Aussi, Turing donne-t-il en appendice de son article la démonstration de l'équivalence entre la « calculabilité par une machine de Turing » et la « calculabilité effective » au sens de Church.

Au début de son article, Turing définit arbitrairement le mécanisme d'une machine à calculer. Mais plus loin, dans l'extrait suivant, il tente de justifier cette machine en s'appuyant sur une idée intuitive de la calculabilité d'un nombre. Pour cela, il part de la pratique d'une personne qui effectue des calculs sur une feuille de papier.

Le texte de Turing

Extrait de « On computable numbers, with an application to the *Entscheidungsproblem* », *Proceedings of the London Mathematical Society*, ser. 2, t. 42 (1936/37), pp. 230-265. Trad. E. Barbin (pp. 249-252).

[...]

Un calcul s'effectue ordinairement en écrivant certains symboles sur du papier. Nous pouvons supposer que ce papier est divisé en carrés comme le livre d'arithmétique d'un enfant. En arithmétique élémentaire le caractère bidimensionnel du papier est quelquefois utilisé. Mais un tel usage est toujours évitable, et je pense qu'il peut être accordé que le caractère bidimensionnel du papier n'est pas essentiel pour le calcul. Je suppose que le calcul est effectué sur un papier unidimensionnel, c'est-à-dire sur un ruban divisé en carrés. Je supposerai aussi que le nombre de symboles qui peuvent être imprimés est fini. Si nous devions admettre une infinité de symboles, alors il y aurait des symboles qui différeraient d'une façon arbitrairement petite*. L'effet de cette restriction du nombre de symboles n'est pas très génant. Il est toujours possible d'utiliser des suites de symboles à la place des symboles simples. Ainsi, un nombre en chiffres arabes comme 17 ou 999999999999999 est traité ordinairement comme un symbole simple. De même, dans n'importe quel langage européen les mots sont traités comme des symboles simples (le chinois, toutefois, essaye d'avoir une infinité dénombrable de symboles). Les différences, de notre point de vue, entre les symboles simples et composés résident en ce que les symboles composés, s'ils sont trop longs, ne peuvent être saisis d'un seul coup d'œil. Ceci s'accorde avec l'expérience. Nous ne pouvons dire d'un coup d'œil si 9999999999999999 et 999999999999999 sont identiques.

Le comportement du calculateur est déterminé à tout moment par les symboles qu'il observe, et par son « état d'esprit » à ce moment-là. Nous pouvons supposer qu'il y a une limite *B* au nombre de symboles ou de carrés que le calculateur peut observer à un instant donné. S'il veut en observer plus, il doit utiliser des observations successives. Nous supposerons aussi que le nombre d'états d'esprit qui doivent être pris en compte est fini. Les raisons pour ceci sont du même ordre que celles qui restreignent le nombre de symboles. Si nous admettions une infinité d'états d'esprit, certains d'entre eux seraient « arbitrairement proches » et seraient confondus. Là encore, la restriction n'est pas de nature à affecter sérieusement le calcul, puisque l'utilisation d'états d'esprits plus compliqués peut être évitée en écrivant plus de symboles sur le ruban.

Imaginons que les opérations exécutées par le calculateur soient décomposées en « opérations simples », qui sont si élémentaires qu'on ne puisse imaginer aisément qu'elles soient encore décomposées. Chacune de ces opérations consiste en un changement du système physique constitué par le calculateur et le ruban. Nous connaissons l'état du système si nous connaissons la suite des symboles sur le

---

* Si nous considérons un symbole comme littéralement imprimé dans un carré nous pouvons supposer que le carré est $0 \leq x \leq 1$; $0 \leq y \leq 1$. Le symbole est défini comme un ensemble de points dans le carré, c'est-à-dire l'ensemble occupé par l'encre de l'imprimeur. Si ces ensembles sont supposés mesurables, nous devons définir la « distance » entre deux symboles comme le coût de transformation d'un symbole en un autre en prenant comme unité le coût du déplacement, sur une distance unité, d'une unité d'aire de l'encre de l'imprimeur, et en supposant qu'il y a une provision infinie d'encre d'encre en $x = 2$, $y = 0$. Avec cette topologie les symboles forment un espace relativement compact.

ruban, ceux d'entre eux qui sont observés par le calculateur (éventuellement dans un ordre particulier), et l'état d'esprit du calculateur. Nous pouvons supposer que, dans une opération simple, pas plus d'un symbole n'est changé. Tout autre changement doit être décomposé en changements simples de cette sorte. La situation par rapport aux carrés dont les symboles peuvent être modifiés de cette façon est la même que pour les carrés observés. Nous pouvons donc, sans perte de généralité, supposer que les carrés dont les symboles sont changés sont toujours des carrés « observés ».

En plus de ces changements de symboles, les opérations simples doivent inclure des changements dans la répartition des carrés observés. Les nouveaux carrés observés doivent être immédiatement reconnaissables par le calculateur. Je pense qu'il est raisonnable de supposer qu'il ne peut s'agir que des carrés dont la distance au plus proche des carrés observés immédiatement auparavant n'excède pas un certain seuil fixé. Disons que chacun des nouveaux carrés observés est à moins de L carrés d'un carré observé immédiatement auparavant.

En liaison avec la « reconnaissabilité immédiate », on peut penser qu'il y a d'autres sortes de carrés qui sont immédiatement reconnaissables. En particulier, des carrés marqués par des symboles spéciaux pourraient être considérés comme immédiatement reconnaissables. Maintenant, si ces carrés sont marqués seulement par des symboles simples, il ne devra y en avoir qu'un nombre fini, et nous ne devrions pas bouleverser notre théorie en adjoignant ces carrés marqués aux carrés observés. Si, d'autre part, ils sont marqués par une suite de symboles, nous ne pouvons considérer le processus de reconnaissance comme un processus simple. Ceci est un point fondamental et doit être illustré. Dans la plupart des articles mathématiques les équations et les théorèmes sont numérotés. Ordinairement les nombres ne vont pas au delà de (disons) 1000. Il est possible, par conséquent, de reconnaître un théorème d'un seul coup d'œil par son nombre. Mais si l'article était très long, nous pourrions atteindre le théorème 157767733443477 ; alors, plus loin dans l'article, nous pourrions trouver « ... donc (en appliquant le théorème 157767733443477) nous avons... ». Pour savoir avec certitude quel était le théorème en question, nous devrions comparer les deux nombres chiffre par chiffre, éventuellement en cochant les chiffres avec un stylo pour être sûrs qu'ils ne sont pas comptés deux fois. Si malgré cela, on pense encore qu'il y a d'autres carrés « immédiatement reconnaissables », cela ne contrarie pas mon affirmation tant que ces carrés peuvent être trouvés par quelque processus dont ma machine est capable. Cette idée est développée dans le III plus loin.

Les opérations simples doivent donc inclure :

(*a*) Les changements du symbole sur l'un des carrés observés.

(*b*) Les changements de l'un des carrés observés pour un autre carré situé à moins de L carrés de l'un des carrés précédemment observés.

Il peut arriver que certains de ces changements impliquent nécessairement un changement d'état d'esprit. L'opération élémentaire la plus générale doit donc être comprise parmi l'une des suivantes :

(*A*) Un changement possible (*a*) de symbole, avec en même temps un possible changement d'état d'esprit.

(*B*) Un changement possible (*b*) des carrés observés, avec en même temps un possible changement d'état d'esprit.

L'opération réellement exécutée est déterminée, comme il a été suggéré [ci-dessus], par l'état d'esprit du calculateur et les symboles observés. En particulier, ils déterminent l'état d'esprit du calculateur après que l'opération soit effectuée.

Nous pouvons maintenant construire une machine pour effectuer le travail de ce calculateur. À chaque état d'esprit du calculateur correspond une « *m*-configuration » de la machine. La machine examine *B* carrés correspondant aux *B* carrés observés par le calculateur. À chaque pas, la machine peut changer un symbole sur un carré examiné ou peut changer un quelconque des carrés examinés pour un autre carré distant d'au plus *L* carrés de l'un des carrés examinés. Le changement qui est effectué, et la configuration qui en découle, sont déterminés par le symbole examiné et la *m*-configuration.

La machine de Turing se présente donc comme une formalisation de l'idée intuitive que nous nous faisons d'un algorithme de calcul. Son mécanisme est très simple, et celui que l'on donne aujourd'hui est encore plus simple que celui du texte original de Turing, sans rien enlever aux performances de la machine [10]. Nous supposons que le calculateur examine une seule case (c'est-à-dire que $B = 1$) et qu'il peut se déplacer d'une seule case à gauche ou à droite (c'est-à-dire que $L = 1$). Cette machine simplifiée permet d'effectuer les mêmes calculs que la machine décrite dans l'article de 1936 : l'examen ou le déplacement de plusieurs cases pouvant être obtenus par une succession d'opérations simples.

Dans la présentation moderne, nous disons qu'une machine de Turing est composée :

– d'un *ruban* composé de cases dans lesquelles sont inscrits des symboles pris dans un alphabet fini,

– d'une *unité centrale* qui peut prendre un nombre fini d'états,

– d'une *tête de lecture-écriture* qui permet la communication entre le ruban et l'unité centrale.

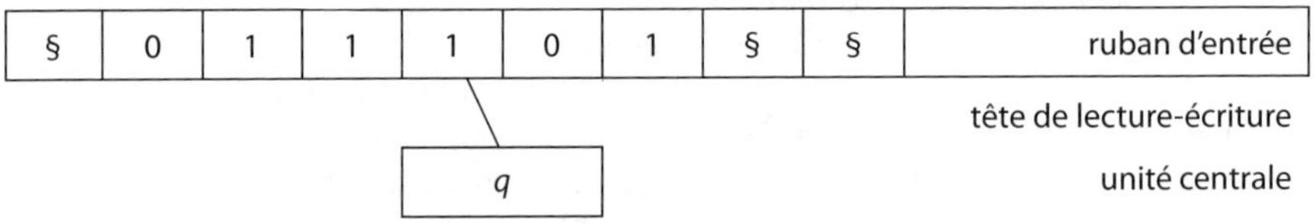

Pour reprendre les arguments de Turing, l'unité centrale est la tête du calculateur qui peut prendre un nombre fini d'états d'esprit, et le ruban d'entrée est la feuille de papier sur lequel il effectue son calcul.

Chaque opération est déterminée par l'état de l'unité centrale et par le contenu de la case examinée. À chaque opération :

– l'unité centrale peut changer d'état,

– la tête de lecture-écriture peut changer le symbole contenu dans la case examinée,

– la tête de lecture-écriture peut se déplacer d'une case à droite ou à gauche.

Notons A l'alphabet fini des symboles du ruban avec un symbole blanc noté §, Q l'ensemble fini des états de l'unité centrale, *i* l'état initial et T l'ensemble des états terminaux de l'unité centrale. Au début, l'unité centrale est dans l'état *i* et elle s'arrête quand elle arrive dans un état *t* de T. Se donner le mécanisme de cette machine, c'est donc se donner une application π de $Q \times A$ dans $Q \times A \times \{d, g\}$, où *d* et *g* désignent respectivement le déplacement à droite et à gauche de la tête de lecture-écriture. Ainsi, pour $A = \{0, 1, \S\}$ et pour *p* et *q* états de Q, $\pi\,(q, 0) = (p, 1, d)$ aura l'effet suivant :

avant après

Expliquons sur un exemple simple comment une machine de Turing peut effectuer un algorithme de calcul en prenant l'exemple de la soustraction. Au début, le ruban d'entrée comporte deux nombres entiers *n* et *m* avec $m > n$, à la fin la machine doit avoir écrit sur le ruban $m - n$. Pour représenter les nombres *m* et *n*, un seul symbole est suffisant : une barre verticale | par exemple. Ainsi, au début, le ruban d'entrée comporte *n* barres séparées de *m* barres par un symbole quelconque ¢ (fig. 1).

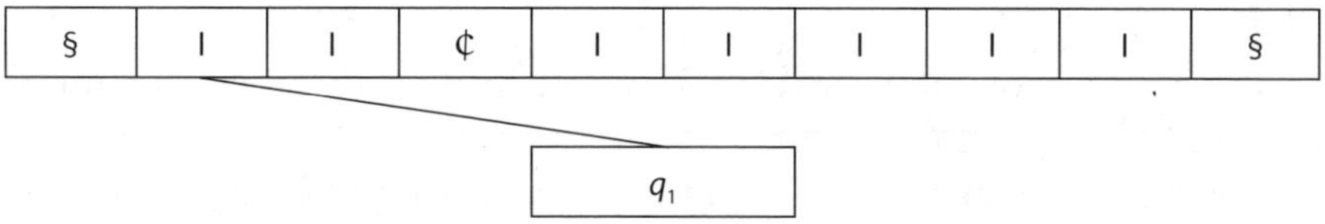

Fig. 1

Pour effectuer la soustraction, il suffit de supprimer la première barre du nombre *n* puis de supprimer la dernière barre du nombre *m*, puis de recommencer après être retourné à la première des cases comportant une barre. La machine s'arrête quand il n'y a plus de barre avant le symbole ¢, et alors le nombre de barres restant sur le ruban après ce symbole est exactement $m - n$.

Par conséquent, l'alphabet du ruban d'entrée est $A = \{|, \S, ¢\}$ et il y a cinq états (d'esprit) qui permettent d'effectuer le calcul.

Dans l'état q_1, qui est aussi l'état initial :
– si le symbole lu est | alors on supprime ce symbole, on passe à l'état q_2 et on va à la case de droite (fig. 2),
– si le symbole lu est ¢, alors cela signifie que le nombre n a été lu, on supprime le ¢ on passe à l'état q_5 et on va à la case de droite (fig. 6).

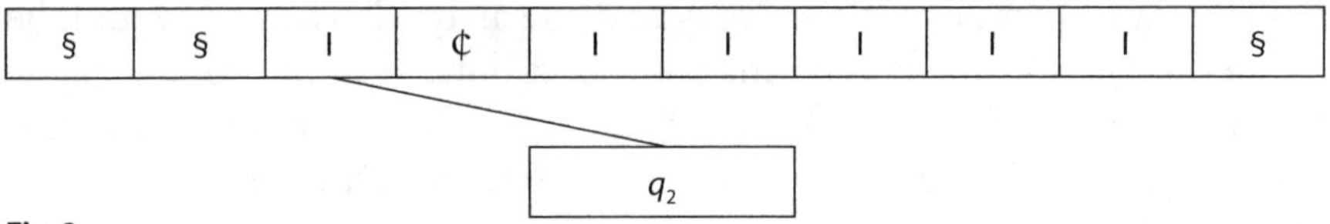

Fig. 2

Dans l'état q_2 on cherche la dernière barre du ruban, par conséquent :

– si le symbole lu est | ou ¢ on reste à l'état q_2, on va à la case de droite sans changer le contenu de la case,

– si le symbole lu est § on passe à l'état q_3, on va à la case de gauche sans changer le symbole (fig. 3).

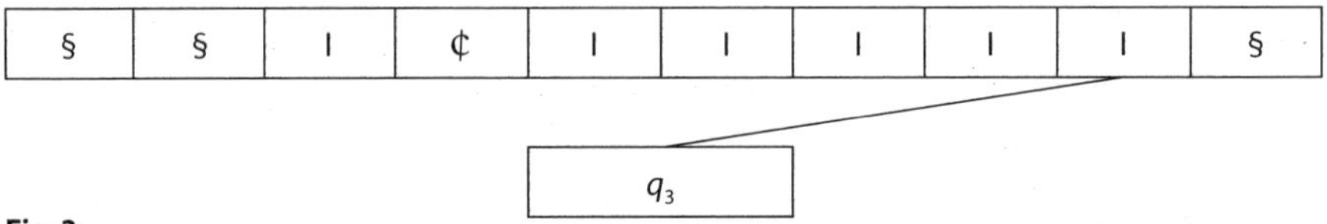

Fig. 3

Dans l'état q_3 le symbole lu est | (sinon cela signifie que $m > n$ est faux et la machine est bloquée), on supprime ce symbole, on passe à l'état q_4 et on va à la case de gauche (fig. 4).

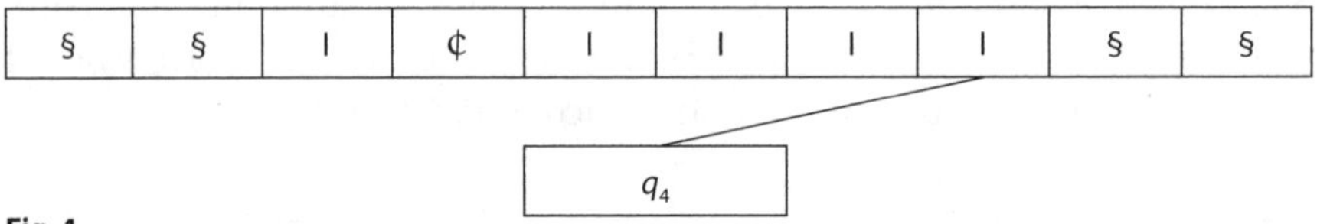

Fig. 4

Dans l'état q_4 on retourne de droite à gauche pour chercher la première barre du ruban, par conséquent :

– si le symbole lu est | ou ¢ on reste à l'état q_4, on va à la case de gauche sans changer le contenu de la case,

– si le symbole lu est § on passe à l'état q_1, on va à la case de droite sans changer le symbole (fig. 5).

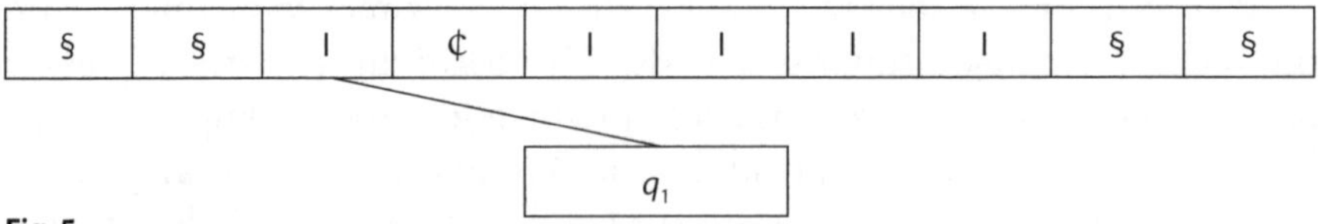

Fig. 5

Quand on arrive à l'état q_5, cela signifie que les barres avant le symbole ¢ sont épuisées : l'état q_5 est donc l'état terminal et il reste sur le ruban $m - n$ barres (fig. 6).

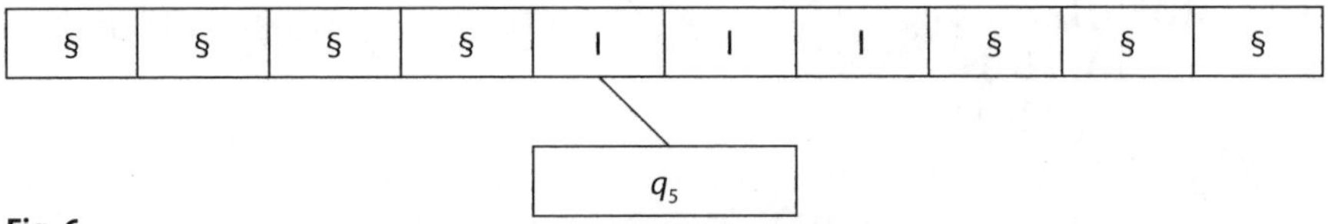

Fig. 6

La fonction de transition de la machine de Turing est une fonction π de $Q \times A$ dans $Q \times A \times \{d, g\}$ que l'on peut présenter sous la forme du tableau suivant :

π	|	¢	§
q_1	(q_2, §, d)	(q_5, §, d)	
q_2	(q_2, |, d)	(q_2, ¢, d)	(q_3, §, g)
q_3	(q_4, §, g)		
q_4	(q_4, |, g)	(q_4, ¢, g)	(q_1, §, d)
q_5			

6. LA MACHINE DE POST

Quelques mois après Alan Turing, et de façon indépendante, Emil Post propose une machine permettant de définir ce que serait un processus permettant de résoudre un problème général. Tout comme Turing, Post est aiguillonné par les résultats tout récents de Gödel et de Church. Mais Post s'intéresse depuis fort longtemps à un curieux problème, qui semble bien être un candidat à l'indécidabilité.

En 1921, alors qu'il est encore étudiant à Princeton, Post s'intéresse à une classe de problèmes dont voici un exemple [12]. Étant donnée une suite finie de 0 et de 1, on examine le premier terme : si c'est 0 alors on supprime les trois premiers termes et on ajoute 00 au reste, et si c'est 1 alors on supprime les trois premiers termes et on ajoute 1101 à la suite. Puis on recommence, et ainsi de suite. Si nous partons avec la suite 10010, nous obtenons successivement :

10010
101101
1011101
11011101
111011101
0111011101
101110100
1101001101
10011011101 etc...

Les suites grandissent mais à partir de la 17ème étape on obtient :

011011101110100
01110111010000
1011101000000
11010000001101
100000011011101
0000110111011101
011011101110100

La dernière suite obtenue est identique à la 17ème, c'est-à-dire que le processus est périodique. En est-il de même pour toutes les suites de 0 et de 1 ? Post mentionne ce problème dans un article de 1943 en écrivant : « le peu de progrès réalisé dans la solution de tels problèmes les rendent candidats pour l'indécidabilité ». Le problème de Post a été généralisé en ce qu'on appelle le *problème du tag*, qui peut être représenté à l'aide d'une sorte de petite machine de Turing [12].

En 1947, Post démontre l'indécidabilité du problème, appellé aujourd'hui *problème de correspondance de Post*, dont l'énoncé est le suivant. Soient deux listes U et V de k mots non vides sur un alphabet A, $U = \{u_1, u_2, ..., u_k\}$ et $V = \{v_1, v_2, ..., v_k\}$, existe-t-il une suite d'entiers $i_1, i_2, ..., i_n$ telle que nous ayons l'égalité entre les mots $u_{i_1} u_{i_2} \dots u_{i_n}$ et $v_{i_1} v_{i_2} \dots v_{i_n}$? Par exemple, considérons :

$$A = \{a, b\},$$
$$U = \{u_1 = b, u_2 = babbb, u_3 = ba\}$$
$$V = \{v_1 = bbb, v_2 = ba, v_3 = a\},$$

nous avons $u_2 u_1 u_1 u_3 = v_2 v_1 v_1 v_3 = babbbbbba$, donc ici la réponse est positive. Le problème de correspondance de Post est indécidable, c'est-à-dire qu'il n'existe pas d'algorithme, avec comme entrée les données de U et V quelconques, permettant de décider de l'existence d'une telle suite [9]. L'indécidabilité de ce problème est utilisé pour démontrer l'indécidabilité de nombreux autres problèmes.

Dès le début de son article de 1936, Post définit un 1-processus, c'est-à-dire une suite d'instructions qui permet de diriger un travailleur qui effectue des actions dans un espace symbolique. Puis, à la fin de son article, Post s'intéresse à un certain nombre de questions fondamentales. Sa conception est-elle équivalente à la calculabilité effective de Church ? Post n'a pas démontré cette équivalence, mais il remarque que la conception de Church doit elle-même être justifiée : correspond-elle à l'idée intuitive de calculabiblité, c'est-à-dire d'algorithme ? Post répond que la coïncidence entre sa conception et toute autre formulation de ce qu'est un processus est pour l'instant une « hypothèse de travail ».

Le texte de Post

Extrait de « Finite Combinatory Processes. Formulation I », *The Journal of Symbolic Logic*, t. I (1936), pp. 103-105. Trad. E. Barbin.

La présente formulation devrait se révéler de grande portée dans le développement de la logique symbolique dans la lignée du théorème de Gödel[1] sur l'incomplétude des logiques symboliques et des résultats de Church[2] concernant les problèmes absolument indémontrables.

Nous avons à l'esprit un *problème général* formé d'une classe de *problèmes spécifiques*. Une solution du problème général sera alors à même de fournir une réponse à chaque problème spécifique.

Dans la formulation suivante d'une telle solution, deux concepts interviennent : celui d'un *espace symbolique*[3] où doit s'effectuer le travail conduisant du problème à la réponse, et un *ensemble d'instructions*, fixé, immuable, qui, à la fois, gérera les opérations dans l'espace symbolique et déterminera l'ordre dans lequel ces instructions doivent être appliquées.

Dans la présente formulation, l'espace symbolique consiste en une suite doublement infinie d'espaces ou de boîtes, c'est-à-dire ordonnée d'une façon analogue à la suite des entiers..., − 3, − 2, − 1, 0, 1, 2, 3, ... Celui qui résout le problème ou y travaille doit se mouvoir dans cet espace symbolique, en étant capable de se tenir et d'opérer dans une seule boîte à un moment donné. Et, en dehors de la présence du travailleur, une boîte peut remplir deux conditions possibles seulement, c'est-à-dire, soit être vide ou non marquée, soit contenir une seule marque, disons un trait vertical.

Une boîte doit être distinguée et appelée le point de départ. Nous supposons désormais qu'un problème spécifique doit être donné sous forme symbolique par un nombre fini de boîtes marquées d'un trait. De même, la réponse doit être donnée dans une forme symbolique par une telle configuration de boîtes marquées. Pour être précis, la réponse doit être une configuration de boîtes marquées obtenues à la conclusion du processus de résolution.

Le travailleur est supposé capable d'exécuter les actions primitives suivantes[4] :

(*a*) *Marquer la boîte dans laquelle il se trouve (supposée vide),*

(*b*) *Supprimer la marque dans la boîte dans laquelle il se trouve (supposée marquée),*

(*c*) *Se déplacer vers la boîte sur sa droite,*
(*d*) *Se déplacer vers la boîte sur sa gauche,*
(*e*) *Déterminer si la boîte dans laquelle il se trouve est marquée ou non.*
L'ensemble des instructions qui, notons-le, est le même pour tous les problèmes spécifiques et correspond ainsi au problème général, doit être de la forme suivante.
Il doit comporter en tête :
Commencer au point de départ et suivre l'instruction 1.
Puis il doit consister en un nombre fini d'instructions numérotées 1, 2, 3, ... *n*. La $i^{\text{ème}}$ instruction doit alors avoir l'une des formes suivantes :
(*A*) *Exécuter l'opération* O_i [O_i = (*a*), (*b*), (*c*) ou (*d*)] *et puis suivre l'instruction* j_i,
(*B*) *Exécuter l'opération* (*e*) *et selon que la réponse est oui ou non suivre l'instruction* $j_{i'}$ *ou* $j_{i''}$,
(*C*) *S'arrêter.*
Il est clair qu'une seule instruction doit être de type *C*. Noter aussi que l'état de l'espace symbolique n'affecte directement le processus que par les instructions de type *B*.
Un ensemble d'instructions sera dit *applicable* à un problème général donné si, lors de son application à chaque problème spécifique, il n'ordonne jamais l'opération (*a*) quand la boîte du travailleur est marquée, ou (*b*) quand elle n'est pas marquée[5]. Un ensemble d'instructions applicable à un problème général établit un processus déterminé quand il est appliqué à chaque problème spécifique. Ce processus se terminera quand et seulement quand il arrivera à l'instruction de type (*C*). On dira que l'ensemble des instructions établit un 1-*processus fini* en relation avec le problème général s'il est applicable au problème et *si le processus qu'il détermine se termine pour chaque problème spécifique*. Un 1-processus fini associé à un problème général sera appelé une 1-*solution* au problème si la réponse qu'il fournit ainsi pour chaque problème spécifique est toujours correcte.
Nous ne nous soucions pas ici de la façon dont la configuration des boîtes marquées, correspondant à un problème spécifique et celle correspondant à sa réponse symbolisent le problème et la réponse du point de vue de la signification. En fait, ce que nous avons écrit plus haut suppose que le problème spécifique est donné sous forme symbolique par un agent extérieur et que, probablement, la réponse symbolique est reçue de même.

[...]

L'auteur s'attend à ce que la présente formulation s'avère logiquement équivalente à la récursivité au sens du développement de Gödel-Church[6]. Son propos, toutefois, n'est pas seulement de présenter un système ayant une certaine puissance logique mais aussi, dans son domaine restreint, possédant une fidélité psychologique. En ce sens, des formulations de plus en plus larges sont considérées. Par ailleurs, notre but sera de montrer qu'elles sont toutes logiquement réductibles à la formulation 1. Nous proposons cette conclusion pour l'instant comme *hypothèse de travail*. Et dans notre esprit il en est ainsi de l'identification par Church de la calculabilité effective avec la récursivité[7]. En dehors de cette hypothèse, et à cause de son apparente contradiction avec le développement mathématique qui a débuté avec la preuve de Cantor de la non-énumérabilité des points d'une ligne, un développement de Gödel-Church se déroule indépendamment. Le succès du programme ci-dessus changerait cette hypothèse, pour nous, non pas tant en une définition ou un axiome, mais en une *loi naturelle*. Ainsi seulement, semble-t-il à l'auteur, le théorème de Gödel relatif à l'incomplétude des logiques symboliques d'un certain type général et les résultats de Church sur l'indémontrabilité récursive de certains problèmes pourront être transformés en conclusions concernant toutes les logiques symboliques et toutes les méthodes de démonstration.

1 Kurt Gödel, Über formal unentscheidbare Sätze der Principia Mathematica und verwandter Systeme I, *Monatshefte für Mathematik und Physik*, vol. 38 (1931), pp. 173-198.
2 Alonzo Church, An unsolvable problem of elementary number theory, *American Journal of Mathematics*, vol. 58 (1936), pp. 345-363.
3 Espace symbolique, et temps.
4 Aussi bien que de suivre les instructions décrites plus bas.
5 Bien que nous eussions facilement pu élaborer la formulation de l'ensemble des instructions de façon que l'applicabilité soit aussitôt assurée, il semble peu souhaitable de procéder ainsi pour diverses raisons.
6 La comparaison peut être rendue plus aisée en définissant une 1-fonction et en prouvant que cette définition est équivalente à celle de fonction récursive (Voir Church, loc. cit., p. 350). Une 1-fonction $f(n)$ dans le domaine des entiers positifs serait telle que un 1-processus fini puisse être effectué pour chaque entier positif n comme problème qui produirait $f(n)$ comme réponse, n et $f(n)$ étant symbolisés comme indiqué plus haut.
7 *Cf.* Church, loc. cit., pp. 346, 356-358. En fait le travail déjà entrepris par Church et d'autres porte cette identification considérablement au-delà de l'étape d'hypothèse de travail. Mais masquer cette identification par une définition cache le fait qu'une découverte fondamentale dans les limitations du pouvoir de mathématisation de l'Homo Sapiens a été faite et nous empêche de voir la nécessité de sa vérification perpétuelle.

Post ne parle pas de machine pourtant son système ressemble, peut être plus que celui de Turing, à notre conception d'un ordinateur : ce qu'il appelle boîte peut s'identifier à une mémoire que l'on peut affecter ou vider d'une valeur. Par ailleurs, son ensemble d'instructions peut être identifié à une sorte de programme à branchement. Mais il s'agit ici d'une formulation minimale de ce que nous pouvons appeler une machine à programme et un programme. En effet, un seul symbole est susceptible d'être contenu dans une mémoire, et l'on ne peut se déplacer d'une mémoire que vers deux mémoires contigües. Cette formulation minimale mérite bien le nom de « Formulation 1 ».

Si le symbole est une barre verticale, une configuration de boîtes marquées où la boîte visitée est 0 peut être représentée de la sorte :

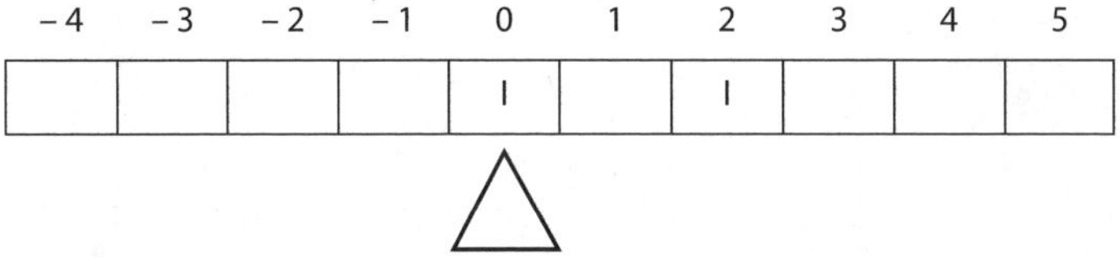

Une instruction est précédée d'un label, qui est tout simplement sa numérotation, et se termine par un saut vers une autre instruction indiquée par son label. Nous pouvons considérer que les instructions sont de quatre types.

– Premier type : affectation *(a)* ou effacement *(b)*. Une affectation peut s'écrire :

1 : écrire ; aller à 3 ;

ce qui signifie que la première instruction consiste à écrire | dans la boîte visitée puis à sauter à l'instruction 3. Un effacement peut s'écrire :

2 : effacer ; aller à 1 ;

ce qui signifie que la deuxième instruction consiste à effacer la marque dans la boîte visitée puis à sauter à l'instruction 1.

– Deuxième type : mouvement à droite *(c)* ou à gauche *(d)* dans l'espace symbolique. Un mouvement à droite peut s'écrire :

3 : droite ; aller à 5 ;

Un mouvement à gauche peut s'écrire :

4 : gauche ; aller à 2 ;

– Troisième type : saut conditionnel. Un saut conditionnel peut s'écrire :

5 : si marqué alors 3 sinon 2 ;

ce qui signifie que la cinquième instruction consiste à examiner le contenu de la boîte visitée. Si la boîte est marquée alors il faut sauter à l'instruction 3, sinon il faut sauter à l'instruction 2.

– Quatrième type : instruction de fin que l'on peut écrire :

6 : stop.

Considérons l'ensemble d'instructions suivant :

1 : droite ; aller à 2 ;

2 : si marqué aller à 3 sinon aller à 1 ;

3 : effacer ; aller à 4 ;

4 : stop.

Nous obtenons à partir de la configuration initiale donnée plus haut la suite des configurations suivantes :

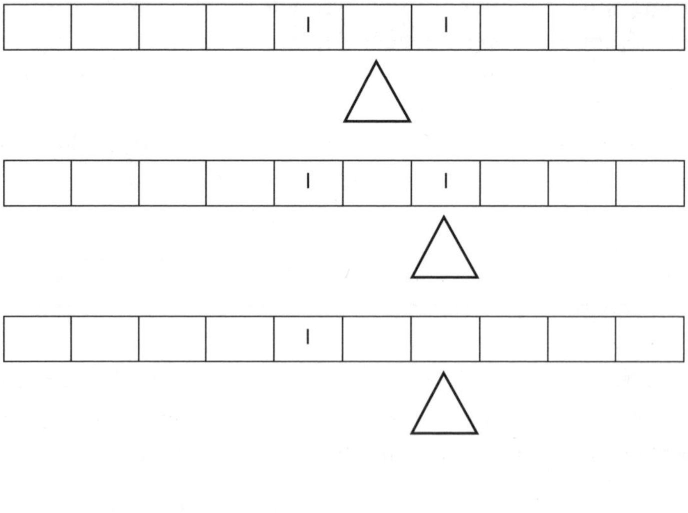

La suite des labels des instructions executées est : 1, 2, 1, 2, 3, 4. Ce programme a pour effet d'effacer le contenu de la première boîte marquée à droite de la boîte visitée dans la configuration initiale.

Examinons maintenant ce que Post appelle « un problème général », celui de l'addition des entiers strictement positifs, et cherchons une « 1-solution ». Il s'agit donc de trouver un « 1-processus », c'est-à-dire un ensemble d'instructions qui se termine pour chaque « problème spécifique », c'est-à-dire pour chaque donnée de deux entiers n et m, en donnant comme solution l'entier $n + m$. La donnée initiale, à savoir les entiers n et m, sera représentée par une configuration composée de n boîtes marquées, suivies d'une boîte non marquée et de m boîtes marquées. On suppose que la boîte visitée est la première boîte marquée à gauche. Pour $n = 4$ et $m = 3$, la configuration initiale sera donc la suivante :

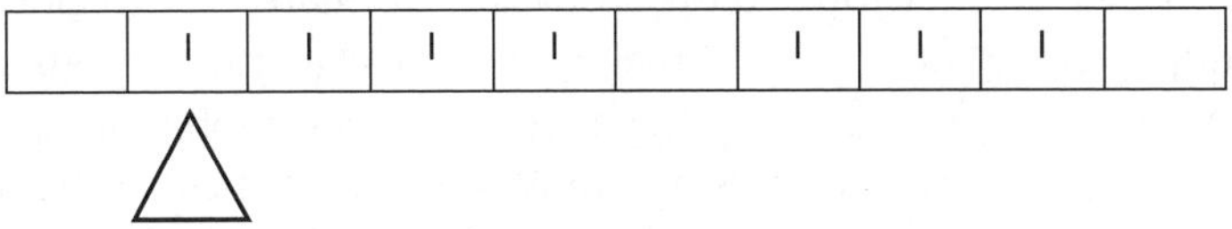

La configuration terminale attendue est composée de $n + m$ barres marquées, avec comme boîte visitée la première boîte marquée à gauche. Pour $n = 4$ et $m = 3$, la configuration terminale sera donc la suivante :

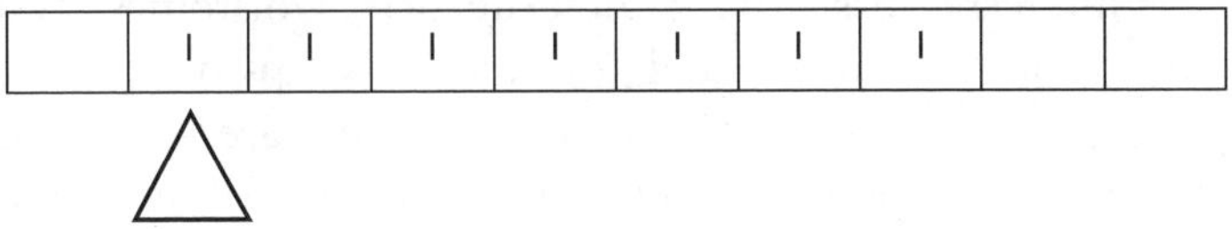

Pour passer de la configuration initiale à la configuration terminale, il suffit de faire « glisser » les m barres à droite d'une case vers la gauche et de revenir à la première boîte marquée à gauche. Nous obtenons ainsi la suite d'instructions :

1 : si marqué aller à 2 sinon aller à 3 ;
2 : droite ; aller à 1 ;
3 : écrire ; aller à 4 ;
4 : si marqué aller à 5 sinon aller à 6 ;
5 : droite ; aller à 4 ;
6 : gauchc ; allcr à 7 ;
7 : effacer ; aller à 9 ;
8 : si marqué aller à 9 sinon aller à 10 ;
9 : gauche ; aller à 8 ;
10 : stop.

Pour le « problème spécifique » considéré, la suite des labels des instructions exécutées est 1, 2, 1, 2, 1, 2, 1, 2, 1, 3, 4, 5, 4, 5, 4, 5, 4, 6, 7, 9, 8, 9, 8, 9, 8, 9, 8, 9, 8, 9, 8, 9, 8, 9, 8, 10

Post termine son article en abordant le problème de l'équivalence de son système avec les définitions de fonctions récursives données par Gödel et Church. Il envisage plus largement toutes les définitions qui pourraient être formulées pour traduire l'idée de processus ou de calcul. Son « hypothèse de travail » est qu'elles seront toutes équivalentes à sa formulation, celle-ci ayant le mérite d'une certaine fidélité psychologique.

CONCLUSION

Avec l'introduction du concept d'algorithme, l'histoire des algorithmes se transforme en l'histoire d'un nouveau domaine scientifique : l'algorithmique. Il ne s'agit pas de rechercher un algorithme pour un problème particulier, mais de chercher à résoudre les problèmes posés par l'étude générale des algorithmes. Cette étude s'est particulièrement développée avec la construction des ordinateurs et l'invention des langages de programmation.

La question de l'existence d'un algorithme permettant de résoudre un problème est, nous l'avons vu, à l'origine de l'algorithmique. Mais l'algorithmique s'intéresse aussi à la complexité des algorithmes, c'est-à-dire intuitivement à ce que coûte un algorithme en temps d'exécution (complexité temporelle) et en quantité de mémoire requise (complexité spatiale). Les complexités temporelle et spatiale d'un algorithme peuvent être définies, respectivement, à partir du nombre de mouvements et de cellules utilisés par la machine de Turing correspondante, en fonction de la longueur de la donnée [9] (*cf.* aussi Epilogue, p. 544).

La conception des langages de programmation et l'écriture des algorithmes dans ces langages posent un certain nombre de problèmes d'ordre syntaxique : description de la syntaxe d'un langage, caractère non ambigu de la syntaxe, vérification de la conformité d'un programme avec la syntaxe du langage, écriture d'un compilateur qui permet d'interpréter et d'exécuter un programme à partir de la syntaxe du langage (*cf.* Epilogue, p. 538). Tous ces problèmes ont été à l'origine de la construction de nombreux concepts et théories : grammaires, classification de Chomsky, théorie des automates et des langages, etc.

L'algorithmique s'intéresse également à la preuve des algorithmes, c'est-à-dire à la démonstration de ce qu'un algorithme se termine bien, tout en ayant répondu à la question demandée. Cette question conduit à conceptualiser la sémantique des langages de programmation et à rechercher des algorithmes de vérification d'algorithmes [11] !

Le vieux rêve de Leibniz devient progressivement réalité.

BIBLIOGRAPHIE

[1] P. Andrews, *An Introduction to Mathematical Logic and Type Theory : to Truth through Proof*, Academic Press, Orlando, 1986.

[2] A. Church, *Introduction to Mathematical Logic*, University Press, Princeton, 1956.

[3] M. Davis ed., *The Undecidable*, Raven Press Hewlett, New York, 1965. [Les textes traduits dans ce chapitre se trouvent dans cet ouvrage].

[4] M. Davis & E. Weyuker, *Computability, Complexity and Languages*, Academic Press, 1983.

[5] M. Guillaume, Axiomatique et logique, in *Abrégé d'histoire des mathématiques 1700-1900*, tome II, sous la direction de J. Dieudonne, Hermann, Paris, 1978.

[6] J. Van Heijenoort, *From Frege to Gödel*, Harvard University Press, Cambridge, 1967. [Cet ouvrage contient des articles de logique traduits en anglais, dont ceux mentionnés de Frege et Ackermann].

[7] D. Hilbert & W. Ackermann, *Principles of Mathematical Logic*, trad. anglaise, Chelsea Pub. Co., New York, 1950.

[8] A. Hodges, *Alan Turing ou l'énigme de l'intelligence*, trad. française, Payot, Paris, 1983.

[9] J. Hopcroft & J. Ullman, *Formal Languages and their Relation to Automata*, Addison-Wesley Publishing Company, Reading Massassuchetts, 1969.

[10] R. McNaughton, *Elementary Computability, Formal Languages, and Automata*, Prentice Hall, Englewood Cliffs, New Jersey, 1982.

[11] Z. Manna, *Mathematical Theory of Computation*, Mc Graw-Hill Inc, New-York, 1974.

[12] M. Minsky, *Computation : Finite and Infinite Machines*, Prentice Hall, Englewood Cliffs, New Jersey, 1967.

[13] B. Russell, *The principles of Mathematics*, University Press, Cambridge, 1903.

[14] V. A. Uspensky, *Post's Machine*, MIR publishers, Moscou, 1983.

Écritures, temps, hasard

Nous venons de voir dans le dernier chapitre comment aussi bien les notions de machines que celles de fonctions récursives ont permis de cerner le concept mathématique d'algorithme. À ce propos, la machine de Post, contrairement à celle de Turing, s'accompagne d'un dispositif, bien ordonné et formalisé, d'instructions écrites, destiné à faire fonctionner la machine pour réaliser l'algorithme. Ainsi, un algorithme s'effectue grâce à ce que nous appelons un « programme d'instructions ». Dès les premiers ordinateurs, l'écriture de programmes devient essentielle, ainsi que la production de langages de programmation. C'est le début de l'histoire de ces écritures de programmes et de ces langages de programmation que nous allons évoquer pour commencer.

Nous avons parlé de fonctions récursives, mais n'avons pas encore mis l'accent sur les algorithmes récursifs. Or, procédures itératives et procédures récursives sont deux façons bien différentes de mettre en œuvre les formules de récurrence souvent présentes dans les algorithmes. Aussi, proposons-nous, d'étudier ensuite le jeu de la tour de Hanoi, jeu inventé par Lucas à la fin du XIXe siècle. En effet, sa résolution permet de saisir de façon emblématique la distinction entre les deux procédures. Ce faisant, ce sera l'occasion pour nous de parler, très succintement sur cet exemple, des notions de complexité, complexité spatiale et complexité temporelle, déjà évoquées à propos des machines de Turing.

Après cette intervention de l'écriture, du temps et de l'espace, nous nous intéressons à un autre aspect a priori extra-mathématique, à savoir, l'intervention du hasard. A fortiori, avec les algorithmes qui sont des processus totalement déterministes, le hasard n'a pas sa place. Et pourtant, nous allons considérer trois situations où se confrontent algorithmes et hasard. La première occurence du hasard semble dater des années 1940 à propos de la génération automatique de nombres aléatoires. La seconde remonte aux années 1970 avec les tests probabilistes, tests de primalité notamment si utiles en cryptographie. Enfin, la troisième apparaît dans les années 1990 avec la notion d'algorithme quantique à mettre en œuvre sur d'hypothétiques ordinateurs quantiques.

1. ÉCRITURES ET LANGAGES

Les organigrammes, utilisés avec les débuts des ordinateurs, sont vite critiqués, à cause de leur taille, de la complexité de leur écriture et de l'impossibilité de les traduire aisément pour un traitement par un ordinateur [14]. Considérons l'algorithme d'Euclide tel qu'il apparaît dans la proposition II du livre VII des Éléments :

« Soient donnés les deux nombres AB, CD non premiers entre eux, et que CD soit le plus petit [...]. Si CD ne mesure pas AB, et si on retranche toujours le plus petit des nombres AB, CD du plus grand, il restera quelque nombre CZ qui mesurera celui qui est avant lui. »

Euclide démontre que CZ est le plus grand commun diviseur. Voici un organigramme correspondant à cet algorithme :

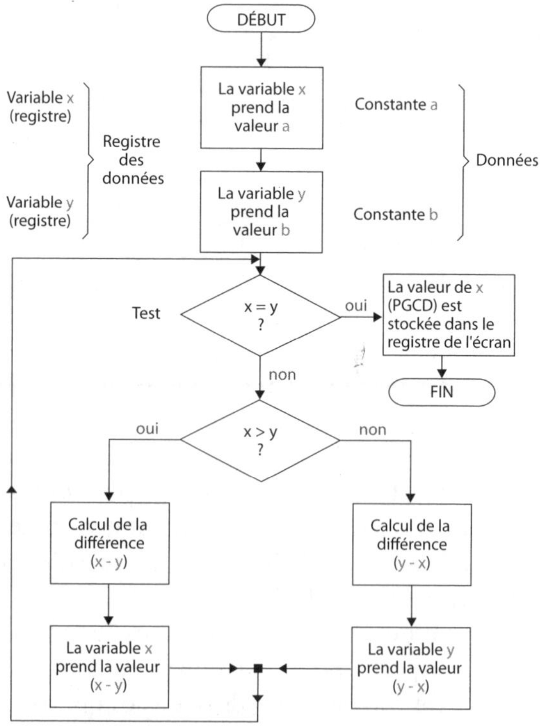

Organigramme permettant de calculer le P.G.C.D. selon la méthode d'Euclide.
Les organigrammes sont utilisés à la fin des années 1960, notamment par IBM [13].

Pour qu'un ordinateur puisse exécuter un programme voulu, il faut qu'il soit écrit dans un langage spécifique, et qu'un compilateur traduise ensuite les instructions en des opérations exécutables par la machine. Si on croît John Backus, l'état de la programmation chez IBM dans les années 1945 est plutôt primitif : chacun apprend les instructions et écrit à sa façon son programme. Quand John Backus propose de concevoir un langage de programmation, il se heurte à Von Neumann, qui considère que son projet est «un gaspillage d'effort» [2]. Le projet donne naissance au langage FORTRAN (FORmula TRANslator) dont le premier compilateur date de 1957. Deux ans plus tard, Backus participe avec Peter Naur et Alan Perlis à la production du langage ALGOL (ALGOrithmic Language). Pour spécifier un langage, il faut, comme dans tout langage évolué et précis, une grammaire. John Backus et Peter Naur inventent pour cela la Backus Naur Form (BNF), qui décrit la syntaxe d'un langage.

En 1962, Donald Knuth commence à écrire *The Art of Computer Programming*, qui deviendra un grand ouvrage en plusieurs volumes dont le premier paraît en 1968. L'ouvrage commence avec une écriture de l'algorithme d'Euclide (où les soustractions sont remplacées par des divisions) pour trouver le plus grand commun diviseur de deux nombres :

Algorithme E. Étant donnés deux entiers m et n, trouver leur plus grand commun diviseur.

E1. [Trouver le reste] Diviser m par n et soit r le reste (Nous aurons $0 \leq r < n$)

E2. [Est-ce zéro?] Si $r = 0$, l'algorithme se termine; n est la réponse.

E3. [Échange] Faire $m \leftarrow n$, $n \leftarrow r$, et retourner à l'étape E1.

Il utilise ici un langage intermédiaire entre un langage naturel, comme celui d'Euclide, et un langage de programmation. Knuth écrit :

«La flèche dans l'étape 3 est l'opération très importante de remplacement; $m \leftarrow n$ signifie que la valeur de la variable m doit être remplacée par la valeur actuelle de n [...] Une flèche est utilisée pour la distinguer de l'égalité.» [15]

Il indique aussi que l'ordre des actions dans l'étape 3 est important. Dans l'écriture de l'algorithme considéré par Knuth, les instructions sont numérotées : elles ont un label, et il est demandé dans l'instruction E3 d'aller à une autre désignée par son label E1. L'instruction «aller à» ("go to" en anglais) existe dans plusieurs langages de programmation des années 1960. Elle est fortement suggérée par la disposition d'un algorithme en organigramme, où les flèches permettent de passer d'une instruction à une autre. Elle était présente dans les instructions de la machine de Post.

Mais cette instruction "go to" est rapidement critiquée. En 1966, Wirth et Hoare recherchent un moyen de l'éviter. Dans son article de 1968 "Go To statement Considered Harmful", Edsger Dijkstra explique qu'il a observé depuis longtemps que la qualité des programmes décroît en fonction de la densité des instructions "go to" et que, plus récemment, il a découvert que l'utilisation de l'instruction "go to" a des effets désastreux. Il est convaincu qu'elle devrait être abolie au profit de langages de programmation de «haut niveau» [7] : cette instruction est «trop primitive, elle est trop une invitation à faire de son programme un désordre.» Il note à la fin de son article que Giuseppe Jacopini a montré par la logique que l'instruction "go to" est superflue : on peut toujours s'en passer [5].

La volonté de supprimer l'instruction "go to" va de pair avec la volonté de produire des langages de programmation « structurés ». Dijkstra présente cette idée dans ses *Notes on Structured Programming* d'août 1969, rééditées en 1970 par l'université technologique d'Eindhoven. Le texte, presque à l'identique, fera l'objet d'une des trois grandes parties du fameux ouvrage *Structured Programming* de 1972, co-écrit par le norvégien Dahl, le hollandais Dijkstra et l'irlandais Hoare [6].

Selon Dijkstra, il faut organiser les programmes pour être sûr qu'ils exécutent ce qui est voulu et il faut raccourcir leur longueur pour les rendre compréhensibles. Tant que l'on considèrera un programme comme une «boîte noire», on ne pourra pas donner de preuve convaincante de son exactitude. De plus, la structure du programme doit permettre d'assurer l'adaptabilité et la maintenance du programme. Il faut qu'il soit possible de modifier des données ou des conditions sans tout réécrire et que cela puisse être fait par un autre «programmeur». En 1969, Dijkstra est certain que les possibilités des ordinateurs vont continuer à croître. Il écrit : «Les ordinateurs sont extrêmement flexibles et ce sont des outils puissants et on peut penser que leurs applications vont changer la face du monde.» C'est dans ce contexte que le suisse Niklaus Wirth invente à partir de 1969 un langage structuré nommé PASCAL [29]. L'algorithme d'Euclide écrit dans ce langage devient :

```
program pgcd (input, output);
var i,j : integer;
begin
      read (i,j);
      while i ≠ j do
            if i > j then
            i := i − j
            else
            j := j − i
      writeln (i)
end
```

Un autre type de langage de programmation est proposé par John Mc Carthy en 1958, qui introduit le LISP (LISt Processor) en 1960 [18]. Il s'agit d'écrire un formalisme permettant de définir les fonctions récursivement. Par exemple, pour l'algorithme d'Euclide, la fonction pgcd (a, b) est définie récursivement (à partir d'elle-même) par :

$$\text{pgcd}(m,n) = \begin{cases} m \text{ si } n = 0 \\ \text{pgcd}(n,m) \text{ si } m < n \\ \text{pgcd}(m, \text{ modulo}(m,n)) \text{ si } m > n \end{cases}$$

En emboîtant l'écriture fonctionnelle, ceci s'écrit en LISP :

```
(DE PGCD (M N) (COND
    ((>MN) (PGCD N M))
    ((=(REM N M 0)
        IF (= M 1) () M))
    (T (PGCD (REM N M) M))))
```

Des variantes de ces langages de programmation seront proposées dans les années suivantes, et des langages basés sur d'autres idées apparaîtront, comme le langage logique PROLOG (PROgrammation LOGique) créé par les français Alain Colmerauer et Philippe Roussel. Dijkstra plaidait en 1970 pour des langages de programmation conduisant à des programmes plus courts, car ils seraient plus faciles à lire et plus adaptés aux importants programmes à venir. Mais la concision conduit aussi à des langages plus éloignés du langage naturel et à des programmes plus difficiles à décrypter.

2. RÉCURSIVITÉ ET COMPLEXITÉS (La tour de Hanoi d'Edouard Lucas)

A. Récursivité.

Ainsi qu'on a pu l'observer, les règles de calcul conduisent bien souvent à construire une suite dont chaque élément est défini à l'aide des précédents par une formule de récurrence, de sorte que le calcul peut être effectué :
– soit selon une procédure itérative où l'on commence par les premiers termes et on obtient ensuite les termes successifs au moyen de la formule de récurrence,
– soit selon une procédure récursive, procédure qui de prime abord semble illégale car cette procédure se définit en fonction d'elle-même. En fait, cette procédure s'appelle elle-même mais avec des valeurs de la variable plus petites. C'est justement ainsi que sont introduites les fonctions récursives du chapitre précédent conduisant à la caractérisation mathématique des algorithmes.

Le concept de récursivité est subtil. Considérons le calcul des factorielles : la relation de récurrence $n! = (n-1)! \times n$ (avec la valeur initiale $1! = 1$) peut s'utiliser itérativement en calculant successivement $2!, 3!, 4! \ldots, (n-1)!, n!$, ou récursivement : si fact(n) désigne la procédure de calcul conduisant à $n!$, alors fact(n) = fact($n-1$) × n. Cette formule exprime que pour connaître $n!$ il suffit de connaître $(n-1)!$, et pour connaître $(n-1)!$ il suffit de connaître $(n-2)!$, et ainsi de suite jusqu'à $1!$ que l'on connaît. En fait, cet exemple est trop élémentaire pour montrer l'intérêt spécifique de la récursivité.

L'algorithme d'Euclide est, en revanche, un exemple où la récursivité s'impose naturellement. En effet, si pgcd (a, b) désigne une procédure permettant de calculer le plus grand commun diviseur de deux entiers naturels a et b, on a la formule : pgcd (a, b) = pgcd $(b, a \bmod b)$ où $a \bmod b$ désigne le reste dans la division de a par b. La fonction-procédure pgcd est donc définie par elle-même, mais avec des valeurs plus petites puisque $b > a \bmod b$.

Voici maintenant un autre exemple simple où la récursivité s'avère singulièrement plus performante que l'itération, exemple paradigmatique de la force de la récursivité, il s'agit de la tour de Hanoi d'Édouard Lucas.

B. La tour de Hanoi.

Ce jeu, inventé par Lucas en 1883 [4] est repris dans le tome III de ses *Récréations mathématiques* [17] paru de façon posthume. Si, après la stricte description du jeu dans le texte suivant, on se demande si le problème est toujours résoluble quel que soit le nombre de jetons, la réponse ne semble pas immédiate. Or, Lucas répond en quelques lignes, cette simplicité est due au point de vue récursif.

Le texte de Lucas

Extrait de *Récréations mathématiques*, tome III, Gauthier-Villars, Paris, 1893 ; rééd. Blanchard, Paris, 1979, pp. 55-57.

Un de nos amis, le professeur N. Claus (de Siam), mandarin du collège Li-Sou-Stian, a publié à la fin de l'année dernière, un jeu inédit qu'il a appelé *la Tour d'Hanoï*, véritable casse-tête annamite (*fig.* 15) qu'il n'a pas rapporté du Tonkin, quoi qu'en dise le prospectus. Cette tour se compose d'étages superposés et décroissants, en nombre variable, représentés par huit pions en bois percés en leur centre, et enfilés dans l'un des trois clous fixés sur une tablette. Le jeu consiste à déplacer la tour en enfilant les pions sur un des deux autres clous et en ne déplaçant qu'un seul étage à la fois, mais avec défense expresse de poser un étage sur un autre plus petit. Le jeu est toujours possible et demande deux fois plus de temps chaque fois que l'on ajoute un étage à la tour. En effet, si l'on sait résoudre le problème pour huit étages, par exemple, en transportant la tour du premier clou au second, on saura le résoudre pour neuf étages. On transporte d'abord les huit étages supérieurs sur le troisième clou ; puis le neuvième étage sur le deuxième clou, et enfin sur celui-ci les huit premiers étages. Donc, en augmentant la tour d'un étage, le nombre de coups devient le double, plus un. Ainsi :

Pour une tour de	deux	étages, il faut	3	coups au minimum.
—	trois	—	7	—
—	quatre	—	15	—
—	cinq	—	31	—
—	six	—	63	—
—	sept	—	127	—
—	huit	—	255	—

Fig. 15.

La tour d'Hanoï.

À un coup par seconde, il faut plus de quatre minutes pour déplacer la tour de huit étages. Pour exécuter le transport de la tour d'Hanoï à soixante-quatre étages, conformément aux règles du jeu, il faudrait faire un nombre de déplacements égal à

18 446 744 073 709 551 615 ;

ce qui exigerait plus de *cinq milliards de siècles* !

Levons d'abord le mystère : le professeur *N. Claus (de Siam)*, mandarin du collège *Li-Sou-Sian* correspond à l'anagramme de *Lucas (d'Amiens)*, professeur au Lycée *Saint Louis*.

On dispose donc de 3 clous A, B et C et de n jetons percés de tailles toutes différentes. Au départ, les n jetons sont empilés sur le clou A selon leur taille décroissante. Il s'agit de déplacer la pile de A vers B en satisfaisant aux règles suivantes :

– on ne déplace qu'un pion à la fois,

– on ne peut déplacer qu'un pion situé sur le dessus d'une pile,

– on ne peut poser un pion sur un autre pion que lorsque ce dernier est plus grand.

Le problème est facile pour $n = 3$, mais devient rapidement moins évident lorsque n croît. Cependant Lucas explique très simplement que l'opération demandée est toujours possible : si l'on sait faire pour $n-1$ pions, alors on sait faire pour n pions. En effet, si $H_{A\to B}(n-1)$ est une procédure permettant de déplacer vers B les $n-1$ pions situés sur le sommet de la pile placée en A, alors en effectuant successivement $H_{A\to C}(n-1)$, puis $H_{A\to B}(1)$ et enfin $H_{C\to B}(n-1)$, on aura bien obtenu une procédure pour $H_{A\to B}(n)$, ce que l'on peut résumer :

$$H_{A\to B}(n) = H_{C\to B}(n-1)\cdot H_{A\to B}(1)\cdot H_{A\to C}(n-1)$$

On voit l'évidence de l'explication à l'aide de la procédure récursive.

C. Complexités.

Lucas nous dit aussi que le nombre minimal de déplacements à effectuer pour déplacer n pions est $2^n - 1$. En effet, on devra toujours à un moment déplacer le plus grand pion de A vers B, et donc avant, et puis après, effectuer un déplacement de $n-1$ pions, d'où, si $\mu(n)$ désigne le nombre minimal de déplacements pour n pions :

$$\mu(n) = 2\mu(n-1) + 1$$

Partant de $\mu(1) = 1$, la récurrence donne $\mu(n) = 2^n - 1$. Comme Lucas lui-même le signale : le temps nécessaire pour effectuer l'ensemble des opérations croît de façon exponentielle avec le nombre n de pions. On dit que la *complexité temporelle* de la procédure est exponentielle.

Il y a un autre élément que l'on ressent lorsque l'on essaye de déplacer les pions à la main en appliquant la procédure récursive. Déplacer une tour de 2 pions, c'est facile; pour une tour de 3 pions il faut se souvenir de la procédure pour 2; pour une tour de 4 pions, il faut se souvenir de la procédure pour 3, etc. Notre mémoire est mise à rude épreuve dès que n est un peu grand. Toutes proportions gardées, il en serait de même pour la mémoire d'un ordinateur. Autrement dit, cette procédure récursive nécessite beaucoup de place dans notre mémoire ou dans celle de l'ordinateur : la *complexité spatiale* de cette procédure est très grande. C'est souvent le cas avec les procédures récursives, alors que les procédures itératives ne demandent de garder en mémoire que quelques unes des étapes antérieures, et souvent même seulement la dernière.

Et en effet, il est possible de diminuer la complexité spatiale de la résolution du problème des tours de Hanoi en adoptant la procédure itérative suivante qui consiste à effectuer alternativement les deux opérations :

– déplacer le plus petit pion selon le cycle suivant : s'il est en A, il va en B; s'il est en B, il va en C; s'il est en C, il va en A;

– effectuer le seul autre déplacement permis (ne concernant pas le plus petit pion).

La complexité spatiale de la procédure est très faible : il suffit de se souvenir de la configuration à l'étape $n-1$ pour passer à l'étape n. En revanche, se convaincre de ce que cet algorithme aboutit bien en un nombre fini d'étapes à la résolution du problème nécessite un temps de réflexion. On peut vérifier par récurrence que les déplacements effectués dans cette procédure sont exactement les mêmes que dans la procédure décrite par Lucas et donc correspond à la complexité spatiale minimale.

Depuis Lucas jusqu'à nos jours, diverses variantes du jeu ont été proposées. Par exemple, en 1939, Stewart [27] demande de calculer le nombre minimal de déplacements des n pions dans le cas où l'on dispose de k clous au lieu de 3.

3. ALGORITHMES ET HASARD

Nous avons déjà dit qu'à certaines occasions des notions probabilistes pouvaient être associées aux algorithmes. Il s'agit, par ordre chronologique, des tentatives pour générer de façon automatique des suites de nombres aléatoires, de l'utilisation de tests probabilistes en cryptographie et de la description des algorithmes susceptibles de fonctionner sur des ordinateurs quantiques.

A. Nombres pseudo-aléatoires.

La façon la plus naturelle, sinon la plus simple, de mimer le hasard est d'effectuer de véritables expériences aléatoires, par exemple, une succession de tirages à pile ou face (sans biais). Diverses « tables de nombres au hasard », établies selon des techniques plus ingénieuses les unes que les autres, ont été publiées au cours du XXe siècle. L'une des premières est sans doute celle de L. Tippett parue en 1927 [28] : l'auteur combine les données des archives du recensement britannique pour obtenir une liste au hasard de 10000 nombres de 4 chiffres. Mais, pour ne pas toujours réutiliser les mêmes tables, il faudrait en établir de très grandes quantités.

Aussi, avec l'avènement des ordinateurs, a-t-on été conduit à utiliser des « générateurs de nombres aléatoires ». Toutefois, ce que l'on obtient ainsi, ce ne sont pas véritablement des nombres aléatoires puisqu'ils sont fournis par un algorithme, donc obtenus à la suite d'un processus purement déterministe. On les appelle cependant nombres pseudo-aléatoires car en pratique leur succession offre l'apparence du hasard. C'est grâce au chaos déterministe que l'on peut construire de tels générateurs pseudo-aléatoires : sous certaines conditions, certains algorithmes, tout comme certains phénomènes physiques ou chimiques, fournissent des successions de sorties présentant un comportement erratique (*cf.* [9]).

Le premier exemple est sans doute la « méthode du milieu du carré » proposée par J. von Neumann dans les années 1940. On choisit un entier a de $2n$ chiffres (la « graine »), on l'élève au carré, puis on extrait de la suite des $4n$ chiffres de a^2 les $2n$ chiffres du milieu (du rang $2n + 1$ jusqu'au rang $3n$), ils constituent un nouveau nombre b que l'on élève au carré, et ainsi de suite. Il y a actuellement de bien meilleurs générateurs, la plupart sont des « générateurs à congruences linéaires ». C'est D.H. Lehmer qui a introduit en 1948 ce type de générateurs qui fonctionnent de la façon suivante : on choisit 3 entiers a, b et m et on considère les suites définies par la relation de récurrence : $x_{n+1} \equiv ax_n + b \pmod{m}$; le choix du premier terme x_0 (la graine) détermine toute la suite pseudo-aléatoire correspondante. Bien sûr, une telle suite devient périodique et sa période est majorée par m. On utilisera donc de grands entiers m avec des entiers a et b choisis de façon que la période soit exactement m quel que soit le choix de x_0 (*cf.* [16]).

Mais comment savoir si une suite ainsi obtenue est une bonne suite pseudo-aléatoire. Ce n'est pas si facile : une suite aléatoire peut avoir localement des propriétés de régularité, de sorte qu'il est impossible de dire d'une suite finie si elle est aléatoire ou non. Trouver une définition mathématique de ce qu'est une suite aléatoire est une question difficile, analogue à celle de la définition d'un algorithme puisqu'il s'agit de donner une définition mathématique d'un concept métamathématique : dire si une suite infinie de 0 et de 1 peut être considérée comme le résultat de jets successifs d'une pièce. Mais, caractériser le hasard est beaucoup plus difficile que de caractériser les algorithmes.

Bien sûr, la suite ne doit avoir aucune structure effectivement déterministe, et donc, la suite ne peut être définie par une fonction récursive (contrairement, par exemple, à la suite des décimales du nombre π). Mais, même si la suite n'est pas donnée par une fonction récursive, elle ne satisfait pas nécessairement le fait que la fréquence des 1 tend vers 1/2. Aussi, von Mises [21] suggère en 1919 qu'une suite de 0 et de 1 est une suite aléatoire si la limite des fréquences de 1 est 1/2, de même que la fréquence des 1 dans toute sous-suite extraite « au moyen d'une procédure raisonnable ». En 1940, Church [3] traduit cette expression par « à l'aide d'une procédure algorithmique », c'est-à-dire, « au moyen d'une fonction récursive ». Cependant cette condition s'avère trop faible : il existe de telles suites qui ne satisfont pas la « loi du logarithme itéré » (contrairement aux vraies suites aléatoires). En 1966, Martin-Löf [19] formule l'hypothèse qu'une suite aléatoire est une suite qui satisfait tous les « tests statistiques effectifs de comportement aléatoire », notion que nous ne pouvons pas formuler précisément ici, mais qui utilise, de façon essentielle, la notion de fonction récursive. Bien que cette formulation, connue sous le nom de thèse de Martin-Löf, soit actuellement celle qui est la plus couramment acceptée [10], elle est encore en discussion, contrairement à la thèse de Church avec laquelle presque tout mathématicien se trouve en accord.

B. Tests probabilistes.

Avec les tests probablistes, le hasard intervient d'une manière bien différente. Comme pour un algorithme classique, c'est-à-dire déterministe, un algorithme probabiliste donne une réponse après un nombre fini d'étapes. La différence réside dans le fait que la réponse fournie n'est pas toujours exacte, elle peut être donnnée avec une certaine incertitude précisée en termes de probabilités. Expliquons cela en observant le test de primalité dit de Miller-Rabin.

Avec la découverte des méthodes de cryptage à clé publique dans les années 1970, comme la méthode RSA (voir chapitre 8) et leur utilisation massive avec les cartes de crédit ou Internet, il a fallu des techniques pour fournir facilement de grands nombres premiers. Mais, comme on l'a vu, tester la divisibilité d'un grand nombre n par les entiers $\leq \sqrt{n}$ est vite impossible et il a fallu trouver d'autres techniques. On dispose depuis 2002 de l'algorithme déterministe AKS dont la complexité est d'ordre polynomial [plus précisément de l'ordre de $(\ln n)^{12}$, ou même $(\ln n)^{6+\varepsilon}$, où ε désigne un nombre positif quelconque, dans une version due à H.W. Lenstra Jr et C. Pomerance [25]]. Malgré cela, on ne connait pas encore d'algorithmes suffisamment rapides pour être utilisables dans la pratique quotidienne. Or, justement, pour un « usage commercial », on n'a pas la nécessité de l'assurance absolue de la primalité des nombres que l'on utilise, il suffit d'une probabilité extrêmement grande.

On a vu que la réciproque du théorème de Fermat n'est pas toujours vraie et qu'il pouvait être intéressant, pour tester la primalité d'un entier, de chercher des versions renforcées du théorème de Fermat dont la réciproque fonctionne (*cf.* § 8.4). C'est ce qu'utilise le test de Miller-Rabin dont l'énoncé mathématique qui le fonde remonte à un article en russe d'Artjuhov de 1966 [1] :

Soit n un entier impair. Posons $n-1=2^s t$ *où t est impair. Alors, l'entier n est un nombre premier si et seulement si, pour tout entier a premier à n,*
ou bien $a^t \equiv 1 \pmod{n}$
ou bien $a^{2^i t} \equiv -1 \pmod{n}$ *pour un i tel que* $0 \leq i \leq s-1$.

J. Selfridge a redécouvert ce critère de primalité dans le début des années 1970 et a proposé son utilisation, disant qu'un entier n est « fortement pseudo-premier » de base a si l'entier a vérifie l'une des congruences ci-dessus [8]. En 1975, G. I. Miller [20] montre que, pour tester la primalité de n, il n'est pas nécessaire de considérer tous les entiers $a < n$; il suffit de tester les entiers $a \leq 2(\ln n)^2$ ce qui diminue considérablement la tâche. La complexité de l'algorithme devient de l'ordre de $(\ln n)^{4+\varepsilon}$. C'est donc, avant l'algorithme AKS, un algorithme déterministe de complexité polynomiale, mais la preuve du résultat de Miller suppose la validité d'un énoncé conjectural, l'hypothèse de Riemann généralisée. Il s'agit d'une extension de l'hypothèse formulée par Riemann en 1859, à savoir que tous les zéros de la fonction $\zeta(s) = \sum_{n\geq 1} \frac{1}{n^s}$ (s désigne une variable complexe) situés dans la bande verticale $0 < Re(s) < 1$ sont portés par la droite $Re(s) = 1/2$.

La dernière étape est franchie par M. Rabin qui propose d'utiliser le critère précédent comme un test probabiliste [23], et ce choix est convaincant car il montre que, si n est composé, alors le nombre d'entiers $a < n$ vérifiant l'une des congruences ci-dessus est $\leq n/4$ [24]. Ainsi, si un entier arbitraire n satisfait le test pour un entier a choisi au hasard entre 2 et $n-1$ (n est fortement pseudo-premier pour a), alors on peut penser que n est probablement premier avec une probabilité d'erreur inférieure à 1/4 (ce qui n'est pas encore une certitude). Mais, si l'on choisit, au hasard et de façon indépendante k entiers $a_1,\ldots, a_k$ entre 2 et $n-1$ et que n est fortement pseudo-premier pour $a_1,\ldots, a_k$ alors, supposant que, pour un n fixé, k choix indépendants pour les a donnent k réponses indépendantes au test, on peut affirmer que n est premier avec une probabilité d'erreur inférieure à $1/4^k$. C'est le choix initial de l'entier k, correspondant au degré de certitude que l'on souhaite, qui permet de qualifier la procédure d'algorithmique puisqu'au bout d'un temps fini (maîtrisé) on obtient une certaine réponse (à défaut d'une réponse certaine), à savoir : ou bien n est composé (et c'est certain), ou bien n est probablement premier (et la probabilité d'erreur est inférieure à $1/4^k$). Cela peut faire penser aux méthodes d'approximations successives où, en général, on n'obtient pas la valeur exacte, mais une valeur approchée avec une borne de l'erreur fixée à l'avance permettant un arrêt des calculs au bout d'un nombre fini d'étapes. La complexité de la version probabiliste du test de Miller-Rabin est de l'ordre de $(\ln n)^{2+\varepsilon}$.

Nous avions déjà brièvement évoqué un autre test probabiliste de primalité, imaginé dans la même période, le test de Solovay-Strassen (§ 8.4). En 1978, Monier [22] compare ces deux tests probabilistes ; indépendamment de Rabin, il retrouve la majoration par $n/4$ alors que pour Solovay-Strassen le majorant analogue est $n/2$, et il montre que si un entier a ne repère pas la non-primalité de n pour Miller-Rabin, alors il ne la repère pas non plus pour Solovay-Strassen. Autrement dit, le test de Miller-Rabin est toujours plus efficace aussi bien d'un point de vue déterministe que d'un point de vue probabiliste.

Enfin, lorsque n passe le cap du test de Miller-Rabin, c'est-à-dire, lorsque n est probablement premier, si l'on souhaite être absolument sûr de la primalité de n, on utilise des tests déterministes a priori plus lourd, comme le test de primalité associé aux courbes elliptiques introduit en 1986 par Goldwasser et Kilian [12] (test que nous n'expliciterons pas). Cependant, un tel test n'est pas, le plus souvent, un algorithme stricto sensu car il ne donne pas nécessairement une réponse : s'il donne une réponse, elle est certaine, n est premier et les données définissant les courbes elliptiques prouvant que n est premier sont appelées « certificat de primalité » pour n ; s'il ne donne pas de réponse, on ne sait rien sur n, on peut retenter sa chance avec d'autres courbes elliptiques.

C. Algorithmes quantiques.

Les algorithmes quantiques utilisent les phénomènes de la mécanique quantique avec leur interprétation probabiliste de superposition des différents états. Ils sont susceptibles d'être mis en œuvre sur des ordinateurs quantiques. Ceux-ci sont loin d'être en état de fonctionner, mais le jour où on saura en construire, les algorithmes quantiques seront incomparablement plus performants que les algorithmes mis en œuvre sur des ordinateurs classiques. C'est sans doute le physicien Richard Feynman [11] qui, dans les années 1980, a le premier imaginé la puissance de calcul permise par la mécanique quantique. En effet, grossièrement, une machine de Turing classique fonctionne « en série », suivant les instructions de façon déterministe, alors qu'une machine de Turing quantique fonctionnerait « en parallèle », en fait, par superpositions d'états.

Donnons en une idée en esquissant le principe de l'*algorithme quantique de Shor* datant de 1994. Cet algorithme est capable de factoriser de très grands nombres en un temps qui est une fonction polynomiale en la taille des données, ce qu'actuellement les algorithmes classiques ne savent pas faire. Soit $2 \leq a \leq n$ où n est le grand entier à décomposer et a un entier premier à n. On vérifie que si l'ordre r de a (mod n) est pair et si $a^{r/2} \neq -1$ (mod n) (ce qui se produit avec une probabilité $\geq 1/2$ quand a est choisi au hasard et que n n'est ni un nombre premier ni une puissance d'un nombre premier), alors on obtient un facteur non trivial de n en considérant le pgcd des entiers n et $a^{r/2} - 1$. Toute la difficulté réside dans la recherche de l'ordre r de a (mod n), c'est-à-dire, la période r de la fonction $x \mapsto a^x$ (mod n). C'est pour trouver cette période que les ordinateurs quantiques s'avèrent performants.

Esquissons maintenant, de façon très schématique, le principe de fonctionnement de l'ordinateur quantique. Quand, en physique classique, un électron peut se trouver, par exemple, dans deux états possibles notés $|0>$ et $|1>$, en physique quantique, il peut être dans n'importe quelle superposition de ces deux états : $\alpha_0|0> + \alpha_1|1>$ à condition que les α_i, les valeurs d'amplitude, satisfassent la formule $|\alpha_0|^2 + |\alpha_1|^2 = 1$. [Rappelons que $|\alpha_i|^2$ s'interprète comme la probabilité d'obtenir $|i>$ quand on mesure l'état de l'électron.] Une telle superposition est un *qubit*, l'unité d'information pour les ordinateurs quantiques. Ainsi, alors que, avec des ordinateurs classiques, m électrons peuvent contenir m bits d'information, dans les ordinateurs quantiques, ils peuvent contenir une superposition de 2^m états.

Rappelons que la *transformée de Fourier rapide* (§ 12.6) transforme un vecteur ayant $M = 2^m$ composantes en un autre vecteur ayant M composantes et que, si la suite formée par les composantes du vecteur d'entrée admet une période r divisant M, alors les indices des composantes non nulles du vecteur de sortie sont nécessairement des multiples de M/r. Dans un ordinateur quantique, l'entrée constituée de m bits est codée comme une superposition d'états, c'est-à-dire, selon un vecteur x ayant $M = 2^m$ composantes, et la *transformée de Fourier quantique* calcule très rapidement le vecteur de sortie y qui a M composantes lui aussi (le calcul nécessite seulement m^2 opérations quantiques élémentaires).

Voyons maintenant comment trouver la période r de l'entier a modulo n. Considérons le vecteur d'entrée :

$$x = \sum_{j=0}^{M-1} a^j |j>,$$

de période r. Pour la simplicité de l'explication, supposons que r divise M. Alors, la transformation de Fourier quantique fournit à la sortie le vecteur :

$$y = \sum_{k=0}^{r-1} \frac{1}{\sqrt{r}} \left| k\frac{M}{r} \right\rangle .$$

En physique quantique, on sait que la mesure de y ne fournit pas les $M = 2^m$ composantes de y, mais seulement m bits correspondant à l'indice de l'une des composantes de y, a priori, avec une grande probabilité, l'indice de l'une des plus grandes composantes. Ainsi, dans notre exemple, la mesure de y donne l'un des multiples kM/r de M/r avec une égale probabilité. En effectuant suffisamment de mesures et en considérant le pgcd de ces différents multiples, on obtiendra M/r avec une grande probabilité, et par suite, l'ordre r. La complexité de l'algorithme de Shor est polynomiale, c'est cependant un algorithme probabiliste.

Est-il possible de construire des ordinateurs quantiques ? Des expériences sont en cours. C'est une tâche extrêmement délicate, l'une des plus grandes difficultés à résoudre est d'éviter les phénomènes de décohérence des superpositions d'états provoquée par les interactions avec l'extérieur. Mais le jour où de vrais ordinateurs quantiques seront en état de fonctionner, la méthode RSA de cryptographie deviendra obsolète.

RÉFÉRENCES

[1] M. Artjuhov, Certain criteria for primality of numbers connected with the little Fermat theorem (en russe), *Acta Arithmetica*, t. 12 (1966/1967), 355-364.

[2] J. Backus, A Restless Inventor, in D. Shasha, C. Lazere, *Out of their minds. The lives and Discoveries of 15 Great Computer Scientists*, Springer-Verlag, New-York, 1998.

[3] A. Church, On the concept of a random sequence, *Bulletin of the American Mathematical Society*, t. 46 (1940), 130-135.

[4] N. Claus, La tour de Hanoï, Jeu de calcul, *Science et Nature*, t. 1 (1884), 127-128.

[5] B. Corrado, G. Jacopini, Flow diagrams, Turing machines and languages with only two formations rules, *Comm. ACM* (Communications of the Association for Computing Machinery), t. 9 (1966), 366-371.

[6] O.-J. Dahl, E. Dijkstra, C. Hoare, *Structured programming*, Academic Press, Londres et New-York, 1972.

[7] E. Dijkstra, Go To Statement Considered Harmful, *Comm. ACM* (Communications of the Association for Computing Machinery), t. 11 (1968), 147-148.

[8] R. Crandall et C. Pomerance, *Prime numbers : a computational perspective*, Springer Verlag, New York, 2001 ; 2ᵉ éd. 2005.

[9] A. Dahan-Dalmedico, J.-L. Chabert et K. Chemla éds, *Chaos et déterminisme*, Points Sciences, Seuil, Paris, 1992.

[10] J.-P. Delahaye, *Information, complexité et hasard*, Hermes Science Publications, Paris, 2e éd., 1999.

[11] R. Feynman, Quantum mechanical computers, *Foundations of Physics*, t. 16 (1986), 507-531.

[12] S. Goldwasser et J. Kilian, Primality testing using elliptic curves, *Journal of the Association for Computing Machinery*, t. 46 (1999), 450-472.

[13] IBM, *Data Processing Techniques. Flowchart Technics*, Technical Publications Department, New York, 1969 ; rééd. 1970.

[14] D. Knuth, Computer-Drawn Flowcharts, *Comm. ACM* (Communications of the Association for Computing Machinery), t. 6 (1963), 555-563.

[15] D. Knuth, *The Art of Computer Programming*, vol. I, Fundamental algorithms, Addison-Wesley, Massachusetts, 1968 ; 2e éd. 1973, 3e éd. 1997.

[16] D. Knuth, *The Art of Computer programming*, vol. II, Seminumerical Algorithms, Addison-Wesley, Massachusetts, 1969 ; 2e éd. 1981, 3e éd. 1997.

[17] E. Lucas, *Récréations mathématiques*, t. III, Gauthier-Villars, Paris, 1893 ; rééd. Blanchard, Paris, 1979.

[18] J. Mc Carthy, Recursive functions of Symbolic Expressions and Their Computation by Machine I, *Comm. ACM* (Communications of the Association for Computing Machinery), t. 3 (1960), 184-195.

[19] P. Martin-Löf, The definition of random sequences, *Information and Control*, t. 9 (1966), 602-619.

[20] G.L. Miller, Riemann's hypothesis and tests for primality, *Journal of Computer and System Sciences*, t. 13 (1976), 300-317.

[21] R. von Mises, Grundlagen der Wahrscheinlichkeitsrechnung, *Mathematische Zeitschrift*, t. 5 (1919), 52-99.

[22] L. Monier, Evaluation and comparison of two efficient probabilistic primality testing algorithms, *Theoretical Computer Science*, t. 12 (1980), 97-108.

[23] M. Rabin, Probabilistic algorithms in *Algorithms and complexity*, pp. 21-39, Academic Press, New York, 1976.

[24] M. Rabin, Probabilistic Algorithm for Testing Primality, *Journal of Number Theory*, t. 12 (1980), 128-138.

[25] R. Schoof, Four primality testing algorithms in *Algorithmic number theory : lattices, number fields, curves and cryptography*, pp. 101-126, Cambridge Univ. Press, Cambridge, 2008.

[26] P. Shor, Polynomial-time algorithms for prime factorization and discrete logarithms on a quantum computer, *SIAM Journal on Computing*, t. 26 (1997), 1484-1509.

[27] B. Stewart, Advanced problem 3918, *American Mathematical Monthly*, t. 46 (1939), 363, et t. 48 (1941), 217-219.

[28] L. Tippett, *Random sampling numbers*, Tracts for Computers, vol. 15, Cambridge University Press, 1927.

[29] N. Wirth, The Programming Language Pascal, *Acta Informatica*, t. 1 (1971), 35-63.

BIBLIOGRAPHIE GÉNÉRALE

Pour aborder l'histoire des mathématiques

Deux ouvrages de référence :

DAHAN-DALMEDICO A. PEIFFER J., *Une histoire des mathématiques. Routes et dédales*, Collection Points Sciences n° 549, Le Seuil, Paris, 1986 (première édition *Routes et dédales*, Études vivantes, Paris, 1982).

Groupe Inter-I.R.E.M. Histoire des Mathématiques et Épistémologie, *Mathématiques au fil des âges*, recueil de textes choisis et commentés, Gauthier-Villars, Paris, 1987.

Et par ordre alphabétique :

BOURBAKI N., *Éléments d'histoire des mathématiques*, Hermann, Paris, 1960. Rééd. Masson, 1984.

BOYER C. B., *A history of mathematics*, Wiley and Sons, New-York, 1968.

CAJORI F., *A history of mathematical notations* (2 tomes), 1927 et 1929. Réimp. Open Court, La Salle, 1974.

CAJORI F., *A history of mathematics*, réimp., Chelsea Publishing Company, New York, 1980.

CANTOR M., *Vorlesungen über Geschichte der Mathematik* (4 tomes), Teubner, Leipzig, 1892-1902.

CHEMLA K. et GUO S., *Les Neuf Chapitres, Le classique mathématique de la Chine ancienne et ses commentaires*, édition critique bilingue traduite, présentée et annotée, Dunod, Paris, 2005.

COLLETTE J.-P., *Histoire des mathématiques* (2 tomes), édition Le renouveau pédagogique, Québec, diffusion Vuibert, Paris, 1973-1979.

DAUBEN, J. W., *Suan Shu Shu*, A Book on Numbers and Computations, English Translation with Commentary, *Archive for History of Exact Sciences*, vol. 62 (2008), 91-178.

DEDRON L., ITARD J., *Mathématiques et mathématiciens*, Magnard, Paris, 1959.

DHOMBRES J., *Nombre, mesure et continu. Épistémologie et Histoire*, Cedic-Nathan, Paris, 1978.

DICKSON L. E., *History of the Theory of numbers* (3 vol.), 1919-1923.

DIEUDONNÉ J. et alii, *Abrégé d'histoire des mathématiques, 1700-1900* (2 tomes), Hermann, Paris, 1978.

DJEBBAR A., *L'algèbre arabe, genèse d'un art*, Vuibert-Adapt, Paris, 2001.

Encyclopédie des mathématiques pures et appliquées, sous la direction de J. Molk, Gauthier-Villars, Paris, 1904-1914. Rééd. Gabay, Paris, 1992.

GOLDSTINE H. H., *A history of numerical analysis from the 16th Through the 19th century*, Springer Verlag, New York, 1977.

Groupe Inter-I.R.E.M. Histoire des Mathématiques et Épistémologie, *La rigueur et le calcul*, Documents historiques et épistémologiques. Cedic-Nathan, Paris, 1982.

Guitel G., *Histoire comparée des numérations écrites*, Flammarion, Paris, 1975.

Heath T., *A History of Greek Mathematics* (2 tomes), Oxford Clarendon Press, 1921. Réimp. Dover, New York, 1981.

Itard J., *Essais d'histoire des mathématiques*, Blanchard, Paris, 1984.

Kline M., *Mathematical thought from Ancient to Modern Times*, Oxford University Press, 1972.

Le matin des mathématiciens, Entretiens sur l'histoire des mathématiques présentés par É. Noël, France Culture, Belin, Paris, 1985.

Martzloff J.-C., *Histoire des mathématiques Chinoises*, Masson, Paris, 1987. Ed. angl. revue et augmentée, *A History of Chinese Mathematics*, trad. S. S. Wilson, Berlin, Heidelberg, New York, Springer, 1997 ; nouvelle édition, 2006.

Martzloff J.-C., *Le calendrier chinois : structure et calculs (104 av. J.-C.-1644), Indétermination céleste et réforme permanente, la construction chinoise officielle du temps quotidien discret à partir d'un temps mathématique caché, linéaire et continu*, Honoré Champion, Paris, 2009.

Neugebauer O., *Les sciences exactes dans l'Antiquité*, trad. P. Souffrin, Actes Sud, Arles, 1990.

Rashed R., *Entre arithmétique et algèbre. Recherches sur l'histoire des mathématiques arabes*, Les Belles Lettres, Paris, 1984.

Serres M., *Éléments d'histoire des sciences*, Paris, Bordas, 1989.

Sesiano J., *Les carrés magiques dans les pays islamiques*, Presses Polytechniques et Universitaires Romandes, Lausanne, 2004.

Smith D. E., *History of mathematics* (2 tomes), Dover, New York, 1958.

Struik D.J., *A source book in mathematics 1200-1800*, Princeton University Press, 1969.

Taton R., *Histoire du calcul*, Que sais-je, n° 198, Presses Universitaires de France, Paris, 1969.

Tropfke J., *Geschichte der Elementarmathematik*, Leipzig, 1902-1903, nombreuses rééd., De Gruyter, Berlin, 1902-1939 ; 4e éd., vol. 1, *Arithmetik und Algebra* (K. Vogel, K. Riech, H. Gericke), De Gruyter, Berlin, 1980.

van der Waerden B.L., *Geometry and Algebra in Ancient Civilizations*, Springer Verlag 1983.

Youschkevitch H., *Les mathématiques arabes* (viiie-xve siècles), trad. M. Cazenave et K. Jaouiche, Vrin, Paris, 1976.

D'autres ouvrages à destination des élèves et des professeurs peuvent être signalés :

Commission inter-IREM d'épistémologie, *Pour une perspective historique dans l'enseignement des mathématiques*, I.R.E.M. de Lyon, 1988, 334 p.

N.C.T.M. (National Council of Teachers of Mathematics), *Historical Topics for the Mathematical Classroom*, Washington, 1969.

A.P.M.E.P. (Association des Professeurs de Mathématiques de l'Enseignement Public), *Fragments d'histoire des mathématiques*, n° 41 (1983), n° 65 (1987), n° 83 (1991), n° 92 (1992).

Groupe d'Histoire des Mathématiques de l'I.R.E.M. de Toulouse, *De l'arithmétique à l'algèbre, Fausse positions et premier degré*, I.R.E.M. de Toulouse, 2008.

Pouvreau-Sejourne D., *Trigonométrie et « développements en série » en Inde médiévale*, I.R.E.M. de Toulouse, 2003.

Pour des compléments techniques,

Quelques ouvrages de mathématiques :

Bakhvalov N., *Méthodes numériques*, éd. Mir, Moscou, 1973, trad. fr. 1976.

Baranger J. (sous la direction de), *Analyse numérique*, Hermann, Paris, 1991.

Ciarlet P.-G., *Introduction à l'analyse numérique matricielle et à l'optimisation*, Masson, Paris, 1982. Rééd. Dunod, 1998.

Collatz L., *The numerical treatment of differential equations*, Springer, Berlin, 1re éd. 1951.

Crouzeix M. et Mignot A. L., *Analyse numérique des équations différentielles*, Masson, Paris, 1983.

Demidovitch B. et Maron I., *Éléments de calcul numérique*, éd. Mir, Moscou, 1973, trad. fr. 1979.

Engels A., *Mathématiques et informatique*, Cedic-Nathan, Paris.

Hairer E., Norsett S. et Wanner G., *Solving Ordinary Differential Equations* I, 2e éd., Springer, New York, 1993.

D. Knuth, *The Art of Computer programming*, vol. I et II, Addison-Wesley, Reading Massachusetts, 1968-69 ; 3e éd. 1997.

Moisan J. et Debeaumarche G., *Mathématiques et informatique*, Ed. Marketing, Paris, 1989.

Quitte C. et Naudin P., *Algorithmique algébrique*, Masson, Paris, 1992.

Ribenboim P., *The Little Book of Bigger Primes*, 2e éd., Springer, New York, 2004.

Riesel h., *Prime Numbers and Computer Methods for Factorization*, Birkhäuser, Boston, 1985, 2e éd., 1994.

Sibony M. et Mardon J.-C., *Analyse numérique*, 2 tomes, Hermann, Paris, 1982.

Stern J., *Fondements mathématiques de l'informatique*, Mac Graw Hill, 1990.

Stoer J. et Bulirsch R., *Introduction to numerical analysis*, Springer, New York, 1980, 3e éd., 2002.

Wolper P., *Introduction à la calculabilité*, Interéditions, Paris, 1990.

NOTICES BIOGRAPHIQUES

Nous présentons, en quelques lignes, la vie et les activités scientifiques des auteurs cités. Ceci nous a conduits à moins insister sur les contributions mathématiques des savants très connus. Pour des compléments biographiques, on pourra se reporter aux diverses encyclopédies ou dictionnaires biographiques et plus spécialement aux ouvrages suivants qui ont servi de base à notre documentation :

Biographie universelle ancienne et moderne de MICHAUD (46 vol.), Desplaces, Paris, 1811-1862.

Biographisch-literarisches Handwörterbuch zur Geschichte der exakten Wissenschaften de POGGENDORFF, Leipzig, depuis 1863.

Concise dictionary of scientific biography, Scribner's sons, New York, 1981, qui résume le monumental :

Dictionary of scientific biography de GILLESPIE (16 vol.), Scribner's sons, New York, 1970-1980.

Nouvelle biographie générale de HOEFER (46 vol.), Firmin-Didot, Paris, 1855-1866.

Histoire générale des sciences de TATON (4 vol.), Presses Universitaires de France, Paris, 1957-1964.

ABŪ KĀMIL Shujāᶜ ibn Aslam ibn Muḥammad ibn Shujāᶜ (vers 850-vers 930)

Nous ne savons rien de la vie d'Abū Kāmil. Il a vécu sous le règne de plusieurs califes abbassides à une époque où la civilisation arabo-islamique traversait sa phase la plus prospère économiquement mais la plus agitée politiquement et idéologiquement. Il est considéré comme l'un des plus importants algébristes arabes. Parmi les six ouvrages mathématiques attribués à Abū Kāmil, trois nous sont parvenus : *Le [livre] complet en algèbre, Le livre des [choses] originales en calcul* et *Le livre [du calcul] des donations à l'aide des racines.*

ABŪ L-WAFĀ' AL-BŪZJĀNĪ (Buzjan 940 – Bagdad 997)

Abū l-Wafā' est apparemment de descendance persane. En 959, il se rend à Bagdad où il devient le plus grand représentant de l'école mathématique et astronomique qui se constitue au début du IXᵉ siècle. Abū l-Wafā' effectue de nombreuses observations astronomiques et continue la tradition de ses prédécesseurs, alliant travaux originaux et commentaires des classiques grecs. En mathématiques, deux de ses ouvrages seulement nous sont parvenus : *le livre sur l'arithmétique nécessaire aux scribes et aux marchands* et *le livre sur ce qui est nécessaire aux artisans en constructions géométriques.*

ADAMS John (Lidcott 1819 – Cambridge 1892)

Très tôt, Adams se passionne pour les mathématiques et l'astronomie. En 1839, ses parents l'envoient à Cambridge. À l'âge de 24 ans, en même temps que Le Verrier, Adams explique les perturbations d'Uranus par la présence d'une planète encore inconnue. En 1851, il est élu Président de la *Royal Astronomical Society*; peu après, il commence ses recherches sur la théorie lunaire. En 1858, il occupe la chaire de mathématiques à l'Université de St Andrew. Comme Euler et Gauss, Adams s'emploie à calculer les valeurs de nombreuses constantes mathématiques.

AITKEN Alexander Craig (Dunedin 1895 – Edimbourg 1967)

Né en Nouvelle-Zélande, Aitken découvre à 9 ans la reproduction des albatros royaux, mais ses grands parents croient à un conte invraisemblable et le punissent. Après deux années à l'Université d'Otago, Aitken s'engage dans l'armée ; il participe à la bataille de la Somme au cours de laquelle il est gravement blessé. Il complète ensuite ses études à l'Université d'Otago dont il est diplômé en 1919 et il enseigne à la Otago Boy's High School jusqu'en 1923, date à laquelle Bell le persuade d'étudier à Édimbourg où il passera le reste de sa vie. Aitken s'intéresse principalement à l'analyse numérique, les statistiques et l'algèbre linéaire.

Al-BAGHDĀDĪ Abū Manṣūr ᶜAbd al-Qāhir ibn Ṭāhir ibn Muḥammad (? – Isfara'in 1037)
Al-Baghdādī est connu comme théologien et comme mathématicien. De ses deux ouvrages dans cette dernière discipline, qui nous sont parvenus, l'un est intitulé *le complément en calcul*, et il traite des différents systèmes de calcul : indien, digital, sexagésimal. Le second, intitulé *Épitre sur le mesurage*, traite du calcul des aires des figures planes et solides et de certains problèmes d'application (arpentage, creusement de puits, etc.).

Al-BATTĀNĪ AL-ḤARRĀNĪ (Ḥarrān vers 858 – ? 929)
Comme Thābit ibn Qūrra, al-Battānī appartient à la secte des Sabéens. Il exerce son métier d'astronome à Raqqa, ville située sur la rive gauche de l'Euphrate. Le traité d'Astronomie d'al-Battānī, révision de *l'Almageste* de Ptolémée, est considéré comme l'un des plus importants ouvrages d'astronomie écrits au Moyen-Âge. Al-Battānī y utilise le sinus au lieu de la corde, suivant en cela l'exemple de ses prédécesseurs indiens et arabes. Il emploie aussi le cosinus, comme sinus de l'angle complémentaire, et le sinus verse, pour le cosinus d'un angle supérieur à un droit.

Al-BĪRŪNĪ Abū r-Rayḥān Muhammad ibn Aḥmad (Kâth, Khwārezm 973 – Ghazni, Afghanistan 1050)
Al-Bīrūnī est élevé par la famille princière des Banūᶜ Irāq qui gouverne alors le Khwarezm, état en bordure de la Mer d'Aral. Il visite l'Iran et l'Inde avant de se fixer à Ghazni en Afghanistan. Il s'illustre dans de nombreux domaines : astrologie, astronomie, géographie, géologie, minéralogie, pharmacologie, histoire, mathématiques et philosophie. Il entretient une correspondance scientifique avec des savants illustres, comme le philosophe Avicenne et l'astronome et mathématicien Abū l-Wafā'. Il contribue fortement à l'histoire des sciences, en particulier par ses informations sur la tradition indienne.

Al-KARAJĪ Abū Bakr ibn Muḥammad ibn al-Ḥusayn (Xᵉ/XIᵉ siècles)
On ignore presque tout de la vie d'al-Karajī (ou al-Karkhī). On ne sait s'il est originaire des environs de Bagdad ou de la ville persane de Karaj. Il semble avoir longuement vécu à Bagdad et y avoir écrit ses principaux ouvrages de mathématiques. Ceux-ci traitent du calcul, en particulier *le livre suffisant*, et surtout d'algèbre, comme *le livre original* et le *Fakhrī*. Sa contribution en algèbre porte sur l'extension des opérations arithmétiques aux nombres irrationnels et aux polynômes, l'étude de ces derniers indépendamment des équations et la résolution de systèmes d'équations linéaires.

Al-KĀSHĪ Ghiyâth ad-Dīn Jamshīd Masᶜūd (Kashân ? – Samarkand 1429)
Originaire du Kashan en Iran, al-Kāshī s'intéresse à l'astronomie et aux mathématiques. En 1410, il publie, en persan, un *Compendium sur la science de l'astronomie*. En 1413, il achève ses tables astronomiques. À partir de 1417, il accepte l'invitation du sultan Ulug Beg, pour enseigner et poursuivre ses recherches dans le Collège Scientifique nouvellement créé à Samarkand. Al-Kāshī publie alors son *Traité sur la*

circonférence en 1424, son *Épître de la corde et du sinus* un an plus tard, et enfin, deux ans avant sa mort, il achève *La clef du calcul.*

Al-KHAYYĀM Abū l-Fatḥ Umar ibn Ibrāhīm (Nishapur 1048 – Nishapur 1131)
Si nous faisons abstraction des légendes contradictoires le dépeignant tantôt comme un mystique profondément croyant, tantôt comme un grand buveur, un libertin et un athée, il ne nous reste aucune information sérieuse sur la vie de ᶜUmar al-Khayyām. Il nous est parvenu, outre ses célèbres quatrains écrits en persan, un traité d'algèbre, une *Épître sur la division du quart de cercle*, relatif tous deux à la résolution des équations cubiques et une *Épître sur l'explication des difficultés des postulats du livre d'Euclide.*

Al-KHWĀRIZMĪ Abū Jaᶜfar Muḥammad ibn Mūsā (? 780 – ? 850)
Al-Khwārizmī est un astronome et mathématicien originaire du Khwarezm, région en bordure de la Mer d'Aral. De 813 à 833, il participe aux activités de la Maison de la sagesse, une académie fondée, à Bagdad, par le calife abbasside al-Mamūm. Les écrits scientifiques les plus importants d'al-Khwārizmī sont l'*Abrégé sur le calcul par l'algèbre et la muqabala*, les *Tables [astronomiques] du Sindhind*, un manuel arithmétique où le système décimal indien est exposé pour la première fois dans la tradition mathématique arabe, un livre de géographie mathématique, *Le livre de la configuration de la Terre*, et un calendrier juif.

Al-MĀHĀNĪ Abūᶜ Abdallāh Muḥammad ibn ᶜIsā (vers 853 – Bagdad 866)
Al-Māhānī est un mathématicien persan du IXᵉ siècle, qui vit principalement à Bagdad. Il prédit trois éclipses lunaires avec une précision d'une demi-heure. Ses principales contributions portent cependant sur les mathématiques. Al-Māhānī est le premier à avoir exprimé, au moyen d'une équation cubique, le problème de la proposition IV du deuxième livre *de la Sphère et du Cylindre* d'Archimède : diviser une sphère en deux portions selon un rapport donné. Il a également écrit un traité, non encore retrouvé, sur la quadrature de la parabole.

Al-UQLĪDISĪ Abū l-Ḥasan Aḥmad ibn Ibrāhīm (Xᵉ siècle).
Al-Uqlīdisī est connu par une unique copie d'une de ses œuvres : *Les sections sur le calcul indien.* Ce manuscrit date de 1157, alors que l'ouvrage a été écrit en 952 à Damas. Ce texte est le plus important de la centaine d'arithmétiques arabes qui nous sont parvenus. C'est d'abord le plus ancien texte connu et il contient l'utilisation des fractions décimales. De plus, al-Uqlīdisī y suggère le passage du calcul indien à l'aide de la planche à poussière au calcul sur papier.

ARCHIMÈDE (Syracuse 287 av. J-C.-Syracuse 212 av. J-C.)
Peu de détails de la vie d'Archimède sont connus. Fils de l'astronome Phidias, il étudie à Alexandrie avec les successeurs d'Euclide. Il compose la plupart de ses ouvrages à Syracuse où il est tué lors de l'attaque romaine. Ses inventions en mécanique et ses travaux en physique sont célèbres. En mathématiques, il poursuit les études euclidiennes sur les calculs d'aires et de volumes n'hésitant pas à y introduire des considérations de statique (*Quadrature de la Parabole*). Dans l'*Arénaire*, il développe un système original de numération permettant d'exprimer de grands nombres.

ARISTARQUE de Samos (vers 310 av. J.-C. – 230 av. J.-C.)
Élève de Straton, troisième directeur du Lycée fondé par Aristote, Aristarque de Samos propose un modèle héliocentrique dix-huit siècles avant Copernic. Dans son ouvrage, *Sur les mesures et les distances de la Lune et du Soleil*, il développe de véritables déductions mathématiques à partir d'un certain nombre de suppositions. Anticipant

sur les futures méthodes trigonométriques, il expose des procédés arithmétiques et géométriques pour approcher le sinus des petits angles.

ARNAULD Antoine (Paris 1612 – Bruxelles 1694)
Ordonné prêtre, Arnauld obtient le doctorat de théologie en 1641. Entré à la Sorbonne en 1643, il en est exclu en 1656 à cause de ses options jansénistes. Il passe quelque temps dans la clandestinité, se retire à Port-Royal et enfin s'exile en Flandre, puis aux Pays-Bas. Arnauld s'est intéressé à la logique, à la philosophie du langage et aux mathématiques. Ses *Nouveaux éléments de géométrie*, publiés en 1667, marquent un renouveau de la géométrie euclidienne, à partir des travaux de Pascal.

ARTIN Emil (Vienne 1898 – Hambourg 1962)
Après des études à Vienne, Leipzig et Göttingen, Artin enseigne à Hambourg. De 1937 à 1958 il est professeur aux États-Unis, à l'Université de Notre-Dame, à l'Université d'Indiana et à Princeton. Il retourne ensuite à Hambourg. Ses recherches concernent essentiellement la théorie des nombres avec une importante contribution à la théorie du corps de classes. Avec Otto Schreier, il fonde la théorie des corps réels, qui est une étude d'algèbre abstraite.

ĀRYABHATA (476-550)
Āryabhata aurait vécu à Kusumpara – l'actuelle Patna, sur le Gange –, capitale impériale des Gupta aux IVe et Ve siècles. Selon ses propres termes, dans son *Āryabhatiya*, il décrit la science très honorée à Kusumpara. Cet ouvrage, écrit en vers et en sanskrit, comprend trois parties : la première porte sur les mathématiques, la seconde sur la détermination du temps et les modèles planétaires, la troisième sur la sphère et les ellipses. Il a servi de référence à l'astronomie indienne durant des siècles. Sa traduction en arabe, au VIIIe siècle, est encore utilisée au XIe siècle, notamment par al-Bīrūnī.

AS-SAMAW'AL ibn Yaḥyā ibn ᶜAbbās al-Maghribī (Bagdad ? – ? 1175)
Le père d'as-Samaw'al est un rabbin lettré de Fez installé à Bagdad. As-Samaw'al exerce à la fois le métier de médecin et d'enseignant de mathématiques dans le Croissant fertile et en Asie centrale. En médecine, il publie un traité de sexologie. Parmi ses ouvrages de mathématiques, citons : le *Livre brillant en algèbre*, dans lequel as-Samaw'al complète et améliore le projet d'al-Karajī qui consiste à étendre les opérations arithmétiques aux objets de l'algèbre, et le *Livre sur le calcul indien* dans lequel il expose la théorie des fractions décimales.

AṬ-ṬŪSĪ Sharaf ad-Dīn al-Muẓaffar ibn Muḥammad ibn al-Muẓaffar (? – ? 1213)
Nous ne connaissons rien des premières années de la vie de Sharaf ad-Dīn aṭ-Ṭūsī. Autour des années 1160 et 1180, plusieurs élèves déclarent avoir reçu son enseignement dans diverses villes : Tus en Iran, puis Hamadan, Mossoul, Alep et Damas. En astronomie, Sharaf ad-Dīn aṭ-Ṭūsī est l'auteur d'un *Traité sur l'astrolabe linéaire.* Dans le domaine mathématique, son *Traité sur les équations* est l'ouvrage le plus important. Il a aussi écrit un *Opuscule sur l'asymptote* à une branche d'hyperbole équilatère et une *Épître sur un problème géométrique* résolu algébriquement.

Az-ZINJĀNĪ (? – Bagdad 1257)
ᶜAbdalwahhāb ibn Aḥmad ibn Ibrāhīm az-Zinjānī est un savant du XIIIe siècle, plus connu comme linguiste et grammairien que comme mathématicien. Le seul ouvrage de mathématiques qui nous soit parvenu, intitulé *Le soutien des calculateurs*, est une compilation de procédés de calcul et de problèmes de théorie des nombres.

BABBAGE Charles (Londres 1791 – Londres 1871)
Entré à l'Université de Cambridge en 1810, il y est élu professeur en 1827. Il conserve sa chaire pendant douze ans sans jamais enseigner. Dès 1816, Babbage est membre de la Royal Society. Très actif, il fonde plusieurs associations. Désirant revitaliser l'enseignement des mathématiques, avec ses collègues Peacok et Herschel, il traduit le *Calcul différentiel et intégral* de Lacroix. Auteur du *Traité de l'économie des machines et des manufactures* (1832), Babbage participe aussi à l'essor de la logique mathématique. Il imagine deux machines à calculer, l'une à différences, l'autre analytique.

BACHET DE MÉZIRIAC Claude Gaspard (Bourg-en-Bresse 1581 – Bourg-en-Bresse 1638)
Né dans une famille noble, Bachet de Méziriac est éduqué par les Jésuites. Il poursuit ses études à Padoue et il enseigne ensuite, sans doute, à Côme et à Milan. Il est élu à l'Académie française en 1635. Écrivain, poète, mythologiste, il est aujourd'hui connu pour son édition en grec et en latin, suivie d'un abondant commentaire, des *Livres arithmétiques* de Diophante. Ses *Problèmes plaisants et délectables* restent un classique des ouvrages de récréations mathématiques.

BANŪ MŪSĀ (Bagdad IXe siècle)
Le père des frères Banū Mūsā est un astrologue réputé. À sa mort, le calife Al-Mamūn reconnaît les qualités scientifiques de ses trois fils : ils entrent à la Maison de la Sagesse. Ensemble, ils s'intéressent aux mathématiques, à l'astronomie, aux instruments de musique et à la mécanique. Ils érigent leur propre observatoire et ils organisent une école de traducteurs des ouvrages grecs, dont Thābit ibn Qurra fait partie. Nous ignorons la contribution personnelle de chacun des frères Banū Mūsā. De nombreux textes leur sont attribués, le plus important est le *Livre du calcul des figures planes et sphériques* où apparaît, pour la première fois dans la littérature islamique, la méthode archimédienne d'exhaustion.

BARREME François (Lyon vers 1640 – Paris 1705)
Arithméticien dont le nom est devenu nom commun, Barrême se fixe à Paris vers le milieu du XVIIe siècle. Ses cours attirent une foule d'auditeurs : Colbert en reconnaît l'utilité et honore le professeur de sa protection. En exergue de son *Livre nécessaire pour tous les comptables contenant les calculs des intérêts*, paru en 1694, Barrême se présente comme calculateur de la Chambre des comptes de Paris. *Les comptes faits du grand commerce* (1670) et *L'arithmétique ou le livre facile pour apprendre l'arithmétique soi-même et sans maître* (1677) connaissent de nombreuses rééditions.

BARROW Isaac (Londres 1630 – Londres 1677)
Barrow est admis au Trinity College de Cambridge à l'âge de 14 ans. À la fin de ses études, il voyage en Europe. À son retour, il est ordonné pasteur anglican et il occupe divers postes d'enseignant. En 1663, il succède à Lucas comme professeur de mathématiques à Cambridge. Barrow abandonne ce poste en faveur de Newton. Il devient chapelain de Charles II et, quatre ans plus tard, retourne au Trinity College dont il devient en 1675 le vice-chancelier. Depuis 1662, Barrow est membre de la Royal Society. Outre ses traductions des œuvres d'Euclide et d'Archimède, les conférences de Barrow sur la géométrie et l'optique sont restées célèbres.

BERKELEY George (County Kilkenny 1685 – Oxford 1753)
Entré dans les ordres, Berkeley enseigne le grec, l'hébreu et la théologie à Dublin. Il voyage en France, en Italie, en Sicile ; puis, en 1723, il est nommé doyen à Derry

en Irlande. Berkeley désire propager le christianisme et il projette de se rendre en Amérique ; faute de moyens, il retourne en Angleterre en 1732. Ses recherches sont à la fois scientifiques, philosophiques et religieuses. Berkeley essaye de ramener les objets à des idées dont Dieu serait la source créatrice ; ainsi, son *Analyst* est-il aussi bien une apologie de la théologie qu'une critique du calcul des fluxions.

BERNOULLI Daniel (Groningue 1700 – Bâle 1782)
Fils de Jean Bernoulli, professeur de grec à Groningue, puis de mathématiques à Bâle, Daniel Bernoulli reçoit ses premiers enseignements de son père et de son frère Nicolas. Il étudie la philosophie, la logique, puis la médecine. En 1724, Daniel Bernoulli publie ses *Exercitationes mathematicae* qui lui permettent d'entrer à l'Académie de Saint-Petersbourg. C'est la période la plus prolifique de sa vie ; il retourne ensuite à Bâle où il est nommé professeur. Daniel Bernoulli est auteur de nombreux travaux en médecine, en hydrodynamique, en mécanique et sur les probabilités.

BERNSTEIN Sergey Natanovich (Odessa 1880 – Moscou 1968)
Fils d'un professeur d'anatomie de l'Université d'Odessa, Bernstein vient à Paris, en 1898, suivre des cours à la Sorbonne et à l'École Supérieure d'Électronique. Il se rend à Göttingen en 1902, mais soutient sa thèse à la Sorbonne en 1904 sous la direction de Picard. Bernstein retourne ensuite en Russie où il enseigne dans les Universités de Karkov de 1907 à 1933, Leningrad de 1933 à 1941 et finalement Moscou. Dans ses travaux (équations différentielles, approximation des fonctions et probabilités), Bernstein unifie les traditions de l'École de St Petersbourg et des Écoles de Paris et Göttingen.

BERTRAND Joseph (Paris 1822 – Paris 1900)
Bertrand est élevé dans une famille de scientifiques. À la mort de son père, il est recueilli par Duhamel qui lui permet de suivre les cours de l'École Polytechnique, où il entre officiellement en 1841. Après avoir enseigné les mathématiques élémentaires au Collège Saint-Louis, Bertrand devient répétiteur d'analyse à l'École Polytechnique en 1844. Durant la révolution, en 1848, il est capitaine de la garde royale. Le *Traité d'arithmétique* et le *Traité élémentaire d'algèbre*, ouvrages qui connaissent une grande diffusion, datent de cette époque. La carrière de Bertrand est brillante : École Polytechnique, Collège de France, Académie des Sciences et Académie Française.

BESSEL Friedrich (Minden 1784 – Königsberg 1846)
Jusqu'à l'âge de 15 ans, Bessel ne montre pas de talents particuliers. Cependant, commis chez un marchand à Brème, il excelle dans les comptes commerciaux et passe ses nuits à étudier la géographie, l'espagnol et l'anglais. En vue d'une carrière de marin, Bessel consulte les ouvrages de navigation et il s'intéresse à l'astronomie. En 1806, il est assistant dans un observatoire privé et, en 1810, directeur de l'observatoire de Königsberg. Bessel enseigne l'astronomie et effectue des travaux de géodésie. Ses recherches en mathématiques, en particulier l'étude des fonctions qui portent son nom, sont toutes liées à l'astronomie.

BÉZOUT Étienne (Nemours 1730 – Basses-Loges/Avon 1783)
Membre de l'Académie des Sciences en 1758, Bézout enseigne les mathématiques aux futurs officiers des Gardes du Pavillon, de la Marine et du Corps d'Artillerie. Son *Cours de mathématiques* a été de nombreuses fois réédité ; traduit en anglais, cet ouvrage a eu une influence importante sur l'enseignement des mathématiques tant en France qu'à l'étranger, notamment en Amérique. Les recherches de Bézout concernent particulièrement l'algèbre comme en témoigne sa *Théorie générale des équations* publiée en 1779.

BHĀSKARA (Vijayapura 1114 – Ujjain 1185)
Pour le distinguer du Bhāskara, vivant au VIIe siècle, commentateur de l'*Āryabhaṭiya*, les historiens l'appellent BHĀSKARA II. Il est sans doute membre de la plus importante des castes traditionnelles de l'Inde : la caste brahmane. Un livre astrologique populaire est attribué à son père. En 1150, Bhāskara achève la rédaction d'un monumental ouvrage d'astronomie, le *Siddhāntasiromani*. Le *Lilāvatī* et le *Bījaganita* qui traitent d'arithmétique et d'algèbre sont parfois considérés comme faisant partie du précédent ouvrage.

BOMBELLI Raffaele (Bologne 1526 – 1572)
Ingénieur au service d'Alexandre Rufini, évêque de Melfi et favori du Pape Paul III, Bombelli dirige les travaux d'assèchement des marais. Lors d'un séjour à Rome, il découvre l'œuvre de Diophante qu'il contribue à populariser. Dans les dernières années de sa vie, il écrit un ouvrage intitulé *Algebra*, élevant ainsi l'algèbre au statut de discipline indépendante. Il exerce une forte influence sur Simon Stevin et, plus tard, sur Leibniz.

BOOLE George (Lincoln 1815 – Cork 1864)
Boole est un autodidacte qui acquiert des connaissances en mathématiques et apprend aussi le grec, le français et l'allemand. Il envisage de rentrer dans les ordres, mais fonde, à l'âge de quinze ans, sa propre école. En 1834, il se consacre aux mathématiques et découvre les *Principia* de Newton et la *Mécanique analytique* de Lagrange. En 1849, il est nommé professeur au Queen's College de Cork en Irlande. Les ouvrages de Boole montrent bien ses principaux centres d'intérêt : *Treatise on Differential Equations* (1859), *Treatise on the calculus of finite differences* (1860), *The Mathematical Analysis of Logic* (1847), *An Investigation of the laws of thought* (1854).

BOUQUET Jean-Claude (Morteau 1819 – Paris 1885)
Élève de l'École Normale Supérieure, Bouquet obtient son doctorat en 1852. Il enseigne, successivement, au lycée de Marseille, à la Faculté des sciences de Lyon, au lycée Bonaparte, au lycée Louis-le-Grand, à l'École Normale Supérieure, à l'École Polytechnique et enfin à la Sorbonne. Il est élu membre de l'Académie des Sciences en 1875. Collaborant avec Briot, il clarifie les travaux de Cauchy relatifs aux fonctions analytiques et les applique aux fonctions elliptiques.

BRAHMAGUPTA (vers 598 – vers 665)
Brahmagupta vit à Ujjain, haut-lieu de l'astronomie, dans le centre de l'Inde. À l'âge de trente ans, il écrit le *Brāhmasphutasiddhānta*, ouvrage d'astronomie dont plusieurs chapitres ont trait aux mathématiques. Ainsi le douzième chapitre, *Ganita*, est relatif au calcul arithmétique alors que le dix-huitième, *Kuttaka*, porte sur ce que nous nommons aujourd'hui l'algèbre. Dans un autre ouvrage d'astronomie, le *Khaṇḍakhādyaha*, Brahmagupta donne en particulier une méthode fournissant les sinus d'angles intermédiaires à partir d'une table de sinus.

BRIGGS Henry (Warleywood 1561 – Oxford 1630)
Briggs effectue ses études au St John's College de Cambridge. En 1596, il est nommé professeur de géométrie au Gresham College de Londres, poste qui vient d'être créé ; il enseigne ensuite au Merton College d'Oxford. En contact avec Neper, Briggs élabore un nouveau système de logarithmes à base décimale donnant ainsi un essor fulgurant à ce mode de calcul. Ses principaux ouvrages sont *Logarithmorum chiliasprima* (1617), *Arithmetica logarithmica* (1624) et *Trigonometria Britannica* (1633).

BRIOT Charles (St-Hippolyte 1817 – Bourg d'Ault 1882)
Après des études à l'École Normale Supérieure, Briot se destine à l'enseignement : lycée d'Orléans, Universités de Lyon et de Paris, lycées Bonaparte et Saint-Louis, Sorbonne et École Normale Supérieure. Physicien mais aussi mathématicien, il publie, avec Bouquet, la *Théorie des fonctions doublement périodiques* et, seul, un *Traité des fonctions abéliennes*, ouvrages de base, aux rééditions nombreuses, participant à un enseignement de haut niveau.

BROUNCKER William (Castle Lyons 1620 – Londres 1684)
Vicomte de Castle Lyons en Irlande, Brouncker obtient son doctorat de physique à Oxford en 1647. Il est un des fondateurs et le premier président de la Royal Society. En 1662, il est nommé chancelier de la Reine Catherine. Brouncker s'est particulièrement intéressé à la rectification de la parabole et de la cycloïde et à la quadrature de l'hyperbole et du cercle. Il est le premier anglais à avoir utilisé les fractions continues.

BUDAN François-Désiré (Limonade 1761 – Paris 1840)
Les parents de Budan sont des colons-propriétaires installés dans la partie occidentale de l'île de Saint-Domingue. À l'âge de huit ans, Budan est envoyé en métropole pour étudier chez les Oratoriens. Confrère, il enseigne au Collège royal de Nantes. En 1803, il obtient le titre de docteur en médecine tout en entreprenant des recherches sur la résolution effective des équations numériques. En 1807, il est nommé suppléant de Mauduit au Collège de France et exerce ensuite les fonctions d'Inspecteur général des études.

BÜRGI Joost (Liechtenstein 1552 – Kassel 1632)
Bürgi, semble-t-il, ne reçoit pas une éducation très poussée : il ne connaît pas le latin, la langue scientifique de son époque. Dès 1579, il est horloger à la cour de plusieurs empereurs. À partir de 1603, Bürgi devient l'assistant de Kepler à Prague. Celui-ci apprécie fort ses talents de calculateur pour étudier les résultats des observations astronomiques de Tycho Brahé. À cette occasion, Bürgi met au point ses tables d'antilogarithmes publiées en 1620. Mais l'absence d'activité scientifique à Prague nuit à leur diffusion.

CARCAVI Pierre de (Lyon vers 1600 – Paris 1684)
Carcavi est fils de banquier. En 1632, il est nommé membre du Parlement de Toulouse. Quatre ans plus tard, il devient membre du Grand Conseil à Paris. Pour payer les dettes de son père, en 1648, Carcavi rentre au service du Duc de Liancourt. En 1663, il est nommé à la bibliothèque royale, poste qu'il occupe jusqu'en 1683 lorsque Colbert décède. Carcavi rend de grands services à la communauté scientifique : Huygens, Fermat, Pascal, Mersenne, Descartes, Galilée et Torricelli figurent parmi ses nombreux correspondants. Il est probablement le premier à reconnaître la valeur des travaux d'un autre « Toulousain » : Pierre de Fermat.

CATALDI Pietro Antonio (Bologne 1552 – Bologne 1626)
La vie de Cataldi est peu connue. Il enseigne à Florence, Pérouse et Bologne. Son *Trattato del modo brevissimo di trovar la radice quadra delli numeri* de 1613 contribue de façon importante au développement des algorithmes infinis : la racine carrée d'un nombre est obtenue au moyen de séries infinies et de fractions continues. Cataldi se préoccupe aussi du rôle du cinquième postulat des *Éléments* d'Euclide dont il édite les six premiers livres.

CAUCHY Augustin Louis (Sceaux 1789 – Sceaux 1857)
Admis à l'École Polytechnique, puis à l'École des Ponts et Chaussées, Cauchy participe comme ingénieur à divers travaux publics. En 1815, il enseigne à l'École Polytechnique,

puis à Faculté des Sciences et au Collège de France. En 1816, il est membre de l'Académie des Sciences. Après la Révolution de 1830, Cauchy s'exile à Turin puis à Prague où il devient précepteur du petit-fils de Charles X. Son œuvre considérable se rapporte à de nombreux domaines des mathématiques et de la physique mathématique.

CAVALIERI Bonaventura (Milan vers 1598 – Bologne 1647)
Cavalieri entre très jeune dans l'ordre des Jésuites. À Pise, le moine bénédictin Castelli l'initie à l'étude de la géométrie à travers la lecture des classiques grecs et lui fait rencontrer Galilée. Après avoir enseigné la théologie dans divers monastères, Cavalieri obtient un poste de professeur de mathématiques à l'Université de Bologne sur la recommandation de Galilée. Auteur de nombreux travaux en astronomie et en trigonométrie sphérique, Cavalieri attache son nom au théorème des valeurs intermédiaires et à la méthode intégrale des indivisibles.

CAYLEY Arthur (Richmond 1821 – Cambridge 1895)
Fils de marchands anglais établis à Saint-Petersbourg, Cayley vit en Russie jusqu'à l'âge de huit ans. Élève au Trinity College de Cambridge, il étudie les mathématiques et le droit et, en 1849, il est appelé au barreau. À partir de 1863, Cayley détient la chaire de mathématiques de Cambridge. Il excelle dans de nombreux domaines, bien qu'il n'ait publié qu'un ouvrage, en 1876, *Treatise on elliptic functions*. Les contributions les plus importantes de Cayley ont trait à la théorie des invariants et à la théorie des matrices.

CHASLES Michel (Epernon 1793 – Paris 1880)
Entré à l'École Polytechnique en 1812, Chasles est mobilisé deux ans après, pour la défense de Paris. Il publie, en 1873, son *Aperçu historique*, qui établit sa réputation de géomètre et d'historien des mathématiques. Il enseigne à l'École Polytechnique de 1841 à 1851 et à la Sorbonne à partir de 1846. En 1851, il est membre de l'Académie des Sciences. Son *Traité sur les sections coniques* et son *Rapport sur les progrès de la Géométrie* en font un des grands géomètres du XIXe siècle.

CHOLESKY André-Louis (Montguyon 1875-1918)
Après avoir été élève à l'École Polytechnique, Cholesky entre dans l'Artillerie. Affecté à la Section de Géodésie du Service Géographique, il participe à l'établissement de la Carte de Crète et dirige les opérations du nivellement de précision de l'Algérie et de la Tunisie. Tué durant la Grande Guerre, il termine sa brève carrière avec le grade de Commandant. Dans ses travaux de géodésie, Cholesky apporte des idées originales pour la résolution des équations de condition par la méthode des moindres carrés.

CHOMSKY Noam (Philadelphie 1928 –)
Après des études de linguistique, de mathématiques et de philosophie, Chomsky travaille avec Harris sur la syntaxe dès 1950 et il présente un Ph. D. sur l'analyse transformationnelle en 1955. Tous ses travaux visent à mettre à jour les fondements mathématiques et logiques sous-jacents aux analyses syntaxiques et structuralistes. Il révolutionne la linguistique en proposant une description «générative» de toute phrase. Chomsky s'emploie aussi, dès le début de la guerre du Vietnam, à dénoncer l'impérialisme américain et à mettre les intellectuels en face de leurs responsabilités à l'égard du pouvoir et du complexe militaro-industriel.

CHUQUET Nicolas (Paris ? – Lyon 1488)
Vraisemblablement né à Paris, Chuquet arrive à Lyon en 1480. Il y pratique le métier «d'écrivain» – il apprend à écrire aux enfants – et de maître d'algorisme. Il est aussi bachelier en médecine. Ses œuvres manuscrites comprennent plusieurs textes mathé-

matiques, le *Triparty en la science des nombres, des problèmes et applications*, une géométrie intitulée *Comment la science des nombres se peut appliquer aux mesures de géométrie* et une arithmétique pratique *Comment la science des nombres se peut appliquer au fait de marchandises*.

CHURCH Alonzo (Washington 1903 – Hudson 1995)
Church est professeur de mathématiques à Princeton et directeur du *Journal of Symbolic Logic*. C'est un mathématicien, un logicien, un philosophe, puis un historien de la logique. Le théorème de Church consiste à affirmer que, pour le calcul logique des prédicats, il n'existe pas de procédé général effectif de décision. Quant à la « thèse de Church », elle revient à affirmer qu'il existe une traduction fidèle en termes de fonctions récursives générales de la notion de calculabilité.

CLAVIUS Christophore (Bamberg 1537 – Rome 1612)
Entré dans l'ordre des Jésuites en 1555, Clavius étudie à l'Université de Coimbra au Portugal ; il enseigne les mathématiques, d'abord au Collegio Romano, puis à l'Université de Rome. C'est un excellent enseignant dont les ouvrages sont très estimés : *Arithmétique, Algèbre*. Son œuvre majeure est une édition abondamment commentée des *Éléments* d'Euclide. Sous la direction du Pape Grégoire XIII, Clavius est l'acteur majeur de la réforme du calendrier en 1582.

COLLINS John (Wood Eaton 1625 – Londres 1683)
À la mort de son père, Collins abandonne les études secondaires pour être apprenti chez un libraire. En 1642, il s'engage comme marin. À son retour à Londres, sept ans après, il enseigne les mathématiques puis occupe divers postes gouvernementaux mineurs. Ses ouvrages, *Merchants accompts, Decimal Arithmetic, Geometrical Dyabling* et *Mariners Plain scale*, témoignent de ses centres d'intérêt. En 1667, Collins entre à la Royal Society où il s'engage à promouvoir l'édition scientifique et, en particulier, l'édition des œuvres de Barrow et Wallis. En correspondance avec de nombreux auteurs, il est surnommé le « Mersenne anglais » par Barrow.

CORIOLIS Gustave de (Paris 1792 – Paris 1843)
Descendant d'une vieille famille provençale de juristes, annoblie au XVIIe siècle, Coriolis entre à l'École Polytechnique. Il passe plusieurs années dans l'Est de la France comme ingénieur des Ponts et Chaussées. Sa santé fragile le conduit à accepter en 1816 un poste de répétiteur à l'École Polytechnique. En 1829, Coriolis occupe la chaire de mécanique à l'École Centrale des Arts et Manufactures. En 1836, il succède à Navier, à l'École des Ponts et Chaussées, comme professeur de mécanique appliquée, et à l'Académie des Sciences. En 1838, Coriolis devient directeur des études à l'École Polytechnique.

COTES Roger (Burbage 1682 – Cambridge 1716)
Remarqué par son oncle, Cotes commence ses études à la St Paul's School de Londres et les poursuit au Trinity College de Cambridge. En 1706, il y est nommé professeur d'astronomie et de philosophie naturelle. En 1711, Cotes devient membre de la Royal Society. Il meurt à l'âge de 33 ans. En dehors de ses travaux astronomiques, Cotes publie un seul ouvrage mathématique, en 1714, *Logometria* où il traite en particulier des logarithmes de base *e* et où il essaie d'évaluer la surface d'un ellipsoïde de révolution. Ses écrits posthumes montrent la qualité de ses recherches dans le domaine de l'intégration.

CRAMER Gabriel (Genève 1704 – Bagnols sur Cèze 1752)
Fils de médecin, Cramer étudie à Genève. À l'âge de vingt ans, il partage avec Calandrini la chaire de mathématiques à l'Académie Calvin : tous deux pronent

l'utilisation du français au lieu du latin. De 1727 à 1729, Cramer voyage à Bâle, en Angleterre, à Leyde et à Paris : il y rencontre les plus grands savants de son époque. Il est en correspondance avec de nombreux savants et il participe à l'édition des œuvres de Jean et de Jacques Bernoulli. Cramer s'intéresse aussi à la vie politique. Sa contribution scientifique la plus importante est son *Introduction à l'analyse des lignes courbes algébriques*.

d'ALEMBERT Jean le Rond (Paris 1717 – Paris 1783)
Fils naturel du chevalier Destouches et de Mme de Tencin, d'Alembert étudie le droit, la médecine et les mathématiques au Collège des Quatre-Nations. En 1741, il est nommé à l'Académie des Sciences. Il publie un *Traité de dynamique* (1743), un *Traité de l'équilibre et du mouvement des fluides* (1743) et une *Théorie générale des vents* (1745). Dans les années 1750, codirecteur de l'*Encyclopédie* avec Diderot, chargé de la partie mathématique, il en écrit le Discours préliminaire. Après 1760, il publie huit volumes d'*Opuscules mathématiques*.

DE FOREST Lee (Council Bluffs 1873 – Hollywood 1961)
Ingénieur américain, De Forest obtient son Ph. D à l'Université de Yale, puis il travaille pour l'U.S. Army et l'U.S. Navy. C'est un inventeur prolifique : il dépose plus de trois cents brevets. De Forest s'intéresse d'abord à la radio-télégraphie. En 1906, il invente la triode et participe ensuite au développement de l'électronique. Ses apports au développement du son associé aux images sont très importants.

DE LA VALLÉE-POUSSIN Charles (Louvain 1866 – Louvain 1962)
De La Vallée-Poussin trouve inacceptable l'enseignement de la philosophie au collège des Jésuites de Mons ; il se tourne vers le technique, puis les mathématiques. En 1891, il devient l'assistant de Gilbert à l'Université de Louvain et lui succède en 1892. Il reste dans cet établissement toute sa vie, à l'exception des années 1914-1918, au cours desquelles il enseigne à la Sorbonne et au Collège de France. Outre ses recherches sur la distribution des nombres premiers, De La Vallée-Poussin publie de nombreux ouvrages, citons son *Cours d'Analyse infinitésimale* et ses *Leçons sur l'approximation des fonctions d'une variable réelle*.

DE MORGAN Augustus (Madura 1806 – Londres 1871)
Né en Inde, De Morgan vit en Angleterre dès l'âge de sept mois. Il étudie le latin, le grec et l'hébreu dans des écoles privées et entre au Trinity College de Cambridge en 1823. Après avoir envisagé une carrière de médecin ou de juriste, il accepte la chaire de mathématiques nouvellement créée à l'University College de Londres. Il en démissionne en 1831 pour protester contre l'éviction sans raison d'un professeur, il y revient en 1836 et y reste jusqu'en 1866. De Morgan exerce une influence considérable tant par son enseignement que par ses nombreux ouvrages sur la logique et aussi l'arithmétique, l'algèbre, la trigonométrie, les probabilités, l'histoire des mathématiques.

DEDEKIND Richard (Brunswick 1831 – Brunswick 1916)
Dedekind étudie à Göttingen où il soutient sa thèse de doctorat sous la direction de Gauss. Nommé Privatdozent à Göttingen, il se lie d'amitié avec Dirichlet et Riemann. Il enseigne à Zurich et enfin dans sa ville natale préférant la vie familiale à des honneurs mérités. Son enseignement le pousse à s'intéresser aux fondements des mathématiques : *Continuité et nombres irrationnels, Que sont et que signifient les nombres* ? Dedekind joue un rôle important dans la création cantorienne des ensembles et ses travaux en théorie algébrique des nombres sont fondamentaux.

DELAMBRE Jean-Baptiste (Amiens 1749 – Paris 1822)
Après l'école communale d'Amiens, Delambre poursuit ses études de latin et d'histoire au collège du Plessis. Il vit pauvrement. À Compiègne, Delambre est engagé comme tuteur. Précepteur du fils du receveur général des finances en 1771, il est remarqué par Lalande qui le prend pour assistant. À partir de 1788, Delambre participe avec Méchain à la mesure de l'arc de méridien terrestre entre Barcelone et Dunkerque. Il est membre de l'Académie des Sciences et du Bureau des Longitudes. En 1807, il succède à Lalande à la chaire d'Astronomie du Collège de France.

DESCARTES René (La Haye en Touraine 1596 – Stockolm 1650)
Diplômé en droit de l'Université de Poitiers, Descartes étudie les mathématiques à Paris sous la direction de Mydorge et Mersenne. Après avoir servi dans diverses armées, il s'établit, en 1628, en Hollande. En 1649, Descartes accepte une invitation de la Reine Christine de Suède. Peu après son arrivée, il meurt de pneumonie. L'unité de la pensée philosophique de Descartes réside dans l'exigence théorique et pratique de la rationalité; elle nourrit ses recherches en optique, mécanique, physiologie et mathématique. Avec la *Géométrie*, Descartes fonde la géométrie analytique.

DINOSTRATE (Athènes IVe siècle av. J.-C.)
D'après Proclus, «Amyclas d'Héraclée, l'un des amis de Platon, Ménechme, élève d'Eudoxe, mais en manière de partisan de Platon, et Dinostrate, frère de Menechme, rendirent toute la géométrie encore plus parfaite». Quant à Pappus, il associe Dinostrate à Nicomède et aux autres mathématiciens ayant adopté la quadratrice pour effectuer la quadrature du cercle. Cette courbe aurait été découverte par Hippias d'Elis; Pappus nous en a rapporté la construction.

DIOPHANTE d'Alexandrie (vers 250)
Nous ne connaissons pratiquement rien de la vie de Diophante et ses *Livres arithmétiques* donnent lieu à des interprétations diverses. Récemment, quatre livres ont été retrouvés dans leur traduction arabe : le premier a pour titre *Quatrième livre de l'ouvrage de Diophante des carrés et des cubes traduit du grec en arabe par Qustā ibn Lūgā de Baalbeck*. Les *Livres arithmétiques* ne constituent pas un ouvrage d'arithmétique théorique au sens des Pythagoriciens; ils traitent plutôt de logistique et Diophante y résout de nombreux problèmes le plus souvent indéterminés.

DIRICHLET Gustav Peter Lejeune (Duren 1805 – Göttingen 1859)
Dès l'âge de douze ans, Dirichlet utilise son argent de poche pour acheter des livres de mathématiques. Il étudie à Bonn, puis au Collège des Jésuites de Cologne. Précepteur dans la famille du général Foy à Paris, il suit alors les enseignements du Collège de France et de la Faculté des Sciences. Il est nommé professeur à Breslau, puis à Berlin et enfin à Göttingen, où il succède à Gauss en 1855. En 1831, il est membre de l'Académie des Sciences de Berlin. Ses travaux portent sur la théorie algébrique des nombres, l'analyse et la physique mathématique.

ÉRATOSTHÈNE de Cyrène (Cyrène vers 276 av. J.-C. – Alexandrie vers 195 av. J.-C.)
À l'âge de trente ans, Érathosthène quitte la ville d'Athènes pour rejoindre Alexandrie où il devient responsable de la fameuse bibliothèque. Il est en même temps précepteur du fils d'Evergete et il est très en faveur à la cour royale. Auteur de travaux en géographie, en philosophie, en grammaire, en chronologie et en mathématiques sans oublier ses qualités poétiques, Ératosthène est l'un des plus grands savants de son

temps. Cleomède nous rapporte comment Ératosthène a mesuré la circonférence terrestre et Nicomaque lui attribue le crible qui porte aujourd'hui son nom.

EUCLIDE (Alexandrie IV – III av. J.-C.)
La vie d'Euclide est peu connue. Certains historiens pensent même que les œuvres qui lui sont attribuées sont le fruit de travaux collectifs. Le corpus euclidien aurait été écrit entre la mort de Platon (347 av. J.-C.) et la naissance d'Archimède (287 av. J.-C.). Pendant deux millénaires les *Éléments* constituent la bible mathématique par excellence. Ils se distinguent des textes babyloniens et égyptiens par une primauté accordée à la géométrie et de véritables démonstrations fondées sur un raisonnement hypothético-déductif.

EULER Leonhard (Bâle 1707 – Saint-Petersbourg 1783)
Fils d'un pasteur féru de sciences qui lui apprend les mathématiques, Euler est destiné aux études théologiques. À l'Université de Bâle, il suit les cours de Jean Bernoulli et devient docteur en philosophie. À partir de 1726, Euler enseigne la physique puis les mathématiques à l'Académie des Sciences de Saint-Petersbourg. En 1738, il perd la vue de l'œil droit. En 1741, il rejoint Berlin où, pendant cinq ans, il dirige la classe de mathématiques. Un conflit avec le Roi de Prusse pousse Euler à revenir à Saint-Petersbourg. Peu après, il devient aveugle, mais continue néanmoins à écrire.

FATOU Pierre (Lorient 1878 – Pornichet 1929)
Ancien élève de l'École Normale Supérieure, docteur en mathématiques en 1907, Fatou est nommé à l'Observatoire de Paris. Il effectue des recherches sur les positions des étoiles et des planètes, sur les constantes instrumentales et sur les mesures des étoiles doubles. En mathématiques, Fatou a donné des contributions importantes à l'étude des séries de Taylor, à la théorie de l'intégrale de Lebesgue, à l'itération des fractions rationnelles et aux fonctions de variable complexe.

FERMAT Pierre de (Beaumont de Lomagne 1601 – Castres 1665)
Négociant en cuir, le père de Fermat est assez riche pour que son fils puisse fréquenter l'Université de Toulouse. Fermat étudie ensuite à Bordeaux où il prend connaissance de l'œuvre de Viète. Il achète une charge de conseiller au Parlement de Toulouse. À partir de 1648, Fermat fait partie de la chambre de l'édit de Castres. Ses travaux en théorie des nombres ont eu peu de retentissement jusqu'à ce qu'ils soient découverts par Euler. Fermat est un précurseur dans de nombreux domaines : calcul des probabilités, calcul infinitésimal, géométrie analytique et optique.

FIBONACCI ou LÉONARD de Pise (Pise vers 1170 – Pise après 1240)
Secrétaire de la République de Pise, le père de Fibonacci est envoyé à Bougie, en Afrique du Nord. Là, Léonard de Pise reçoit une excellente formation mathématique, il apprend en particulier le calcul indien fondé sur le système décimal. À la fin de ses études, Fibonacci complète ses connaissances à l'occasion de ses voyages commerciaux en Égypte, Syrie, Byzance, Sicile et Provence. De retour à Pise, il se consacre à la rédaction de ses ouvrages dont le *Liber abaci*, la *Practica Geometriae* et le *Liber quadratorum*.

FONTENELLE Bernard Le Bovier (Rouen 1657 – Paris 1757)
À l'âge de 7 ans, Fontenelle est placé au Collège des Jésuites de Rouen où ses oncles, Pierre et Thomas Corneille, ont étudié. Fontenelle est un bel esprit, fréquentant les salons et recevant de nombreuses distinctions académiques. En 1697, il est nommé secrétaire perpétuel de l'Académie des Sciences dont il publie l'histoire en quarante deux volumes. Les *Entretiens sur la pluralité des mondes* constituent un brillant ouvrage

de vulgarisation scientifique. C'est probablement après avoir rédigé la préface de l'*Analyse des infiniment petits* de l'Hospital que Fontenelle s'est occupé de l'infini, comme en témoignent ses *Éléments de géométrie de l'infini*.

FORCADEL Pierre dit de Béziers (Béziers ? – Paris 1576)
Peu d'éléments de la vie de Forcadel nous sont connus. Pendant quelque temps il fait le commerce de pharmacie. Il voyage à Rome et dans d'autres villes d'Italie. Ramus, auquel Forcadel explique Euclide, lui permet d'obtenir une chaire de mathématiques au Collège de France. Forcadel traduit les premiers livres des *Éléments* d'Euclide et des parties d'ouvrages de Proclus, d'Archimède et d'autres auteurs. Ses traités d'arithmétique sont sans doute les livres, relatifs à cette discipline et publiés en France au XVIe siècle, les plus importants : *Arithmétique par les gects* (1558) et *Arithmétique entière et abrégée* (1565).

FOURIER Joseph (Auxerre 1768 – Paris 1830)
Fourier est orphelin de père. En 1789, il enseigne à Auxerre. Successeur de Lagrange à l'École Polytechnique, il participe avec Monge au corps expéditionnaire en Égypte. À son retour en France, il est nommé préfet de l'Isère. En 1817, Fourier est élu membre de l'Académie des Sciences ; il en devient le secrétaire perpétuel en 1822. Dans la *Théorie analytique de la chaleur*, Fourier introduit la série et la transformation qui portent son nom. Il contribue aussi à la résolution des équations algébriques, aux fondements de la statique et à la statistique.

FREGE Gottlob (Wismar 1848 – Bad Kleinen 1925)
Frege effectue ses études au Gymnasium de Wismar, puis à l'Université de Iéna, et enfin à Göttingen où il présente en 1873 son doctorat *Sur la Représentation géométrique des figures imaginaires dans le plan*, suivi en 1874 de son mémoire d'habilitation sur *Les méthodes de calcul fondées sur une extension du concept de grandeur*. Son premier travail de logique, *Begriffschrift*, en 1879, marque la naissance de la logique mathématique ; il lui permet d'obtenir un poste de professeur de mathématiques à la Faculté de philosophie de Iéna. Dans *Les fondements de l'arithmétique* de 1884, Frege donne la première définition logique du nombre cardinal.

FRENICLE DE BESSY Bernard (Paris 1605 – Paris 1675)
Conseiller à la Cour des Monnaies de Paris, Frenicle est un mathématicien amateur, en correspondance avec les plus grands savants de son époque : Descartes, Fermat, Huygens et Mersenne. En 1666, il devient membre de l'Académie des Sciences. Il s'est intéressé à de nombreux sujets de physique, d'astronomie et de mathématiques. Son *Traité des triangles rectangles en nombres* est publié, à titre posthume, en 1676. D'autres travaux sont parus dans les *Mémoires de l'Académie Royale des Sciences*, notamment « Des quarrez ou tables magiques ».

GAṆEŚA (Nandod 1507 - ?)
Gaṇeśa naît dans une famille brahmane d'astronomes et astrologues. Son père l'initie aux études mathématiques et astronomiques. Il semble que Gaṇeśa n'a jamais quitté son village natal et qu'il a vécu au moins jusqu'en 1554, date de publication d'un de ses derniers ouvrages d'astronomie ou d'astrologie. Son *Grahalaghava* est très populaire et donne lieu à de nombreux commentaires. En 1545, Gaṇeśa publie un important commentaire du *Lilāvatī* de Bhāskara.

GAUSS Carl Friedrich (Brunswick 1777 – Göttingen 1855)
Issu d'une famille pauvre, Gauss étudie au Gymnasium de sa ville natale. Ayant obtenu une bourse, il entre au Collegium Carolinum de Brunswick en 1792. De 1796 à 1800,

il poursuit ses études à l'Université de Göttingen. Après avoir obtenu son doctorat en 1799, il accepte en 1807 le poste de directeur de l'Observatoire de Göttingen. Parfois appelé « le prince des mathématiques », Gauss s'intéresse à la théorie des nombres, puis à l'algèbre, à l'analyse, à la géométrie et aux probabilités, mais aussi à de nombreuses autres disciplines, comme l'astronomie, la mécanique, la géodésie, le magnétisme.

GENAILLE Henri (– 1903)
Henri Genaille est ingénieur des Chemins de Fer de l'État à Tours. Il est l'inventeur de nombreux instruments à calculer, novateurs pour l'époque, mais aujourd'hui oubliés : diverses réglettes pour la multiplication, la division, les intérêts, ainsi qu'une curieuse « règle à cheville » permettant de vérifier si les nombres de la forme $2^n - 1$ sont premiers.

GERBERT D'AURILLAC (en Auvergne vers 933 – Rome 1003)
Élevé à l'abbaye Saint-Géraud d'Aurillac, Gerbert est remarqué par le comte de Barcelone, Borel, qui l'emmène en Espagne où il a l'occasion de s'initier à la science des Arabes. Devenu écolâtre à Reims, il est considéré comme le plus grand savant de son temps. Gerbert a parmi ses élèves le futur roi de France, Robert le Pieux, et l'empereur Othon II lui confie l'éducation de son fils, le futur Othon III. Archevêque de Reims, puis de Ravenne, il est élu Pape en 999, sous le nom de Sylvestre II. Esprit universel, il entretient une importante correspondance scientifique.

GERLING Christian Ludwig (Hambourg 1788 – Marbourg 1864)
Docteur en philosophie, Gerling enseigne les mathématiques au Lycée de Cassel de 1812 à 1817, puis il est nommé professeur de mathématiques, d'astronomie et de physique à l'Université de Marbourg. Ses travaux ont principalement trait à l'astronomie. Avec Bessel, Olbers, Schumacher et Von Humbold, Gerling fait partie des quelques collaborateurs, amis ou correspondants de Gauss.

GÖDEL Kurt (Brno 1906 – Princeton 1978)
Gödel naît à Brno, l'ancienne capitale de la Moravie, où sa famille, de langue allemande, possède une petite usine de textile. D'abord inscrit en physique à l'Université de Vienne en 1924, il suit les cours de Furtwangler en théorie des nombres et s'intéresse aux mathématiques. Avec Hahn, l'un de ses professeurs, il fréquente le Cercle philosophique de Vienne. En 1929, Gödel devient citoyen autrichien et son « théorème d'incomplétude » lui permet d'être nommé privatdozent, en 1933, à Vienne. Fuyant le régime nazi, il s'établit à Princeton dont il a déjà fréquenté l'Institute for Advanced Study. Outre la logique, Gödel s'intéresse alors à la physique et à la philosophie des mathématiques.

GOLDBACH Christian (Königsberg 1690 – Moscou 1764)
Goldbach étudie la médecine et les mathématiques à Königsberg. Il part ensuite pour de longs voyages en Europe, où il rencontre les plus grands mathématiciens Leibniz, les Bernoulli, de Moivre... Dès 1725, Goldbach est nommé professeur de mathématiques et historien de l'Académie Impériale, dont il devient l'administrateur en 1737. À la même époque, Goldbach s'intéresse à la politique et, en 1742, il est nommé conseiller d'État au Ministère des affaires étrangères. Les travaux de Goldbach ont trait à l'analyse et à l'arithmétique : plus de 200 ans après sa mort, sa conjecture défie les mathématiciens.

GRASSMANN Hermann (Stettin 1809 – Stettin 1877)
Grassmann est élevé dans un milieu profondément religieux et cultivé : son père, un temps pasteur protestant, est professeur de mathématiques et de physique au Gymnasium de Stettin. Les sujets d'étude du jeune Grassmann sont variés : théologie, langues, mathématiques et physique, ce qui lui permettra plus tard d'enseigner

ces disciplines. Il participe activement à la Révolution de 1848. Sa *Théorie de l'extension* de 1844 est jugée trop abstraite et confuse : il ne peut obtenir de poste à l'Université. Grassmann est plus heureux en physique : il est admis à l'Académie Leopoldine. Vers la fin de sa vie, il se consacre à la linguistique.

GREGORY James (Drumoak 1638 – Édimbourg 1675)
James Gregory reçoit ses premiers enseignements de sa mère. Plus tard, il est envoyé à Aberdeen, puis à Londres et à l'Université de Padoue, où il s'initie aux mathématiques, à la mécanique et à l'astronomie. Gregory retourne à Londres où il est élu membre de la Royal Society. Il devient professeur de mathématiques à l'Université St. Andrews, en Écosse, puis à Édimbourg. Il invente le téléscope, qui porte son nom et il est à l'origine de la méthode photométrique d'estimation des distances entre étoiles. En mathématiques, il donne les développements en série de la fonction tangente et de sa réciproque.

HALLEY Edmund (Londres 1656 – Greenwich 1743)
Fils d'un riche marchand de la Cité, Halley effectue dans sa jeunesse de nombreux voyages d'études. Il s'intéresse très tôt à l'astronomie. Membre de la Royal Society, Halley édite ses *Philosophical Transactions*. Il est en correspondance avec la plupart des scientifiques de son temps. Il contribue financièrement à l'édition des *Principia* de Newton. En plus de ses travaux de mathématiques et de géophysique, il est célèbre pour sa prédiction du retour, en décembre 1758 – quinze ans après sa mort – d'une comète, appelé depuis comète de Halley.

HARRIOT Thomas (Oxford 1560 – Londres 1621)
À la fin de ses études à Oxford, Harriot devient cartographe et expert en navigation maritime auprès de Sir Walter Raleigh qui tente d'établir une colonie en Virginie. En 1605, il est emprisonné quelque temps avec son patron. De 1610 à 1613, il effectue de nombreuses observations astronomiques. Il s'intéresse à l'optique et aux prismes. Harriot est un mathématicien confirmé qui enrichit l'algèbre d'une théorie des équations algébriques utilisant un système de notations amélioré.

HERBRAND Jacques (Paris 1908 – La Bérarde 1931)
Herbrand entre à dix-sept ans à l'École Normale Supérieure et présente son doctorat quatre ans plus tard. Après une année de service militaire, il obtient une bourse Rockefeller pour étudier en Allemagne : il travaille successivement à Berlin avec Von Neumann, puis à Hanovre avec Artin et enfin à Göttingen avec Emmy Noether. En vacances dans les Alpes, il fait une chute mortelle au cours d'une escalade. Malgré une courte période d'activité, les contributions d'Herbrand sont très importantes, notamment en logique mathématique (théorie de la démonstration) et en algèbre moderne (théorie du corps de classe).

HERMITE Charles (Dieuze 1822 – Paris 1901)
Hermite est admis en 1842 à l'École Polytechnique, mais il est refusé l'année d'après, en raison d'un défaut congénital au pied droit. Il se destine alors à l'enseignement : École Polytechnique, puis Faculté des Sciences de Paris. Il est élu membre de l'Académie des Sciences en 1856. Ses travaux portent sur les fonctions elliptiques et hyperboliques, les formes quadratiques et la théorie algébrique des nombres, l'approximation des fonctions et la transcendance de *e*. Hermite a eu une influence considérable sur les autres mathématiciens, tant par ses publications que par sa correspondance.

HÉRON d'Alexandrie (Ier siècle ap. J.-C.)
Nous ne connaissons rien de la vie de Héron. Un certain nombre d'ouvrages en grec, en arabe ou en latin, nous sont parvenus avec ce nom d'auteur. Il s'agit d'ouvrages tech-

niques de physique ou de mathématiques, les *Mécaniques*, les *Pneumatiques*, le *Dioptre*, ou encore de mathématiques pour ingénieurs, les *Métriques*. Dans ce dernier ouvrage, Héron ne suit plus la tradition grecque d'identification des nombres à des grandeurs géométriques, il y calcule directement.

HILBERT David (Königsberg 1862 – Göttingen 1943)
Hilbert étudie d'abord dans sa ville natale, puis à Heidelberg, Leipzig et Paris. Nommé Privatdozent à l'Université de Königsberg, il obtient, en 1895, une chaire à Göttingen qu'il conserve jusqu'à sa retraite, en 1930. Hilbert contribue de façon importante à de multiples domaines des mathématiques : formes algébriques, théorie algébrique des nombres, fondements de la géométrie, analyse, physique théorique et fondements des mathématiques. Les vingt-trois problèmes qu'il énonce en 1900 au Congrès International des Mathématiciens à Paris ont stimulé et stimulent encore les recherches.

HIPPIAS d'Elis (ve siècle av. J-C.)
Hippias d'Elis a sans doute été un contemporain de Socrate. Aucun de ses travaux ne nous est parvenu. Proclus lui attribue la découverte de la quadratrice, courbe spécialement inventée pour résoudre le problème de la trissection de l'angle. Hippias est un sophiste, c'est-à-dire un philosophe enseignant, contre émoluments, l'art de parler en public, de l'emporter sur son adversaire dans un discours, de défendre par des raisonnements subtils ou captieux n'importe quelle thèse.

HORNER William (Bristol 1786 – Bath 1837)
Horner étudie à l'École Kingswood de Bristol, dont il devient plus tard directeur. Sa contribution la plus significative réside dans une méthode de résolution d'équations algébriques publiée en 1819, qui porte encore son nom. Cette technique a bénéficié d'une large publicité en Angleterre, grâce à des extraits insérés par Young et De Morgan dans leurs propres publications. Signalons que l'on trouve des procédés hornériens dans les mathématiques chinoises et que cet algorithme a été publié dès 1804 par Ruffini.

HUYGENS Christian (La Haye 1629 – La Haye 1695)
Jusqu'à l'âge de seize ans, Huygens reçoit son éducation de son père et d'enseignants privés. Il étudie ensuite le droit et les mathématiques, sous la direction de Van Schooten, à l'Université de Leyde, et de Pell, au Collège d'Orange à Breda. Grâce à une rente de son père, il se consacre entièrement à l'étude des sciences. Lors de la fondation de l'Académie des Sciences de Paris, il accepte d'en être un membre rémunéré ; mais à la mort de Colbert, il rentre à La Haye. Astronome, physicien, il est l'auteur, en mathématiques, du premier exposé complet sur les probabilités.

HYPATIE (vers 370 – Alexandrie 415)
Fille de Théon d'Alexandrie, considérée comme un représentant du néoplatonisme alexandrin, Hypatie est la seule femme connue de l'Antiquité ayant travaillé dans les sciences exactes. Ses ouvrages sont perdus ; ce sont des commentaires mathématiques et astronomiques, notamment des travaux d'Appolonius et de Diophante. Elle eut pour disciple Synesius de Cyrène. En 415, elle meurt, mise en pièces dans les rues d'Alexandrie par un moine fanatique.

IBN AL-BANNĀ Abū l-ᶜAbbās Aḥmad ibn ᶜUthmān al-Azdī al Murrākushī (Marrakech 1256 – Marrakech 1321)
Ibn al-Bannā effectue ses études à Marrakech. Puis, il passe la majeure partie de son temps à enseigner les mathématiques ainsi que d'autres disciplines. Il aurait publié plus de quatre-vingts écrits sur des sujets aussi différents que les mathématiques, l'as-

tronomie, la linguistique et la grammaire. Parmi les treize ouvrages qui nous sont parvenus, citons : l'*Abrégé des opérations du calcul*, le *Livre des fondements et des préliminaires de l'algèbre* et le *Lever du voile sur les opérations du calcul*, traité philosophico-mathématique contenant des résultats de combinatoire.

IBN AL-HAYTHAM Abū ʿAlī al-Ḥasan ibn al-Ḥasan (Basra 965 – Le Caire vers 1040)
Les documents biographiques qui nous sont parvenus sur la vie d'Ibn al-Haytham sont souvent en désaccord. Plus connu en Europe sous le nom d'Alhazen, il est l'auteur de nombreux travaux en logique, éthique, politique, poésie, musique et théologie. Ibn al-Haytham est surtout réputé pour ses contributions à l'optique, l'astronomie et les mathématiques. Dans son *Traité d'optique*, il analyse le phénomène des réfractions astronomiques et il donne une description exacte de l'œil. En mathématiques, de nombreuses œuvres nous sont parvenues, en particulier un traité sur le volume des paraboloïdes.

IBN AL-MAJDĪ (1359 – Le Caire 1447)
Mathématicien et astronome égyptien, Ibn al-Majdī a écrit une vingtaine d'ouvrages dont la plupart traitent d'astronomie. En mathématiques, son livre le plus important semble être le *Recueil de la moelle*, volumineux commentaire sur l'*Abrégé des opérations du calcul* d'Ibn al-Bannā.

IBN QUNFUDH Aḥmad al-Qasanṭīnī (vers 1330 – Constantine 1407)
Ibn Qunfudh est issu d'une famille de juristes ; son grand-père enseigne le Hadith à Constantine. Il est lui-même un iman, un mathématicien, un juge et un spécialiste du Hadith. Outre des récits juridiques et historiques, il a rédigé des ouvrages astronomiques et mathématiques. Ces derniers sont des commentaires de manuels ou de poèmes mathématiques des XIIᵉ et XIIIᵉ siècles.

IBRĀHĪM IBN SINĀN (Bagdad 908 – Bagdad 946)
Ibrāhīm ibn Sinān est le fils de Sinān Ibn Thābit, physicien astronome et mathématicien réputé, et le petit-fils de Thābit ibn Qurra. Bien que sa carrière soit brève, il laisse une œuvre importante couvrant plusieurs domaines de recherche : étude des tangentes aux cercles, quadrature de la parabole, étude des mouvements apparents du soleil, des heures solaires et de l'astrolabe ainsi que divers instruments astronomiques. Son *Kitāb at-Taḥlīl wa t-tarkīb* (analyse et synthèse) peut être considéré comme l'un des tout premiers ouvrages arabes consacrés à la démonstration en mathématique.

JACOBI Carl Gustav (Postdam 1804 – Berlin 1851)
Fils d'un banquier juif, Jacobi reçoit une première éducation auprès de sa mère, puis il entre à l'âge de douze ans au Gymnasium de Posdam : il excelle en grec, latin, histoire et mathématiques. Après avoir soutenu sa thèse à l'Université de Berlin, il est obligé de se convertir au christianisme afin d'y obtenir un poste. En 1827, Jacobi est appelé à l'Université de Königsberg où il inaugure la pratique des séminaires de recherche. En 1843, malade, il est obligé de se rendre en Italie. À son retour, il reprend une chaire à Berlin. Les recherches de Jacobi portent sur la théorie des fonctions elliptiques, l'analyse, la théorie des nombres, la géométrie et la mécanique.

JACQUARD Joseph Marie (Lyon 1752 – Oullins 1834)
Tisserand comme son père, Jacquard recherche dès 1790 un mécanisme de métier à tisser permettant de tirer automatiquement les fils. Il construit une première machine, dont il demande le brevet en 1801 ; il la perfectionne et l'achève en 1806. L'introduction de cartes perforées détermine l'exécution du dessin ; un métier de Jacquard supprime

«cinq tireurs de fils». Ceci explique la violence des réactions ouvrières qui suivent l'adoption du procédé.

JEVONS William Stanley (Liverpool 1835 – Hastings 1882)
Jevons interrompt ses études à l'University College de Londres pour gagner sa vie en Australie. Il s'intéresse à la météorologie, la botanique et la géologie. Revenu en Angleterre pour compléter sa formation, il est nommé professeur de logique et d'économie au Queen's College de Liverpool en 1865 et, l'année suivante, il accepte une chaire de logique et de philosophie à Manchester. En 1872, il devient membre de la Royal Society. Il opte en 1876 pour l'University College de Londres, mais il se retire quatre ans après pour se consacrer à l'écriture. Les travaux de Jevons ont trait à la logique, l'économie et la philosophie des sciences.

JONES William (Llanfihangel 1675 – Londres 1749)
Jones est précepteur de mathématiques auprès des grandes familles londoniennes. En 1702, il publie un ouvrage sur la navigation, puis, en 1706, *Synopsis palmarorium matheseos*, ouvrage qui attire l'attention de Halley et de Newton. C'est dans ce livre que Jones introduit, pour la première fois semble-t-il, le symbole π pour désigner le rapport du périmètre du cercle à son diamètre. Il est un des rares scientifiques à pouvoir accéder aux manuscrits de Newton.

JULIA Gaston (Sidi Bel-Abbes 1893 – Paris 1978)
Après des études au Lycée d'Oran, Julia est reçu premier à l'École Polytechnique et à l'École Normale Supérieure en 1911. Mobilisé en 1914, il reçoit une cruelle blessure au visage, dont il souffre toute sa vie. Sa thèse, soutenue en 1917, porte sur la théorie des nombres. En 1918, Julia publie un mémoire important sur l'itération des fractions rationnelles. En 1934, il entre à l'Académie des Sciences et devient, deux ans plus tard, professeur à l'École Polytechnique.

KAUSLER Christian (Tübingen 1760 – Stuttgart 1825)
Kausler exerce les fonctions de professeur de français à la Karlsschule de Stuttgart, puis il est nommé gouverneur. Il est l'auteur de nombreux travaux tant en chimie qu'en arithmétique. Citons, dans ce dernier domaine, sa solution du problème de la décomposition des nombres entiers non carrés en deux, trois ou quatre carrés, ainsi que ses remarques pour faciliter la recherche des diviseurs des nombres entiers.

KEPLER Johannes (Weil der Stadt 1571 – Regensburg 1630)
Kepler étudie à l'Université de Tübingen; puis il enseigne les mathématiques à Graz, mais un édit l'en chasse car il est protestant. Il succède alors, en 1601, à Tycho Brahé à Prague en tant qu'astronome de Rodolphe II. Malgré ses positions officielles, Kepler meurt à la fois d'épuisement et de misère. Sa pensée scientifique est caractérisée par son sens profond de l'ordre et de l'harmonie liée à ses conceptions religieuses. Astronome, observateur et mathématicien, Kepler a publié notamment l'*Astronomie nouvelle* en 1609 et les *Tables Rudolphines* en 1627, premiers éphémérides fondés sur ses trois lois.

KLEENE Stephen Cole (Hartford 1909 – Madison 1994)
Kleene soutient son doctorat à Princeton en 1934 sous la direction de Church. Après différents postes d'enseignement à l'université du Wisconsin et au Armherst College, il est finalement nommé professeur de mathématiques à l'Université du Wisconsin en 1948. Il y reste jusqu'à sa retraite en 1979. Il est l'un des fondateurs avec Church, Gödel et Turing de la théorie des fonctions récursives. Il contribue aussi à la théorie de l'intuitionisme notamment en publiant en 1965, avec R. Vesley, *The foundations of*

intuitionistic mathematics, especially in relation with recursive functions. Il est élu membre de l'US National Academy of Sciences en 1969.

KRAÏTCHIK Maurice Borisovitch (Minsk 1882 – Bruxelles 1957)
Kraïtchick présente un doctorat en sciences physiques et mathématiques à l'Université de Liège. En 1915, Kraïtchik est ingénieur à la Société financière des transports et d'entreprises industrielles de Bruxelles. De 1921 à 1941, puis de 1946 à 1957, il dirige la Section des Sciences mathématiques de l'Institut des Hautes Études de Belgique. De 1941 à 1946, il est professeur associé à la New School for social Research de New York. Kraïtchik s'est plus particulièrement intéressé à la théorie des nombres.

KUMMER Ernst Eduard (Sorau 1810 – Berlin 1893)
Kummer étudie au Gymnasium de Sorau, puis à l'Université de Halle où il préfère les mathématiques à son orientation première, la théologie protestante. Il considère les mathématiques comme une sorte de science préparatoire à la philosophie. Il enseigne au Gymnasium de Liegnitz où il a pour élèves Kronecker et Joachimsthal. Sur la recommandation de Dirichlet et de Jacobi, Kummer est nommé à l'Université de Breslau. Quand Dirichlet quitte Berlin, Kummer lui succède et, avec Weierstrass, il fonde le premier séminaire de mathématiques pures. Les travaux de Kummer ont trait à la théorie des fonctions, la théorie des nombres et la géométrie.

KUTTA Martin Wilhem (Pitschen 1867 – Munich 1944)
Kutta étudie successivement à Breslau de 1885 à 1890, puis à Munich jusqu'en 1894 et, à partir de 1898, durant deux années, à Cambridge. Après son doctorat, il enseigne à la Technische Hochschule de Munich de 1894 à 1897 et, à partir de 1899, il occupe divers postes d'enseignant dans les Universités ou les Écoles Supérieures Techniques de Munich, Iena, Aachen et Stuttgart. Les recherches de Kutta concernent plus particulièrement l'intégration numérique des équations différentielles et les problèmes d'hydro- et d'aérodynamique. Il a aussi écrit une histoire de la géométrie.

LAGNY Thomas Fantet de (Lyon 1660 – Paris 1734)
Après avoir étudié chez les Jésuites à Lyon, puis à la Faculté de Droit de Toulouse, de Lagny est nommé professeur à Rochefort, puis pensionnaire à l'Académie Royale des Sciences. Sa collaboration avec de l'Hospital et sa première publication concernent le calcul approché des irrationnels. De Lagny est essentiellement un calculateur, établissant des tables numériques ou encore donnant, en 1717, les 127 premières décimales de π. On raconte que, avant de s'éteindre, dans un état comateux, sur son lit de mort, il aurait répondu à une question mathématique de Maupertuis.

LAGRANGE Joseph-Louis (Turin 1736 – Paris 1813)
Issu d'une famille tourangelle, Lagrange est nommé en 1755 professeur à l'École d'Artillerie de Turin. En 1766, il accepte de diriger la section mathématique de l'Académie de Berlin et, en 1787, il devient pensionnaire de l'Académie des Sciences de Paris. Il enseigne enfin les mathématiques à l'École Normale de l'an III et à l'École Polytechnique de 1794 à 1799. Lagrange obtient de beaux résultats en théorie des nombres et rédige un important mémoire *Sur la résolution des équations numériques*. Il invente le formalisme du calcul des variations et l'applique en particulier à la mécanique.

LAMBERT Jean Henri (Mulhouse 1728 – Berlin 1777)
Autodidacte, gagnant sa vie comme précepteur, Lambert entre en correspondance avec Euler dès 1758 et devient membre appointé de l'Académie de Berlin en 1765. Ses préoccupations méthodologiques et métaphysiques apparaissent dans ses nom-

breux travaux de philosophie, d'astronomie, de photométrie, de cartographie et de statistique démographique. Il est célèbre pour son traité de perspective et surtout pour sa démonstration de l'irrationnalité de e et π, sa conjecture de la transcendance de e et son intuition de l'existence possible de géométries non-euclidiennes.

LAPLACE Pierre Simon Marquis de (Beaumont sur Auge 1749 – Paris 1827)
Fils de cultivateur, Laplace étudie à l'École militaire de sa ville natale, puis il y commence son enseignement. En 1783, il devient examinateur du corps d'artillerie et, en 1785, il est élu à l'Académie des Sciences. À la Révolution, il participe à l'organisation de l'École Polytechnique et de l'École Normale. Il devient membre de l'Institut. Bonaparte lui confie le ministère de l'intérieur. Il entre au Sénat en 1799. Il se rallie à Louis XVIII qui le fait marquis. Laplace exerce sur le milieu scientifique français une autorité considérable. Son œuvre est essentiellement constituée par les applications de l'analyse à la mécanique et à la théorie des probabilités.

LE VERRIER Urbain (Saint Lô 1811 – Paris 1877)
La famille Le Verrier est modeste : son père vend sa maison pour permettre à son fils de préparer l'École Polytechnique. Ingénieur de la manufacture des tabacs, Le Verrier poursuit ensuite des recherches en chimie avec Gay-Lussac. Il est successivement nommé répétiteur de chimie, puis d'astronomie à l'École Polytechnique. En 1846, il entre à l'Académie des Sciences et, en 1854, à la mort d'Arago, il devient directeur de l'Observatoire de Paris. À la suite de la découverte de Neptune, Le Verrier occupe la chaire de mécanique céleste, puis celle d'astronomie à la Sorbonne.

LEBESGUE Henri (Beauvais 1875 – Paris 1941)
Lebesgue est d'origine modeste; boursier, il entre à l'École Normale Supérieure. Il enseigne ensuite au Lycée de Nancy, puis aux Universités de Rennes, Poitiers et Paris. En 1931, il quitte la Sorbonne pour le Collège de France; il enseigne aussi dans les Écoles Normales Supérieures d'Ulm et de Sèvres. Pour lui, enseigner c'est «penser devant les élèves». Lebesgue devient membre de l'Académie des Sciences en 1932. Sa contribution majeure est la théorie de l'intégration, qui porte son nom et qui généralise l'intégrale de Riemann.

LEGENDRE Adrien-Marie (Paris 1752 – Paris 1833)
D'un milieu aisé, Legendre reçoit à Paris, au Collège Mazarin, un enseignement scientifique assez poussé. Sa modeste fortune personnelle lui permet de se consacrer uniquement à ses recherches. Puis, il enseigne à l'École Militaire de Paris de 1755 à 1780. En 1783, il est élu à l'Académie des Sciences. Pendant l'année 1794, Legendre dirige la Commission de l'Instruction publique. De 1799 à 1815, il est examinateur, à l'École Polytechnique et, en 1813, il remplace Lagrange au Bureau des Longitudes. Il s'intéresse surtout à l'analyse, à la théorie des nombres, à la géométrie et à la mécanique.

LEHMER Derrick Henry (Berkeley 1905 – Berkeley 1991)
Le père de Derrick Henry Lehmer, Derrick Norman, est un professeur de mathématiques de Berkeley; il exerce une grande influence sur son fils l'engageant plus particulièrement à mettre en œuvre les algorithmes arithmétiques. Après son Ph. D il exerce à Stanford, Pasadena, Princeton, Cambridge en Angleterre et à partir de 1940 à Berkeley. Il est éditeur de *Mathematics of Computation* et *Acta Arithmetica.* En 1928 il se marie avec Emma Trotskaia : ensemble ils écrivent une vingtaine d'articles.

LEIBNIZ Gottfried William (Leipzig 1646 – Hanovre 1716)
Leibniz fait ses études à l'Université de Leipzig où son père est professeur de morale. À Iéna, il étudie les mathématiques et il soutient son doctorat de droit à Altdorf. Leibniz passe la majeure partie de sa vie au service du gouvernement ; il visite en particulier Paris, Londres et Vienne ; mais il meurt dans une totale solitude. Le caractère encyclopédique de la culture de Leibniz et son électisme n'empêchent pas l'unité de sa philosophie. Sa connaissance de la logique d'Aristote, ses études sur les langues et sa formation de mathématicien permettent de comprendre son projet de « caractéristique universelle ».

LI CHUNFENG (602 – 670)
Li Chunfeng est un célèbre lettré apprécié en son temps en raison de ses compétences multiples en arts ésotériques, en histoire, en calendrier et dans l'art du calcul. En 656, il participe à la rédaction des Annales historiques officielles et un peu plus tard l'empereur lui ordonne de compiler et de commenter une série de manuels anciens de mathématiques. Ceux-ci deviennent les *Suanjing shishu* (Les dix ouvrages canoniques de calcul) et sont utilisés dans l'enseignement à « l'École supérieure des fils de l'État », sous la dynastie des Tang (618-907).

LINDEMANN Ferdinand (Hanovre 1852 – Munich 1939)
Lindemann étudie à Göttingen, Erlangen et Munich. C'est un élève de Klein. Il voyage à Oxford, Cambridge, Londres et Paris, où il rencontre Chasles, Bertrand, Jordan et Hermite. Lindemann enseigne dans plusieurs universités, Fribourg, Königsberg et Munich. Il dirige la dissertation doctorale de Hilbert. Il est un des fondateurs du système éducatif germanique ; il préconise le développement des séminaires et conférences. Le travail le plus original de Lindemann est la démonstration, en 1882, de la transcendance de π mettant fin au vieux problème de la quadrature du cercle.

LIPSCHITZ Rudolf (Königsberg 1832 – Bonn 1903)
À quinze ans, Lipschitz commence des études de mathématiques à l'Université de Königsberg. Il se rend ensuite à Berlin où professe Dirichlet. Lipschtiz enseigne successivement aux Gymnasium de Königsberg et de Elbing, puis aux Universités de Berlin, Breslau et Bonn. Ses travaux portent essentiellement sur la théorie des nombres, les fonctions de Bessel, les séries de Fourier, les équations différentielles, la mécanique analytique et la théorie du potentiel. Lipschitz s'est aussi intéressé aux fondements des mathématiques et à l'enseignement universitaire publiant en particulier les *Grundlagen der Analysis*.

LIU HUI (vers 263 ap. J.-C.)
Liu Hui est le premier commentateur connu du plus ancien ouvrage chinois qui nous soit parvenu, le *Jiuzhang suanshu* (Procédés calculatoires en neuf chapitres). On pourrait penser, a priori, que le commentaire de Liu Hui ne porte que sur des questions non mathématiques mais, en fait, il renferme surtout des démonstrations destinées à prouver les procédés présentés à l'état brut, sans justification, dans l'ouvrage original.

LUCAS François-Edouard-Anatole (Amiens 1842 – Paris 1891)
Élève de l'École Normale d'Amiens, Lucas est ensuite employé comme assistant à l'Observatoire de Paris. Après avoir été officier durant la guerre avec la Prusse, il enseigne à Paris au Lycée Saint-Louis et au Lycée Charlemagne. En théorie des nombres, les recherches de Lucas portent sur les tests de primalité et les problèmes de factorisation : en 1876, il montre que le nombre de Mersenne $2^{127} - 1$ est premier. Lucas effectue

quelques recherches originales sur l'arithmétisation des fonctions elliptiques et les suites de Fibonacci. Ses *Récréations mathématiques* sont un classique du genre.

LUKASIEWICZ Jan (Lvov 1878 – Dublin 1956)
Lukasiewicz étudie les mathématiques et la philosophie à Lvov, aujourd'hui en Ukraine. Il obtient son doctorat en 1902 et son habilitation en 1906. Lukasiewicz enseigne à Lvov, puis voyage en Europe. De 1915 à 1939, il enseigne à l'Université de Varsovie à l'exception d'une année au cours de laquelle il est membre du cabinet du ministre polonais de l'éducation. Après la seconde guerre mondiale, il quitte Varsovie pour Münster, puis Bruxelles et enfin Dublin, où il est professeur à la Royal Irish Academy. Avec Lesniewski il fonde l'École de logique mathématique de Varsovie que Tarski rendra célèbre. Lukasiewicz renouvelle aussi la compréhension de la logique antique.

MACHIN John (1680 – Londres 1751)
Astronome, il devient membre de la Royal Society en 1710, puis son secrétaire de 1718 à 1747. Il siège à la commission nommée en 1712 pour étudier la controverse entre Newton et Leibniz. Il devient professeur d'astronomie en 1713 au Gresham College et le reste jusqu'à sa mort en 1751. En 1706, il calcule une centaine de décimales de π ; par ailleurs, ses travaux portent essentiellement sur la théorie de la lune.

MACLAURIN Colin (Kilmodan 1698 – Edimbourg 1746)
À douze ans, Maclaurin entre à l'Université de Glasgow où enseigne Robert Simson. En 1717, Maclaurin enseigne au Marischal Collège d'Aberdeen. Sur la recommandation de Newton, il est nommé Professeur à Edimbourg en 1725. En 1745, Maclaurin organise la défense d'Edimbourg. Lorsque la cité est prise par les Jacobistes, il doit s'exiler pendant quelque temps à York. Maclaurin publie en 1720 la *Geometrica organica*, qui contient de nombreuses démonstrations de résultats énoncés dans les travaux de Newton, et, en 1742, en réponse au pamphlet de Berkeley contre les théories newtoniennes, il publie un *Treatise of Fluxions*.

MAUPERTUIS Pierre Louis Moreau de (St Malo 1698 – Bâle 1759)
À l'âge de seize ans, Maupertuis se rend à Paris, commence par apprendre la musique, puis étudie les mathématiques avec Nicole. En 1723, il est élu à l'Académie des Sciences. À la suite d'un voyage à Londres, il devient un ardent défenseur de la mécanique newtonienne. De 1735 à 1737, Maupertuis participe à l'expédition en Laponie destinée à mesurer un degré de longitude terrestre. Il est élu à l'Académie française en 1743 et devient, à la demande de Frédéric II, président de l'Académie de Berlin en 1746. Outre les mathématiques, Maupertuis a porté un profond intérêt à la biologie et à l'origine des langues.

MÉCHAIN Pierre-François-André (Laon 1744 – Castellon de la Plana 1804)
Mathématicien prodige, Méchain attire l'attention des notables locaux qui l'envoient poursuivre ses études à l'École des Ponts et Chaussées à Paris. Devenu précepteur, il entre en contact avec Lalande qui lui procure un poste d'hydrographe au Dépôt des Archives de la Marine à Versailles. Méchain est aussi un fin astronome, ce qui lui vaut d'entrer à l'Académie de Sciences en 1742. Il participe à de nombreuses mesures terrestres : différence des longitudes des observatoires de Paris et de Greenwich et longueur de l'arc de méridien de Dunkerque à Barcelone afin de déterminer l'étalon métrique.

MELLEMA Elcie Edouard Léon (Leuwarden vers 1552 – 1622)
L'écrivain hollandais Mellema n'est connu que par ses ouvrages. Dans son *Arithmétique*, publiée en 1586, il se présente comme citoyen d'Anvers et maître d'école à Haarlem.

Dans les deux tomes de ce traité, Mellema poursuit les efforts de ses collègues hollandais, Gemma Frisius et Simon Jacob, pour résoudre les équations du second degré par les méthodes de double fausse position. Il publie aussi un très ample et très copieux *Dictionnaire ou Promptuaire Flamand-Français*. Mellema tint le parti français contre Philippe II.

MERCATOR Nicolaus (Kauffman Niklaus) (Eutin 1619 – Paris 1687)
Éduqué d'abord par son père, Martin Kauffman, Mercator entre à l'Université de Rostock, puis à celle de Copenhague, ville qu'il habite jusqu'en 1653. Il se rend alors à Londres où il est connu sous son nom latin qu'il adopte désormais. Il gagne sa vie comme précepteur. En 1666, Mercator est un des premiers membres de la Royal Society. En 1683, il accepte l'invitation de Colbert pour établir des plans d'installation hydraulique à Versailles. Mercator effectue de nombreuses recherches en astronomie, cosmographie, trigonométrie et analyse. Son ouvrage le plus important est *Logarithmotechnia* (1688) dans lequel il donne le développement de $\ln(1 + x)$.

MERSENNE Marin (Oizé 1588 – Paris 1648)
Mersenne est élève au Collège de La Flèche de 1604 à 1609. Il étudie la théologie à la Sorbonne et, en 1611, entre dans l'ordre des Minimes. En 1619, il retourne à Paris au Couvent de l'Annonciade. À l'exception de quelques brèves absences, il y reste jusqu'à sa mort. À partir de 1623, Mersenne rencontre et correspond avec les plus grands savants de son époque ; en 1665, il organise l'*Academia Parisiennis*. Mersenne est un des premiers savants de laboratoire possédant un « cabinet de physique », il participe à l'institution de la physique quantitative. Ses travaux les plus importants concernent l'acoustique.

METIUS Adriaen Anthonisz (Alkmaar 1543 – Alkmaar 1620)
Certains historiens ont pu voir dans Metius un lien avec la ville de Metz. Adriaen Anthonisz Metius est un cartographe hollandais ; ingénieur militaire, il établit des fortifications. Il exerce aussi les fonctions de bourgmestre de sa ville natale et rédige des chartes pour les villes. Metius s'est aussi intéressé à l'astronomie. Son fils, qui porte le même nom, a publié l'approximation de π donnée par son père, à savoir 355/113.

MOSCHOPOULOS Manuel (XIVᵉ siècle)
Deux grammairiens grecs portent le même nom : Moschopoulos Manuel, cousins pour les uns, oncle et neveu pour les autres ; il n'est pas toujours aisé de déterminer auquel des deux nous devons attribuer les œuvres qui nous sont parvenues. C'est le cas particulièrement pour le *Traité sur les carrés magiques* traduit en latin pour la première fois par La Hire en 1691. Tannery pense que l'auteur est Moschopoulos dit le Crétois, ce dernier étant né en Crète vers 1392. Quant à son parent, il est du nombre des Grecs qui après la prise de Constantinople cherchent refuge en Italie.

MOULTON Forest Ray (Osceola County 1872 – Wilmette 1952)
Dès l'âge de seize ans, Moulton enseigne dans l'école de ses débuts et il a pour élève un de ses frères, Harold qui deviendra directeur du Brookings Institute. Deux ans après, Moulton entre au Albion College. En 1894, il obtient son Ph.D. d'Astronomie à l'Université de Chicago où il commence sa carrière académique. Moulton occupe divers postes administratifs. C'est un pionnier de l'enseignement à distance : en 1920, il fonde la Society for Visual Education. Il collabore avec Chamberlin à l'étude de l'origine de la terre ; leurs recherches s'appuient sur l'examen d'une éruption solaire lors d'une éclipse en 1900.

MOURRAILLE Jean-Raymond-Pierre (Séon-St-Henri 1720 – 1808)
Mathématicien et astronome, Mourraille devient en 1767 membre de l'Académie de Marseille dont il est le secrétaire perpétuel pour les sciences. En septembre 1792, il est élu à la Convention, mais refuse de siéger. De novembre 1791 à avril 1793, il est maire de Marseille. Arrêté en 1793, il est acquitté par le tribunal populaire et dès lors reste dans l'ombre. Il publie la première partie d'un *Traité sur la résolution des équations en général*, qui apporte des améliorations à la résolution numérique approchée des équations algébriques et qui semble cependant être passé inaperçu.

NEKRASOV Pavel Alekseevich (1858-1924)
Nekrasov enseigne à l'université de Moscou de 1883 à 1898. Il est ensuite curateur de l'Université et responsable de l'éducation dans la région de Moscou de 1898 à 1905. Il est président de la Société Mathématique de Moscou (1903-1905). En 1905, il s'installe à St Petersbourg comme membre du conseil du ministre de l'instruction publique. Il semble qu'autour de 1900 la personnalité de Nekrasov ait considérablement changé, ses écrits deviennent obscurs et confus, alliant mathématiques, politique et religion. On sait peu de choses de la vie de Nekrasov dans la Russie soviétique. Les contributions de Nekrasov portent sur l'algèbre, l'analyse, la théorie des probabilités et la mécanique.

NEPER ou NAPIER John (Edimbourg 1550 – Edimbourg 1617)
Né baron de Merchiston près d'Edimbourg, Neper étudie à l'Université Saint-André et probablement ailleurs. Connu aujourd'hui en tant qu'inventeur des logarithmes, sa célébrité, à l'époque, est due à ses œuvres de théologien dans lesquelles il adopte la position des protestants. Neper commence ses travaux sur les logarithmes vers 1590. Il apporte aussi des contributions significatives au développement de la trigonométrie sphérique et à l'adoption des notations décimales. Neper a publié, en 1617, dans sa *Rhabdologiae*, une méthode pour effectuer d'une façon mécanique les opérations arithmétiques.

NEVILLE Eric Harold (Londres 1889 – Reading 1961)
À la William Ellis School, Neville est stimulé pour l'étude des mathématiques. En 1907, il entre au Trinity College de Cambridge. Au début de 1914, alors qu'il enseigne en Inde, à la demande de Hardy, Neville persuade Ramanujan de venir à Cambridge. En 1919, Neville est nommé professeur de mathématiques à l'Université de Reading, poste qu'il occupe jusqu'à sa retraite, en 1954. Ses premiers travaux ont trait à la géométrie et son œuvre la plus importante concerne les fonctions elliptiques. Neville s'est aussi intéressé à l'histoire et à l'enseignement des mathématiques.

NEWTON Isaac (Woolsthorpe 1642 – Londres 1727)
Newton est issu d'une famille de fermiers. Lorsqu'il naît, prématurément, son père est décédé depuis peu ; c'est un enfant chétif. Formé au Trinity College à Cambridge, Newton y est nommé professeur, en 1669, succédant à Barrow. En 1696, il devient directeur de la Monnaie à Londres. Membre, puis, président du Conseil de la Royal Society, Newton garde ce poste jusqu'à sa mort. Dans la dernière période de sa vie, il s'intéresse plus particulièrement à l'alchimie, au mysticisme et à la théologie.

NICOMAQUE de Gerase (vers 100)
Nicomaque serait né à Gérase en Palestine. On situe la période de sa vie active à partir des indications données par Nicomaque lui-même et par certains commentateurs. Nicomaque a écrit plusieurs livres dont deux nous sont parvenus : dans le *Manuel d'harmonique*, il expose les caractéristiques des écoles de musique pythagoriciennes et

aristotéliciennes ; quant à l'*Introduction à l'arithmétique*, elle est marquée par la philosophie pythagoricienne aux dépens de la rigueur euclidienne.

NĪLAKAṆṬHA (Kuṇḍapura vers 1444 – après 1501)
Nīlakaṇṭha appartient à la caste brahmane Nampūriti. Astronome réputé, il publie plusieurs œuvres dans lesquelles il suit le système de Paramésvara, bien que, dans plusieurs travaux, il donne des paramètres différents. Vers 1501, le chef religieux des Nampūriti commande à Nīlakaṇṭha un important commentaire de l'Āryabhatiya publié par Āryabhata en 499. Nīlakaṇṭha donne une méthode particulière pour calculer π.

OLDENBURG Henry (Brême 1618 – Londres 1677)
La vie et la carrière d'Oldenburg sont peu connues. Après avoir étudié au Gymnasium de Brême et à l'Université d'Utrecht, il voyage en Europe et gagne sa vie comme précepteur. Il arrive en Angleterre, auprès de Cromwell, en 1653, en mission diplomatique pour la ville de Brême. Installé définitivement en Angleterre, Oldenburg entre en 1661 à la Royal Society et en devient secrétaire. En 1665, il fonde les *Philosophical Transactions*, la première publication purement scientifique qui devient le principal véhicule d'échanges culturels entre les îles britanniques et le continent.

OZANAM Jacques (Bouligneux 1640 – Paris 1717)
Ozanam appartient à une famille juive convertie au catholicisme. Destiné à la prêtrise, il préfère la chimie et la mécanique à la théologie. À la mort de son père, Ozanam choisit d'enseigner les mathématiques d'abord à Lyon, puis à Paris. Il écrit de nombreux ouvrages populaires de mathématiques pratiques ou récréatives. Les *Nouveaux éléments d'algèbre* publiés en 1702 sont remarqués par Leibniz. Ozanam donne un commentaire algébrique très abondant des *Livres arithmétiques* de Diophante, le manuscrit vient d'être récemment retrouvé à la Bibliothèque de l'Académie des Sciences de Turin.

PACIOLI Luca (Borgo San Sepulcro 1445 – Rome 1517)
Très jeune, Pacioli, dit aussi Luca di Borgo, est instituteur particulier à Venise, où en 1470 il dédie à son employeur une algèbre aujourd'hui perdue. C'est là qu'il entre dans l'ordre religieux de Saint François. En 1475, il est professeur de mathématiques à Pérouse. Il se déplace ensuite à Florence, Pise, Bologne. Il rencontre Léonard de Vinci ; ce dernier dessine pour la *Divine Proportion* de son ami de magnifiques figures. L'ouvrage le plus important de Pacioli est la *Summa de arithmetica*, sorte d'encyclopédie rassemblant toutes les connaissances mathématiques de son temps.

PAINLEVÉ Paul (Paris 1863 – Paris 1933)
À sa sortie de l'École Normale Supérieure, Painlevé hésite entre une carrière politique, le métier d'ingénieur et celui de chercheur. Il choisit de suivre les cours de Schwarz et Klein à Göttingen et enseigne ensuite à Lille, puis à la Faculté des Sciences de Paris, à l'École Polytechnique, au Collège de France et à l'École Normale Supérieure. En 1910, Painlevé est élu député de Paris, puis occupe plusieurs postes ministériels. Painlevé s'est très tôt intéressé à l'aviation : avec Wright et Farman il fut détenteur d'un record de durée en tant que passager.

PASCAL Blaise (Clermont-Ferrand 1623 – Paris 1662)
Le jeune Pascal commence son éducation mathématique par la lecture des *Élements* d'Euclide. À l'âge de seize ans, il participe aux activités de l'Académie de Mersenne. En 1640, il suit son père à Rouen, où toute la famille se convertit au christianisme austère de Port-Royal. Malade, Pascal revient en 1647 à Paris ; c'est alors la période

dite « mondaine », riche d'une intense activité scientifique. Son *Essai sur les coniques* date de 1640 et en 1645 il donne le modèle définitif de sa machine à calculer.

PEANO Giuseppe (Cuneo 1859 – Turin 1932)
La carrière universitaire de Peano se déroule entièrement à Turin, où il vit depuis l'âge de douze ans. Assistant, puis suppléant du professeur Genocchi, il lui succède à la chaire de calcul infinitésimal. Il conserve cette chaire de 1890 à 1932. Il enseigne aussi à l'Académie militaire de Turin de 1886 à 1901. Il est membre de l'Académie des Sciences de Turin. Les premiers travaux de Peano ont trait au calcul différentiel. Avec de nombreux élèves, Peano rédige de 1894 à 1908 son *Formulaire de mathématiques* où, en langage formalisé, il expose successivement la logique, les fondements de l'arithmétique, de l'analyse et de la géométrie.

PEIRCE Charles Sanders (Cambridge 1839 – Milford 1914)
Peirce déclare avoir été élevé dans un laboratoire : son père est professeur de mathématiques et de sciences naturelles à l'Université de Harvard. Après avoir obtenu son M.A. à Harvard en 1862, et une licence de chimie en 1863, Pierce s'oriente vers l'étude de la logique et de la méthodologie. Ressentant le besoin d'une expérience concrète, il opte pour un poste au Service Géodésique des États-Unis ; il y reste jusqu'en 1891. Malgré les efforts de James, aucun poste d'enseignant permanent n'est offert à Peirce ; il enseigne la logique à Harvard à la fin de sa vie et ne subsiste que grâce à un fonds créé par ses amis. Logicien et philosophe, Peirce est un pionnier dans le domaine des processus de pensée.

PELL John (Southwick 1611 – Londres 1685)
À l'âge de treize ans, Pell est admis au Trinity College de Cambridge ; il étudie ensuite à Oxford. Il connaît de nombreuses langues : latin, grec, hébreu, arabe, italien, français, espagnol et allemand. Il devient professeur de mathématiques à Amsterdam, puis à Breda. Pell représente Cromwell en Suisse. En 1661 il devient prêtre et sa vie se partage entre ses activités religieuses et ses écrits mathématiques. Il est membre de la Royal Society. Suivant une erreur d'Euler, on lui attribue faussement la résolution de l'équation $x^2 - ay^2 = 1$.

PELLOS Francès (Nice ? – XVe siècle)
Nos connaissances sur la vie de Pellos sont très réduites. Il se présente lui-même comme un gentilhomme niçois. Il aurait composé vers 1460 le *Compendiom del abaco*, premier ouvrage de mathématiques publié (en 1492) en langue occitane. Le manuscrit arithmétique dit de Pamiers, à la Bibliothèque Nationale, écrit en langue occitane vraisemblablement vers 1430, a dû servir de base à l'établissement du texte de Pellos. Dans ces deux traités nous trouvons pour la première fois, dans un écrit conservé, manuscrit ou imprimé, l'acceptation d'une solution négative.

PÉPIN Jean-François Théophile (Cluses 1826 – Lyon 1904)
Pépin étudie au Petit Séminaire de Mélan, non loin de sa ville natale. Après des études littéraires, il entre dans l'ordre des Jésuites en 1846 et il consacre ses premières années de vie religieuse à l'étude de la philosophie et de la théologie. Il enseigne le droit canon à Aix, puis à Lyon. Attiré par les sciences exactes, il est envoyé à Paris par ses supérieurs pour suivre les cours de Cauchy et de Liouville. À son retour, il est nommé professeur titulaire au Collège St Michel de St Étienne. En 1873, il devient rédacteur de la *Revue des Études religieuses*. En correspondance avec Boncompagni, Kronecker, Brocard et Lucas notamment, Pépin s'est essentiellement intéressé à l'arithmétique.

PICARD Charles Émile (Paris 1856 – Paris 1941)
Avec Poincaré, Picard est un des plus importants mathématiciens français de sa génération. Il entre à l'École Normale Supérieure en 1874 et dès 1877, il est agrégé et docteur es sciences. Il enseigne à l'Université de Toulouse, à la Sorbonne, à l'École normale supérieure et à l'École Centrale. Membre de l'Académie des sciences en 1889, Picard en devient son secrétaire perpétuel à partir de 1917. Il est aussi Président du Bureau des longitudes et, en 1924, membre de l'Académie française. Le *Traité d'analyse* de Picard est vite devenu un grand classique.

POINCARÉ Henri (Nancy 1854 – Paris 1912)
Les parents de Henri Poincaré appartiennent à la haute bourgeoisie lorraine. Au lycée, Poincaré gagne un prix de mathématiques au Concours Général. En 1873, il entre à l'École Polytechnique et fait des études d'ingénieur à l'École des Mines. Il exerce brièvement cette activité en préparant sa thèse. En 1887, il est élu à l'Académie des Sciences et, en 1908, à l'Académie française. Mathématicien universel, s'intéressant à tous les domaines des mathématiques et de la physique, Poincaré consacre ses derniers écrits à la philosophie des sciences : *La Science et l'hypothèse, La valeur de la science, Science et méthode* et *Dernières pensées*.

POISSON Siméon-Denis (Pithiviers 1781 – Paris 1840)
S'étant révélé maladroit et réfractaire au métier de chirurgien, Poisson est dirigé vers l'École Centrale de Fontainebleau puis l'École Polytechnique où il devient plus tard enseignant. En 1808, il est nommé astronome au Bureau des Longitudes et, en 1809, professeur de mécanique à la Faculté des Sciences de Paris. En 1812 il est élu à l'Académie des Sciences et nommé en 1820 au Conseil Royal de l'Université. Poisson est auteur de nombreux travaux sur la mécanique rationnelle, le calcul des probabilités et la physique mathématique.

POST Emil Leon (Augustow 1897 – New York 1954)
Enfant, Post est passionné d'astronomie, mais la perte de son bras gauche, à l'âge de douze ans, le prive d'un choix professionnel dans ce domaine. Très tôt il se tourne vers les mathématiques, puis la logique. Il obtient son Ph. D. à l'Université de Columbia en 1920 et enseigne à l'Université Cornell, puis dans des établissements supérieurs de New York. Post est membre de l'American Mathematical Society depuis 1918 et de l'Association for Symbolic Logic depuis sa fondation en 1936. Sa thèse de doctorat porte sur les *Principia mathematica* de Russell et de Whitehead ; elle marque le début de la théorie moderne de la démonstration.

PRESTET Jean (Chalon sur Saône 1648 – Marines 1690)
Fils d'un huissier, Prestet entre au service du Père Malebranche qui cultive ses dispositions pour les mathématiques et le fait admettre en 1675 dans sa Congrégation de l'Oratoire. Chargé d'enseigner à Nantes, Prestet doit renoncer à cette mission qui pourrait nuire à la chaire d'hydrographie récemment fondée par les Jésuites ; il professe alors à Angers. À l'âge de vingt-sept ans, Prestet publie la première édition de ses *Éléments de mathématiques* ; la seconde édition, entièrement refondue, paraît en 1689.

PTOLÉMÉE Claude (vers 100 – vers 170)
Nos connaissances sur la vie de Ptolémée sont fondées sur des déductions effectuées à partir de ses travaux et sur les informations plus ou moins douteuses écrites par des auteurs très tardifs. Il fait ses observations à Alexandrie de 127 à 141. Dans sa *Composition mathématique* ou *Almageste*, Ptolémée expose la conception géocentrique

du monde résumant les théories acquises, notamment celle d'Hipparque, les complétant et les modifiant de manière importante. Il a aussi publié un traité d'Astrologie, le *Tetrabible* et un *Guide géographique*. Il s'est de plus intéressé à l'optique et à la musique.

PUISEUX Victor (Argenteuil 1820 – Fontenay 1883)
Puiseux fait ses études à l'École Normale Supérieure. Il enseigne ensuite au Collège Royal de Rennes, à l'Université de Besançon, puis à l'École Normale Supérieure. Il succède à Cauchy dans la chaire d'astronomie mathématique au Collège de France. Il fait partie du Bureau des Calculs de l'Observatoire de Paris et du Bureau des Longitudes. En 1871, Puiseux est élu membre de l'Académie des Sciences. C'est un alpiniste expert. Il s'est intéressé à la mécanique, la mécanique céleste et surtout la théorie des fonctions de variable complexe.

QIN Jiushao (dans le Sichuan 1202 – dans le Guangdong 1261)
Qin Jiushao est l'auteur du *Shushu jiuzhang* (Écrits mathématiques en neuf chapitres), ouvrage, paru en 1247, bâti sur des successions de problèmes d'astronomie, de calendrier, d'architecture, de logistique militaire, d'arpentage, etc. au réalisme souvent poussé (l'un d'eux consacré aux impôts comprend 175 inconnues). Ce texte est devenu célèbre à cause surtout de son algorithme général de résolution de congruences simultanées ayant des modules quelconques, non nécessairement premiers entre eux (le « théorème des restes chinois » généralisé).

QUSṬĀ IBN LŪQĀ al-Baʿlabakkī (? – Arménie vers 912)
Chrétien de Baalbeck, Qusṭā ibn Lūqā est à la fois mathématicien, astronome, médecin, philosophe et traducteur d'ouvrages grecs. Il s'intéresse aussi à la musique. Qusṭā ibn Lūqā a écrit une *Introduction à la Géométrie* sous forme de questions et de réponses et une épître intitulée *Preuve relative au procédé des deux erreurs*. Parmi ses traductions, la plus célèbre est celle des *Arithmétiques* de Diophante.

RAPHSON Joseph (Middlesex 1648 – Londres 1715)
Raphson devient membre de la Royal Society en 1698. Il publie *Analysis aequationum universalis* en 1690, *Methodus ad resolvendas aequationes algebricas* en 1697 et enfin, paraît, peu après sa mort, son *Historia fluxionum*.

RHETICUS George Joachim (Feldkirch 1514 – Kassa 1574)
George Iserin ayant été décapité pour sorcellerie, son fils Georges Joachim prend le nom de Rheticus et part étudier à Zurich, puis à Wittenberg. En 1536, il est professeur d'arithmétique et de géométrie à Wittenberg puis voyage et rencontre Copernic. Par un bref résumé de l'œuvre du savant astronome, Rheticus convainc celui-ci de publier ses découvertes. En 1542, Rheticus est professeur à Leipzig qu'il doit quitter à cause de sa conduite. Il poursuit alors des études de médecine à Prague, s'établit à Cracovie où il exerce la médecine et l'astrologie. En mathématiques, Rheticus est l'auteur d'une table donnant pour la première fois les six lignes trigonométriques.

RICHARDSON Lewis Fry (Newcastel 1881 – Kilmun 1953)
Né dans une famille de quakers, Richardson étudie au Durham College of Science de Newcastel, puis au King's College de Cambridge. Durant six ans il est au National Physical Laboratory, puis dans l'industrie électrique. En 1913, Richardson devient superintendant du Eskdalemuir Geophysical Observatory. Durant la guerre, il rejoint la Friends Ambulance Unit en France. Il est déjà en possession de ses premiers travaux de prédictions météorologiques fondées sur des procédés numériques et, en 1919, il retourne au Meteorological Office, mais celui-ci étant rattaché au Ministère de l'Air, il en

démissionne l'année suivante. Il dirige alors le département de physique au Westminster Training College. En 1929 il devient principal du Paisley Technical College.

RIEMANN Bernhard (Breselenz 1826 – Selasca 1866)

Riemann reçoit ses premiers enseignements de son père, prêtre protestant, puis il va au Lycée d'Hanovre et, en 1846, il suit à Göttingen des études de théologie et de philologie. Il assiste aussi à des conférences de mathématiques et opte pour cette discipline. En 1853, après son habilitation, il enseigne à Göttingen. Atteint de tuberculose à partir de 1862, il décède lors d'un troisième voyage en Italie. Dès ses premiers travaux, en 1851, Riemann montre une très grande originalité dans de nombreux domaines, fonctions de variables complexe, représentation des fonctions et géométrie. Il s'est aussi intéressé à la physique.

ROBERVAL Gilles Personne de (Senlis 1602 – Paris 1675)

Vivant de leçons privées, Roberval arrive à Paris en 1628 où il fréquente le cercle des scientifiques autour de Mersenne. En 1632, il devient professeur au Collège de Maître Gervais. En 1634, Roberval gagne le concours pour la chaire Ramus au Collège Royal et il la garde toute sa vie. En 1655, il succède à Gassendi dans la chaire de mathématique. Il fait partie de l'Académie des Sciences dès sa fondation en 1666. Afin de garder sa chaire, Roberval publie peu. Il a conduit de nombreuses recherches en calcul infinitésimal, en algèbre, en physique et sur l'astronomie d'Aristarque. Il est le fondateur de la géométrie cinématique des mouvements.

ROLLE Michel (Ambert 1652 – Paris 1719)

Fils d'un petit marchand, Rolle ne reçoit qu'une instruction très élémentaire. À vingt-trois ans il s'installe à Paris comme maître d'écriture et de calcul. Il s'initie personnellement à l'algèbre et à l'analyse diophantienne. Remarqué par Colbert, ce dernier lui permet d'obtenir une pension. En 1685 Rolle entre à l'Académie des Sciences, d'abord comme élève astronome, puis comme pensionnaire géomètre. Son *Traité d'Algèbre*, publié en 1690 montre son domaine de prédilection : l'algèbre des équations. C'est Giusto Bellavitis qui donna, en 1848, le nom au fameux théorème de Rolle.

ROMBERG Werner (Berlin 1909 – 2003)

Romberg étudie les mathématiques et la physique à Heidelberg, puis à Münich. À Münich, il a pour professeur de mathématiques Caratheodory et Perron. Conscient très tôt du danger du national-socialisme, il s'y oppose de façon active. Devant fuir l'allemagne, il se réfugue en Ukraine, puis en Norvège et enfin en Suède. À la fin de la guerre, il revient en Norvège à l'université de Trondheim. Finalement, en 1968, il est nommé sur une chaire d'analyse numérique à la Ruprecht-Karls-Universität à Heidelberg où il enseigne jusqu'en 1978. Il s'est particulièrement intéressé à l'optimisation des algorithmes, notamment ceux servant à la résolution numérique des équations différentielles rencontrées dans les applications des mathématiques.

RUFFINI Paolo (Valentano 1765 – Modène 1822)

Ruffini étudie la médecine, la philosophie, la littérature et les mathématiques à l'Université de Modène. Encore étudiant, il enseigne les fondements de l'analyse. Avec l'occupation de la ville par les troupes napoléoniennes, Ruffini perd son emploi. Il continue à pratiquer la médecine et à effectuer des recherches en mathématiques; sa *Teoria generale delle equazioni* paraît en 1799. Après la chute de Napoléon, Ruffini occupe les chaires de mathématiques et de médecine à Modène. Il contribue à la transition entre l'algèbre classique et l'algèbre abstraite.

RUNGE Carl (Brême 1856 – Göttingen 1927)
Issu d'une famille aisée, Runge étudie avec Max Planck à l'Université de Munich. Puis, tous deux sont étudiants à Berlin. Runge passe son doctorat sous la direction de Weierstrass et son habilitation sous celle de Kronecker. Après son mariage avec une fille de Emile du Bois-Reymond, il accepte un poste de professeur à l'École Polytechnique de Hanovre. Ses recherches s'orientent vers la spectrométrie et les mathématiques appliquées. Considéré comme physicien par les mathématiciens et comme mathématicien par les physiciens, Klein réussit toutefois à lui faire obtenir une chaire de mathématiques à Göttingen.

RUSSELL Bertrand (Trelleck 1872 – Plas Penrhyn 1970)
Depuis les Tudor, les Russell jouent un rôle important dans la vie politique, intellectuelle et sociale de la Grande Bretagne. Russell perd très tôt ses parents et reçoit une éducation privée jusqu'à son entrée au Trinity College en 1890. Il y rencontre un jeune assistant, Whitehead, avec lequel il écrira plus tard les *Principia Mathematica*. À partir de 1910, Russell enseigne la logique et la philosophie des mathématiques au Trinity College. Pacifiste, il en est exclu à la suite de la publication d'un pamphlet ; il est même emprisonné en 1918. Réintégré en 1925, il reste à Cambridge jusqu'à sa mort. Depuis 1908, Russell est membre de la Royal Society et en 1950 il obtient le prix Nobel de littérature.

SAINT-VINCENT Grégoire de (Bruges 1584 – Ghent 1667)
Entré au Collège des Jésuites de Bruges en 1595, Grégoire de Saint-Vincent étudie ensuite à Douai la philosophie et les mathématiques. En 1607, il rentre dans l'ordre des Jésuites. À la mort de son professeur, Christophore Clavius, Grégoire de Saint-Vincent complète ses études théologiques à Louvain et il est ordonné prêtre. Il enseigne le grec puis les mathématiques ; il élabore une théorie des sections coniques à partir des éditions de Commandin des œuvres d'Archimède, Apollonius et Pappus ; il développe aussi une méthode infinitésimale dans son *Opus geometricum*.

SCHREIER Otto (Vienne 1901 – Hambourg 1929)
Fils d'architecte, Schreier étudie d'abord au Gymnasium de Vienne, puis à la Faculté de philosophie de cette même ville. En 1923, il soutient sa thèse sur les groupes. Il se dirige ensuite vers Hambourg où il participe au séminaire et est nommé assistant en 1925. Il enseigne aussi à Rostock. Il meurt, très jeune, d'une septicémie générale. Avec son collègue Emil Artin, Schreier fonde la théorie des corps réels qui est une étude d'algèbre abstraite.

SEIDEL Philipp Ludwig von (Zweibrücken 1821 – Munich 1896)
En 1840, Seidel entre à l'Université de Berlin : il suit les cours de Dirichlet et Encke pour lequel il effectue des calculs d'astronomie. Puis Seidel étudie à Königsberg où enseignent Jacobi et Bessel. Enfin, il passe son doctorat à Munich, où il effectue toute sa carrière. Les mesures photométriques des étoiles et des planètes sont les premières vraies mesures de cette sorte. En mathématiques, Seidel introduit le concept de convergence non uniforme. Ses conférences traitent de probabilités, de la méthode des moindres carrés et de dioptrique.

SHARP Abraham (Little Horton 1651 – Bradford 1742)
Mis en apprentissage chez des commerçants de York, puis de Manchester, Abraham Sharp abandonne ce travail et se rend à Liverpool pour apprendre, puis se consacrer aux mathématiques. Vers 1684, il est employé par Flamsteed dans le nouvel observatoire de

Greenwich. En 1694, il se retire à Little Horn. Il effectue alors de nombreux calculs, construits des instruments d'astronomie et entretient une correspondance scientifique. Son livre de géométrie publié en 1717 est remarquable par les calculs qu'il contient.

SHEPPARD William (Sydney 1863 – Brekhamsted 1936)
Après des études au Trinity College de Cambridge de 1887 à 1895, Sheppard est nommé examinateur dans cet établissement. De 1914 à 1921, il occupe des fonctions administratives au ministère de l'Éducation. En 1928, il est président de la British Mathematical Association. La plupart des travaux de Sheppard relèvent des statistiques et ont trait à la méthode des différences finies et à leurs applications.

SIMPSON Thomas (Market Bosworth 1710 – Market Bosworth 1761)
Simpson s'est formé lui-même, tisserand le jour et professeur le soir. À Londres, il lutte contre la pauvreté en donnant des leçons et en publiant de nombreux ouvrages. En 1743, Simpson est nommé à l'Académie Royale Militaire de Woodwich. Il devient membre de la Royal Society en 1746. Disciple de Newton, ses principaux ouvrages sont *A new treatise of fluxions* publié en 1737, *Algebra* en 1745, *Geometry* en 1747 et *Trigonometry* en 1748.

SIMSON Robert (West Kilbride 1687 – Glasgow 1768)
Simson est issu d'une famille aisée. Dans l'intention d'entrer dans les ordres, il suit des cours de latin, de grec, de logique et de philosophie naturelle à l'université de Glasgow. Il se consacre à l'étude de la théologie et des langues sémitiques. Simson acquiert aussi des connaissances en botanique. N'ayant pas reçu d'éducation en mathématiques, il poursuit des études à Londres où il rencontre Halley. L'université de Glasgow le nomme professeur de mathématiques en 1711. Les principaux ouvrages de Simson concernent les sections coniques, les lieux plans et solides d'Apollonius et surtout l'édition des *Éléments* d'Euclide.

STEVIN Simon (Bruges 1548 – La Haye 1620)
Dans sa jeunesse, Stevin est au service des finances de sa ville natale. Il voyage en Prusse, en Pologne, en Norvège. À partir de 1583 il étudie à l'Université de Leyde. Dix ans après, Stevin devient intendant général des armées hollandaises. Il est en même temps précepteur chez Maurice de Nassau, prince d'Orange. Stevin publie dans de nombreux domaines : mécanique, astronomie, science militaire, statique, hydrostatique... En mathématiques, retenons *La Disme* et la première traduction des *Arithmétiques* de Diophante en langage moderne.

STIFEL Michael (Esslingen 1487 – Iéna 1567)
Moine au monastère d'Esslingen, Stifel est ordonné prêtre en 1511. Très tôt il est adepte de Luther, mais il s'intéresse à la cabalistique allant jusqu'à prédire la fin du monde. Démis de son poste de pasteur, Stifel se tourne vers les mathématiques. Il enseigne la théologie et les mathématiques à Königsberg, puis l'arithmétique et la géométrie à Iéna. Dans ses ouvrages, l'*Arithmetica* publié en 1544 et l'édition de la *Coss* de Rudolf, Stifel expose méthodiquement les connaissances mathématiques de son temps tout en apportant des contributions originales.

STIRLING James (Garden 1692 – Edimbourg 1770)
La famille de Stirling épouse la cause jacobine : son père est emprisonné et James, refusant de prêter serment, doit quitter le Balliol College d'Oxford sans être diplômé. Un premier écrit vaut à Stirling l'appui de Newton et un poste à Venise. Ayant peut-être percé le secret de l'industrie de la verrerie, il retourne à Londres. En 1727, Stirling

est élu à la Royal Society. Après 1735, Stirling consacre son activité à l'administration de la Compagnie minière d'Écosse. Dans son principal ouvrage, écrit en 1730, *Methodus differentialis*, il traite de sommation de séries et d'interpolation.

STURM Charles-François (Genève 1803 – Paris 1855)
Sturm étudie les mathématiques et la physique à l'Université de Genève. En 1823 il est précepteur du fils de Madame de Staël et le Duc de Broglie l'introduit dans les milieux scientifiques parisiens. Avec son collègue d'université, Colladon, il effectue des recherches en physique. En 1829 il est responsable, pour les mathématiques, du *Bulletin des sciences et de l'industrie*. Il enseigne à l'École Polytechnique et à la Faculté des Sciences de Paris et devient membre de l'Académie des Sciences en 1836. Il publie deux ouvrages, un *Cours de mécanique* et un *Cours d'analyse*, qui sont des classiques pendant un demi-siècle.

SUNZI (vers 500 ?)
Sunzi est l'auteur du *Sunzi suanjing* (Canon des calculs de Sunzi), petit manuel d'arithmétique dans lequel apparaît pour la première fois un problème de restes : « Soit un nombre inconnu d'objets. En les comptant par 3, il en reste 2, par 5, 3, par 7, 2. Combien y a-t-il d'objets ? Réponse : 23. »

SYLVESTER James (Londres 1814 – Londres 1897)
Sylvester étudie dans diverses écoles juives de Londres et poursuit ses études à Dublin à cause de sa foi. De 1838 à 1841, il est professeur à l'Université. Après un séjour de quatre ans aux États-Unis, il travaille dans une compagnie d'assurances à Londres. Il étudie le droit et est admis au barreau. Il est ensuite professeur de mathématiques dans divers établissements. Il est membre de la Royal Society et fonde l'*American Journal of Mathematics*. Sylvester a fortement contribué à la théorie des invariants et des déterminants.

TAKEBE Katahiro (1664-1739)
Disciple de Seki Takakazu, le « père » des mathématiques japonaises traditionnelles, Takebe est le conseiller d'un Shogun à l'esprit remarquablement ouvert, Yoshimune, qui s'intéresse aussi bien aux sciences venues de Chine qu'aux sciences occidentales. Dans ce contexte favorable, Takebe s'illustre en tant que géographe, astronome et mathématicien créatif, auteur de résultats inconnus auparavant au Japon. On lui doit en particulier une carte du Japon, des recherches historiques sur l'astronomie chinoise en vigueur sous les dynasties des Yuan (Mongols) et des Ming et, en mathématiques, une méthode raisonnée de développement en série du carré de l'arc sinus ainsi que des recherches sur les fractions continues.

TANNERY Paul (Mantes la Jolie 1843 – Pantin 1904)
Diplômé de l'École Polytechnique, Paul Tannery exerce les fonctions d'ingénieur et d'administrateur. À Bordeaux, tout en supervisant la construction de la manufacture des tabacs, il commence ses études sur l'histoire des mathématiques. Il exerce une brillante carrière dans l'administration des tabacs au Havre, à Paris, à Tonneins, et à Pantin et il enseigne au Collège de France. En dehors de ses recherches qui couvrent cinq des dix-sept volumes de ses *Mémoires scientifiques*, Paul Tannery a participé à l'édition des œuvres de Diophante, Fermat et Mersenne et de la correspondance de Descartes.

TARTAGLIA Niccolò (Brescia 1500 – Venise 1557)
Tartaglia – c'est-à-dire le bègue – doit ce surnom à l'infirmité résultant d'un coup de sabre reçu en plein visage, au cours de la prise de Brescia par les Français en 1512.

De famille pauvre, autodidacte, il parvient à acquérir une solide formation scientifique. Il est maître en abaque, puis professeur de mathématiques à Venise. Il meurt pauvre et abandonné. Tartaglia redécouvre la résolution des équations du troisième degré donnée par Scipion del Ferro. Son *General Trattato* (1556) est le plus important ouvrage italien d'arithmétique paru au XVIe siècle. Tartaglia est le premier à appliquer les mathématiques à l'artillerie. Il édite et commente les *Éléments* d'Euclide.

TAYLOR Brook (Edmonton 1685 – Londres 1731)
Taylor reçoit une éducation privée avant d'entrer au St John's College de Cambridge en 1701. En 1712, il devient membre de la Royal Society dont il est le secrétaire de 1714 à 1718. Il voyage en France et entretien une correspondance scientifique avec Montmort. Dans les dernières années de sa vie, Taylor se consacre à des écrits philosophiques et religieux. Le *Methodus incrementorum* (1715) contient de nombreux points importants, notamment la formule dite de Taylor et l'emploi du calcul des différences finies. Taylor écrit aussi *Linear Perspective* (1717) qui sert de base aux travaux de Lambert.

TCHEBYCHEV Pafnouti (Okatovo 1821 – Saint-Petersbourg 1894)
Tchebychev vient à Moscou, à l'âge de onze ans, pour entreprendre des études universitaires. Il est nommé assistant à l'Université de Saint-Petersbourg en 1847, professeur en 1860 et y exerce jusqu'à sa retraite en 1882. Tchebychev devient membre de l'Académie des Sciences de Saint-Petersbourg en 1853 ; il est le fondateur de l'école mathématique de cette ville. Ses travaux les plus connus concernent la théorie des nombres, les lois de probabilité et la théorie des polynômes d'approximation des fonctions.

THĀBIT IBN QURRA Aṣ-Ṣābī al-Ḥarrānī (Ḥarrān 836 – Bagdad 901)
Thābit Ibn Qurra appartient à la secte des Sabéens. Outre sa langue maternelle, le syriaque, il connaît le grec et l'arabe. Les écrits mathématiques de Thābit ibn Qurra jouent un rôle important en ouvrant la voie à d'importantes découvertes telles que celle de l'extension du concept de nombre réel, le calcul intégral, la trigonométrie sphérique, la géométrie analytique et la géométrie non-euclidienne. En astronomie, il est un des premiers réformateurs du système de Ptolémée. Il est aussi médecin et philosophe. Thābit ibn Qurra traduit de nombreux auteurs grecs : Euclide, Archimède, Ptolémée.

THÉON d'Alexandrie (IVe siècle)
Selon les sources anciennes, Théon d'Alexandrie vit sous le règne de Théodose 1er (379-395). Astronome, en 364 il observe, à Alexandrie, deux éclipses. Théon est sûrement un païen ; sa fille Hypatie est massacrée par un moine chrétien fanatique. Théon est le dernier membre connu du Musée d'Alexandrie. Tous ses écrits sont destinés aux étudiants. Le plus important est le *Commentaire de l'Almageste* dans lequel il explique, en particulier, les algorithmes de calcul avec les fractions sexagésimales. Théon refond aussi les *Éléments* d'Euclide.

THÉON DE SMYRNE (vers le IIe siècle)
Théon de Smyrne nous est seulement connu par son ouvrage *Exposition des connaissances mathématiques utiles pour la lecture de Platon*. Ce traité est important pour les nombreuses sources citées, il y a peu d'originalité mathématique. Il s'agit plutôt d'un ouvrage pour les étudiants en philosophie écrit pour illustrer comment l'arithmétique, la géométrie, la stéréométrie, la musique et l'astronomie sont reliées entre elles. La partie arithmétique traite des divers types de nombres selon la philosophie pytha-

goricienne. Elle ressemble à l'exposé de Nicomaque de Gerase tout en étant moins systématique.

TUCKER Robert (Walworth 1832 – Worthing 1905)
Tucker commence ses études à Newport et, en 1851, il entre au St John's College de Cambridge. Après avoir donné quelques cours privés, Tucker enseigne au Brighton College, puis à l'University College School de Londres. Lorsqu'en 1865, la London Mathematical Society est fondée, il en devient membre. Il en occupe le poste de secrétaire de 1867 à 1902. À cette date, il quitte Londres pour Worthing, mais il doit vendre sa bibliothèque pour subsister. Tucker édite les œuvres de Clifford et rédige de nombreuses notices historiques : Gauss, Chasles, Sylvester... Il s'intéresse à la géométrie du triangle, à l'astronomie et à l'enseignement.

TURING Alan (Londres 1912 – Wihmslow 1954)
Turing étudie au King's College à Cambridge, puis il poursuit des recherches avec Church, à Princeton, de 1936 à 1938. Il publie à cette époque son fameux article relatif à l'*Entscheidungs-problem* de Hilbert et celui qui a trait à la machine dite de Turing, *On computable numbers...* De retour en Angleterre, il travaille pour le département de communication du Foreign Office, puis, tout en poursuivant des travaux théoriques, Turing s'attache à partir de 1945 à la réalisation d'une machine de calcul automatique d'abord au National Physical Laboratory, puis à l'Université de Manchester.

TYCHO BRAHÉ (Scanie 1546 – Prague 1601)
C'est par son prénom, Tycho, que le célèbre astronome danois Brahé est le plus souvent cité. Issu d'une famille noble, il n'a pas besoin de titres universitaires pour s'établir. Après des études à l'université luthérienne de Copenhague, il rejoint Leipzig en 1562. Tycho combine les voyages avec les observations astronomiques. En 1576, le roi Frederick II lui offre l'île de Hven pour qu'il y installe un observatoire. À la mort de son protecteur, Tycho s'exile. À Prague, Kepler devient son assistant. Tycho est considéré comme le restaurateur de l'astronomie moderne.

VAN CEULEN Ludolph (Hildesheim 1540 – Leyde 1610)
Ludolph van Ceulen quitte très tôt l'Allemagne pour la Hollande. Il y reçoit son éducation et il y passe la majeure partie de sa vie. Professeur de mathématiques, il enseigne à Breda, Amsterdam et dans une école d'ingénieurs à Leyde. Il est célèbre pour son calcul des trente-six premières décimales du nombre π, appelé parfois nombre de Ludolph. Ce résultat, publié en 1621 seulement par son disciple Snell, est gravé sur sa pierre tombale.

VANDERMONDE Alexandre Théophile (Paris 1735 – Paris 1796)
Maladif, Vandermonde n'apprend que la musique, sur les conseils de son père. Vers la trentaine, Fontaine lui communique son enthousiasme pour les mathématiques. En 1771, Vandermonde devient membre de l'Académie des Sciences. Toute son œuvre mathématique qui traite de la résolution des équations se situe à cette époque. En 1776, avec Bézout et Lavoisier, il s'intéresse à des expériences sur le froid et, en 1786, il écrit avec Berthollet et Monge un article sur la fabrication de l'acier. Révolutionnaire ardent, ami de Monge, il fait partie de la Commune de Paris et du Club des Jacobins.

VIÈTE François (Fontenay-le-Comte 1540 – Paris 1603)
Diplomé en droit de l'Université de Poitiers, Viète est connu comme juriste. Il est tour à tour conseiller au Parlement de Bretagne, avocat général au Parlement de Paris, maître des requêtes et membre du Conseil privé du roi. À l'occasion des conflits avec l'Espagne, Viète décode des lettres interceptées en écriture chiffrée. Il intervient sans

succès dans la réforme du calendrier du Pape Grégoire XIII. Les premières recherches mathématiques de Viète sont liées à ses travaux cosmologiques et astronomiques, certains restés en l'état de manuscrits. Mais les plus importants travaux de Viète ont trait à l'algèbre symbolique.

VLACQ Adriaan (Gouda 1600 – La Haye 1666)
Membre d'une bonne famille, Vlacq reçoit une excellente éducation. Intéressé par les mathématiques, il s'associe avec un professeur local, Ezechiel de Decker pour traduire en néerlandais plusieurs ouvrages d'arithmétique écrits en latin, notamment ceux de Neper et de Briggs sur les logarithmes. Vlacq calcule les logarithmes de 20000 à 90000 et comble ainsi le vide laissé par Briggs dans ses publications des logarithmes de 1 à 100 000. Ses tables sont publiées en Angleterre, en Allemagne, en France, et même en Chine, ce qui lui assure une grande notoriété.

VON NEUMANN John (Budapest 1903 – Washington 1957)
Von Neumann est formé aux mathématiques par des professeurs privés. Il enseigne à Berlin, puis à Hambourg. En 1930, il s'installe aux États-Unis et enseigne à Princeton. À partir de 1943 il est consultant de l'U.S. Army pour la construction de la bombe atomique. Von Neumann s'est intéressé au début de sa carrière à la logique, la théorie des ensembles, la théorie de la mesure et la théorie spectrale. Puis il s'est tourné vers l'axiomatisation de la mécanique quantique, l'hydrodynamique, la théorie des automates et la théorie des jeux.

WALLIS John (Ashford 1616 – Oxford 1703)
Fils de pasteur, Wallis étudie au Collège Emmanuel de Cambridge. Ordonné prêtre en 1640, il gagne sa vie comme aumonier privé à Londres, puis il devient membre du Queen's College à Cambridge. Il est professeur à Oxford de 1649 à sa mort. Il est un des fondateurs de la Royal Society. Il s'est intéressé à la mécanique, à l'astronomie, à la botanique, à la physiologie, à la musique, à la cryptologie. Parmi ses nombreux ouvrages, citons *Arithmetica infinitorum* de 1656 et *Treatise of Algebra, Both historical and pratical* de 1685, première tentative sérieuse en Angleterre d'écriture en histoire des mathématiques.

WANTZEL Pierre Laurent (Paris 1814 – Paris 1848)
Élève de l'École Polytechnique de 1832 à 1834, Wantzel est d'abord répétiteur puis examinateur dans cet établissement. Il a écrit de nombreux mémoires dans le *Journal de l'École Polytechnique* : Sur les nombres incommensurables, Sur la théorie des nombres complexes et Sur l'intégration des équations différentielles. Wantzel s'est aussi intéressé à la physique.

WARING Edward (Shrewsbury 1736 – Plealey 1798)
La vie de Waring est peu connue. En 1753, il est admis au Magdalene College de Cambridge. De 1760 à sa mort, il est professeur de mathématiques à Cambridge. Il est élu membre de la Royal Society en 1763. Waring est diplômé de médecine, mais il semble qu'il n'exerce pas cette science. À son époque, en Angleterre les recherches mathématiques sont en déclin; néanmoins, les *Meditationes algebraicae* publiés par Waring en 1772 ont, par exemple, particulièrement retenu l'attention de Lagrange.

WEIERSTRASS Karl (Ostenfelde 1815 – Berlin 1897)
Weierstrass commence ses études au Gymnasium catholique de Paderborn, puis en 1834 s'inscrit à l'Université de Bonn. Il abandonne et ne passe les examens qu'en 1841 à Münster. Weierstrass enseigne ensuite dans plusieurs lycées diverses disciplines : l'allemand, la botanique, la géographie, l'histoire, la gymnastique et même la calligraphie.

En 1854, il obtient un doctorat honoraire de l'Université de Königsberg et, en 1856, il devient professeur à l'Institut de l'Industrie à Berlin. Il est membre de l'Académie des Sciences en 1856. Il est enfin nommé professeur à l'Université de Berlin en 1864. Weierstrass est considéré comme le père de l'arithmétisation de l'analyse.

WHITEHEAD Alfred North (Ramsgate 1861 – Cambridge 1947)
Whitehead passe les années 1880-1910 au Trinity College de Cambridge, d'abord comme étudiant, puis comme enseignant de mathématiques. Il a pour élève Russel avec lequel il écrit les *Principia Mathematica* (1910-1913). En 1910, Whitehead s'établit à Londres occupant divers postes à l'University College, puis à l'Imperial College of Science and Technology ; il se consacre à l'étude des fondements expérimentaux et conceptuels de la physique. En 1924, Whitehead se rend aux États-Unis pour enseigner la philosophie à l'Université d'Harvard ; ses principaux centres d'intérêt sont alors la philosophie des sciences, l'éducation et la religion.

WU Jing (vers 1450)
Wu Jing est gouverneur financier du Zhejiang. Il est connu en tant qu'auteur d'une arithmétique encyclopédique datée de 1450, le *Jiuzhang suanfa bilei daquan* (Somme des procédés de calcul des « Neuf chapitres » comprenant des problèmes résolus par analogie avec des problèmes types).

ZHU Shijie (vers 1300)
Originaire de Yanshan, près de l'actuel Pékin, Zhu Shijie voyage pendant une vingtaine d'années à travers la Chine du début de la conquête mongole en enseignant les mathématiques afin de gagner sa vie. Il écrit deux ouvrages : le *Suanxue qimeng* [L'introduction aux mathématiques] en 1299 et le *Siyuan yujian* [Le miroir de jade des quatre inconnues] en 1303. Le premier se signale par ses développements d'algèbre positionnelle à une inconnue et le second par ses généralisations de la même technique à quatre inconnues. Oublié en Chine pendant près de cinq siècles, Zhu Shijie connaît une étonnante postérité au Japon, où son *Suanxue qimeng*, commenté et réédité à partir de 1658, contribue fortement à l'essor des mathématiques japonaises.

ZU Chongzhi (vers 429 – vers 500)
Originaire d'une célèbre famille de hauts fonctionnaires, Zu Chongzhi se distingue par son habileté à construire des mécanismes ingénieux tels que le « char montre-sud », le navire auto-propulsé et le vase basculant. Il est surtout connu pour son calcul approché de π, à savoir 355/113.

INDEX DES NOMS PROPRES

INDEX TERMINOLOGIQUE

D

E

F

G

H

TABLE DES MATIÈRES

Achevé d'imprimer sur les presses de la SEPEC à Péronnas
N° d'édition : 005518-01 – N° d'imprimeur : 100323230
Dépôt légal : avril 2010